# KLIMA-GEOMORPHOLOGIE IN STICHWORTEN

Teil IV der Geomorphologie in Stichworten

Beiträge zur Allgemeinen Geographie

von

Herbert Wilhelmy

VERLAG FERDINAND HIRT

## Über den Verfasser

Professor Dr. HERBERT WILHELMY, geb. 1910; 1942—54 apl. Professor am Geographischen Institut der Universität Kiel, 1954—58 o. Professor und Direktor des Geographischen Instituts an der TH Stuttgart; seit 1958 Direktor des Geographischen Instituts der Universität Tübingen. 1953 Silberne Carl-Ritter-Medaille, 1965 Karl-Sapper-Medaille für Tropenforschung. Mitglied der Deutschen Akademie der Naturforscher Leopoldina. Korrespondierendes Mitglied der österreichischen und der kolumbianischen Akademie der Wissenschaften.

Weitere Veröffentlichungen: Hochbulgarien, 2 Bde. 1935, 1936; Siedlung im südamerikanischen Urwald, Hamburg 1949; Südamerika im Spiegel seiner Städte, Hamburg 1952; Klimamorphologie der Massengesteine, Braunschweig 1958; Die La-Plata-Länder, Braunschweig 1963; Kartographie in Stichworten, 3 Bde. Kiel 1966/67, 2. Aufl. 1972. Mitarbeiter am erdkundlichen Unterrichtswerk SEYDLITZ. Zahlreiche Abhandlungen und Aufsätze in Fachzeitschriften.

© 1974 by Verlag Ferdinand Hirt

Printed in Germany

ISBN 3 554 80300 6

Redaktion: Verlag Ferdinand Hirt

Kartographie: W. Prause und H. Neide, Hamburg

Herstellung: Neue Presse GmbH, Coburg

JULIUS BÜDEL

DER DER GEOMORPHOLOGIE NEUE DIMENSIONEN
DES FORSCHENS UND VERSTEHENS
ERÖFFNET HAT,
IN FREUNDSCHAFTLICHER VERBUNDENHEIT

## Vorwort

Der vorliegende Band „Klimageomorphologie" beschließt die in 4 Teile gegliederte Gesamtdarstellung der „Geomorphologie in Stichworten". Seit 1937 F. MACHATSCHEKS „Relief der Erde" in 1. Auflage erschien, haben sich die Aspekte einer derartigen weltweiten Übersicht entscheidend verändert. Die klassische „Tektonische Geomorphologie" oder „Strukturmorphologie" der älteren Periode fand ihre fruchtbare Ergänzung in der seit Mitte der 20er Jahre und vor allem seit dem Ende des 2. Weltkrieges kräftig entwickelten „Klimageomorphologie". Eine Fülle neuer Erkenntnisse wurde aus allen Teilen der Erde beigebracht, so daß nach nunmehr fast 5 Jahrzehnten klimageomorphologischer Forschung das Wagnis gerechtfertigt erscheint, erneut in einer weltweiten Übersicht eine Bilanz unseres Wissensstandes zu ziehen. Langjährige Beschäftigung mit klimageomorphologischen Fragestellungen und auf vielen Reisen in allen Klimagebieten der Erde erworbene eigene Anschauung ermutigten mich, dieses Buch zu schreiben.

Der Darstellung konnten naturgemäß nicht mehr die Kontinente und ihre Großräume zugrunde gelegt werden, sondern die Aufgliederung der Erdoberfläche mußte nach klimageomorphologischen Zonen erfolgen, d. h. nach Regionen gleichartiger Morphodynamik, die sich von Bereichen andersartiger Formung prinzipiell, nicht graduell unterscheiden. J. BÜDEL hat für eine solche Gliederung der Erdoberfläche bahnbrechende Vorarbeiten geleistet. Der Verfasser baut auf ihnen auf und hofft — auch über seine der „Klimamorphologie der Massengesteine" (1958) zugrunde gelegten Regionaleinteilung hinaus — mit seiner Gliederung der Erde in 12 klimageomorphologische Hauptzonen einen weiteren Beitrag zur Verfeinerung der Abgrenzung morphodynamisch gleichartig strukturierter Großräume geliefert zu haben. Die dem Buch beigegebene Karte der klimageomorphologischen Zonen der Erde zeigt zwar mancherlei Ähnlichkeiten mit einer Klimakarte — was in der Natur der Sache liegt —, ihr Entwurf geht jedoch von zonentypischen Formengruppen aus, deren Genese z. T. von Klimafaktoren abhängt, die für die Festlegung rein klimageographischer Grenzen ohne Bedeutung sind.

Ein großer Teil des in einer regionalen Klimageomorphologie zu erwartenden Stoffs ist bereits in den beiden systematischen Teilen II und III der „Geomorphologie in Stichworten" behandelt worden, sofern die betreffenden Erscheinungskomplexe für das allgemeine Verständnis exogener Kräfte, Vorgänge und Formen wichtig sind. In solchen Fällen mußte zur Vermeidung von Wiederholungen jeweils auf die frühere ausführliche Darstellung verwiesen werden und sich die Behandlung in diesem Buch auf die Herausarbeitung der zonentypischen Merkmale beschränken. Auch die einschlägigen Literaturangaben konnten nicht vollständig wiederholt werden, so daß sich die zusätzliche Heranziehung der Schrifttumsübersichten in Teil II und III empfiehlt.

Dem Verlag F. Hirt danke ich für die verständnisvolle Zusammenarbeit, die übersichtliche Gestaltung der Bände und nicht zuletzt für die großzügige Ausstattung mit zeichnerischen Darstellungen.

Tübingen, im Mai 1974

HERBERT WILHELMY

# Inhalt

| | |
|---|---|
| Vorwort | 3 |
| **I. Landformen und Klima** | 9 |
| 1. Entwicklung und gegenwärtiger Stand klimageomorphologischer Forschung | 14 |
| 2. Klimageomorphologischer Formenwandel | 18 |
|   a) Planetarischer Formenwandel | 19 |
|     Verwitterungsart | 19 |
|     Bodentypus | 21 |
|     Abtragungsart | 23 |
|     Transportart | 24 |
|     Ablagerungsart | 24 |
|   b) Hypsometrischer Formenwandel | 25 |
|   c) Peripher-zentraler Formenwandel | 26 |
|   d) West-östlicher Formenwandel | 27 |
| 3. Zonale und azonale Formen | 29 |
| 4. Klimageomorphologische Divergenzen und Konvergenzen | 32 |
| 5. Vorzeitformen | 37 |
|   a) Klimageomorphologische Ein- und Mehrschichtigkeit | 40 |
|   b) Vorzeit-, Jetztzeit- und Mehrzeitformen | 40 |
|   c) Reliefgenerationen | 41 |
|   d) Erkennung von Vorzeitformen | 42 |
|     Direkter Weg | 42 |
|     Indirekter Weg | 44 |
| 6. Vorzeitklimate | 49 |
| **II. Klimageomorphologische Zonen der Erde** | 57 |
| Zone 1 Formengruppen der arktischen und antarktischen Gletscherzone | 64 |
|   Verbreitung | 64 |
|   Klimatische und vegetationsgeographische Hauptmerkmale | 64 |
|   *Nordpolares Gletschergebiet* | 65 |
|   *Südpolargebiet* | 66 |
|   Vorzeitformen | 67 |
|   Klimageomorphologische Hauptmerkmale | 69 |
| Zone 2 Formengruppen der polaren und subpolaren Frostwechselzone | 71 |
|   Verbreitung | 71 |
|   Klimatische und vegetationsgeographische Hauptmerkmale | 71 |
|   *a) Polare Frostschuttzone* | 73 |
|     Verwitterungsart | 73 |
|     Dauerfrostboden | 75 |
|     Kryoturbationserscheinungen | 77 |
|     Freie Solifluktion | 80 |
|     Talbildung | 81 |
|     Äolische Ablagerungen | 83 |
|     Hypsometrischer Formenwandel | 83 |
|     Vorzeitformen | 83 |

      *b) Subpolare Tundrenzone* . . . . . . . . . . . . . . . 85
        Morphodynamische Prozesse . . . . . . . . . . . . . 85
        Gebundene Solifluktion . . . . . . . . . . . . . . . 86
        Talbildung . . . . . . . . . . . . . . . . . . . . 87
        Hypsometrischer Formenwandel . . . . . . . . . . . . 87
        Vorzeitformen . . . . . . . . . . . . . . . . . . 87
      Klimageomorphologische Hauptmerkmale (Zone 2a u. b) . . . 88

**Zone 3** Formengruppen der winterkalten (borealen) Waldklimate . . 94
    Verbreitung . . . . . . . . . . . . . . . . . . . . . 94
    Klimatische und vegetationsgeographische Hauptmerkmale . . 95
      Verwitterungsart . . . . . . . . . . . . . . . . . 96
      Bodentypus . . . . . . . . . . . . . . . . . . . 96
      Strang- und Netzmoore . . . . . . . . . . . . . . . 96
      Aufeishügel, Quelleiskuppen . . . . . . . . . . . . . 96
      Thermokarst . . . . . . . . . . . . . . . . . . . 97
      Talbildung . . . . . . . . . . . . . . . . . . . 97
      Hypsometrischer Formenwandel . . . . . . . . . . . . 98
      Vorzeitformen . . . . . . . . . . . . . . . . . . 98
    Klimageomorphologische Hauptmerkmale . . . . . . . . . 99

**Zone 4** Formengruppen der feucht-gemäßigten Waldklimate . . . . . 102
    Verbreitung . . . . . . . . . . . . . . . . . . . . . 102
    Klimatische und vegetationsgeographische Hauptmerkmale . . 102
      Verwitterungsart . . . . . . . . . . . . . . . . . 103
      Bodentypus . . . . . . . . . . . . . . . . . . . 103
      Flächenhafte Abtragung . . . . . . . . . . . . . . 104
      Spontane Massenversetzungen . . . . . . . . . . . . 104
      Hangformen . . . . . . . . . . . . . . . . . . . 105
      Lineare Tiefenerosion . . . . . . . . . . . . . . . 105
      Talsysteme . . . . . . . . . . . . . . . . . . . 105
      Hypsometrischer Formenwandel . . . . . . . . . . . . 105
      Vorzeitformen . . . . . . . . . . . . . . . . . . 107
    Klimageomorphologische Hauptmerkmale . . . . . . . . . 116

**Zone 5** Formengruppen der winterkalten Waldsteppen-, Steppen-,
    Halbwüsten-, Wüsten- und Hochwüstenklimate . . . . . . 130
    Verbreitung . . . . . . . . . . . . . . . . . . . . . 130
    Klimatische und vegetationsgeographische Hauptmerkmale . . 130
      Morphodynamik der Lößgebiete . . . . . . . . . . . . 132
      Bodentypus . . . . . . . . . . . . . . . . . . . 133
      Steppenschluchten . . . . . . . . . . . . . . . . . 134
      Formenschatz der Wüstensteppen und Kältewüsten . . . . 138
      Hypsometrischer Formenwandel . . . . . . . . . . . . 139
      Vorzeitformen . . . . . . . . . . . . . . . . . . 142
    Klimageomorphologische Hauptmerkmale . . . . . . . . . 144

**Zone 6** Formengruppen der außertropischen wechselfeuchten Klimate . 149
    *a) Mediterrane Winterregengebiete* . . . . . . . . . . . . 150
      Verbreitung . . . . . . . . . . . . . . . . . . . 150
      Klimatische und vegetationsgeographische Hauptmerkmale . . 151

|     |     |
| --- | --- |
| Verwitterungsart und Bodentypus | 151 |
| Formen der Abtragung | 154 |
| Flußnetz und Talformen | 155 |
| Hypsometrischer Formenwandel | 157 |
| Vorzeitformen | 160 |
| *b) Außertropisches Monsungebiet* | 173 |
| Verbreitung | 173 |
| Klimatische und vegetationsgeographische Hauptmerkmale | 173 |
| Formenschatz im Lößland | 174 |
| Verwitterungsart und Bodentypus | 175 |
| Abtragungsart | 176 |
| Formenschatz lößfreier Bergländer | 176 |
| Verwitterungsart und Bodentypus | 176 |
| Abtragungsart | 177 |
| Flußnetz und Talformen | 177 |
| Hypsometrischer Formenwandel | 179 |
| Vorzeitformen | 182 |
| Klimageomorphologische Hauptmerkmale (Zone 6a u. b) | 184 |

**Zone 7** Formengruppen der feuchten Subtropen (subtropisch-wechselfeuchter Klimate mit überwiegender Regenzeit, einschließlich subtropischer Monsunklimate) . . . . . . . . . . . . . . . 189

|     |     |
| --- | --- |
| Verbreitung | 189 |
| Klimatische und vegetationsgeographische Hauptmerkmale | 189 |
| Verwitterungsart und Bodentypus | 190 |
| Abtragungsart | 192 |
| Verkarstung | 193 |
| Flußnetz und intramontane Ebenen | 194 |
| Talformen | 198 |
| Flächenbildung | 199 |
| Hypsometrischer Formenwandel | 200 |
| Vorzeitformen | 200 |
| Klimageomorphologische Hauptmerkmale | 203 |

**Zone 8** Formengruppen der trockenen Subtropen (subtropisch-wechselfeuchter Klimate mit überwiegender Trockenzeit) . . . . . . 208

|     |     |
| --- | --- |
| Verbreitung | 208 |
| Klimatische und vegetationsgeographische Hauptmerkmale | 208 |
| Verwitterungsart und Bodentypus | 208 |
| Entwässerung und Talformen | 210 |
| Abtragung und Flächenbildung | 210 |
| Hypsometrischer Formenwandel | 214 |
| Vorzeitformen | 217 |
| Pleistozäner Klimaablauf | 218 |
| Klimageomorphologische Hauptmerkmale | 226 |

**Zone 9** Formengruppen der subtropisch-tropischen Wüstenklimate . . 237

|     |     |
| --- | --- |
| Verbreitung | 237 |
| Klimatische und vegetationsgeographische Hauptmerkmale | 237 |
| Wüstentypen | 238 |

| | |
|---|---|
| Verwitterungsart | 239 |
| Bodentypus | 243 |
| Abtragungs- und Transportart | 243 |
| Ablagerungsart | 248 |
| Schichtstufenlandschaften | 249 |
| Hangformen | 249 |
| Hypsometrischer Formenwandel | 251 |
| Vorzeitformen | 252 |
| Klimageomorphologische Hauptmerkmale | 255 |

**Zone 10** Formengruppen der trockenen Randtropen (tropisch-wechselfeuchter Klimate mit überwiegender Trockenzeit) . . . . . 264
    Verbreitung . . . . . . . . . . . . . . . . . . . . . . . . 264
    Klimatische und vegetationsgeographische Hauptmerkmale . . 265
        Verwitterungsart . . . . . . . . . . . . . . . . . . . . 266
        Bodentypus . . . . . . . . . . . . . . . . . . . . . . . 267
        Abtragungs- und Transportart . . . . . . . . . . . . . 268
        Rezente Flächenbildung . . . . . . . . . . . . . . . . 271
        Hangprofile . . . . . . . . . . . . . . . . . . . . . . . 272
        Inselberge . . . . . . . . . . . . . . . . . . . . . . . . 272
        Hypsometrischer Formenwandel . . . . . . . . . . . . 273
        Vorzeitformen . . . . . . . . . . . . . . . . . . . . . 275
    Klimageomorphologische Hauptmerkmale . . . . . . . . . . 282

**Zone 11** Formengruppen der wechselfeuchten Tropen . . . . . . . . 290
    Verbreitung . . . . . . . . . . . . . . . . . . . . . . . . 290
    Klimatische und vegetationsgeographische Hauptmerkmale . . 291
        Verwitterungsart und Bodentypus . . . . . . . . . . . 292
        Abtragungsart . . . . . . . . . . . . . . . . . . . . . 296
        Gewässer- und Talnetz . . . . . . . . . . . . . . . . . 298
        Gebirgs- und Rückenrelief . . . . . . . . . . . . . . . 300
        Inselberg-Problem . . . . . . . . . . . . . . . . . . . 301
        Aufschüttungsebenen . . . . . . . . . . . . . . . . . . 305
        Hypsometrischer Formenwandel . . . . . . . . . . . . 306
        Vorzeitformen . . . . . . . . . . . . . . . . . . . . . 311
    Klimageomorphologische Hauptmerkmale . . . . . . . . . . 316

**Zone 12** Formengruppen der immerfeuchten Tropen . . . . . . . . . 326
    Verbreitung . . . . . . . . . . . . . . . . . . . . . . . . 326
    Klimatische und vegetationsgeographische Hauptmerkmale . . 326
        Verwitterungsart und Bodentypus . . . . . . . . . . . 327
        Abtragungsart . . . . . . . . . . . . . . . . . . . . . 332
        Fluß- und Talnetz . . . . . . . . . . . . . . . . . . . 335
        Schichtstufenlandschaften . . . . . . . . . . . . . . . 337
        Aufschüttungsebenen . . . . . . . . . . . . . . . . . . 338
        Hypsometrischer Formenwandel . . . . . . . . . . . . 342
        Vorzeitformen . . . . . . . . . . . . . . . . . . . . . 344
    Klimageomorphologische Hauptmerkmale . . . . . . . . . . 348

Register . . . . . . . . . . . . . . . . . . . . . . . . . . . . . . 357

# I. Landformen und Klima

Exogene Formung des Reliefs abhängig von:
1) tektonisch geschaffener (endogener) Rohform = Epirovarianz[1],
2) Art des anstehenden Gesteins = Petrovarianz[2],
3) Art der Vegetationsdecke = Phytovarianz[3],
4) klimatisch gesteuerten morphodynamischen Prozessen = Klimavarianz.

Begriffe *Epirovarianz, Petrovarianz, Klimavarianz* von J. BÜDEL (1963) in geomorphologische Terminologie eingeführt, durch *Phytovarianz* zu ergänzen; drücken Abhängigkeit, Differenzierung und Modifikation der Oberflächenformen von den *4 entscheidenden Grundfaktoren:* Tektonik, Gesteinsunterlage, Klima und Pflanzenkleid aus. Aus ihrem Zusammenspiel resultiert der im systematischen Überblick (Geomorphologie in Stichworten, Teil I—III) behandelte Formenschatz.

*Wirkungen* tektonischer Hebung und Senkung oder Fließgesetze abrinnenden Wassers überall auf der Erde gleich; *endogene Morphogenese* völlig unabhängig vom Klima, aber *morphodynamischer Effekt* fließenden Wassers sehr verschieden: unterschiedliche Art des Abflusses (linien- oder flächenhaft), des Abflußrhythmus (jahreszeitlich oder ganzjährig), unterschiedliche Aufbereitung des Untergrundes durch Oberflächen- oder durch Tiefenverwitterung, qualitatives und quantitatives Verhältnis der einzelnen formenbildenden Faktoren zueinander bestimmen reale Dynamik reliefbildender Prozesse.

*Beispiel:* Erosionsleistung eines Flusses und entstehende Talform nicht nur von großer oder kleiner Wassermenge bzw. deren Zu- oder Abnahme abhängig. In Gebieten allgemein geringer, jedoch jahreszeitlich ruckweise ansteigender Wasserführung (Winterregen- und Monsunklimate) meist breite Talböden, die von Hochwässern völlig eingenommen und in ganzer Breite tiefergelegt werden. Wird durch Klimawechsel periodische Wasserführung durch ganzjährige abgelöst, schneidet sich Fluß linear in bisherigen breiten Talboden ein; Reste bleiben als Terrassen erhalten.

Gleichartige tektonische Rohformen (z. B. Vulkane, Grabenbrüche) oder Gesteine (z. B. Granit, Kalk, Sandstein) sind weltweit verbreitet; ihre Rolle in Reliefgenese und Reaktion auf bestimmte morphodynamische Prozesse ist jedoch in hohem Maße abhängig von klimatischen Einflüssen und auf ihnen beruhender spezifischer Kombination landformender Kräfte. Dieses Kräftespiel vor allem gekennzeichnet durch regional wechselnde Wirkungsanteile von Feuchtigkeit und Trockenheit, Wärme und

---

1) griech. epeiros = Festland, lat. varius = verschieden
2) griech. petros = Stein
3) griech. phyton = Pflanze

Kälte; resultierendes Formenbild daher von Klimazone zu Klimazone verschieden.

Wirkungen klimatypischen exogenen Kräftespiels am augenfälligsten und am frühesten beobachtet an den Kleinformen; durch neuere Forschung jedoch immer mehr Bedeutung klimagebundener Umformung von Großformen gleicher endogener Anlage erkannt, z. B. in Entwicklung weltweit verbreiteter Schichtstufenlandschaften.

J. BÜDEL spricht von charakteristischen klimageomorphologischen *Prägeformen*, W. PANZER von *Formenstil*, H. LOUIS von *Formengesellschaften* verschiedener klimatischer Regionen. Gleiche Rolle wie Leitfossilien in der Paläontologie spielen derartige *Leitformen* in der Klimageomorphologie.

*Relief-Klimax*[1], d. h. Endstufe möglicher Entwicklung, ist erreicht, wenn realer Formenschatz vollkommenes Abbild klimatypischer Bildungsbedingungen ist. Dies jedoch nur in klimageomorphologisch *konservativen Räumen* (→ IV, 37) der Fall; in der Regel vorzeitiger Abbruch der Entwicklung durch Klimawechsel und Aktivierung neuer Formungsmechanismen.

Manche klimaspezifischen Formen haben sehr engen, andere außerordentlich weiten Verbreitungsbereich. Kryoturbationserscheinungen[2] z. B. auf Frostwechselklimate, Moränen auf Vereisungsgebiete beschränkt; dagegen Karren, Dolinen und Poljen, mit Ausnahme der vollariden Gebiete, weltweit verbreitet, daher als karstmorphologische „Kosmopoliten" bezeichnet (A. GERSTENHAUER). Nur Bildung von Karstkegeln an wechsel- und immerfeuchtes tropisches Klima gebunden.

Der älteren, vorwiegend von Tektonik und geologischen Strukturen ausgehenden Betrachtungsweise (Strukturgeomorphologie) ist daher neuer Forschungszweig der Klimamorphologie oder besser (da Wortbildung nicht ganz korrekt) der *Klimageomorphologie* oder klimatischen Geomorphologie an die Seite zu stellen. Ihre *Aufgaben:*

1) Analyse klimaspezifischer morphodynamischer Prozesse,

2) synthetische Erfassung des daraus resultierenden Formenschatzes,

3) Unterscheidung zonaler, makroklimatisch geprägter Formengruppen von azonalen, mikroklimatisch oder edaphisch[3] bedingten Erscheinungen,

4) Trennung der Jetztzeitformen von Vorzeitformen,

---

1) griech. klimax = Stufenleiter, Treppe
2) griech. kryos = Kälte, lat. turbare = verwirren
3) griech. edaphos = Erdboden; bodenbedingt

5) Auflösung des heterogenetischen[1] Formenmosaiks in Reliefgenerationen, d. h. syngenetische[2] Formenkomplexe (= Klimagenetische Geomorphologie),

6) Gliederung der Erdoberfläche in Gebiete gleichartiger Morphodynamik.

Beim Studium klimageomorphologischer Aktualvorgänge, d. h. der sich in einer Klimazone jährlich oder jahreszeitlich im gleichen Sinne wiederholenden morphodynamischen Prozesse, darf nicht Wirkung *episodisch* auftretender Vorgänge von ungewöhnlichem Effekt übersehen werden. Alle Formen spontaner Massenversetzungen (Muren, Bergstürze, → II, 64 ff.), Hochwässer, Dauerregen u. ä. vermögen Reliefglieder zu schaffen, die aus Formenschema betreffender Klimazone herausfallen. Gefahr der *Fehldeutung* als fossile, d. h. andersartigem Vorzeitklima zuzuordnende Erscheinungen, da wegen Seltenheit solcher „Klein-Katastrophen" (J. BÜDEL) nur zufällig Kontrollbeobachtungen möglich sind.

Überschwemmungskatastrophe in *Tunesien* 1969 bot Gelegenheit zur Untersuchung derartiger exzeptioneller Abtragungsvorgänge, die nicht morphodynamischem Normalbild entsprechen, dennoch für subtropische Trockengebiete formenprägend sind.

Andererseits großer Komplex anthropogen beeinflußter Oberflächenformen (→ III, 167 ff.) sorgfältig auf Verquickung mit klimageomorphologisch begründeten Prozessen zu prüfen. Menschliche Eingriffe oft nur Auslösungsursache solcher von H. MORTENSEN als „quasinatürlich" bezeichneten Formungsprozesse.

### Literatur

#### a) Lehrbücher und Arbeiten zu Grundfragen der Klimageomorphologie

BÜDEL, J.: Das System der klimatischen Morphologie. Wiss. Verh. Dt. Geographentag München 1948, Landshut 1950, S. 65-100

—: Morphogenese des Festlandes in Abhängigkeit von den Klimazonen. Naturwissenschaften 48, 1961, S. 313-319

—: Klima-genetische Geomorphologie. Geogr. Rdsch., 1963, S. 269-286

—: Das System der klima-genetischen Geomorphologie. Erdkunde 23, 1969, S. 165-183

—: Das natürliche System der Geomorphologie. Würzburger Geogr. Arb. 34, 1971

—: Aufriß des natürlichen Systems der Geomorphologie. Würzburger Geogr. Arb. 34a, 1971

---

1) griech. hetero = anders, ungleich; genesthai = entstehen
2) griech. syn = mit, zusammen

CAILLEUX, A. u. TRICART, J.: Introduction à la géomorphologie climatique. Centre de documentation de l'université, Paris 1955
LOUIS, H.: Allgemeine Geomorphologie. Lehrbuch der Allgemeinen Geographie, hrsg. v. E. OBST, Bd. 1, Berlin 1968³
MACHATSCHEK, F.: Geomorphologie. Stuttgart 1973¹⁰
PANZER, W.: Geomorphologie. Das Geographische Seminar. Braunschweig 1970³
RATHJENS, C. (Hrsg.): Klimatische Geomorphologie. Darmstadt 1971
ROHDENBURG, H.: Einführung in die klimagenetische Geomorphologie anhand eines Systems von Modellvorstellungen am Beispiel des fluvialen Abtragungsreliefs. Gießen 1971
SCHAEFER, I.: Landformen und Klima. In: F. MACHATSCHEK, Geomorphologie, Stuttgart 1959⁷, S. 185–211
THORBECKE, F. (Hrsg.): Morphologie der Klimazonen. Düsseldorfer Geogr. Vorträge, Verh. 89. Tagung Ges. dt. Naturforscher u. Ärzte 1926. Breslau 1927
TRICART, J.: Principes et Méthodes de la Géomorphologie. Paris 1965
– u. CAILLEUX, A.: Traité de Géomorphologie. Paris 1960 ff.
TROLL, C.: Inhalt, Probleme und Methoden geomorphologischer Forschung (mit besonderer Berücksichtigung der klimatischen Fragestellung). Geol. Jb. 80, Beih. 1969, S. 225-257
WEBER, H.: Die Oberflächenformen des festen Landes. Leipzig 1967²
WILHELMY, H.: Klimamorphologie der Massengesteine. Braunschweig 1958

### b) Abhandlungen und Aufsätze zu Einzelfragen der Klimageomorphologie

BECKER, H.: Vergleichende Betrachtung der Entstehung von Erdpyramiden in verschiedenen Klimagebieten der Erde. Kölner Geogr. Arb. 17, 1966
BIBUS, E. u. SEMMEL, A.: Geomorphologie arider Gebiete. Z. Geomorph., Suppl. Bd. 15, 1972
BIROT, P.: Le cycle d'érosion sous les différents climats. Curso de Altos Estudos Geográficos I., Rio de Janeiro 1960
BROCHU, M.: Essai de définition des grandes zones périglaciaires du Globe. Z. Geomorph., N. F. 8, 1964, S. 32-39
BRONGER, A.: Pedimentbildung im warmtrockenen und im periglazialen Klima? Erdkunde 22, 1968, S. 324-326
BRYAN, K. u. MASON, S. L.: Asymmetric valleys and climatic boundaries. Science 75, 1932
BÜDEL, J.: Die klimatischen Bedingungen der Rumpftreppenbildung. C. R. Congr. Internat. Géogr., Section IIa, Géogr. Phys., Amsterdam 1938, S. 205-206
–: Die klimabedingten Verwitterungstypen der Massengesteine nach H. WILHELMY. Die Erde, 1959, S. 362-366
–: Pedimente, Rumpfflächen und Rücklandsteilhänge; deren aktive und passive Rückverlegung in verschiedenen Klimaten. Z. Geomorph., N. F. 14, 1970, S. 1-57
–: Typen der Talbildung in verschiedenen klimamorphologischen Zonen. Z. Geomorph., Suppl. Bd. 14, 1972, S. 1-20
COTTON, C. A.: Climatic accidents in landscape making. New York 1942, 2. Aufl. New York o. J.

Davis, W. M.: Rock floors in arid and humid climates. J. Geol. 38, 1930, S. 1-27 u. 136-158
Fournier, F.: Climat et érosion. La relation entre l'érosion du sol par l'eau et les précipitations atmosphériques. Paris 1960
Gavrilović, D.: Die Überschwemmungen im Wadi Bardagué im Jahr 1968 (Tibesti, Rep. du Tchad). Z. Geomorph., N. F. 14, 1970, S. 202—218
Gerstenhauer, A.: Offene Fragen der Klimagenetischen Karstgeomorphologie. Der Einfluß der $CO_2$-Konzentration in der Bodenluft auf die Landformung. Problems of the Karst Denudation, Brno 1969, S. 43—51
Gossmann, H.: Theorien zur Hangentwicklung in verschiedenen Klimazonen. Würzburger Geogr. Arb. 31, 1970
Hempel, L.: Studien über Verwitterung und Formenbildung im Buntsandstein. Ein Beitrag zur klimatischen Morphologie. Göttinger Geogr. Abh., H. 11, 1952
—: Studien über Verwitterung u. Formenbildung im Muschelkalkgestein. Ein Beitrag zur klimatischen Morphologie. Göttinger Geogr. Abh., H. 18, 1955
—: Gesteinsstruktur und klimatisch bedingte Formungstendenzen. Tagungsber. u. wiss. Abh., Dt. Geographentag Hamburg 1955, Wiesbaden 1957, S. 331-337
Holmes, C. D.: Geomorphic development in humid and arid regions: a synthesis. Amer. J. Sci. 253, 1955, S. 377-390
—: Equilibrium in humid climate physiographic processes. Amer. J. Sci. 262, 1964, S. 436-445
Jessen, O.: Reliefasymmetrie und Auslage. Peterm. Geogr. Mitt. 81, 1935, S. 400-404, 433-436
Lehmann, H. (Hrsg.): Das Karstphänomen in den verschiedenen Klimazonen. 1. Bericht von der Arbeitstagung der Internat. Karstkommission Frankfurt/M. 1953. Erdkunde 8, 1954, S. 112-139
—: Der Einfluß des Klimas auf die morphologische Entwicklung des Karstes. Rep. Comm. Karst Phenomena, New York 1956, S. 3-6
Louis, H.: Rumpfflächenproblem, Erosionszyklus und Klimageomorphologie. Peterm. Geogr. Mitt., Erg.-H. 262, Machatschek-Festschr., 1957, S. 9-26
—: The Davis'ian Cycle of Erosion and Climatic Geomorphology. Proceedings of IGU Regional Conference in Japan 1957. Tokyo 1959, S. 164-166
—: Singular and general features of valley-deepening as resulting from tectonic or from climatic causes. Z. Geomorph., N. F. 13, 1969, S. 472-480
Mensching, H., Giessner, K. u. Stuckmann, G.: Die Hochwasserkatastrophe in Tunesien im Herbst 1969. Beobachtungen über die Auswirkungen in der Natur- und Kulturlandschaft. Geogr. Z. 58, 1970, S. 81-94
Meyer, A.: Über einige Zusammenhänge zwischen Klima und Boden in Europa. Chemie der Erde 2, 1926, S. 209-347
Mortensen, H. u. Hövermann, J.: Beitrag zur Frage der klimatisch-bedingten Hangentwicklung. 1. Rapp. Comm. l'Étude Versants, I. G. U. Amsterdam 1956, S. 149-155
Panzer, W.: Küstenform und Klima. Tagungsber. u. wiss. Abh. Dt. Geographentag Frankfurt 1951, Remagen 1952, S. 205-217
Sweeting, M. M. u. Gerstenhauer, A.: Zur Frage der absoluten Geschwindigkeit der Kalkkorrosion in verschiedenen Klimaten. Z. Geomorph., Suppl.-Bd. 2, 1960, S. 66-73

TRICART, J.: Les caractéristiques fondamentales du système morphogénétique des pays tropicaux humides. L'information géographique, 25, 4, 1961
—: Géomorphologie des Régions Froides. Paris 1962
—: Le modelé des régions chaudes, forêts et savannes. Traité de géomorphologie par J. TRICART et A. CAILLEUX, Bd. 5, Paris 1965
—: Le modelé des régions périglaciaires. Traité de Géomorphologie, Bd. 2, Paris 1967
— u. CAILLEUX, A.: Le modelé des régions sèches, 2 Bde. Les cours de Sorbonne I, Paris 1964
TROLL, C.: Schmelzung und Verdunstung von Eis und Schnee in ihrem Verhältnis zur geographischen Verbreitung der Ablationsformen. Erdkunde 3, 1949, S. 18-29
ZWITTKOVITS, F.: Klimabedingte Karstformen in den Alpen, den Dinariden und im Taurus. Mitt. Geogr. Ges. Wien 108, 1966, S. 72-97

# 1. Entwicklung und gegenwärtiger Stand klimageomorphologischer Forschung

Erste Versuche einer Differenzierung klimabedingter Verwitterungs- und Bodenbildungsprozesse bei F. v. RICHTHOFEN (1886), systematisch fortgesetzt vor allem von russischen und amerikanischen Bodenkundlern (→ II, 34).

Ausgehend von Gliederung in nivale[1], humide[2] und aride[3] Klimate, unterschied A. PENCK (1910) *3 klimaspezifische Abflußtypen und Formenkreise:*

*im nivalen Klima* Niederschläge als Schnee, Gletscher anstelle von Flüssen, subglaziale Landformung,

*im humiden Klima* voll entwickelte Fluß- und Talnetze, Süßwasserseen mit Abfluß,

*im ariden Klima* Trockentäler mit episodischen Flüssen, Fremdlingsflüsse, abflußlose Salzseen.

Spätere Verfeinerung durch Untergliederung in seminivale[4], semihumide und semiaride Übergangsgebiete. In Anlehnung an PENCK behandelte W. M. DAVIS in „Grundzüge der Physiogeographie" (1911) in speziellen Abschnitten Landformen des ariden, nivalen und feucht-heißen Klimas.

---

1) lat. nix, nivis = Schnee; Schneeklima, Niederschläge fallen in fester Form
2) lat. humidus = feucht; Jahresniederschläge größer als mögliche Verdunstung
3) lat. aridus = trocken; Jahresniederschläge geringer als mögliche Verdunstung
4) lat. semi = halb

A. Hettners „Oberflächenformen des Festlandes" (1921) enthalten ein Kapitel über Abhängigkeit der Kleinformen vom Klima, A. Philippsons „Grundzüge der Allgemeinen Geographie" (1924) geben bereits umfassenden Überblick über damaligen Forschungsstand der „klimatischen Morphologie"; dieser Begriff erstmalig von Philippson verwendet. J. Walthers „Gesetz der Wüstenbildung" (1924⁴) und K. Sappers „Geomorphologie der feuchten Tropen" (1935) umrissen schon im modernen Sinne typischen Formenschatz extremer Klimagebiete.

A. Pencks „physiographische" Klimatypen sind in Wahrheit Großtypen des *Wasserhaushalts* auf Grund der Jahresbilanz Niederschlag/Verdunstung. *Klimatische Trockengrenze*, an der sich Niederschlag und Verdunstung die Waage halten, trennt humide von ariden Gebieten. Verfeinerung der Typisierung durch Unterscheidung von humiden und ariden *Jahreszeiten* (W. Lauer 1952).

Für Ablauf von Verwitterungs- und Abtragungsvorgängen, d. h. für gesamten Formungsmechanismus, ist wichtig, wie lange Regen- und Trockenzeiten dauern, ob 1 oder 2 Regen- bzw. Trockenzeiten wirksam werden, ob Niederschläge in warmer oder in kalter Jahreszeit als Dauer- oder als Schlagregen fallen, ob jahreszeitliche oder tageszeitliche Temperaturschwankungen dominieren usw. Klimatische Nuancen finden Ausdruck im Zusammenspiel von Oberflächen- und Tiefenverwitterung, linien- und flächenhafter Abtragung.

„Morphologie der Klimazonen" in weltweitem Überblick erstmals dargestellt 1926 in Düsseldorfer Vorträgen, hrsg. von F. Thorbecke (1927), mit Beiträgen von W. Behrmann, F. Jaeger, E. Kaiser, F. Klute, F. Machatschek, H. Mortensen, S. Passarge, H. Schmitthenner und F. Thorbecke.

Studien dieses bahnbrechenden Sammelwerks vorwiegend *aktualistisch* orientiert: Formenschatz der einzelnen Klimazonen wird als Ergebnis gegenwärtig wirkenden Klimas gesehen. Demgegenüber von S. Passarge schon frühzeitig (1912) darauf verwiesen, daß rezente „Arbeitsformen" im Landschaftsbild eng mit fossilen „Ruheformen" — *Vorzeitformen* — verzahnt sind.

Dieser Gedanke vor allem von J. Büdel seit 1933 aufgegriffen. Da sich Klimaänderungen schneller vollziehen als Formenänderungen, spiegeln sich im Relief der Erde morphodynamische Vorgänge der Gegenwart *und* der Vergangenheit. Mehrere *Reliefgenerationen,* d. h. unter ganz spezifischen, heute nicht mehr gegebenen Klimabedingungen entstandene Formengruppen, bilden *Mosaik fossiler und rezenter,* in- und miteinander verschachtelter *Gefügeglieder.*

*Beispiele:* durch feuchttropische Tiefenverwitterung entstandene Grundhöcker, die rezente Sandschwemmebenen der Sahara durchragen; pleistozäner

Kliff-Geestrand mit vorgelagerter holozäner Marsch Dithmarschens; rezente Karsterscheinungen auf tertiären Einebnungsflächen des Berchtesgadener Landes; miozäne, unter tropischen Klimabedingungen entstandene Inselberge Mittelschlesiens, die quartäre Aufschüttungsebene überragen.

Systematischer Ausbau des Lehrgebäudes von BÜDEL seit erster Konzipierung seines „System der klimatischen Morphologie" (1948, veröffentlicht 1950) über Entwurf einer „Klima-genetischen Geomorphologie" (1963) und dessen Verfeinerung im „System der klima-genetischen Geomorphologie" (1969); sein 1971 zur Diskussion gestelltes *„Natürliches System der Geomorphologie"* umfaßt *5 Teilbereiche* geomorphologischer Forschung und Darstellung:

1) *Reliefanalyse:* grenzt in horizontaler und vertikaler Gliederung Grundtypen des Reliefs gegeneinander ab, z. B. Hoch- von Tiefschollen, Hebungs- von Senkungsgebieten, Abtragungs- von Aufschüttungsbereichen. Im Vordergrund steht Analyse endogener Rohform.

2) *Dynamische Geomorphologie:* untersucht in wertend vergleichender Betrachtung alle physikalischen und chemischen Einzelvorgänge, die an bestimmter Erdstelle im heutigen Formungsmechanismus zusammenwirken.

3) *Klimatische Geomorphologie:* erfaßt Unterschiede morphodynamischer Vorgänge in den einzelnen Klimabereichen und grenzt in synthetischer Zusammenschau Raumeinheiten (Zonen) gleichsinnig zusammenwirkender Formungsmechanismen gegeneinander ab.

4) *Klimagenetische Geomorphologie:* differenziert die in Zeiten verschiedenartiger Klimaeinflüsse (Formungsmechanismen) entstandenen Fromengruppen im zeitlichen Sinn (Reliefgenerationen).

5) *Synaktive Geomorphologie:* klärt Beziehungen zwischen ererbtem Gesamtrelief und rezenten Vorgängen traditioneller Weiterbildung, Umprägung oder Zerstörung.

BÜDELS „Natürliches System" ist geeignet, analytische und synthetische, prozessuale und genetische, systematische und regionale geomorphologische Forschung und Darstellung unter den 4 Aspekten der Epirovarianz, Petrovarianz, Phytovarianz und Klimavarianz zu vereinigen, dadurch Erkenntnisse älterer Strukturgeomorphologie mit denen der Klimageomorphologie zu geschlossenem Lehrgebäude zusammenzufügen.

In Lehrbüchern von H. LOUIS, H. WEBER, F. MACHATSCHEK (in Neubearbeitung von H. GRAUL und C. RATHJENS) und W. PANZER spiegelt sich gegenüber älteren Werken veränderte Betrachtungsweise wider, vielfach auch in kritischer Stellungnahme, wo Gefahr einseitiger Überbetonung klimageomorphologischer Aspekte besteht.

Unterscheidung zwischen Klima- und Gesteinsbedingtheit einer Oberflächenform nicht immer leicht. Sicherster Weg der Differenzierung durch Untersuchung des Formenschatzes *gleichartiger*, in allen Klimazonen auftretender Gesteine. Auf diese Weise Eliminierung des Modifikationsfaktors „Gestein" und Möglichkeit zu echtem Vergleich klimagebundener Formen. Studium unterschiedlicher Verwitterungs- und Abtragungsformen der in allen Erdteilen verbreiteten Massengesteine klärt Frage ihrer morphologischen Wertigkeit in unterschiedlichen Klimazonen, erlaubt Vergleich rezenter klimageomorphologischer Formengruppen und Trennung zwischen Gegenwarts- und Vorzeitformen (H. WILHELMY). Ähnlich führen weltweit orientierte Untersuchungen in Gebieten leicht löslicher Kalke (H. LEHMANN, A. GERSTENHAUER u. a.) zu klimatischer Differenzierung der Karsterscheinungen.

Feststellung der Gesteinsabhängigkeit einer Form oder Formengruppe beweist keineswegs Unabhängigkeit ihrer Entstehung von klimatischen Einflüssen. Großteil klimageomorphologischer Prägeformen ist zwar durch Petrovarianz wesentlich mitbestimmt, aber ausschließliche Gesteinsbedingtheit einer Formengruppe ohne Klimavarianz nicht denkbar, da Klimaeinflüsse allgegenwärtig sind. These von W. PENCK und C. SCHOTT, daß z. B. Blockbildung in Massengesteinen nicht klimagebunden, sondern ausschließlich gesteinsbedingt sei, ist in dieser Gegenüberstellung verfehlt; ebenso Überbetonung der Gesteinsbedingtheit in Entwicklung mitteleuropäischer Schichtstufenlandschaften durch G. WAGNER u. a. Weitgehende Anpassung (Adaption) von Oberflächenformen an bes. widerständige Gesteine (Schichtpakete) nur in Trockengebieten und im Frostwechselbereich, letztlich also auch durch klimatische Bedingungen gesteuert.

## Literatur

DAVIS, W. M. u. BRAUN, G.: Grundzüge der Physiogeographie. Leipzig-Berlin 1911

HETTNER, A.: Die Oberflächenformen des Festlandes. Leipzig-Berlin 1921

LAUER, W.: Humide und aride Jahreszeiten in Südamerika und Afrika und ihre Beziehungen zu den Vegetationsgürteln. Bonner Geogr. Abh. 9, Bonn 1952, S. 15-98

LOUIS, H.: Über Weiterentwicklungen in den Grundvorstellungen der Geomorphologie. Z. Geomorph., N. F. 5, 1961, S. 194-210

MORTENSEN, H.: Sechzig Jahre moderne geographische Morphologie. Jb. Akad. Wiss. Göttingen, 1943/44, S. 33-77

PASSARGE, S.: Physiologische Morphologie. Mitt. Geogr. Ges. Hamburg 26, 1912

—: Morphologischer Atlas, Lfg. I: Morphologie des Meßtischblattes Stadtremda. Hamburg 1914

—: Die Oberflächengestaltung der Erde (Grundlagen der Landschaftskunde, Bd. 3). Hamburg 1920

Penck, A.: Versuch einer Klimaklassifikation auf physiographischer Grundlage. Sitzungsber. Preuß. Akad. Wiss., Phys.-math. Kl. 12, Berlin 1910, S. 236-246
Penck, W.: Die morphologische Analyse. Ein Kapitel der physikalischen Geologie. Stuttgart 1924
Philippson, A.: Grundzüge der Allgemeinen Geographie. Bd. II, 2, Morphologie, Leipzig 1924
Richthofen, F. v.: Führer für Forschungsreisende. Berlin 1886
Sapper, K.: Geomorphologie der feuchten Tropen. Geogr. Schr. 7, Leipzig-Berlin 1935
Schott, C.: Die Blockmeere in den deutschen Mittelgebirgen. Forsch. dt. Landes- u. Volkskde., 29, H. 1, Stuttgart 1931
Wagner, G.: Einführung in die Erd- und Landschaftsgeschichte mit besonderer Berücksichtigung Süddeutschlands. Öhringen 1960³
Walther, J.: Das Gesetz der Wüstenbildung in Gegenwart und Vorzeit. Leipzig 1924⁴

## 2. Klimageomorphologischer Formenwandel

Durch Tektonik geschaffene Höhenlage, d. h. Höhe des betreffenden Schollenstücks über Meeresspiegel, und geographische Lage des Krustenteils im Gradnetz fixieren *Ausgangssituation* für alle formverändernden Prozesse. Diese unterliegen nicht nur graduellen, sondern prinzipiellen Veränderungen.

*Beispiel:* Hangprofile der Inselberge in Massengesteinen ändern sich von Klimazone zu Klimazone, aber innerhalb jeder Klimazone entsprechen sie klimageomorphologischem „Normalprofil", wie es auch Hänge benachbarter, aus Sedimentgesteinen aufgebauter Berge zeigt. Im immerfeuchten Tropenklima konkaver Hangfuß der Inselberge aus tiefgründiger, von Regenwald bedeckter Verwitterungsdecke; konvexes Hangprofil mit charakteristischem Fußknick nur im wechselfeuchten Tropenklima (→ IV, 303), Abspülung angefallenen Schutts in Regenzeit. Wiederum konkaves Hangprofil in Randtropen und vollaridem Klima, wo Fußzone der Inselberge ständig innerhalb ihrer Schutthülle verbleibt.

Tatsache, daß Massengesteine zu etwas steileren Böschungen neigen als Kalke oder Sandsteine, ändert nichts an grundsätzlicher Formenübereinstimmung *innerhalb* jeweiliger Klimazone und Formenänderung bei Änderung des Klimatyps. Daher Berechtigung, von *klimageomorphologischem Formenwandel* im Sinne der 4 Richtungstypen oder Kategorien H. Lautensachs (1952) zu sprechen: planetarischer, hypsometrischer, peripher-zentraler und west-östlicher Formenwandel.

## a) Planetarischer Formenwandel

Umfaßt klimabedingte Veränderung morphodynamischer Vorgänge vom Pol zum Äquator. Folgende 5 *Teilfaktoren* des komplexen Gesamtprozesses können sich von Klimazone zu Klimazone wandeln:

*Verwitterungsart:* Anteil der physikalischen und chemischen bzw. Oberflächen- und Tiefenverwitterung.

*Bodentypus:* Abhängigkeit von Klima, Vegetation, Grundwasserzirkulation, d. h. absteigendem oder aufsteigendem Grundwasserstrom.

*Abtragungsart:* Verhältnis von Erosion zu Denudation, Dominanz linienhafter oder flächenhafter Abtragung, überwiegende Tiefen- oder Seitenerosion.

*Transportart:* Verfrachtung durch Flüsse, Schichtfluten, allmähliche Massenbewegungen oder Wind.

*Ablagerungsart:* Entstehung von Schwemmlandebenen, Sand- oder Schotterfeldern, Schuttfächern, Moränen, Dünen u. a.

In Natur außerordentlich komplexe Wirkungsgefüge sind aufzulösen, Bedeutung der Teilfaktoren ist qualitativ und quantitativ zu analysieren, sodann synthetisch in Gesamtwirkung zu erfassen.

### Verwitterungsart

*Physikalische* und *chemische* Verwitterung wandeln sich in ihrem Wirkungsanteil in Abhängigkeit von Temperatur und Niederschlag. In ariden Gebieten und Frostwechselklimaten Vorherrschen physikalischer, in warm-humiden Gebieten chemischer Verwitterung. Beide Verwitterungsarten in großen Zügen mit *Oberflächen-* bzw. *Tiefenverwitterung* gleichzusetzen, jedoch nicht völlig, denn chemische Prozesse, z. B. Lösung von Kalken und Silikaten, sind auch an Oberflächenverwitterung, physikalische Vorgänge auch an Tiefenverwitterung beteiligt, z. B. Eisrindeneffekt im tieferen Unterboden subpolarer Breiten.

*Morphologische Wertigkeit der Gesteine* von Dominanz jeweiliger Verwitterungsart bestimmt. Granit ist in Gebieten überwiegender Oberflächenverwitterung (Wüsten, Arktis) morphologisch hartes, hingegen unter Einfluß starker Tiefenverwitterung (Tropen) sich schnell zersetzendes weiches Gestein. Ähnliche Unterschiede bei Kalken, Schiefern oder Sandsteinen.

*Wirkungsanteile* der chemischen oder der physikalischen Verwitterung nicht nur regional verschieden; können sich auch an gleicher Erdstelle jahreszeitlich ändern, z. B. in feucht-gemäßigten Klimaten mit winterlichem Frost oder in wechselfeuchten Klimaten, in denen Regenzeit auf längere Trockenperiode folgt, wie in Winterregen- und außertropischen Monsungebieten. Dabei für morphodynamische Prozesse von großer Bedeutung, daß Niederschläge in Winterregengebieten in kühler, in Monsungebieten in heißer Jahreszeit fallen.

*Planetarischer Formenwandel der Verwitterungsarten*

*Im polaren und subpolaren Frostwechselklima:* starke Frostverwitterung; als Eisrindeneffekt, bes. unter Flußläufen, tief in den Untergrund greifend; geringe chemische Verwitterung infolge fehlender Wärme.

*In winterkalten Waldklimaten:* gegenüber Frostwechselklimaten relatives Zurücktreten physikalischer und schwache Aktivierung chemischer Verwitterung.

*Im feucht-gemäßigten Klima:* mäßig starke physikalische und chemische Verwitterung bei jahreszeitlich veränderlichen Wirkungsanteilen; Verkarstung mittleren Grades.

*In Winterregen- und außertropischen Monsunklimaten:* jahreszeitlich in Ausmaß und jeweiligem Anteil wechselnde, mittelstarke bis starke physikalische und chemische Verwitterung; lebhafte Verkarstung.

*In semiariden subtropischen Klimaten:* ähnlich wie in Winterregenklimaten, jedoch stärkerer Anteil physikalischer Verwitterung; schwache Verkarstung.

*Im Wüstenklima:* starke physikalische Verwitterung, wegen Feuchtigkeitsmangel nur geringe chemische Verwitterung, vorwiegend als Salzverwitterung; minimale unterirdische Verkarstung.

*In wechselfeuchten Tropenklimaten einschl. tropischen Monsunklimas:* starke physikalische Verwitterung in Trockenzeiten, starke chemische Verwitterung in Regenzeiten; kräftige Verkarstung.

*Im immerfeuchten Tropenklima:* geringe physikalische, ganzjährig starke chemische Verwitterung; maximale Verkarstung.

*Ergebnisse* regional unterschiedlicher Wirkungsanteile physikalischer und chemischer Verwitterung:

— *scharfkantiger* Blockschutt infolge überwiegend *mechanischer* Verwitterung in Arktis und Frostwechselzone hoher Gebirge sowie in ariden Gebieten. In Wüsten setzt Mangel an Wasser Wirksamkeit chemischer Verwitterung herab; in polaren Breiten ist zwar Wasser reichlich vorhanden, niedrige Temperaturen verhindern aber dort deren volle chemische Wirksamkeit. Daher in beiden Fällen vorherrschende *physikalische* Verwitterung: Salz- und Hitzesprengungen in *ariden*, Frostsprengungen in *polaren Bereichen*.

— *gut gerundete* Wollsackblöcke infolge starker *chemischer* Verwitterung in *feuchten Tropen*.

*Zahlreiche Übergänge* zwischen diesen Extremen:

— in allen *humiden* Klimaten *Blockverwitterung;* Verwitterung wirkt entlang Klüften, greift parallelepipedisch[1]) abgesonderte Quader von Peripherie her an, schreitet von außen nach innen fort: im Detritus „schwimmen" kernfrische Blöcke;

— in *wechselfeuchten* Klimaten mit überwiegender Regenzeit in Grus eingebettete *Blöcke* ebenfalls *kernfrisch,* jedoch von Limonit- (Brauneisenstein-)krusten umgeben;

— im *Grenzgebiet* zwischen jahreszeitlich aridem und ganzjährig aridem Klima durch Wechsel nächtlicher Befeuchtung mit täglicher Erhitzung und Abtrocknung der Gesteinsoberflächen eigenartige Form der *Kernverwitterung.* Gegenteil zur Blockverwitterung: anstelle der von außen nach innen wirkenden Verwitterung vollzieht sich im ariden Bereich von innen nach außen gerichteter kapillarer Aufstieg mineralischer Lösungen, verbunden mit Hartrindenbildung an der Oberfläche.

Im *humiden* und *semihumiden* Klima also Entstehung zermürbter Schalen bei langer Erhaltung fester Kerne; in semiarider Übergangszone Hartrindenbildung und zermürbte „faule" Kerne;

— im humiden und semihumiden Tropenklima entwickeln sich zwischen herauswitternden kernfrischen Ellipsoiden Zersatzzonen mit Rotlehm, im Grenzgebiet zwischen jahreszeitlich und ganzjährig aridem Klima harte Eisenhydroxidkrusten, die Zersatzdrusen umschließen. Hier also gegenüber allen anderen Klimagebieten vollkommene *Formenumkehr;*

— im *vollariden* Klima infolge Wassermangels wiederum Verwitterung von außen nach innen: Schalenbildung und Kernfrische. Anstelle *Vergrusung* (wie in humiden Klimaten) *Ab*grusung der Oberflächen bei Erhaltung kernfrischer Blöcke.

*Glocken-* und *Zuckerhutberge* für Spiegelung klimaspezifischer Verwitterungsbedingungen im Großformenschatz der Massengesteine bes. bezeichnend. Entstehen infolge Ablösung von Großschalen durch Druckentlastung (→ II, 17) in *allen* Klimazonen der Erde; jedoch Individualisierung, d. h. „Herauspräparierung" aus Abtragungsschutt, typische Formenentwicklung und Erhaltung *optimal* im wechselfeuchten Klima.

## Bodentypus

In erster Linie *von Klima und Pflanzendecke abhängig.* Gleiche Ausgangsgesteine verwittern in unterschiedlichen Klimaten zu Böden verschiedener Färbung, z. B. Kalkstein in feucht-gemäßigtem Klima zu braunem Waldboden, in warm-feuchten Klimaten zu Roterde (Terra rossa).

---

1) griech. epi = hin(auf), pedon = Boden; flächenparallel

Andererseits: verschiedenartige Ausgangsgesteine verwittern innerhalb gleicher Klimate zu Böden gleicher Farbe.

*Beispiel:* Tropischer *Rotlehm* ist Ergebnis maximaler chemischer Verwitterung verschiedenartigster Gesteine unter Einfluß ständig hoher Temperatur und Feuchtigkeit. Absteigender Grundwasserstrom führt zu schneller Auslaugung mineralischer Nährstoffe, Humusarmut des Oberbodens, Rotfärbung durch Anreicherung von Aluminium- und Eisenoxid und -hydroxid.

Bei reichlich vorhandenen Wassermengen verhält sich auch Kieselsäure mobil und aktiv. Durch Verwitterung freiwerdende Kieselsäure nimmt von tropisch-humidem Klima über feucht-gemäßigtes Klima zu aridem Klima allmählich ab. Im heiß-humiden Klima wandert größter Teil freier Kieselsäure über Grundwasser mit Flüssen ins Meer; im semiariden Klima dagegen bleibt sie infolge kapillaren Bodenwasseraufstiegs im nahen Bereich ihres Ursprungsortes. In lockeren Ablagerungen Abscheidung als Kieselzement, Verkieselung eingelagerter organischer Substanzen („versteinerte" Hölzer), Bildung von Kieselkrusten an Landoberfläche.

Derartige Kieselsäureabscheidungen auf Randwüsten mit rel. häufigen Regenfällen und Nebelbildungen beschränkt, wo absteigender mit aufsteigendem Wassertransport wechselt, z. B. Namib. In Kernwüsten mit seltenen, aber heftigen Niederschlägen wird Kieselsäure mit schnell absinkendem Regenwasser in Grundwasserstrom abgeführt. Daher in vollariden Klimaten Kieselkrusten ebenso wie Kalk-, Gips- und Salzkrusten weniger verbreitet als in semiariden Bereichen.

## *Planetarischer Formenwandel der Böden*

Bes. eindrucksvoll in O-Europa.

Im humiden Waldland *Polessiens* Podsolböden, nach S übergehend in dunkelgraue Waldböden; in anschließender semihumider Waldsteppe degradierter Tschernosem, der südwärts im fetten (mächtigen) Tschernosem bis 16 % Humusgehalt erreicht; in folgender semiarider Gras- und Krautsteppe Ausbildung des mittleren (gewöhnlichen) Tschernosem mit 9—6 % Humus, im südl. Tschernosem der Pfriemengras-Trockensteppe auf 6—4 % zurückgehend; bei zunehmender Aridität Übergang in dunkle kastanienbraune Böden, schließlich in südl. Wermut-Wüstensteppe in helle kastanienbraune Böden und örtliche Salzböden (Solontschak und Solonez[1]).

Von N-Küste Afrikas zum Äquator ähnliche gesetzmäßige Abfolge.

---

[1] russ. bodenkundliche Bez.; Solontschak = an der Oberfläche infolge kapillaren Grundwasseraufstiegs versalzte Böden; Solonez = Salzböden, in denen infolge tieferen Grundwasserstandes kapillarer Aufstieg Oberfläche nicht erreicht

Im Mittelmeergebiet meridionale Braunerden (i. S. von W. KUBIENA) auf eisenreichen Silikatgesteinen mit mehr oder minder starker Tendenz zur Rotfärbung, Terra rossa auf Kalk; im ariden Wüstenklima mineralische Rohböden (Yermas[1]) ohne Humushorizont, im Sudan allmählich in tropischen Rotlehm übergehend. Sich verstärkende chemische Verwitterung intensiviert Bodenbildungsprozesse mit und ohne Laterisierung[2]). Im äquatorialen Regenwald Braunlehmbildung in erster Verwitterungsphase, mit Alterung Rotfärbung durch Laterisierung, jedoch im Unterschied zur Savanne ohne Verhärtung und erosive Freilegung verfestigter Laterit-Horizonte. Braun- und Rotlehme bleiben plastisch.

BÜDELS erster Gliederungsversuch „Klimamorphologischer Zonen der Erde" (1950) beruhte weitgehend auf charakteristischen pedologischen Merkmalen. Gegenüberstellung von subarktischer Frostschutzzone, außertropischer Ortsbodenzone[3]), arider Trockenschuttzone und innertropischer Ortsbodenzone. Diese Benennungen in späteren Zonengliederungen BÜDELS (1969, 1971) zugunsten morphodynamischer Kriterien (Talbildung — Flächenbildung) aufgegeben.

## Abtragungsart

### Planetarischer Formenwandel der Abtragungsarten

*Im polaren und subpolaren Frostwechselklima:* starke Tiefenerosion, begünstigt durch Eisrindeneffekt; gleichzeitig flächenhafte Abtragung durch periglaziale Solifluktion (Kryoplanation[4])); BÜDELS „Zone exzessiver Talbildung".

*In winterkalten Waldklimaten:* geringe Kryoturbations- und Solifluktionserscheinungen; schwache Tiefen-, jedoch starke Seitenerosion.

*Im feucht-gemäßigten Klima:* lineare Abtragung, wenn auch weniger intensiv als im polaren und subpolaren Frostwechselklima; BÜDELS „Ektropische[5]) Zone retardierter Talbildung".

*In Winterregen- und außertropischen Monsunklimaten:* Wirkungsgefüge erosiver und denudativer Vorgänge ohne ausgeprägte Dominanz der einen oder anderen Abtragungsart; BÜDELS „Subtropische Zone gemischter Reliefbildung".

---

1) span. Bez.: yermo = Wüste
2) lat. later = Ziegelstein; Entstehung → IV, 294
3) Ortsböden: vorwiegend *in situ* erhaltene, nicht von Umlagerungsprozessen betroffene Verwitterungsdecken
4) griech. kryos = Kälte, lat. planus = oben, flach
5) von griech. ekto = außen; Ektropen = Außertropen; Begriff umfaßt verschiedenartigste nichttropische Klimate, daher als Sammelbezeichnung nur in Gegenüberstellung zu tropischen Klimaten verwendbar

*In semiariden subtropischen Klimaten:* Flächenspülung und Seitenerosion bei gleichzeitig starker linearer Zerschneidung im Bereich größerer Flußsysteme. Semiaride und aride Zone von BÜDEL zusammengefaßt als „Zone der Flächenerhaltung und -überprägung (Sukzessionsflächen) sowie der Flußflächen-Bildung".

*Im Wüstenklima:* Zurücktreten linien- oder flächenhafter Abtragung durch Wasser, partielle Abtragung durch Wind.

*In wechselfeuchten Tropenklimaten* einschl. *tropischen Monsunklimas:* Dominanz flächenhafter Abtragung; BÜDELS „Randtropische Zone exzessiver Flächenbildung".

*Im immerfeuchten Tropenklima:* starke linienhafte Zerschneidung, bes. in tropischen Gebirgsländern; Zurücktreten von Flächenbildungsprozessen; BÜDELS „Innertropische Zone partieller Flächenbildung".

*Abtragungsprinzip* aus planetarischem Formenwandel ersichtlich: lineare Erosion und Talbildung in Gebieten ganzjähriger Niederschläge; Denudation und Flächenbildung in wechselfeuchten Tropen. Gleichzeitige Wirksamkeit von linien- und flächenhafter Abtragung bei Dominanz erosiver Zerschneidung in Polargebieten, bei Überwiegen der Flächenbildung im semiariden Bereich der Subtropen. Etwa gleiche Wirkungsanteile in Winterregen- und in außertropischen Monsungebieten; vorherrschende lineare Zerschneidung in immerfeuchten Tropen.

### Transportart

Weitgehend *abhängig von Abtragungsart:* in ganzjährig humiden Klimaten kontinuierliche Verfrachtung aller Stoffe (Gelöstes, Schweb, Sand, Geröll) durch „Fließband" perennierender[1]) Flüsse; in wechselfeuchten Tropen durch Schichtfluten und sanft in die Flächen eingemuldete geröllarme Flüsse; in außertropischen wechselfeuchten Klimaten ruckartig durch periodisch (jahreszeitlich) aktive Flüsse; in semiariden und ariden Gebieten durch episodisch in Gerinnen oder auf Flächen abströmendes Wasser, in Wüsten außerdem durch Wind, in Vereisungsgebieten durch Gletscher, in Periglazialgebieten durch Bodenfluß.

### Ablagerungsart

Mehr *von örtlichen Gegebenheiten abhängig* als von Klimazonen. Moränen zwar an Glazialgebiete, Solifluktionsschuttmassen an Frostwechselklimate gebunden, jedoch Dünen nicht nur in ariden Gebieten, sondern als Küstendünen in allen Klimaten, desgl. Schwemmlandebenen, Schotterfluren, Schuttfächer usw. in weltweiter Verbreitung.

---

[1]) lat. perennare = fortdauern

## b) Hypsometrischer[1] Formenwandel

Formenwandel in der Vertikalen wird durch Höhe jeweiliger Massenerhebung und deren Lage im Gradnetz bestimmt. Klimageomorphologische Höhenstufen eines tropischen Gebirges können daher ebensowenig wie klimatische Höhenstufen den vom Äquator zum Pol etwa breitenparallel aufeinanderfolgenden klimageomorphologischen bzw. Klimazonen gleichen. Auf täglichem Frostwechsel beruhende Strukturböden eines tropischen Hochgebirges unterscheiden sich von denen jahreszeitlichen Frostwechsels subpolarer Regionen (→ IV, 77). Alle prinzipiellen Unterschiede zwischen Tageszeiten- und Jahreszeitenklimaten wirken sich auch in Morphodynamik aus. Daher nur *Ähnlichkeiten* zwischen hypsometrischer und planetarischer Formenabfolge, aber keine Übereinstimmungen.

*Anzahl klimageomorphologischer Höhenstufen* wächst von den Polen zum Äquator:

*Eine* klimageomorphologische Höhenstufe *in Polargebieten*. Frostsprengung und Solifluktion dort morphologisch wirksamste Erscheinungen. Frostschuttzone reicht vom Meeresniveau bis in Gipfelregionen.

*Zwei* klimageomorphologische Höhenstufen in *feucht-gemäßigten Klimaten*. Über unterer Stufe mit normaler Morphodynamik mittlerer Breiten beginnt ab Waldgrenze im Hochgebirge obere, durch Frostverwitterung und Kryoturbationserscheinungen bestimmte Höhenstufe. Mit Meereshöhe zunehmende Intensität der Schuttbildung erreicht in den Alpen Maximalbetrag in Zone häufigsten Frostwechsels. Karrenfelder unterer Stufe der Kalkalpen in höheren Lagen (etwa ab 2200 m) abgelöst durch frostbedingten Scherbenkarst. In spätsommerlicher Schneeflekkenregion der Hochgebirge Auftreten rezenter Strukturböden. Steinringe mit 3–6 m ⌀ im Bereich alpiner klimatischer Schneegrenze zwischen 2800 und 3000 m. Mikroformen in der Silvretta zwischen 3000 und 3400 m. Durch Spaltenfrost Auflösung der über Firnfelder und Gletscher aufragenden Kämme und Gipfel zu scharfen Graten und Zacken.

*Drei* klimageomorphologische Höhestufen *im Winterregenklima* des Mittelmeergebietes. Untere Stufe tiefgründiger Vergrusung mit rostbrauner Verfärbung reicht z. B. auf Iberischer Halbinsel und Korsika bis 1000 bzw. 1200 m. Darüber bis 2200 m, max. 2600 m, obere Verwitterungszone mit Blockmeeren, Glockenbergen und eigenartiger „gerichteter" Höhenvergrusung. Abschluß durch nur schmal entwickelte Zone rezenter Frostverwitterung mit schroffen, zackigen Firsten, Pfeilern und Türmen.

---

[1] griech. hypsos = Höhe, metron = Maß

*Vier klimageomorphologische Höhenstufen in wechselfeuchten und immerfeuchten Tropen.* In S-Korea und Costa Rica vertikale Folge klimageomorphologischer Erscheinungen von tiefgründiger Rotverwitterung im wechselfeuchten Tropentiefland über Stufe der Gelbverwitterung, Höhenstufe der prallwölbigen Felshänge und Glockenberge bis zu den durch Frostsprengung scharfkantig gestalteten Nadeln, Türmen und Felsblöcken der Hochregion.

In tropischen Hochgebirgen Afrikas und S-Amerikas liegt unterhalb Schneegrenze eine 500—1000 m Vertikaldistanz umfassende Höhenstufe täglichen Frostwechsels; dünne Oberflächenschicht unterliegt hier beständigem Wechsel von Frieren und Auftauen. Daher im Unterschied zu polaren Breiten jahreszeitlichen Frostwechsels mit Netzen großer Steinringe nur Ausbildung von Steinringen und Polygonen kleinen Durchmessers, in Cordillera Real Boliviens zwischen 4700 und 5200 m Höhe. Strukturböden tropischen Tageszeitenklimas also von denen polaren Jahreszeitenklimas nach Größe und Tiefgang der Kryoturbationserscheinungen zu unterscheiden.

Hypsometrischer Formenwandel in den einzelnen Klimazonen bes. augenfällig in unterschiedlich verlaufenden Verwitterungs- und Bodenbildungsprozessen der einzelnen Höhenstufen. *Ergebnis* ist vor allem nach Höhenstufen *differenzierter Kleinformenschatz.* Auswirkung auf Großformen abhängig vom Umfang der Hochgebiete.

### c) Peripher-zentraler Formenwandel

Ergibt sich aus Gegensatz zwischen morphologischer Prägekraft ozeanischen und kontinentalen Klimas. Feuchte maritime Klimate begünstigen chemische Verwitterung, geringe tägliche Temperaturschwankungen reduzieren Bedeutung physikalischer Verwitterung in küstennahen Gebieten. Dagegen nachhaltiger Gesteinszerfall durch Insolation und Spaltenfrost in kontinentalen Klimaten. Gegensatz: Küstenwüste — Kernwüste. In landeinwärts an Küstenwüsten anschließenden niederschlagsreichen Bergländern kann Umkehr der Verwitterungsbedingungen erfolgen.

Gegensatz zwischen Küsten- und Binnenland entspricht häufig auch Gegensatz zwischen jüngeren und älteren Formen, d. h. kürzerer oder längerer Einwirkung morphodynamischer Prozesse.

> *Beispiel:* Kalktafel der erst im Pleistozän landfest gewordenen Küstenebene *Yucatáns* von flachen Schüsseldolinen und steilwandigen Einsturzdolinen durchsetzt. Landeinwärts geht Dolinenkarst in höher herausgehobenen alttertiären Kalken bei zunehmenden Niederschlägen in Kuppenkarst, schließlich in voll ausgebildeten Kegelkarst über.

Peripher-zentraler oder zentral-peripherer Formenwandel in zahlreichen anderen Formenfolgen bedeutsam, z. B. Hochgebirge — Mittelgebirge — Tiefland; Abtragungsgebiet — Aufschüttungsgebiet; Flußoberlauf — Mittellauf — Unterlauf mit jeweils spezifischem Formenschatz.

### d) West-östlicher Formenwandel

Beruht auf planetarischem Windsystem mit dominierenden Winden aus westl. oder aus östl. Richtungen: polarer Zyklonalwirbel, subpolarer Ostwind, Westwinddrift gemäßigter Breiten, tropischer Ostwind (Urpassat), äquatorialer Westwindgürtel. W- oder O-Seiten der Kontinente liegen im Luv dieser Winde, die meist Niederschlagsbringer sind, Verlauf der Meeresströmungen bestimmen, kühle Küstenströme an W-Seiten, warme an O-Seiten der Kontinente verursachen. Auf sie ist Existenz der Küstenwüsten an W-Rändern der Erdteile, starke polwärtige Verschiebung der Korallenbauten an deren O-Seiten zurückzuführen. West-östlicher Formenwandel in vielen Erscheinungen sichtbar, doch diese meist ebenso als Glieder peripher-zentralen Formenwandels aufzufassen.

### Literatur

Bakker, J. P.: Some observations in connection with recent Dutch investigations about granite weathering and slope development in different climates and climate changes. Z. Geomorph., Suppl.-Bd. 1, 1960, S. 69-92

Bartels, G.: Geomorphologische Höhenstufen der Sierra Nevada de Santa Marta (Kolumbien). Gießener Geogr. Schr. 21, Gießen 1970

Birot, P.: Esquisse d'une étude zonale de l'érosion en pays calcaire. Erdkunde 8, 1954, S. 121-122

Blanck, E.: Vergleichende Untersuchungen über die Verwitterung von Gesteinen unter abweichenden klimatischen Verhältnissen. Chemie der Erde 3, 1928, S. 437-452

— u. Themlitz, R.: Zweiter und letzter Beitrag zu den vergleichenden Untersuchungen über die Verwitterung von Gesteinen unter abweichenden klimatischen Verhältnissen. Chemie der Erde 9, 1934/35, S. 529-539

Büdel, J.: Bericht über klima-morphologische und Eiszeitforschung in Nieder-Afrika. Erdkunde, 1952, S. 104-132

Dürr, E.: Kalkalpine Sturzhalden und Sturzschuttbildung in den westlichen Dolomiten. Tübinger Geogr. Stud. 37, Tübingen 1970

Fränzle, O.: Klimatische Schwellenwerte der Bodenbildung in Europa und den USA. Die Erde, Berlin 1965, S. 86-104

Furrer, G.: Die Höhenlage von subnivalen Bodenformen. Habil. Schr. Zürich, Pfäffikon ZH 1965

GANSSEN, R.: Die bekannteren Böden der Erde in typischen Bildungsräumen. Geogr. Rdsch. 14, 1962, S. 497-500
—: Wichtige Bodenbildungsprozesse typischer Erdräume in schematischer Darstellung. Die Erde, 1964, S. 16-25
GERSTENHAUER, A.: Ein karstmorphologischer Vergleich zwischen Florida und Yucatán. Tagungsber. u. wiss. Abh., Dt. Geographentag Bad Godesberg 1967, Wiesbaden 1969, S. 332-344
HASTENRATH, S.: Klimatische Voraussetzungen und großräumige Verteilung der Froststrukturböden. Z. Geomorph., N. F. 4, 1960, S. 69-73
—: Zur Frage der großräumigen Verteilung von Froststrukturböden. Z. Geomorph., N. F. 7, 1963, S. 86-87
HILGARD, E. W.: Soils, their formation, properties, composition and relations to climate and plantgrowth in the humid and arid regions. New York $1911^2$
KLAER, W.: Verwitterungsformen im Granit auf Korsika. Peterm. Geogr. Mitt., Erg.-H. 261, Gotha 1956
KNETSCH, G.: Beiträge zur Kenntnis von Krustenbildungen. Z. Dt. Geol. Ges. 89, 1937, S. 177-192
KREBS, N.: Klimatisch bedingte Bodenformen in den Alpen. Geogr. Z. 31, 1925, S. 98-108
KUBIENA, W.: Neue Beiträge zur Kenntnis des planetarischen und hypsometrischen Formenwandels der Böden Afrikas. Stuttgarter Geogr. Stud., H. Lautensach-Festschr., Bd. 69, 1957, S. 50-64
LANG, R.: Versuch einer exakten Klassifikation der Böden in klimatischer und geologischer Hinsicht. Internat. Mitt. Bodenkde., 1915, S. 312-346
LAUTENSACH, H.: Granitische Abtragungsformen auf der iberischen Halbinsel und in Korea. Peterm. Geogr. Mitt. 96, 1950, S. 187-196
—: Der geographische Formenwandel. Coll. Geogr. 3, Bonn 1952
MEYER-HARRASSOWITZ, H. L. F.: Klimazonen der Verwitterung und ihre Bedeutung für die jüngste geologische Geschichte Deutschlands. Geol. Rdsch. 7, 1917, S. 193-248
MORTENSEN, H.: Das morphologische Härteverhältnis Hornfels-Granit im Harz. Nachr. Akad. Wiss. Göttingen, Math.-phys. Kl., 1948, S. 8-20
—: Über die morphologische Härte des Granits. Congr. Internat. Géogr. Rés. Comm., Lisbonne 1949, S. 51-53
RATHJENS, C.: Der Hochkarst im System der klimatischen Morphologie. Erdkunde 5, 1951, S. 310-315
ROHDENBURG, H. u. SABELBERG, U.: „Kalkkrusten" und ihr klimatischer Aussagewert, neue Beobachtungen aus Spanien und Nordafrika. Göttinger Bodenkdl. Ber. 7, 1969, S. 3-26
RUTTE, E.: Kalkkrusten in Spanien. N. Jb. Mineral. etc., Abt. B, 106, Stuttgart 1958, S. 52-138
SALOMON, W.: Arktische Bodenformen in den Alpen. Sitzungsber. Heidelberger Akad. Wiss., Math.-nat. Kl., 5. Abh., Heidelberg 1929
STELZER, F.: Frostwechsel und Zone maximaler Verwitterung in den Alpen. Wetter u. Leben 14, Wien 1962, S. 210-213
TROLL, C.: Strukturböden, Solifluktion und Frostklimate der Erde. Geol. Rdsch. 34, 1944, S. 545-694

## 3. Zonale und azonale Formen

Innerhalb jeder Klimazone Auftreten von Oberflächenformen, die sich nicht aus Morphodynamik dort herrschenden Makroklimas[1] erklären lassen. Daher zu unterscheiden zwischen zonalem und azonalem Formenschatz.

**Zonaler Formenschatz** verdankt Prägung ausschl. rezentem Makroklima betreffender Klimazone, daher auch als *endemischer*[2] Formenschatz zu bezeichnen.

**Azonale Formen** innerhalb bestimmter Klimazone sind nicht auf dort gegenwärtig wirksames Makroklima zurückführbar, sondern Fremdformen, deren Morphodynamik anderen Klimazonen eigen ist. Können entweder Vorzeitformen (→ IV, 37) sein oder mikroklimatisch[3] bzw. *edaphisch*[4] bedingte Sonderformen.

An Gesteinsoberflächen oder in bodennaher Luftschicht wirkendes Mikroklima kann zu Formungsprozessen führen, die denen eines vom betreffenden Ort weit entfernten Makroklimas entsprechen. Inmitten humider Makroklimate örtlich begrenztes Auftreten edaphisch arider Mikroklimate und umgekehrt. Unter Wirkung derartiger Lokalklimate Entstehung von Kleinformen möglich, die sich grundsätzlich vom Bilde zonalen klimabedingten Formenschatzes unterscheiden. Mikroklimatische und mikrogeomorphologische Untersuchungen daher für Reliefanalyse von besonderer Wichtigkeit.

*Mikroklimatische Humidität* innerhalb makroklimatisch arider Bereiche bes. in Schattenlagen wirksam.

> *Beispiel:* Oberflächen der aus Graniten und Syeniten bestehenden ägyptischen Kunstdenkmäler lassen teils starke Abgrusung, teils keine Verwitterungseinwirkungen seit mehreren Jahrtausenden erkennen. Der Sonne abgekehrte Gesteinsoberflächen unterliegen Wirkung humiden Mikroklimas. Infolge „Schattenverwitterung" (→ II, 26 f.) bilden sich im Bereich ariden Großklimas „humide" Kleinformen.

*Mikroklimatische Aridität* innerhalb makroklimatisch humider Klimate ebenso expositionsbedingt: z. B. stärkere Erwärmung und Verdunstung auf Sonnenseiten, Ab- und Austrocknungserscheinungen durch Wind.

*Edaphische Aridität* meist mit *mikroklimatischer Aridität* gekoppelt, dadurch erhöhte Wirksamkeit, bes. auf Oberflächen poröser, wasserdurchlässiger Gesteine.

---

1) griech. makros = groß; Großklima; gemeint ist das in größeren Raumeinheiten (Klimazonen) herrschende Klima
2) griech. endemos = einheimisch
3) griech. mikros = klein
4) → Fußnote 3, S. IV, 10

*Beispiel:* aus Kalkquadern oder Sandsteinen errichtete *Bauwerke* verwittern im humiden Klima Mitteleuropas schneller als Landoberflächen in gleichem Gestein. Isolierung der Werksteine durch Mörtel oder Fugen ist so stark, daß andersartige Wasserzirkulation herrscht als im gewachsenen Fels und unabhängig von Wetterseite schnellerer Gesteinszerfall erfolgt. Am Kölner Dom und Ulmer Münster Verwitterungserscheinungen beobachtet, die sonst nur aus ariden Klimagebieten bekannt sind: Ergebnis des in isolierten Bausteinen herrschenden edaphisch-ariden Mikroklimas. Bauwerksmorphologie ( → II, 29 f.) hat spezielle Aufgabe, derartige Verwitterungserscheinungen an Kunstbauten zu erforschen, um Grundlagen für Gegenmaßnahmen zu schaffen.

*Wabenverwitterung* in Mitteleuropa, z. B. in Sächsischer Schweiz und Dahner Felsenland, früher als fossile „Wüstenformen", d. h. als Vorzeitformen, gedeutet. Gleiche Verwitterungserscheinungen an mittelalterlichen Kirchen, Stadt- und Burgmauern geben jedoch eindeutig azonale Entstehung in gegenwärtigem feucht-gemäßigtem Makroklima zu erkennen.

*Hohlblöcke* (Tafoni, → II, 27) sind charakteristische Verwitterungsformen im Übergangsgebiet zwischen semiaridem und aridem Klima. Entstehung an dort herrschende jahreszeitliche makroklimatische Aridität gebunden, kommen azonal aber auch in feuchteren Klimaten vor. In Küstengebieten verursachen Seewinde auf Blockoberflächen edaphisch-arides Mikroklima: wichtigste Voraussetzung für Entstehung von Hohlblöcken. In größerer Küstenferne fehlt lebhafter Wechsel zwischen Befeuchtung und Abtrocknung der Gesteinsoberflächen, daher dort außerhalb der Bereiche semiarider mikroklimatischer Einflüsse keine Tafonibildung möglich.

Ähnlich azonale *Krustenbildung* im Spritzwasserbereich der Küste von Mauritius durch gezeitenbedingten Wechsel von Befeuchtung und Abtrocknung strandnaher Felsblöcke; sonst zonal auf semiariden Bereich beschränkt.

Auch die an *„Wüstenlack"* (→ II, 26) erinnernden, dünnen lackartig glänzenden Manganrinden auf Schottern und zeitweilig wasserfreien Uferbänken tropischer Flüsse verdanken wechselnder Befeuchtung und Abtrocknung ihre Entstehung; haben Gegenstück in *„Kataraktrinde"* des Nils.

In Wüstengebieten *Ablösung von Gesteinsschalen* über Horizonten auskristallisierter Salze. Parallele dazu im wechselfeuchten Monsunklima, wo auf Felsflächen infolge schneller Abtrocknung nach jedem Regen semiarides bis arides Mikroklima entsteht. Azonal von gleichem Effekt wie arides Makroklima: Ablösung prallwölbiger Gesteinsschalen (→ II, 17).

*Azonale Strukturböden* (→ II, 72) im Vorfeld von Hochgebirgsgletschern treten zonal erst in höheren Lagen auf.

*Edaphische Humidität* in *makroklimatisch ariden Bereichen* überall dort gegeben, wo Tau oder spärlich fallende Niederschläge durch erhöhte Bodenfeuchte, bes. Staunässe, morphodynamisch wirksam werden.

*Beispiel:* Phänomen der Salzverwitterung (→ II, 28 f.) in Wärmewüsten durch Kombination von Bodenfeuchte und gelösten Bodensalzen. Sockel in Schutt eingebetteter ägyptischer Kunstdenkmäler unterliegen derartiger Salzverwitterung, die infolge Kapillarwirkung bis zu bestimmter Höhe auf frei aufragende Teile der Monumente übergreifen kann, obere Teile bleiben dagegen verschont.

*Ganz allgemein* in allen Klimazonen der Erde kryptogene[1]) Verwitterung und Formung der Gesteine von phanerogener[2]), subaerischer[3]), d. h. makroklimatisch gesteuerter Weiterentwicklung zu unterscheiden.

Auch in Bodenkunde[4]) Unterscheidung zwischen *zonalen Böden,* die großräumiger Bodenzonierung der Erde entsprechen, und auf Grund spezifischer lokaler Bedingungen veränderten *azonalen* und *intrazonalen Böden.*

*Begriff der zonalen und azonalen Inselberge* (K. KAYSER) jedoch *nicht* in klimageomorphologischem Sinn zu verstehen. Zonale Inselberge liegen vor Steilrand älterer, höherer Rumpffläche, bezeugen als Restformen (Auslieger) deren Auflösung und Zurückverlegung vom tieferen Niveau her; azonale Inselberge dagegen nicht an Rand von Altflächen gebunden, sondern tektonisch oder gesteinsbedingt und regellos über Fläche verteilt.

### Literatur

BECKMANN, W.: Die Mikromorphologie des Bodens bei physisch-geographischen Untersuchungen in Südindien. Hamburger Geogr. Stud. 24, Festschr. f. A. Kolb, 1971, S. 235-242
GEIGER, R.: Das Klima der bodennahen Luftschicht. Braunschweig 1950³
GRENIER, P.: Observations sur les taffonis du désert chilien. Bull. Assoc. Géogr. Français, Paris 1968, S. 193-211
HÄBERLE, D.: Die gitter-, netz- und wabenförmige Verwitterung der Sandsteine. Geol. Rdsch. 6, 1915, S. 264-285
—: Groß- und Kleinverwitterungsformen im Buntsandstein des südlichen Pfälzer Waldes. Festschr. 55. Tagung Oberrhein. Geol. Ver. Saarbrücken, 1927, S. 3-12
—: Wannen-, schüssel-, napf- und kesselförmige Verwitterungserscheinungen im Buntsandsteingebiet des Pfälzerwaldes. Geol. Rdsch. 23a, Salomon-Calvi-Festschr., 1933, S. 167—186
HETTNER, A.: Wüstenformen in Deutschland? Geogr. Z., 1910, S. 690-694

---

1) griech. kryptos = verborgen
2) griech. phaneros = sichtbar
3) lat. sub = unter, griech. aer = Luft-
4) vgl. SCHROEDER, Bodenkunde in Stichworten 1972²

KAISER, E.: Der Stubensandstein aus Württemberg, namentlich in seiner Verwendung am Kölner Dom. N. Jb. Mineral. etc., 1907, II, S. 42-64
—: Über eine Grundfrage der natürlichen Verwitterung der Bausteine im Vergleich mit der in der freien Natur. Chemie der Erde 4, 1930, S. 290-342
KAYSER, K.: Zur Flächenbildung, Stufen- und Inselberg-Entwicklung in den wechselfeuchten Tropen auf der Ostseite Süd-Rhodesiens. Verh. Dt. Geographentag Würzburg 1957, Wiesbaden 1958, S. 165-172
KESSLER P.: Einige Wüstenerscheinungen aus nicht aridem Klima. Geol. Rdsch., 1913, S. 413-423
KIESLINGER, A.: Zerstörungen an Steinbauten, ihre Ursachen und ihre Abwehr. Leipzig-Wien 1932
KNETSCH, G.: Über aride Verwitterung unter besonderer Berücksichtigung natürlicher und künstlicher Wände in Ägypten. Z. Geomorph., Suppl.-Bd. 1, 1960, S. 190-205
— u. REFAI, E.: Über Wüstenverwitterung, Wüsten-Feinrelief und Denkmalzerfall in Ägypten. N. Jb. Mineral. etc., Abh. 101, 1955, S. 227-256
KUBIENA, W. L.: Die mikromorphometrische Bodenanalyse. Stuttgart 1967
POLLACK, V.: Verwitterung in der Natur und an Bauwerken. Wien 1923
QUERVAIN, F. DE: Prüfung der Wetterbeständigkeit der Gesteine. In: E. SIEBEL, Handb. Werkstoffprüfung III, Berlin 1941, S. 188-203
ROHDENBURG, H. u. MEYER, B.: Rezente Mikroformung in Kalkgebieten durch inneren Abtrag und die Rolle der periglazialen Gesteinsverwitterung. Z. Geomorph., N. F. 7, 1963, S. 120-146
SCHWARZBACH, M.: Zur Verbreitung der Strukturböden und Wüsten in Island. Eisz. u. Gegenw. 14, 1963, S. 85-93
—: Edaphisch bedingte Wüsten. Mit Beispielen aus Island, Teneriffa und Hawaii. Z. Geomorph., N. F. 8, 1964, S. 440-452
—: Basaltverwitterung an einer tropischen Meeresküste (Mauritius). Kölner Geogr. Arb., Sonderbd. „Forsch. z. allgem. u. regional. Geographie", Festschr. f. K. Kayser. Wiesbaden 1971, S. 58-64

## 4. Klimageomorphologische Divergenzen und Konvergenzen

Klimageomorphologische Divergenz[1]: Normalfall der Formenentwicklung in den durch verschiedenartige Morphodynamik gekennzeichneten einzelnen Klimazonen. Im planetarischen Formenwandel (→ IV, 19) kommt regelhafte Aufeinanderfolge unterschiedlichen zonalen Formenschatzes (→ IV, 29) zum Ausdruck. Von *globaler* Divergenz zonaler Prägeformen oder Formengemeinschaften sind innerhalb jeder Klimazone zu unterscheiden *edaphisch* oder *mikroklimatisch* begründete Divergenzen = azonale Formen (→ IV, 29). Diese bilden zusammen mit vorherrschenden zonalen Formen ein Formengefüge klimageomorphologischer *Disharmonie*. Nur zonale Formengemeinschaften ohne azonale oder fossile Formenkomplexe (→ IV, 38) sind im Zustand völliger klimageomorphologischer *Harmonie*.

---

1) lat. divergere = auseinandergehen

Klimageomorphologische Konvergenz[1]: Auftreten solcher Formen, die zu Prägeformen bestimmter Klimazone zählen, jedoch auch außerhalb dieser auftreten und keine Vorzeitformen sind, d. h. Entstehung nicht früheren adäquaten Klimabedingungen verdanken.

Ursachen der Konvergenz:

a) Mikroklimatisch oder edaphisch beeinflußte Morphodynamik, die makroklimatisch gesteuerten Formungsprozessen anderer Klimazone entspricht. Gruppe der azonalen Formen (→ IV, 29) umfaßt derartige Konvergenzerscheinungen.

*Beispiel:* „Wüstenformen" in Deutschland (→ IV, 30).

b) Tendenz vieler Gesteine, unter unterschiedlichsten makroklimatischen Bedingungen ohne erkennbare mikroklimatische Einflüsse gleichartigen Formenschatz auszubilden. Erklärbar durch „Austauschbarkeit" (W. MECKELEIN) einzelner morphodynamisch wirksamer Klimaelemente ohne dadurch bewirkte Veränderung der Endform. Formenkonvergenzen brauchen also nicht auf völliger Gleichheit des Bildungsmechanismus zu beruhen.

*Beispiel 1:* Entstehung eckiger *scharfkantiger Blöcke* sowohl in heiß-aridem wie in kalt-aridem Klima. Salz- und Hitzesprengung (plötzliche Abkühlung nach starker Erwärmung) zerlegen Blöcke in der Wüste, schaffen ebene Flächen und scharfe Kanten. In polaren Breiten gleicher Effekt durch Frostsprengung. Salzsprengung der Wüste also gegen Frostsprengung im arktischen Bereich „ausgetauscht". Beide auf Volumenvergrößerung von infiltriertem Salz oder Wasser beruhende Wirkungsmechanismen führen zu gleichem Ergebnis: scharfkantigen Blöcken und Felsschutt mit wenig Feinmaterial. Polare Felswüsten Spitzbergens daher kaum von Hammadas N-Afrikas zu unterscheiden.

Makroklimatische Aridität der Polargebiete und mikroklimatische Aridität auf Gesteinsoberflächen führen zu weiteren Übereinstimmungen mit Kleinformenschatz heißer Trockengebiete: *Abgrusung* der Gesteinsoberflächen und *Hohlblockbildung* (Tafonierung). Auch Erscheinung des „Wüstenlacks" auf Gesteinsblöcken oder Windkantern (→ II, 26) nicht nur im heiß-ariden, sondern ebenso im kalt-ariden Klima der Polargebiete und alpiner Hochgebirgsregionen. Anstelle Sandstrahlgebläses der Wüstenwinde tritt in polaren Breiten Korrasionswirkung tief gefrorener, treibender Schneekristalle.

*Beispiel 2:* periglaziale *Strukturböden* haben Gegenstück in Musterböden arider Gebiete, den „saharischen Strukturböden" (G. KNETSCH) und „Gilgai"-Musterböden Australiens (H. BREMER). Gefrierendem und wiederauftauendem Wasser in Frostwechselklimaten entsprechen in Polygonböden[2] arider Gebiete durch Salzverwitterung gesteuerte Bewegungsprozesse. Dadurch

---

[1] lat. convergere = sich hinneigen
[2] griech. polys = viel-, gonia = Ecke; Vieleck

Bildung von Steinringen, jedoch ohne die für Periglazialbereiche typische Einregelung und Hochkantstellung der Steine (→ II, 72).

*Beispiel 3:* für Winterregenklimate und semiaride Bereiche typische *Kalksinterkrusten* auch in Kegel- und Turmkarst der feuchten Tropen. Wie Verdunstung in periodisch trockenen Gebieten so führt in feuchten Tropen Kohlensäureabgabe des aus dem Boden austretenden kalkreichen Wassers zu Sinterabscheidungen an steilen Flanken der Karstkegel ( K. H. PFEFFER).

*Vergrusung der Massengesteine* ist weltweit zu beobachtende Erscheinung. Mächtige Grushorizonte bedecken Anstehendes in immerfeuchten und wechselfeuchten Tropen, tropischen und subtropischen Wüsten, Winterregengebieten und feucht-gemäßigten Klimaten, fehlen nur in polaren Breiten und in Frostwechselzone der Hochgebirge. Dort allenfalls dünne Lagen scharfkantiger erbsen- bis nußgroßer Gesteinsbruchstücke.

Allgemeine Vergrusung freilich nur im makroskopischen Sinne als Konvergenzerscheinung anzusehen. Mikroskopische und röntgenographische Feinuntersuchungen zeigen, daß Vergrusung in feuchten Tropen Ergebnis intensiver chemischer Tiefenverwitterung ist, während z. B. in deutschen Mittelgebirgen an rezenter Vergrusung chemische Verwitterung nur geringen Anteil hat; diese reicht gerade zur Aufbereitung des Gesteins, so daß Hydratation wirksam werden kann. In ariden Klimaten schließlich ist Abgrusung der Gesteine Ergebnis des Zusammenwirkens von Insolation, Hydratation und Salzverwitterung.

*Wollsackform* verwitternder Massengesteinsblöcke ebenso weltweit verbreitet. Grobkörnige, klüftige Tiefengesteine zwar anscheinend weitgehend unabhängig von bestimmten klimatischen Einflüssen zur „Wollsack"-Bildung prädestiniert, aber gleichartige äußere Form geht auf Wirksamkeit ganz verschiedenartiger exogener Kräfte zurück: „Wollsäcke" feuchter und wechselfeuchter Tropen verdanken Entstehung chemischer Tiefenverwitterung; daneben jedoch im Harz, Schwarzwald usw. durch rezente Hydratation sich bildende „Wollsackblöcke" absolut gleicher Form. Von ihnen kaum zu unterscheiden „Wollsäcke" der Wüste, die Ergebnis dort wirkender Abgrusung sind. In der Arktis keine Vergrusung, daher fehlen dort gut gerundete Blöcke; Frostsprengung schafft wirr sich häufenden Blockschutt ohne Grusausfüllung der Klüfte.

Konvergente Erscheinungen besonderer Eigenart: konkave Hangprofile der Inselberge im tropischen Regenwald und in der Kernwüste; bestehen jedoch im einen Fall aus tiefgründigen Verwitterungsdecken, im anderen aus Felsschutt.

Massentransporte bedeutenden Ausmaßes durch intensive Durchfeuchtung der Verwitterungsdecke sind im tropischen Regenwald ebenso typische Erscheinungen wie solifluidale Bewegungen in Frostwechselklimaten.

**Petrokonvergenzen**[1]: besondere Art der Konvergenz, bei der — im Unterschied zu rein klimageomorphologischen Konvergenzen — *Gestein* maßgeblich an Formung beteiligt ist. Formen-Übereinstimmung tritt in verschiedenartigen, sich morphodynamisch jedoch gleichartig verhaltenden Gesteinen auf.

*Beispiel 1: Glocken-, Helm- oder Zuckerhutberge* sind typische Großformen der Massengesteine, fehlen in Sedimentgesteinen, kommen jedoch ebenfalls in verfestigten Konglomeraten vor, die infolge ihrer Struktur auf Verwitterungsvorgänge wie grobkörnige Massengesteine reagieren. Aus groben Konglomeraten aufgebauter Montserrat in Katalonien, Epomeo auf Ischia, Pferdeohrberge in Korea, Meteora-Felsen in Thessalien bilden Glockenberge und „Riesen-Wollsäcke" von gleicher Vollkommenheit wie in Massengesteinen.

*Beispiel 2: Karren* sind typische Lösungsformen in Kalk und Gips, treten in Gebieten hoher Wärme und ausreichender Niederschläge jedoch auch in Massengesteinen auf. Granithänge auf Korsika ebenso wie Syenit-Massiv des Itatiáia in Brasilien von Karren überzogen. Im feucht-warmen Klima sind auch Silikatgesteine lösungsfähig; Granitkarren daher keine Pseudokarren, sondern echte Karren (→ II, 24).

*Beispiel 3:* steilwandige *Schluchten oder Hohlwege im Löß* entsprechen in ihrer Form völlig denen in tiefgründig verwitternden Gneisglimmerschiefern des Spessarts.

**Scheinkonvergenzen:** äußere *Formen-Ähnlichkeiten* ohne jeglichen genetischen Zusammenhang; geben häufig Anlaß zu Fehldeutungen. *Verwechslung:*

— von Bruchstufen mit Denudationsstufen;
— von gestriemten Harnischen (→ I, 59) mit Gletscherschliffen, z. B. im Thüringer Wald;
— von Bergsturzmassen oder periglazialem Wanderschutt mit Moränen;
— von Quellmulden mit Karen;
— von abgedeckten Granit-Grundhöckern mit glazial überformten Rundhöckern;
— von Blockansammlungen in nie von Frostwechsel betroffenen Gebieten mit periglazial bewegten Blockströmen, z. B. Pseudoblockströmen tropischer Waldgebirge;
— von „Opferkesseln" (Oriçangas, → II, 24) mit Gletschermühlen und Gletschertöpfen;
— von strukturell bedingten Denudationsterrassen (Adaptionsformen) mit gesteinsunabhängigen Erosionsterrassen;
— von intramontanen Rumpfflächen mit Karstpoljen;

---

[1] griech. petros = Stein

- von Härtlingsschwellen im Tallängsprofil oder durch Kalkabscheidung entstandenen Sinterstufen mit echten, durch rückschreitende Erosion entstandenen Hebungsstufen;

- von isolierten Kalkklötzen an Poljerändern (Humi, → III, 36) mit fossilem Kegelkarst;

- von durch periglaziale Solifluktion entstandenen asymmetrischen Tälern mit solchen, die auf Rechtsablenkung, einseitigen Schichteinfall oder andere Gründe (→ II, 95 ff.) zurückzuführen sind.

Sorgfältige Formenanalyse und Formenvergleiche, vor allem auch Beachtung anthropogen beeinflußten Formenschatzes (→ III, 167 ff.), sind erforderlich, um Fehlinterpretationen zu vermeiden.

## Literatur

BREMER, H.: Musterböden in tropisch-subtropischen Gebieten und Frostmusterböden. Z. Geomorph., N. F. 9, 1965, S. 222-236

BÜLOW, K. v.: Karrenbildung in kristallinen Gesteinen? Z. Dt. Geol. Ges. 94, 1942, S. 44-46

CARLÉ, W.: Karrenbildung im Granit der galicischen Küste bei Vigo (Nordwest-Spanien). Geol. Meere u. Binnengewässer 5, 1941, S. 55-63

FURRER, G.: Vergleichende Beobachtungen am subnivalen Formenschatz in Ostspitzbergen und in den Schweizer Alpen. Ergebn. Stauferland-Expedition 1967, H. 9, Wiesbaden 1969

GELLERT, J. F.: Ein Musterboden auf dem Schwarzrand in Südwestafrika. Z. Geomorph., N. F. 5, 1961, S. 132-137

HEMPEL, L.: Konvergenzen von Oberflächenformen unter dem Einfluß verschiedener klimatischer Kräfte. Dt. Geogr. Blätter 47, 1955, S. 188-200

HÖGBOM, B.: Wüstenerscheinungen auf Spitzbergen. Bull. Geol. Inst. Upsala 11, 1912, S. 242-251

HÖLLERMANN, P.: „Verwitterungsrinden" in den Alpen. Z. Geomorph., N. F. 7, 1963, S. 172-177

KAISER, K.: Über Konvergenzen arider und „periglazialer" Oberflächenformung. Abh. 1. Geogr. Inst. FU Berlin, Bd. 13, Aktuelle Probleme Geogr. Forsch., Schultze-Festschr., Berlin 1970, S. 147-188

KLAER, W.: „Verkarstungserscheinungen" in Silikatgesteinen. Abh. Geogr. Inst. FU Berlin 5, 1957, S. 21—27

KLUTE, F. u. KRASSER, L.: Über Wüstenlackbildung im Hochgebirge. Peterm. Geogr. Mitt. 86, 1940, S. 21-22, 208

KNETSCH, G.: Beobachtungen in der libyschen Sahara. Geol. Rdsch. 38, 1950, S. 40-59

MECKELEIN, W.: Beobachtungen und Gedanken zu geomorphologischen Konvergenzen in Polar- und Wärmewüsten. Erdkunde 19, 1965, S. 31-39

MORTENSEN, H.: Einige Oberflächenformen in Chile und auf Spitzbergen im Rahmen einer vergleichenden Morphologie der Klimazonen. Peterm. Geogr. Mitt., Erg.-H. 209, H. Wagner-Gedächtnisschr., 1930, S. 147-156

Murawski, H.: Beispiele für die Wirkungsabhängigkeit mechanischer Kräfte von der Gesteinsbeschaffenheit. Z. Geomorph., N. F. 2, 1958, S. 1—11
Palmer, H. S.: Karrenbildung in den Basaltgesteinen der Hawaiischen Inseln. Mitt. Geogr. Ges. Wien 70, 1927, S. 89-94
Pfeffer, K.-H.: Kalkkrusten und Kegelkarst. Erdkunde 23, 1969, S. 230—236
Schmidt-Thomé, P.: Karrenbildung in kristallinen Gesteinen. Z. Dt. Geol. Ges. 95, 1943, S. 53-56
Schwinner, R.: Karstformen im Kristallin der östlichen Alpen. Z. Geomorph. 9, 1935/36, S. 150-156
Tricart, J.: Convergence de phénomènes entre l'action du gel et celle du sel. Acta Geogr. Lodziensia 24, 1970, S. 424-436
Zahn, G. v.: Wüstenrinden am Rand der Gletscher. Chemie der Erde 4, 1929, S. 145-156

## 5. Vorzeitformen

Planetarischer und hypsometrischer Formenwandel sind Ausdruck für regionale Differenzierung des Formenschatzes nach Klimazonen und Klimastufen. *Räumlicher* Aufeinanderfolge in der Horizontalen und Vertikalen entspricht in manchen Gebieten der Erde *zeitlicher* Formenwechsel am gleichen Ort.

Zahlreiche Beweise für mehrfachen *Klimawechsel* im Verlauf des Tertiärs und Pleistozäns (→ IV, 51). Prätertiäre erdgeschichtliche Klimaperioden für heutiges Relief der Erde von geringer Relevanz; nur im Bereich kristalliner Massen tropischer Länder Oberflächengestaltung z. T. bis ins Paläozoikum zurückverfolgbar. Im trockenen SW der USA Freilegung verschütteter Pedimente. In Mitteleuropa durch Abtragung jüngerer Deckschichten gelegentlich Exhumierung älterer Oberflächenformen, z. B. permischer Rumpffläche im Schwarzwald (→ II, 159 f.).

Niedere und hohe Breiten der Erde umfassen klimageomorphologisch *konservative* Räume. Seit langen Zeiten dort keine grundsätzliche Veränderung der Verwitterungs- und Abtragungsbedingungen. Oberflächenformen wurden nach einheitlichem Prinzip geprägt.

Subtropische Trockengebiete nur an äquatorialen und polaren Rändern zeitweise feuchter, wie z. B. gut ausgebildetes, jetzt nur noch episodisch wasserführendes Netz der Wadis beweist.

Gegenüber derartigen Klimazonen-Überlappungen bescheidenen Ausmaßes liegen im breiten Gürtel zwischen *subpolarer und semiarider* Klimazone ausgedehnte, auf mehrere Klimazonen entfallende Areale, in denen sich wesensverschiedene Vorzeit- und Gegenwartsformen mischen. Ausbildung eines *Formen-Mosaiks*, in dem sich nahezu gesamter planetarischer und hypsometrischer klimageomorphologischer Formenwandel als zeitlicher Formenwechsel widerspiegelt.

*Beispiele:* in deutschen Mittelgebirgen tertiäre Rumpfflächen mit Resten tropischer Verwitterungsböden, darin eingesenkt pleistozäne Talkerben mit Flußterrassen und periglazialem Hangschutt. In höheren Lagen kantige Blöcke als Ergebnis eiszeitlicher Frostsprengung neben rezent *in situ* durch Hydratation entstandenen „Wollsäcken". — Auf noch engerem Raum, z. B. Korsika, Konzentration des Formenschatzes der Massengesteine fast aller Klimate der Erde: tiefgründige Vergrusung und Rotverwitterung, kryptogene Entstehung von Wollsackblöcken und phanerogene Weiterentwicklung unter wechselfeuchten Klimabedingungen, Bildung von Felsburgen, Wackelsteinen, Hohlblöcken, „Opferkesseln" und Granitkarren. Sowohl Blockmeere, Blockströme, prallwölbige Helmberge wie zackige Gipfel und Grate. Tertiäre, pleistozäne und rezente Formen unterschiedlicher Genese liefern außerordentlich komplexes Formenbild.

## Forschungsaufgaben:

1) *Prüfung,* welche Formungsmechanismen unter gegenwärtigen Klimaverhältnissen wirksam sind, welche der sich im Relief widerspiegelnden Formengruppen auf diese zurückzuführen sind, welche sich nicht aus Aktualvorgängen erklären lassen; diese als fossil[1] aufzufassen.

2) *Klärung,* unter welchen Klimabedingungen derartige Vorzeitformen entstanden sein können, ob klimageschichtliche Vergangenheit des betreffenden Reliefstücks mit solcher Deutung übereinstimmt.

Begriffe *fossile Form* und *Vorzeitform* jedoch nicht in völlig gleichem Sinne zu verwenden:

**Fossile Formen** oder Reliktformen entstammen geologischer Vergangenheit, können aus verschiedensten Gründen aus „Arbeitsformen" zu *„Ruheformen"* (im Sinne PASSARGES) geworden sein.

*Beispiele:* fossile Kliffe und Brandungsplattformen, die durch tektonische Hebungen oder eustatische Meeresspiegelabsenkungen (→ III, 107) außer Funktion gesetzt wurden; Flußterrassen als Reste fossiler Talböden, die aus gleichen Gründen entstanden sind.

**Vorzeitformen** zwar ebenfalls fossil, jedoch ausschließlich im klimageomorphologischen Sinn. Umfassen solche Formen, die in früherem, andersartigem Klima gebildet worden sind und von exogenen Kräften heutigen Klimas umgeformt, zerstört, ausgetilgt, vielleicht auch kaum oder gar nicht angegriffen werden. *Entscheidend* ist, daß sie infolge jetzt andersartiger Morphodynamik *nicht im alten Stil weitergeformt* werden.

*Beispiele:* Rumpfflächen deutscher Mittelgebirge; glazialer Formenschatz in heute nicht mehr vereisten Gebieten; pluvialzeitliche Formen der Wüste; Trockentäler der Schwäbischen Alb, die nur Wasser führten, solange in pleistozänen Kaltzeiten Klüfte im Kalk durch Bodengefrornis plombiert waren.

---

1) lat. fossilis = ausgegraben

*Grundsätzlich zu unterscheiden* zwischen

1) Vorzeitformen, deren Bildungsprozesse durch Klimawechsel *absolut beendet* wurden, weil neue, andersartige Morphodynamik zur *Zerstörung der Altformen* führte.

*Beispiel:* pleistozäne lineare Zerschneidung tertiärer Rumpfflächen in Mitteleuropa.

2) Vorzeitformen, deren Entwicklung ebenfalls durch Klimawechsel *beendet* wurde, die aber in nachfolgender Klimaperiode *weder zerstört noch* im alten Sinne *weitergebildet* wurden: sog. „tote Landschaften" im Sinne von SALOMON-CALVI (1918).

*Beispiel:* Ayers Rock in Inneraustralien, ein in fast völliger Formungsruhe befindlicher Inselberg (H. BREMER).

Derartige zählebige, gleichsam „erstarrte" Reliefs (J. BÜDEL) bes. für heiß-aride Gebiete bezeichnend, in denen relative Formungsruhe herrscht. Daher dort gute Erhaltung der unter humiden Klimaverhältnissen entstandenen Altformen.

3) Vorzeitformen, die infolge Klimawechsels zwar *keine Weiterbildung* im alten Sinne, jedoch *Überformung* oder *Überprägung* in ähnlichem Sinne erfuhren.

*Beispiel 1:* in vorletzter Kaltzeit (Riß- bzw. Saale-Eiszeit) entstandene *Altmoränen N-Deutschlands,* die in letzter Warmzeit (Interglazialzeit) subaerischer Abtragung unterlagen und während letzter Kaltzeit (Würm- bzw. Weichsel-Eiszeit) durch periglaziale Solifluktionsvorgänge kräftig überformt wurden. Abflußlose Hohlformen verschwanden, Geschiebemergel wurde durch Verwitterung (Entkalkung) in Geschiebelehm verwandelt. Endmoränenwälle blieben zwar als Großform erhalten, sind jedoch deutlich von weniger veränderten Formen der Jungmoränenlandschaft zu unterscheiden.

*Beispiel 2: Urstromtäler*, die vor dem Rand des nordischen Inlandeises als breite Abflußbahnen der Schmelzwässer entstanden, zu Leitlinien für heutige Flüsse (Elbe, Oder, Warthe, Weichsel) wurden, die kleiner als pleistozäne Urströme sind, sich (außer Elbe) neue Unterläufe schufen und völlig veränderter Wasser- und Sedimentführung unterliegen.

*Beispiel 3:* periglaziale *Solifluktionsschuttmassen in subtropischen Hochgebirgen,* die durch postglaziales Höherrücken der Frostwechselzone zu Trockenschuttmassen wurden; diese jetzt durch Wassermangel und fehlenden Frostwechsel festgelegt; nur partielle Rutschungen an steileren Hängen infolge Schwerkraftwirkung; am Fuß Bildung von Trockenschuttkegeln durch herabrieselndes Feinmaterial.

4) Formen, die zwar in Vorzeit *angelegt* sind, sich aber trotz mehrfachen Klimawechsels *weitergebildet* und in ihrem Stil prinzipiell *nicht verändert* haben.

Bei Analyse und Datierung von Formen allgemein zu unterscheiden zwischen Zeit der Entstehung, Dauer der Erhaltung oder Weiterbildung, Zeitpunkt des Abschlusses formenprägenden Prozesses.

Wenn etwa Flächenbildung in bestimmter Klimazone vom Tertiär über Pleistozän bis in Gegenwart trotz Klimaschwankungen kontinuierlich andauert, ist von *durchlaufenden Formen* (H. MENSCHING) oder Formen *traditioneller Weiterbildung* (J. BÜDEL) zu sprechen.

*Beispiel: Fußflächen im semiariden N-Afrika* mindestens seit Jungtertiär über pleistozäne Pluvialzeiten hinweg bis zur Jetztzeit ohne Stilbruch erhalten und weiterentwickelt (→ II, 178).

## a) Klimageomorphologische Ein- und Mehrschichtigkeit

Klimageomorphologische *Einschichtigkeit* nur dort, wo Oberflächenformen gegenwärtigem Klima adäquat sind und Vorzeitformen fehlen, z. B. in Tiefländern wechselfeuchter und immerfeuchter Tropen, weitgehend auch in polarer Frostwechselzone, wo warmzeitlicher tertiärer und ebenso pleistozäner glazialer Formenschatz durch periglaziale Morphodynamik fast völlig ausgelöscht ist.

Klimageomorphologische *Mehrschichtigkeit* (H. WILHELMY) herrscht in allen Klimazonen, in denen eindeutig erkennbare Vorzeitformen mit rezentem zonalem Formenschatz verzahnt sind. Vorzeit- und Jetztzeitformen treten in solchen Fällen *nebeneinander* auf.

## b) Vorzeit-, Jetztzeit- und Mehrzeitformen

Wo mehrere verschiedenartige Klimate *nacheinander* an Bildung des Formenschatzes beteiligt sind, ist weder von Vorzeitformen noch von Jetztzeitformen zu sprechen, sondern von *Mehrzeitformen* (im Sinne MORTENSENS) oder polygenetischen Formen; in ihrer Endgestalt spiegelt sich somit keine Prägeform *einer* bestimmten Klimazone.

Gedanke *zweiphasiger* Entstehung mitteleuropäischer Schichtstufenlandschaften erstmalig von J. BÜDEL (1938) vertreten, von H. MORTENSEN (1947) in Theorie „alternierender Abtragung" (→ II, 203 f.) aufgegriffen:
*1. Phase:* Flächenbildung in tropisch-wechselfeuchtem Klima des Tertiärs;
*2. Phase:* Herausarbeitung der Stufenränder in pleistozäner und holozäner Periode verstärkter linienhafter Erosion.

Nach dieser (nicht unwidersprochenen) Theorie werden 2 Formglieder einer morphologischen Einheit („Stufenlandschaft") als Ergebnis klimatisch und zeitlich differenzierter Morphodynamik aufgefaßt.

Allgemeiner verbreitet sind solche Formen, die *als ganzes* mehrere Entwicklungsstadien durchlaufen haben und die sich nur aus der Aufeinanderfolge unterschiedlicher morphogenetischer Prozesse erklären lassen.

*Beispiel 1:* Entstehung weltweit verbreiteter *Ästuare* (→ II, 135) in 2 Phasen:
*1. Phase:* in pleistozänen Kaltzeiten eustatische Absenkung des Meeresspiegels, erosive Tieferlegung der Flußunterläufe;
*2. Phase:* postglazialer Meeresspiegelanstieg, Überflutung der übertieften Flußunterläufe, Umwandlung zu weit landeinwärts reichenden Trichtermündungen; bleiben in Gezeitenmeeren als solche erhalten, füllen sich in gezeitenlosen Meeren durch Sedimentation auf, bauen sich als Deltas seewärts vor (→ III, 127).

*Beispiel 2: Blockströme deutscher Mittelgebirge* sind wirre Haufwerke kantengerundeter Felsblöcke, die Täler und Hangmulden stromartig erfüllen. Entstehung in 3 Phasen:
*1. Phase:* im Tertiär infolge tropischer Tiefenverwitterung Bildung mächtiger Verwitterungsdecken mit „schwimmenden" Wollsackblöcken;
*2. Phase:* im Pleistozän Umwandlung der im periglazialen Frostwechselbereich gelegenen mächtigen Lockerböden mit eingebetteten Wollsackblöcken zu hochmobiler Fließerde. Infolge Solifluktion, ausschließlich unter Wirkung der Schwerkraft, Anreicherung der Blöcke in Bodenmulden, Nischen und Talungen. Blöcke noch von Feinmaterial (Lehmbrei) umhüllt;
*3. Phase:* in Postglazialzeit, verstärkt nach Spätphase letzter Kaltzeit (jüngere Tundrenzeit), Ausspülung des Feinmaterials aus periglazialen Solifluktionsströmen, Freilegung der Blockmassen. Im rezenten feucht-gemäßigten Klima keine Bewegung der Blockströme mehr, nur noch gelegentliche Verstürzung einzelner Blöcke.

Schwierigkeiten früherer Blockstrom-Diskussion beruhten auf ungenügender Trennung von Blockbildung (Tertiär), Blockstrombewegung (Pleistozän) und Exhumierung der Blockmassen (Holozän). Auch Blockbildung wurde ins Pleistozän datiert. Pleistozäner Entstehung sind jedoch nur Blockmeere mit scharfkantigen Blöcken in höchsten Lagen der Mittelgebirge, z. B. „Hohes Rad" im Riesengebirge.

### c) Reliefgenerationen

Alle durch gleichartige klimagebundene morphologische Prozesse entstandenen Reliefglieder (klimageomorphologische Prägeformen) repräsentieren jeweils eine *Reliefgeneration* (J. Büdel). Trotz Zerstörung oder Weiterbildung bilden identifizierbare Altformen zusammen mit rezenten Formen ein *Gefüge mehrerer Reliefgenerationen,* deren Analyse und klimageomorphologische Zuordnung eine der Hauptaufgaben moderner Geomorphologie ist.

Jede klimaspezifisch geprägte Reliefgeneration benötigte zu ihrer Entwicklung langen Zeitraum. Neuer Formungsmechanismus kann nach erfolgtem Klimaumschwung nicht frei wirksam werden, sondern nur in Abhängigkeit vom überkommenen, ererbten Relief, z. B. Gebirgsvergletscherung nur in Anpassung an präglaziales, erosiv vorgeformtes Talnetz.

Verwitterungsdecken, d. h. Böden, werden erst nach Zehntausenden von Jahren zum Abbild herrschenden Klimas. Anpassung der Großformen an jeweiliges Klima erfordert Jahrmillionen. Nur langfristige Klimaänderungen, nicht kürzere Klimaschwankungen, können Großformenschatz entscheidend prägen. Weitaus schneller erfolgt Anpassung des Kleinformenschatzes.

**5 Reliefgenerationen** in feucht-gemäßigter Klimazone mittlerer Breiten mit J. BÜDEL klar voneinander zu trennen:

*1. Reliefgeneration: Rumpfflächenlandschaften* als Ergebnis der Flächenspülung im tropisch-wechselfeuchten Klima des *Tertiärs* (Alttertiär bis Wende Mittel/Oberpliozän).

*2. Reliefgeneration:* große *Hochböden* (Trogterrassen) und Pedimente des *Oberpliozäns* als Übergangserscheinung zwischen tertiärem Zeitalter der Flächenbildung und pleistozänen Phasen der Taleintiefung.

*3. Reliefgeneration: glaziale Abtragungs- und Aufschüttungslandschaften der pleistozänen Kaltzeiten,* periglaziale Solifluktionslandschaften im nichtvergletscherten Gebiet, Bildung breiter, sich trotz Aufschotterung infolge Eisrindeneffekts ständig eintiefender Talböden. Verstärkte Tiefenerosion in unteren Talabschnitten der in Weltmeere mündenden Flüsse dank eustatischer Meeresspiegelabsenkung; diese dagegen in Flachmeerbereichen (Nordsee) infolge starker Verlängerung der Unterläufe wirkungslos.

*4. Reliefgeneration: Flußterrassen* der *pleistozänen Warmzeiten* als Ergebnis der Zerschneidung kaltzeitlicher Talböden; Aufschotterung in Flußunterläufen infolge eustatischen Meeresspiegelanstiegs.

*5. Reliefgeneration:* fluviatiles Relief der *Gegenwart,* gekennzeichnet durch schwache Um- und Überprägung aller Altformen.

Je mehr unterschiedliche Klimate, d. h. verschiedenartige morphodynamische Prozesse an Gestaltung beteiligt waren, umso undeutlicher („verwaschener") ist die sich schließlich ergebende, kaum noch als fossil erkennbare Form. Insgesamt erhalten sich Flachformen, z. B. weit von der Abtragungsbasis entfernte oder in wasserdurchlässigen Gesteinen (Kalk) angelegte Rumpfflächen, länger als die Hangprofile von Steilformen, wenn sie veränderten Abtragungsbedingungen unterworfen sind.

### d) Erkennung von Vorzeitformen

**Direkter Weg**

Vorzeitformen dort in reinster Erhaltung, wo sie unter jüngeren Ablagerungen begraben liegen und infolge veränderter Abtragungsbedingungen wieder freigelegt werden, z. B. permische Rumpffläche unter Buntsandsteindecke des Schwarzwaldes, alttertiäre Flächen unter Basalt im Hoggar-Gebirge.

Wo Altformen niemals von jungen Sedimenten verhüllt waren, Erosion und Denudation also ungehindert und entsprechend veränderten Klimabedingungen zerstörend wirksam werden konnten, meist nur Erhaltung von Altformenresten (Reliktformen) in größerer Entfernung zur Abtragungsbasis. Manchen Restformen entsprechen verschüttete *korrelate Landschaftsformen.*

Studium aller dieser, ursprünglich gleichen klimagenetischen Formengesellschaften angehörenden Landschaftsteile ist von ähnlicher Bedeutung für Reliefanalyse wie Untersuchung korrelater *Ablagerungen* für Datierung von Flächen und Flächenbildungsprozessen (→ II, 172). In derartigen korrelaten Sedimenten enthaltene Ton- und Schwermineralien bes. aufschlußreich.

Weitere Bausteine zur Rekonstruktion älterer Reliefgenerationen: charakteristische Sonderformen (Moränen, Dünen), vor allem Reste fossiler Böden. *Logisch-historischer Indizienbeweis* (J. BÜDEL) liefert Grundlage für Zusammenfügung verschiedenartigster „Mosaiksteinchen" zu Gesamtbild der Vorzeitformen. Gefahr von Zirkelschlüssen bei dieser Arbeitsmethode bes. zu beachten. Zahlreiche Möglichkeiten *fehlerhafter Interpretation:*

— Formen, die Entstehung unter makroklimatisch ariden oder humiden Vorzeitbedingungen vortäuschen, sind in Wahrheit fossile oder rezente azonale, mikroklimatisch oder edaphisch bedingte Formen.

*Beispiel 1:* auf *Island* Nachweis arider alttertiärer Landschaftsformen. Entstehung beruht jedoch auf Wasserdurchlässigkeit vulkanischer Aschen und Laven, nicht auf aridem tertiärem Wüstenklima (M. SCHWARZBACH).

*Beispiel 2:* Bröckellöcher (→ II, 28) entstehen in Sandsteinen, in denen sich durch Verdunstung eisenhaltiger Sickerwässer Netzwerke harter Limonitkrusten abgeschieden haben. Diese bleiben nach Herausbröckeln des Sandes als eigenartige Zellen- und Gitterstrukturen erhalten. *Wabenverwitterung* also kein Zeugnis für Verwitterung in wüstenhaftem Makroklima, sondern auf edaphische Aridität innerhalb makroklimatisch humider Bereiche zurückzuführen.

— Formen verschiedenartigster Entstehung werden wegen Ähnlichkeit mit klimaspezifischen Formen fälschlicherweise als solche gedeutet (→ II, 42). Rotfärbung mitteleuropäischer Böden allein noch kein Beweis für Entstehung unter tropischen Verwitterungsbedingungen; kann auf Farbe des Ausgangsgesteins oder anderen örtlichen Umständen beruhen.

*Beispiele:* rote *Böden* auf Culm-Grauwacken im Harz und auf miozäner Nagelfluh am Bodensee. Chemische Analysen ergaben in beiden Fällen, daß es sich nicht um fossile tropische Rotlehme, sondern um Böden rezenter che-

mischer Verwitterung und mechanischer Ausschlämmung handelt. — Weitere Beispiele aus geomorphologischem Bereich → IV, 35 (Scheinkonvergenzen).
— Formen, die ihre Entstehung Klein-Katastrophen verdanken, z. B. ungewöhnlichen Hochwässern oder Schichtfluten in gewöhnlich trockenen Gebieten, werden für Vorzeitformen gehalten, rezente Hochwasserterrassen in nordafrikanischen Wadis mit Resten pluvialzeitlicher Talböden verwechselt (→ IV, 210).

### Indirekter Weg

Legitimes Verfahren der Geomorphologie, Genese von Vorzeitformen aus Morphodynamik solcher Klimazonen zu erschließen, in denen *gegenwärtig* gleiche Formen entstehen *(aktualistisches Prinzip)*. Studien in Flächenspülzone wechselfeuchter Tropen erlauben Rückschlüsse auf Bildungsmechanismus tertiärer Rumpfflächen deutscher Mittelgebirge, in arktischer Frostwechselzone auf Entstehung periglazialer Solifluktionserscheinungen in Mitteleuropa. Dieser Weg mit besonderem Erfolg von O. JESSEN (Angola), J. BÜDEL (N-Afrika, S-Indien, Spitzbergen), H. LOUIS (O-Afrika), K. GRIPP (Spitzbergen) und zahlreichen jüngeren Forschern beschritten.

Nachweis „tropischer" Böden und Abtragungsformen oder „arktischer" periglazialer Solifluktionserscheinungen in mittleren Breiten hat zu weit verbreiteter Vorstellung geführt, daß morphodynamische Prozesse „tropischer" Klimaperioden des Tertiärs absolut denen heutiger Tropen, oder daß pleistozäne Solifluktions- und Kryoturbationsvorgänge völlig denen heutiger subpolarer Klimabereiche entsprochen hätten. Dies nur bedingt richtig, denn Identität der Lage der Kontinente im Gradnetz und zueinander seit Alttertiär ist paläontologisch erwiesen. Äquator verlief im Tertiär nicht durch Mitteleuropa, sondern hatte gleiche Lage wie in der Gegenwart, d. h. bei gleicher Land-Meer-Verteilung bestand prinzipiell gleichartiges planetarisches Zirkulationssystem der Atmosphäre wie heute. *Folgerungen:*

1) *Tertiäres Tropenklima* Mitteleuropas hatte mit rezenter Tropenzone zwar hohe Temperaturen, jedoch nicht Niederschlagsgang gemeinsam. Mitteleuropa empfing keine äquatorialen Zenitalregen, sondern hatte wechselfeuchtes Klima, ähnlich heutigem Mittelmeerklima, bei jedoch ganzjährig größerer Wärme.

2) *Pleistozänes Frostwechselklima* ähnelte im eisfreien Gebiet zwischen Rand nordischen Inlandeises und Alpengletschern dem heutiger Subpolargebiete dank der im Pleistozän erfolgten Temperaturabsenkung um 8° bis 10° C, unterschied sich aber im Rhythmus des Frostwechsels. In Polargebieten herrschte jahreszeitlicher Frostwechsel infolge halbjähriger Ablösung der Polarnacht durch Polartag. Mitteleuropa hatte dank gleicher Lage im Gradnetz wie heute während ganzen Jahres höhere

Sonnenstände als Polarregion. Morphodynamische Auswirkungen: häufigerer Frostwechsel, Entstehung von Steinnetzen geringeren Durchmessers und Tiefgangs, Bildung asymmetrischer Täler (→ II, 98). Mitteleuropa auch im Pleistozän in Westwinddrift (von Bedeutung für Lößsedimentation), Polarregion in Zone bodennaher Ostwinde.

*Also:* sowohl tertiäres wie pleistozänes Klima Mitteleuropas in gleicher einstmaliger Kombination meteorologischer Elemente mit keinem der heutigen irdischen Klimate *identisch*, nur in Hauptmerkmalen tropischem oder polarem Klima der Gegenwart *ähnlich*.

*Aktualistischem Prinzip* daher in klimagenetischer geomorphologischer Forschung bestimmte Grenzen gesetzt, jedoch — *kritisch angewendet* — bisher *erfolgreichste Methode* zur Differenzierung der in Phasen unterschiedlicher Klimabedingungen entstandenen Formengruppen.

### Literatur

AHORNER, L. u. KAISER, K.: Über altpleistozäne Kalt-Klima-Zeugen (Bodenfrosterscheinungen). Decheniana 116, Bonn 1964, S. 3-19

BAKKER, J. P. u. LEVELT, TH. W. M.: An inquiry into the probability of a polyclimatic development of peneplains and pediments (etchplains) in Europe during the Senonian and Tertiary period. Publ. Serv. géol. Luxembourg 14, 1964, S. 27-75

BARTELS, G. u. ROHDENBURG, H.: Fossile Böden und Eiskeilhorizonte in der Ziegeleigrube Breinum (Niedersächsisches Bergland) und ihre Auswertung für die Reliefentwicklung im Jungquartär. Göttinger Bodenkundl. Ber. 6, 1968, S. 109-126

BECKSMANN, E.: Geologische Untersuchungen an jungpaläozoischen und tertiären Landoberflächen im Unterharzgebiet. N. Jb. Mineral. etc., Beil.-Bd. 64, Abt. B, 1930, S. 79-146

BEHRMANN, W.: Landschaftsformen der Vorzeit. Natur u. Museum, 1928, S. 105-116

BLANCK, E., ALTEN, F. u. HEIDE, F.: Über rotgefärbte Bodenbildungen und Verwitterungsprodukte im Gebiet des Harzes. Ein Beitrag zur Verwitterung der Culm-Grauwacke. Chemie der Erde 2, 1926, S. 115-133

— u. GIESECKE, F.: Über die Entstehung der Roterde in ihrem nördlichen Verbreitungsgebiet. Chemie der Erde 3, 1928, S. 44-90

— u. OLDERSHAUSEN, E. v.: Über rezente und fossile Roterdebildung insbesondere im Gebiet der nördl. Frankenalb, des Altmühltals. Chemie der Erde 10, 1936, S. 1-66

— u. SCHEFFER, F.: Über rotgefärbte Verwitterungsböden der miozänen Nagelfluh von Bregenz/Bodensee. Chemie der Erde 2, 1926, S. 141-148

BREMER, E.: Das präglaziale Relief der Ostalpen und dessen Bedeutung für den heutigen Formenschatz des Gebirges. Halle 1933

BREMER, H.: Der Einfluß von Vorzeitformen auf die rezente Formung in einem Trockengebiet — Zentralaustralien. Tagungsber. u. wiss. Abh. 34, Dt. Geographentag Heidelberg 1963, Wiesbaden 1965, S. 184-196

Bremer, H.: Ayers Rock, ein Beispiel für klimagenetische Morphologie. Z. Geomorph., N. F. 9, 1965, S. 249-284

Brinkmann, R.: Über fossile Inselberge. Nachr. Ges. Wiss. Göttingen, Math.-phys. Kl., 1932, S. 242-248

Bronger, A.: Lösse, ihre Verbraunungszonen und fossilen Böden. Schr. Geogr. Inst. Kiel 24, H. 2, 1966

Brosche, K. U.: Zum Problem der Auffindung und Deutung von Reliefgenerationen in Schichtkamm- und Schichtstufenlandschaften. Z. Geomorph., N. F. 13, 1969, S. 484-505

Büdel, J.: Eiszeitliche und rezente Verwitterung und Abtragung im ehemals nicht vereisten Gebiet Mitteleuropas. Peterm. Geogr. Mitt., Erg.-H. 229, 1937

—: Das Verhältnis von Rumpftreppen zu Schichtstufen in ihrer Entwicklung seit dem Alttertiär. Peterm. Geogr. Mitt. 84, 1938, S. 229-238

—: Die morphologischen Wirkungen des Eiszeitklimas im gletscherfreien Gebiet. Geol. Rdsch. 34, 1944, S. 482-541

—: Bericht über klima-morphologische und Eiszeitforschungen in Nieder-Afrika. Erdkunde 6, 1952, S. 104-132

—: Die „periglazial"-morphologischen Wirkungen des Eiszeitklimas auf der ganzen Erde. Erdkunde 7, 1953, S. 249-266

—: Reliefgenerationen und plio-pleistozäner Klimawandel im Hoggar-Gebirge. Erdkunde 9, 1955, S. 100-115

—: Grundzüge der klimamorphologischen Entwicklung Frankens. Würzburger Geogr. Arb. 4/5, Würzburg 1957

—: Die Flächenbildung in den feuchten Tropen und die Rolle fossiler solcher Flächen in anderen Klimazonen. Tagungsber. u. wiss. Abh., 31. Dt. Geographentag Würzburg 1957, Wiesbaden 1958, S. 89-121

—: Eiszeitalter und heutiges Erdbild. Umschau in Wiss. u. Technik 62, 1962, S. 18-21

—: Die Relieftypen der Flächenspülzone Süd-Indiens am Ostabfall Dekans gegen Madras. Coll. Geogr. 8, Bonn 1965

—: Bildung von Rumpfflächen und Tafelrelieftypen in der Flächenspülzone Süd-Indiens. Tagungsber. u. wiss. Abh., Dt. Geographentag Bochum 1965, Wiesbaden 1966, S. 293-322

Butzer, K.: Climatic-geomorphologic interpretation of Pleistocene Sediments in the Eurafican Subtropics. African Ecology and Human Evolution (Hrsg. Howel u. Bourlière), London 1964, S. 1-27

Cailleux, A.: Les actions éoliennes périglaciaires en Europe. Mém. et Doc. Géol. France, N. S. 21, 1942, S. 1-176

—: Morphoskopische Analyse der Geschiebe und Sandkörner und ihre Bedeutung für die Paläoklimatologie. Geol. Rdsch. 39, 1959, S. 11-19

—: Petrographische Eigenschaften der Gerölle und Sandkörner als Klimazeugen. Geol. Rdsch. 54, 1965, S. 5-15

Daly, R. A.: The Changing World of the Ice Age. New York 1963[2]

Dehm, R.: Über tertiäre Spaltenfüllungen im Fränkischen und Schwäbischen Jura. Abh. Bayer. Akad. Wiss., N. F. 29, 1935, S. 1-86

—: Neue tertiäre Spaltenfüllungen im südlichen Fränkischen Jura. Zbl. Mineral. etc., Abt. B, 1937, S. 349-369

Dongus, H. J.: Alte Landoberflächen der Ostalb. Forsch. dt. Landeskde. 134, 1962

Dücker, A.: Die Windkanter des norddeutschen Diluviums in ihren Beziehungen zu periglazialen Erscheinungen und zum Decksand. Jb. Preuß. Geol. Landesanst., 1933

Florov, N.: Die Untersuchung der fossilen Böden als Methode zur Erforschung der klimatischen Phasen der Eiszeit. Die Eiszeit 4, 1927, S. 1-10

Gellert, J. F.: Geomorphologie des Mittelschlesischen Inselberglandes. Z. Dt. Geol. Ges. 83, 1931, S. 431-447

—: Climatomorphology and Palaeoclimates of the Central Europe Tertiary. Stud. in Hungarian Geogr. 8, Budapest 1970, S. 107-111, 137-151

— u. Schüller, A.: Eiszeitböden im Riesengebirge. Z. Dt. Geol. Ges. 81, 1929, S. 444-449

Gripp, K.: Glaziologische und geologische Ergebnisse der Hamburgischen Spitzbergen-Exkursion 1927. Abh. naturwiss. Ver. Hamburg 22, 1929, S. 145-249

—: Untersuchungen an Gletschern und Moränen Spitzbergens. Z. Dt. Geol. Ges. 79, 1927, S. 340-342

Guenther, E. W.: Sedimentpetrographische Untersuchungen von Lössen. Zur Gliederung des Eiszeitalters und zur Einordnung paläolithischer Kulturen. Teil I: Methodische Grundlagen mit Erläuterungen an Profilen. Fundamenta, Monographien zur Urgeschichte. Hrsg. von H. Schwabedissen, R. B. Bd. 1, Köln-Graz 1961

Harrassowitz, H.: Fossile Verwitterungsdecken. In: E. Blanck. Handb. Bodenlehre, Bd. 4, 1930, S. 225-305

Heine, K.: Die Bedeutung pedologischer Untersuchungen bei der Trennung von Reliefgenerationen. Z. Geomorph., N. F., Suppl. Bd. 14, 1972, S. 113—137

Hempel, L.: Ein Tertiärvorkommen auf dem Göttinger Muschelkalk und seine Bedeutung für die Datierung der Oberfläche. N. Jb. Geol. u. Paläontol. 98, 1954, S. 70-79

Hjulström, F.: Climatic changes and River patterns. Geogr. Ann. 31, 1949, S. 83-89

Jessen, O.: Dünen und Klimaschwankungen. Z. Ges. f. Erdkde. Berlin 1935, S. 161—169

—: Reisen und Forschungen in Angola. Berlin 1936

—: Tertiärklima und Mittelgebirgsmorphologie. Z. Ges. f. Erdkde. Berlin, 1938, S. 36-49

Kaiser, K.: Klimazeugen des periglazialen Dauerfrostbodens in Mittel- und Westeuropa. Ein Beitrag zur Rekonstruktion des Klimas der Glaziale des quartären Eiszeitalters. Eisz. u. Gegenw. 11, 1960, S. 121-141

Kieslinger, A.: Tertiäre Verwitterungsböden in den zentralen Ostalpen. Geol. Rdsch. 19, 1928, S. 464-478

Kinzl, H.: Die Gletscher als Klimazeugen. Tagungsber. u. wiss. Abh., Dt. Geographentag Würzburg 1957, Wiesbaden 1958, S. 222-231

Kraus, E. C.: Der Blutlehm auf der süddeutschen Niederterrasse als Rest des postglazialen Klimaoptimums. Geognost. Jh. 34, 1922, S. 169-221

Kubiena, W. L.: Über die Braunlehmrelikte des Atakor (Hoggar-Gebirge). Erdkunde 9, 1955, S. 115-132

Maull, O.: Die Bedeutung der Kalktuffablagerungen für die Frage des diluvialen Klimawechsels. Frankfurter Geogr. Hefte 11, 1937, S. 90-94

MENSCHING, H.: Entstehung und Erhaltung von Flächen im semi-ariden Klima am Beispiel Nordwest-Afrikas. Tagungsber. u. wiss. Abh., Dt. Geographentag Würzburg 1957, Wiesbaden 1958, S. 173-184
—: Bergfußflächen und das System der Flächenbildung in den ariden Subtropen und Tropen. Geol. Rdsch. 58, 1968, S. 62-82
MÜCKENHAUSEN, E.: Fossile Böden in der nördlichen Eifel. Geol. Rdsch. 41, 1953, S. 253-268
—: Fossile Böden im nördlichen Rheinland. Z. Pflanzenern., Düng. u. Bodenkde. 65, 1954, S. 81-103
—: Bildungsbedingungen und Umlagerung der fossilen Böden der Eifel. Fortschr. in d. Geol. v. Rheinl. u. Westfalen 2, 1958, S. 495-502
MÜHLEN, L. v. z.: Über die Kaoline und kaolinisierten Granite im Gebiet zwischen Ströbel und Saarau in Schlesien, sowie deren Entstehung. Z. prakt. Geol. 29, 1921, S. 56-61
MÜLLER, S.: Schwarzerderelikte in Stuttgarts Umgebung. Jh. Geol. Abt. d. Württ. Stat. Landesamtes 1, 1951, S. 79-90
—: Feuersteinlehme und Streuschuttdecken in Ostwürttemberg. Jh. d. Geol. Landesamtes Baden-Württ. 3, 1958
OSTENDORFF, E.: Fossile Schwarzerden und Waldböden Südwestdeutschlands und ihre Bedeutung für die Diluvialgeschichte. Z. Pflanzenern., Düng. u. Bodenkde. 65, 1954, S. 62-80
PASSARGE, S.: Die Vorzeitformen der deutschen Mittelgebirgslandschaften. Peterm. Geogr. Mitt., 1919, S. 41-46
—: Ist der Trockenschutt der Puna eine Jetztzeitform? Peterm. Geogr. Mitt., 1923, S. 23-25
PFEFFER, P.: Verwitterungsstudien an Bodenprofilen auf alten Landoberflächen im Gebiet des Rheinischen Schiefergebirges. Jb. Preuß. Geol. Landesanst. 59, 1938, S. 176-196
POSER, H.: Auftautiefe und Frostzerrung im Boden Mitteleuropas während der Würm-Eiszeit. Naturwissenschaften 34, 1947
—: Die Niederterrassen im Okertal als Klimazeugen. Abh. Braunschweig. Wiss. Ges. 2, 1950, S. 109-122
RICHTER, K.: Die klimatische Gliederung von Terrassenschottern. Z. Dt. Geol. Ges. 104, 1952, S. 427-428
ROHDENBURG, H. u. MEYER, B.: Zur Datierung und Bodengeschichte mitteleuropäischer Oberflächenböden (Schwarzerde, Parabraunerde, Kalksteinbraunlehm): Spätglazial oder Holozän? — Göttinger Bodenkdl. Ber. 6, 1968, S. 127-212
SALOMON-CALVI, W.: Tote Landschaften und der Gang der Erdgeschichte. Sitzungsber. Heidelberger Akad. Wiss. Math.-nat. Kl., Abt. A, 1, Berlin 1918, S. 3-10
SCHÖNHALS, E.: Über fossile Böden im nichtvereisten Gebiet. Eisz. u. Gegenw. 1, 1951, S. 109-130
SCHREPFER, H.: Inselberge in Lappland und Neufundland. Geol. Rdsch. 24, 1933, S. 137-143
SEEGER, M.: Fossile Verwitterungsbildungen auf der Schwäbischen Alb. Jh. d. Geol. Landesamtes Baden-Württ. 6, 1963, S. 421-459
SEUFFERT, O.: Die Aussagekraft vorzeitlicher Bodenbildungen als Klima- und Zeitindices. Eisz. u. Gegenw. 18, 1967, S. 169-175
SOERGEL, W.: Lösse, Eiszeiten und Paläolithische Kulturen. Jena 1919
—: Die Ursachen der diluvialen Aufschotterung und Erosion. Berlin 1921

STREBEL, O.: Tertiäre Bodenbildungen und Verwitterungsreste im Frankenwald. Geol. Jb. 78, 1961, S. 609-620
STREMME, H.: Überreste tertiärer Verwitterungsrinden in Deutschland. Geol. Rdsch. 1, 1910, S. 337-344
VAGELER, P.: Kritische Betrachtungen zur Frage der „fossilen" Böden und der tropischen Verwitterung. Z. Pflanzenern., Düng. u. Bodenkde. A 10, 1927/28, S. 193-205
WERNER, I.: Zur Entstehung der Terra fusca (= Brauner Karbonatboden) auf der Schwäbischen Alb. Mitt. Ver. Forstl. Standortskartier. 8, 1959, S. 43-45
WICHE, K.: Pleistozäne Klimazeugen in den Alpen und im Hohen Atlas. Mitt. Geogr. Ges. Wien 95/96, 1953/54, S. 143-166
WILHELMY, H.: Das Alter der Schwarzerde und der Steppen Mittel- und Osteuropas. Erdkunde 4, 1950, S. 5-34
ZAKOSEK, H.: Zur Genese und Gliederung der Steppenböden im nördl. Oberrheintal. Abh. d. Hess. Landesamtes f. Bodenforsch. 37, 1962, S. 1-46
ZEUNER, F. E.: Dating the Past. London 1959[4]

## 6. Vorzeitklimate

*Paläoklimatologie* umfaßt Erforschung und Lehre der Vorzeitklimate. Führende moderne Gesamtdarstellungen von M. SCHWARZBACH (1961[2]), ältere Werke von W. KÖPPEN / A. WEGENER (1924) und C. E. P. BROOKS (1949[2]).

*Indizien für Rekonstruktion* von Klimaten geologischer Vergangenheit von zahlreichen Wissenschaften beigebracht:

*Geologie:* Fazies terrestrischer Sedimente läßt klimatische Ablagerungs- und Akkumulationsbedingungen erkennen.

*Beispiele: kreuzgeschichtete* rote Sandsteine = Wüstenbedingungen; *Bändertone* = Absätze in Eisstauseen; *Löß* = äolisches Sediment aus kalt-arider Steppenzeit.

*Paläontologie:* fossile Pflanzen und Tiere erlauben Rückschlüsse auf Umweltbedingungen, unter denen sie lebten.

*Beispiel: Skelette* und *Gänge* von Steppenwühlern unter Wald beweisen Eroberung ursprünglicher Graslandareale durch Wald infolge Klimaänderung.

*Pollenanalyse:* Sukzession verschiedenartiger Blütenpollen in Moorprofilen zeigt Wechsel der Pflanzenarten an, läßt Vorstöße oder Rückzüge von geschlossener Wald- oder Graslandvegetation, damit Veränderung klimatischer Bedingungen erkennen.

*Beispiel:* detaillierte Kenntnisse über postglaziale Klimaschwankungen aus der durch *Pollenanalyse* geklärten Vegetationsgeschichte der außertropischen Gebiete beider Hemisphären.

*Bodenkunde:* Böden sind feinste Indikatoren klimageomorphologischer Prozesse (→ II, 34 ff.); Erforschung der Bodenbildungsprozesse in verschiedensten Klimazonen lieferte daher wichtigen Beitrag für Deutung fossiler Böden, damit zur Klärung paläoklimatischer Verhältnisse. — Sicherste Beweise für Reliktcharakter eines Bodens: Überdeckung durch andersartige rezente Verwitterungsprodukte (geologische Lagerung), eingebettete Fossilien, mikroskopische, röntgenographische und chemische Analyse.

> *Beispiele: Schwarzerdehorizonte* beweisen Entstehung in semiaridem Steppenklima, fossile *Rotlehme* oder *Kaoline* in Mitteleuropa Entstehung unter tropischen Klimaverhältnissen.

*Geomorphologie:* klimaspezifische Klein- und Großformen sind von stärkster Aussagekraft für paläoklimatologische Erkenntnisse.

> *Beispiele:* Funde von *gekritzten Geschieben* und *Gletscherschliffen* in heute eisfreien Gebieten Norddeutschlands (Rüdersdorf, 1875) waren überzeugendstes Argument für pleistozäne Inlandvereisung, widerlegten endgültig ältere Annahme einer Verdriftung erratischer Blöcke auf Eisschollen eines Diluvialmeeres (→ III, 77).
>
> *Moränen* beweisen nicht nur Tatsache ehemaliger Vergletscherung heute eisfreier Gebiete, sondern Zahl hintereinander gelegener Endmoränen gibt gleichzeitig klimatisch bedingten Wechsel von Vorstoß- und Rückzugszeiten des Gletschereises zu erkennen.
>
> *Binnendünen* auf bewaldeter Niederterrasse des Rheins (bei Darmstadt) stehen im Widerspruch zu heutigem Klima, müssen fossil und in Zeiten offener Vegetation aufgeweht worden sein.
>
> *Trockentäler* im Karst sind als echte Flußtäler entstanden; oberflächlicher Wasserabfluß und fluviatile Erosion jedoch nur in Zeiten möglich, als stark klüftiger Kalk wasserundurchlässig war, d. h. in pleistozänen Kaltzeiten, in denen Bodeneis alle Haarrisse und Klüfte im Karst verschloß.
>
> *Uferterrassen* von Binnenseen bekunden klimatisch bedingte Wasserstandsschwankungen; Flußterrassen hingegen können auch infolge tektonischer Hebung zerschnittene Talböden sein (→ II, 109)
>
> *Wadis* N-Afrikas oder Riviere SW-Afrikas, oft mit wohlausgebildeten Terrassensystemen, sind aus gegenwärtigen Niederschlags- und Abflußverhältnissen — mit Ausnahme der auf gelegentliche Unwetter (→ IV, 44) zurückzuführenden untersten Hochwasserterrasse — nicht erklärbar; bezeugen einst regenreicheres Klima.

Gesamtheit derartiger *Klimazeugen,* deren Zuverlässigkeit von Forschung ständig zu überprüfen ist, erlaubt Typisierung einander ablösender Vorzeitklimate, deren zeitliche Einordnung und Festlegung jeweiliger Verbreitungsgrenzen.

*Rekonstruktion* der Klima- und Vegetationszonen Europas während Würm-Kaltzeit aus Zusammentragung vieler Einzelfakten durch H. POSER u. J. BÜDEL; einer Weltkarte würm-eiszeitlicher Klimazonen durch H. SUZUKI.

Unterschiedlicher *morphodynamischer Effekt* von Klimawechsel und Klimaschwankungen.

**Klimawechsel:** langandauernde, grundsätzliche Veränderung des Klimatyps mit entsprechender *prinzipieller* Veränderung morphodynamischer Prozesse.

**Klimaschwankung:** kurzfristige Veränderung einzelner meteorologischer Elemente ohne grundsätzliche Veränderung des Klimatyps mit nur *gradueller* Veränderung morphodynamischer Prozesse. Selbst sog. säkulare Klimaschwankungen, d. h. sich über Jahrhunderte oder einige Jahrtausende erstreckende periodische Klimaänderungen, zwar geologisch in Sedimentationszyklen nachweisbar, jedoch ohne klimageomorphologische Prägekraft.

*Ablauf* der an Gestaltung heutiger Oberflächenformen Mitteleuropas maßgeblich beteiligten *Vorzeitklimate:*

*In Kreidezeit und gesamtem Alttertiär* (Paleozän, Eozän, Oligozän) sowohl auf N- wie auf S-Halbkugel Grenzen der warmen Zone weit polwärts verschoben. Mitteleuropa hatte um etwa 12° C höhere mittlere Jahrestemperaturen als heute, damit „*tropisches Klima*". Pole waren noch eisfrei.

> Funde fossiler Palmen aus dem Alttertiär in Alaska, von Halbaffen, Raubkatzen, Krokodilen und tropischen Kleintieren in eozäner Braunkohle des Geiseltals bei Merseburg, von alttertiären Bauxiten in Irland und Arkansas, fossilen Lateriten in Böhmen u. a. lassen auf warm-feuchte und tropischwechselfeuchte Klimate schließen.

Areal „alter Tropenerde" oder „tropoider Alterde" (J. BÜDEL) umfaßte annähernd $^4/_5$ gesamten Festlandes, schloß selbst subpolare Gebiete mit ein, gegenüber $^1/_3$ Festlandsareal heutiger Tropen.

Bis *Unteroligozän* in mittleren Breiten Andauer wechselfeuchten tropischwarmen Klimas mit mediterranem Niederschlagsgang. Nach trockener Periode im *Mitteloligozän* (bewiesen durch Gipshorizonte) im *Oberoligozän* wieder heiß-feuchtes tropisches Klima, das bei abnehmenden Temperaturen vom *Miozän* zum mittleren *Pliozän* in warmes wechselfeuchtes, im *Oberpliozän* schließlich in gemäßigt-warmes Klima überging. Nur noch im Mittelmeergebiet während Oberpliozän vermutlich warmes wechselfeuchtes bis feucht-heißes Klima. In Polargebieten im obersten Pliozän Bildung erster Eiskappen.

*Insgesamt* während 65—70 Mill. Jahre umfassenden Tertiärs in Mitteleuropa bei gleicher Gradnetzlage (keine Polwanderung und Verschiebung des Äquators) infolge allmählichen Temperaturrückgangs Übergang von heiß-feuchtem über warmes wechselfeuchtes zu gemäßigt-warmem humidem Klima. Bezeichnung „tropische Tertiärklimate" immer nur mit Einschränkung des Fehlens äquatorialer Zenitalregen zu verstehen.

*Pleistozän* beginnt mit Villefranchien; gliedert sich in Mitteleuropa — bewiesen durch Säugetierfunde (Elefanten, Flußpferde) — in ältere und jüngere Steppenzeit mit Zwischenphase einer Waldzeit. In frühpleistozänen semiariden Steppenzeiten Abschluß der kurzen, im Oberpliozän begonnenen Periode der Pedimentbildung in Mitteleuropa.

Existenz der Flußpferde, die erst Ende jüngerer Steppenzeit ausstarben, läßt erkennen, daß im unteren Pleistozän in Mitteleuropa noch nicht Bedingungen kühleren Klimas herrschten. Wechsel Steppe — Wald — Steppe jedoch als Klima-Undulationen[1]) aufzufassen, die sich im weiteren Pleistozän bei abnehmenden Temperaturen fortsetzten. Villefranchien somit Initialphase der Eiszeit.

*Mehrfacher Wechsel von Kalt- und Warmzeiten* kennzeichnet etwa 1 Mill. Jahre umfassendes Pleistozän (→ III, 59 f.). Den erstmalig von A. PENCK und E. BRÜCKNER erkannten 4 Vergletscherungen der Alpen (Günz, Mindel, Riß, Würm) gingen 2 ältere Kaltzeiten voraus (Biber, Donau). In N-Deutschland 3 große Inlandvereisungen (Elster, Saale, Weichsel) mit 2 Vorläufern, die Donau- und Günz-Vereisung entsprechen. In N-Amerika 4 Glazialzeiten (Nebraskan, Kansan, Illinoian und Wisconsin), synchron dazu 4 Vereisungen auf S-Hemisphäre.

Während letzter Kaltzeit Temperaturerniedrigung in Mitteleuropa um 8° bis 10° C, nach SOERGEL (1942) sogar um 10° bis 12° im Jahresmittel (8° im Sommer, 14° im Winter), in Randtropen 5° bis 7°, in innerer Tropenzone 4° C.

Vom Tertiär mit mittleren Jahrestemperaturen bei 21° bis 22° C über pleistozäne Kaltzeiten mit Temperaturen um 0° bis −2° C zur Gegenwart mit Durchschnittstemperaturen von 7° bis 10° C, also mit insges. 25° C, außerordentlich große Schwankungsbeträge der Jahresmittel im mitteleuropäischen Bereich.

*Für äquatoriale Tieflandsgebiete* bedeutete pleistozäne Temperaturabsenkung um 4° C bei allgemein hohen, seit langen geologischen Zeiten herrschenden Temperaturen keinen morphodynamisch wirksamen Hiatus[2]). Innertropische Formbildungsprozesse erfuhren *keinerlei Veränderung*, auch Korallenwachstum ging in tropischen Meeren ungestört weiter, Korallensterben blieb auf nördl. und südl. Randsäume beschränkt. Ebenso Teile der Kernwüsten von pleistozänem Klimawechsel unbeeinflußt.

*In Ektropen* hingegen stärkste morphologische Auswirkungen der Kaltzeiten. Klima mittlerer Breiten war *frostreicher* und *niederschlagsärmer* als heute. Großteil des Jahresniederschlags fiel als Schnee, der länger

---

1) lat. unda = Welle; Wellenbewegung
2) lat. hiare = klaffen; Unterbrechung, Lücke, Kluft

als jetzt Boden bedeckte. Eiszeitliche Depression der Schneegrenze erreichte 1000—1500 m, in tropischen Hochgebirgen nur 700—1000 m. In Warmzeiten (Zwischeneiszeiten, Interglazialen) starke Gletscherrückgänge, ähnliche klimatische Verhältnisse wie heute, zeitweilig sogar wärmer; alpine Schneegrenze bis 300 m höher als heute.

*Im Mittelmeergebiet und in Teilen subtropischen Trockengürtels* entsprachen den Kaltzeiten *Pluvialzeiten;* d. h.: arktisch-borealem Klimagebiet Mitteleuropas schloß sich äquatorwärts feucht-gemäßigter Gürtel an, in dem Temperaturabsenkung zwar nicht zur Vereisung der Tieflandsgebiete, aber zu erhöhter Niederschlagstätigkeit führte. Ausdehnung polarer Kaltluftkalotte und Vorrücken entsprechender stabiler Hochdruckgebiete bis weit in mittlere Breiten hatte südwärtige Verlagerung außertropischer Westwinddrift und Vermehrung der Winterregen im nordsaharischen Raum zur Folge. Abschwächung der Passatzirkulation ließ gleichzeitig Jahresdurchschnitt der Niederschläge auch in der Wüste ansteigen, ohne freilich deren ariden Charakter zu ändern. Verstärkung zyklonaler Tätigkeit in innerer Tropenzone bewirkte ebenso Zunahme der Sommerregen am äquatorialen Rand der Trockenzone.

Während planetarische Abkühlung in mittleren Breiten zu Niederschlagsrückgang führte, verursachte sie umgekehrt in Tropen und Subtropen Steigerung der Regenhäufigkeit, wohl auch der Menge der Niederschläge. Diesen *fundamentalen Unterschied zwischen nördl. glazial-periglazialem und südl. pluvialem Bereich* veranschaulicht J. BÜDEL in seinem Schema der pleistozänen Verschiebung der Klima- und Vegetationszonen.

Frage, ob in *gesamtem* Subtropengürtel Pluvialzeiten wirksam geworden sind, ist umstritten. Nach H. BOBEK in kontinentalen Hochwüstengebieten (z. B. Irans) keine pluvialzeitlichen Formen nachweisbar. Auch Frage der Gleichzeitigkeit von Glazial- und Pluvialzeiten wird uneinheitlich beantwortet. Während Pluvialzeiten am N-Rand saharisch-arabischen Trockengürtels („Polare Pluviale" nach H. FLOHN) als mit Kaltzeiten synchron betrachtet werden, scheinen Pluvialzeiten am äquatorialen Rand der Trockenzone („Tropische Pluviale") interglaziale Ausweitungen innertropischer Regenzone darzustellen, also mit Kaltzeiten zu alternieren (H. FLOHN, 1963). Diese Auffassung durch neuere Untersuchungen in der Danakil-Wüste Eritreas bestätigt, wo mittelholozänes „Tropisches Pluvial" zeitlich nicht mitteleuropäischen Kaltzeiten entspricht (A. SEMMEL, 1971).

Mit einiger Sicherheit für N-Saum saharisch-arabischen Trockengürtels nur letztes Pluvial zeitlich mit Würm-Kaltzeit mittlerer Breiten gleichzusetzen, und zwar mit Früh-Würm, während Würm-Hoch- und -Spätglazial in Subtropen Perioden reduzierter Niederschlagsmengen entsprechen. Pluvialzeiten N-Afrikas also nicht als Sekundäreffekte nordischer Inlandvereisung aufzufassen, sondern ebenso wie diese als Primäreffekt allgemeiner Zirkulationsänderungen, die in mittleren Breiten Vergletscherung, in Subtropen zu Beginn der Kaltzeiten Steigerung der Niederschläge bewirkten. Parallelisierung älterer Pluviale am N-Rand des Trockengürtels mit pleistozänen Kaltzeiten bisher nur auf Grund von Analogieschlüssen und stark umstritten.

Direkte *Folge* mehrfachen pleistozänen Klimawechsels waren *eustatische Meeresspiegelschwankungen*. Äußerten sich in Regressionen und Transgressionen mit heute über dem Meeresspiegel liegenden Küstenterrassen oder von Wasser bedeckten Abrasionsplattformen.

> Dieser Formenkreis bereits behandelt (→ III, 106 ff.) und wegen andersartiger Problematik (keine Bindung an Klimazonen) hier nicht erneut aufgegriffen.

Wasserspiegelstände pluvialzeitlicher *Seen* arider Gebiete (→ IV, 222, 280) reagierten umgekehrt wie freie Weltmeere: keine kaltzeitliche Absenkung, sondern Ansteigen des Wasserspiegels.

*Postglaziale und historische Klimaschwankungen* jeweils nur von rel. geringer Dauer, daher morphodynamisch *nur begrenzt wirksam*, z. B. als Gletscherschwankungen mit ausschmelzenden Seiten- und Grundmoränen oder als Vorstöße des Eises auf lange Zeit unvergletschert gebliebenes Vorgelände. Gletscherschwankungen sind bester Anzeiger von Klimaschwankungen, desgl. vertikale Verschiebung der Schnee- und Frostwechselgrenze mit ähnlichen morphologischen Konsequenzen. Aus Zeiten tiefer spätglazialer Schneegrenzlage stammen z. B. in den Dolomiten grüne und graugrüne Schutthalden in 2100 m und 2300 m, die sich deutlich von frischen aktiven Halden in 2600 m unterscheiden (→ II, 66).

## Literatur

Weitere einschlägige Literatur → „Geomorphologie in Stichworten" III, 109 ff.

BEHRMANN, W.: Die Konstanz der Lage des Gradnetzes auf der Erde während des Diluviums. Geogr. Z. 44, 1938, S. 89-96
—: Das Klima der Präglazialzeit auf der Erde. Geol. Rdsch. 34, 1944, S. 763-776
BIRKENHAUER, J.: Der Klimagang im Rheinischen Schiefergebirge und in seinem näheren und weiteren Umland zwischen dem Mitteltertiär und dem Beginn des Pleistozäns. Erdkunde 24, 1970, S. 268-284
BOBEK, H.: Die Rolle der Eiszeit in Nordwestiran. Z. Gletscherkde. 25, 1937, S. 130-183
—: Klima und Landschaft Irans in vor- und frühgeschichtlicher Zeit. Geogr. Jber. aus Österreich 25, 1955, S. 1-42
—: Features and Formation of the Great Kawir and Masileh. Arid Zone Research Centre, Univ. of Tehran, Publ. No 2, Tehran 1959
BROOKS, C. E. P.: Climate through the Ages. London 1949[2]
BÜDEL, J.: Die räumliche und zeitliche Gliederung des Eiszeitklimas. Naturwissenschaften 36, 1949, S. 105-112, 133-139

BÜDEL, J.: Die Klimazonen des Eiszeitalters. Eisz. u. Gegenw. 1, 1951, S. 16-26
—: Die Klimaphasen der Würmeiszeit. Naturwissenschaften 37, 1950, S. 438-449
—: Die Gliederung der Würmkaltzeit. Würzburger Geogr. Arb. 8, 1960
—: Die pliozänen und quartären Pluvialzeiten der Sahara. Eisz. u. Gegenw. 14, 1963, S. 161-187
BUTZER, K. W.: Late glacial and postglacial climatic variation. Erdkunde 11, 1957, S. 21-35
—: Mediterranean Pluvials and the General Circulation of the Pleistocene. Geogr. Ann. 39, 1957, S. 48-53
—: Quaternary Stratigraphy and Climate in the Near East. Bonner Geogr. Abh. 24, 1958
DYLIK, J.: Sur les Changements climatiques pendant la dernière période froide. INQUA Rep. VI. Internat. Congr. Quatern. Warsaw, Vol. 4, Lodz 1964
ECKARDT, W.: Der exakte meteorologisch-klimatologische Beweis für die Gleichzeitigkeit der diluvialen Eiszeit. Peterm. Geogr. Mitt. 63, 1917, S. 206-208
FAIRBRIDGE, R. W.: Eiszeitklima in Nordafrika. Geol. Rdsch. 54, 1964, S. 399-414
FLOHN, H.: Allgemeine atmosphärische Zirkulation und Paläoklimatologie. Geol. Rdsch. 40, 1951/52, S. 153-178
—: Studien über die atmosphärische Zirkulation in der letzten Eiszeit. Erdkunde 7, 1953, S. 266-275
—: Klimaschwankungen der letzten 1000 Jahre und ihre geophysikalischen Ursachen. Tagungsber. u. wiss. Abh., Dt. Geographentag Würzburg 1957, Wiesbaden 1958, S. 201-214
—: Zur meteorologischen Interpretation der pleistozänen Klimaschwankungen. Eisz. u. Gegenw. 14, 1963, S. 153-160
FRENZEL, B.: Die Vegetationszonen Nord-Eurasiens während der postglazialen Wärmezeit. Erdkunde 9, 1955, S. 40-53
—: Die Klimaschwankungen des Eiszeitalters. Braunschweig 1967
— u. TROLL, C.: Die Vegetationszonen des nördlichen Eurasiens während der letzten Eiszeit. Eisz. u. Gegenw. 2, 1952, S. 154-167
GELLERT, J. F.: Kurze Bemerkungen zur Klimazonierung der Erde und zur planetarischen Zirkulation der Atmosphäre in der jüngeren erdgeschichtlichen Vorzeit, ausgehend vom Tertiär. Wiss. Z. P. H. Potsdam, Math.-nat. R., 3, 1956/57, S. 145-151
JAEGER, F.: Forschungen über das diluviale Klima in Mexiko. Peterm. Geogr. Mitt., Erg.-H. 190, 1926
JARANOF, D.: Das Klima des Mittelmeergebietes während des Pliozäns und Quartärs. Geol. Rdsch. 34, 1944, S. 435-446
KAISER, K.: Paläoklima-Tagung der Geologischen Vereinigung vom 5. bis 7. März 1964 in Köln. Z. Geomorph., N. F. 8, 1964, S. 474-486
—: Das Klima Europas im quartären Eiszeitalter. Fundamenta, Monogr. z. Urgesch. 2, Köln 1967, S. 1-27
—: European climate during the Great Ice Age. Proc. VII. INQUA-Congr. 1965, Washington 1969, S. 10-37
KESSLER, P.: Das eiszeitliche Klima und seine geologischen Wirkungen im nicht vereisten Gebiet. Stuttgart 1925
KLUTE, F.: Verschiebung der Klimagebiete der letzten Eiszeit. Peterm. Geogr. Mitt., Erg.-H. 209, 1930, S. 166-182

Klute, F.: Rekonstruktion des Klimas der letzten Eiszeit in Mitteleuropa auf Grund morphologischer und pflanzengeographischer Tatsachen. Geogr. Rdsch. 1, 1949, S. 81-89, 121-126
—: Das Klima Europas während des Maximums der Weichsel-Würmeiszeit und die Änderungen bis zur Jetztzeit. Erdkunde 5, 1951, S. 273-283
Köppen, W. u. Wegener, A.: Die Klimate der geologischen Vorzeit. Berlin 1924
Morawetz, S.: Klimabeziehungen des Gletscherverhaltens in den Ostalpen. Z. Gletscherkde. u. Glazialgeol. 2, 1952, S. 100-105
Mortensen, H.: Heutiger Firnrückgang und Eiszeitklima. Erdkunde 6, 1952, S. 145—160
—: Temperaturgradient und Eiszeitklima am Beispiel der pleistozänen Schneegrenzdepression in den Rand- und Subtropen. Z. Geomorph., N. F. 1, 1957, S. 44—56
Paschinger, V.: Die Eiszeit, ein meteorologischer Zyklus. Z. Gletscherkde. 13, 1923/24, S. 29-65
Penck, A.: Die Formen der Landoberfläche und Verschiebungen der Klimagürtel. Sitzungsber. Preuß. Akad. Wiss., 1, Berlin 1913, S. 77-97
—: Europa zur letzten Eiszeit. Länderkdl. Forsch., N. Krebs-Festschr., Stuttgart 1936, S. 222-237
—: Europa im Eiszeitalter. Geogr. Z. 42, 1937, S. 1-10
—: Das Klima der Eiszeit. Verh. III. Internat. Quartär-Konf. Bd. 1, Wien 1938, S. 83-97
Poser, H.: Dauerfrostboden und Temperaturverhältnisse während der Würmeiszeit im nicht vereisten Mittel- und Westeuropa. Naturwissenschaften 34, 1947, S. 10-18
—: Boden- und Klimaverhältnisse in Mittel- und Westeuropa während der Würmeiszeit. Erdkunde 2, 1948, S. 53-68
—: Äolische Ablagerungen und Klima des Spätglazials in Mittel- und Westeuropa. Naturwissenschaften 35, 1948, S. 269-276, 307-312
—: Zur Rekonstruktion der spätglazialen Luftdruckverhältnisse in Mittel- und Westeuropa auf Grund der vorzeitlichen Binnendünen. Erdkunde 4, 1950, S. 81-88
—: Die nördliche Lößgrenze in Mitteleuropa und das spätglaziale Klima. Eisz. u. Gegenw. 1, 1951, S. 27-55
Rathjens, C.: Über Klima und Formenschatz der Späteiszeit. Geologica Bavarica 19, 1953, S. 186-194
—: Das Problem der Gliederung des Eiszeitalters in physisch-geographischer Sicht. Münchner Geogr. Hefte 6, 1954
—: Der Klimaablauf der Späteiszeit in Mitteleuropa. Naturwiss. Rdsch., 1954, S. 193-196
Rohdenburg, H.: Morphodynamische Aktivitäts- und Stabilitätszeiten statt Pluvial- und Interpluvialzeiten. Eisz. u. Gegenw. 21, 1970, S. 81-96
Schaefer, I.: Über die Gliederung des Eiszeitalters. Eisz. u. Gegenw. 1, 1951, S. 56-63
Schwarzbach, M.: Das Klima der Vorzeit. Stuttgart $1961^2$
—: Paläoklimatologische Eindrücke aus Australien, nebst einigen allgemeinen Bemerkungen zur älteren Klimageschichte der Erde. Geol. Rdsch. 54, 1964, S. 128-160

SEMMEL, A.: Zur jungquartären Klima- und Reliefentwicklung in der Danakilwüste (Äthiopien) und ihren westlichen Randgebieten. Erdkunde 25, 1971, S. 199-209
SOERGEL, W.: Die eiszeitliche Temperaturerniedrigung in Mitteleuropa. Jber. u. Mitt. oberrhein. geol. Ver. 31, 1942, S. 59-100
SUZUKI, H.: Climatic Zones of the Würm Glacial Age. Bull. Dep. Geogr. Univ. Tokyo 3, 1971, S. 35-46
TROLL, C.: Diluvialgeologie und Klima. Geol. Rdsch. 34, 1944, S. 307-325
WAGNER, A.: Klimaänderungen und Klimaschwankungen. Braunschweig 1940
WEISCHET, W.: Die gegenwärtigen Kenntnisse vom Klima in Mitteleuropa beim Maximum der letzten Vereisung. Mitt. Geogr. Ges. München 39, 1954, S. 95-116
WILHELMY, H.: Die eiszeitliche und nacheiszeitliche Verschiebung der Klima- und Vegetationszonen in Südamerika. Tagungsber. u. wiss. Abh., Dt. Geographentag Frankfurt 1951, Remagen 1952, S. 121-127
—: Eiszeit und Eiszeitklima in den feuchttropischen Anden. Peterm. Geogr. Mitt., Erg.-H. 262, Machatschek-Festschr., 1957, S. 281-310
WOLDSTEDT, P.: Die Strahlungskurve von Milankowitch und die Zahl der Eis- und Zwischeneiszeiten in Norddeutschland. Geol. Rdsch. 35, 1948, S. 23-25
—: Die Klimakurve des Tertiärs und Quartärs in Mitteleuropa. Eisz. u. Gegenw. 4/5, 1954, S. 5-9
WUNDT, W.: Pluvialzeiten und Feuchtbodenzeiten. Peterm. Geogr. Mitt. 99, 1955, S. 87-89
—: Die Penck'sche Eiszeitgliederung und die Strahlungskurve. Quartär 10/11, 1958/59, S. 15-26
ZEUNER, F.: Das Klima des Eisvorlandes in den Glazialzeiten. N. Jb. Mineral. etc., Beil.-Bd. 72B, 1934, S. 367-398
—: Schwankungen der Sonnenstrahlung und des Klimas im Mittelmeergebiet während des Quartärs. Geol. Rdsch. 30, 1939, S. 650-658
—: Das Problem der Pluvialzeiten. Geol. Rdsch. 41, Sonderbd., 1953, S. 242-253

## II. Klimageomorphologische Zonen der Erde

Gliederung irdischer Klimatypen in *3 Großtypen des Wasserhaushalts* (→ IV, 15) durch A. PENCK führte zu erstem systematischem Überblick der Landformen des *nivalen,* des *feucht-heißen* und des *ariden* Klimas durch M. W. DAVIS (1911). Neuere Lehrbücher, wie das von F. MACHATSCHEK (in Bearbeitung von H. GRAUL und C. RATHJENS, 1973[10])), haben an dieser Dreiteilung festgehalten, allenfalls humide Klimate in feucht-gemäßigte und feucht-heiße aufgeteilt (H. WEBER, 1967[2]).

Zwischen Bereichen vollhumiden und extrem ariden Klimas jedoch solche Fülle fein differenzierter Klimate, daß auch zusätzliche Termini wie subnival, semihumid und semiarid nicht ausreichen, um ganze Skala klimatischer Abstufungen und morphodynamischer Differenzierungen innerhalb dieser Übergangszonen zum Ausdruck zu bringen: in Abhängigkeit vom Sonnenstand z. B. Wechsel zwischen 1 oder 2 Regen- und Trockenzeiten gleicher oder verschiedener Länge, daher Unterscheidung periodisch trockener Gebiete mit überwiegender Regenzeit von periodisch feuchten Gebieten mit vorherrschender Trockenzeit erforderlich. Niederschläge können trotz eingeschalteter Trockenperioden groß genug sein, daß sich humider Klimacharakter betreffenden Gebietes nicht ändert, Trockenheit kann aber auch so ausgeprägt sein, daß trotz gelegentlicher Niederschläge in sog. „Regenzeit" Aridität das beherrschende klimatische Merkmal bleibt, allenfalls mit kurzfristiger Unterbrechung durch semiaride, semihumide oder humide Perioden.

Von großer Bedeutung für Ablauf von Verwitterungs- und Abtragungsvorgängen weiterhin, ob Niederschläge im Bereich wechselfeuchter Klimate jeweils in warmer oder in kalter Jahreszeit, als Dauerregen oder als kurze Starkregen fallen, ob im Temperaturgang jahreszeitliche oder tageszeitliche Schwankungen dominieren.

Derartigen Überlegungen trug Themenwahl Düsseldorfer Vorträge zur „Morphologie der Klimazonen" (1926) bereits Rechnung, in denen Oberflächenformen folgender Klimagebiete behandelt wurden:

> des feucht-heißen Kalmenklimas von W. BEHRMANN,
> des periodisch trockenen Tropenklimas mit überwiegender Regenzeit von F. THORBECKE,
> des periodisch trockenen Tropenklimas mit überwiegender Trockenzeit von F. JAEGER,
> des außertropischen Monsunklimas von H. SCHMITTHENNER,
> der Winterregengebiete von H. MORTENSEN,
> der Trockenwüsten im heißen Gürtel von S. PASSARGE,
> der Namib SW-Afrikas von E. KAISER,
> der Binnen- und Hochwüsten von F. MACHATSCHEK,
> der Arktis von F. KLUTE.

Demgegenüber vertrat J. BÜDEL im 1. Gliederungsentwurf seiner „Klimamorphologischen Zonen der Erde" (1948, veröffentlicht 1950) die Auffassung, Ausgangspunkt der Betrachtung dürfe nicht eine der konventionellen Klimaklassifikationen sein, da die (von den einzelnen Autoren durchaus nicht übereinstimmend) dafür verwendeten meteorologischen Grenz- oder Schwellenwerte keineswegs für morphodynamische Prozesse relevant zu sein brauchen, d. h. sich die Klimazonen nicht mit den klimageomorphologischen Zonen der Erde decken; vielmehr seien solche Gebiete voneinander abzugliedern, die sich jeweils durch *gleiche spezifische exogene Dynamik* von anderen unterscheiden.

BÜDEL gliedert in 3 übergeordnete *Formenkreise:* den *submarinen,* den *subglazialen* und den *subaerischen* und unterscheidet innerhalb des subaerischen folgende, durch Boden- und Formbildungsprozesse bestimmte *klimageomorphologische Hauptzonen* mit mehreren Unterzonen:

Zone 1: Frostschuttzone

Zone 2: Tundrenzone

Zone 3: Nichttropische Ortsbodenzone
   a) Ozeanische Ortsbodenzone
   b) Subpolar- tjälefreie Ortsbodenzone
   c) Tjäle-Ortsbodenzone
   d) Kontinentale Ortsbodenzone
   e) Steppenortsbodenzone

Zone 4: Etesische Übergangszone

Zone 5: Trockenschuttzone
   a) Tropische Kern- und Randwüstenzone
   b) Außertropische Wüstenzone
   c) Hochwüstenzone

Zone 6: Flächenspülzone
   a) Tropische Flächenspülzone
   b) Subtropische Flächenspülzone

Zone 7: Innertropische Ortsbodenzone

Späteren Einteilungen BÜDELs liegt demgegenüber ausschließlich *zonentypische Morphodynamik* zugrunde.

| BÜDEL 1963 | BÜDEL 1969/1971 |
|---|---|
| Gletscherzone | Gletscherzone |
| Exzessive Talbildungszone | Subpolare Zone exzessiver Talbildung |
| Ektropische Talbildungszone | Ektropische Zone retardierter Talbildung |
| Subtropische Pediment- und Talbildungszone | Subtropische Zone gemischter Reliefbildung a) etesischer, b) monsunaler Bereich |
| Tropische Flächenbildungszone | Arid/semiaride Zone der Flächen-Erhaltung und -Überprägung sowie der Fußflächen-Bildung |
| | Randtropische Zone exzessiver Flächenbildung |
| | Innertropische Zone partieller Flächenbildung |

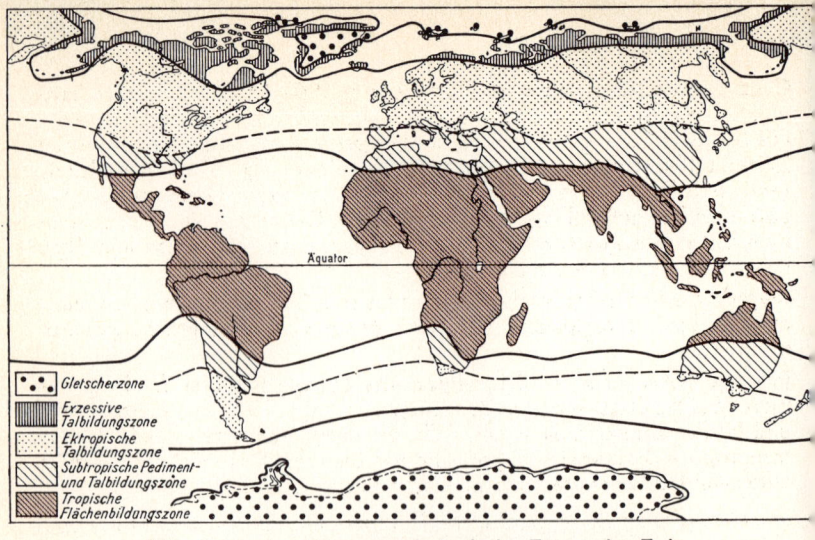

**Abb. 1** Heutige klima-morphologische Zonen der Erde
(nach J. BÜDEL 1963)

Legende:
- Gletscherzone
- Exzessive Talbildungszone
- Ektropische Talbildungszone
- Subtropische Pediment- und Talbildungszone
- Tropische Flächenbildungszone

**Abb. 2** Klima-morphologische Zonen der Gegenwart
(nach J. BÜDEL 1969/71)

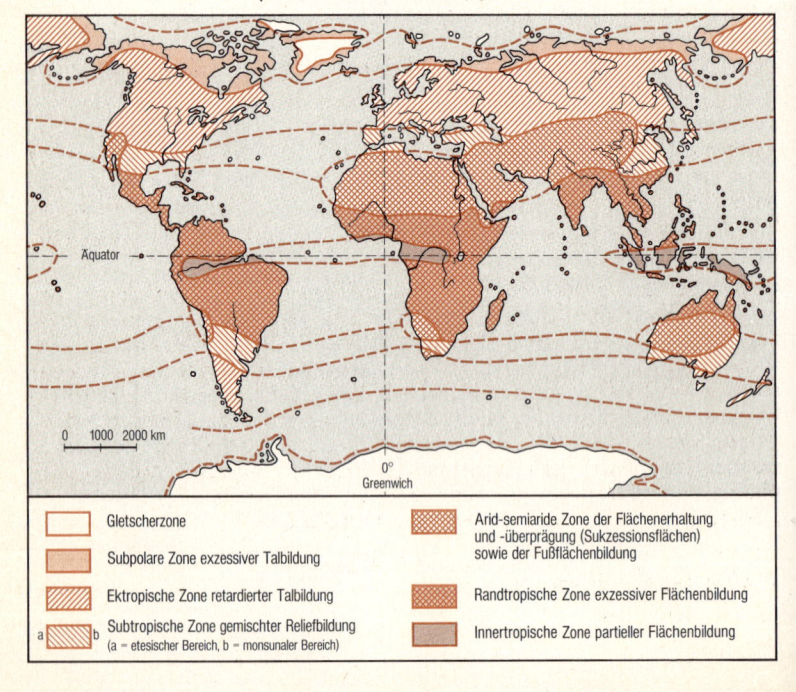

Legende:
- Gletscherzone
- Subpolare Zone exzessiver Talbildung
- Ektropische Zone retardierter Talbildung
- Subtropische Zone gemischter Reliefbildung (a = etesischer Bereich, b = monsunaler Bereich)
- Arid-semiaride Zone der Flächenerhaltung und -überprägung (Sukzessionsflächen) sowie der Fußflächenbildung
- Randtropische Zone exzessiver Flächenbildung
- Innertropische Zone partieller Flächenbildung

Gegenüber 5-Zonengliederung BÜDELs von 1963 (Abb. 1) liegt in Entwürfen von 1969 und 1971 (Abb. 2) wesentlicher *Fortschritt in Aufgliederung* ursprünglich viel zu umfangreich angenommener tropischer Flächenbildungszone in: arid/semiaride Zone der Flächenerhaltung, randtropische Zone exzessiver Flächenbildung und innertropische Zone partieller Flächenbildung. *Aber* auch diese Gliederung in 7 klimageomorphologische Zonen ist weder nach Abgrenzung noch nach jeweiliger Benennung voll befriedigend:

*subpolare Zone* ist nicht nur durch exzessive Talbildung, sondern nicht minder durch Frostschuttbildung und periglaziale Solifluktion gekennzeichnet;

in *ektropischer Zone* werden winterkalte boreale Klimate, feucht-gemäßigte Waldklimate mittlerer Breiten, winterkalte Steppen-, Halbwüsten- und Wüstenklimate zusammengefaßt, die durch sehr unterschiedliche Formengruppen charakterisiert sind und für die retardierte Talbildung nicht alleiniges und hervorstechendstes Merkmal ist;

in *subtropischer Zone* gemischter Reliefbildung lassen sich nicht ohne Zwang Formenkomplexe mediterranen Winterregenklimas mit denen immerfeuchter Subtropen der SO-Staaten N-Amerikas und O-Asiens vereinigen;

*randtropische Zone* exzessiver Flächenbildung ist nicht nur „randtropisch", sondern gliedert sich mindestens in 2 hygrisch[1]) verschiedenartige Zonen wechselfeuchter Tropen, von denen für feuchtere innere Zone Rumpfflächenbildung, für trockenere randliche Zone Entstehung von Pedimenten bezeichnend ist;

*innertropische Zone* partieller Flächenbildung umfaßt als klimageomorphologische Zone nicht nur tropische Tiefländer, sondern im Rahmen hypsometrischen Formenwandels auch Gebirgsländer. Weder für immerfeuchte Tiefländer noch für tropische Hochgebirge ist partielle Flächenbildung charakteristisch, sondern im Gegenteil kräftige lineare Zerschneidung.

Gefahr zu starker terminologischer Vereinfachung und Zuordnung von in Wirklichkeit doch stärker differenzierten Formenkomplexen zu *einer* bestimmten klimageomorphologischen Zone ist vermeidbar durch sorgfältige Analyse *gesamten* klimagesteuerten Formenschatzes und Nachweis seiner Abhängigkeit von bestimmten Klimafaktoren. Dabei ergibt sich — bewiesen durch weltweite klimageomorphologische Forschungen letzter Jahrzehnte —, daß z. B. thermische Abgrenzung der Tropen von Subtropen (etwa durch 18°-Isotherme des kältesten Monats) klimageomorphologisch weitaus *weniger* bedeutsam ist als diesseits oder jenseits der „Tropengrenze" herrschende hygrische Verhältnisse.

---

1) griech. hygros = feucht

Ebenso morphodynamisch ohne Belang ist −3°C-Isotherme des kältesten Monats, die Köppens C-Klimate von D-Klimaten abgrenzt. Innerhalb Dfa-, Dfb- und Cfb-Klimaten herrschen gleichartige Formungsprozesse; wichtig dagegen ist Grenze zwischen Dfb- und Dfc-Klimaten, d. h. zwischen feucht-gemäßigten und winterkalten borealen Klimaten (Dfc, Dfd, Dwa−c) mit grundsätzlich anderen Prägeformen.

Nicht nur Niederschlagsmenge, sondern vor allem Art ihrer Verteilung und davon abhängige dichte oder dünne Vegetationsdecke (Phytovarianz) ist von stärkstem Einfluß auf Verlauf von Verwitterungs- und Abtragungsvorgängen. Allerdings vermag von S. Passarge (1929) vertretene Morphologie der *Landschaftsgürtel* (Waldländer, Steppenländer, Trockenwüsten, Kältesteppen und Kältewüsten, Eis- und Schneewüsten) modernen Ansprüchen an regionale Klimageomorphologie nicht mehr zu genügen. Abgrenzung klimageomorphologischer Raumeinheiten muß nach Arealen gleichartiger *Kombination von Formungsmechanismen* erfolgen, deren Veränderung oft nur durch ein, für Charakterisierung einer Klima- oder Vegetationszone vielleicht gar nicht so wichtiges meteorologisches Element bestimmt wird; dies kann ein thermisches, hygrisches oder nur sekundär davon abhängiges Element (Bodenfeuchte, Bodengefrornis o. ä.) sein.

Gegenüber Klimaklassifikationen von W. Köppen (1923) bedeuteten Isohygromenen[1]-Karten von W. Lauer (1952) mit Zahl humider und arider Monate S-Amerikas und Afrikas, R. Jätzolds entsprechende Karten von N-Amerika (1961) und darauf aufbauende Karte der Jahreszeitenklimate der Erde von C. Troll und K. H. Paffen (1964) für klimageomorphologische Fragestellungen wesentliche Verfeinerung. Auch Karten der „Klimate der Erde" von H. v. Wissmann (1939 u. 1966), „Klimatypen der Erde" von N. Creutzburg (1950 u. 1966) liefern wichtige Aufschlüsse. 20−30 von den einzelnen Autoren ausgeschiedene Klimazonen lassen sich unter Berücksichtigung aller morphodynamisch wirksamen Faktoren und aus heutigen Klimaverhältnissen erklärbaren Formenkomplexen reduzieren auf:

## 12 klimageomorphologische Zonen der Gegenwart
(→ ausklappbare Karte am Schluß des Bandes)

Zone 1: Arktische und antarktische Gletscherzone
Zone 2: Polare und subpolare Frostwechselzone
    a) Polare Frostschuttzone
    b) Subpolare Tundrenzone
Zone 3: Zone winterkalter (borealer) Waldklimate

---

[1] griech. iso = gleich, hygros = feucht; Linien gleicher Anzahl humider und arider Monate im Jahr

Zone  4: Zone feucht-gemäßigter Waldklimate
Zone  5: Zone winterkalter Waldsteppen-, Steppen-, Halbwüsten-, Wüsten- und Hochwüstenklimate
Zone  6: Zone außertropischer wechselfeuchter Klimate
    a) Mediterrane Winterregengebiete
    b) Außertropisches Monsungebiet
Zone  7: Zone feuchter Subtropen (suptropisch-wechselfeuchter Klimate mit überwiegender Regenzeit, einschl. subtropischer Monsunklimate)
Zone  8: Zone trockener Subtropen (subtropisch-wechselfeuchter Klimate mit überwiegender Trockenzeit)
Zone  9: Zone subtropisch-tropischer Wüstenklimate
Zone 10: Zone trockener Randtropen (tropisch-wechselfeuchter Klimate mit überwiegender Trockenzeit)
Zone 11: Zone wechselfeuchter Tropen
Zone 12: Zone immerfeuchter Tropen

Durch *Höhenklimate* bestimmter Formenschatz wird im Rahmen hypsometrischen Formenwandels in die 12 klimageomorphologischen Hauptzonen einbezogen. Bei Abgrenzung klimageomorphologischer Höhenstufen sind außer Relief, Gestein und Vegetation vor allem Mächtigkeit, Korngrößenzusammensetzung und Durchfeuchtungsgrad der Verwitterungsdecken zu beachten.

Künftige exaktere Erfassung klimatischer Schwellenwerte, denen *grundsätzliche* Veränderungen morphodynamischer Prozesse entsprechen, wird zuverlässigere Abgrenzung klimageomorphologischer Zonen erlauben, als dies gegenwärtig möglich ist; derartige klimageomorphologische Feingliederung wäre gleichzeitig wichtige Grundlage für Gliederung der Erdoberfläche in wissenschaftlich begründete naturräumliche Einheiten.

### Literatur

BLÜTHGEN, J.: Allgemeine Klimageographie. Berlin 1966² (Darin Nachdrucke und Neufassungen der Klimakarten von W. KÖPPEN, H. v. WISSMANN, N. CREUTZBURG, C. TROLL u. K. H. PAFFEN)

BÜDEL, J.: Das System der klimatischen Morphologie. Wiss. Verh. Dt. Geographentag München 1948, Landshut 1950, S. 65-100

—: Klima-genetische Geomorphologie. Geogr. Rdsch., 1963, S. 269-286

—: Das System der klima-genetischen Geomorphologie. Erdkunde 23, 1969, S. 165-183

—: Das natürliche System der Geomorphologie. Würzburger Geogr. Arb. 34, 1971

CREUTZBURG, N.: Klima, Klimatypen und Klimakarten. Peterm. Geogr. Mitt., 1950, S. 57-69 (vgl. auch J. BLÜTHGEN)

Davis, W. M. u. Braun, G.: Grundzüge der Physiogeographie. Leipzig-Berlin 1911
Jätzold, R.: Aride und humide Jahreszeiten in Nordamerika. Stuttgarter Geogr. Stud. 71, 1961
Köppen, W.: Die Klimate der Erde. Berlin-Leipzig 1923 (vgl. auch J. Blüthgen)
Lauer, W.: Humide und aride Jahreszeiten in Afrika und Südamerika und ihre Beziehung zu den Vegetationsgürteln. Bonner Geogr. Abh. 9, 1952, S. 15-98
Machatschek, F.: Geomorphologie. Stuttgart 1973¹⁰
Passarge, S.: Die Oberflächengestaltung der Erde (Grundlagen der Landschaftskunde, Bd. 3), Hamburg 1920
—: Morphologie der Erdoberfläche. Breslau 1929
Thorbecke, F. (Hrsg.): Morphologie der Klimazonen. Düsseldorfer Geogr. Vorträge, Verh. 89. Tagung Ges. dt. Naturforscher u. Ärzte 1926. Breslau 1927
Troll, C.: Thermische Klimatypen der Erde. Peterm. Geogr. Mitt., 1943, S. 81-89
—: Der jahreszeitliche Ablauf des Naturgeschehens in den verschiedenen Klimagürteln der Erde. Studium Generale 8, 1955, S. 713-733
— u. Paffen, K. H.: Karte der Jahreszeiten-Klimate der Erde. Erdkunde 18, 1964, S. 5-28 (vgl. auch J. Blüthgen)
Weber, H.: Die Oberflächenformen des festen Landes. Leipzig 1967²
Wissmann, H. v.: Die Klima- und Vegetationsgebiete Eurasiens. Z. Ges. f. Erdkunde Berlin 1939, S. 1-14 (vgl. auch J. Blüthgen)

## Zone 1: Formengruppen der arktischen und antarktischen Gletscherzone

**Verbreitung:** Ellesmereland und östl. Teil des Baffinlands, Inneres von Grönland, NO-Land Spitzbergens, Franz-Josef-Land, Teil der N-Insel von Nowaja Semlja, Sewernaja Semlja, De-Long-Inseln (nordöstlichste der Neusibirischen Inseln); Antarktika ohne N-Teil des Grahamlandes.

**Klimazonale Einordnung:** Nivales Klima nach A. Penck; Klima ewigen Frostes (EF) nach W. Köppen; Eisklimate nach H. v. Wissmann; Hochpolares Klima nach N. Creutzburg; Hochpolares Eisklima nach C. Troll und K. H. Paffen.

**Klimatische Merkmale:** typisches *Jahreszeitenklima,* d. h. Amplitude mittlerer Monatstemperaturen ist größer als tägliche Temperaturschwankungen, die in Antarktis bei konstanter Wetterlage während Polarnacht nur 1° C, während Polartags (Polarsommers) 2° bis 3° C betragen, gegenüber 20° bis 35° C Differenz zwischen kältestem und wärmstem Monat. Mitteltemperatur wärmsten Monats unter 0° C. Absoluter Kältepol der Erde mit −88,3° C auf Hochland des antarktischen Eisschildes. Am Südpol (2800 m über Meeresspiegel) Jahresmitteltemperatur −50,3° C. In Antarktis bei extrem tiefen Temperaturen ständig hohe Windgeschwindigkeiten (30−70 km/h, oft über 150 km/h).

Ausgesprochen *aride* Klimabedingungen; *Niederschlag* (unter 200 mm/J) ausschließlich als Schnee; Abschmelz- und Verdunstungsverlust (Ablation) geringer als Schneezufuhr. Intensive Verfirnung und Vergletscherung, Abfuhr des Niederschlagsüberflusses durch Gletscher.

*Schneegrenze* nur in Antarktis im Meeresniveau; auf arktischer Inselwelt in unterschiedlicher Höhenlage: auf nördl. Franz-Josef-Land 50 m, NO-Land Spitzbergens 200 m, Barentsinsel 450 m, Nowaja Semlja und W-Küste Spitzbergens 600 m, an Diskobucht W-Grönlands 700 bis 1000 m, in S-Grönland bei 1200 m ü. M. Während NO-Land Spitzbergens zu 80 % von Eiskappe bedeckt ist, auf W-Spitzbergen randnahe Gebirgsvergletscherung (55 %) vorherrschend; deutliche Zunahme der Kontinentalität und Trockenheit zum Inneren der Insel hin mit entsprechender Anhebung der Schneegrenze.

**Vegetationsmerkmale:** absolute Vegetationslosigkeit, polare Eiswüsten.

---

*Vergletscherte Fläche* polarer Festlandsgebiete (ohne Schelfeis) umfaßt 14,1 Mill. km², d. h. 88 % vergletscherter Gesamtfläche der Erde.

### Nordpolares Gletschergebiet

Umfaßt 2 Mill. km², davon entfallen allein auf Grönland 1,7 Mill. km², Rest auf nordpolare Inselwelt verteilt. Außer bis 150 km breitem, unter Golfstrom-Einfluß stehendem eisfreiem Küstenstreifen (342 000 km² einschl. vorgelagerter Inseln) gesamtes Innere Grönlands von uhrglasförmig aufgewölbter Inlandeisdecke eingenommen, die in 2 Kuppeln mit 2800 bzw. 3300 m größte Höhe über Meeresspiegel erreicht. Seismisch ermittelte max. Eisdicke von 3400 m beweist Absenkung festen Felsuntergrundes in Zentralgrönland bis 250 m unter Meeresspiegel. Inlandeis ruht somit in weiter flacher Schüssel. In Randbereichen Abnahme der Eismächtigkeit, durchragt von zahlreichen Einzelbergen *(Nunatakker)*. Durch Lücken der Randgebirge, bes. an W-Küste, in Fjorden zum Meer abströmende Gletscher in kalbenden Gletscherzungen, Verdriftung von Eisbergen durch Küstenströme.

Obwohl dauernd von Eis bedeckte nivale Region der Arktis im Gegensatz zur Antarktis nirgends ganz bis zum Meeresspiegel herabreicht, gehört Mehrzahl der Fjordgletscher Grönlands und arktischer Inseln zum Typ polarer „kalter" *Gletscher,* die kein Schmelzwasser führen und sich mit Unterbrechungen ruck- und blockschollenartig bewegen (→ III, 71).

*Oberfläche* eigentlichen Inlandeises im Unterschied zu Talgletschern weitgehend spaltenfrei. Auswirkung präglazial vorgeformten Reliefs zeigt sich erst mit Dünnerwerden des sich in Randbereichen in einzelne Gletscherzungen mit Spalten- und Gletscherbrüchen auflösenden Inlandeises.

Mangels darüber aufragender Nunatakker Oberfläche geschlossener Eiskalotte auch frei von Obermoränen und kaum gegliedert, abgesehen von Ablationskleinformen der *Kryokonitlöcher*[1]: durch Erwärmung in Eisoberfläche einsinkende Staubteilchen bilden enge, wenige Dezimeter bis 1 m tiefe Röhren von Reagenzglasform oder flache Schalen von halbkreisförmigem Umriß. Derartige „Mittagslöcher" auch von Gletschern mittlerer Breiten bekannt. Auf dem Boden der bis zum Rand mit Wasser gefüllten Abschmelzformen Kryokonitschlamm; Obermoränen nur im Bereich durchragender Randgebirge.

An *Peripherie* des Inlandeises und vor Gletscherstirnen Austritt der Grundmoränen und Abschmelzen der Obermoränen. Sandig-lehmige Aufschüttungen im Hintergrund der Fjorde bilden im nördl. Strömfjord über 35 km lange, 3—5 km breite Ebene. Diese Akkumulationsformen sind einzige sichtbare Zeugnisse rezenter Morphodynamik im nivalen Bereich.

*Untermeerische Moränen* als Bänke vor Küste W-Grönlands vermutlich pleistozän.

In *Rundhöckerlandschaft* umgewandelte Auflagefläche des Inlandeises ebenso wie Trogtäler der Randgebirge präglazial vorgeformt. Polargebiete waren im Oligozän noch eisfrei. Alttertiäre Verebnungsflächen und fluviatil angelegte Talsysteme bestimmen Abflußrichtung des Inlandeises, bes. der Fjordgletscher in Randgebieten Grönlands und arktischer Inselwelt.

### Südpolargebiet

Antarktika ist — im Gegensatz zum Nordpolargebiet — Landmasse kontinentalen Ausmaßes. Nahezu gesamte Fläche von 12,4 Mill. km$^2$ von Inlandeis bedeckt, das — ähnlich wie in Grönland — vor allem randlich von Gebirgszügen und Nunatakkern durchragt wird. Dazu noch fast 1,6 Mill. km$^2$ schwimmendes Schelfeis, über dem ebenfalls polarkontinentale Festlandsbedingungen herrschen. Südpolare Eiskappe umfaßt somit insges. rd. 14 Mill. km$^2$. Vom gesamten *Eisvolumen* der Erde entfallen 90 % auf Antarktis, nur 8 % auf grönländisches Inlandeis und 2 % auf alle übrigen Gletscher der Welt.

Zentraldom des Inlandeises erreicht in O-Antarktika 4200 m Meereshöhe, sinkt gegen Küsten des S-Atlantik und des Indischen Ozeans allmählich auf 2000 m, dann schnell auf Meeresniveau ab. Kleinere 2000 m hohe Eiskuppel in W-Antarktis. Insges. über 3000 m hohes Areal von 4 Mill. km$^2$, Fläche so groß wie indischer Subkontinent. Mittlere Eismächtigkeit etwa 2000 m, max. 3000—4000 m.

---

1) griech. kryos = Kälte, konos = Kegel

Riesengletscher lösen sich vom peripher labiler werdenden Inlandeis ab und benutzen als Durchflußgletscher zur Küste ziehende Täler der Randgebirge, z. B. 200 km langer, 20—40 km breiter Beardmoregletscher, der von großen Gletscherspalten und hohen Eisbrüchen durchsetzt ist. Auch andere spaltenreiche Eisströme in ihrer Fließrichtung durch unter der Eisoberfläche gelegene, völlig verhüllte alte Talzüge bestimmt (Channel glaciers). Eigentlicher Eiskuchen spaltenfrei, jedoch Oberfläche nicht glatt, sondern vom Wind in Firnrippel und bis 2 m hohe und 100 m lange Schneedünen mit dazwischen gelegenen Ausblashohlformen gegliedert. Weitgespannte Wellungen im Eis (Wellenlänge 5 bis 20 km, Amplitude bis 20 m) lassen sich bei großer Eismächtigkeit nicht als Untergrundeffekt, sondern nur als auf Fließbewegung beruhendes rhythmisches Phänomen (→ III, 158 ff.) erklären.

*Schelfeis* schwimmt, Inlandeis fortsetzend, als 350—600 m mächtige Tafel auf dem Meer. Durch Gezeitenwirkung Abbruch dieser Eistafel in senkrechten Wänden auf über 100 km langen Fronten. Verdriftung riesiger Tafel-Eisberge.

**Vorzeitformen:** In der *Arktis* subglaziales Relief durch seismische und gravimetrische *Eisdickemessungen*, bes. unter Grönland-Inlandeis, in großen Zügen bekannt (→ o.), jedoch detaillierte Kenntnisse des Altformenschatzes nur dort, wo Untergrund durch Eisrückzug freigelegt ist. Diese Gebiete bilden heutige, in kräftiger Überformung begriffene Frostschutzzone (Zone 2a, → IV, 73). Vom 11.—13. Jh. waren größere Teile S-Grönlands eisfrei.

*Antarktika* ist Teil des seit der Kreidezeit durch Kontinentaldrift zerfallenen alten Gondwanalandes (→ I, 38 ff.). Bildungsbeginn der Inlandeisdecke Ende Tertiär, Hauptaufbau im Pleistozän, seitdem Antarktis ständig vergletschert. Verhüllung des präglazialen Reliefs mit Ausnahme der Randgebirge und Nunatakker. Randliche Horstgebirge erreichen 4000—5000 m, alpine Gebirgsketten im Marie-Byrd-Land der W-Antarktis sogar über 6000 m, junge Vulkankegel (Mt. Erebus, Mt. Terror) 4000 m Höhe. Alle über Inlandeisfläche aufragenden Gebirgszüge und Nunatakker sind durch Kargletscher und Frostverwitterung kräftig umgestaltet. Vom Wind erfaßte tiefgefrorene Eiskristalle wirken gleich Sandstrahlgebläse der Wüsten, wie starke Korrasionsspuren an erratischen Blöcken und von früheren Südpol-Expeditionen errichteten Steinpyramiden beweisen.

*Topographie des Eisuntergrundes*, d. h. präglazialer Landoberfläche Antarktikas, erst seit Durchführung von 934 seismischen und 6655 gravimetrischen *Eisdickemessungen* zwischen 1951 und 1965, vor allem während Internationalen Geophysikalischen Jahres (I. G. J.) 1957/58 durch Expeditionen 11 beteiligter Nationen auf Profilstrecken von insges. 48 000 km Länge, genauer bekannt.

*Ergebnis:* Unter fast 4200 m hoher Eiskuppel *O-Antarktikas* liegt geschlossene Festlandmasse von Größe Australiens, deren Höhe in weiten Bereichen einige 100 m über heutigem Meeresspiegel beträgt. Dieser rumpfflächenartige Felssockel einerseits örtlich schüsselartig wenig bis unter Meeresniveau eingewalmt[1], andererseits überragt von einem mit randlichem Horstgebirge vergleichbaren, völlig unter Eis begrabenen zweiten antarktischen Hochgebirge, über dessen höchsten Gipfeln von 3000 m noch 900 m Eis liegen. Seismogramme erwiesen Lage der Moho-Diskontinuität (→ I, 35) in 35—40 km Tiefe, damit für Kontinentalmassen zutreffende Mächtigkeit der Sialkruste gegeben.

*W-Antarktis* zeigt andersartiges Bild: früher vermutete Wasserverbindung unter Inlandeis zwischen Wedell- und Roß-Meer existiert nicht, jedoch völlig von Eis erfüllte Depression, die O- und W-Antarktis trennt. W-Antarktis ist ein in mehrere Inseln aufgelöster Archipel mit über 2000 m tiefen Meeresarmen; diese sind bis zum Grunde mit Eis ausgefüllt, dessen Oberfläche heute 1500 m über Meeresniveau liegt. Im Marie-Byrd-Land ergaben seismische Lotungen max. Eismächtigkeit von 4270 m; da Meßpunkt in etwa 1800 m Höhe lag, also Tiefe des eiserfüllten Meeresarmes von fast 2500 m.

Einblick in *subglazial* gestaltetes Relief nur an wenigen Stellen der Antarktis. Amerikanische Eisbohrung erreichte in fast 2500 m Tiefe mit vulkanischem Geröll bedeckte alte Landoberfläche. — Im Bereich des McMurdo-Sunds Entdeckung eisfreier, ehemals von Gletschern erfüllter Täler. Boden dieser bis 16 km langen, etwa 300 m ins Gebirgsland eingetieften „Trockentäler" besteht aus Kiesen, darin eingebettet Schmelzwasserseen und Flußläufe, die im Sommer Wasser führen, ferner Moränen und Glazialspuren in 600 m über heutigem Meeresspiegel. Andere Anzeichen für höhere Eisniveaus in 300—800 m über jetziger Eisoberfläche an Flanken der Gebirge und Nunatakker. Aus Verwitterungszustand der Moränenblöcke, Flechtenbewuchs der Nunatakker bis zur heutigen Eisoberfläche herab und Ergebnissen von Radiokarbon-Bestimmungen ist zu folgern, daß es sich um alte Vereisungsspuren, nicht um Zeugnisse rezenter Gletscherrückzüge handelt. Antarktische Eismasse im Pleistozän schätzungsweise 15—20 % größer als heute.

T. L. PÉWÉ glaubt in Antarktika 4 durch Warmzeiten getrennte Kaltzeiten nachweisen zu können, die er mit europäischen parallelisiert: McMurdo (Mindel), Taylor (Riß), Fryxell (Würm) und Koettlitz mit 2—3 Substadien, das letzte vor 6000 Jahren. Von anderen Autoren Richtigkeit der Synchronisierungen und $C^{14}$-Bestimmungen wegen andersartiger $CO_2$-Austauschbedingungen im polaren Klima stark angezweifelt; nehmen für alle Glazialspuren kein höheres Alter als 10 000 Jahre

---

[1] seismische Meßwerte der Sockelfläche unter Südpol schwanken zwischen —10 m und +900 m

an. Allerdings ergaben Messungen und Eishaushaltsberechnungen im I.G.J., daß Eisvolumen im Inneren Antarktikas wächst, andererseits auch Abschmelzrate am Rande des Inlandeises steigt; also noch keine Klarheit über insges. positive oder negative Eisbilanz.

Daß sich heute gletscherfreie Täler nicht erneut mit Eis füllen, beruht auf lokaler topographischer Situation, auf Niederschlagsarmut, starker Wärmerückstrahlung von dunklen Felshängen und Ausblasung des Schnees durch heftige Winde. Einige Täler öffnen sich zur Küste, andere sind durch Seitenmoränen von Hauptgletschern abgedämmt.

„*Oasen*" der Antarktis sind rundliche oder langgestreckte Seen von Schmelz- oder Meereswasser, die im Sommer eisfrei sind; entstanden zwischen Küste und Inlandeis in Vertiefungen der Rundhöckerlandschaft. Größe bis 770 km$^2$, Seeböden bis 140 m unter Meeresspiegel. Rundhöcker innerhalb der 4 bisher bekannten Seenplatten durch erratische Blöcke mit Gletscherschrammen und Grundmoränenschleier charakterisiert. Aus Grad der Verwitterung ist zu schließen, daß diese Gebiete seit Jahrtausenden eisfrei sind. Heftige Fallwinde und geringe Niederschläge lassen dort auch im Winter keine geschlossene Schneedecke entstehen. Salzausblühungen und „Wüstenlack"-Bildungen auf Gesteinsoberflächen sprechen für hohe Aridität. Felsriegel und Doleritbänke verhindern erneutes Vordringen des Inlandeises in die paradoxerweise als „Oasen" bezeichnete hocharide polare Kältewüste.

**Klimageomorphologische Hauptmerkmale** arktischer und antarktischer Gletscherzone: Morphodynamik ausschl. durch *Frostsprengung* und *Eisschurf* gekennzeichnet. Präglaziales, subaerisch gestaltetes Altrelief bestimmt Fließrichtung und Wirksamkeit des Eises, erfährt selbst subglaziale Um- und Überformung. Subglaziale Schmelzwassererosion fehlt im Gegensatz zu Gletschern außerpolarer Gebiete.

### Literatur

AUTENBOER, T. VAN: The Geomorphology and Glacial Geology of the Sör-Rondane, Droning Maud Land. Antarctic Geology ed. by J. R. Adie, Amsterdam 1964, S. 81-103

BEHRENDT, J. C.: Seismic Measurements on the Ice Sheet of the Antarctic Peninsula. J. Geophys. Research 68, 1963, S. 5973-5990

BENTLEY, Ch. R.: Glacial and Subglacial Geography of Antarctica. Amer. Geophys. Union, Geophys. Mon. 7, 1962

BULL, C., McKELVEY, B. C. u. WEBB, P. N.: Quaternary Glaciations in Southern Victoria Land, Antarctica. J. Glaciol. 4, 1962, S. 63-78

CLARK, R. H.: The Oases in the Ice. Antarctica ed. by T. HATHERTON, London 1964, S. 321-330

DRYGALSKI, E. v.: Grönland Expedition der Gesellschaft für Erdkunde zu Berlin 1891-1893. Bd. I, Berlin 1897
—: Die Antarktis und ihre Vereisung. Sitzungsber. Bayer. Akad. Wiss., Math.-phys. Kl., 1919
EKLUND, C. R. u. BECKMANN, J.: Antarctica, Polar Research and Discovery during the IGY. New York 1965
EVTEEV, S. A.: Determination of the amount of morainic material carried by glaciers of the East Antarctic continent. Soviet. Ant. Exped. Inform. Bull. II, 1964, S. 7
—: Relief-forming activity of ice on the Eastern shore of Antarctica. Soviet. Ant. Exped. Inform. Bull. II, 1964, S. 44
—: At what speed does wind erode stones in Antarctica. Soviet. Ant. Exped. Inform. Bull. II, 1964, S. 211
FUCHS, V.: Quer über den Südpol. Berlin 1958
HAEFELI, R.: Contribution to the movement and the form of ice sheets in the Arctic and Antarctic. J. Glaciol. 3, 1961, S. 1133-1150
HARRINGTON, H. J.: Geology and Morphology in Antarctica. Biogeography and Ecology in Antarctica. Den Haag 1965, S. 1-71
HATHERTON, T.: Antarctica. London 1964
HELM, A. S. u. MILLER, J. H.: Antarctica. Wellington 1964
HOINKES, H.: Neue Ergebnisse der glaziologischen Erforschung der Antarktis. Umschau in Wiss. u. Technik 60, 1960, S. 549-553, 596-598, 627-630
—: Die Antarktis und die geophysikalische Erforschung der Erde. Naturwissenschaften 48, 1961, S. 354-374
HOLLIN, J. T.: On the glacial history of Antarctica. J. Glaciol. 4, 1962, S. 173-195
KLUTE, F.: Die Oberflächenformen der Arktis. In: F. THORBECKE, Morphologie der Klimazonen. Düsseldorfer Geogr. Vorträge, Verh. 89. Tagung Ges. dt. Naturforscher u. Ärzte 1926. Breslau 1927, S. 91-99
KOSACK, H. P.: Die Antarktis. Heidelberg 1955
—: Die Polargebiete. Die große illustrierte Länderkunde, Bd. II, Die Große Bertelsmann Lexikon-Bibliothek 13, Gütersloh 1963, S. 1471-1523
KREMP, G. O. W.: Antarctica, the Climate of the Tertiary, and a Possible Cause for our Ice Age. Antarctic Geology ed. by R. J. ADIE, Amsterdam 1964, S. 736-746
LINTON, D. L.: Some contrasts in landscape in British Antarctic Territory. Geogr. J. 129, 1963, S. 274-282
LOEWE, F.: Höhenverhältnisse und Massenhaushalt des grönländischen Inlandeises. Gerlands Beitr. Geophys. 46, 1936
—: Beiträge zur Kenntnis der Antarktis. Erdkunde 8, 1954, S. 1-15
—: Fortschritte in der physikalisch-geographischen Kenntnis der Antarktis. Erdkunde 15, 1961, S. 81-92
MARKOV, K. K., BARDIN, V. I. u. a.: The Geography of Antarctica. Jerusalem 1970
NICHOLS, R. L.: Geomorphology of Marguerite Bay Area, Palmer Peninsula, Antarctica. Bull. Geol. Soc. Amer. 71, 1960, S. 1421-1450
—: Multiple glaciation in the Wright Valley McMurdo Sound, Antarctica Geol. Soc. Amer. Spec. Paper 68, 1962
—: Geologic Features Demonstrating Aridity of McMurdo Sound Area, Antarctica. Amer. J. Sci. 261, 1963, S. 30-31

николs, R. L.: Present Status of Antarctic Glacial Geology. Antarctic Geology, ed. by R. J. Adie, Amsterdam 1964, S. 123-137
Nordenskjöld, O.: Polar Nature. The Geography of the Polar Regions. Amer. Geogr. Soc. Spec. Publ. 8, 1928
Péwé, T. L.: Quaternary glacial geology of the McMurdo Sound Region, Antarcitica. IGY Glaciol. Rep. Ser. 1, 1958, S. 1-4
—: Sand-wedge Polygons in the McMurdo Sound Region, Antarctica. Amer. J. Sci. 257, 1959, S. 545-552
—: Multiple Glaciation in the McMurdo Sound Region, Antarctica. IGY World Data Center A.: Glaciol. IGY Rep. 4, 1961
—: Age of moraines in Victoria Land, Antarctica. J. Glaciol. 4, 1962, S. 93-100
—: Glacier regimen in Antarctica as reflected by glacier margin fluctuations in historic time with special reference to McMurdo Sound. Obergurgl Sympos. Internat. Assoc. Sci. Hydr. Publ. 58, 1962, S. 295-305
— u. Rivard, N. R.: Alpine glaciers on the west side of McMurdo Sound, Antarctica. Bull. Geol. Soc. Amer. 69, 1958, S. 1756
Ritscher, A.: Deutsche Antarktische Expedition 1938/39. Leipzig 1942
Selby, M. J.: Antarctic Tors. Z. Geomorph., N. F., Suppl.-Bd. 13, 1972, S. 73-86
Steinitz, H.: Antarktische Gebirgslandschaften. Geogr. Helvet. 14, 1959, S. 310-314
Teichert, C.: Corrasion by wind-blown snow in polar regions. Amer. J. Sci. 237, 1939, S. 146-148
Thiel, E. C.: Antarctica, one continent or two. Polar Rec. 10, 1961, S. 335-348
Trjoschnikow, A. F.: Kontinent unterm Eis. Leipzig 1960
Vickers, W. W.: Wind Transport of Antarctic Snow. Transact. Amer. Geophys. Union 40, 1959, S. 162-167
Voronov, P. S.: Geomorphology of East Antarctica. Soviet. Ant. Exped. Inform. Bull. I, 1964, S. 20
Wilson, A. T.: Evidence from Chemical Diffusion of a Climatic Change in the McMurdo Dry Valleys 1200 years ago. Nature 201, 1964, S. 176-177
Woldstedt, P.: Die interglazialen marinen Strände und der Aufbau des antarktischen Inlandeises. Eisz. u. Gegenw. 16, 1965, S. 31-36

## Zone 2: Formengruppen der polaren und subpolaren Frostwechselzone

**Verbreitung:** nördl. Alaska und nördl. Kanada (einschl. kanadischer polarer Inselwelt, Hudsonbai-Region, nördl. Labrador), Randgebiete Grönlands, Island, S-Hälfte Spitzbergens, nördl. Norwegen, gesamter 200 bis 500 km breiter N-Saum Asiens; Inseln des Südpolarmeeres, östl. Falklandinsel, in Antarktis N-Teil des Grahamlandes (Palmer Peninsula, seit 1964 als Antarktische Halbinsel bezeichnet).

**Klimazonale Einordnung:** Subnivales Klima nach A. Penck; Kalte Klimate jenseits der Baumgrenze (Tundrenklima, ET) nach W. Köppen; Polares und subpolares Tundrenklima nach H. v. Wissmann; Polares und subpolares Klima nach N. Creutzburg; Polares und subarktisches Tundrenklima nach C. Troll und K. H. Paffen.

**Klimatische Merkmale:** kalt-arides *Periglazialklima mit intensivem jahreszeitlichem Frostwechsel.* Jahreszeitenklima wie in arktischer und antarktischer Gletscherzone (1), jedoch wärmster Monat über 0° C. Jahreszeiten durch langandauernde(n) Polarnacht und Polartag bestimmt. 3 bis 6 aride, 7—9 nivale Monate.

In nördl. polarer *Frostschutzzone* kältester Monat —20° bis —30° C. Absolute Minima unter —50° C. Wärmster Monat unter +6°C. Niederschläge als Schnee und Regen: im arktischen Archipel Kanadas 60 bis 80 mm/J, am nördl. Festlandsrand 100—200 mm/J, in Labrador 400 mm/J. Geringe absolute Luftfeuchte.

In südl. anschließender subpolarer *Tundrenzone* wärmster Monat unter +10° C, kältester Monat unter —8° C; kanadische Tundra (Barren Grounds) nicht so winterkalt wie sibirische. Langanhaltende, im Sommer schmelzende Schneedecke. Erwärmung der Erdoberfläche bis +15° C; Bildung dünner Auftauschicht über tiefreichenden Dauerfrostböden.

Nördl. *Grahamland* mit —4° C Jahresmittel wärmstes Gebiet der Antarktis; dort als Temperaturmaximum des Erdteils + 14° C gemessen.

**Vegetationsmerkmale:** gesamte Zone *frei von Baumwuchs.* Polare Baumgrenze (im Mittel der +10° C-Isotherme des wärmsten Monats folgend) bildet äquatoriale Tundrengrenze. Nördl. Frostschuttzone fast vegetationsfrei, nur kleine Pflanzenpolster und Einzelpflanzen auf nacktem Boden. In südl. Tundrenzone Moos- und Flechtentundra mit Oasen von Blütenpflanzen auf sommerlichen Auftauböden über dauernd gefrorenem tieferem Untergrund.

*Charakteristische Tundrapflanzen:* Silberwurz *(Dryas octopetala);* war in pleistozänen Kaltzeiten von den Alpen in eisfreie Zone Mitteleuropas hinabgestiegen, gab der vor 10 000 Jahren herrschenden Jüngeren Tundrenzeit den Namen „Jüngere Dryaszeit"; mit schwindendem Eis wanderte sie an heutige Standorte arktischer Tundra. In südl. Tundra: Polarweiden und Zwergbirken.

---

*Gesamtfläche* der Frostwechselzone etwa 8 Mill. km² = ⁴/₅ der Größe Europas (J. BÜDEL). Klimatische und vegetationsgeographische Unterschiede und dadurch bedingte Differenzierung morphodynamischer Prozesse berechtigen zur Aufgliederung der Region in Frostschutt- und in Tundrenzone.

## Zone 2a: Polare Frostschutzzone

*Umfaßt* polare Inselwelt Kanadas, nördl. Boothia-Halbinsel, N-Teil des Baffinlands, N-Küste sowie W- und O-Küste Grönlands bis Diskobucht und Danmark-Straße, Jan Mayen, Bäreninsel, Spitzbergen ohne vergletschertes NO-Land, Franz-Josef-Land, Teil der N-Insel von Nowaja Semlja, nördl. Taimyr-Halbinsel; in Antarktis N-Teil des Grahamlandes.

**Verwitterung** durch absolut vorherrschende *mechanische* Gesteinszertrümmerung gekennzeichnet. Auf Volumenvergrößerung gefrierenden Wassers (9 %) beruhende *Frostsprengung* (Gelivation, Kongelifraktion) zerlegt Gestein in eckige Trümmer aller Größen (→ II, 19 f.). Dadurch schnell fortschreitende Wandverwitterung mit entsprechend frischen Felsabbrüchen liefert bedeutende Mengen scharfkantigen Block- und Scherbenschutts, der sich in gewaltigen Schutthalden („Talusanhäufungen") am Fuß der Hänge sammelt. Berge können im eigenen Schutt ertrinken, wenn zu geringe Neigung der Hangfußflächen solifluidalen Weitertransport (→ IV, 80) verhindert.

In Hänge eingekerbte *Kryoplanationsterrassen*[1] (J. Demek) entstehen durch Zusammenwirken von Frostsprengung, Solifluktion und Ausspülung; sind als Abtragformen von Solifluktionsterrassen (→ IV, 87) als Akkumulationsformen zu unterscheiden.

Frostsprengung zerlegt selbst ebene Felsplatten in kleinere Quader, so daß chaotische Blockschuttmassen den Untergrund verhüllen. Auf diese Weise Entstehung arktischer Felswüsten, die denen heißer Trockengebiete verblüffend ähneln, ferner arktischer Blockmeere und Blockströme. Material dieser Blockmeere zeigt im Gegensatz zu fossilen Blockströmen feucht-gemäßigter Waldklimate (→ IV, 113) selbst nach solifluidalem Transport keine Abrundung.

Trotzdem Grus- und Feinmaterialausfüllungen arktischer Blockströme nicht selten; durch Frostverwitterung sogar Bildung von Feinsand und Schluff. Im Unterschied zu den durch chemische Verwitterung in anderen Klimazonen entstandenen Feinerdeböden aber wenig bindig und quellfähig. Sonst weltweit zu beobachtende *Vergrusung* der Gesteine, bes. der Massengesteine, fehlt; nur *Ab*grusung an Gesteinsoberflächen. Petrovarianz von geringer Bedeutung.

Neben Frostsprengung gelegentlich auch Wirkung der *Hitzesprengung* beobachtet, z. B. in W-Grönland durch E. v. Drygalski und O. Nordenskjöld. Im Sommer dehnen sich stark erhitzte Gesteinsschalen über kühleren Kernen aus, platzen ab und begünstigen damit tieferes Vordringen der Frostverwitterung.

---

1) russ. Bez.: Golez-Terrassen

Während *physikalische Verwitterung* in allen außerpolaren Breiten mit Oberflächenverwitterung identisch ist (→ II, 16), wirkt Frostverwitterung in Polarregionen *bis in große Tiefen*. Als *Eisrindeneffekt* von entscheidendem Einfluß auf Erosionsleistung der Flüsse (→ IV, 81).

*Chemische Verwitterung* tritt gegenüber äußerst aktiver physikalischer Verwitterung völlig zurück, da Erwärmung sommerlichen Schmelz- und Niederschlagswassers unzureichend, Zeitdauer hydrolytischer Wirkung zu kurz. Allein bei Kalken bescheidene Klufterweiterung durch Schmelzwasserlösung. Rinden-("Wüstenlack"-)Bildung auf edaphische Aridität (→ IV, 29) von Felsoberflächen zurückzuführen. Absolut vorherrschend durch Frostsprengung aufbereitete rohe *Mineralböden*[1].

*Beispiele:* auf Spitzbergen von BLANCK, RIESER und MORTENSEN untersuchter Detritus von Sandsteinen, Quarziten, Ton- und Kalkschiefern, Phylliten und Diabasen zeigte kaum Spuren chemischer Verwitterung. — In Magdalenenbucht Grönlands liegen durch Klüfte getrennte Granitblöcke dicht nebeneinander, lassen keinerlei Abrundung erkennen. Blöcke sind von Horizont scharfkantiger, erbsen- bis nußgroßer, zuweilen auch größerer Gesteinsbruchstücke bedeckt, die physikalischen Verwitterungsgrus darstellen und nur durch mechanischen Eingriff aus ehemaligem Gesteinsverband gelöst erscheinen (H. POSER).

*Über bodenchemische Vorgänge* im hochpolaren Klima der Antarktis neue Erkenntnisse durch W. KUBIENA (1971). In eisfreien „Trockentälern" (→ IV, 68) der Roß-Insel im McMurdo-Sund stellenweise Feuchtigkeitsmangel so groß, daß keine oberflächliche Bodengefrornis eintritt und im Boden und an Gesteinsoberflächen *Salzansammlungen* angetroffen werden. Diese jedoch keine Salzausblühungen des Bodens oder Gesteins, sondern Rückstände von Wellen- und Meereseisstaub, der als Salzschnee niederging und wahrscheinlich sekundär als salzhaltiger Bodenstaub weiterverfrachtet wurde. Salztransport durch Wind sogar bis zum Südpol nachgewiesen.

*Salzverwitterung* vermutlich auch an Entstehung von *Hohlblöcken* (→ II, 17) in polaren Breiten beteiligt. In Antarktis Tafoni in Gneis- und Granitblöcken am Gausberg und im Victorialand beobachtet, ebenso in S-Grönland und im Hekla Hoek Gebirge Spitzbergens.

„*Opferkessel*" (Oriçangas, weathering pits; → II, 24) auf ebenen Felsflächen in Antarktis, Grönland und Spitzbergen erklären sich aus mechanischer Wirkung in Vertiefungen gefrierenden Wassers zusammen mit bescheidener chemischer Verwitterung durch Salzkomponente.

*Weiterer Kleinformenschatz* ebenso wie flächenhafte Abtragungsvorgänge durch Dauerfrostboden bestimmt.

---

[1] schwed. Bez.: ramårk = Rohboden

**Dauerfrostboden**[1]): Boden, der ständig oder mindestens 2 Jahre gefroren bleibt und nur in oberflächennaher Schicht jahreszeitlichem oder tageszeitlichem Auftauen unterliegt.

*Vertikale Gliederung* dementsprechend in obere *Aktivzone* (Auftauschicht), ständig gefrorene *Unterzone* und Niefrostboden der Tiefe. Mammutfunde in gefrorenen Flußkiesen unterhalb temporärer Auftauschicht beweisen, daß Bodeneis pleistozänes Relikt ist und gesamte Postglazialzeit dort überdauert hat, wo noch gegenwärtig für Frostbodenbildung erforderliche klimatische Bedingungen (mindestens $-1°$ bis $-3°$ C Jahresmitteltemperatur) herrschen; wo dies nicht der Fall ist, Bodeneis völlig aufgeschmolzen.

*Mächtigkeit temporärer Auftauschicht* kann in heutigen Dauerfrostbodengebieten je nach Breitenlage, Exposition und Pflanzendecke wenige Dezimeter bis mehrere Meter betragen: 30—80 cm auf Spitzbergen, etwa 50 cm in polarer Inselwelt Kanadas, 2,5—3,8 m am W-Ufer der Hudsonbai, 5—20 m in N-Sibirien.

*Tiefe ständiger Gefrornis* in Sibirien durchschnittlich 600 m, vereinzelt (Jakutien) 1000—1500 m, in N-Kanada und Alaska 400 m, in klimatisch begünstigten Gebieten Alaskas 200—300 m, bei Fairbanks nur 100 m, am Klondike 60 m, bei Nome an der Beringstraße 40 m. Innerhalb tieferen Dauerfrostbodens können Partien ungefrorenen Bodens auftreten[2]), deren Erhaltung auf hohen hydrostatischen Druck, Gefrierpunkt erniedrigende Mineralsalze oder Aufstieg sich komprimierender Gase zurückgeführt wird.

*Horizontale Gliederung* in 3 Zonen (Abb. 3):

1) Zone *zusammenhängenden* Dauerfrostbodens in polnächsten Bereichen, wo er sich unter heutigen Klimabedingungen noch bildet; ferner unter kleineren Flußläufen, jedoch nicht unter breiten Flüssen (z. B. Yukon), großen, tiefen Seen und dem Meer. *Breite* der geschlossenen Dauerfrostbodenzone in Alaska 300—700 km, in Kanada 200—2000 km, in Asien 500—1000 km. *S-Grenze* etwa $-7°$ C-Jahresisotherme folgend.

2) Zone *lückenhaft* auftretenden Dauerfrostbodens südl. anschließend; Mächtigkeit geringer, Verschwinden des Permafrostes an lokalklimatisch begünstigten Stellen. *Breite* der Zone in N-Amerika 700—1200 km, in Eurasien 200—1200 km. *S-Grenze* identisch mit Verlauf der $-1°$ C-Jahresisotherme.

---

1) amerik. Bez.: Permafrostboden; schwed. Bez.: perenne tjäle; russ. Bez.: Merslota
2) russ. Bez.: talik

3) Zone *sporadisch* verbreiteten Dauerfrostbodens. Nur vereinzelte kleine Permafrostinseln als Relikte in allgemein jetzt tjälefreiem Gebiet sehr unterschiedlicher N-S-Erstreckung außerhalb Frostschutz- und Tundrenzone. *S-Grenze* etwa bei 0° C-Jahresmitteltemperatur, überschreitet in N-Amerika 55., in Sibirien 50. Breitengrad und ist Ausdruck hoher Kontinentalität Zentralasiens.

**Abb. 3** Verbreitung des arktischen Dauerfrostbodens
(nach R. F. BLACK)

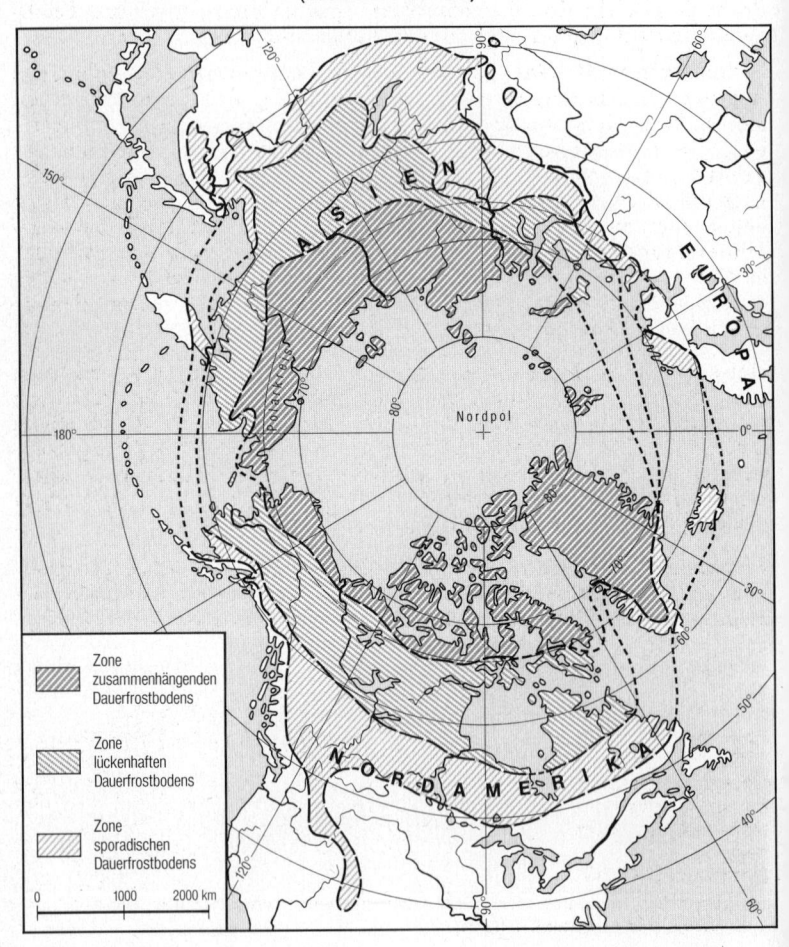

*Insgesamt* 21 Mill. km², d. h. 14 % der Erdoberfläche, innerhalb Zone geschlossen oder lückenhaft auftretenden Dauerfrostbodens gelegen: 70 % Alaskas, 50 % Kanadas, 40 % (= 9 Mill. km²) der UdSSR. Alljährlich sich bildender oberer *Auftauhorizont* stellt Techniker beim Bau von Straßen, Eisenbahnen, Erdölleitungen, Flugplätzen, Fabriken, mehrstökkigen Häusern und Staudämmen wegen Fundamentierungsschwierigkeiten vor besondere Probleme.

*Ablauf* der meisten für Subarktis bezeichnenden *morphodynamischen Prozesse* vollzieht sich *innerhalb* dieser, großen Temperatur- und Feuchtigkeitsschwankungen unterworfenen *Auftauschicht*.

**Kryoturbationserscheinungen** beruhen auf *Volumenveränderungen* beim Auftauen und Gefrieren des Bodens (Frosthub, Frostdruck, Frostgleiten) in Verbindung mit Hydratationsprozessen. Ewig gefrorener Unterboden ist wasserundurchlässig. Alles im sommerlichen Auftauboden entstehende Schmelzwasser durchtränkt diesen, stagniert bei horizontaler Lagerung der Auftauschicht oder fließt bei Neigung des Geländes im Boden oder an Oberfläche ab. Wasserdurchtränkter Auftauboden – im Winter gefrorene, stabile, unter Spannung stehende Decke – ist im Sommer in sich zerrissene und durchbewegte Bodenmasse. Selbst auf völlig ebenem Gelände stellen sich mit Materialsortierung verbundene charakteristische Bodenbewegungen ein (→ II, 71 f.).

Durch *rhythmische Vorgänge* ordnen sich auffrierende Steine um zentrale Feinerdekessel. Da deren feuchte Füllung schnell gefriert, üben sich ausdehnende Feinerdekerne Druck auf Kesselwände aus, wodurch Einregelung (Hochkantstellung) der noch nicht bis zur Oberfläche gelangten Gesteinsscherben erfolgt. Gleichzeitig gleiten im Feinerdebrei aufgefrorene Steine auf dessen gewölbter Oberfläche seitlich ab und fügen sich peripheren Steinansammlungen ein (Abb. 4).

*Frostmuster-, Struktur- oder Polygonböden*[1], nach im Querschnitt erkennbaren Bewegungsstrukturen auch als Würge- oder Brodelböden bezeichnet (→ II, 73), sind Ergebnis innerer Differenzierung von Locker-

**Abb. 4**
Freie Solifluktion: Übergang von Steinnetzen zu Steinstreifen bei zunehmender Hangneigung
(nach C. F. SHARPE)

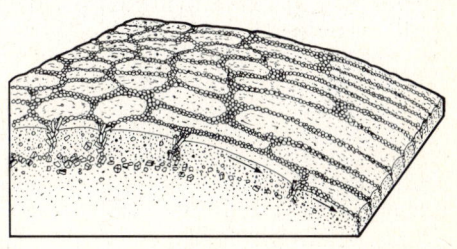

---

[1] engl. Bez.: frost patterned ground

schuttdecken. Größere Feinerdekerne in Spitzbergen nach Grabungsbefunden am Boden nicht durch Steinsohle abgeschlossen, sondern werden nach unten breiter, sind also keine in Auftauschicht „schwebende" Kessel, sondern am Boden wurzelnde Schluffkegel. J. BÜDEL nimmt in solchen Fällen ältere Bodenbildung mit aufgefrorenen Steinpflastern über Feinerdehorizont an. Durch rhythmische Differenzierungs- und Konzentrationsprozesse dann Aufquellung der Schluffkegel, Zerreißung des Steinpflasters und Ummantelung der Feinerdekerne durch Gesteinsscherben.

Großartige *Steinringe*, die sich bei Platzmangel zu Sechsecken verformen und zu flächendeckenden Steinnetzen zusammenschließen, bes. in Grönland, auf Island und Spitzbergen; in kanadischen Barren Grounds überall bei ausreichend mächtiger Lockerbodendecke auf kristallinem Untergrund, weniger gut ausgeprägt im nördl. Grahamland der Antarktis.

Alle Formen der *Frostmusterböden* zwar typisch für Dauerfrostbodengebiete, jedoch keineswegs an diese gebunden; treten *in allen Bereichen jahres- oder tageszeitlichen Frostwechsels* auf; entscheidend ist allein periodisch sich wiederholende Bodengefrornis.

*Eiskeilpolygone* Sibiriens (Taimyr-Polygone), Alaskas und N-Kanadas hingegen *nur* in Dauerfrostbodengebieten und von andersartiger Entstehung. Gefrorener Boden zieht sich bei weiterer Abkühlung im Hochwinter wie jeder andere Körper zusammen. Dadurch Bildung von zunächst schmalen Frostrissen, die sich durch eindringende feuchte Luft mit Kammeis füllen, so daß sich Spalt nicht wieder schließen kann. Jahrelange Wiederholung gleichen Prozesses läßt bis 10 m breite Eiskeile entstehen, die sich zu Riesenpolygonnetzen von 5–60 m ⌀ anordnen. Bei Abschmelzen wird Spalt durch Feinmaterial ausgefüllt (hexagonale und tetragonale Spaltenpolygone).

*Pingos*[1] (→ I, 86, Abb. 46), kleinen Vulkankegeln ähnelnde, bis 50 m hohe Kuppen von oft mehr als 200 m Basis-⌀ (F. MÜLLER) treten ebenfalls *nur* im Dauerfrostbodengebiet der Alten und Neuen Welt zwischen etwa 65° und 75° n. Br. auf. *Entstehung* dieses sog. *Grönland-Typs* beruht auf Gefrieren größerer Wassermengen zu mächtigen Eislinsen. *Vorkommen* daher an Stellen freier Grundwasservorräte, d. h. an Talikzonen (→ IV, 75), gebunden. Da über kristallinem Untergrund jedoch freies Grundwasser nicht in ausreichender Menge vorhanden ist, Auftreten von Pingos vor allem in Gebieten feingebankter Sedimentgesteine sowie in Alluvionen weiter Ebenen und flacher Talsohlen, unter denen zugleich Schwächezonen des Permafrostbodens liegen. Durch wachsenden Eiskern hügelartige Aufwölbung der Sedimentdecke. Dabei behindert Pingo selbst als Eispfropf nachdrängendes Grundwasser, das

---

[1] Eskimobezeichnung

teilweise unter Bildung von Nebenkratern zur Seite ausweicht. Wasserdurchbrüche führen zur Temperaturerhöhung im Inneren und zu Abschmelzung; dadurch kann, zusammen mit Rissen und Krateraufbrüchen, die das Eis bloßlegen, kraterartiges Einsinken des Pingos und Bildung eines „Krater-Sees" eingeleitet werden.

Von diesem Typ der Grönland-Pingos unterscheidet F. MÜLLER einen *Mackenzie-Typ* etwas anderer Entstehung, aber völlig gleichen Aussehens. *Vorkommen* auf Schwemmlandebenen, vor allem im Deltabereich des Mackenzie River, wo über 1400 derartige Eishügel kartiert wurden (J. K. STAGER), und in flachen Seen von mehr als 300—400 m $\phi$. Permafrost dringt bei zunehmender Verlandung immer weiter von den Rändern gegen Seemitte vor und setzt dabei wassergesättigtes ungefrorenes Material unter Druck. Wasser entweicht als Hydrolakkolith nach oben, beult Seegrund auf und bildet unter Gefrieren einen Pingo. *Wachstumsgeschwindigkeit* der Pingos insges. sehr gering, die größten von ihnen mehrere 1000 Jahre alt.

Neben Vollformen im Dauerfrostboden *auch charakteristische Hohlformen.*

*Orientierte Seen* gehören zu den auffälligsten derartigen Erscheinungen; finden sich im arktischen Kanada und in Alaska zwischen 69,5° n. Br. und der Küste des arktischen Ozeans, begrenzt vom 145. und 164. Längengrad. Durchschnittsorientierung der Seen bei N 12° W, Abweichungen über 3° selten. Größe schwankt zwischen kleinen Teichen und mehr als 15 km langen, 4—5 km breiten Seen von rechteckigem oder elliptischem Grundriß. Seen sind rel. flach, liegen meist in feinkörnigen pleistozänen Alluvionen, in die sie 0,5—20 m eingesenkt sind. Gelegentliche Aufwölbungen im Zentrum als Embryonal-Pingos zu deuten. *Entstehung* beruht auf lokalem *Thermokarst:* durch Schmelzen des Taber-Eises unter Polygonen bilden sich wassergefüllte Vertiefungen im Polygonzentrum, die mit denen anderer Polygone verschmelzen.

*Taber-Eis,* von S. TABER 1943 entdecktes und beschriebenes Segregationseis[1], durchsetzt den Boden in Lamellen und Schichten, die durch Wanderung des Porenwassers zur Kältefront entstehen. An jeweiliger Frostgrenze Anreicherung von Wasser unter gleichzeitiger relativer Austrocknung darunter liegenden Horizontes. Mit Gefrierprozeß verbundene Bodenhebung nach TABER weniger Folge der Volumenvergrößerung als vielmehr des Drucks der in Richtung der Auskühlung wachsenden Eiskristalle in sich bildenden Lamellen.

*Thermokarst* bes. in tiefgelegenen Überschwemmungsgebieten mit feinkörnigen Sedimenten. Außer Hohlformen durch Abtauen von Eislinsen

---

[1] lat. segregare = absondern, ausscheiden; vgl. auch IV, 81

entstehen durch Ausschmelzen von Eiskeilpolygonen (→ IV, 78) Gräben mit dazwischengelegenen Vollformen. Einsinken der Polygonzentren kann zur Vereinigung benachbarter Thermokarsthohlformen und zur Bildung größerer, von Wasser erfüllter Depressionen führen. Einheitliche Richtung dieser Auftauseen durch Windeinwirkung erklärt.

*Freie Solifluktion:* Schon bei geringer Hangneigung der vegetationslosen Auftauböden Übergang der Kryoturbation in *Solifluktion*[1], genauer — zur Unterscheidung von Bodenfluß ohne Frostbeteiligung (Tropen) — als periglaziale Solifluktion oder *Geli-Solifluktion* zu bezeichnen (→ II, 71). An steileren Hängen wird dieser Bodenfluß zu einem der leistungsstärksten Denudationsvorgänge der Erde. Von Wasser durchtränkte Auftauböden bewegen sich ab 2° Neigung auf Oberfläche gefrorenen Unterbodens als Gleitbahn im Sinne der Schwerkraft langsam abwärts. Aus ortsgebundener *Mikrosolifluktion* (C. TROLL) wird durch Materialtransport gekennzeichnete *Makrosolifluktion*. Entstehung von Bodenwülsten und Schluffhalbmonden in bewegtem Feinmaterial, ab 6° von *Steinstreifen*, in die Steinringe und Polygone bei wachsendem Neigungswinkel über langgestreckte Ellipsen übergehen (Abb. 4).

*Hangform* entscheidend für unterschiedliche Abtragbedingungen. An geraden Hängen durchgehender Transport des Wanderschutts von oben nach unten, Materialansammlung am Hangfuß. Bei sanftkonvexem Übergang höherer Ebenheiten mit ortsfesten Frostmusterböden in stärker gebösdıten Hang hauptsächlich Abtransport von höheren Hangteilen und Ablagerung in Fußzone. Dementsprechend Unterscheidung von *Abspül-, Durchgangs-* und *Zufuhrsolifluktion* (J. BÜDEL). Bei scharfem Übergang von höheren Ebenheiten zum Hang fehlen z. B. Formen der Abspülsolifluktion, und an Frostmusterzone schließen unmittelbar Formen der *Durchgangssolifluktion* an.

*An flachkonvexen Oberhängen* vertikal verlaufende *Steinstreifen* deshalb so gut erhalten, weil Schmelzwasser im Frühjahr zunächst an trockenen und hohlgelagerten Grobschuttstreifen wirksam wird und diese unter Ausschwemmung von Feinmaterial ins Gleiten bringt. „Schluffbeete" zwischen ihnen bleiben vorerst unberührt, da sie wegen höheren Wassergehaltes noch gefroren sind, bilden „Kanalränder" für das Schmelzwasser; erst am Sommerende sind Schluffstreifen aufgetaut, sogar tiefer als Grobschuttstreifen, so daß sie nun stärkerer Abspülung unterliegen.

*An flachkonkaven Hangfüßen* (3°—8°) Zufuhrsolifluktionszone durch Frostschutt mit *Pflanzendecke* aus Moos und Flechten charakterisiert, die durch laufende Überspülung mit Sickertrübe vom Oberhang gefördert wird. Dieser einzige durch Vegetation ausgezeichnete Bereich der

---

[1] lat. solum = Boden, fluere = fließen

Frostschuttzone zeigt lückenlose, mit Moospolstern überzogene *Ringmuster* von 0,3–1,5 m $\varnothing$, meist jedoch durch episodische Solifluktion zu undeutlichen hangparallelen Streifen verzerrt.

*In Hangmulden und kleinen Tälern* aktive *Blockströme:* in Feinmaterial eingebettete Blockmassen gleiten allmählich talwärts. In bes. schöner Ausbildung auf Somerset Island, auf Baffinland und in Uplands des Kanadischen Schildes (J. B. BIRD). Regelrechte Schlammströme von Banks-Insel, Axel Heiberg-Insel und Ellesmereland bekannt (S. RUDBERG).

Freie Solifluktion — der in vegetationsloser Frostschuttzone ungehinderte, kontinuierliche Bodenfluß — erzielt bedeutenden Abtrageffekt. Entstehung von *Glatthängen*, die sich zunehmend verflachen (Kryoplanation nach K. BRYAN). Obwohl bisher kein sicherer Nachweis dafür vorliegt, wird Weiterentwicklung periglazialer Einebnungsflächen (Solifluktionsrümpfe nach C. TROLL, pénéplaine périglaciaire nach J. TRICART) in rezenter Frostwechselzone für möglich gehalten. Dagegen aus fossilen Periglaziallandschaften Mitteleuropas großer Anteil pleistozäner periglazialer Solifluktion, z. B. an Entstehung der Schichtstufenlandschaften (→ IV, 109), bekannt. Entsprechende Studien in Subarktis könnten zu diesem Fragenkreis noch wichtige Erkenntnisse bringen.

*An dreiteiligen konvex-konkaven Hängen* wird bei mehr als 15° Neigung Hangsolifluktion (= klinotrope Solifluktion) durch *Runsenspülung* abgelöst. Dreieckige unzerschnittene Hangteile mit gleicher Unterkante durch Vereinigung der Runsen am Mittelhang.

**Talbildung:** Ab *Böschungswinkel von 40°* Hangzerschneidung durch tiefe parallele *Erosionskerben*. Schneller Wasserabfluß und Abtransport auch von Grobschutt, der sich in konkav verflachenden Schutthalden und Schuttschleppen am Hangfuß sammelt und auf die Talböden gelangt.

*In Flußtälern* Bildung breiter Schottersohlen. Schotterbetten reichen bis in Oberläufe der Flüsse, dann meist Übergang in scharf in die Hochgebiete eingeschnittene Kerbtalschluchten. Täler werden dank gleichzeitig *starker Tiefen- und Seitenerosion* in voller Breite und Länge als Sohlenkerbtäler tiefergelegt. Überwiegt Hangabtragung, schottert Fluß auf und staut Solifluktionsschuttmassen; überwiegt Erosion, werden durch Hangversteilung auch Solifluktion und Denudation beschleunigt. Taleintiefung wird durch tiefgründige Frostverwitterung und Bodeneis unter Flüssen gefördert.

In englischsprachiger Literatur als „Taber-Eis" bekanntes Segregationseis (→ IV, 79) von J. BÜDEL als „Eisrinde" bezeichnet; betont Bedeutung des Eisrindeneffekts, d. h. Zerrüttung des Gesteins unter Flußläufen durch Bildung von Eislamellen und Eiskeilen. Dadurch Vorbereitung für Abtransport des Schutts nach Abschmelzung durch sommerlich erwärmtes Flußwasser. Flüsse brauchen kein festes Gestein langsam abzuschleifen, sondern nur Flußbettsohle anzuschmelzen, um bereits vorher aus Verband gelöste Gesteinstrümmer ihrer Schuttführung einzuverleiben. Eintiefungsbetrag in 1000 Jahren 1—3 m (J. Büdel). Von J. B. Bird erkannt, daß überdies sich im Frühjahr vom Boden lösendes Grundeis Teil des im Winter eingefrorenen Schutts mit abtransportiert. So wechselt winterliche Gesteinszertrümmerung am Grunde der Flüsse mit sommerlichem Abtransport durch Eisschollen und Wasser.

Fast völliges *Fehlen von Gefällsknicken* in Tälern der Frostschuttzone auf Taber-Eis und Frostverwitterung zurückzuführen, da Eisrinde Verwitterung aller Gesteine gleichmäßig betrifft. Ebenso fehlen infolge starker Hangsolifluktion *Terrassen* als Reste alter Talböden. Gelegentlich an Talhängen auftretende horizontale Schuttleisten erklären sich durch Druck von Schneemassen auf noch nicht völlig gefrorene Wanderschuttdecken (H. Poser).

Rückschreitende Erosion, Tiefenerosion auf breiter Sohle und Seitenerosion verlaufen in polarer „exzessiver Talbildungszone" (J. Büdel) mit vielfach größerer Geschwindigkeit als in anderen Zonen der Erde.

*Geradliniger Verlauf* der Täler erinnert noch daran, daß sie im Pleistozän von Gletschereis erfüllt waren; Längsprofil inzwischen ausgeglichen, Trogtalprofile weitgehend verschwunden. *Kennzeichen* der Täler sind leicht gewölbte Schottersohlen, auf denen Flüsse pendeln, und konvex ansteigende Seitenhänge. Konkave Schutthänge größerer Täler stets an Rändern von breiten Schottersohlen unterschnitten. An Hohlkehlen in Felshängen auch Spaltenfrost beteiligt. Kastentälern gebirgigen W-Spitzbergens stehen Muldentäler SO-Spitzbergens ohne Runsenspülung und Hangzerschneidung gegenüber.

Im Unterschied zu expositionsbedingten asymmetrischen fossilen Periglazialtälern Mitteleuropas (→ II, 95 ff.) fehlen solche in hohen Breiten. Mitternachtssonne verhindert dort Bevorzugung bestimmter Hangexposition. H. Poser betont *Symmetrie der Talquerschnitte* in W-Spitzbergen und O-Grönland. Talanfänge grönländischer Flüsse in zirkusartigen steilwandigen Geländenischen.

*Wirkungsmaximum* von Solifluktionsvorgängen und Erosionsleistung der Flüsse in Übergangsjahreszeiten. Größte Abtragleistung im *Frühjahr,* wenn Eis und Schnee zu tauen beginnen. Ungeheure Wassermassen werden durch noch gefrorenen Boden zum oberflächlichen Abfluß gezwungen, gelangen in breite Schotterbetten der Flüsse. Zusammen mit Schottern als Erosionswaffen sind sie in der Lage, auf breiter Sohle in die Tiefe zu erodieren. Im Sommer Solifluktions- und Erosionsvorgänge unbedeutend, da für beide nur wenig Wasser zur Verfügung steht. Erst mit Einsetzen der Niederschläge im Herbst noch einmal Belebung für kurze Zeit; geringster Wirkungsgrad im Winter.

**Äolische Ablagerungen:** Auswehung von Feinmaterial durch kalte *Fallwinde* im unmittelbaren Bereich abtrocknender Gletschervorfelder: Lößablagerungen auf Island (W. Iwan), bis 2 m hohe Flugsanddünen in S-Grönland (R. German). Äolischen Ablagerungen im Lee von Bodenwellen stehen ausgeblasene Steinpflaster im Luv gegenüber. An Entstehung von Steinsohlen und Steinpflastern aber in weitaus stärkerem Maße Auffrier- und Ausspülungsvorgänge beteiligt.

**Hypsometrischer Formenwandel** fehlt in polarer Frostschuttzone: Frostsprengung und Solifluktion sind vom Meeresspiegelniveau bis in Hochregionen wirksam. Somit dort nur *eine* klimageomorphologische *Höhenstufe*. Jedoch *zwei* topographisch bedingte, in flachem Gelände fehlende *Sonderformen:*

*Nivationswannen:* muldenförmige Hohlformen an Steilhängen und am Hangknick zwischen Bergwand und Geröllhalde. Unterscheiden sich von Karen durch weniger ausgeprägte Armsesselform und fehlende Karschwelle. Enthalten perennierende Schneeflecken. Nach W. Dege Entstehung auf größere Feuchtigkeit am Hangknick und damit verbundene kräftige Frostwirkung und Solifluktion zurückzuführen. Hangknickunterschneidung zwischen Bergwand und Geröllhalde beweist Konzentration des Angriffs an solchen Stellen, an denen Schneeflecken den Sommer überdauern.

*Blockgletscher:* grobblockige, zungen- oder girlandenförmige Schuttkörper, deren Oberfläche durch parallele oder halbmondförmige Wülste gegliedert ist. Erfüllen z. B. ehemals vergletscherte Täler Alaskas, sind aber in der Regel keine mit Schutt bedeckten fossilen Gletscher oder Toteiskörper, sondern bestehen aus zusammengefrorenem Frostschutt. Bodennahe Teile der Blockmassen werden durch Druck plastisch, daher gletscherartige Fließbewegung (→ III, 79). In Alaska Range über 200 Blockgletscher näher untersucht (C. Wahrhaftig u. A. Cox).

**Vorzeitformen:** 3 *Reliefgenerationen* in polarer Frostschuttzone nachweisbar: Zeugnisse tropisch-tertiärer Tiefenverwitterung und Flächenbildung, pleistozäner glazialer Überformung und nachhaltiger Zerstörung aller Vorzeitformen im gegenwärtigen Frostwechselklima.

*1. Reliefgeneration:* Für Nachweis tropisch-tertiärer *Tiefenverwitterung* in Polarländern bes. solche Gebiete geeignet, die im Pleistozän unvergletschert geblieben sind: Tiefebene Mittel- und NO-Sibiriens von Taimyr-Halbinsel bis zur Kolyma, das im Niederschlagsschatten pazifischen Gebirges gelegene Innere Alaskas und dessen nördl. Küstenebene, die untere Mackenzie-Ebene und einige Inseln der kanadischen Arktis. In Alaska von W. L. Kubiena mächtige, z. T. bis in Kreidezeit zurückreichende Verwitterungsdecken an ursprünglichen Standorten in ungestörter Lagerung gefunden. In N-Kanada Nachweis einer bis in 215 m reichenden tertiären Tiefenverwitterung durch J. B. Bird. Auch im

McMurdo-Gebiet der Antarktis Gesteinsbruchstücke mit Anzeichen kräftiger chemischer Verwitterung aus B/C-Horizonten vorzeitlicher Böden.

Präglaziale Arktis und Antarktis, bes. im Bereich alter Schilde, als weitgespannte *Rumpfflächenlandschaften* mit mächtigen Verwitterungsdecken aufzufassen.

*Beispiele:* im nördl. Kanada 3 präglaziale Rumpfflächensysteme in 350, 460—600 und 1500—1800 m (J. B. BIRD); W-Spitzbergen ein alpines Gebirgsland, SO-Spitzbergen ein Tafelland; Barents- und Edge-Insel ragen aus dem Meer als 250—600 m hohe Tafelklötze, die von flachwelligen Altflächen überzogen sind; 250—480 m hohe Rumpffläche der Edge-Insel setzt sich als 600—800 m hohe Fläche in W-Spitzbergen fort (A. WIRTHMANN); im Andréeland Einebnungsniveaus in 370—400 m; in Altflächen der Edge-Insel 150—200 m tiefe Mulden- und Kerbtäler eingesenkt. Kerbtäler sind interglaziale Erosionstäler, die keiner späteren Überformung unterlagen, da ihr Verlauf nicht mit Abflußrichtung jungpleistozäner Gletscher zusammenfiel (A. WIRTHMANN).

In Kalkgebieten W-Spitzbergens von J. CORBEL entdecktes tiefgreifendes Karsthöhlen- und Spaltensystem entstammt gleich Altflächen feuchtwarmem Tertiärklima. Heute unter 350 m mächtigem Dauerfrostboden nur noch langsame Weiterentwicklung.

2. *Reliefgeneration:* gesamter Komplex tertiärer Altformen vom pleistozänen Inlandeis überfahren, mit Ausnahme einiger, aus örtlichen Gründen unvergletschert gebliebener Gebiete (driftless areas). Weitverbreitete tertiäre Rumpfflächen bedingten vorherrschenden Typ der *Plateauvergletscherung.*

Glazialzeit noch heute in Teilen polarer Frostschuttzone nicht beendet. 2 große, erst 1920 getrennte Eiskalotten bedecken NO-Land Spitzbergens. W-Spitzbergen und Inseln SO-Spitzbergens noch zu 55 % von Eismassen bedeckt, die Gletscherströme bis zum Meer entsenden.

3. *Reliefgeneration:* Im Vorfeld *rezent oder subrezent* zurückschmelzender Gletscher typische Abfolge glazialer *Akkumulationsformen.* Studium frischer Grundmoränen-, Endmoränen- und Sanderlandschaften in Grönland, auf Spitzbergen und Island durch K. GRIPP und M. TODTMANN erbrachte grundsätzlich wichtige Erkenntnisse zur Deutung pleistozänen glazialen Formenschatzes in N-Deutschland (→ III, 93): Entstehung kuppiger Grundmoränenlandschaft durch Austauen wallartiger Schuttfüllungen der gitterförmig verlaufenden Grundspalten zurückweichender Gletscherzungen; Zusammenschub von Grundmoränenablagerungen, Blockmoränen und fluvioglazialen Schottern und Sanden zu Stauchendmoränen (teils mit Eiskern) bei Vorstoß der Gletscher (→ III, Abb. 15); Aufschüttung von Sanderkegeln vor Moränenwällen; Bildung von Eislinsen durch gefrierendes Wasser in Sandschwemmfächern, aus denen nach Abtauen Hohlformen werden; daraus und aus Abschmelzen verschütteter

Toteisblöcke unruhige Oberflächenformen mancher Sander N-Deutschlands zu erklären.

Pleistozäne *Abtragformen* im höher aufragenden Gebirgsland durch spitze Karlinge (Name „Spitzbergen"!), scharfe Grate und Steilwände gekennzeichnet, sonst meist nur noch in Rudimenten erhalten. Ehemalige Kare, soweit nicht noch eiserfüllt, weitgehend zerstört, häufig in Talanfänge umgewandelt. Geradliniger Verlauf der Täler und Steilheit der Talflanken noch Erbe der Glazialzeit, aber keine typischen Trogtäler mehr: *Frostverwitterung und Solifluktion* überwältigten (auf Spitzbergen innerhalb 9000jähriger Nacheiszeit) alle älteren Formen, verflachen und glätten vorzeitliches Relief. Daher in polarer Frostschuttzone im heutigen Frostwechselklima trotz nachweisbarer älterer Reliefgenerationen nahezu wieder klimageomorphologische Einschichtigkeit (→ IV, 40) erreicht.

Einzige *Ausnahme:* glattgeschliffene pleistozäne Felsflächen und Rundhöckerlandschaften im Vorlandsaum Spitzbergens und an Küste O-Grönlands. Strandflate Grönlands setzt sich seewärts in Schärenschwärmen fort. Vorlandsäume lagen bis in jüngste Zeit unter Meeresspiegel, waren damit subaerischen Verwitterungsprozessen entzogen. Postglaziale isostatische Ausgleichsbewegungen (→ I, 51) sind Ursache ihres Auftauchens. Derartige gut konservierte glaziale Abtragformen in Spitzbergen bis 250 m, in O-Grönland bis 300 m Meereshöhe nachgewiesen. Unter 15 m hohe Vorsaumflächen erst im Verlauf letzter 6000 Jahre aufgetaucht.

## Zone 2b: Subpolare Tundrenzone

*Umfaßt* Raum zwischen Frostschuttzone und polarer Baumgrenze, d. h. zwischen +6° und +10°C-Isotherme des wärmsten Monats: N-Saum Alaskas und Kanadas, Melville-Halbinsel und S-Teil des Baffinlandes, W-Küste Grönlands südl. Diskobucht, Küstensaum S-Grönlands, O-Küste Grönlands bis Danmark-Straße, Island, von Golfstrom klimatisch begünstigte kleine Teile der W-Küste Spitzbergens, Lappland, Küstensaum der Sowjetunion (einschl. Kolgujew, Waigatsch und S-Insel von Nowaja Semlja, aber ohne nördl. Taimyr-Halbinsel) bis Tschuktschen-Halbinsel; auf S-Halbkugel Tundren nur auf O-Falkland, S-Georgien und Kerguelen, jedoch mit ausgesprochen maritimem Klima.

Tundrenzone in Kanada wegen Armut der Böden (Tundra Ranker) als Barren Grounds bezeichnet.

**Morphodynamische Prozesse** laufen weitgehend wie in Frostschuttzone ab. Jedoch *stärkere Differenzierung* resultierenden Formenschatzes durch Bodenbedeckung mit Moosen, Flechten und niederen Blütenpflanzen. Auch umgekehrt Einfluß der Bodenformen auf Aussehen des Pflanzenkleides, d. h. *Vegetation* und *Morphodynamik* beeinflussen sich *wechselseitig*.

Zahlreiche charakteristische Formen der Frostschuttzone, wie Eiskeilpolygone, Pingos, Thermokarsterscheinungen und Auftauseen, in gleicher Gestalt und Genese auch in Tundrenzone, aber hier nicht Steinnetze und Steinstreifen vorherrschend, sondern Vegetationspolygone, Palsen- und Bültenböden; statt „freier" Solifluktion nur „gebundene" Solifluktion; andere Formung und Gestalt der Täler.

*Vegetation* der Tundren bildet keine geschlossene Pflanzendecke. Diese zerreißt durch alljährliches Frieren und Tauen, so daß Flecken und Streifen kahlen Bodens sichtbar werden: *Fleckentundra*. Schnelle Vergrößerung einmal entstandener Frostnarben, da vegetationsfreie Mineralbodenflecken schneller und tiefer auftauen, aber auch schneller wieder gefrieren und Wasser aus der Umgebung ansaugen, wodurch Volumen wächst. Leicht gewölbte Oberflächen von polygonalen Rissen durchzogen, die auf Expansion beruhen. Große Auffrierflecken zuweilen nur noch durch schmale Vegetationsumrandung voneinander getrennt: *Vegetationspolygone*. Diese aber weniger beständig als Steinnetze, da Pflanzen kahle Lehmbeulen rasch wiederbesiedeln.

Typische *Pionierpflanzen* auf frostbewegten Mineralböden: *Gräser* und *Binsen*, die aus Ballen lebender und toter Pflanzenteile bestehen und sich in *Auffrier-Hügelchen (Tussocks* oder *Hummocks)* über Tundrenfläche erheben. Ähnlicher Entstehung sind *Erdbülten*, fuß- bis 1 m hohe Rasenhügel mit Kernen aus nassem Feinerdebrei. Nach Einebnung derartiger „Thufur"-Wiesen isländischer Bauernhöfe Neubildung innerhalb 10 Jahren.

Durch Ansiedlung der Vegetation an Frostnarbenrändern bilden sich Tussockringe. Wo Torfpolster durch Auffrierbewegungen zerrissen werden, entstehen Torfringe, in deren Zentrum Mineralboden frei an den Tag tritt.

*Palse*[1]) sind Torfhügel, deren ständig oder jahreszeitlich gefrorener Kern keine Verbindung zum tieferen Dauerfrostboden hat; stellen kleine Dauerfrostbodeninseln im Auftauboden dar: umgekehrte Erscheinung wie Taliks (→ IV, 78). *Entstehung* infolge ungleichmäßiger Schneebedeckung unebener Mooroberfläche, wobei Frost an kleinen Erhebungen am schnellsten und tiefsten in den Boden eindringt. Sich bildende, jährlich größer werdende Taber-Eis-Kerne (→ IV, 79) können zu Hügeln bis zu 8 m Höhe und 25 m $\varnothing$ aufgetrieben werden. In Alaska Hauptvorkommen im Gebiet um Nome, Kotzebue und auf Seward-Halbinsel, in Kanada vorwiegend im Übergangsgebiet zum Waldland westl. und östl. Hudsonbai.

**Gebundene Solifluktion:** Ab *Böschungswinkel von 2°* einsetzender *Bodenfluß* kann nicht auf freien Gleitbahnen erfolgen, da Wurzelfilz Fließ-

---

1) finn. Bez.; sing. Pals

bewegung bremst. Gebundene Solifluktion daher durch *ruckartige Bodenbewegungen* gekennzeichnet und von geringerer Effizienz als freie Solifluktion. Pflanzendecke wird an vielen Stellen zerrissen, von Solifluktiönszungen überfahren. *Ergebnisse* sind isohypsenparallele Bodengirlanden und Fließerdeterrassen („Terrassetten"), bei Verstärkung des Vorgangs oder größerer Hangneigung mächtige, unter Vegetationsdecke hervorquellende Frosterdenasen, teppichartig zusammengerollte Rasenwülste am Hangfuß.

*Hänge bis 20° Neigung* durch gebundene Solifluktion in Tundrenzone *horizontal*, nicht vertikal *gestreift* wie in Frostschuttzone; *auf steileren Hängen* gehen unter Einwirkung der Schwerkraft Solifluktionsterrassen in Fließerdezungen über, damit Ablösung der horizontalen durch vertikale Streifung.

Typische *Dellensolifluktion* (→ II, 73) in bachbettlosen Muldentälchen und schutterfüllten flachen Talanfängen, z. B. lappländische Tundra und Insel Kolgujew.

*Abtragung durch fließendes Wasser* rel. gering. *Runsenspülung* durch Vegetationsmantel, der gleich Schwamm Großteil abfließenden Wassers aufsaugt, stark behindert, Erosionskerben nur in Ansätzen vorhanden. Durch Zurücktreten der Runsenspülung ist Solifluktion trotz Vegetationsbehinderung wirksamste Abtragungsform in Tundrenzone.

**Talbildung:** *Erosionsleistung der Flüsse* ebenfalls weit geringer als in Frostschuttzone: Talsohlen schmaler, kein oder stark reduzierter Eisrindeneffekt, Flußbetten werden nicht in ganzer Breite tiefergelegt, Talzüge von spät- und postglazialen Terrassen begleitet. Flüsse beginnen in meist schutterstickten muldenförmigen Talanfängen.

**Hypsometrischer Formenwandel:** Über Tundrenzone aufragende Gebirgsländer, z. B. N-Norwegen — soweit nicht schon zur Zone borealer Klimate (3) gehörig —, durch nahezu gesamten Formenschatz polarer Frostschuttzone gekennzeichnet. Blockschuttfelder weit verbreitet. Auf *horizontalen* Felsflächen runde Opferkessel (Oriçangas, weathering pits, → IV, 103) häufig (R. DAHL).

**Vorzeitformen:** Im Gebirgsland glaziale Überprägung tertiären Formenschatzes. An Herausarbeitung präglazial durch *Tiefenverwitterung* vorgeformter Felsburgen sind Periglazialvorgänge, die in subrezenter Zeit lebhafter waren als heute, wesentlich mitbeteiligt; durch rezente Frostverwitterung meist nur als Felsburgruinen erhalten.

In tiefer gelegenen Teilen der Tundrenzone pleistozäne Rundhöcker mit Gletscherschliffen, durch subglaziale Schmelzwässer entstandene Gletschermühlen und Sichelwannen besser erhalten als in Frostschuttzone, da in tieferen Lagen Wirksamkeit der Frostsprengung zurücktritt. Trogartige Talrinnen N-Lapplands mit Gefällsbrüchen und übertiefte Seewannen frisch wie eben vom Gletscher verlassen.

Alle *Aufschüttungsformen* dagegen kräftig solifluidal umgestaltet. Blockströme der Tundra in subrezenter Zeit stärker durch Bodenfluß bewegt als in Gegenwart.

> *Beispiel:* die seit Darwin bekannten, von J. G. Andersson erklärten 5 km langen *stone rivers* von O-Falkland, die aus scharfkantigen, in breiartige Fließerde eingebetteten Quarzitquadern bestehen. Zahl der Frostwechseltage auf Falklandinseln schließt geringe rezente Bewegungsvorgänge nicht aus.

**Klimageomorphologische Hauptmerkmale** der polaren Frostschutt- und der subpolaren Tundrenzone: Aufbereitung des Gesteins vorwiegend durch *Frostsprengung*. Infolge fast fehlender chemischer Verwitterung Gesteinsunterschiede für Oberflächenformung von sekundärer Bedeutung. *Dauerfrostboden* mit sommerlichen Auftauhorizonten. Auf ebenem Gelände *Frostmusterboden:* Steinnetze in Frostschuttzone, Vegetationspolygone in Tundra. Bei Hangneigung *Bodenfließen.* In Frostschuttzone wegen fehlendem Pflanzenkleid freie Solifluktion, in vegetationsreicherer Tundrenzone ruckartiges Fließen gebundner Solifluktion. Vertikale *Hangstreifung* in Frostschuttzone, horizontale in Tundra.

In Frostschuttzone an steileren Hängen *Runsenspülung*, bei noch höheren Böschungsgraden Hangzerschneidung; beides in Tundrenzone stark reduziert. Anteil der Windabtragung im Gegensatz zu pleistozäner Periglazialzone Mittel- und Osteuropas (→ IV, 114) nur gering.

In Frostschuttzone starke *Tiefenerosion* der Flüsse, intensiviert durch Eisrindeneffekt. Flächenhaft wirksamste Denudationsprozesse (Kryoplanation) mit solchen exzessiver Talbildung (J. Büdel) vereinigt. In Tundrenzone weitgehend abgeschwächt, jedoch dort typische *Dellen-Solifluktion.*

Aktualmorphodynamische Prozesse der Frostschutt- und Tundrenzone von besonderer Bedeutung für Verständnis pleistozänen fossilen Formenschatzes mittlerer Breiten.

### Literatur

Weitere einschlägige Literatur → Bd. II der „Geomorphologie in Stichworten"

Abt, P., Bachmann, F., Bührer, J. u. Furrer, G.: Neue Beobachtungen an arktischen Strukturbodenformen. Geogr. Helvet. 26, 1971, S. 115-121

Andersson, J. G.: Contributions to the geology of the Falkland Islands. In: Wiss. Ergebnisse d. Schwed. Südpolar-Exped. 1901-03, III, 2, Stockholm 1907

Berg, T. E. u. Black, R. F.: Preliminary measurements of growth of nonsorted polygons, Victoria Land, Antarctica. In: J. C. F. Tedrow, Antarctic soils and soil forming processes, Antarctic Research Ser. 8, 1966, S. 61-108

Bird, J. B.: The Physiography of Arctic Canada. Baltimore 1967

Black, R. F.: Permafrost — A Review. Bull. Geol. Soc. Amer. 65, 1954, S. 839-856
—: Les coins de glace et le gel permanent dans le Nord de l'Alaska. Ann. Géogr. 72, 1963, S. 257-271
— u. Barksdale, W. L.: Oriented Lakes of Northern Alaska. J. Geol. 57, 1949, S. 105-118
Blanck, E.: Ein Beitrag zur Kenntnis arktischer Böden, bes. Spitzbergens. Chemie der Erde 1, 1919, S. 421-476
—: Böden der kalten Regionen. Handb. Bodenlehre, 1. Ergänzungsbd., Berlin 1939
— u. Giesecke, F.: Über Verwitterung und Bodenbildung des Granits auf Spitzbergen. Geol. Rdsch. 23a, 1933, S. 143-147
—, Rieser, A. u. Mortensen, H.: Die wissenschaftlichen Ergebnisse einer bodenkundlichen Forschungsreise nach Spitzbergen im Sommer 1926. Chemie der Erde 3, 1928, S. 588-698
Brochu, M.: Essai de définition des grandes zones périglaciaires du Globe. Z. Geomorph., N. F. 8, 1964, S. 32-39
Bronger, A.: Pedimentbildung im warmtrockenen und im periglazialen Klima? Erdkunde 22, 1968, S. 324-326
Brown, R. J. E.: Permafrost in the Canadian Arctic Archipelago. Z. Geomorph., Suppl.-Bd. 13, 1972, 102-130
Bryan, K.: Cryopedology — The Study of Frozen Ground and Intensive Frostaction with Suggestions of Nomenclature. Amer. J. Sci. 244, 1946, S. 622-642
Büdel, J.: Die klimamorphologischen Zonen der Polarländer. Erdkunde 2, 1948, S. 22-53
—: Periodische und episodische Solifluktion im Rahmen der klimatischen Solifluktionstypen. Erdkunde 13, 1959, S. 297-314
—: Die Frostschutt-Zone Südost-Spitzbergens. Coll. Geogr. 6, Bonn 1960
—: Die Abtragungsvorgänge auf Spitzbergen im Umkreis der Barentsinsel. Tagungsber. u. wiss. Abh., Dt. Geographentag Köln 1961, Wiesbaden 1962, S. 337-375
—: Die junge Landhebung Spitzbergens im Umkreis des Freeman Sundes und der Olga-Straße. Würzburger Geogr. Arb. 22/I, 1968
—: Hang- und Talbildung in Südost-Spitzbergen. Eisz. u. Gegenw. 19, 1968, S. 240-243
—: Der Eisrindeneffekt als Motor der Tiefenerosion in der exzessiven Talbildungszone. Würzburger Geogr. Arb. 25, 1969
Cabot, E. C.: The Northern Alaskan Coastal Plain interpreted from Aerial Photographs. Geogr. Rev., 1947, S. 639-648
Cailleux, A.: Observation sur quelques lacs ronds nord americains. Cah. Géogr. Québec 3, 1959, S. 139-147
Calkin, P. u. Cailleux, A.: A quantitative study of cavernous weathering (taffonis) and its application to glacial chronology in Victoria Valley, Antarctica. Z. Geomorph., N. F. 6, 1962, 317-324
Capps, St. R.: Rock glaciers in Alaska. J. Geol. 18, 1910, S. 359-375
Carson, C. E. u. Hussey, K. M.: The Oriented Lakes of Arctic Alaska. J. Geol., 1962, S. 417-439
Cook, F. A.: A Review of the Study of Periglacial Phenomena in Canada. Geogr. Bull. 13, 1959, S. 22-38

Cook, F. A.: Some Types of Patterned Ground in Canada. Geogr. Bull. 13, 1959, S. 73-79
Corbel, J.: Sols polygonaux et terrasses en Spitzberg. Rev. Géogr. Lyon 28, 1953
—: Les phénomènes karstiques en climat froid. Erdkunde 8, 1954, S. 119-120
—: Phénomènes périglaciaires au Svalbard et en Laponie. Biuletyn Peryglacjalny 4, Lodz 1956, S. 47-54
—: Les Karsts du Nord-Ouest de L'Europe et de quelques régions de comparaison. Inst. étud. rhodan de l'univ. de Lyon, Mém. et doc. 12, 1957
— u. Gallo, G.: Cryokarsts et chimie des neiges en zone polaire. Rev. Géogr. Pyrénées et Sud-Ouest 41, 1970, S. 123-138
Dahl, R.: Plastically sculptured detail forms on rock surfaces in Northern Nordland, Norway. Geogr. Ann. 47, Ser. A, 1965, S. 83-140
—: Block fields, weathering pits and tor-like forms in the Narvik Mountains, Nordland, Norway. Geogr. Ann. 48 A, Stockholm 1966, S. 55-85
—: Block fields and other weathering forms in the Narvik Mountains. Geogr. Ann. 48, Ser. A, 1966, S. 224-227
—: Post-glacial micro-weathering of bedrock surface in the Narvik Distrikt of Norway. Geogr. Ann. 49 A, Stockholm 1967, S. 155-166
Davies, J. L.: Landforms of Cold Climates. An Introduction to Systematic Geomorphology 3, Cambridge, Mass.-London 1969
Dege, W.: Geomorphologische Forschungen im nördlichen Andréeland. Diss. Münster, Lengerich 1938
—: Über Schneefleckenerosion: einige Beobachtungen in Nordnorwegen und Spitzbergen. Geogr. Anz. 41, 1940, S. 8-11
—: Landformende Vorgänge im eisnahen Gebiet Spitzbergens. Peterm. Geogr. Mitt. 87, 1941, S. 81-97, 113-122
—: Über Ausmaß und Art der Bewegung arktischer Fließerden. Z. Geomorph. 11, 1943, S. 318-329
—: Das Nordostland von Spitzbergen. Polarforschung 2, 1947, S, 72-83, 154-163
—: Welche Kräfte wirken heute umgestaltend auf die Landoberfläche der Arktis ein? Polarforschung 2, 1950, S. 274-278
Demek, J.: Cryoplanation Terraces, their Geographical Distribution, Genesis and Development. Academia Ceskoslovenske, 79, 4, Praha 1969
Dunbar, M. R. u. Greenaway, K. R.: Arctic Canada from the air. Ottawa 1956
Dylik, J.: Le thermokarst, phénomène négligé dans les études du Pleistocène. Ann. Géogr. 73, 1964, S. 513-523
— u. Maarleveld, G. C.: Frost Cracks, Frost Fissures and Related Polygons, a Summary of the Literature of Past Decade. Meddel. Geol. Stichting, N. S. 18, 1967
Frazer, J. K.: Freeze-Thaw Frequencies and Mechanical Weathering in Canada. Arctic 12, 1959, S. 40-53
Fristrup, B.: Winderosion within the arctic deserts. Geogr. Tidskr. 52, 1953, S. 51-65
Furrer, G.: Untersuchungen am subnivalen Formenschatz in Spitzbergen und in den Bündner Alpen. Geogr. Helvet. 14, 1959, S. 227-309
—: Vergleichende Beobachtungen am subnivalen Formenschatz in Ostspitzbergen und in den Schweizer Alpen. Ergebn. Stauferland-Expedition 1967, H. 9, Wiesbaden 1969

German, R.: Beobachtungen zur Solifluktion in Schwedisch Lappland. Geogr. Helvet. 13, 1958, S. 295-300
—: Die wichtigsten Sedimente am Rande des Eises. Ein aktuogeologischer Bericht von der Stirn des Kiagtut sermia bei Narssarssuaq (Süd-Grönland). N. Jb. Geol. u. Paläont., Abh. 138, 1971, S. 1-14
Glaser, U.: Junge Landhebung im Umkreis des Storfjord (SO-Spitzbergen). Würzburger Geogr. Arb. 22/II, 1968
Grigorev, A. A.: Zur Geomorphologie der Bolschesemelskaja Tundra. Z. Ges. f. Erdkunde. Berlin 1925, S. 117-126
Gripp, K.: Über Frost- und Strukturböden in Spitzbergen. Z. Ges. f. Erdkunde. Berlin, 1926, S. 351-354
—: Glaziologische und geologische Ergebnisse der Hamburgischen Spitzbergen-Exkursion 1927. Abh. naturwiss. Ver. Hamburg 22, 1929, S. 145-249
—: Die verschiedenen Arten von Endmoränen vor dem Grönländischen Inlandeise. Z. Dt. Geol. Ges. 84, 1932, S. 654-655
—: Entstehung der diluvialen Grundmoränenlandschaften und die Frage nach deren rezenten Äquivalenten in der Arktis. Veröff. d. Dt. Wiss. Inst. Kopenhagen, I, Nr. 4, Berlin 1942
— u. Todtmann, E.: Die Endmoräne des Green Bay Gletschers auf Spitzbergen. Mitt. Geogr. Ges. Hamburg 37, 1926, S. 45-75
Hamelin, L. E.: Périglaciaire du Canada. Cah. Géogr. Québec 5, 1961
Hastenrath, S.: Klimatische Voraussetzungen und großräumige Verteilung der Froststrukturböden. Z. Geomorph., N. F. 4, 1960, S. 69-73
—: Zur Frage der großräumigen Verteilung von Froststrukturböden. Z. Geomorph., N. F. 7, 1963, S. 86-87
Herz, K.: Ergebnisse mikromorphologischer Untersuchungen im Kingsbay-Gebiet (Westspitzbergen). Peterm. Geogr. Mitt. 108, 1964, S. 45-53
— u. Andreas, G.: Untersuchungen zur Morphologie der periglazialen Auftauschicht im Kongsfjordgebiet (Westspitzbergen). Peterm. Geogr. Mitt. 110, 1966, S. 190-198
Hill, D. E. u. Tedrow, J. C. F.: Weathering and soil formation in the Arctic environment. Amer. J. Sci. 259, 1961, S. 84-101
Högbom, B.: Einige Illustrationen zu den geologischen Wirkungen des Frostes auf Spitzbergen. Bull. Geol. Inst. Uppsala 9, 1908/09, Uppsala 1910, S. 41-59
—: Wüstenerscheinungen auf Spitzbergen. Bull. Geol. Inst. Uppsala 11, 1912, S. 242-251
—: Beobachtungen aus Nordschweden über den Frost als geologischer Faktor. Bull. Geol. Inst. Uppsala 20, 1925-27
Holmes, C. D. u. Colton, R. B.: Patterned ground near Dundas (Thule Air Force Base), Greenland, Meddelelser om Grönland 158, 6, 1960, S. 1-15
Hopkins, D. M.: Thaw Lakes and Thaw Sinks in the Imuruk Lake Area, Seward Peninsula, Alaska. J. Geol. 57, 1949, S. 119-131
—, Fernald, A. T. u. a.: Permafrost and Groundwater in Alaska. US Geol. Survey Prof. Paper 264-F, Washington 1955, S. 113-144
— u. Singafoos, R. S.: Frost Action and Vegetation Patterns on the Seward Peninsula, Alaska. US Geol. Survey Bull. 974c, Washington 1951, S. 51-99
— u. Wahrhaftig, C.: Annoted Bibliography of English-language Papers on the Evolution of Slopes under Periglacial Climates. Z. Geomorph., Suppl.-Bd. 1, 1960, S. 1-8

Iwan, W.: Über Löß und Flugsand in Island. Z. Ges. f. Erdkde. Berlin 1937, S. 177-194
Jahn, A.: Some remarks on evolution of slopes on Spitsbergen. Z. Geomorph., Suppl.-Bd. 1, 1960, S. 49-58
—: Some features of mass movement on Spitsbergen slopes. Geogr. Ann. 49 A, 1967, S. 213-225
Jenness, J. L.: Permafrost in Canada. Arctic 2, 1949, S. 13-27
Journaux, M. A.: Phénomènes périglaciaires dans le Nord de l'Alaska et du Yukon. Bull. Assoc. Géogr. Français 368/369, 1969, S. 337-350
Kirn, D.: Die dreidimensionale Verteilung der Strukturböden auf Island in ihrer klimatischen Abhängigkeit. Diss. Bern 1967
Klinger, R.: Beobachtungen über die Denudation im Spitzbergengebiet. Mitt. Geogr. Ges. München 44, 1959, S. 37-76
Kronberg, P.: Luftbild, Nord-Alaska. Die Erde 92, Berlin 1961, S. 241-245
Kubiena, W. L.: Ergebnisse einer bodenkundlichen Studienreise in die Antarktis. Hamburger Geogr. Stud. 24, Festschr. f. A. Kolb, 1971, S. 349-363
Lotz, J. R. u. Sangar, R. B.: Northern Ellesmere Island — an Arctic Desert. Geogr. Ann. 44, 1962, S. 366-377
Mackay, J. R.: Pingos of the pleistocene Mackenzie River Delta area. Geogr. Bull. 18, 1962, S. 21-63
Malaurie, J.: Gélifraction, éboulis et ruissellement sur la côte nord-ouest du Groenland. Z. Geomorph., Suppl.-Bd. 1, 1960, S. 59-68
Markov, K. K.: Periglacial Area of Antarctica. Soviet. Ant. Exped. Inform. Bull. I, 1964, S. 342
Meckelein, W.: Beobachtungen und Gedanken zu geomorphologischen Konvergenzen in Polar- und Wärmewüsten. Erdkunde 19, 1965, S. 31-39
Meinardus, W.: Beobachtungen über Detritussortierung und Strukturboden auf Spitzbergen. Z. Ges. f. Erdkde. Berlin, 1912, S. 250-259
—: Über einige charakteristische Bodenformen auf Spitzbergen. Sitzungsber. Med.-naturwiss. Ges. Münster 1912, S. 1-42
—: Arktische Böden. In: E. Blanck, Handb. Bodenlehre, Bd. 3, Berlin 1930, S. 27-96
Mortensen, H.: Einige Oberflächenformen in Chile und auf Spitzbergen im Rahmen einer vergleichenden Morphologie der Klimazonen. Peterm. Geogr. Mitt., Erg.-H. 209, H. Wagner-Gedächtnisschr., 1930, S. 147-156
Müller, F.: Beobachtungen über Pingos. Diss. Zürich 1959
Nordenskjöld, O.: Einige Züge der physischen Geographie und der Entwicklungsgeschichte Süd-Grönlands. Geogr. Z. 20, 1914, S. 425-441, 505-524, 628-641
Peltier, L.: The geographic cycle in periglacial regions as it is related to climatic geomorphology. Ann. Assoc. Amer. Geogr. 40, 1950, S. 214-236
Péwé, T. L. (ed.): The periglacial environment. Past and Present. Montreal 1969
Pissart, A.: Le rôle géomorphologique du vent dans la région de Mould Bay (Ile Prince Patrick — N. W. T.-Canada), Z. Geomorph., N. F. 10, 1966, S. 226-236
Popov A. I.: Le thermokarst. Biuletyn Peryglacjalny 4, 1956, S. 319-330
Porsild, A. E.: Earth Mounds in the Glaciated Arctic Northwestern America. Geogr. Rev. 28, 1938, S. 46-58
Poser, H.: Beiträge zur Kenntnis der arktischen Bodenformen. Geol. Rdsch. 22, 1931, S. 200-231

Poser, H.: Einige Untersuchungen zur Morphologie Ostgrönlands. Meddelelser om Grönland 94, Nr. 5, Kopenhagen 1932, S. 1-55
—: Talstudien aus Westspitzbergen und Ostgrönland. Z. Gletscherkde. 24, 1936, S. 43-98
Rapp, A.: Studien über Schutthalden in Lappland und auf Spitzbergen. Z Geomorph., N. F. 1, 1957, S. 179-200
—: Literature on slope denudation in Finland, Iceland, Norway, Spitsbergen and Sweden. Z. Geomorph., Suppl.-Bd. 1, 1960, S. 33-48
—: Talus Slopes and Mountain Walls at Tempelfjorden, Spitsbergen. A geomorphological study of the denudation of slopes in an arctic locality. Norsk Polarinst. Skrifter 119, Oslo 1960
—: Recent development of mountain slopes in Kärkevagge and surroundings, Northern Scandinavia. Geogr. Ann. 42, 1960, S. 71-200
Rudberg, S.: Morphological processes and slope development in Axel Heiberg Island. N. W. T. Canada. Nachr. Akad. Wiss. Göttingen, Math.-phys. Kl. 14, 1963, S. 211-228
Sapper, K.: Über Fließerde und Strukturboden auf Spitzbergen. Z. Ges. f. Erdkde. Berlin, 1912, S. 259-270
Schenk, E.: Die periglazialen Strukturbodenbildungen als Folgen der Hydratationsvorgänge im Boden. Eisz. u. Gegenw. 6, 1955, S. 170-184
—: Die Mechanik der periglazialen Strukturböden. Abh. d. Hess. Landesamtes f. Bodenforsch. 13, Wiesbaden 1955
—: Windorientierte Seen und Windablagerungen in periglazialen Gebieten Nordamerikas. Erdkunde 10, 1956, S. 302-306
—: Zur Entstehung der Strangmoore und Aapamoore der Arktis und Subarktis. Z. Geomorph., N. F. 10, 1966, S. 345-368
Scholz, E.: Der durch kryogenetische Prozesse und Thermokarst-Vorgänge geschaffene Formenschatz. Geogr. Ber. 54, 1970, S. 22-41
Schwarzbach, M.: Zur Verbreitung der Strukturböden und Wüsten in Island. Eisz. u. Gegenw. 14, 1963, S. 85-93
Sharp, R. F.: Ground-Ice Mounds in Tundra. Geogr. Rev. 32, 1942, S. 417-423
Stäblein, G.: Die pleistozäne Vereisung und ihre isostatischen Auswirkungen im Bereich des Bellsunds (West-Spitzbergen). Eisz. u. Gegenw. 20, 1969, S. 123-130
—: Untersuchung der Auftauschicht über Dauerfrost in Spitzbergen. Eisz. u. Gegenw. 21, 1970, S. 47-57
Stager, J. K.: Progress report on the analysis of the characteristics and distribution of pingos east of the Mackenzie Delta. Can. Geogr. 7, 1956, S. 13-20
Steche, H.: Beiträge zur Frage der Strukturböden. Ber. u. Verh. Sächs. Akad. Wiss. Leipzig, Math.-phys. Kl. 85, Leipzig 1933, S. 193-272
Stechele, B.: Die „Steinströme" der Falkland-Inseln. Münchener Geogr. Stud. 20, München 1906
Sternberg, H. G.: Zur Genese von Hochland, Vorland (Strandflat) und Schelf im südöstlichen Spitzbergen. Mitt. Fränk. Geogr. Ges. 11/12, 1964/65, S. 415-427
Svensson, H.: A type of circular lakes in northernmost Norway. Geogr. Ann. 51 A, 1969, S. 1-12
—, Källander, A. Maack, A. u. Öhrngren, S.: Polygonal ground and solifluction features. Photographic interpretation and field studies in northernmost Scandinavia. Lund studies in Geogr. Ser. A, 40, Lund 1967

TABER, ST.: Perennially Frozen Ground in Alaska; its Origin and History. Bull. Geol. Soc. Amer. 54, 1943, S. 1433-1548
THORARINSSON, S.: Notes on patterned ground in Iceland, with particular reference to the Icelandic „Flas". Geogr. Ann. 33, 1951, S. 144-156
THORODDSEN, Th.: Polygonboden und „Thufur" auf Island. Peterm. Geogr. Mitt. 59, 2, 1913, S. 253-255
TODTMANN, E. M.: Endmoränenbildungen in Spitzbergen und ihre Bedeutung für die Formen der diluvialen Endmoränen. Jber. u. Mitt. oberrhein. geol. Ver., N. F. 21, 1932, S. 1-11
TRICART, J.: Géomorphologie des régions froides. Paris 1963
—: Le modelé des régions périglaciaires. Traité de Géomorphologie, Bd. 2, Paris 1967
TROLL, C.: Strukturböden, Solifluktion und Frostklimate der Erde. Geol. Rdsch. 34, 1944, S. 545-694
—: Die Formen der Solifluktion und die periglaziale Bodenabtragung. Erdkunde 1, 1947, S. 162-175
—: Der subnivale oder periglaziale Zyklus der Denudation. Erdkunde 2, 1948 S. 1-22
WAHRHAFTIG, C. u. COX, A.: Rockglaciers in the Alaska Range. Bull. Geol. Soc. Amer. 70, 1959, S. 383-436
WASHBURN, A. L.: Classification and Origin of Patterned Ground. Bull. Geol. Soc. Amer. 67, 1956, S. 823-865
WATERS, R. S.: Altiplanation terraces and slope development in West Spitsbergen and South West England. 19th Internat. Geogr. Congr., Abstracts of papers, 1960, S. 304 u. Biuletyn Peryglacjalny 11, 1962, S. 89-102
WERENSKIOLD, W.: The extent of frozen ground under the sea bottom and glacier beds. J. Glaciol., 1953, S. 197-200
WILHELM, F.: Die glaziologischen Ergebnisse der Spitzbergenkundfahrt der Sektion Amberg des Deutschen Alpenvereins. Mitt. Geogr. Ges. München 46, 1961, S. 151-183
—: Jüngere Gletscherschwankungen auf der Barentsinsel in SE-Spitzbergen. Vorträge des Fritjof-Nansen-Gedächtnis-Symposions über Spitzbergen. Wiesbaden 1965, S. 73-85
— u. WIRTHMANN, A.: Untersuchungen zur Geomorphologie von Südost-Spitzbergen. Peterm. Geogr. Mitt. 104, 1960, S. 172-178
WILLIAMS, J. E.: Chemical Weathering at low Temperatures. Geogr. Rev. 39, 1949, S. 129-135
WIRTHMANN, A.: Zur Morphologie der Edge-Insel in Südost-Spitzbergen. Tagungsber. Dt. Geographentag Köln 1961, Wiesbaden 1962, S. 394-399
—: Die Landformen der Edge-Insel in Südost-Spitzbergen. Ergebn. Stauferland-Expedition 1959/60, H. 2, Wiesbaden 1964

## Zone 3: Formengruppen der winterkalten (borealen[1])) Waldklimate

Verbreitung nur auf nördl. Halbkugel: Alaska mit Ausnahme der zur 2. Zone gehörenden N-Teile, Kanada nördl. Linie Edmonton — Große Seen — Quebec, einschl. Neubraunschweig, Neuschottland und Neufund-

---

1) griech. boreios = nördlich

land; Skandinavien, Finnland, Sowjetunion nördl. Linie Leningrad — Swerdlowsk — Baikalsee — Sachalin. Auf südl. Halbkugel wegen fehlender Landmassen nicht vorhanden.

Klimazonale Einordnung: Teilbereich des semihumiden und humiden Klimas nach A. PENCK; Boreale oder Schnee-Wald-Klimate nach W. KÖPPEN (alle Typen der D-Klimate außer Dfa und Dfb); Boreale Klimate nach H. v. WISSMANN; Subpolares Klima nach N. CREUTZBURG; Kalt-gemäßigte Borealklimate nach C. TROLL und K. H. PAFFEN.

Klimatische Merkmale: *lange, kalte Winter, kurze, rel. warme Sommer.* Temperatur im kältesten Monat unter $-3°$ C, in hochkontinentalen Gebieten unter $-25°$ C; absolutes Minimum in Sibirien mit $-77,8°$ C (Oimjakon, Jakutien), in Kanada $-60°$ C (unterer Mackenzie River); im wärmsten Monat 10° bis 20° C. Jahresschwankungen von 13° bis 19° C in küstennahen Gebieten, auf über 40° C im Inneren der Kontinente zunehmend. Schneereiche Winter in ozeanischen und Binnenland-Gebieten mit 50—70 cm Schneedecke, sehr kalte und schneearme Winter mit 30 cm Schneedecke in hochkontinentalen Bereichen. Sommer in Sibirien auf 85—100, in Alaska auf 90—115 Tage beschränkt.

*Niederschläge* 200—500 mm/J; 4—6 aride Monate. Zahl der nivalen Monate in N-Kanada 7—8, auf 5—6 nördl. der Großen Seen abnehmend.

Vegetationsmerkmale: artenreine geschlossene *Nadelwälder*[1], im N mit *Tundra* verzahnt und von *Mooren* durchsetzt. Vegetationsdauer in ozeanischen Einflußbereichen 120—180 Tage, in Küstenferne 100—150 Tage.

---

Zone 3 nimmt Großteil alter kristalliner Schilde (Laurentischer und Baltischer Schild), Tafel- und Bergländer im nördl. O-Europa und Sibirien ein, liegt nahezu völlig im Bereich geschlossenen oder lückenhaft verbreiteten *Dauerfrostbodens* (→ IV, 75). Nur N des skandinavischen Hochgebirges und Halbinsel Kola in Zone sporadischer Verbreitung, Lappland außerhalb Frostbodenzone.

S-Rand örtlich unterbrochener Tjäle verläuft von Alaska zur südl. Hudsonbai und Labrador, in Eurasien von Petschora-Mündung in ostsüdöstlicher Richtung zum unteren Jenissei, dann nach S zum Baikalsee und Amur. Allein in Sibirien rd. 6 Mill. km² von Frostböden bedeckt. Auftautiefen weit größer als in Frostschutt- und Tundrenzone: 10—20 m, in Transbaikalien und im Amur-Gebiet 30—37 m.

*Ausgangssituation aller morphodynamischen Prozesse* bestimmt durch weitgespannte Rumpfflächenlandschaften mit dünnem Moränenschleier,

---

[1] russ. Bez.: Taiga

auf sommerlichen Auftauböden stockende Wälder und lange winterliche Schneedecke; ihre Wirksamkeit auf wenige Frühjahrs- und Sommermonate beschränkt.

**Verwitterung** durch relatives Zurücktreten physikalischer und leichte Aktivierung chemischer Verwitterung (im Vergleich zu Frostschutt- und Tundrenzone) gekennzeichnet.

**Bodentypus:** Unter dünner Rohhumusschicht Auslaugung des Bodens, Abfuhr löslicher Mineralsalze und Bleichung durch Humussäuren. Entstehung aschefarbigen Bleicherde-(Podsol-)Horizontes, darunter verdichteter gelbbrauner Einschwemm-(Illuvial-)Horizont mit Ortsteinkonkretionen. Durch Grundwasserstau über Bodeneis oder Muttergestein Entstehung von Hochmooren.

**Strang- und Netzmoore**[1]) sind *charakteristische Erscheinung* borealen Waldlandes: in langgezogene, gewölbte Rücken mit Sphagnumbesatz oder Büschen gegliederte Moore, die ein Streifen- oder Netzmuster bilden; dazwischen liegende polygonale Vertiefungen sind wassergefüllt oder trocken.

Auf schwach geneigten Flächen (1—3°) bilden Rücken der Strangmoore Streifen, die als Beckentreppen quer über den Hang verlaufen. Ordnen sich zu girlandenförmig oder konzentrisch die offenen Wasserflächen im Zentrum der Depressionen umschließenden Bögen oder überziehen Gelände in unterschiedlich gestalteten Netzen.

*Vorkommen* in Gebieten mit Frostperiode von 160—220 Tagen und Tauperiode von Anfang Mai bis Ende Oktober. *Entstehung* durch Bodenfluß zwischen gefrorener Unterschicht und Vegetationsdecke in Verbindung mit Abwärtsbewegung des vom Vegetationsschwamm aufgesogenen Wassers. *Ergebnis* ist Aufdämmung von Torfwülsten und deren girlandenförmige Verformung durch Bodenhindernisse beim Abgleiten; dabei häufig Zerreißen der Stränge.

In borealer Zone für Tundra typische *Palse* nur noch vereinzelt; im nördl. Übergangsgebiet perlschnurartig aneinandergereiht als Zwischenform zu Strangmooren.

**Aufeis-Hügel**[2]) dagegen häufig; entstehen durch aufsprudelndes Grundwasser, das durch Auftaulöcher oder Schwächezonen der Tjäle unter Druck zur Oberfläche aufsteigt und sofort gefriert. In Jakutien Aufeis-Hügel bis 14 m Höhe und über 200 m Umfang (W. B. Schostakowitsch).

---

1) engl. Bez.: string bogs
2) russ. Bez.: Naledj (Plur.: Naledi); jakut. Bez.: Taryn

**Quelleiskuppen** und unterirdische *Eislinsen* entstehen, wenn Wasser Oberfläche nicht erreicht; können sich nach sommerlichem Abschmelzen alljährlich an gleicher Stelle wiederbilden.

*Beispiel:* eine Holzkirche in Nome (Alaska) mußte an anderen Platz verlegt werden, weil aufdringende Quelleiskuppe in jedem Winter ihren Fußboden verbog.

Wo sich nach Abschmelzen von Bodeneislinsen kein neues Eis an gleicher Stelle bildet, bleiben schüsselförmige Hohlformen zurück.

**Thermokarst** (→ IV, 79) in winterkalter borealer Zone weit verbreitet. Zu unterscheiden sind 2 *Typen:*

1) Thermokarst in Gebieten postglazialer Wiedererwärmung und allgemeinen Abschmelzens des fossilen Frostbodens, d. h. im Gebiet heute lückenhaft oder nur noch sporadisch vertretenen Dauerfrostbodens.

2) Lokaler Thermokarst, der im Bereich geschlossenen Dauerfrostbodens auftreten kann, wenn sich infolge anthropogener Eingriffe, wie Waldbrand, Waldrodung oder anderer Umstände, lokalklimatische Verhältnisse geändert haben.

*Alass[1]):* Thermokarst-Hohlformen, die sich mit Schmelzwasser füllen, überlaufen und durch Erosionsrinnen miteinander verbunden werden können. Derartige Alass-Ketten sind keine echten „Täler" im Sinne der Definition BÜDELS (→ II, 89), sondern flußbenutzte offene Hohlformen.

**Vorgänge der Talbildung** von besonderer Eigenart. Wenn unter massiver Eisdecke Wasser im Flußlauf steigt, seitlich oder durch Risse in Eisdecke austritt und Flußaue überschwemmt, wird diese in großes ebenes Eisfeld verwandelt. Schmelzwasser überströmt es im Frühjahr, sucht sich jeweils tiefste Rinne, durchschneidet allmählich Eisdecke und schafft „epigenetisch" neues Flußbett; dies erklärt häufige Stromverlegungen und außerordentlich breite Talauen Jakutiens. Gegenüber häufigen *Flußverlegungen in horizontaler Richtung* ist vertikale Erosionsleistung der Flüsse im Gegensatz zu polarer Frostschutzzone auffallend gering. Flüsse (130—170 eisfreie Tage) ufern im Sommer zu weiten Talseen aus, leisten aber kaum Tiefenarbeit; dagegen kräftige Unterschneidung der Ufer durch *Seitenerosion.*

*Wasserführung* der Flüsse jahreszeitlich sehr verschieden. Im Winter viele Flüsse bis zum Grunde ausgefroren, zuweilen mit Restwasseransammlungen am Boden. Jahreszeitlich früherer Eisaufgang in südl. Flußoberlaufgebieten führt zu Eisstau sibirischer (Ob, Jenissei) und kanadischer Flüsse (Mackenzie River) in Mittel- und Unterläufen, starkem

---

1) jakutische Bez.

Uferabtrag durch Eisschollen und gestautes Wasser. Mit Eisschollen auch Verfrachtung aus Uferabbrüchen stammenden Materials.

*Talprofile* im Unterschied zu Zone 1 und 2 häufig *asymmetrisch:* lebhaftere Solifluktion an südexponierten Hängen, die abgeflacht werden, während länger gefrorene N-Hänge steil bleiben (Sibirien, N-Lappland).

**Hypsometrischer Formenwandel:** Über Taiga und Waldmooren des tieferen Landes folgen im Gebirgsland als *klimageomorphologische Höhenstufen* Höhentundra und Frostschuttzone mit beschriebenem Formenschatz (→ IV, 73). Untergrenze verbreiteten Vorkommens gebundner Solifluktion steigt von 500—800 m Höhe in Lappland auf 900—1250 m im Hochland S-Norwegens, Untergrenze verbreiteten Vorkommens von Sortierungserscheinungen (Frostmusterböden) von 500—1100 m Höhe in Lappland auf 1250—1650 m in S-Norwegen an (K. GARLEFF).

*Beispiel:* auf Hochfläche von Jotunheim unterhalb Galdhøpigg in 1700 bis 2000 m Höhe Steinnetze und Steinstreifen in schulbeispielhafter Ausbildung; Maschenweite der Polygone 1,5—4 m; kleinere Steinnetze von 20—50 cm ⌀ bedecken Feinerdekerne innerhalb großer Steinringe.

Auftreten aller dieser aktiven Periglazialerscheinungen im norwegischen Hochgebirge *ohne* Vorhandensein von *Dauerfrostboden*. Von Vegetation bedeckte Strukturböden in geringerer Höhenlage als periglaziale (subrezente) Vorzeitformen aufzufassen.

**Vorzeitformen** besser erhalten als im polaren und subpolaren Bereich, in dem intensive Frostverwitterung Reste älterer Reliefgenerationen weitgehend ausgelöscht hat. Alte kristalline Schilde Kanadas und Fennoskandiens sind präglaziale Rumpfflächen, deren tertiär-tropische Verwitterungsdecke („alte Tropenerde" BÜDELs) mit schwimmenden Wollsackblöcken durch Inlandeis abgeschoben und zu Blockmoränenwällen aufgeschüttet wurde (M. BROCHU). Glaziale Rundhöckerlandschaften dürfen daher z. T. als überformte Grundhöcker unterer tropischer Einebnungsfläche aufgefaßt werden (→ III, 85).

Zeugnisse tertiärer tropischer Tiefenverwitterung sind freigelegte *Felsburgen* (→ IV, 108), nachgewiesen als 5—8 m hohe, steilflankige „tors" in N-Kanada, östl. des Bärensees, auf Somersetinsel, südlicher Baffininsel und Labrador (J. B. BIRD), dazu Blockmeere mit wohlgerundeten Blöcken, die sich klar von rezenten Felsenmeeren aus scharfkantigen Blöcken unterscheiden. H. SCHREPFER beschrieb fossile Inselberge von klassischer Glockenbergform aus Lappland und Neufundland. Da ihre flachen Scheitel mit Erratica übersät sind, müssen sie tertiäre Vorzeitformen sein, waren im Pleistozän völlig unter Inlandeis begraben und haben schließlich dünner werdenden Eispanzer als Nunatakker überragt. Kahle, nur von Flechten bedeckte, sich über die Wälder Finnisch-Lapplands und Norwegisch-Finnmarkens erhebende Inselberge heißen *Tunturi,* gaben waldfreier Tundralandschaft den Namen.

Ob stark frostverwitterte Tors Jakutiens Inselbergruinen oder durch Kryoplanation im Sinne DEMEKS (→ IV, 73) entstandene steilwandige Abtragreste auf Zwischenwasserscheiden sind, noch nicht eindeutig geklärt.

Im Bereich der Fjells, Sättel und Kuppen norwegischen Hochgebirges gut erhaltene tertiäre Flächenreste, in Lappland bis 10 m mächtige präglaziale Verwitterungsdecken (K. VIRKAALA).

Geschlossene *pleistozäne Inlandeiskappe* reichte vom skandinavischen Vereisungszentrum zeitweise bis Taimyr-Halbinsel, weiteres Zentrum östl. Kalyma; über Halbinsel Kola etwa 1000 m, über kanadischen Barren Grounds bis 3000 m mächtig. Glaziale Überprägung tertiären Formenschatzes jedoch im Bereich der Rumpfflächenlandschaften borealer Zone weit geringer als früher angenommen. Beweise: gut erhaltene Altflächen und Formen verschiedenster Größenordnung (J. B. BIRD, V. KAITANEN u. a.). Viele glazial überformte Täler und Zungenbecken sind Ergebnis selektiver Ausschürfung in Gesteinen unterschiedlicher Widerständigkeit und Klüftigkeit; häufig Bindung an tektonische Schwächezonen nachweisbar. Kräftigere Überformung nur im höheren Gebirgsland: Kare, Trog- und Hängetäler mit Stufen im Längsprofil, jedoch pleistozäne Taleintiefung, z. B. im Schwedischen Hochgebirge Västerbottens, nur einige zehn Meter.

Alle glazialen Abtragformen in bemerkenswerter Frische erhalten, nur Aufschüttungsformen infolge stärkerer Solifluktionseinwirkung verwaschener, aber auch diese keine Gegenwartsformen, sondern (z. B. in Lappland) vorwiegend in früher Phase nach Rückzug des Inlandeises entstanden (A. SEMMEL). Steinnetze meist überwachsen und inaktiv. Heutige boreale Nadelwaldzone war im Pleistozän und älterer Postglazialzeit von Waldinseln durchsetzte Tundra und Tundrensteppe mit einer der heutigen Tundrenzone entsprechenden Morphodynamik.

Klimageomorphologische Hauptmerkmale der winterkalten borealen Zone: Aufbereitung des Gesteins durch mäßig *starke physikalische und schwache chemische Verwitterung. Dauerfrostboden* mit geringen Kryoturbationserscheinungen (Würgeböden). Bodenfluß unter Vegetationsdecke führt in überfeuchten Bereichen zu *Strang- und Netzmooren*; an weniger feuchten Hängen nur geringe aktive Solifluktion. *Aufeis-Hügel* und *Quelleiskuppen* als Dauerfrostbodenerscheinungen auf diese Zone beschränkt, auch *Thermokarst* in keiner anderen Region in ähnlicher Verbreitung.

Im Unterschied zu polarer Frostschutzzone geringe Tiefen-, jedoch *starke Seitenerosion* der großen Flüsse, häufige „Eis-Epigenese", starke Hochwasserwirkungen, *asymmetrische Täler*. Im Gebirgsland wirksame lineare Tiefenerosion, bes. zur Zeit der Schneeschmelze.

Tertiäre und pleistozäne Vorzeitformen in rel. guter Erhaltung. Rezente Morphodynamik zwar von charakteristischer Eigenständigkeit, aber für Gesamtformenbild von geringer Prägekraft.

## Literatur

Weitere einschlägige Literatur → Bd. II der „Geomorphologie in Stichworten"

ANDREWS, J. T.: Vallons de gélivation in Central Labrador-Ungava. Can. Geogr. 5, 1961, S. 1-9
—: Permafrost in Southern Labrador-Ungava. McGill Geogr. Misc. Papers, 1, 1961
—: The Development of Scree Slopes in the English Lake District and Central Quebec-Labrador. Cah. Géogr. Québec 5, 1961, S. 219-230
— u. MATTHEW, E. M.: Geomorphological Studies in Northeastern Labrador Ungava. Dep. of Mines and Technical Surveys, Geogr. Paper 29, Ottawa 1961
BIRD, J. B.: Recent Contributions to the Physiography of Northern Canada. Z. Geomorph., N. F. 3, 1959, S. 151-174
BLAKE, W.: Landform and Topography of the Lake Melville Area, Labrador, Newfoundland. Geogr. Bull. 9, Ottawa 1956, S. 75-100
BROCHU, M.; Genèse des moraines des boucliers cristallins, example du Bouclier Canadien. Z. Geomorph., N. F. 1959, S. 105-113
COOK, F. A.: A review of the study of periglacial phenomena in Canada. Geogr. Bull. 13, Ottawa 1959, S. 22-38
CORBEL, J.: Les phénomènes karstiques en Suède. Geogr. Ann. 34, 1952, S. 1-3
—: Karst et Glaciers en Laponie. Rev. Géogr. Lyon 27, 1952, S. 257-267
—: Les karsts de l'Est canadien. Cah. Géogr. Québec, 1958, S. 193-216
—: Climats et morphologie dans la Cordillère Canadienne. Rev. Can. Géogr. 12 1958, S. 15-45
—: Nouvelles recherches sur les Karsts arctiques Scandinaves. Z. Geomorph., Suppl.-Bd. 2, 1960, S. 74-78
CRESSEY, G. B.: Frozen Ground in Siberia. J. Geol. 47, 1939, S. 472-488
DEGE, W.: Das Dovrefjell. Z. f. Erdkde. 9, 1941, S. 96-99
DEMEK, J.: Cryoplanation Terraces in Yakutia. Biuletyn Peryglacjalny 17, 1968, S. 91-116
FORSGREN, B.: Notes on Some Methods Tried in the Study of Palsas. Geogr. Ann. 46, 1964, S. 343-344
—: Discussion of E. Schenk „Zur Entstehung der Strangmoore und Aapamoore der Arktis und Subarktis". Z. Geomorph., N. F. 1969, S. 119-123
FRENZEL, B.: Die Vegetations- und Landschaftszonen Nord-Eurasiens während der letzten Eiszeit. Akad. Wiss. u. Lit. Mainz, Abh. Math.-nat. Kl. 13, Wiesbaden 1959
— u. TROLL, C.: Die Vegetationszonen des nördlichen Eurasiens während der letzten Eiszeit. Eisz. u. Gegenw. 2, 1952, S. 154-167
FRÖDIN, J.: Über das Verhältnis zwischen Vegetation und Erdfließen in den alpinen Regionen des schwedischen Lappland. Lunds Universitets Årsskrift, N. F. Avd. 2, 14, Nr. 24, Lund 1918, S. 1-32

GARLEFF, K.: Verbreitung und Vergesellschaftung rezenter Periglazialerscheinungen in Skandinavien. Göttinger Geogr. Abh., H. 51, 1970, S. 7-66

HAMELIN, L. E.: Les tourbières réticulées du Québec-Labrador subarctique: Interprétation morphoclimatique. Cah. Géogr. Québec 2, 1957, S. 87-107

HENOCH, W. E.: String-Bogs in the Arctic 400 Miles North of the Tree-Line. Geogr. J. 126, 1960, S. 335-339

HOPKINS, D. M. u. TABER, B.: Asymmetrical valleys in central Alaska. Geol. Soc. Amer. Spec. Paper 68, 1962, S. 116

IVES, J. D.: Block fields, associated weathering forms on mountain tops and the nunatak hypothesis. Geogr. Ann. 48, Ser. A 3, 1966

JENNESS, J. L.: Erosiv Forces in the Physiography of Western Arctic Canada. Geogr. Rev. 42, 1952, S. 238-252

KAITANEN, V.: A geographical study of the morphogenesis of northern Lapland. Fennia 99, 5, 1969, S. 1-85

KRUEGER, H. K. E.: Die Geomorphologie von Jakutien. Z. Geomorph. 4, 1928/29, S. 197-221

LINTON, D. L.: The significance of tors in glaciated lands. Intern. Geogr. Un., Eighth General Assembly, Proc., 1952, S. 354-357

NIKIFOROFF, C.: The Perpetually Frozen Subsoil of Siberia. Soil Science 26, N. Jersey 1928, S. 61-81

OBRUTSCHEW, A. W.: Eiszeitspuren in Nord- und Zentralasien. Geol. Rdsch. 21, 1930, S. 243-283

OHLSON, B.: Frostaktivität, Verwitterung und Bodenbildung in den Fjeldgegenden von Enontekiö, Finnisch-Lappland. Fennia 89, 3, Helsinki 1964

PIIROLA, J.: Die glazialen Oberflächenformen und die Entwicklung der Täler auf den Fjelden Marastotunturit und Viipustunturit in Finnisch-Lappland. Ann. Acad. Sci. Fennicae, Ser. A III, Geologica-Geographica 92, Helsinki 1967

—: Frost-sorted block concentrations in Western Inari, Finnish Lapland. Fennia 99, 2, 1969, S. 1-35

RAPP, A.: Avalanche boulder tongues in Lappland. Geogr. Ann. 41, 1959, S. 34-48

— u. RUDBERG, S.: Recent periglacial phenomena in Sweden. Biuletyn Peryglacjalny 8, 1960

— —: Studies on periglacial phenomena in Scandinavia 1960-1963. Biuletyn Peryglacjalny 14, 1964

RATHJENS, K. u. WISSMANN, H. v.: Oberflächenformen und Eisböden in Lappland. Peterm. Geogr. Mitt. 75, 1929, S. 120-126

RUDBERG, S.: The morphology of Västerbotten. An attempt at the reconstruction of cycles of preglacial erosion in Sweden. Geographica 25, 1954, S. 1-457

—: Some observations concerning mass-movement on slopes in Sweden. Geol. Fören. Förhandl. 80, Stockholm 1958, S. 114-125

—: Slow mass movement processes and slope development in the Norra Storfjäll area, southern Swedish Lappland. Z. Geomorph., Suppl.-Bd. 5, 1964, S. 192-203

—: Recent quantitative work on slope processes in Scandinavia. Z. Geomorph., Suppl.-Bd. 9, 1970, S. 44-56

SCHARLAU, K.: Morphologische Beobachtungen vom Pallastunturi (Finnisch-Lappland). Peterm. Geogr. Mitt., 1939, S. 110-120

SCHOSTAKOWITSCH, W. B.: Der ewig gefrorene Boden Sibiriens. Z. Ges. f. Erdkde. Berlin, 1927, S. 394-427

SCHREPFER, H.: Inselberge in Lappland und Neufundland. Geol. Rdsch. 24, 1933, S. 137-143
SEMMEL, A.: Verwitterungs- und Abtragungserscheinungen in rezenten Periglazialgebieten (Lappland und Spitzbergen). Würzburger Geogr. Arb. 26, Würzburg 1969
THIEL, E.: Die Eiszeit in Sibirien. Erdkunde 5, 1951, S. 16-35
TWIDALE, C. R.: Évolution des versants dans la partie centrale du Labrador-Nouveau Québec. Ann. Géogr. 68, 1959, S. 54-70
ULE, W.: Polygonaler Strukturboden auf dem Hochlande von Norwegen. Peterm. Geogr. Mitt. 68, 1922, S. 247-248
VIRKKALA, K.: On glaciofluvial erosion and accumulation in Tankavaara area, Finnish Lapland. Acta Geogr. 14, 1955, S. 393-412
WILLIAMS, P. J.: Some investigations into solifluction features in Norway. Geogr. J. 123, 1957, S. 42-58
—: Processes of slope formation: recent quantitative studies in Canada. Z. Geomorph., Suppl.-Bd. 9, 1970, S. 67-70

## Zone 4: Formengruppen der feucht-gemäßigten Waldklimate

**Verbreitung:** Europa von atlantischer Küste bis zur mittleren Wolga, Teile japanischer Inseln, mittlere USA zwischen atlantischer Küste und 95. Längengrad, pazifische Küste von Oregon bis British Columbia, S-Chile, SO-Australien, Tasmanien und S-Insel Neuseelands.

**Klimazonale Einordnung:** Humider Klimabereich nach A. PENCK; Gemäßigt warme Regenklimate (Cfb-, Dfa- und Dfb-Klimate) nach W. KÖPPEN; Kühl-gemäßigte Feuchtklimate nach H. v. WISSMANN; Gemäßigte ständig feuchte Klimate nach N. CREUTZBURG; Kühl-gemäßigte Waldklimate nach C. TROLL und K. H. PAFFEN.

**Klimatische Merkmale:** ausgeprägter *thermischer Jahreszeitenwechsel*, *starke Temperaturgegensätze* zwischen Sommer und Winter. Länge der Übergangsjahreszeiten weitgehend von Breitenlage abhängig. Kältester Monat in ozeanischen Bereichen über +2° C, in kontinentalen −3° C bis −13° C, wärmster Monat in Küstennähe unter 15° C, in kontinentalen Bereichen unter 20° C, dabei Jahresschwankung der Temperatur von etwa 10° C auf 20° bis 30° C zunehmend. Mittlere *Jahrestemperaturen* zwischen 6° C und 10° C, mittlere absolute Maximaltemperaturen zwischen 30° C und 35° C. Vorherrschend westliche Winde.

Ganzjährige *Niederschläge* (500−1000 mm), im Küstengebiet gewöhnlich höher als im Binnenland, mit jahreszeitlich unterschiedlichen Maxima, z. B. Sommerregen an SO-Küste Japans, winterliche Schneefälle an W-Küste.

**Vegetationsmerkmale:** sommergrüne *Laub- und Mischwälder*, durch Rodung weitgehend in Kulturland verwandelt, Vegetationsdauer bis 210 Tage.

**Verwitterungsprozesse:** Ablauf weitgehend durch dichte Vegetationsdecke, Temperatur- und Niederschlagsgang bestimmt. Mechanische Verwitterung in winterlicher Frostperiode stärker als im Sommer, insges. *mäßig starke chemische Verwitterung* mit maximaler Wirksamkeit im regenreichen warmen Sommer. In Klüfte eindringendes Niederschlagswasser bereitet das Gestein auf, so daß vor allem Hydratation (→ II, 18) einsetzen und zur Vergrusung führen kann.

*Hydratationssprengung* ist charakteristische Verwitterungsart kühl-gemäßigter Waldklimate, wird bereits bei geringfügigster chemischer Gesteinsaufbereitung wirksam.

Während Verwitterung im tropischen und im arktischen Klima unabhängig von Gesteinsunterschieden entweder runden oder eckigen Formen zustrebt, werden *im klimatischen Übergangsgebiet* mittlerer Breiten *petrographische Unterschiede zum ausschlaggebenden Faktor* für resultierende Form. In Grus gebettete, durch Verwitterung vom Anstehenden gelöste Blöcke sind kantengerundet, erreichen jedoch selten ideale „Wollsackform" tropischer Tiefenverwitterung (→ u.). Ausgesprochen eckige Blöcke stellen petrographisch bedingte Modifikation dar (K. ROTHER). Im Schwarzwald sind alle rezent gebildeten rundlichen Blöcke an grobkörnige Granite, eckige Formen an feinkörnige Zweiglimmergranite gebunden.

Starke chemische Verwitterung als Lösungsverwitterung nur in Kalken. Entstehung von Karrenfeldern, Dolinen und Höhlen mit Kalksinterabscheidungen, jedoch insges. Karstformenschatz weniger vollkommen entwickelt als in Mittelmeerländern und feuchten Tropen (→ IV, 152, 296).

„*Opferkessel*", pfannen- oder napfartige Hohlformen, auf horizontalen Oberflächen von Massengesteinen sind auf kombinierte Wirkung von chemischer Verwitterung und Frostsprengung zurückzuführen. Im Initialstadium Ansiedlung von Flechten und Moosen in kaum sichtbaren Vertiefungen der Felsoberflächen, durch ausgeschiedene organische Säuren allmähliche Vergrößerung.

**Bodentypus:** Bodenbildung unter Einfluß abwärts gerichteten Wasserstroms führt zur Ausbildung charakteristischer *Bodenhorizonte* (→ II, Abb. 4), jedoch gewöhnlich mit unscharfen Übergängen. Unter humosem Oberboden (A-Horizont) humusfreier Unterboden (B-Horizont) über schwach oder unverwittertem Gesteinsuntergrund (C-Horizont). Unter *Laubwald*, unabhängig vom Ausgangsgestein, Entstehung von Braunerde durch freigesetzten Eisengehalt und Bildung von Eisenoxiden und -hydroxiden; Braunfärbung am deutlichsten im B-Horizont, im humosen Oberboden durch organische Substanzen überdeckt. In *Misch- und Nadelwaldgebieten* unter Rohhumusdecke bei intensiver Durchfeuchtung, bes. in atlantischen Heiden, grauer Bleicherde-(Podsol-)Horizont mit Eisenanreicherungen, die zu kompaktem „Ortstein" verhärten können.

In Kalk- und Dolomitgebieten über frischem Ausgangsgestein braunschwarze bis schwarze Rendzina-Böden ohne B-Horizont. Auf Verwitterungsprozessen beruhendes Lockermaterial bleibt in unveränderter Lagerung am Ort der Entstehung erhalten: „nichttropische Ortsbodenzone" BÜDELS.

**Flächenhafte Abtragung** in Natur- und Kulturlandschaft durch dichte Pflanzendecke stark behindert. Festgepackte Auflage verwesender Blätter saugt Niederschlagswasser schwammartig auf, schützt darunter gelegenen humosen Oberboden vor direkter Abspülung. Nur Abtransport gelöster Stoffe mit allmählich versickerndem oder hangabwärts fließendem Wasser und langsame Massenversetzungen in oberster wasserdurchtränkter Bodenschicht unter Laubwald: *subsilvines Erdfließen*. „Gekriech" mit Abwärtsverbiegung ausstreichender verwitterter Gesteinsschichten („Hakenschlagen") jedoch nur z. T. rezenter Entstehung, vorwiegend auf pleistozänen periglazialen Bodenfluß zurückzuführen (→ II, 69). Heute still liegende pleistozäne Wanderschuttdecken infolge geringer rezenter Hangabtragung noch nahezu unverändert erhalten.

*Nur unter Nadelwald* (dessen weite Verbreitung in dieser Zone Kulturerscheinung ist) echte Flächenspülung: Nadelstreu liegt ohne wasserspeichernde Humusschicht übergangslos mineralischen Böden auf, so daß Starkregen Streu und Bodenteilchen unbehindert abspülen kann.

Bedeutender Effekt der Denudation nur in heute waldfreien Gebieten. Zone feucht-gemäßigter Waldklimate umfaßt Kernländer intensivster Ackerbaukulturen. Ursprüngliches Waldkleid seit Neolithikum durch flächenhafte Rodung, bes. im Mittelalter, weitgehend vernichtet und durch Ackerfluren ersetzt. Auf diesen, je nach Hangneigung und Form der Nutzung, vielfältige Formen schleichender und akuter Bodenerosion *(soil erosion)*. Auffüllung älterer Talkerben durch Einschwemmung abgespülter Ackerkrume und Umformung zu Kastentälchen mit flachen Böden und steilen Hängen, sog. *„Tilken"*. Entstehung von 3–10 m mächtigen Auelehmdecken auf den Talsohlen größerer Flüsse. Alle diese Prozesse also anthropogen bedingt und für Naturlandschaft feucht-gemäßigter Waldklimate nicht zonentypisch.

*Windabtragung* bedeutungslos.

**Spontane Massenversetzungen** hingegen in Summierung des Effekts über längere Zeiträume hinweg bisher meist unterschätzt. Treten überall dort auf, wo quellfähige Schichten (Mergel, Tone) von wasserdurchlässigen (Kalk) überlagert werden. Knollenmergel des mittleren Keuper, Ornaten- und Opalinuston des oberen und unteren Braunen Jura neigen wegen bes. großer Wasseraufnahmefähigkeit zu Hangrutschungen (→ II, 66 f.).

Massenversetzungen haben erheblichen Anteil an postpleistozäner Zurückverlegung der Stufenränder in süddeutscher Schichtstufenlandschaft. Ähnliche Schuttgleitungen an Stufenrändern auch in Interglazialzeiten wirksam gewesen, als ähnliche Klimabedingungen wie heute herrschten. Erdschlipfe und Erdgletscher am häufigsten bei Hangneigung zwischen 30° und 60°.

**Hangformen:** Unter gleichen klimatischen Bedingungen verlaufende Hangabtragung kann, in Abhängigkeit vom Gestein, zu sehr unterschiedlichen Hangformen führen: sanft geböschte Glatthänge in dünnblättrigen, wasserundurchlässigen Tonschiefern und Phylliten, steile Felswände in Kalk und Quarziten, mittelsteile Hänge in sandig zerfallenden Dolomiten und vergrusenden Graniten.

**Lineare Tiefenerosion:** Flußsysteme, Seen und Teiche voll ausgebildet und mit natürlichem Abfluß. Erosionsleistung der Flüsse zwar größer als Wirkungen flächenhafter Abtragung, aber ebenfalls insges. gering. Abgesehen vom Hochgebirgsbereich (→ IV, 106) fehlen den Flüssen infolge nur mäßiger Schuttzufuhr durch Hangabtragung die zur Tieferlegung der Talsohlen erforderlichen Erosionswaffen. Dichte Vegetation und weitgehend ausgeglichener Klimagang führen im Vergleich zu anderen Klimazonen, z. B. mediterraner Winterregen- und außertropischer Monsunklimate (Zone 6), nur zu rel. geringen jahreszeitlichen Wasserstandsschwankungen, somit auch nur zu bescheidener temporärer Erosionsbelebung. Gegenüber auf starker Mitwirkung des Eisrindeneffekts beruhenden exzessiven Talbildungsprozessen in polarer Frostschutzzone (2) in feucht-gemäßigten Waldklimaten nur stark abgeschwächte Tiefenerosion: „Ektropische Zone retardierter Talbildung" BÜDELS.

**Talsysteme** mittlerer Breiten sind spättertiärer und pleistozäner Entstehung (→ IV, 110), nur die in breite eiszeitliche Talsohlen des Mittelgebirgslandes eingesenkten schmalen Kerben Zeugnisse rezenter Flußerosion. Im Flachland Wirkung der Flüsse auf heutige Hoch- und Niedrigwasserbetten beschränkt. Ganzjährig fließende Flüsse haben vorwiegend Aufgabe kontinuierlichen Abtransportes aller gelösten oder in Suspension befindlichen Stoffe (Schwebstoffe) und der Verfrachtung von Sand und Geröll am Boden; dadurch wird in begrenztem Umfang Erosionsleistung erzielt.

**Hypsometrischer Formenwandel:** Oberhalb des an geringe Meereshöhen gebundenen „Normalniveaus" zonentypischer Morphodynamik im Gebirgsland mittlerer Breiten schließt sich, etwa ab Waldgrenze, 2. *klimageomorphologische Höhenstufe* an mit Erscheinungsformen, die durch Intensivierung der Frostverwitterung, Kammeisbildung, Auftreten von Blockgletschern, Strukturböden und rezenten Solifluktionserscheinungen viele Parallelen zur polaren und subpolaren Frostwechselzone (2) erkennen lassen.

Rezent in frostwechselreichen Übergangsjahreszeiten entstehende *Steinnetze* und *Steinstreifen* unterscheiden sich als Miniaturformen von größeren fossilen. Untergrenze periglazialer Höhenstufe im Schottischen Hochland bei 600—700 m. Dort auch in höchsten Lagen keine Felsschuttstufe wegen sanften Reliefs, hochozeanischen Klimas und dichter Pflanzendecke (D. KELLETAT).

*In alpinen Hochgebirgen* dagegen mit zunehmender Meereshöhe und Zurücktreten der Vegetation *Aktivierung der Schuttbildung*. Höchstbeträge im Bereich häufigsten Frostwechsels bzw. in Schneegrenznähe. Wandverwitterung durch Frostsprengung und Quellunterschneidung (Ausspülung der Unterlage) führt zu Steinschlag und Ansammlung herabgestürzter Blöcke in Sturzhalden auf Talflanken unterhalb der Wände (→ II, 65 f.). Dabei Sortierung des Materials: kleine Gesteinsscherben und eckiger Bergkies bedecken obere Hangteile, grobe Blöcke untere Hangabschnitte (Blockhalden). Nur vegetationsfreie Schutthalden in hohen Gebirgslagen heute in aktiver Weiterbildung, tiefere bewachsene sind fossil. Im Bereich der Hochgebirgsvergletscherung voll entwickelter glazialer Formenschatz (→ III, 53 ff.).

Ob sich *Karstformenschatz* in Kalkhochgebirgen nach klimatischen Höhenstufen gliedern läßt, ist noch umstritten. O. LEHMANN unterschied in tieferen Regionen des Toten Gebirges Dolinenlandschaften mit gleichmäßig gerundeten Trichter- und Schüsseldolinen, darüber in Höhen bis 1600 m Bereich der „Karrendolinen", d. h. Karsthohlformen mit gezacktem Rand, als oberste Stufe zwischen 1700 und 2000 m „karrige Plattenlandschaft" mit frostbedingtem Scherbenkarst. Ähnlich gliedert C. RATHJENS hochalpine Karstlandschaft in Dolinenstufe unterhalb Waldgrenze, ausgesprochene Karrenstufe zwischen 1700 und 2300 m und Frostschuttstufe zwischen 2300 m und Schneegrenze. K. HASERODT bestreitet Berechtigung solcher Stockwerkgliederung alpinen Hochkarstes, da nach seinen Beobachtungen Dolinen und Karren in gleicher Höhe oberhalb Waldgrenze auftreten, und schlägt vor, nur von bewaldetem Karst (silvinem Karst) unterhalb Waldgrenze und von waldfreiem Karst (subnivalem Karst) oberhalb Waldgrenze zu sprechen.

*Im Periglazialbereich* unterhalb Schneegrenze Solifluktion und Kryoturbationserscheinungen mit Rasenwülsten und Girlandenbildung, Steinringen und Steinstreifen, je nach topographischer Situation. Azonale Strukturböden auch in Gletschervorfeldern weit unterhalb Schneegrenze, durch lokale Eisnähe bedingt. Im oberen Teil subnivaler Höhenstufe, z. B. der Schweiz und Tirols, verbreitetes Auftreten von Blockgletschern (→ II, 74, III, 79, IV, 83, 164, 215).

*Hochgebirge* ist Bereich intensivster Wirkungen *linearer Erosion* innerhalb Zone feucht-gemäßigter Waldklimate. Flüsse und Bäche nehmen häufig Breite gesamter Talkerbe ein. Zustrom des Wassers über weit verästelte Systeme von Spülrunsen. Durch reiche Geröllzufuhr wirksame Erosion. Beweis für Effizienz rezenter Tiefenerosion liefern Klammen (→ II, Abb. 15a) mit Kolken und Schießrillen, eingesägt als steilwandige Schluchten in eiszeitliche Hängetäler und Konfluenzstufen (→ II, 101).

*Ergebnis* kombinierter Rinnen- und Flächenspülung sind *Murgänge*, d. h. Hangfurchen, die durch wasserreiche Schlamm- und Schuttströme nach Wolkenbrüchen, Dauerregen oder plötzlicher Schneeschmelze entstehen (→ II, 90). Als zwar episodische, sich aber alljährlich wiederholende „Kleinkatastrophen" (→ IV, 44) sind sie ebenso wie abgehende Lawinen und Bergstürze (→ II, Abb. 8) nicht unwesentlich an Abtragungsprozessen im Hochgebirge beteiligt.

**Vorzeitformen:** Insgesamt Prägekraft der erst seit wenig mehr als 10 000 Jahren morphodynamisch wirksamen feucht-gemäßigten Waldklimate nur gering. Eigentliche geomorphodynamische *Aktivzeiten* der Zone lagen *im Tertiär* und im *Pleistozän*. In Jahrmillionen entstandene tertiäre und pleistozäne Vorzeitformen (Tertiär: ca. 70 Mill., Pleistozän: ca. 1 Mill. Jahre) noch weitgehend unverändert erhalten und bestimmend für Großformenschatz der Zone. Bes. alte Flachformen, wie Rumpfflächen, Talböden, Flußterrassen oder glaziale Trogschultern, außerordentlich zählebig und trotz rezenter Zerstörungsprozesse meist leicht identifizierbar. Andere Formkomplexe erfuhren unter veränderten klimatischen morphodynamischen Bedingungen *mehrphasige Fortentwicklung*.

*5 Reliefgenerationen* zu unterscheiden:

*1. Reliefgeneration der tertiären Rumpfflächen:* kennzeichnendes Merkmal aller Mittelgebirgslandschaften (→ II, Abb. 30); auch in Hochgebirgen trotz eiszeitlicher Überformung und junger linearer Zerschneidung in bedeutenden Resten erhalten (Rumpftreppen, Stockwerkbau). Entscheidender Formbildungsmechanismus: *Flächenspülung unter tropisch-wechselfeuchten Klimabedingungen,* die im Alttertiär, anders als heute, bis in hohe Breiten herrschten (→ IV, 51). Reliefgegensätze damals weniger ausgeprägt als jetzt, da variskische Gebirgskörper noch in Heraushebung begriffen und Tektogenese der Hochgebirge (→ I, 53 ff.) noch nicht abgeschlossen waren. Flächenbildung nach Prinzip „doppelter Einebnungsflächen" (→ II, 166 ff.) mit Grundhöckern und Schildinselbergen. Tiefgründige Verwitterung, Entstehung *tropischer Roterde*, die in Relikten auf Altflächen im Harz, Schwarzwald, in Oberösterreich und anderenorts erhalten ist (→ II, 160 f.), von J. BÜDEL als „alte Tropenerde" oder „tropoide Alterde" bezeichnet. Wohlgerundete Wollsackblöcke in Blockmeeren und Blockströmen deutscher Mittelgebirge (→ II, 22 f. u. IV, 41) ebenso wie Felsburgen als Ergebnis tropischer Tiefenverwitterung aufzufassen.

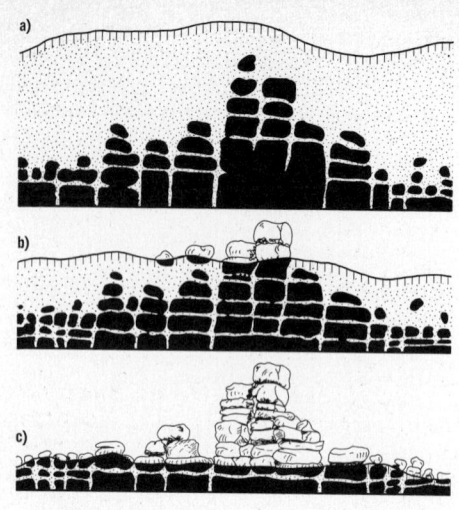

**Abb. 5**
Entstehung einer Felsburg (nach H. WILHELMY)
a) kryptogene Verformung der Blöcke in tropischem Verwitterungsprofil;
b) beginnende Freilegung durch periglaziale Solifluktion;
c) phanerogene Weiterverwitterung der freigelegten Felsburg

*Felsburgen* (Klippen, Abb. 5): frei über ihre Umgebung aufragende Felsgruppen aus großen, oft kantengerundeten Quadern. Keine den Rumpfflächen aufgesetzten, sondern aus dem Anstehenden herauswachsende Blockansammlungen; weder an bestimmte Gesteinszonen noch Gänge gebunden, vielmehr in ihrer Bildung von bestimmten Kluftsystemen abhängig. Verdanken Entstehung zwei senkrecht aufeinanderstehenden und einer dritten, etwa horizontalen Kluftrichtung (→ II, 12 f.). Bei weitständiger horizontaler Klüftung mauerartiges Aussehen der Felsburgen. Breite hängt von Maschenweite vertikaler Klüfte ab. *Voraussetzung* ihrer Entstehung sind weitmaschige Vertikalklüfte, deren Abstand sich nach den Seiten schnell verringert, und weite Abstände horizontaler Klüfte. Dadurch Absonderung von Großblöcken, die nach den Seiten hin schnell in kleinere Quader und Platten übergehen. Infolge Verdichtung der Querklüfte keine Klippen in den „Ruschelzonen" zwischen den reihenförmig angeordneten Felsburgen, sondern Auftreten nebeneinanderliegender isolierter Felsburgmassive. *Ursache* der Herausmodellierung der unter tropischen Verwitterungsbedingungen in der Tiefe vorgeformten Felsburgen ist *periglaziale Solifluktion* (→ IV, 80). Daneben in England Tors, die ohne vorangegangene Tiefenverwitterung durch *Kryoplanation* im Sinne DEMEKS (→ IV, 73) unter periglazialen Klimabedingungen entstanden sind (PALMER u. RADLEY; PALMER u. NEILSON). Auch in Tasmanien von N. CAINE beide Entstehungsarten nachgewiesen. W. PENCKS Deutung der Felsburgen als letzte „ruinöse Reste" felsiger Steilformen, die als Teile älterer Rumpfflächensysteme den Zwischentalscheiden aufgesetzt sind, könnte Bestätigung in Inselbergen auf Spülscheiden wechselfeuchter Tropen (→ IV, 302) finden.

Oberer Abschluß von Felsburgen gelegentlich durch *Wackelsteine*. Erhalten sich selbst nach starker Abrundung der Oberflächen bei nur noch teller- oder handgroßen Berührungsflächen. Derartige Steine sind beweglich, können jahrhundertelang in labilem Gleichgewicht verharren, bis sie endlich infolge verwitterungsbedingter Formveränderung abstürzen.

Hoch aufragende *Inselberge* ebenfalls als charakteristische Abtragungsformen tropisch-wechselfeuchter Klimate (Zone 10 u. 11) in mittleren Breiten fossil erhalten.

*Beispiel:* Zobten (718 m), Geiersberg (573 m), Költschenberg (466 m) und einige andere isolierte Berge überragen Schlesische Ebene. „Mittelschlesische Inselberge" (J. F. GELLERT) erheben sich als Grundgebirgsinseln aus zusammenhängender Decke tertiärer und quartärer Ablagerungen. Bis 25 m mächtige Kaolinlager an ihrer Basis lassen Formung des Grundgebirgsreliefs in warm-humidem Klima erkennen. Kaolinische Verwitterungsdecke wird von obermiozänen Braunkohleschichten bedeckt. Damit prä-obermiozänes Alter dieser fossilen tropischen Inselberglandschaft Mittelschlesiens erwiesen.

*Flächenbildung im Schichtstufenrelief* (→ II, Abb. 35) wie Rumpfflächengenese verlaufen. Auf tertiäre Tiefenverwitterung und Flächenspülung ist primäre Anlage der die flachgeneigten Schichtpakete überspannenden Landterrassen (Stufenflächen) zurückzuführen, z. B. Cumberlandplateau in Appalachen N-Amerikas von mächtiger Roterdedecke überlagert (H. BLUME). In trockeneren Phasen des oberen Tertiärs unter Einfluß arider Morphodynamik vermutlich Weiterentwicklung nach Prinzipien der Pedimentbildung. Schichtstufenrelief mittlerer Breiten gehört in Grundformen tertiärer Reliefgeneration an, Weiterentwicklung freilich wesentlich durch periglaziale Solifluktion und Kryoplanation bestimmt (→ II, 73): Mehrzeitform.

Unter tertiären tropischen Klimabedingungen intensive Lösungsverwitterung in Massenkalkgebieten. Reste fossilen *Kegel- und Turmkarsts* in Polen, der Tschechoslowakei und Ungarn (→ III, 48); Kuppenalb hingegen nicht als fossiler „reifer" tropischer Kegelkarst zu deuten (J. BÜDEL), sondern als Ergebnis der Oberflächenabtragung, möglicherweise auch als Grundhöcker unter mächtigen tertiären Verwitterungsböden entstanden.

Tertiäre Morphodynamik außerhalb der Karstlandschaften in erster Linie durch *Denudationsprozesse* beherrscht, lineare Erosion nur von geringer Bedeutung. Von breiten Spülmulden durchzogene Rumpfflächen bestimmten, wie in heutigen wechselfeuchten Tropen (Zone 11), Typus der Landschaft. Diese flachen Talmulden in tektonisch labilen Bereichen wurden infolge Rücksenkung und Verringerung der Reliefenergie zeitweise verschüttet, z. B. mächtige oligo-miozäne Schotterfüllungen im Rheinischen Schiefergebirge mit zahlreichen späteren Tal-Epigenesen (H. LOUIS, J. BIRKENHAUER).

Grundsätzliche Veränderung im Formbildungsmechanismus mit Übergang tropisch-wechselfeuchten Klimas in gemäßigt-warmes Klima: Ablösung der Periode der Flächenbildung durch solche der Taleintiefung. Durch sich im Oberpliozän anbahnenden, im Quartär fortsetzenden entscheidenden Klimawechsel wurde ursprünglich bis in Polargebiete reichende Flächenspülzone mit weltweiter aktiver Rumpfflächenbildung auf heutigen Bereich wechselfeuchter Tropen eingeengt.

2. *Reliefgeneration der großen Hochböden und Pedimente.* In tertiäre Rumpfflächensysteme eingesenkte heutige Talnetze werden in der Höhe von fossilen Talböden begleitet, die nach ihrer ungewöhnlichen Breite (→ II, Abb. 18) Übergangsstellung zwischen landschaftsbeherrschenden Rumpfflächen und schmalen Flußterrassen in tieferen Taleinschnitten darstellen (→ II, 112), daher auch als Trogterrassen, Trogflächen oder Übergangsterrassen bezeichnet werden (Trogfläche des Rheins, Isker-Hochboden in Bulgarien). Im Oberpliozän unter deutlich kühleren Klimabedingungen als in vorangegangenen Tertiär-Abschnitten endgültige Festlegung großer Teile heutigen Entwässerungsnetzes. Abfließendes Niederschlagswasser vereinigte sich zu größeren Sammeladern, die in allgemein sanftwelligen Rumpfflächenlandschaften breite, flache Täler schufen. Nur in schneller und stärker aufsteigenden Schollenteilen bereits Ausbildung tieferer Taleinschnitte mit steilen Hängen und im Längsprofil gestuften Talsohlen.

Großen Hochböden in zentralen Teilen der Mittelgebirge entsprechen an deren Peripherie *Pedimente* (Lateralflächen nach J. BIRKENHAUER); Gebirgsfußflächen, die nicht mehr wie Rumpfflächen weiträumige, zusammenhängende Verebnung darstellen, sondern als schmale Bänder die Gebirge säumen, z. B. Rand des Odenwaldes, der Pfälzer Haardt, der O-Alpen, der Karpaten (→ II, 177 f.). Sind Ausdruck eines seit Oberpliozän *kühler* und im Frühpleistozän *trockener* gewordenen Klimas, dessen Morphodynamik heutigen wechselfeuchten Klimaten mit überwiegender Trockenzeit, d. h. semiariden Steppenländern der Subtropen (Zone 8), entspricht.

3. *Reliefgeneration pleistozäner Kaltzeiten* zeigt endgültiges *Übergewicht linearer Tiefenerosion* gegenüber flächenhafter Abtragung, damit Ablösung breiter Muldentäler durch *Kerbtaltyp*.

Im Verlauf von 1 Mill. Jahren entstandener eiszeitlicher Formenschatz ist komplex: umfaßt sowohl glaziale *Abtragungs-* wie *Aufschüttungsformen* als auch solche periglazialer Solifluktion und fluviatiler Tiefenerosion. Starke *Temperaturabsenkung* (um 8° bis 12° C gegenüber heutigen Mittelwerten, → IV, 52) führte zu intensiver Vergletscherung der Hochgebirge, auch zahlreicher Mittelgebirge, und zum Vorstoß mächtiger Inlandeismassen bis weit in mittlere Breiten der Alten und der Neuen Welt. Fast alle Kenntnisse über Gliederung des Pleistozäns in mehrere Kalt- und Warmzeiten, über Typen der Vergletscherung, glaziale Abtragungs- und Aufschüttungsformen (→ III, 53 ff.) beruhen auf Forschungen in ehemals vergletscherten Bereichen der Hochgebirge oder pleistozäner Inlandeisgebiete, die zu beträchtlichen Teilen heutiger Zone feucht-gemäßigter Waldklimate entsprechen. Lange strittig hingegen waren *Ansichten über Ausmaß pleistozäner Vergletscherung deutscher Mittelgebirge:*

*Eindeutig erwiesen* ist auf *Lokalvergletscherung* beruhender vielfältiger glazialer Formenschatz in Vogesen, Schwarzwald, Bayerischem Wald, Riesen- und Altvatergebirge. In Vogesen und Schwarzwald Plateauvergletscherung (auf tertiären Rumpfflächen), z. T. mit davon ausgehendem Eisstromnetz. Zahlreiche Kare, Trogtäler, Transfluenzpässe, Rundhöcker, Gletscherschliffe, Moränen und Erratica; im Bayerischen Wald, Riesen- und Altvatergebirge vor allem Kar- und Talvergletscherung. Lange diskutierte Harz-Vergletscherung heute nicht mehr angezweifelt. Dagegen keine Spuren ehemaliger Vergletscherung in Schwäbischer Alb und Isergebirge.

> Höchste Teile der im Niederschlagsschatten des Schwarzwaldes gelegenen *Schwäbischen Alb* (um 1000 m) gerade noch im Bereich perennierender Schneeflecken. Karähnliche Firnmulden (Nivationsnischen) in topographisch begünstigter Lage in 700–800 m Höhe (W. WOLFF). Eigentliche Flächenalb in Frostschuttzone. Dort durch Bodeneis Plombierung der Klüfte und Haarrisse im Kalk, Unterbrechung der Verkarstung und oberflächlicher Wasserabfluß. Pleistozäne Täler in Postglazialzeit mit Schwinden des Bodeneises und Öffnung der Versickerungswege als Trockentäler außer Funktion gesetzt.

*Weiterhin fragwürdig* sind Kaltzeitspuren im Erzgebirge, Thüringer Wald, Meißner und in der Rhön. In diesen Mittelgebirgen nur vereinzelte Formen, die allenfalls als Produkte lokaler Firn- bzw. Gletscherflecken an klimatisch begünstigten Stellen angesehen werden können.

Vergleich pleistozän vergletscherter Mittelgebirge von W nach O zeigt bei zunehmender Kontinentalität *Ansteigen* pleistozäner *klimatischer Schneegrenze*, verbunden mit abnehmender Vergletscherungsintensität. Glazialerscheinungen in den Vogesen lassen bei würmeiszeitlicher Schneegrenzhöhe zwischen 800 und 900 m an niederschlagsreicher W-Abdachung und bei rißeiszeitlicher in 760–790 m ein Ausmaß der Vergletscherung erkennen, das nur noch in wenig östlicher gelegenem Schwarzwald erreicht wurde; hier verliefen infolge kontinentalerer Lage würmeiszeitliche Schneegrenze zwischen 850 und 950 m und rißeiszeitliche zwischen 700 und 800 m. Über S-Schwarzwald gelegene Eiskappe umfaßte 1300 km², war 360 m mächtig und entsprach heutigem vergletschertem Areal der O-Alpen[1]. Unvergleichlich geringer war Vereisung im Bayerischen Wald (würmeiszeitliche Schneegrenzhöhe zwischen 1000 und 1100 m), im Riesen- und Altvatergebirge (würmeiszeitliche Schneegrenzhöhe zwischen 1100 und 1250 m), die ozeanischem Einfluß und niederschlagsbringenden Westwinden am weitesten entrückt sind.

---

[1] vgl. K. ROTHER, 1971, mit Lit. IV, 127

Dort nur Kargletscher und einzelne kurze Talgletscher, während in Vogesen größte Talgletscher Länge von 40 km, im S-Schwarzwald (Albtalgletscher) von 25 km erreichten.

Würmeiszeitliche Höhenlage klimatischer Schneegrenze im Harz mit 700 bis 800 m außerordentlich niedrig und aus stetig von W nach O ansteigenden Schneegrenzhöhen herausfallend; beruht auf Nähe zum Inlandeis und auf Westwind-Exposition.

Stark zertalte steile Gebirgsflanken der Mittelgebirge neigten bei ausreichenden Niederschlägen zur Ausbildung von Talgletschern, dagegen schwach reliefierte Abdachungen und sanft gewellte Plateaus mehr zur Flächenvereisung, wobei Plateaueis Gletscher in die Täler entsandte. An W-Seite des Vogesen-Hauptkammes ausgesprochene Talgletscher nachgewiesen, im S-Schwarzwald, im SW der Vogesen und auf westl. Harz-Rumpffläche zwischen Brocken und Bruchberg überwog dagegen Flächenvereisung norwegischen Typs mit einzelnen sich in obere Talabschnitte vorschiebenden Gletscherzungen; Odertalgletscher war 10 km lang.

*Eiszeitlicher Formenschatz* stellt im Bereich der deutschen Mittelgebirge nur rel. bescheidene Überprägung präglazialer Reliefglieder dar. Kaltzeitliche Umformung in *Mittelgebirgen* so gering, daß lange Zeit überhaupt an pleistozäner Vergletscherung gezweifelt wurde. In allen *Hochgebirgen* der Zone 4 (Alpen, Kaukasus, nordjapanische und australische Alpen, Kaskadengebirge N-Amerikas, S-Anden) wesentlich eindrucksvollere Umgestaltung: „Alpinisierung" des Reliefs durch Karverschneidung (Karlinge), Umwandlung von Kerbtälern zu Trogtälern, aber stets präglaziale Vorformung noch erkennbar. Stufen im Längsprofil eiszeitlicher Taltröge sind z. T. nur durch Eisschurf akzentuierte, präglazial durch rückschreitende Erosion infolge Hebung angelegte Talstufen. Tertiäres Altrelief hat als „Subglazialrelief" Formen der Vergletscherung und Abflußrichtung der Gletscher entscheidend beeinflußt.

*Präglaziale hydrographische Systeme* erfuhren örtlich bleibende Veränderungen infolge Blockierung alter Entwässerungslinien durch Eis, Gletscherschurf und glazigene Ablagerungen: Niederschliff von Talwasserscheiden führte zu Laufumkehr und Veränderung von Flußeinzugsbereichen (S-Anden), zu Auffüllung älterer Talfurchen durch kaltzeitliche Schotter, in die sich Fluß später wieder einschnitt, ohne sein früheres Bett wiederzufinden, zu Epigenesen.

> *Beispiel:* Hochrhein, der bei epigenetischer Wiedereintiefung in fluvioglaziale Schotter eine verdeckte Kalkschwelle anschnitt (Rheinfall bei Schaffhausen).

Auch für *Talverläufe* in Mittelgebirgen wurden mächtige kaltzeitliche *Aufschotterungen* zukunftweisend.

*Beispiel:* Mosel lagerte z. B. in Mindel-Kaltzeit bedeutende Schottermassen ab, auf denen sie in allmählich immer weiter ausholenden Mäandern floß; durch Tiefenerosion in Mindel-Riß-Warmzeit Festlegung dieser Flußschlingen als Talmäander in 80–90 m tiefem Taleinschnitt, so daß rißkaltzeitlicher Flußlauf schon nahezu heutigen Moselmäandern entsprach (→ II, 130).

*Völlig neue Entwässerungssysteme* entwickelten sich in glazialen Aufschüttungsgebieten vor Rand der Inlandeiskalotten. Als breite Sammeladern der Schmelzwässer entstandene *Urstromtäler* (→ III, 96) bestimmen z. B. im norddeutschen Tiefland bis zur Gegenwart Abflußrichtung der großen Flüsse.

*Formungsmechanismen periglazialen Frostwechselklimas* unterlagen alle *nicht vergletscherten* Gebiete heutiger Zone feucht-gemäßigter Waldklimate, d. h. gesamtes eisfreies Areal zwischen geschlossenem polarem Inlandeis, isoliert aufragenden vergletscherten Mittelgebirgen und Eisstromnetzen der Hochgebirge und ihrer Vorländer. Morphodynamik dieser etwa 15 Mill. km² umfassenden eisfreien Zone entsprach weitgehend derjenigen heutiger, nur halb so großer polarer und subpolarer Frostwechselzone (2) mit gleichem Formenschatz, jedoch modifiziert durch polfernere Lage (→ IV, 71): in Mittelbreiten höhere Sonnenstände, kein Wechsel zwischen Polarnacht und Polartag, schnellerer Ablauf der Schneeschmelze, häufigerer Frostwechsel, größere Auftautiefe des Bodens (in Mitteleuropa bis 3 m); daher *intensivere periglaziale Solifluktion* in *allen* Höhenstufen, auch in wenig über Meeresniveau gelegenen Tieflandsgebieten, wirksam: mächtige *Wanderschuttdecken* auf Talhängen, die in unteren Abschnitten in konkaven Hangschleppen auslaufen, Umwandlung tertiärer Verwitterungshorizonte mit „schwimmenden" Wollsackblöcken in hochmobile Fließerden, in Hangmulden Konzentration der in Lehm eingebetteten Wollsackblöcke zu *Blockströmen,* Freilegung durch Tiefenverwitterung entstandener Felsburgen infolge solifluidaler Entfernung verhüllender Deckschicht. In England auch ausschl. Entstehung von Tors durch pleitozäne Kryoplanation (→ IV, 73, 108).

*Im Schichtstufenland* wie in heutiger Tundrenzone (2b) Dellen-Solifluktion auf den Landterrassen (Stufenflächen), Hangsolifluktion und Frostverwitterung an Stufenrändern.

*In höchsten Lagen* der Mittelgebirge (z. B. Hohes Rad im Riesengebirge) Entstehung von *Blockmeeren* und scharfkantigen Blöcken; unterscheiden sich deutlich von Blockmeeren und Blockströmen aus wohlgerundeten Wollsackblöcken in tieferen Lagen, die in mehrphasiger Entwicklung aus tertiären Verwitterungsdecken hervorgegangen sind (→ IV, 41).

*In glazialen Aufschüttungsgebieten* vor Rändern nordischen Inlandeises ebenfalls kräftige solifluidale Überformung, da in Mittelbreiten keine „untere" pleistozäne Solifluktionsgrenze. In Periglazialzone geratene Altmoränen erscheinen zerflossen, geschlossene Hohlformen sind verschwunden, Geschiebemergel ist zu Geschiebelehm verwittert. Durch periglazialen Bodenfluß umgestaltete Altmoränenlandschaften deutlich von frischen Formen der Jungmoränenlandschaft zu unterscheiden (→ III, 96 f.).

*Fossile Eiskeilnetze* (Lößkeile) und Pingos (N-Deutschland, Niederlande, Belgien, Frankreich, Polen) beweisen kaltzeitliche Existenz von Dauerfrostböden in Mittelbreiten (H. POSER, G. WIEGAND). Viele der früher auf verschüttete, dann geschmolzene Toteisblöcke zurückgeführten Sölle (→ III, 99) haben sich als fossile Pingos bzw. als Thermokarsterscheinungen (→ IV, 78), erwiesen. Kryoturbationsböden in Form von Brodel-, Taschen- oder Würgeböden in Kiesgruben schleswig-holsteinischer Geest ebenso nachgewiesen wie als fossile Steinnetze in deutschen Mittelgebirgen, jedoch infolge einst häufigeren Frostwechsels von geringerem Durchmesser und Tiefgang als in heutiger polarer Frostschutzzone; dagegen dort verhältnismäßig seltene *asymmetrische Täler* (→ II, 98) geradezu typisch für Periglazialzone mittlerer Breiten, bes. für tertiäre Hügelländer des Alpenvorlandes, da Unterschied zwischen besonnten und beschatteten Talseiten in polferneren Gebieten viel bedeutsamer ist als allseitig wirkende Mitternachtssonne; ausgebildet als Kerb-, Mulden- oder Sohlentäler (→ II, Abb. 14).

*Löß* (→ II, 85 f.) ebenfalls charakteristisch für pleistozäne Periglazialgebiete der Mittelbreiten; wurde in trocken-kalten Hochglazialen aus vegetationslosen Gletschervorfeldern, Sandern und im Winter wasserlosen Schottersohlen der Flüsse ausgeweht und in mächtigen Polstern am Fuß und im Windschatten der Mittelgebirge niedergeschlagen. Staubmassen wurden von Westwinden verdriftet und durch Bodenvegetation der Lößtundra ausgekämmt. In trocken-kalten Glazialzeiten der Mittelbreiten höherer Anstieg sommerlicher Temperaturen, stärkere Abtrocknung der Sanderflächen, günstigere Vegetationsbedingungen als in heutiger Arktis, in der Lößsedimentation nur unbedeutend ist (→ IV, 83). In feucht-kalten Frühglazialen vorwiegend Bildung von Schwemmlöß, dessen Ablagerung jeweils äolischer Sedimentation voranging.

*Binnendünen* wurden in früher Postglazialzeit von Westwinden auf O-Seite pleistozäner Flüsse, z. B. auf Niederterrasse des Rheins, aufgeweht, bevor sich Wald auf ihnen ausbreitete.

Morphodynamik pleistozänen Periglazialgebiets Mitteleuropas, N-Amerikas und Japans war — wie die heutiger polarer Frostschuttzone — beherrscht von Solifluktionsvorgängen, die in unteren Hangabschnitten („Frostunterhängen") zu pedimentartigen Verflachungen führten, ferner von Runsenspülung an Steilhängen und von *exzessiver Talbildung*. Zerschneidung tertiären Flachreliefs durch 100—300 m in die Mittelgebirge eingesenkte Täler geht auf kräftige Tieferschaltung breiter Talsohlen unter entscheidender Beteiligung des Eisrindeneffekts zurück (→ IV, 81). Hauptphasen der in voller Sohlenbreite erfolgten Tieferverlegung waren jeweils feucht-kalte Frühglaziale mit kräftigem Abfluß der Schneeschmelzhochwässer. In trockeneren Hochglazialen überwogen dagegen Seitenerosion und Aufschotterung bis zur Talverschüttung. Kaltzeitliche eustatische Meeresspiegelabsenkungen können zur Intensivierung der Tiefenerosion zusätzlich beigetragen haben, sofern Flüsse nicht in Flachmeere mündeten; in diesen Fällen blieb Absenkung infolge Verlängerung der Unterläufe ohne Einfluß auf Erosionsleistung.

*Pleistozäne Talböden* sind *stufenlos* und reichen wie in Arktis bis weit in Zentralgebiete der Gebirge zurück. Wo im Längsprofil Gefällsknicke auftreten, beruhen diese auf Hebung, eustatischen Meeresspiegelschwankungen, Änderung in der Wasserführung oder Härteschwellen (→ II, 115). Terrassen im Querprofil fehlen; die sanft-konkaven Talhänge sind durch Solifluktion geglättet und mit Wanderschutt bedeckt, der in die Schottermassen der breiten Talsohlen eingeht.

Die demgegenüber in heutigen Querprofilen pleistozän eingetiefter Täler auftretenden Terrassen stellen bereits andersartiges Formelement der 4. Reliefgeneration dar.

*4. Reliefgeneration pleistozäner Warmzeiten.* Terrassensysteme in tieferen Talfurchen mittlerer Breiten sind Ergebnis der Zerschneidung kaltzeitlich gebildeter, in ganzer Breite tiefergeschalteter schotterreicher Talsohlen in pleistozänen Warmzeiten. Talböden sind also glazialzeitlicher Entstehung, ihre Auflösung in Terrassen fällt in die Interglaziale, in denen infolge fehlender Mitwirkung des Eisrindeneffekts ähnliche Bedingungen abgeschwächter („retardierter") Talbildung herrschten wie in der Gegenwart. Vermehrte warmzeitliche Wasserführung hat gelegentlich Flußanzapfungen zur Folge gehabt, z. B. des Maas-Oberlaufs bei Toul. Durch warmzeitliche eustatische Meeresspiegelanstiege können in Flußunterläufen entgegengesetzte morphodynamische Wirkungen (Aufschotterung) oder Interferenzerscheinungen eingetreten sein (→ II, 110).

*5. Reliefgeneration der Gegenwart* umfaßt den subrezenten Formenschatz früher Postglazialzeit und rezente eingangs beschriebene Formen und Formungsprozesse, die nicht mehr darstellen als Ziselierungen am altüberkommenen Relief. Fortsetzung der im Pleistozän eingeleiteten Zerstörung tertiärer Altformen. Glazialer Formenschatz besser erhalten als in polarer Frostwechselzone (2a), da im Bereich heutiger feucht-gemäßigter Mittelbreiten periglaziale Morphodynamik der frühen Postglazialzeit infolge Klimabesserung schnell durch heutige Formungsmechanismen *ersetzt* wurde; in Subarktis dagegen haben bis zur Gegenwart fortwirkende Periglazialprozesse eiszeitlichen Formenschatz weitgehend überprägt und ausgelöscht. Dies vor allem deshalb bemerkenswert, weil Gletscher in Mittelbreiten bereits vor 10 000 Jahren, d. h. erheblich früher zurückschmolzen als in höheren Breiten, die erst in jüngerer Zeit eisfrei wurden.

Mit jeweiligem Klimawechsel wurden klimatypische Formbildungsprozesse entweder völlig beendet und entstandene Formen in Folgezeit mehr oder weniger starker Zerstörung unterworfen (z. B. Zertalung tertiärer Rumpfflächen), oder veränderte Morphodynamik führte zur Fortentwicklung und Entstehung von *Mehrzeitformen* (→ IV, 40), die für keinen *einzelnen* klimageomorphologischen Bereich zonentypisch sind:

*glaziale U-Täler*, die aus tertiären V-Tälern hervorgegangen sind (→ III, Abb. 12);

*Ästuare*, die durch postglaziale Überflutung der infolge pleistozäner Meeresspiegelabsenkung übertieften Flußmündungen entstanden;

*Fjorde* und *Fjärden* (→ III, 129 ff.), die im Postglazial ertrunkene, vom Gletschereis überarbeitete Trogtäler darstellen, und *Förden*, die vom Meer überflutete subglaziale Schmelzwasserrinnen sind;

*Blockströme* deutscher Mittelgebirge, deren *Genese 3-phasig* verlief: Bildung wohlgerundeter Wollsackblöcke durch tropische Tiefenverwitterung im Tertiär (örtlich sogar im Perm, G. MATTHESS), solifluidaler Transport im Pleistozän, Ausspülung des feinen Fließerdematerials im Postglazial (→ IV, 41). Gleichartige polygenetische Blockstromentwicklung auch in Tasmanien nachgewiesen (N. CAINE). In deutschen Mittelgebirgen auf großflächigen Kahlschlägen an wenig geneigten Hängen in der Gegenwart noch Freispülung von Wollsackblöcken aus fossilen Verwitterungsdecken (potentielle Blockmeere).

Von H. MORTENSEN angenommene 2-phasige Entstehung mitteleuropäischer Schichtstufenlandschaften — Formung der Stufenflächen durch tertiäre Flächenspülung, erosive Herausarbeitung der Stufenränder im Pleistozän und Holozän („alternierende Abtragung", → II, 203 f.) — in dieser zeitlichen Differenzierung nicht bestätigt. Durch Dellensolifluktion und Kryoplanation auch im Pleistozän Überformung der Stufenflächen (→ IV, 109), durch Hangsolifluktion und Frostverwitterung gleichzeitig Stufenrückwanderung; dabei in feuchteren Initialphasen der Kaltzeiten vorwiegend Fließerdebewegungen in tonreichen Basisschichten am Unterhang, in trockeneren Hochglazialen Verlagerung der Aktivität an stufenbildenden Oberhang: Frostsprengung, Bildung von Wanderschuttdecken (H. BLUME — H. K. BARTH). Wirkung rezenter Quellerosion demgegenüber zweitrangig, findet hauptsächlich Ausdruck in Buchtung der Stufenränder. *Weitgehende Abtragsruhe* nur durch episodische Wandabbrüche und Hangrutschung unterbrochen (→ IV, 104).

Klimageomorphologische Hauptmerkmale feucht-gemäßigter Waldklimate: Relief fast völlig, nach Schätzungen BÜDELS zu 95—97 %, durch vorzeitliche Morphodynamik geprägt.

*In 4 fossilen Reliefgenerationen* spiegeln sich Formungsmechanismen, die in zahlreichen klimageomorphologischen Zonen der Gegenwart wirksam sind und die *in gleicher Kombination in keiner anderen Region der Erde* auftreten, auch in keiner anderen sich gleichermaßen zeitlich abgelöst haben. *Relief der Mittelbreiten* ist Mosaik aus:

— fossilen *Rumpfflächen* tropisch-wechselfeuchter Klimate mit Roterdedecken, Felsburgen und Inselbergen,

— *Pedimenten* und *Hochböden* trockener subtropischer Klimate,

— *Flußterrassen* als Ergebnis warmzeitlicher Zerschneidung der in pleistozänen Kaltzeiten entstandenen breiten Talsohlen,

— glazialen *Abtragungs-* und *Aufschüttungsformen* polaren Klimas,

— *Kryoturbations-* und *Solifluktionserscheinungen* periglazialen Frostwechselklimas,

— *Lößpolstern* winterkalter Steppen- und Tundrenklimate.

*Die 5. Reliefgeneration der Gegenwart* dokumentiert gegenüber all diesen landschaftsbeherrschenden Formengruppen die bisher nur *bescheidene morphodynamische Wirksamkeit rezenten* feucht-gemäßigten *Klimas*. Selbst die für heutige Flüsse viel zu breiten Talsohlen (z. B. Mosel, Neckar, Tauber, Main, Saale, Moldau) sind würmkaltzeitlicher Entstehung, und allein die wenig darin eingesenkten Hoch- und Niedrigwasserbetten repräsentieren Formen der Gegenwart. Dabei ist freilich nicht zu übersehen, daß rezente morphodynamische Prozesse erst seit Ende der Eiszeit, d. h. nicht länger als seit rd. 10 000 Jahren, wirksam sind. Beurteilung faktischer Prägekraft feucht-gemäßigten Klimas ist durch fehlenden Zeitvergleich erschwert und Trennung „natürlichen" zonentypischen Formenschatzes von anthropogen beeinflußten Erscheinungen schwierig, da in feucht-gemäßigten Waldklimaten am dichtesten besiedelte und wirtschaftlich erschlossenste Gebiete der Erde liegen. Dennoch *Analyse rezenter Formungsprozesse* möglich:

*Mechanische und chemische Verwitterung* insges. mäßig stark, in Intensität jahreszeitlich wechselnd, mit bedeutendem Anteil der Hydratationssprengung an Vergrusung anstehenden Gesteins. Petrographische Unterschiede von ausschlaggebender Bedeutung. Vielfältiger Karstformenschatz als Ergebnis aktiver Lösungsverwitterung in Kalkgebieten. Unveränderte Erhaltung von in A-, B- und C-Horizonte gegliederten Verwitterungsböden *in situ:* „Nichttropische Ortsbodenzone" BÜDELS.

*Denudation* im Waldland gering, auf Rodungsflächen je nach Hangneigung Erosionsschäden. Unter Vegetationsdecke schwache Bodenversetzungen („Gekriech"), weit hinter Wirkungen periglazialer Solifluktion zurückbleibend; außer Verstürzung einzelner Blöcke völlige Ruhelage fossiler Blockströme; Windabtragung unbedeutend. Beachtlicher Abtragungseffekt durch spontane Massenversetzungen in rutschfreudigem Material.

*Lineare Tiefenerosion* von geringer Intensität (BÜDELS „Ektropische Zone retardierter Talbildung"), jedoch insges. wirksamer als flächenhafte Abtragung. Kräftige Reliefzerschneidung im Hochgebirge; Kerbtaltypus vorherrschend. Dort in Frostwechselzone als 2. klimageomorphologische Höhenstufe feucht-gemäßigter Waldklimate Auftreten modifizierter Formengruppen polarer und subpolarer Frostwechselzone, in vergletscherten Gebieten vollständige Entwicklung des glazialen Formenschatzes.

## Literatur

Weitere einschlägige Literatur → Bd. II u. III
der „Geomorphologie in Stichworten"

AHORNER, L. u. KAISER, K. H.: Über altpleistozäne Kalt-Klima-Zeugen (Bodenfrost-Erscheinungen) in der Niederrheinischen Bucht. Decheniana 116, 1964, S. 3-19

BACHMANN-VOEGELIN, F.: Fossile Strukturböden und Eiskeile auf jungpleistocänen Schotterflächen im nordostschweizerischen Mittelland. Diss. Zürich 1966

BAKKER, J. P.: Einige Probleme der Morphologie und der jüngsten geologischen Geschichte des Mainzer Beckens und seiner Umgebung. Geogr. en Geol. Mededeelingen, Phys.-geogr. 3, Utrecht 1930

– u. LEVELT, TH. W. M.: An inquiry into the probability of a polyclimatic development of peneplains and pediments (etch-plains) in Europe during the Senonian and Tertiary period. Publ. Serv. géol. Luxembourg 14, 1964, S. 27-75

BARSCH, D.: Studien zur Geomorphogenese des zentralen Berner Juras. Basler Beitr. z. Geogr. 9, 1969

BARTELS, G.: Geomorphologie des Hildesheimer Waldes. Göttinger Geogr. Abh. H. 41, 1967

BEAUJEU-GARNIER, J.: Modèle périglaciaire dans le Massif Central français. Rev. Géomorph. Dyn. 4, 1953, S. 251-281

BECKSMANN, E.: Geologische Untersuchungen an jungpaläozoischen und tertiären Landoberflächen im Unterharzgebiet. N. Jb. Mineral. etc., Beil.-Bd. 64, Abt. B, 1930, S. 79-146

BEHRE, C. H.: Talus behavior above timber in the Rocky Mountains. J. Geol. 41, 1933, S. 622-635

BIBUS, E.: Zur Morphologie des südöstlichen Taunus und seines Randgebietes. Rhein-Main. Forsch., H. 74, 1971

–: Untersuchungen zur jungtertiären Flächenbildung, Verwitterung und Klimaentwicklung im südöstlichen Taunus und in der Wetterau. Erdkunde 27, 1973, S. 10-26

BIRKENHAUER, J.: Zur älteren Talentwicklung beiderseits des Rheins zwischen Andernach und Bonn. Erdkunde 19, 1965, S. 58-66

–: Der Klimagang im Rheinischen Schiefergebirge und in seinem näheren und weiteren Umland zwischen dem Mitteltertiär und dem Beginn des Pleistozäns. Erdkunde 24, 1970, S. 268-284

–: Zur Talgeschichte des unteren und mittleren Nahegebietes. Decheniana 123, 1971, S. 1-18

BIRKENHAUER, J.: Vergleichende Betrachtung der Hauptterrassen in der rheinischen Hochscholle. Kölner Geogr. Arb., Sonderbd., Festschr. f. K. Kayser, Wiesbaden 1971, S. 99-140
—: Verharren und Änderung der Hauptabdachung am Rheindurchbruch bei Bingen und im Gebiet der Idsteiner Querfurche, Westdeutschland. Z. Geomorph. N. F., Suppl.-Bd. 12, 1971, S. 73-106
—: Modelle der Rumpfflächenbildung und die Frage ihrer Übertragbarkeit auf die deutschen Mittelgebirge am Beispiel des Rheinischen Schiefergebirges. Z. Geomorph. N. F., Suppl.-Bd. 14, 1972, S. 39-53
BLANCK, E.: Über Granitverwitterung vom Schenkenberg bei Lindenfels im Odenwald. Chemie der Erde 7, 1932, S. 553-565
—, ALTEN, F. u. HEIDE, F.: Über rotgefärbte Bodenbildungen und Verwitterungsprodukte im Gebiet des Harzes. Chemie der Erde, II, 1926, S. 114-133
— u. PETERSEN, H.: Über die Verwitterung des Granits am Wurmberge bei Braunlage im Harz. J. Landwirtsch. 71, Berlin 1924, S. 181-209
BLENK, M.: Morphologie des nordwestlichen Harzes und seines Vorlandes. Göttinger Geogr. Abh., H. 24, 1960
BLUME, H. u. BARTH, H. K.: Die pleistozäne Reliefentwicklung im Schichtstufenland der Driftless Area von Wisconsin (USA). Tübinger Geogr. Stud. 45, 1971
— —: Schichtstufenrelief und Rumpfflächen in den südlichen Appalachen-Plateaus von Tennessee. Die Erde 1973, S. 294-313
— —, SCHWARZ, R. u. ZEESE, R.: Geomorphologische Untersuchungen im Württembergischen Keuperbergland. Tübinger Geogr. Stud. 46, 1971
BOBEK, H.: Die jüngere Geschichte der Inntalterrasse und der Rückzug der letzten Vergletscherung im Inntal. Jb. Geol. Bundesanst. 85, Wien 1935, S. 135-189
BOCHT, B.: Über rezente und fossile Granitverwitterung im Gebiet des Harzes. Chemie der Erde 13, 1940/41, S. 104-134
BRAUN, U.: Der Felsberg im Odenwald. Heidelberger Geogr. Arb. 26, 1969
BREMER, H.: Flußerosion an der oberen Weser. Ein Beitrag zu den Problemen des Erosionsvorganges, der Mäander und der Gefällskurve. Göttinger Geogr. Abh., H. 22, Göttingen 1959
—: Neuere flußmorphologische Forschungen in Deutschland. Ber. z. dt. Landeskde. 25, 1960, S. 283-299
—: Beiträge zur Morphologie norddeutscher Schichtstufen- und Schichtkammlandschaften (Sammelbesprechung). Geogr. Z. 59, 1971, S. 57-70
BRONGER, A.: Lösse, ihre Verbraunungszonen und fossilen Böden. Schr. Geogr. Inst. Kiel, 24, H. 2, 1966
—: Zur Klimageschichte des Quartärs von Südbaden auf bodengeographischer Grundlage. Peterm. Geogr. Mitt. 113, 1969, S. 112-124
BROSCHE, K. U.: Zum Problem der Auffindung und Deutung von Reliefgenerationen in Schichtkamm- und Schichtstufenlandschaften. Z. Geomorph., N. F. 13, 1969, S. 484-505
BRÜNING, H.: Periglazial-Erscheinungen und Landschaftsgenese im Bereich des mittleren Elbetales bei Magdeburg. Göttinger Geogr. Abh., H. 23, 1959
BRUNNACKER, K.: Löß und diluviale Bodenbildungen in Südbayern. Eisz. u. Gegenw. 4/5, 1954, S. 83-86
BÜDEL, J.: Die morphologische Entwicklung des südlichen Wiener Beckens und seiner Umrandung. Berliner Geogr. Arb. 4, 1934

BÜDEL, J.: Die Rumpftreppe des westlichen Erzgebirges. Verh. u. wiss. Abh., Dt. Geographentag Bad Nauheim 1934, Breslau 1935, S. 138-147
—: Eiszeitliche und rezente Verwitterung und Abtragung im ehemals nicht vereisten Teil Mitteleuropas. Peterm. Geogr. Mitt., Erg.-H. 229, 1937
—: Das Verhältnis von Rumpftreppen zu Schichtstufen in ihrer Entwicklung seit dem Altteriär. Peterm. Geogr. Mitt. 84, 1938, S. 229-238
—: Grundzüge der klimamorphologischen Entwicklung Frankens. Würzburger Geogr. Arb. 4/5, 1957, S. 5-46
CAINE, N.: The tors of Ben Lomond, Tasmania. Z. Geomorph., N. F. 11, 1967, S. 418-429
—: The Blockfields of Northeastern Tasmania. Australian National Univ. Press., Canberra 1968
CVIJIĆ, J.: Neue Ergebnisse über die Eiszeit auf der Balkanhalbinsel. Mitt. Geogr. Ges. Wien 47, 1904, S. 149-195
CZUDEK, T., DEMEK, J., MARVAN, P., PANOŠ, V. u. RAUŠER, J.: Verwitterungs- und Abtragungsformen des Granits in der Böhmischen Masse. Peterm. Geogr. Mitt. 108, 1964, S. 182-192
DEECKE, W.: Über Blockhalden und Felsenmeere in Baden. Ber. Naturforsch. Ges. Freiburg 34, 1935, S. 1-19
DEMEK, J.: Slope development in granite areas of Bohemian Massif (Czechoslovakia). Z. Geomorph., Suppl.-Bd. 5, 1964, S. 83-106
DÖRRER, I.: Die tertiäre und periglaziale Formengestaltung des Steigerwaldes. Forsch. dt. Landeskde. 185, 1970
—: Zur Morphologie des rezenten und fossilen Karstes am Nordrand der Causses. Z. Geomorph. N. F. Suppl. Bd. 14, 1972, S. 81-91
DONGUS, H. J.: Alte Landoberflächen der Ostalb. Forsch. dt. Landeskde. 134, 1962
—: Die Oberflächenformen der mittleren Schwäbischen Alb (östl. Teil). Jh. Karst- u. Höhlenkde. 32, München 1963, S. 21-43
DÜCKER, A.: Die Windkanter des Norddeutschen Diluviums in ihren Beziehungen zu periglazialen Erscheinungen und zum Decksand. Jb. Preuß. Geol. Landesanst. 54, 1933, S. 487-530
—: Fossile Bodenfrosterscheinungen (Brodelböden) in Schleswig-Holstein. Die Heimat, 1934, S. 235-240
—: Über Strukturböden im Riesengebirge. Z. Dt. Geol. Ges. 89, 1937, S. 113-129
DÜRR, E.: Kalkalpine Sturzhalden und Sturzschuttbildung in den westlichen Dolomiten. Tübinger Geogr. Stud. 37, Tübingen 1970
DUPHORN, K.: Neue Ergebnisse der Eiszeitforschung im und am Westharz. Z. Geomorph., N. F. 13, 1969, S. 324-334
EBERS, E. u. WEINBERGER, L.: Die Periglazial-Erscheinungen im Bereich und Vorfeld des eiszeitlichen Salzach-Vorlandgletschers im nördlichen Alpenvorland. Göttinger Geogr. Abh., H. 15, 1954, S. 5-90
EBERT, A.: Beiträge zur Kenntnis der prätertiären Landoberfläche im Thüringerwald und Frankenwald. Jb. Preuß. Geol. Landesanst. 41, Tl. 1, 1920, S. 392-470
EISSELE, K. u. SCHÄDEL, K.: Periglaziale Strukturen auf der Hochfläche der Schwäbischen Alb. Jber. u. Mitt. oberrhein. Geol. Ver. 39, 1957, S. 87-98
ENGLER, J.: Zum Problem alter Landoberflächen im Raum zwischen Feldberg, Schauinsland und Belchen (Hochschwarzwald). Badische Geogr. Abh. 15, 1936

ERGENZINGER, P.: Die eiszeitliche Vergletscherung des Bayerischen Waldes. Eisz. u. Gegenw. 18, 1967, S. 152-168
—: Morphologische Untersuchungen im Einzugsgebiet der Ilz (Bayer. Wald). Berliner Geogr. Abh. 2, 1965, S. 1-48
FEZER, F.: Schuttmassen, Blockdecken und Talformen im nördlichen Schwarzwald. Göttinger Geogr. Abh., H. 14, 1953, S. 45-77
—: Eiszeitliche Erscheinungen im nördlichen Schwarzwald. Forsch. dt. Landeskde. 87, Remagen 1957
—: Tiefenverwitterung circumalpiner Pleistozänschotter. Heidelberger Geogr. Arb. 24, 1969
—, GÜNTER, W. u. REICHELT, G.: Plateauverfirnung und Talgletscher im Nordschwarzwald. Abh. Braunschweig. Wiss. Ges. 13, 1961, S. 66-72
FLOHR, E. F.: Alter, Entstehung und Bewegungserscheinungen der Blockmeere im Riesengebirge. Veröff. Schles. Ges. f. Erdkde. u. d. Geogr. Inst. Univ. Breslau, 1934, S. 395-418
FRÄNZLE, O.: Geomorphologie der Umgebung von Bonn. Arb. Rhein. Landeskde. 29, Bonn 1969
FROMME, G.: Kalkalpine Schuttablagerungen als Elemente nacheiszeitlicher Landschaftsformung im Karwendelgebirge. Veröff. Museum Ferdinandeum 35, 1955, S. 5-130
FURRER, G.: Solifluktionsformen im Schweizerischen Nationalpark. Ergebn. d. wiss. Untersuchungen d. Schweiz. Nationalparks, IV, 29, Zürich 1954, S. 200-275
—: Die Srtukturbodenformen der Alpen. Geogr. Helvet. 10, 1955, S. 193-212
—: Die Höhenlage von subnivalen Bodenformen. Habil. Schr., Zürich Pfäffikon ZH 1965
— u. BACHMANN, F.: Solifluktionsdecken im schweizerischen Hochgebirge als Spiegel der postglazialen Landschaftsentwicklung. Z. Geomorph., Suppl. Bd. 13, 1972, S. 163-172
GALLOWAY, R. W.: Periglacial Phenomena in Scotland. Geogr. Ann. 43, 1961, S. 348-353
GEILENKEUSER, H.: Beiträge zur Morphogenese der Lößtäler im Kaiserstuhl. Freiburger Geogr. Hefte 9, 1970
GELLERT, J. F.: Geomorphologie des Mittelschlesischen Inselberglandes. Z. Dt. Geol. Ges. 83, 1931, S. 431-447
—: Grundzüge der physischen Geographie von Deutschland, Bd. 1, Berlin 1958
—: Zur Problematik der verschütteten Bergländer (Inselbergländer) im sächsischen und schlesischen Gebirgsvorland und der „fossilen Inselberge" in den Mittelgebirgen Mitteleuropas. Wiss. Z. P. H. Potsdam, Math.-nat. R. 11, 1967, S. 281-286
GERBER, E.: Bildung und Formen von Gratgipfeln und Felswänden in den Alpen. Z. Geomorph., Suppl.-Bd. 8, 1969, S. 94-118
GERMAN, R.: Zur Deutung pleistozäner Sedimente und Formen I. Vergleiche mit rezenten Gletschergebieten (Großer Aletschgletscher). Jh. Ver. vaterl. Naturkde. Württ. 117, 1962, S. 122-141
GERSTENHAUER, A.: Die Karstlandschaften Deutschlands, mit einer zweifarbigen Karte. Abh. Karst- u. Höhlenkde., R. A, H. 5, München 1969, S. 1-8
GIERMANN, G.: Die würmeiszeitliche Vergletscherung des Schauinsland-Trubelsmattkopf-Knöpflesbrunnen-Massivs (südl. Schwarzwald). Ber. Naturforsch. Ges. Freiburg 54, 1964, S. 197-207

GILEWSKA, S.: Fossil Karst in Poland. Erdkunde 18, 1964, S. 124-135
GOEDECKE, R.: Die Oberflächenformen des Elm. Göttinger Geogr. Abh., H. 35, 1966
GRAHMANN, R.: Der Löß in Europa. Mitt. Ges. f. Erdkde. Leipzig, 1930-31, S. 5-24
GRAUL, H.: Morphologie der Ingolstädter Ausräumungslandschaft. Forsch. Dt. Landeskde. 43, 1943
HAASE, E.: Glazialgeologische Untersuchungen im Hochschwarzwald (Feldberg-Bärhalde-Kamm). Ber. Naturforsch. Ges. Freiburg 55, 1965, S. 365-390
HABBE, K. A.: Zur klimatischen Morphologie des Alpensüdrandes − Untersuchungen in den Moränenamphitheatern der Etsch und des Gardasees. Nachr. Akad. Wiss. Göttingen, Math.-phys. Kl. 10, 1960, S. 179-203
−: Die würmeiszeitlichen Gletscher in den Tälern des Gardasees, der unteren Etsch und des Chiese. Tagungsber. u. wiss. Abh., Dt. Geographentag Heidelberg 1963, Wiesbaden 1965, S. 197-205
HAGEDORN, H.: Morphologische Studien in den Geestgebieten zwischen Unterelbe und Unterweser. Göttinger Geogr. Abh., H. 26, 1961
−: Geomorphologie des Ülzener Beckens. Göttinger Geogr. Abh., H. 31, 1964
HANEFELD, H.: Die glaziale Umgestaltung der Schichtstufenlandschaft am Nordrand der Alleghenies. Schr. Geogr. Inst. Univ. Kiel 19, H. 1, 1960
HARD, G.: Grabenreißen im Vogesensandstein. Rezente und fossile Formen der Bodenerosion im „mittelsaarländischen Waldland". Ber. dt. Landeskde. 40, 1968, S. 81-91
HASERODT, K.: Untersuchungen zur Höhen- und Altersgliederung der Karstformen in den Nördlichen Kalkalpen. Münchner Geogr. Hefte 27, 1965
HASTENRATH, S.: Zur vertikalen Verteilung der Frostwechsel- und Schneedekkenverhältnisse in den Alpen. Diss. Bonn 1960
HELBIG, K.: Asymmetrische Eiszeittäler in Süddeutschland und Ostösterreich. Würzburger Geogr. Arb. 14, 1965
HEMPEL, L.: Studien über Verwitterung und Formenbildung im Buntsandstein. Ein Beitrag zur klimatischen Morphologie. Göttinger Geograph. Abh., H. 11, 1952
−: Studien über Verwitterung u. Formenbildung im Muschelkalkgestein. Ein Beitrag zur klimatischen Morphologie. Göttinger Geograph. Abh., H. 18, 1955
−: Eiszeitklima und Gesteinsstruktur − Ihre Bedeutung für die asymmetrischen Talformen im Buntsandstein. Eisz. u. Gegenw. 9, 1958, S. 49-60
HÖHL, G.: Die untere Grenze von Strukturbodenformen in den Gurktaler und Seetaler Alpen. Eisz. u. Gegenw. 6, 1955, S. 125-132
HÖLLERMANN, P.: Rezente Verwitterung, Abtragung und Formenschatz in den Zentralalpen am Beispiel des oberen Suldentales (Ortlergruppe). Z. Geomorph., Suppl.-Bd. 4, 1964
−: Zur Verbreitung rezenter periglazialer Kleinformen in den Pyrenäen und Ostalpen (mit Ergänzungen aus dem Apennin und dem französischen Zentralplateau). Göttinger Geogr. Abh., H. 40, 1967
HÖVERMANN, J.: Morphologische Untersuchungen im Mittelharz. Göttinger Geogr. Abh. H. 2, 1949
−: Zur Altersdatierung der Granitvergrusung. N. Arch. f. Niedersachsen 4, 1950, S. 489-491

HÖVERMANN, J.: Die Periglazial-Erscheinungen im Harz. Göttinger Geogr. Abh., H. 14, 1953, S. 3-39
—: Die Periglazial-Erscheinungen im Tegernseegebiet. Göttinger Geogr. Abh., H. 15, 1954, S. 91-124
—: Studien über die Genesis der Formen im Talgrund südhannoverscher Flüsse. Nachr. Akad. Wiss. Göttingen, math.-phys. Kl. IIb, 1953, S. 1-14
HÜSER, K.: Geomorphologische Untersuchungen im westl. Hintertaunus. Tübinger Geogr. Stud., H. 50, 1972
HUTTENLOCHER, F.: Die Kuppen der Schwäbischen Alb und ihre morphologischen Probleme. H. v. Wissmann-Festschr., Tübingen 1962, S. 321-332
JESSEN, O.: Dünen und Klimaschwankungen. Z. Ges. f. Erdkde. Berlin 1935, S. 161-169
—: Tertiärklima und Mittelgebirgsmorphologie. Z. Ges. f. Erdkde. Berlin, 1938, S. 36-49
JOHNSSON, G.: Periglacial phenomena in Southern Sweden. Geogr. Ann. 44, Stockholm 1962, S. 378-404
KÄUBLER, R.: Junggeschichtliche Veränderungen des Landschaftsbildes im mittelsächsischen Lößgebiet. Wiss. Veröff. Dt. Museum f. Länderkde. Leipzig, N. F. 5, 1938, S. 71-97
KAISER, K.: Klimazeugen des periglazialen Dauerfrostbodens in Mittel- und Westeuropa. Eisz. u. Gegenw. 11, 1960, S. 121-141
—: Probleme und Ergebnisse der Quartärforschung in den Rocky Mountains (i. w. S.) und angrenzenden Gebieten. Z. Geomorph., N. F. 10, 1966, S. 264-302
KANDLER, O.: Untersuchungen zur quartären Entwicklung des Rheintales zwischen Mainz/Wiesbaden und Bingen/Rüdesheim. Mainzer Geogr. Stud. 3, 1970
KARRASCH, H.: Das Phänomen der klimabedingten Reliefasymmetrie in Mitteleuropa. Göttinger Geogr. Abh., H. 56, 1970
KELLERSOHN, H.: Untersuchungen zur Morphologie der Talanfänge im mitteleuropäischen Raum. Kölner Geogr. Arb. 1, 1952
KELLETAT, D.: Rezente Periglazialerscheinungen im Schottischen Hochland. Untersuchungen zu ihrer Verbreitung und Vergesellschaftung. Göttinger Geogr. Abh., H. 51, 1970, S. 67-140
—: Zum Problem der Verbreitung, des Alters und der Bildungsdauer alter (inaktiver) Periglazialerscheinungen im Schottischen Hochland. Z. Geomorph., N. F. 14, 1970, S. 510-519
KINZL, H.: Beobachtungen über Strukturböden in den Ostalpen. Peterm. Geogr. Mitt. 74, 1928, S. 261-265
KLIMASZEWSKI, M.: Bemerkungen und Gedanken zu Studien über die Periglazialerscheinungen in Mitteleuropa. Z. Geomorph. N. F. 3, 1959, S. 47-62
KOLB, A.: Historische Gletscherschwankungen auf der Südhalbkugel, insbesondere auf Neuseeland. Schlern-Schriften 190, Kinzl-Festschr., Innsbruck 1958, S. 123-146
KREBS, N.: Klimatisch bedingte Bodenformen in den Alpen. Geogr. Z. 31, 1925, S. 98-108
KREMER, E.: Die Terrassenlandschaften der mittleren Mosel. Arb. Rhein. Landeskde. 6, Bonn 1954
LAUER, W.: Die Glaziallandschaft des südchilenischen Seengebietes. Acta Geogr. 20, Helsinki 1968, S. 215-236

LEIDLMAIR, A.: Spätglaziale Gletscherstände und Schuttformen im Schlickertal, Stubai. Veröff. Museum Ferdinandeum 32/33, 1952/53, S. 14-33
LEMBKE, H.: Die angebliche Vergletscherung des Harzes zur Eiszeit. Z. Ges. f. Erdkde. Berlin, 1936, S. 121-134
—: Glazial, Periglazial und eiszeitliche Schneegrenze im Harz. Geologie 10, 1961, S. 442-460
LIEDTKE, H.: Die Grundzüge der geomorphologischen Entwicklung im pfälzischen Schichtstufenland. Z. Geomorph., N. F. 11, 1967, S. 332-351
—: Die geomorphologische Entwicklung der Oberflächenformen des Pfälzer Waldes und seiner Randgebiete. Sonderbd. I, Arb. Geogr. Inst. Univ. d. Saarlandes, Saarbrücken 1968
LIEHL, E.: Morphologische Untersuchungen zwischen Elz und Brigach (Mittelschwarzwald). Ber. Naturforsch. Ges. Freiburg 34, 1935, S. 95-212
LINTON, D. L.: The problem of tors. Geogr. J. 121, 1955, S. 470-486
—: The Origin of Pennine tors. Z. Geomorph., N. F. 8, 1964, S. 5-24
LISS, C. C.: Der Morenogletscher in der patagonischen Kordillere, sein ungewöhnliches Verhalten seit 1899 und der Eisdamm-Durchbruch des Jahres 1966. Z. Gletscherkde. u. Glazialgeol. 6, 1970, S. 161-180
LJUNGNER, E.: East-West Balance of the Quaternary Ice Caps in Patagonia and Scandinavia. Bull. Geol. Inst. Upsala 33, 1946, S. 13-96
LLIBOUTRY, L.: La région du Fitz-Roy (Andes de Patagonie). Rev. Géogr. Alpine 41, Grenoble 1953, S. 667-693
—: Nieves y Glaciares de Chile. Santiago de Chile 1956. Bespr. v. H. PASCHINGER in: Z. Gletscherkde. u. Glazialgeol. 4, 1958, S. 161-164
LOTZE, F.: Pleistozäne Vergletscherungen im Ostteil des Kantabrischen Gebirges (Spanien). Akad. Wiss. u. Lit. Mainz, Abh. Math.-nat. Kl. 2, 1962, S. 151-169
LOUIS, H.: Morphologische Studien in Südwest-Bulgarien. Geogr. Abh. 3,2, Stuttgart 1930
—: Glazialmorphologische Studien in den Gebirgen der Britischen Inseln. Berliner Geogr. Arb. 6, Stuttgart 1934
—: Tertiäre Verschüttung und Talepigenese im Rheinischen Schiefergebirge. Verh. Dt. Geographentag Frankfurt 1951, Remagen 1952, S. 199-204
—: Die eiszeitliche Schneegrenze auf der Balkanhalbinsel. Mitt. Bulgar. Geogr. Ges. Sofia, I. Ischirkoff-Festschr., Sofia 1933, S. 27-48
—: Über die ältere Formenentwicklung im Rheinischen Schiefergebirge, insbesondere im Moselgebiet. Münchner Geogr. Hefte 2, 1953
LUNDQUIST, J.: Patterned ground and related frost phenomena in Sweden. Sver. Geol. Unders., Årsbok 55, Stockholm 1962, S. 1-101
MAINZER, J.: Diluvialmorphologische Probleme des Harzes mit besonderer Berücksichtigung der Vergletscherungsfrage. Würzburg 1932
MATTHESS, G.: Zur Vergrusung der magmatischen Tiefengesteine des Odenwaldes. Notizbl. Hess. Landesamt Bodenforsch. 92, Wiesbaden 1964, S. 160-178
MEINECKE, F.: Granitverwitterung, Entstehung und Alter der Granitklippen. Z. Dt. Geol. Ges. 109, 1957, S. 483-498
MENSCHING, H.: Schotterfluren und Talauen im Niedersächsischen Bergland. Göttinger Geogr. Abh., H. 4, 1950
—: Akkumulation und Erosion niedersächsischer Flüsse seit der Eiszeit. Erdkunde 5, 1951, S. 60-70

MENSCHING, H.: Die Entstehung der Aulehmdecken in Nordwestdeutschland. Proc. Third Internat. Congr. Sedimentol., Groningen-Wageningen 1951, S. 193-210
—: Die periglaziale Formung der Landschaft des unteren Werratales. Göttinger Geogr. Abh., H. 14, 1953, S. 1-51
—: Geomorphologie der Hohen Rhön und ihres südlichen Vorlandes. Würzburger Geogr. Arb. 4/5, 1957, S. 47-88
—: Periglazial-Morphologie und quartäre Entwicklungsgeschichte der Hohen Rhön und ihres östlichen Vorlandes. Würzburger Geogr. Arb. 7, 1960
MORTENSEN, H.: Das Formenbild der chilenischen Hochkordillere in seiner diluvial-glazialen Bedingtheit. Z. Ges. f. Erdkde. Berlin, 1928, S. 98-111
—: Blockmeere und Felsburgen in den deutschen Mittelgebirgen. Z. Ges. f. Erdkde. Berlin ,1932, S. 279-287
— u. HÖVERMANN, J.: Der Bergrutsch an der Mackenröder Spitze bei Göttingen. Ein Beitrag zur Frage der klimatisch bedingten Hangentwicklung. Prem. Rapp. Comm. l'Étude Versants, Amsterdam 1956, S. 149-155
MÜCKE, E.: Granitverwitterung und Periglazialformen im östlichen Brockengebiet. Mitt. Geogr. Inst. Halle-Wittenberg 10, Halle 1968, S. 1-17
NEEF, E.: Hanggestaltung und flächenhafte Abtragung im kristallinen Mittelgebirge. Tagungsber. u. wiss. Abh., Dt. Geographentag Essen 1953, Wiesbaden 1955, S. 164-169
NIETSCH, H.: Zur spät- und nacheiszeitlichen Entwicklung einiger Flußtäler in NW-Deutschland. Z. Dt. Geol. Ges. 104, 1952, S. 29-40
—: Hochwasser, Auenlehm und vorgeschichtliche Siedlung. Erdkunde 9, 1955, S. 20-39
OLLIER, C. D. u. THOMASSON, A. J.: Asymmetrical valleys of the Chiltern Hills. Geogr. J. 123, 1957, S. 71-81
PALMER, J.: Tor Formation at the Bridestones in NE-Yorkshire and its Significance in relation to problems of valley-side development and regional glaciation. Inst. of Brit. Geographers, Trans. and papers, Publ. 22, 1956, S. 55-71
— u. NEILSON, R. A.: The Origin of Granite Tors on Dartmoor, Devonshire. Proc. Yorks. Geol. Soc. 33, No. 15, 1962, S. 315-340
— u. RADLEY, G.: Gritstone tors of the English Pennines. Z. Geomorph., N. F. 5, 1961, S. 37-52
PANOŠ, V.: Der Urkarst im Ostflügel der Böhmischen Masse. Z. Geomorph., N. F. 8, 1964, S. 105-162
PASCHINGER, H.: Klimamorphologische Studien im Quartär des alpinen Inntals. Z. Geomorph., N. F. 1, 1957, S. 237-270
—: Klimabedingte Oberflächenformen am Rande der Grazer Bucht. Geogr. Z. 53, 1965, S. 162-170
PASSARGE, S.: Die Vorzeitformen der deutschen Mittelgebirgslandschaften. Peterm. Geogr. Mitt., 1919, S. 41-46
PÉCSI, M.: Die periglazialen Erscheinungen in Ungarn. Peterm. Geogr. Mitt. 107, 1963, S. 161-182
PENCK, A. u. BRÜCKNER, E.: Die Alpen im Eiszeitalter. 3 Bde., Leipzig 1901-09
PFANNENSTIEL, M.: Die Vergletscherung des südlichen Schwarzwaldes während der Rißeiszeit. Ber. Naturforsch. Ges. Freiburg 48, 1958, S. 231-272
— u. PAUL, W.: Diluviale Plateau- und Flankenvereisung im mittleren Schwarzwald. Mittbl. Badisches Geol. Landesamt 1947, Freiburg 1948
— u. RAHM, G.: Die Vergletscherung des Wutachtales während der Rißeiszeit. Ber. Naturforsch. Ges. Freiburg 53, 1963, S. 5-61

PFANNENSTIEL, M. u. RAHM, G.: Die Vergletscherung des Wehratales und der Wiesetäler während der Rißeiszeit. Ber. Naturforsch. Ges. Freiburg 54, 1964, S. 209-278

PILLER, H.: Über Verwitterungsbildungen des Brockengranits nördlich St. Andreasberg. Heidelberger Beitr. Mineral. u. Petrogr. 2, 1951, S. 498-522

—: Über den Verwitterungszustand des Granitgruses vom Fliegenberg westlich Thiersheim (Fichtelgebirge) mit besonderer Berücksichtigung der Schwerminerale. Heidelberger Beitr. Mineral. u. Petrogr. 4, 1954, S. 151-162

PILLEWIZER, W.: Untersuchungen an Blockströmen der Oetztaler Alpen. Abh. Geogr. Inst. FU Berlin 5, Festschr. f. O. Maull, 1957, S. 37-50

PIPPAN, Th.: Geologisch-morphologische Untersuchungen im westlichen oberösterreichischen Grundgebirge. Sitzungsber. Österr. Akad. Wiss., Math.-nat. Kl., Abt. 1, 164, 1955, S. 335-365

—: Beiträge zur Frage der jungen Hangformung und Hangabtragung in den Salzburger Alpen. Nachr. Akad. Wiss. Göttingen, 1963, S. 163-183

PISSART, A.: Les traces de „pingos" du Pays de Galles (Grande Bretagne) et du Plateau des Hautes Fagnes (Belgiques). Z. Geomorph., N. F. 7, 1963, S. 147-165

POSER, H.: Die Oberflächengestaltung des Meißnergebietes. Jb. Geogr. Ges. Hannover 1932/33, Hannover 1933, S. 121-177

—: Dauerfrostboden und Temperaturverhältnisse während der Würmeiszeit im nicht vereisten Mittel- und Westeuropa. Naturwissenschaften 34, 1947, S. 10-18

—: Auftautiefe und Frostzerrung im Boden Mitteleuropas während der Würm-Eiszeit. Naturwissenschaften 34, 1947, S. 232-238, 262-267

—: Boden- und Klimaverhältnisse in Mittel- und Westeuropa während der Würm-Eiszeit. Erdkunde 2, 1948, S. 53-68

—: Äolische Ablagerungen und Klima des Spätglazials in Mittel- und Westeuropa. Naturwissenschaften 35, 1948, S. 269-276, 307-312

—: Zur Rekonstruktion der spätglazialen Luftdruckverhältnisse in Mittel- und Westeuropa auf Grund der vorzeitlichen Binnendünen. Erdkunde 4, 1950, S. 81-88

—: Die Niederterrassen des Okertales als Klimazeugen. Abh. Braunschweig. Wiss. Ges. 2, 1950, S. 109-122

—: Die nördliche Lößgrenze in Mitteleuropa und das spätglaziale Klima. Eisz. u. Gegenw. 1, 1951, S. 27-55

—: Die Periglazial-Erscheinungen in der Umgebung der Gletscher des Zemmgrundes (Zillertaler Alpen). Göttinger Geogr. Abh., H. 15, 1954, S. 125-180

— u. BROCHU, M.: Zur Frage des Vorkommens pleistozäner Glazialformen am Meißner. Abh. Braunschweig. Wiss. Ges. 6, 1954, S. 113-125

— u. HÖVERMANN, H.: Untersuchungen zur pleistozänen Harz-Vergletscherung. Abh. Braunschweig. Wiss. Ges. 3, 1951, S. 61-115

— u. MÜLLER, T.: Studien an den asymmetrischen Tälern des Niederbayerischen Hügellandes. Nachr. Akad. Wiss. Göttingen, Math.-phys. Kl. IIb, 1951, S. 1-32

RATHJENS, C.: Der Hochkarst im System der klimatischen Morphologie. Erdkunde 5, 1951, S. 310-315

—: Karsterscheinungen in der klimatisch-morphologischen Vertikalgliederung des Gebirges. Erdkunde 8, 1954, S. 120

RATHSBURG, A.: Die angebliche Vergletscherung des Erzgebirges zur Eiszeit. 22. Ber. Naturwiss. Ges. Chemnitz, 1928

Rathsburg, A.: Neue Beiträge zur Vergletscherung des Böhmerwaldes während der Eiszeit. Mitt. Ver. f. Erdkde. Dresden, 1929, S. 1-106

Reichelt, G.: Über den Stand der Auelehmforschung in Deutschland. Peterm. Geogr. Mitt. 97, 1953, S. 245-261

—: Zur Frage einer Rißvereisung des Südschwarzwaldes. Erdkunde 14, 1960, S. 53-58

—: Zur Frage pleistozäner Vergletscherung im Harz und Thüringer Wald. Erdkunde 18, 1964, S. 62-65

—: Neuere Beiträge zur Kenntnis der Vergletscherung im Schwarzwald und den angrenzenden Gebieten. Schr. Ver. f. Gesch. u. Naturgesch. d. Baar u. d. angrenzenden Landesteile in Donaueschingen, 26, 1966, S. 108-122

Richter, G.: Quantitative Untersuchungen zur rezenten Auelehmablagerung. Tagungsber. u. wiss. Abh., Dt. Geographentag Kiel 1969, Wiesbaden 1970, S. 413-427

Richter, H., Haase, G., Lieberoth, I. u. Ruske, R.: Periglazial-Löß-Paläolithikum im Jungpleistozän der Deutschen Demokratischen Republik. Gotha/Leipzig 1970

Rohdenburg, H.: Untersuchungen zur pleistozänen Formung am Beispiel der Westabdachung des Göttinger Waldes. Gießener Geogr. Schr. 7, 1965

—: Die Muschelkalkschichtstufe am Ostrand des Sollings und Bramwaldes. Göttinger Geogr. Abh., H. 33, 1965

—: Eiskeilhorizonte in südniedersächsischen und nordhessischen Lößprofilen. Mitt. Dt. Bodenkdl. Ges. 5, 1966, S. 137-170

—: Jungpleistozäne Hangformung in Mitteleuropa. Göttinger Bodenkdl. Ber. 6, 1968, S. 3-107

—: Zur Deutung der quartären Taleintiefung in Mitteleuropa. Die Erde, Berlin 1968, S. 297-304

— u. Meyer, B.: Zur Datierung und Bodengeschichte mitteleuropäischer Oberflächenböden (Schwarzerde, Parabraunerde, Kalksteinbraunlehm): Spätglazial oder Holozän? Göttinger Bodenkdl. Ber. 6, 1968, S. 127-212

— —: Zur Deutung pleistozäner Periglazialformen in Mitteleuropa. Göttinger Bodenkdl. Ber. 7, 1969, S. 49-70

Rother, K.: Über Blockbildungen im nördlichen Talschwarzwald und im Murgtal. Diss. Tübingen 1962

—: Ein Beitrag zum Blockmeerproblem. Z. Geomorph., N. F. 9, 1965, S. 321-331

—: Die eiszeitliche Vergletscherung der Mittelgebirge Mitteleuropas. Geogr. Rdsch. 7, 1971, S. 260-266

Scharlau, K.: Periglaziale und rezente Verwitterung und Abtragung in den hessischen Basaltberglandschaften. Erdkunde 7, 1953, S. 99-110

Schick, M.: Zur Altersstellung der Granitvergrusung im Harz. Mitt. Geogr. Ges. Wien 98, 1956, S. 209-212

—: Fragen des periglazialen Formenschatzes im Harz (Ramberggebiet). Z. Geomorph., N. F. 2, 1958, S. 101-110

Schlegel, W.: Die asymmetrischen Täler des östlichen Weinviertels. Mitt. Österr. Geogr. Ges. 103, Wien 1961, S. 246-266

—: Geomorphologische Beobachtungen in der Baar und ihre Konsequenzen für das Problem der Stufenlandschaft. Geogr. Jber. aus Österreich 33, 1969-1971, S. 89-108

SCHMITTHENNER, H.: Die Oberflächenformen des nördlichen Schwarzwaldes. Geogr. Z., 1927, S. 186-193
—: Probleme aus der Lößmorphologie in Deutschland und China. Geol. Rdsch. 23a, 1933, S. 205-217
—: Das Alter der Abtragungslandschaft im außeralpinen Deutschland. Geogr. Z. 49, 1943, S. 248-257
SCHMITZ, H.: Glazialmorphologische Untersuchungen im Bergland Nordwestspaniens (Galicien/León). Kölner Geogr. Arb. 23, 1969
SCHÖNHALS, E.: Über fossile Böden im nichtvereisten Gebiet. Eisz. u. Gegenw. 1, 1951, S. 109-130
SCHOTT, C.: Die Blockmeere in den deutschen Mittelgebirgen. Forsch. dt. Landeskde. 29, 1931
—: Das Problem des Dauerfrostbodens in den Randgebieten des Norddeutschen Inlandeises. Z. Ges. f. Erdkde. Berlin, 1932, S. 287-299
SCHREPFER, H.: Oberflächengestalt und eiszeitliche Vergletscherung im Hochschwarzwald. Geogr. Anz. 27, 1926, S. 197-209
SCHUNKE, E.: Die Schichtstufenhänge des Leine-Weser-Berglandes — Methoden und Ergebnisse ihrer Untersuchung. Geol. Rdsch. 58, 1969, S. 446—464
SCHWARZ, R.: Die Schichtstufenlandschaft der Causses. Tübinger Geogr. Stud. 39, 1970
SCHWEINFURTH, U.: Ein Polygonboden auf Mt. Allen, Stewart Island (Neuseeland). Z. Geomorph., N. F. 8, 1964, S. 1-6
SCHWIND, M.: Eiszeitforschung in Japan. Glazialformen und Strukturböden in den Japanischen Nordalpen. Geogr. Z. 41, 1935, S. 292-297, 43, 1937, S. 57-70
SEEGER, M.: Fossile Verwitterungsbildungen auf der Schwäbischen Alb. Jh. d. Geol. Landesamtes Baden-Württ. 6, 1963, S. 421-459
SEMMEL, A.: Studien über den Verlauf jungpleistozäner Formung in Hessen. Frankfurter Geogr. Hefte 45, 1968
—: Untersuchungen zur jungpleistozänen Talentwicklung in deutschen Mittelgebirgen. Z. Geomorph., Suppl. Bd. 14, 1972, S. 105-112
—: Geomorphologie der Bundesrepublik Deutschland. Erdkundl. Wissen, H. 30, Wiesbaden 1972
SÖLCH, J.: Fluß- und Eiswerk in den Alpen zwischen Ötztal und St. Gotthard. Peterm. Geogr. Mitt., Erg.-H. 219/220, 1935
SOERGEL, W.: Lösse, Eiszeiten und paläolithische Kulturen. Jena 1919
—: Die Ursachen der diluvialen Aufschotterung und Erosion, Berlin 1921
SPREITZER, H.: Hangformung und Asymmetrie der Bergrücken in den Alpen und im Taurus. Z. Geomorph., Suppl.-Bd. 1, 1960, S. 211-236
STÄBLEIN, G.: Reliefgenerationen der Vorderpfalz. Würzburger Geogr. Arb. 23, 1968
—: Zur Frage geomorphologischer Spuren arider Klimaphasen im Oberrheingebiet. Z. Geomorph., N. F., Suppl. Bd. 15, 1972, S. 66-86
STELZER, F.: Frostwechsel und Zone maximaler Verwitterung in den Alpen. Wetter u. Leben 14, Wien 1962, S. 210-213
STREBEL, O.: Tertiäre Bodenbildungen und Verwitterungsreste im Frankenwald. Geol. Jb. 78, 1961, S. 609-620
SUCHEL, A.: Studien zur quartären Morphologie des Hilsgebietes. Göttinger Geogr. Abh., H. 17, 1954

Szabó, P. Z.: Neue Daten und Beobachtungen zur Kenntnis der Paläokarsterscheinungen in Ungarn. Erdkunde 18, 1964, S. 135—142

Taillefer, F.: Ancient arid and semi-arid piedmonts north of the Pyrenees. Congr. Internat. Géogr. Lisbonne 1949, Rés. Comm. Lisbonne 1950, S. 40

Thiem, W.: Geomorphologie des westlichen Harzrandes und seiner Fußregion. Jahrbuch Geogr. Ges. Hannover, Sonderheft 6, 1972

Troll, C.: Der diluviale Inn-Chiemsee-Gletscher. Forsch. dt. Landes- u. Volkskde. 23, H. 1, Stuttgart 1924

—: Der Mount Rainier und das mittlere Cascaden-Gebirge. Erdkunde 9, 1955, S. 264—274

—: Tiefenerosion, Seitenerosion und Akkumulation der Flüsse im fluvioglazialen und periglazialen Bereich. Peterm. Geogr. Mitt., Erg.-H. 262, Machatschek-Festschr., 1957, S. 213—226

Ullmann, R.: Gesteinsschutt und Verwitterungsdecken im Südschwarzwald. Diss. Freiburg 1959,

—: Verwitterungsdecken im südlichen Schwarzwald. Ber. Naturforsch. Ges. Freiburg 50, 1960, S. 197—245

Vageler, P.: Kritische Betrachtungen zur Frage der „fossilen" Böden und der tropischen Verwitterung. Z. Pflanzenern., Düng. u. Bodenkde. A 10, 1927/28, S. 193—205

Valentin, H.: Die Grenze der letzten Vereisung im Nordseeraum. Tagungsber. u. wiss. Abh., Dt. Geographentag Hamburg 1955, Wiesbaden 1957, S. 359—366

—: Glazialmorphologische Untersuchungen in Ostengland. Abh. Geogr. Inst. FU Berlin 4, 1957

Vorndran, E.: Untersuchungen über Schuttentstehung und Ablagerungsformen in der Hochregion der Silvretta. Schr. Geogr. Inst. Kiel, 29, H. 3, Kiel 1969

Vosseler, P.: Die Ausbildung und Zerstörung tertiärer Rumpfflächen im NW der Iberischen Halbinsel. C. R. Congr. Internat. Géogr. Paris, 2, 1931, S. 535—541

—: Eiszeitstudien im nordwestlichen Spanien. Z. Gletscherkde. 19, 1931, S. 89—104

Wako, T.: Valley Features along the Sarugaishi-River — A Note on Block Field, Cryopediment, and Relict Soil in the Kitakami Mountainland. Sci.Rep. Tohoku Univ. 7. Ser. (Geogr.), No. 12, Sendai, Japan 1963, S. 53—69

—: The Hill surface along the Midstream of the Naruse River, Miyagi Prefecture. Sci. Rep. Tohoku Univ. 7. Ser. (Geogr.), No. 13, Sendai, Japan 1964, S. 51—63

—: Climatogenic Modification of Land Forms and Red Weathering Crusts along Sendai Bay. Sci. Rep. Tohoku Univ. 7. Ser. (Geogr.), No. 13, Sendai, Japan 1964, S. 65—78

Weber, H.: Blockbildung und Oberflächenformen des Granits im Thüringerwalde. Z. Geomorph. 11, 1943, S. 330—336

—: Zur Frage der kaltzeitlichen Vorgänge auf dem Thüringer Gebirge. Z. Geomorph., N. F. 2, 1958, S. 111—116

Weischet, W.: Zwei geomorphologische Querprofile durch die südliche chilenische Längssenke. Tagungsber. u. wiss. Abh., Dt. Geographentag Würzburg 1957, Wiesbaden 1958, S. 495—500

—: Studien über den glazial bedingten Formenschatz der südchilenischen Längssenke im W-O-Profil beiderseits Osorno. Peterm. Geogr. Mitt. 102, 1958, S. 161—172

Weise, O.: Reliefgenerationen am Ostrand des Schwarzwaldes. Würzburger Geogr. Arb. 21, 1967
Weyl, R.: Glaziale Formen in der Rhön? Ber. Oberhess. Ges. f. Natur- u. Heilkde. Gießen 28, 1957, S. 28—34
Wiche, K.: Ergebnisse klimamorphologischer Untersuchungen im Wienerwald. Sitzungsber. Österr. Akad. Wiss., Math.-nat. Kl., Abt. 1, 167, 1958, S. 173—199
Wiegand, G.: Fossile Pingos in Mitteleuropa. Würzburger Geogr. Arb. 16, 1965
—: Eine neue Frostbodenform im würmkaltzeitlichen Periglazialgebiet Europas. Würzburger Geogr. Arb. 20, 1967, S. 1—29
—: Neue Ergebnisse aus der Deutschen Eiszeitforschung. Die Bedeutung fossiler Pingos. Tagungsber. u. wiss. Abh., Dt. Geographentag Bad Godesberg 1967, Wiesbaden 1969, S. 394—400
Wilhelm, F.: Spuren eines voreiszeitlichen Reliefs am Alpennordsaum zwischen Bodensee und Salzach. Münchner Geogr. Hefte 20, 1961
Wirthmann, A.: Zur Geomorphologie der nördlichen Oberpfälzer Senke. Würzburger Geogr. Arb. 9, 1961
Woldstedt, P.: Die Vergletscherung Neuseelands und die Frage ihrer Gleichzeitigkeit mit den europäischen Vereisungen. Eisz. u. Gegenw. 12, 1962, S. 18—24
Wolff, W.: Periglazial-Erscheinungen auf der Albhochfläche. Diss. Tübingen 1962
Zeese, R.: Die Talentwicklung von Kocher und Jagst im Keuperbergland. Flußgeschichte als Beitrag zur Deutung der Schichtstufenmorphogenese. Tübinger Geogr. Stud. 49, 1972
Zienert, A.: Die Großformen des Schwarzwaldes. Forsch. dt. Landeskde. 128, 1961
—: Vogesen- und Schwarzwaldkare. Eisz. u. Gegenw. 18, 1967, S. 51—75

## Zone 5: Formengruppen der winterkalten Waldsteppen-, Steppen-, Halbwüsten-, Wüsten- und Hochwüstenklimate

Verbreitung: als sich über 8000 km erstreckender, nach O verbreiternder Keil von unterer Donau bis Zentralasien, von südl. Waldgrenze bis zum Schwarzen Meer, Kaukasus und Gebirgen SW- und Mittelasiens; mittl. USA westl. 95. Längengrads bis O-Rand der Sierra Nevada. Einziges Gegenstück auf S-Halbkugel: O-Patagonien.

Klimazonale Einordnung: Semihumide, semiaride und aride Bereiche nach A. Penck; Winterkalte Steppen- und Wüstenklimate (BSk und BWk-, dazu noch schmaler südl. Saum des Dfb-Klimas und E-Klimas in Tibet) nach W. Köppen; Kühl-gemäßigte und boreale Waldsteppen-, Steppen- und Wüstenklimate mit entsprechenden Höhenstufen in Zentralasien nach H. v. Wissmann; Ständig schwach feuchte und trockene gemäßigte Klimate sowie trockene Hochlandklimate nach N. Creutzburg; Winterkalte Feuchtsteppen-, Trockensteppen-, Halbwüsten- und Wüstenklimate nach C. Troll und K. H. Paffen.

Klimatische Merkmale: Im eurasischen Hauptgebiet der Zone 5 zunehmende Kontinentalität von W nach O, abnehmende Niederschläge, d. h. wachsende Trockenheit von NW nach SO. Regelmäßig wiederkehrende Regen- und Trockenperioden, daher *ausgeprägter Wechsel zwischen humiden und ariden Jahreszeiten*. Nördl. Bereich mit mehr als 6, südl. mit weniger als 6 humiden Monaten, getrennt durch klimatische Trockengrenze, an der sich Niederschlag und Verdunstung die Waage halten. Trockengrenze verläuft von Tiraspol am unteren Dnjestr über Kriwoi Rog — Saporoschje — Mariupol und biegt östl. Rostow nach NO ab.

*Jahresniederschlag* in nordwestl. Kaspisenke bei 200—350 mm, dabei potentielle Verdunstungswerte von 750—1200 mm, daher wüstenhaft trocken. Noch extremere Trockenheit in Wüsten Kysylkum und Karakum, wo Jahresniederschlagssummen unter 100 mm absinken.

In S-Rußland Regenmaxima im Frühjahr (April—Juni) und Herbst (Oktober—November); dabei für morphodynamische Prozesse einerseits geringe Gesamtregenmengen (300—500 mm) und deren jahreszeitliche Verteilung, andererseits Intensität einzelner Regengüsse wichtig. Sturzregen können an einem Tag über 150 mm Niederschlag, d. h. Großteil gesamter Jahresmenge, bringen.

Im Hochsommer Trockenheit, in sehr kalten Wintern späte Schneefälle (Februar—März); vor dieser Zeit schneefreier, im Herbst von Wasser durchtränkter Boden bereits bis 2 m tief gefroren. Ende April bei schon hohem Sonnenstand schnelles Abschmelzen rel. großer Schneemengen (Schneedecke im Mittel 20—30 cm) mit bedeutender Abtragleistung (Frühlings-„Ausbruch").

Vegetationsruhe und Unterbrechung bakterieller Bodenprozesse durch sommerliche Trocken- und winterliche Kältestarre. Härte und Länge der Winter von W nach O zunehmend. Kälteste Monate (Januar/Februar) im W winterkalter Steppen und Halbwüsten unter 0° C, im O bis —30° C mit fast alljährlichen Minima unter —40° C. In N-Kasachstan nur 120—150 frostfreie Tage.

*Temperaturen* im Sommer hoch (22° C bis 25° C) mit mittleren Maxima um 45° C. Termes am Amu Darja mit Juli-Mittel von 31,8° C und absoluten Maxima um 50° C heißester Ort Usbekistans. Häufige Dürreperioden mit starker Grundwasserabsenkung und Abreißen kapillaren Wasseraufstiegs.

Zwischen Sommer und Winter späte, sehr kurze Übergangsjahreszeiten. Fast ganzjährig, bes. während heißer Trockenmonate und schneefreier Wintermonate wehende *Steppenwinde* aus O und SO (Suchovej) mit starkem Austrocknungs- und Abtrageffekt.

In Hochwüsten Zentralasiens bei nur episodischen Niederschlägen (50 bis 100 mm/J, in Tibet 200 mm/J) ausgeprägtes *Strahlungswetter* mit kalten Herbst- und Winterstürmen. Ab 4000 m Höhe Niederschläge nur als Schnee, jedoch auf Hochlandflächen keine andauernde Schnee-

decke durch rasche Verdunstung oder Abtauen in Mittagsstunden. Im nördl. Teil des Hochlandes Dauerfrostböden.
Im wesentlich kleineren nordamerikanischen Teil der Zone 5 infolge geringerer Kontinentalität allg. kühlere Sommer und mildere Winter.
Vegetationsmerkmale: Im nördl. semihumiden Bereich O-Europas *Waldsteppe*, daran südl. anschließend im semiariden Gebiet *Kraut-* und *Wiesensteppe*. Von SW noch NO verlaufende südl. Waldsteppengrenze folgt etwa Linie Kischinew — Kirowograd — Poltawa — Saratow und entspricht in großen Zügen Verlauf der 450 mm-Isohyete[1]).

*Trockengrenze* trennt Gebiete des von NW nach SO abnehmenden Feuchteüberschusses von denen eines Feuchtedefizits: sommerdürrer Trockensteppe mit weniger als 6 humiden Monaten (Kurzgras-, Zwergstrauch- und Dornsteppen), die schließlich in *Halbwüste* und *Wüste*, in Zentralasien in *Hochwüste* übergeht. Zone der Steppen umfaßt in Sowjetunion 3,5 Mill. km², der Halbwüsten 0,5 Mill. km², der Wüsten 1,9 Mill. km².

In N-Amerika westl. der N—S verlaufenden Trockengrenze Kurzgrasfluren der Great Plains und Strauchsteppe der intramontanen Becken. In S-Amerika Strauch- und Wüstensteppe nur in O-Patagonien. Da Winterkälte in Pampa und Monte fehlt, gehören diese zu anderen klimageomorphologischen Zonen (7 u. 8).

---

**Morphodynamik der Lößgebiete:** Zone winterkalter Steppenklimate i. w. S. schließt in Eurasien östl., in N-Amerika westl. an Zone feuchtgemäßigter Waldklimate (4), südl. an Zone winterkalter Waldklimate (3) an und bildet Übergang zur Zone subtropischer Trockenklimate (8); hat *eigene Morphodynamik*, die sich von derjenigen der Waldklimate einerseits durch enge Verknüpfung mit offenen Vegetationsformationen, andererseits von Formbildungsprozessen in subtropischen Trockenklimaten durch Abtragungsruhe unter winterlicher Schneedecke, Solifluktion in Frostwechselperioden, flächenhaften Wasserabfluß im Frühjahr auf noch gefrorenem Untergrund und 3—4wöchige Periode der „Schneesümpfe" unterscheidet. Ab Mitte April versinken große Teile S-Rußlands im Schlamm: „Zeit der Wegelosigkeit" mit bedeutenden Massenversetzungen durch Bodenfließen bereits auf nur wenig geneigten Flächen.

*Großteil der Zone* liegt *im* nordhemisphärischen *Lößgürtel* mit einem für diesen bezeichnenden rezenten und fossilen Formenschatz, in dem sich *Petrovarianz und Klimavarianz* in gleicher Weise spiegeln. Als Übergangszone beiderseits der Trockengrenze bes. empfindliche Reaktion morphodynamischer Prozesse auf menschliche Eingriffe in Vegetation und Wasserhaushalt, z. B. in „Neulandgebieten" N-Kasachstans.

---

1) griech. iso = gleich, hyelos = Regen; Linien gleicher Niederschlagsmenge

In tertiären Lockersedimenten N-Amerikas unter ähnlichen Klimabedingungen und entsprechender Anfälligkeit gegenüber anthropogenen Störungen vergleichbare Formengruppen; im Schichttafelland O-Patagoniens gesteinsbedingte Varianten.

*Löß* (→ II, 85 ff.) bedeckt in O-Europa pleistozäne Glazialablagerungen (im N), kristallinen Untergrund (Wolhynisch-Asowsches Massiv), ältere und jüngere Sedimentgesteine (z. B. Tertiär in südl. Ukraine). Nördl. *Lößgrenze* folgt etwa 50. Breitenkreis von Krakau über Lemberg bis Kiew und entspricht weitgehend Grenze zwischen Waldland und Waldsteppe; östl. Kiew biegt sie nach NO ab. Löß ist im N, in Nähe glazigener Liefergebiete, grobkörniger als im S. Mächtigkeit schwankt in Ukraine zwischen 6 und 30 m; Obergrenze der Lößsedimentation steigt von 400 m an Rändern deutscher Mittelgebirge auf 600 m in Karpaten, auf 3000 m im Tienschan an.

*Oberfläche osteuropäischer Lößsteppe* nicht tischeben, sondern leicht gewellt und von runden oder ovalen, ganz flachen, *abflußlosen Hohlformen* übersät, deren Hänge unmerklich in allgemeines Niveau der Steppenplateaus übergehen, im Russischen als *Pods*[1]) bezeichnet. Durchmesser schwankt zwischen 10 und 300 m, erreicht im Extremfall 5—10 km; Tiefe der kleinen Pods kaum 10 cm, der größten 5—10 m. Treten im Frühjahr nach Füllung mit Schneeschmelzwasser landschaftlich am stärksten in Erscheinung. Nur vereinzelte Pods erhalten Wasserzufuhr über dellenartige Muldentälchen, die sich schon in geringer Entfernung von der Hohlform in flachwelligem Steppenland verlieren. Böden der Pods infolge längerer Wasserbedeckung entkalkt, Lößuntergrund verlehmt, im Spätsommer nach Austrocknung vorübergehend versalzte Böden.

*Entstehung* der Pods primär weder auf Sackungserscheinungen noch auf Thermokarst, unterirdischen Karst oder Windausblasung zurückzuführen, sondern auf *rhythmische Ungleichmäßigkeiten* bei pleistozäner äolischer Sedimentation (H. WILHELMY). Geringe rezente Weitereintiefung durch Lösung der Bodensalze und Staubauswehung nach spätsommerlicher Austrocknung. Frühe primäre Anlage der Pods auch dadurch bewiesen, daß sie in Küstennähe durch postglaziale Meerestransgression überflutet wurden. „Faules Meer" (Siwasch) von nur 1 m Tiefe besteht aus Anzahl derartiger ertrunkener Pods.

**Bodentypus:** Osteuropäische Lößsteppe ohne Einschaltung postglazialer Waldphasen aus würmeiszeitlicher Lößtundra hervorgegangen. 3 Sommermonate währende Trockenstarre und volle 5 Monate andauernde winterliche Kältestarre reduzieren Wirksamkeit chemischer Verwitterung und bakterieller *Bodenbildungsprozesse* auf knapp 4 Monate. Verzöge-

---

1) auch: Bljudza oder Koli = Schüssel, Untertasse

rung des Abbaus organogener Substanzen führt zu starker Humusanreicherung in oberster Bodenschicht. Im *Tschernosem* (Tschernosjom; Schwarzerde) auf *Löß* als Ausgangsgestein werden *höchste Humusgehalte aller Böden der Erde* erreicht: 10—16 % im fetten Tschernosem südl. Waldsteppe bei Mächtigkeit von 0,90—1,10 m, 6—9 % im gewöhnlichen Tschernosem nördl. Gras- und Krautsteppe bei Mächtigkeit von 0,60—0,75 m, 4—6 % im Tschernosem südl. Pfriemengras-Trockensteppe, wo Dicke der Schwarzerdeschicht nur noch 0,40—0,70 m beträgt. Alle Böden *in situ* gebildet, gesamter Bereich der Waldsteppe und Steppe Teil „nichttropischer Ortsbodenzone" BÜDELS.

*Optimale* klimatische Bedingungen für rezente Schwarzerdebildung nur in jenseits der Trockengrenze gelegener arider südl. Pfriemengrassteppe. Mittlerer und fetter Tschernosem der Wiesen- und südl. Waldsteppe sind hingegen keine aus heutigen Bildungsbedingungen erklärbaren Klimaxböden, sondern Ergebnis trockenen Vorzeitklimas und in jetzt feuchterem Klima Degradierungsprozessen unterworfen (→ IV, 143).

*Veränderung der Bodenfarbe* mit zunehmendem Feuchtemangel in nordsüdl. Richtung. Schwarzerde geht in südl. Pfriemengrassteppe in dunklen kastanienbraunen Boden (4 → 2 % Humus) und in anschließender Wermut-Wüstensteppe in hellen kastanienbraunen Steppenboden (2 % Humus) über. Innerhalb Wüstensteppe örtliches, aber auch großflächiges Auftreten von *Oberflächenversalzungen* und *Sodaausscheidungen* infolge kapillaren Grundwasseraufstiegs (Solontschak-Böden) oder von Salzanreicherungen im Oberboden, wo kapillar aufsteigendes Wasser infolge tiefen Grundwasserstandes die Oberfläche nicht erreicht (Solonez-Böden).

Als einzige Form *mechanischer Verwitterung* trägt winterlicher Bodenfrost zur Erhöhung der *Krümelstruktur* osteuropäischer Schwarzerde bei, unterstützt durch Wühlarbeit von Bodentieren. *Frostsprengung* bes. wirksam an den durch schmale Rippen und Lößtürmchen gegliederten Steilhängen der tief in die Steppenplatten eingeschnittenen Schluchten.

**Steppenschluchten** in *2 Typen* ausgebildet: Owragi und Balki.

*Owragi*[1]: kahlwandige, scharf begrenzte *Kerbschluchten* von 3—40 m, max. 50 m Tiefe, deren Länge nur wenige 100 Meter, höchstens 3 km erreicht. Beginnen abrupt mit Rückwandstufe, über die während und kurz nach der Schneeschmelze flächenhaft von der Steppe abströmende Wassermassen in tiefe Strudeltrichter herabstürzen. Dabei Entstehung kleiner Wasserfälle in steilen Ablauffurchen der Hänge, rasche Zerschneidung des weichen, aber standfesten Löß-„Gesteins", immer weiter umsichgreifende Zerrachelung des Geländes durch baumartig verzweigte V-förmige Erosionskerben.

---

1) russ.; Sing. owrag

*Seiten-Owragi* münden in Haupt-Owragi mit kleinen Gefällsstufen: Zeichen dafür, daß in Hauptschluchten Erosionsleistung größer ist als in Nebenschluchten. Auf oberes Viertel der Schluchten entfallen etwa 70 % des Gesamtbodengefälles, in übrigen Teilen der Owragi nur ganz geringe Bodenneigung. Vor Schluchtausgang Aufbau flacher Löß-Schwemmkegel (W. F. SCHMIDT). Da allen Owragi perennierende (dauernde) Gerinne fehlen, gehören sie zum Formkomplex der Bodenzerstörung *(soil erosion)*.

*Erosionsbasis* der Owragi sind Täler der großen Steppenflüsse. Bes. westl. Hochufer asymmetrischer russischer Ströme (→ II, 97 f.) infolge großer Reliefenergie zur Schluchtenbildung prädestiniert. Weiter von Hauptflüssen entfernte Owragi münden in Talungen von kastenförmigem Querprofil, *Balki*, die älterer Reliefgeneration angehören (→ IV, 142).

Owragi bilden weitverzweigte unübersichtliche *Systeme schwer passierbarer tiefer Steppenschluchten,* sind oft nur durch schmale Riedel getrennt, deren Windungen Straßen und Eisenbahnen folgen. Geschwindigkeit weiterer Aufzehrung des Rückgeländes von Höhendifferenz zwischen Schluchtoberkanten und Schluchtausgang und von Größe des Wassereinzugsgebietes abhängig. Da mit Annäherung der Schluchtanfänge an Wasserscheiden-Riedel die als Schnee- und Schmelzwassersammler dienenden Steppenflächen mehr und mehr schrumpfen, verlangsamt sich Zerschluchtung, so daß Trennriedel zwischen den Owragi-Systemen verhältnismäßig lange erhalten bleiben. Verschneidung nach üblichen Vorgängen des „Kampfes um die Wasserscheide" (→ II, 124).

*Verbreitungsgebiet* der Owragi reicht vom Karpatenrand in W-Ukraine bis zur Wolga und weiter durch S-Sibirien bis zum Rand zentralasiatischer Gebirge, von N-Grenze der Waldsteppe bis zur Küste des Schwarzen und des Asowschen Meeres, umfaßt jedoch noch gesamte Steppenkrim. Ganze Systeme von Owragi und Balki greifen auf die von Lockermassen bedeckten Stufenflächen der Steppenrandhöhen und dem Jaila-Gebirge nördl. vorgelagerte Schichtstufenlandschaft hinauf. Heftige sommerliche Sturzregen tragen dort bis in 300 m Meereshöhe wesentlich zur Abtragung der Stufenflächen bei (K. SCHARLAU). In größeren Höhen bereits ausgeglicheneres Niederschlagsregime, damit Verschwinden der Steppenschluchten und Übergang zu Abtragsformen feuchtgemäßigter Klimate (Zone 4). Ebenso hört Schluchtenbildung im leichtgewellten Relief der Waldzone, d. h. auf eiszeitlichen Moränen und Sandern ohne Lößdecke, auf. Dort Schluchten typischerweise nur in den als Opol'e-Landschaften bezeichneten Waldsteppeninseln am S-Rand des Waldgürtels (Zone 3, → IV, 94).

Innerhalb umgrenzten Gebietes weite, von Owragi freie Areale, in denen für erosive Zerschneidung erforderliche Reliefunterschiede fehlen, bes. auf flachen Wiesenuferseiten östl. großer Ströme.

*Entstehung* der Owragi auf mehrere Ursachen zurückzuführen:

1) Verstärkung der in Postglazialzeit nur geringen Reliefenergie innerhalb der Steppengebiete infolge allmählicher Tieferlegung des Hauptentwässerungsnetzes.

2) Verstärkung der Reliefenergie infolge junger tektonischer Hebungen, durch die bes. rezente Schluchtenbildung in S-Sibirien stark belebt wurde.

Bei Nowosibirsk wurden durch Feinnivellements an Transsibirscher Eisenbahn im Verlauf letzter 50 Jahre Hebungsbeträge von 0,99—1,18 m festgestellt (E. F. FLOHR).

3) Bildung tief herabreichender sommerlicher Trockenrisse im Löß, die abfließendem Wasser, bes. nach Sturzregen und Schneeschmelze, als Leitlinien dienen und sich schnell zu tiefen Kerben erweitern.

4) Zerstörung natürlicher Grasnarbe infolge agrarischer Nutzung, Straßenbauten u. a. menschlicher Eingriffe, durch die früher von Pflanzendecke gebremster Wasserabfluß beschleunigt wird.

5) Spezifische Morphodynamik des Steppenklimas, die auf Wechsel zeitlich eng begrenzter Regenfälle mit lang anhaltenden Perioden völliger Trockenheit, auf Bodenfrost und Solifluktion in Auftauzeiten beruht.

Owragi sind *rezente zonentypische Bodenerosionserscheinungen*, die zu engmaschiger Zerschluchtung weiter Gebiete führen und im Gesamteffekt — ähnlich Hangrunsen der Frostschutzzone (2a) — *Wirkung flächenhafter Abtragung* gleichkommen. Ihre Entstehung setzt ausreichende Reliefenergie und standfestes Lockermaterial voraus, wie es bes. im Löß dank geringer Korngrößen und als Bindemittel dienenden Kalkschleiers gegeben ist.

Bildung der Steppenschluchten zwar begünstigt und beschleunigt durch *anthropogene Eingriffe*, aber nicht erst durch solche ausgelöst, denn Owragi in südrussischer Steppe werden von J. G. KOHL schon 1841, d. h. in Frühzeit der Agrarkolonisation, beschrieben. Dagegen in Waldsteppe starke junge Zerschluchtung infolge Waldrodung nach Bauernbefreiung (1861) erwiesen.

*Letzte Ursachen* der Schluchtenbildung sind *klimatischer Art:* „Klima erzeugt Steppe, an deren Verbreitung die Schluchten geknüpft sind" (W. F. SCHMIDT). In offener Pflanzendecke im heißen Sommer Bildung von Trockenrissen, in denen flächenhaft abströmendes Wasser erosiv wirksam werden kann, soweit sie sich nicht im nächsten Winter durch frostbedingte Bodenversetzungen wieder schließen. Spülrinnen verwandeln sich in Erosionskerben, in denen zerstörende Kräfte potenziert ansetzen: Hangunterschneidung durch die am Boden der Schlucht abströmenden Wassermengen mit dadurch ausgelösten Hangrutschungen (schaufelförmige Abrißwände), Bodengleitungen unter randlich angeschnittener

Grasnarbe in Durchfeuchtungsperioden, Bodenfluß (Solifluktion) an vegetationslosen Schluchthängen in Frostwechselperioden. Temporäre Austrocknung der Schluchtwände fördert Staubauswehung; Absenkung angeschnittener Grundwasserhorizonte führt zur Verkümmerung des Bodenbewuchses, damit zu weiteren Angriffsmöglichkeiten für abfließendes Wasser.

*In S-Dakota und Nebraska* reagieren feine tonig-sandige Sedimente ebenso auf Abtragungsvorgänge wie Löß. „Gully"-*Erosion* hat in nordamerikanischen Plains westl. klimatischer Trockengrenze ähnlich wie in S-Rußland und S-Sibirien Gewirr weitverzweigter *Badlands* geschaffen (→ III, 169 f.); dadurch ausgedehnte Flächen ehemaligen Weidelandes und im Trockenfarm-System *(dry farming)* genutzte Areale verloren gegangen; durch Staubstürme überdies starke Abwehung fruchtbarer Bodenkrume von gepflügten, in schwarzer Brache liegenden Feldern.

*Balki*[1]: 2. Typ osteuropäischer Steppenschluchten; oft 20—30 km lange, breite Sohlenkerbtäler, die weitgespannten Steppenmulden folgen. Weithin liegen Balki gleich den Owragi temporär trocken; wo sie jedoch Grundwasserhorizonte anschneiden, folgen ihnen ganzjährig schwache Wasserläufe. Auf flache Talböden der Balki laufen zahlreiche junge seitliche Kerbtalschluchten, Owragi, aus (→ o.); nur für diese ist rezentes, anthropogen begünstigtes Wachstum nachweisbar, auf Verlauf älterer Reliefgeneration angehörender Balki hat der Mensch keinen Einfluß.

Owragi münden in Balki mit Gefällsstufe, dadurch rezente Weitereintiefung der Balki erwiesen. Wo sich Owragi-Schwemmfächer in Balki vorbauen, werden sie von Balka-Hochwässern unterschnitten. Örtliche *Erosionsbasis* vieler Balka-Systeme ist 15—20 m-Terrasse größerer Flüsse, z. B. der Wolga. Am Dnjepr-Hochufer bei Kiew laufen Balkaböden in 40—50 m Höhe über jetziger Stromaue aus und beweisen Entstehung in einer Zeit, als Steilufer vom Fluß noch nicht bis zu heutiger Lage zurückgeschnitten war (J. F. GELLERT).

Nur Schneeschmelzwässer erreichen in den Balki die großen Ströme oder das Meer. Im April innerhalb weniger Tage tauender Schnee liefert gewaltige Wassermassen, die auf noch gefrorenem Boden nicht versikkern können, sich in allen Hohlformen, z. B. den Pods (→ IV, 133), sammeln oder auf sanftgeneigten Flächen den Erosionskerben zuströmen. Owragi und Balki verwandeln sich kurzfristig in reißende Bäche und Flüsse. Gelegentliche Sturzregen führen zu Schlammströmen, deren Wasser meist vor Erreichen des Vorfluters versickert oder verdunstet, so daß Abtransport mitgeführter Löß- oder Bodenteilchen zeitweise unterbrochen wird.

---

1) russ.; Sing. balka

*Hauptverbreitungsgebiete* der Balki sind östl. und nordöstl. Steppen der Sowjetunion. Aus Badland-Gebieten der USA dieser Typ nicht bekannt.

**Formenschatz der Wüstensteppen und Kältewüsten:** *In Kaspisch-Turanischer Niederung* und *Kasachstan* bei sehr geringen und seltenen Niederschlägen *Wüstensteppen* und *Wüsten*; hier Kombination morphodynamischer Prozesse subtropisch-tropischer Wüstenklimate (Zone 9) mit denen starker winterlicher Frostverwitterung. Aus Flachwüsten aufragende Inselgebirge aus Massengesteinen unterliegen in heißer Jahreszeit mechanischer Gesteinszertrümmerung durch Insolation und Hydratation, in kalter Jahreszeit Grobschuttbildung durch Spaltenfrost: „nichttropische Trockenschuttzone" BÜDELS.

Bes. in höheren Lagen kasachischen Mittelgebirgslandes und in benachbarten zentralasiatischen Hochgebirgen *alljährlich Entstehung bedeutender Frostschuttmassen*, die nach Schneeschmelze von Flüssen und Wildbächen ins Tiefland geschwemmt oder in intramontanen Becken abgelagert werden. An Grobschuttkegel schließen sich *Kiesschwemmfächer* an, die in ausgedehnte, sanftgeneigte Kieswüsten mit flachen *abflußlosen Hohlformen* übergehen; im Sommer, nach Verdunstung des Wassers, bilden die Böden derartiger *Takyre* glitzernde, von polygonalen Trockenrissen durchzogene *Salztonebenen*. Durch Sandaufwehung entstehende Barchane schließen sich zu scharf begrenzten *Dünenfeldern* zusammen.

*In S-Hemisphäre* ist O-*Patagonien* einziges Gebiet winterkalter Strauch- und Wüstensteppen. Kalt-arides Klima beruht auf Lage Patagoniens im Wind- und Regenschatten der S-Kordillere und des kalten Falkland-Stroms, der die Küste begleitet und das Festland maritimen Einflüssen entzieht. Im westl. Chubut liegt Kältepol S-Amerikas (−33° C).

*Lößdecke* der Pampa (Zone 7) *fehlt* in Patagonien, da dieses größtenteils von pleistozänen Vorlandgletschern der S-Anden bedeckt war. Glaziale und fluvioglaziale Schotter waren in eisfreien Interglazialen, die im Unterschied zu europäischen Verhältnissen infolge Anden-Leelage wie heute trocken-kalte Perioden darstellten, Liefergebiete für in der Pampa abgelagerten Löß. Eintöniges patagonisches Tafelland daher von Geröll, Kies und Grobsand bedeckt; erst im N der Landschaft Übergang zu feinsandigen Böden mit höherem Lehmanteil.

*Niederschläge* fallen hier vorwiegend im Winter, strömen auf Stufenflächen (Mesetas[1])) und in gewöhnlich trockenliegenden Tälern den größeren Flüssen zu. Río Negro und Río Colorado sind trotz dieser gelegentlichen Wasserzufuhren *Fremdlingsflüsse*, da sie nur dank ständiger Speisung durch Anden-Randseen und Schmelzwässer die patago-

---

[1]) span. mesa = Tisch, meseta = großer Tisch

nische Trockenzone völlig zu durchqueren vermögen. Viele kleinere Flüsse versickern, ehe sie den Atlantik erreichen.

Fremdlingsflüsse durchschneiden schwach von O nach W ansteigendes Patagonisches Schichttafelland, das zu weitgespannter *Stufenlandschaft* aufgelöst ist. Da Stufenränder nach O gerichtet sind und die Mesetas, die häufig Schichtflächen sind, sanft zum Trauf hin abfallen, sind „Cuestas" *Achterstufen* im Sinne MORTENSENS (→ II, 184), lebhaft gegliedert und in aktiver Weiterbildung begriffen. Aus weitem Einzugsbereich flacher Mesetas zusammenströmendes Regenwasser stürzt über Stufenränder, zergliedert diese durch tief eingekerbte Regenrisse und Gehängetälchen. Cuestas brechen in steilen Felswänden ab, auch Gehängefuß ist von Wasserrissen durchfurcht. Reste pleistozänen „patagonischen Gerölls" auf Ausliegern und Zeugenbergen beweisen starke Zerschneidung und Rückwanderung patagonischer Schichtstufenränder unter gegenwärtigen klimatischen Bedingungen (H. WILHELMY u. W. ROHMEDER).

**Hypsometrischer Formenwandel** winterkalter Steppen-, Halbwüsten- und Wüstenzone in gewaltigem zentralasiatischem Hochlandblock gekennzeichnet durch in der Welt *einzigartiges Zusammenwirken* arider, periglazialer, fluviatiler und glazialer Prägekräfte: mechanische Gesteinszertrümmerung durch *Insolation*, vor allem durch starken Anteil der *Frostsprengung*, noch intensiver als in Zone subtropisch-tropischer Wüstenklimate (9); dadurch auch weitgehend Zerstörung pleistozäner glazialer Formen. Schuttdecken in Zentralasien geradezu landschaftsbeherrschend (A. SCHULTZ). Bewegung entstehenden Grobschutts durch periglaziale *Solifluktion* in Gebieten ausreichender Bodenfeuchte, d. h. in Randgebirgen und Hochasien (Tibet) mit Jahresniederschlägen über 200 mm; in tiefergelegenen ariden Beckenlandschaften (Mongolei, Turan, Dsungarei) Weiterverfrachtung des Trockenschutts nur durch *Schneeschmelzhochwässer* und Absatz des Feinmaterials in Tonebenen abflußloser Becken. Lange *Erhaltung der Fließspuren* des Wassers trotz Jahresniederschlagswerten unter 100 mm.

*Zentralasiatischer Hochlandblock* erstreckt sich vom Pamir im W bis zum Großen Chingan im O, vom Altai-Sajan im N bis zum Himalaya im S und ist mit 8 Mill. km$^2$ Fläche größte Massenerhebung der Erde.

*Mongolei* stellt als Ganzes gewaltige, von inselgebirgsartigen Rumpfschollen durchzogene *Hochmulde* in 1000—1300 m Höhe dar. Rumpfplatten wechseln mit abflußlosen, von Abtragschutt erfüllten Becken, aus denen Feinmaterial vom Wind ausgeblasen wird. NW—SO streichende Schollengebirge, wie bes. der parallel zum Altai verlaufende *Changai*, ragen mit feuchten Grasfluren und Gebirgstaiga (Lärchen, Kiefern, Birken) bis 4000 m über Federgrassteppe auf; hier *3 klimageomorphologische Höhenstufen* ausgebildet (H. RICHTER):

*1. Gebirgsfußstufe:* mit lockeren Schuttmassen, die in Steppen-Ebene auslaufen. Prozesse *flächenhafter Abtragung* und Umlagerung wie in semiarider Hochlandsteppe.

*2. Periglaziale Übergangsstufe:* ab etwa 2000 m am N-Hang des Changai mit Erscheinungen gebundener *Solifluktion* (Rasenschälen, Rutschungen über Bodeneislinsen), Kammeisbildung, Blockströmen in Ruhelage, ab 2500 m mit Anzeichen rezenter Bewegung. Zugleich Bereich kräftiger linearer Zerschneidung, Talkerben vom Owrag-Typ. Im oberen Abschnitt Formen periglazialer *Kryoplanation* mit Golez-Terrassen (→ IV, 73) und kuppelförmigen Einzelbergen.

*3. Glaziale Höhenstufe:* im östl. Changai Altflächen mit bescheidenen Glazialspuren, fast völlig durch rezente Solifluktion und Kryoturbation überwältigt: Blockfelder mit Groß-Polygonen; im westl. Changai ab 3200 m gut erhaltene Glazialformen *alpinen Typs:* mehrstufige Kare, Karlinge, Trog- und Hängetäler, kleine rezente Gletscher mit Moränen. Heutige Schneegrenze in 3700 m mit pleistozäner Depression um 750 bzw. 950 m.

Im „kühlen Grasland Mongolei" entspricht hypsometrischer Formenwandel mit Sukzession semiarider, periglazialer und glazialer Formen weitgehend planetarischem Formenwandel in süd-nördl. Richtung.

Als *Gobis* werden von den Mongolen ebene oder flachwellige Beckenlandschaften von Halbwüsten- und Wüstencharakter bezeichnet. Landschaftsbild weithin durch steinige, sandige Böden, salzige Endseen und episodische Wasserläufe bestimmt. Eigentliche *Wüste Gobi* nimmt tiefsten Teil Mongolischen Beckens in etwa 1000 m Höhe ein; Stein-, Schotter- und Kiesflächen mit schütterem Bewuchs von Saksaulsträuchern. Sandflächen und Dünen selten, vorwiegend in Randgebieten. Gobi ist *Steinwüste* vom Hammada-Typ (→ IV, 247) *mit rotgelben Lehm- und Gipskrusten* zwischen von „Wüstenlack" überzogenem Gestein (E. THIEL). Starke Staubauswehung durch nördl. und nordwestl. schneidend kalte Winterstürme: eines der *Hauptliefergebiete chinesischen Lößes* (→ IV, 174).

*Lößbildung in O-Asien ist rezenter*, seit Ende Tertiär andauernder *Vorgang*, im Unterschied zu pleistozäner Löß-Sedimentation in Mittel- und O-Europa (→ IV, 133). Weitere Lößliefergebiete sind unzählige, im Sommer austrocknende Seen, in denen sich Trübe der Gletscherschmelzbäche niederschlägt. Herkunft chinesischen Lößes aus zentralasiatischen Binnenwüsten zuerst von F. v. RICHTHOFEN erkannt.

In nordwestlicher Mongolei (Gobi) stößt sibirische Dauerfrostbodenzone am weitesten nach S vor: *einziges Beispiel* auf der Erde für *Zusammentreffen arktischer Permafrostzone mit nordhemisphärischem Wüstengürtel*, Kombination von Kryoturbations- und Solifluktionserscheinungen mit Formenschatz der Wüste.

*Peschan* (Bei Shan) mit 2000—2700 m hohen Gebirgsrümpfen trennt im äußersten SW Mongolische Hochmulde vom Tarim-Becken (O-Turkestan, Singkiang) mit Takla-Makan-Wüste. Von K. FUTTERER beschriebene *Felswüste* des Peschan durch Granitblockmassen mit Hartrinden und metergroßen Tafoni (→ II, 27) gekennzeichnet. In Hohlblöcke eingewehter, mit Verwitterungsprodukten vermischter Löß ergab Kochsalzgehalt von 30—50 %; daraus zu schließen, daß Salzverwitterung beträchtlichen Anteil an Tafoni-Bildung hat. Andererseits Zerlegung von Granitblöcken durch Kern- und Schalensprünge bei mittäglichen Felsoberflächentemperaturen von +70° bis 80° C und nächtlicher Abkühlung unter Gefrierpunkt; sommerliche Nachtfröste bis —7° C, winterliche Minima bei —40° C. Bildung von Arkosen[1]) mit unzersetzten frischen Feldspatstücken, oft durch Salz-, Kalk- oder Gipsausscheidungen fest verbacken. Hänge dieses und anderer Hochwüstengebirge mit Schuttmassen bedeckt und durch Schuttkorrasionsfurchen gegliedert.

*Tarim-Becken* eingenommen von großer Sandwüste *Takla-Makan* (350 000 km²), durchzogen vom 2000 km langen Tarim Darja und seinen Zuflüssen. Tarim mündet in Endsee Lop-nor (780 m ü. M.), dessen Lage sich infolge Laufverlegung seit 4. Jh. n. Chr. mehrfach verändert hat (SVEN HEDIN: „Der wandernde See"). Zuflüsse des Tarim, wie Jarkand Darja, überschwemmen nach Schneeschmelze weite Strecken Landes, hinterlassen zahlreiche Uferseen und nach deren Austrocknung große *Tonebenen* (Bajire), die von Sand überweht werden (E. TRINKLER); liefern, wie Gobi, Hauptmasse rezenten Lößes. Derartige Überschwemmungen häufig Ursache von Flußverlegungen.

*Hochland von Tibet* (2 Mill. km²), größtes Hochland der Welt, erhebt sich südl. Kuenlun in 4000 m Meereshöhe, gesäumt von 3000 bis 4000 m darüber aufragenden Randgebirgen. Zahlreiche Hochbecken werden von 500—2000 m höheren Gebirgsschwellen voneinander getrennt, die im eigenen Schutt ertrinken. *Entstehung* dieser brotlaibförmigen Bergrücken *Innertibets* als Solifluktionsrümpfe wahrscheinlich ähnlich wie in subpolarer Frostwechselzone (2). Ausgangsform waren Horstschollen mit alten Flachreliefs oder Rumpftreppen von Mittelgebirgscharakter.

*Hauptformungsmechanismen* in Hochwüstengebieten Tibets: Aufbereitung des Gesteins durch Insolation, Hydratation und Frostsprengung, solifluidaler Transport des Grobschutts, Ausspülung des Feinmaterials durch Wasser, Absatz in Seen oder Hochwasserbereichen der Flüsse, Auswehung durch Wind und Absatz in Dünen oder Lößdecken.

---

[1]) Sandstein mit durchschnittlich mehr als 25 % Feldspat; aus Granit- oder Gneiszerstörung hervorgegangen

Auf Zentralasien entfällt mehr als die Hälfte *vergletscherten Areals der Erde* außerhalb der Polarkappen: 118 000 km² von insges. 234 000 km² (H. v. WISSMANN); unterscheidet sich von vielen anderen vergletscherten Hochgebirgen durch *Fehlen einer Vorlandvergletscherung* und am Pamir-W-Rand durch *Vorkommen* firnfeldlosen *westturkestanischen Gletschertyps* (→ III, 74). Fedschenko-Gletscher (932 km²) mit 72 km einer der längsten Gebirgsgletscher der Welt. Am Boden austrocknender Endseen aus Gletschertrübe abgesetzte Tone tibetanischer Gletscher werden von Staubstürmen als rezenter Löß verfrachtet.

*Heutige Schneegrenze* steigt von 3800 m in turkestanischer Randkette auf 6450 m in Innertibet an, *letztkaltzeitliche Schneegrenze* in gleicher NW-SO-Richtung von 2900 auf 6200 m. Würmeiszeitliche Depression betrug also in feuchteren Randgebieten 900 m, im hochariden inneren Hochland nur 250 m. Beweist — wie auch für kontinental gelegenes Becken von Turan und subtropische Binnenwüsten (→ IV, 224) — ein gegenüber Gegenwart kaum andersartiges Trockenklima Zentralasiens im Pleistozän.

*Als Übergangsregion* vom leichtwelligen inneren Hochland leitet Zone *breiter Talwannen* mit *mäandrierenden Flußläufen* über zur tief zertalten *Randzone des Hochlandblocks*. Bes. an regenfeuchten S-Hängen des Himalaya und im Land der großen meridionalen Stromfurchen greifen schluchtartige, ungeheuer tiefe und steil zu den Randmeeren des Pazifischen Ozeans herabführende Kerbtäler ins tibetanische Hochland ein. Auch vom W-Pamir, Alai und anderen westl. Randgebirgen zu den Wüsten Karakum und Kysilkum herabziehende Fremdlingsströme beginnen in tiefen Talschluchten, in denen bedeutende Geröllmassen talabwärts transportiert werden; im O-Pamir dominiert dagegen Typ flacher geröllerfüllter Muldentäler mit gefällsarmer Sohle.

**Vorzeitformen:** Im Unterschied zu Owragi S-Rußlands lassen kastenförmige *Balki* Bindung an Tiefenlinien eines Altreliefs erkennen; sind zwar offensichtlich in rezenter Weiterbildung (Eintiefung) begriffen, aber in ihrer Anlage Vorzeitformen.

*Mehrphasige Entstehung* für viele Steppenschluchten nachweisbar. An frischen Hängen sind Querschnitte ehemaliger, später wieder mit Löß ausgefüllter („plombierter") Owragi und Balki sichtbar.

Mehrere ältere Schluchtsysteme also ineinander verschachtelt. *Ursache* für Zuschüttung und erneute Erosionsbelebung können Klimaänderungen oder tektonische Einflüsse sein. Aus W. F. SCHMIDTs Beobachtungen (1948) ist auf mindestens dreimalige Erosionsbelebung zu schließen: im Riß-Würm-Interglazial Anlage flacher breiter Talmulden, nachfolgend, vermutlich in Würm-Kaltzeit oder in späterer kalt-arider Phase, Balki-Bildung, im semiariden Postglazial Entstehung V-förmiger Owragi.

Balki auch in ukrainischer Waldsteppe. Da sie typische *Erosionsformen kalt-ariden Steppenklimas* sind, sich in Waldsteppe heute nicht weiterbilden, ihre Hänge teilweise oder ganz bewaldet sind, beweisen sie, wie auch Vorkommen degradierten Tschernosems mit 4—6 % Humusgehalt, daß Baumwuchs in Postglazialzeit ehemaliges Steppenland von N her erobert hat. Böden und Schluchtensysteme dort also fossil (H. WILHELMY).

Zone *degradierten* Tschernosems reicht über südosteuropäische Vorkommen bis Mitteldeutschland (Magdeburger Börde, Thüringer Becken), wo er spätestens im Boreal (frühe Wärmezeit, 6800—5500 v. Chr.) als echte Schwarzerde entstanden ist und nach Litorinatransgression (5000 v. Chr.) infolge steigender Ozeanität des Klimas degradiert ist (→ II, 42).

*Griwy*[1]) westsibirischer Waldsteppe zwischen Ob und Irtysch werden ebenfalls als Vorzeitformen gedeutet (L. BERG); sind gewölbte, langgestreckte Rücken, die in NO-SW-Richtung ziehen, 1—4 m, seltener 6—10 m hoch und viele km lang sind. Zwischen den unterschiedlich breiten Lößrücken verlaufende Niederungszonen haben Schmelzwässern pleistozäner Gletscher W-Sibiriens als Abflußbahnen gedient.

*In den Rolling plains* nordamerikanischer Trockengebiete ähnliche flachwölbige, niedrige Rücken mit dazu parallelen breiten Talmulden ohne heute ständig fließende Gerinne.

*Großer Reichtum an abflußlosen Süß- und Salzwasserseen* charakteristisch für *westsibirische Waldsteppe* (im Unterschied zur osteuropäischen); sämtlich subrezenter Entstehung infolge Feuchterwerdens des Klimas, nicht, wie in subtropischer Trockenzone, Reliktseen eines im Pleistozän kühleren und feuchteren Klimas (→ IV, 222).

*In Patagonien* sind große Talzüge des Río Colorado und des Río Negro als eiszeitliche Urstromtäler bei tieferen Meeresspiegelständen entstanden. Postglazialer Meeresspiegelanstieg führte zu kräftiger Aufschotterung und Umwandlung in Kastentäler. Talböden für heutige Flüsse viel zu breit: pendeln auf Talauen von 3—20 km Breite, daher vor Kolonisation der Stromoasen häufig Flußlaufverlegungen.

Aus glazialen Vorschüttkiesen, die im Verlauf pleistozäner Kaltzeiten von Gletschern überfahren und zu Grundmoränen umgebildet wurden (W. CZAJKA), sind heutige, aus nuß- bis faustgroßen Geröllen bestehende *Steinpflaster* hervorgegangen, die regelrechte Serirflächen (→ II, 81) bilden. Außer kalten, regenlosen Westwinden, die aus nur unvollkommen von schütterer Vegetation bedeckter Gerölldecke Staub ausblasen, hat Abspülung des Feinmaterials durch unregelmäßige, aber häufig sturzflutartige Regengüsse, begünstigt durch Überbestockung mit Schafen, zu Erosionsschäden und Bildung von sterilen Sandfeldern geführt.

---

1) russ.; Sing. griwa

*Zahlreiche abflußlose Hohlformen* Patagoniens als tektonische Depressionen (z. B. Lago Pellegrini am Río Negro), flachere durch Windausblasung und Eisschurf zu erklären. Über pleistozäne Periglazialerscheinungen dort wenig bekannt, außer gelegentlicher Erwähnung von Eiskeilen und ganz seichten Frostspalten im oberen Bereich patagonischen Gerölls. Rhythmisch angeordnete Geröllstreifen von C. CALDENIUS als im Jungquartär durch periglaziale Solifluktion zerflossene Oser gedeutet. An Atlantikküste bei Puerto Madryn aufgeschlossene keilförmige Gebilde scheinen durch Eisstauchung liegender pliozäner Sandsteine und Verfüllung aus auflagerndem patagonischem Geröll als „Pseudo"-Eiskeile entstanden zu sein (C. Ch. LISS). Keine Spuren rezenter Solifluktion.

*Im Hochland von Tibet* tertiäre Rumpfflächensysteme durch jüngere Solifluktionserscheinungen bis zur Unkenntlichkeit umgestaltet. Pleistozäner *glazialer Kleinformenschatz* durch intensive mechanische Gesteinszertrümmerung weitgehend überwältigt. Zwar zahlreiche pleistozäne Großformen (Trog- und Hängetäler, Kare und glazial ausgearbeitete Zwischentalscheiden), aber keine Rundhöcker, Gletscherschliffe oder gekritzte Geschiebe mehr erhalten (E. TRINKLER). Moränen solifluidal verformt. Zu starker Zerstörung glazialer Abtragformen in polarer und subpolarer Frostschuttzone (2) durch Frostsprengung (→ IV, 73) kommt in tibetanischen Hochwüsten Vernichtung durch Insolation und Hydratation. In klimatisch ausgeglicheneren Gebieten tibetanischer Randgebirge glaziale Abtrag- und Aufschüttungsformen (Moränen) weit besser erhalten, z. B. in Karakorum und Ladakh-Kette.

*Abflußlose Becken* mit Seen, Salzsümpfen und Hochmooren, häufig von Terrassen umzogen, die höhere *interglaziale Seestände* anzeigen (E. TRINKLER). Über unterer, durch Seetone gebildeter Terrasse zweite höhere, in Gebirgsrahmen eingeschnittene Felsterrasse, am langgestreckten Panggong tso z. B. in 200 m Höhe. Untere Seeton-Terrasse gewöhnlich durch Regenrillen, Korrasionshohlkehlen und Kanten zu bizarr geformten Rücken (Jardangs) aufgelöst.

Klimageomorphologische Hauptmerkmale winterkalter Waldsteppen-, Steppen-, Halbwüsten-, Wüsten- und Hochwüstenklimate: Im Bereich der Trockengrenze als Klimaxböden Schwarzerden auf *Löß*, in Waldsteppenzone der Sowjetunion fossil und degradiert, in südl. Trockensteppe humusärmere kastanienbraune Böden mit Salz- und Sodaanreicherungen (Solonez bzw. Solontschak). Hoher Humusgehalt der Schwarzerde infolge zweimaliger Unterbrechung des Abbaus abgestorbener Steppenpflanzen durch sommerliche Trocken- und winterliche Kältestarre. Alljährlicher Bodenfrost erhöht Krümelstruktur des Tschernosems, Frostverwitterung arbeitet an Hängen der Steppenschluchten.

*Steppenschluchten* S-Rußlands in 2 Typen ausgebildet: *Owragi*, Kerbtälchen, die weitverzweigte Systeme bilden, zonentypische rezente Form darstellen und – begünstigt durch fehlerhafte Landnutzung – ständig weiter um sich greifen und Kulturland zerstören; kastenförmige *Balki*, die vorzeitlich angelegt sind, älteren Talmulden folgen, aber ebenfalls rezenter Weiterbildung unterliegen.

*Spezifische Morphodynamik* in winterkalten Steppen gekennzeichnet durch Wechsel von Trockenperioden mit Zeiten kurzer heftiger Sturzregen, winterlichen Frostböden, Solifluktion in Übergangsjahreszeiten (bes. wirksam in Geländeanschnitten), Schmelzwasserabfluß auf noch gefrorenem Boden. Gesamteffekt der Geländezerschneidung durch Rillen und Kerbtälchen entspricht *flächenhafter Abtragung*, begünstigt durch Staubabwehung in Trockenzeiten. Südrussische Pods jedoch nicht als rezente Deflationswannen, sondern als Primärgebilde aus Zeit der Lößablagerung zu deuten.

*In Great Plains N-Amerikas* geringere jahreszeitliche Temperaturgegensätze als in eurasiatischen Steppen, keine tiefe Bodengefrornis, daher keine formprägenden Solifluktionserscheinungen. Dagegen katastrophale Wirkung der Windabtragung, bes. in Badland- und Trockenfarmgebieten.

*Ostpatagonische* winterkalte Strauch- und Wüstensteppe ist ein mit fluvioglazialen Vorschüttkiesen bedecktes, sanft zum Atlantik einfallendes Schichttafelland. Nach O gerichtete *Achterstufen* kräftig gegliedert und in lebhafter Weiterbildung. *Schichtflutenabtragung* auf Stufenflächen (Mesetas), *Linearerosion* auf Stufenhängen und am Stufenfuß. Decke „patagonischen Gerölls" zu Kiespflastern ausgeblasen, Löß in Pampa abgesetzt. Keine rezente Solifluktion, spärliche Zeugnisse pleistozänen Bodenfrostes.

*Kombination* morphodynamischer Prozesse subtropisch-tropischen Wüstenklimas (Zone 9) mit denen starker winterlicher Frostverwitterung in Wüstensteppen, Halbwüsten und Wüsten *Kaspisch-Turanischen Bekkens* und *Kasachstans*. Intensive Grobschuttbildung in Gebirgen, „nichttropische Trockenschuttzone" J. BÜDELs. Verschwemmung des Schutts in Tiefländer: Kiesschwemmfächer, Salztonebenen und abflußlose Hohlformen, Dünenfelder.

*Im zentralasiatischen Hochgebirgsblock einzigartiges Zusammenspiel* arider, periglazialer, fluviatiler und glazialer Prägekräfte: mechanische Gesteinszertrümmerung durch Insolation und Frostsprengung; Solifluktion in Gebieten ausreichender Bodenfeuchte; bedeutender Abtrag durch Schneeschmelzhochwässer und lange Erhaltung der Fließspuren; glaziale Überformung höchster und niederschlagsreichster Gebirge, bes. der Randgebirge (Pamir). Im Changai-Gebirge der Mongolei 3 klimageomorphologische Höhenstufen: semiaride Gebirgsfußstufe mit flächenhafter Abtragung; periglaziale Übergangsstufe mit bergwärts zunehmender Intensität der Solifluktions- und Kryoturbationserscheinungen; glaziale Höhenstufe mit alpinem Formenschatz.

*In nordwestl. Mongolei* einmalig vorkommende *Verzahnung* arktischer Dauerfrostbodenzone mit nordhemisphärischem Wüstengürtel. Im Tarim-Becken durch Schneeschmelzhochwässer gebildete *Tonebenen.* Diese ebenso wie rotgelbe Lehm- und Gipskrusten der Gobi Hauptliefergebiete rezenten kontinentalen Lösses.

*In Tibet* mit abflußlosen Becken in 4000 m Meereshöhe und Gebirgsschwellen, die im Solifluktionsschutt ertrinken, verstärkter mechanischer Gesteinszerfall durch Frost- und Hitzesprengung, solifluidaler und fluviatiler Transport, Ausspülung und Auswehung des Feinmaterials. Breite Talwannen mit mäandrierenden Flüssen, die sich aus tiefen Talschluchten der Randgebirge immer weiter in leichtwelliges Hochland zurückschneiden.

*Zentralasien* ist *größtes Gebiet rezenter Vergletscherung* außerhalb der Polargebiete. Keine Vorlandvergletscherung; im W-Pamir firnfeldloser turkestanischer Gletschertyp. Schneegrenze von NW nach SO von 3800 m auf 6450 m ansteigend. Reicher rezenter und pleistozäner glazialer Großformenschatz, jedoch pleistozäne Kleinformen durch mechanische Verwitterung völlig zerstört, nur in Randgebieten mit geringeren Temperaturgegensätzen gut erhalten.

### Literatur

Weitere einschlägige Literatur → Bd. II der „Geomorphologie in Stichworten"

BERG, L. S.: Die geographischen Zonen der Sowjetunion, 2 Bde. Leipzig 1958/59
CALDENIUS, C. C.: Las glaciaciones cuaternarias en la Patagonia y Tierra del Fuego. Geogr. Ann. 14, 1932, S. 1—164
—: The Tehuelche or Patagonian Shingle-Formation. Geogr. Ann. 22, 1940, S. 160—181
CREDNER, W.: Wissenschaftliche Ergebnisse der Dr. Trinklerschen Zentralasien-Expedition. Naturwissenschaften 20, 1932, S. 739—743
CZAJKA, W.: Die Reichweite der pleistozänen Vereisung Patagoniens. Geol. Rdsch. 45, 1957, S. 634—686
FICKER, H. v.: Gegenwärtige und eiszeitliche Vergletscherung in den westlichen Pamirgebieten. Sven Hedin-Festschr., Stockholm 1935, S. 300—305
FILCHNER, W.: Quer durch Osttibet. Berlin 1925
—: In China, auf Asiens Hochsteppen, im ewigen Eis. Freiburg 1930
FINSTERWALDER, R.: Die Gletscher im NW-Pamir. Z. Gletscherkde., 1930, S. 170—188
FLOHR, E. F.: Beobachtungen und Gedanken über Bodenzerstörung im europäischen Rußland. Erdkunde 8, 1954, S. 316—323
—: Eine russische Mitteilung über Zusammenhänge zwischen Bodenzerspülung und jungen Krustenbewegungen sowie zwischen Bodenerosion und säkularer Erosion in der Gegend von Nowosibirsk. Z. Geomorph., N. F. 4, 1960, S. 297—301

FOCHLER-HAUKE, G.: Die Mongolei. Die Große Illustrierte Länderkunde Bd. I, Gütersloh 1963, S. 1606—1627

FRANZ, H. J. u. GELLERT, J. F.: Quartärprobleme zwischen Witebsk und Kiew. Geogr. Ber. 27, 1963, S. 162—182

FUTTERER, K.: Der Pe-schan als Typus der Felswüste. Geogr. Z. 1902, S. 249—266, 323—339

GELLERT, J. F.: Die spät- und nacheiszeitliche Landschaftsentwicklung in Europa zwischen Atlantik und Ural. Urania 15, 1952, S. 329—335

—: Beobachtungen und Bemerkungen zur Glazialmorphologie und Quartärgeologie Mittel- und Nordwest-Rußlands. (RSFSR). Geogr. Ber., 1960, S. 81—96

GRAHMANN, R.: Der Löß in Europa. Mitt. Ges. f. Erdkde. Leipzig 51, 1932, S. 5—24

GRANÖ, J. G.: Die Nordwest-Mongolei. Z. Ges. f. Erdkde. Berlin 1912, S. 561—588

GROEBER, P.: Quartäre Vereisung Nordpatagoniens. Z. Südamerika 3, Buenos Aires 1952

HAUSEN, H.: Einige Züge der Oberflächengeologie der sibirischen mongolischen Grenzgebiete zwischen Altai und Transbaikalien. Z. Ges. f. Erdkde. Berlin 1928, S. 289—295

HEDIN, S.: Die Gletscher des Mus-tag-ata. Z. Ges. f. Erdkde. Berlin 29, 1894, S. 289—346; 30, 1895, S. 94—134

—: Durch Asiens Wüsten. Leipzig 1899

—: Die geographisch-wissenschaftlichen Ergebnisse meiner Reisen in Zentralasien 1894—1897. Peterm. Geogr. Mitt., Erg.-H. 131, 1900

—: Übersicht meiner Reisen in Zentralasien 1899—1902. Peterm. Geogr. Mitt. 48, 1902, S. 160—162

—: Meine letzte Reise durch Inner-Asien. Halle 1903

—: Im Herzen von Asien. Leipzig 1903

—: Die wissenschaftlichen Ergebnisse meiner letzten Reise (1899—1902). Peterm. Geogr. Mitt. 50, 1904, S. 159—170

—: Scientific Results of a Journey in Central Asia. 1899—1902, Bd. 3 u. 4, Stockholm 1905 u. 1907

—: Transhimalaya. Leipzig 1909

—: Die wissenschaftlichen Ergebnisse meiner Reise in Tibet 1906—1908. Peterm. Geogr. Mitt. 56 II, 1910, S. 1—6

—: Southern Tibet (1906—1908), 9 Bde., 3 Atlasbde., Stockholm 1917—1922

—: Neue Beiträge zur Kenntnis des östlichen Tibet. Peterm. Geogr. Mitt. 79, 1933, S. 137—139

—: Neue Forschungen in Mittelasien und Tibet. Peterm. Geogr. Mitt. 1935, S. 275—284

—: Transhimalaya im Lichte neuerer Forschung. Z. Ges. f. Erdkde. Berlin, 1938, S. 126—135

—: Die Auswertung der Ergebnisse meiner Zentral-Asien-Expedition 1927 bis 1935. Peterm. Geogr. Mitt., 1942, S. 305—319

—: Der wandernde See. Leipzig 1945[13]

HEINSHEIMER, G. J.: P. Groeber über die quartäre Vereisung des außerandinen Patagoniens. Z. Gletscherkde. u. Glazialgeol. 3, 1956, S. 137—141

HEMPEL, L.: Eisenbahnlinien und Oberflächenformen in südrussischen Steppenlandschaften. Erdkunde 10, 1956, S. 68—76

HEMPEL, L.: Naturrelief und Kulturrelief in der westlichen und südlichen Sowjetunion. Tijdschr. Nederl. Aardr. Genootschap 81, 1964, S. 63—74
HERRMANN, A.: Die geographischen Ergebnisse der Forschungsreisen A. Steins in Zentral-Asien. Z. Ges. f. Erdkde. Berlin, 1925, S. 175—184
HÖRNER, N. G. u. CHEN, P. C.: Alternating Lakes. Some river changes and lake displacements in Central Asia. Sven Hedin-Festschr., Stockholm 1935, S. 145—166
KARGER, A.: Die Sowjetunion. Die Große Illustrierte Länderkunde Bd. I, Gütersloh 1963, S. 538—707
KLEBELSBERG, R. v.: Der turkestanische Gletschertypus. Z. Gletscherkde. 14, 1926, S. 193—209
—: Die gletscherkundlichen und glazialgeologischen Ergebnisse der Alai-Pamir-Expedition 1928. Z. Gletscherkde. 21, 1933/34, S. 205—212
KOHL, J. G.: Reisen in Südrußland. Dresden-Leipzig 1841
LEIMBACH, W.: Landeskunde von Tuwa. Peterm. Geogr. Mitt., Erg.-H. 222, 1936
—: Die Sowjetunion. Stuttgart 1950
LISS, C. C.: Fossile Eiskeile (?) an der Patagonischen Atlantikküste. Z. Geomorph., N. F. 13, 1969, S. 109—114
MACHATSCHEK, F.: Landeskunde von Russisch-Turkestan. Stuttgart 1921
—: Die Oberflächenformen der Binnen- und Hochwüsten. In: F. THORBECKE, Morphologie der Klimazonen. Düsseldorfer Geogr. Vorträge, Verh. 89. Tagung Ges. dt. Naturforscher u. Ärzte 1926. Breslau 1927, S. 79—87
—: Zur Morphologie von Zentralasien. Sven Hedin-Festschr. Stockholm 1935, S. 379—393
MERZBACHER, G.: Süd-Tibet nach Sven Hedin. Geogr. Z. 30, 1924, S. 36—50
MURZAEV, E. M.: Die Mongolische Volksrepublik. Gotha 1954
NORIN, F.: Quaternary Climatic Changes within the Tarim-Basin. Geogr. Rev., 1932, S. 591—598
—: Das Tarimbecken. Regionale Geologie der Erde, Bd. 2, VI b, Leipzig 1941
PASSARGE, S.: Vergleichende Landschaftskunde. Heft 2. Kältewüsten und Kältesteppen. Berlin 1931
PENCK, A.: Zentralasien. Z. Ges. f. Erdkde. Berlin 1931, S. 1—13
PETROV, M.: Types de déserts de l'Asie Centrale. Ann. Géogr. 71, 1962, S. 131—155
PILLEWIZER, W.: Vergletscherung und Schneegrenze in Hochasien. Peterm. Geogr. Mitt. 106, 1962, S. 186—187
PLAETSCHKE, B.: Landschaftliche Wesenszüge der östlichen Gobi. Wiss. Veröff. Dt. Museum f. Länderkde. Leipzig, N. F. 7, 1939, S. 103—148
PRZEWALSKY, N. M.: Reise an den Lob-Nor und Altyn-Tag. Peterm. Geogr. Mitt., Erg.-H. 53, 1878
REINHARD, W.: Die Landschaftstypen der innerasiatischen Wüstengebiete. Badische Geogr. Abh. 14, Freiburg-Heidelberg 1935
RICHTER, H.: Klimamorphologische Höhenstufen des Zentralen Changai in der Mongolischen Volksrepublik. Geogr. Ber. 20/21 1961, S. 162—168
—: Probleme der eiszeitlichen Vergletscherung des Changai. Tagungsber. u. wiss. Abh., Dt. Geographentag Köln 1961, Wiesbaden 1962, S. 400—407
RICHTHOFEN, F. v.: China, Bd. I, Berlin 1877, Neudruck Graz 1971
SCHARLAU, K. Landeskundliche Charakteristik der Krim. Festschr. f. H. Mortensen, Abh. Akad. Raumforsch. u. Landesplanung 28, Bremen 1954, S. 255—273

SCHMIDT, W. F.: Die Steppenschluchten Südrußlands. Erdkunde 2, 1948, S. 213—229
—: Art und Entwicklung der Bodenerosion in Südrußland. Mitt. Inst. Raumforsch. 13, Bonn - Bad Godesberg 1952
SCHULTZ, A.: Morphologische Probleme der Hochwüsten Zentralasiens. Peterm. Geogr. Mitt. 70, 1924, S. 167—172
SMITH, K. G.: Erosional processes and land forms in Badlands National Monument, South Dakota. Bull. Geol. Soc. Amer. 69, 1958, S. 975—1008
SPREITZER, H.: Eiszeitstudien in Rußland. Geomorphologische und quartärgeologische Untersuchungen zwischen Wolga und Oka. Jb. Geogr. Ges. Hannover 1934/35, S. 249—320
—: Die Eiszeitforschung in der Sowjetunion. Quartär 3, 1941, S. 1—43
STEIN, A.: Innermost Asia. Oxford 1928
STREMME, H.: Die Steppenschwarzerden. In: E. BLANCK, Handb. Bodenlehre, Bd. 3, 1930, S. 257—287
TERRA, H. de: Geomorphologische Studien zwischen oberem Industal und südlichem Tarimbecken. Z. Geomorph. 5, 1930, S. 79—131
—: Zum Problem der Austrocknung des westlichen Innerasiens. Z. Ges. f. Erdkde. Berlin 1930, S. 161—177
THIEL, E.: Die Mongolei. München 1958
TRINKLER, E.: Bericht über die geographischen Ergebnisse meiner Expedition nach Zentralasien 1927/28. Verh. Dt. Geographentag Magdeburg 1929, S. 71—83
—: Tarim-Becken und Takla-makan-Wüste. Z. Ges. f. Erdkde. Berlin, 1930, S. 350—360
WIEN, K.: Die Gletschergebiete der Pamire und Westturkestan. Z. Gletscherkde. 23, 1935, S. 36—56
WILHELMY, H.: Die „Pods" der südrussischen Steppe. Peterm. Geogr. Mitt. 89, 1943, S. 129—141
—: Das Wald-, Waldsteppen- und Steppenproblem in Südrußland. Geogr. Z. 49, 1943, S. 161—188
—: Das Alter der Schwarzerde und der Steppen Mittel- und Osteuropas. Erdkunde 4, 1950, S. 5—34
— u. ROHMEDER, W.: Die La Plata-Länder. Braunschweig 1963
WISSMANN, H. v.: Die heutige Vergletscherung und Schneegrenze in Hochasien. Akad. Wiss. u. Lit. Mainz, Abh. Math.-nat. Kl. 14, Wiesbaden 1959
—: Stufen und Gürtel der Vegetation und des Klimas in Hochasien und seinen Randgebieten. Erdkunde 15, 1961, S. 19-44

## Zone 6: Formengruppen der außertropischen wechselfeuchten Klimate

Zone *umfaßt*

a) mediterrane Winterregengebiete,

b) außertropische Monsungebiete.

*Jahreszeitlicher Wechsel von Regen- und Trockenzeiten* bestimmt Ablauf morphodynamischer Prozesse. In Mediterrangebieten Niederschläge in kühlen Wintermonaten, in Monsunländern im heißen Sommer. Große

Ähnlichkeit morphodynamischer Prozesse in beiden Klimagebieten berechtigt, sie in einer klimageomorphologischen Zone zusammenzufassen.

Mittelmeerländer nehmen *Übergangsstellung* zwischen feucht-gemäßigten Waldklimaten (Zone 4) und subtropischen Trockenklimaten (Zone 8) ein. Außertropische Monsungebiete in ähnlicher Zwischenstellung: werden im N von winterkalten Waldklimaten (Zone 3), im W von winterkalten Hochwüsten (Zone 5) begrenzt und gehen im S in Zone subtropischer Monsunklimate (7) über.

Mittelmeerländer, Kalifornien und kleinere Gebiete der S-Hemisphäre liegen im Sommer unter Einfluß des sich polwärts verlagernden Subtropenhochs, im Winter in äquatorwärts verschobener Westwinddrift. Damit werden in jahreszeitlichem Wechsel für Zone 4 und Zone 8 charakteristische morphodynamische Prozesse wirksam. Ergebnis dieser Kombination ist jedoch kein Nebeneinander von Formen der einen oder der anderen Zone, kein allein aus jeweiligen zonentypischen Bildungsmechanismen erklärbares Formenmosaik, sondern ein durch periodischen Wechsel sehr unterschiedlicher Prozesse spezifisch geprägter Formenschatz. Denn: regelmäßige Unterbrechung durch völlig andersartige Verwitterungs- und Abtragungsvorgänge führt zu *Endformen,* die nur für außertropische wechselfeuchte Zone *typisch* sind, sich in keiner anderen wiederholen.

Vom zonentypischen *Kerngebiet* unterscheiden sich freilich *Randzonen* mit jeweiliger Formungsdominanz der im einen oder im anderen Nachbargebiet vorherrschenden Prägekräfte. Hinzu kommen gesteinsbedingte Differenzierungen. *Petrovarianz* in außertropischen wechselfeuchten Klimaten *von besonderer Bedeutung:* voneinander abweichende, jedoch jeweils zonentypische Verwitterungs- und Abtragformen in Graniten, Glimmerschiefern, Kalken oder Mergeln.

## Zone 6a: Mediterrane Winterregengebiete

Verbreitung: grundsätzlich an W- und SW-Küsten der Kontinente in ungefähr gleicher Breitenlage zwischen 30° und 40°: europäische, afrikanische und vorderasiatische Küstenländer des Mittelmeeres einschl. Madeira und S-Küste der Krim, Iberische Halbinsel ohne ständig feuchten NW und N, Italien ohne Po-Ebene; Kalifornien, Mittelchile („Subtropische Zentralzone" W. Weischets), kleinere Areale in S-Afrika und S-Australien.

Klimazonale Einordnung: Semiaride Bereiche nach A. Penck; Etesien- oder Winterregenklimate (Cs) nach W. Köppen; Subtropisch sommertrockenes Klima nach H. v. Wissmann; Subtropisch winterfeuchtes Klima nach N. Creutzburg; Warm-gemäßigte winterfeucht-sommertrockene Mediterranklimate nach C. Troll und K. H. Paffen.

Klimatische Merkmale: hygrisch und thermisch bestimmte Jahreszeitenklimate. Während in feucht-gemäßigten Waldklimaten (Zone 4) Jahreszeitenwechsel in erster Linie vom Jahresrhythmus des Temperaturgangs abhängt, wird dieser in Mittelmeerländern vom zweiten, synchron dazu verlaufenden *Rhythmus des Niederschlagsganges* überlagert, durch den ausgeprägter Gegensatz zwischen Regen- und Trockenzeit entsteht.

*Niederschläge* fallen im milden bis kühlen Winter jeweiliger Halbkugel, nur vereinzelte Gewitter im trocken-heißen Sommer. In der Regel mehr als 5 humide, mindestens 3 aride Monate. In Spanien 3—6, im Ebro-Becken bis 11 Trockenmonate. Jahresniederschläge auf spanischer Meseta 350—600 mm, im Ebro-Becken unter 300 mm, nur im Kastilischen Scheidegebirge und in Randgebirgen örtlich 2000 mm übersteigend; in S-Italien unter 500 mm, im übrigen Italien 700—1000 mm, im Gebirge über 1000 mm; in griechischen Tieflandgebieten unter 600 mm, im Gebirgsland bis über 1600 mm. Frontal den Westwinden ausgesetzter 3000 m hoher Libanon erhält 2000 mm gegenüber 600—1000 mm im Küstenland des Taurus. In höheren Gebirgslagen allgemein stärkere Humidität als in benachbarten Tiefländern.

*Temperaturen:* wärmster Monat 22° bis 35° C mit mittleren Maxima zwischen 30° und 40° C; in Tiefländern frostarme Winter (+7° bis 12° C) mit tiefstem Monatsmittel um +2° C, im Gebirge Fröste; auf S-Halbkugel kältester Monat +6° bis 13° C. Jahresschwankung mittlerer Monatstemperaturen 12° bis 25° C. Im östl. Mittelmeergebiet trockene sommerliche Nordwinde, *Etesien*; daher auch Bezeichnung des mediterranen Klimas als Etesien-Klima.

Vegetationsmerkmale: im Kerngebiet subtropische immergrüne Hartlaubwälder und lichte Nadelgehölze, im peripheren Bereich Übergang in Wälder feucht-gemäßigten Typs oder offene Halbstrauchsteppen. Für immergrüne Gewächse keine Unterbrechung der Vegetationsperiode. Hartlaubgehölze, Nieder- und Buschwaldformationen: *Macchie* und *Garrigue* in Italien und Frankreich, *Tomillares* in Spanien, *Phrygana* in Griechenland, *Schibljak* mit zahlreichen Florenelementen der Mittelbreiten in Jugoslawien, *Chaparral* in Kalifornien, *Matorral* in Mittelchile.

---

**Verwitterungsart und Bodentypus:** *Chemische und mechanische Verwitterung* mittelstark; ihre Wirkungsanteile wechseln jahreszeitlich. Chemische Verwitterung stärker als in feucht-gemäßigten Waldklimaten (Zone 4), aber schwächer als in Monsunländern (Zone 6b und 7), in denen Niederschläge in heißer Jahreszeit fallen, vor allem schwächer als in wechselfeuchten und immerfeuchten Tropen (Zone 11 und 12), denen kühle Jahreszeit fehlt; in Mittelmeerländern durch gespeicherte Bodenfeuchte bis in trocken-heiße Zeit reduziert wirksam, belebt durch gelegentliche Sommergewitter, die völlige Bodenaustrocknung verhindern.

*Chemische Lösungsverwitterung* von stärkster Wirksamkeit in Kalkgebieten. Mittelmeerländer, bes. dalmatinischer Küstenbereich, aber auch Iberische Halbinsel, Apennin, griechische Gebirge, Kreta, Taurus und Libanon sind *Hauptverbreitungsgebiete klassischen „mediterranen Karstes"* mit Karren, Dolinen, Poljen, großen Karsthöhlensystemen und spezifischer Karsthydrographie (→ III, 9 ff. u. Abb. 3—7).

Neben *Lösungsformen* solche der *Kalkabscheidung* infolge hoher sommerlicher Verdunstung: 3—50 m hohe Kalksinterstufen in Flußläufen, die zu Barren mit dahinter aufgestauten Seen emporwachsen und ganze Talzüge ausfüllen können (Plitvicer Seen in Dalmatien, → III, 50).

*Karren* in Winterregengebieten auch *auf Massengesteinen*. In feuchter Wärme steigt Lösungsfähigkeit der Silikatgesteine. Karren bedecken prallwölbige Granitwände SW- und Mittelkorsikas (W. KLAER). Optimale Entwicklung im Bereich konvexer Gefällsknicke bei 55—65° Hangneigung: 1,20 m tiefe, von hahnenkammartigen Rippen getrennte Furchen, die wie Karren im Kalk in erster Linie auf Lösungsvorgänge zurückgehen, daher als echte, nicht als Pseudokarren anzusprechen sind (→ II, 24).

*Opferkessel* (Oriçangas), napf-, wannen- und kesselartige Vertiefungen auf etwa horizontalen Gesteinsoberflächen, in allen Größenordnungen, kettenförmig oder treppenartig übereinander angeordnet und durch Überlaufrinnen miteinander verbunden, entstehen in Massengesteinen an Schnittpunkten von Haarrissen oder aus kleinen Vertiefungen mit feuchtespeichernden Flechtenbesätzen. Stagnierendes Niederschlagwasser und organische Säuren führen zur allmählichen Austiefung ursprünglich kaum sichtbarer Unebenheiten. Winterliche Frostwirkungen an Unterschneidung der Seitenwände hier weniger beteiligt als in feucht-gemäßigten Waldklimaten (→ IV, 103). Auf Sardinien auch größere dolinenartige Hohlformen (Stagni) als Ergebnis intensiver chemischer Verwitterung des Liparits (O. SEUFFERT).

*Hohlblöcke* mit baldachinartigen Überhängen sind charakteristische Erscheinung mediterraner Küstengebiete. Zuerst auf Korsika beobachtet und nach dort üblichem Namen als *Tafoni*[1] bezeichnet. Entstehen durch Kernverwitterung in von Hartrinden bedeckten großen Blöcken, vorwiegend in Granit u. a. Massengesteinen (→ II, 26 f.). Aushöhlungen nehmen oft großen Teil des Gesteinskörpers ein, so daß verbleibende Gesteins- oder Hartrindenreste abenteuerliche Felsgestalten bilden (→ II, Abb. 3).

Tafoni im mittelmeerischen Verbreitungsgebiet an periodisch-feuchte, kräftig überwehte Küstengebiete gebunden, in denen an Gesteinsober-

---

1) Sing. Tafone von kors. tafonare = durchlöchern

flächen Benetzung mit Abtrocknung wechselt, also zeitweise mikroklimatische (edaphische) Aridität herrscht (→ IV, 29). Aus feuchter Seeluft ausgeschiedene Salze, die nach starker Austrocknung durch erneute Wasseraufnahme Sprengwirkung ausüben, sind im Mittelmeergebiet ebenfalls an Hohlblockbildung beteiligt (G. Frenzel). In diesem Falle Tafonisierung der Gesteine ohne Hartrindenbildung und keine Bindung der Aushöhlungen an Luvseite der Blöcke.

*Tiefenverwitterung* erfaßt kräftig alle Gesteinsarten. Obwohl Niederschläge in kühler, jedoch milder Jahreszeit fallen, liegen dort, wo nicht durch Vernichtung natürlicher Vegetation starke Abspülungsschäden eingetreten sind, Massengesteine unter mächtigen Verwitterungsdecken aus gelbbraunem Zersatz, der im obersten Horizont in braunen Lehm übergeht. Unter Gruszone auf Iberischer Halbinsel ist Granit noch bis in 20 m Tiefe zermürbt und durch Eisenlösungen gelb gefärbt. In Kalabrien 30 m mächtige Vergrusung; Gebirgspfade verlaufen dort in Hohlwegen, die an Lößschluchten erinnern. Bei Tunnelbauten wurde völlig mürber Granit noch in 50 m Tiefe angetroffen.

Entlang Gesteinsklüften im Winter eindringende Sickerwässer zirkulieren dank starker sommerlicher Verdunstung in jahreszeitlichem Rhythmus kapillar auf- und abwärts. Dabei Ausscheidung freiwerdender Eisenverbindungen als Hydrate an Infiltrationsgrenzen. Widerständige rostfarbige Limonitkrusten ummanteln die durch Tiefenverwitterung isolierten Granitkörper. Diese im Grus „schwimmenden" Blöcke sind kernfrisch, als Bausteine verwendbar, häufig jedoch nicht von idealer Wollsackform wie in Verwitterungshorizonten wechselfeuchter und feuchter Tropen (→ II, 22). Auf Korsika lassen in Grus gebettete Blöcke noch glatte Kluftflächen erkennen, ehemalige Haarrisse, die zu eng waren, um Tiefenverwitterung als Leitwege zu dienen.

*Vorherrschender Bodentyp:* humusarme „meridionale Braunerden" (W. Kubiena) und Gelberden, in trockensten Gebieten graue Böden. „Typische" Terra rossa ist toniger Verwitterungsrückstand von Kalk und Dolomit, vor allem in Karsthohlformen. Rotfärbung durch wasserarme Hydrate oder Oxide des Eisens: dreiwertiges braunes Eisenhydroxid durch rotes $Fe_2O_3$ ersetzt. Terra rossa wahrscheinlich vorwiegend Vorzeitbildung (→ IV, 166).

*Physikalische Verwitterung* erst oberhalb 800–1000 m von Bedeutung (→ IV, 157). Im unteren „Normalniveau" der Zone infolge Vegetationsbedeckung, aber auch auf nackten Felsflächen und freiliegenden Blöcken nahezu wirkungslos. Frostverwitterung der Mittelbreiten fehlt, auch Insolationseffekt unvergleichlich geringer als in subtropisch-tropischen Trockenklimaten (Zone 8–10). Nach Untersuchungen von J. Gentilli im Winterregengebiet SW-Australiens unterliegen der Sonne am stärksten ausgesetzte Blockflächen (N- und NO-Seiten) trotz großer tageszeitlicher Temperaturschwankungen im heißen Sommer nur unbedeutender Abschuppung, während an regenexponierten SW- und NW-Seiten chemisch gesteuerte Vergrusung dominiert.

**Formen der Abtragung:** Wirkungen der Abtragung in *mittelmeerischer Naturlandschaft* kaum von tatsächlich herrschenden Abtragungsprozessen zu trennen, da Naturlandschaft nirgends mehr existiert. Mittelmeerländer sind einer der ältesten Kulturräume der Erde. Waldverwüstung seit frühesten historischen Zeiten hat von Natur schon lichte Vegetation weithin vernichtet, so daß trotz Ersatzes durch Kulturvegetation ursprüngliche Bodendecken großflächig abgespült wurden oder in Gegenwart der Abspülung unterliegen. — Anders *in überseeischen Winterregengebieten*, in denen ursprüngliche Vegetation über größere Erstreckung erhalten blieb. In noch bewaldeten Teilen Mittelchiles z. B. Hangzerschneidung weit geringer als in benachbarten Rodungsgebieten.

*Für flächenhafte Abtragung* im mediterranen Gebiet bereits auf wenig geneigten Hängen beste Voraussetzungen: lückenhaftes Pflanzenkleid mit vielen im Winter toten Gräsern und Kräutern sowie vorangegangene sommerliche Bodenaustrocknung.

*Bei tonigem oder mergeligem Untergrund* führt Abfluß des Regenwassers in unzähligen kleinsten Gerinnen zur *Zerrachelung* des Geländes durch Hangrunsen (S-Spanien, Apennin), die Badlands in S-Dakota oder Steppenschluchten S-Rußlands (→ IV, 134) ähneln.

Infolge Quellfähigkeit der Gesteine starke Neigung zu *Rutschungen*, Bildung von Erdschlipfen, Erdgletschern und Brei-Schuttströmen, in S-Italien als frane[1]) bezeichnet. Gehäuftes Auftreten derartiger spontaner Massenversetzungen in der süditalienischen Basilicata als Folge der Waldvernichtung („Mediterrane" Solifluktion nach F. TICHY). In standfestem, von Blöcken durchsetztem Material, z. B. Moränen, Bildung von Erdpyramiden (→ II, Abb. 6; Durancetal, Elba). Im Gesamteffekt bedeutet Rinnenspülung flächenhaften Bodenabtrag.

Beendigung derartiger Abtragungsvorgänge in morphologisch „weichen" Gesteinen (Ton, Mergel, Flysch) erst mit schwindender Reliefenergie, bei Kalken und Massengesteinen bereits bei Freilegung des felsigen Untergrundes. In Kalken und Dolomiten dann nur noch Lösungsverwitterung und Fortführung gelöster Stoffe oder toniger Verwitterungsreste durch Sickerspülung in Karstgerinnen (→ IV, 152).

In Gebieten verbreiteten *Vorkommens von Massengesteinen* (Iberische Halbinsel, Korsika, Elba) durch flächenhafte Abspülung oberer Verwitterungshorizonte Freilegung der durch Tiefenverwitterung entstandenen Wollsackblöcke, Herauspräparierung von *Felsburgen* (→ IV, Abb. 5).

---

[1]) Sing. frana

Bis in 50 m Tiefe reichende Granitgrushorizonte sind nicht nur rezenter Entstehung, sondern gehen auf tertiäre und pleistozäne (bes. warmzeitliche) Tiefenverwitterung zurück (→ IV, 161). Im Unterschied aber zu feucht-gemäßigten Waldklimaten (Zone 4) hat keine solifluidale Bewegung dieser fossilen Verwitterungsdecken stattgefunden, da pleistozänes Bodenfließen in Zone subtropischer wechselfeuchter Klimate auf höhere Gebirgslagen beschränkt blieb. Ausgespülte Wollsackblöcke daher *in situ*, bilden Block*meere*, nicht Block*ströme*, weil keine solifluidale Zusammenfassung der Streublöcke zu wirklich bewegten Blockströmen erfolgt ist, wie z. B. in deutschen Mittelgebirgen (→ IV, 41, 107).

*Blockmassen* der Mittelmeerländer gelangen bis zur Gegenwart *in statu nascendi* an die Oberfläche. Prozeß kryptogener Weiterentwicklung wurde durch frühhistorische Vernichtung der unter günstigeren pleistozänen Klimabedingungen entstandenen Wälder jäh abgebrochen, da Entwaldung zugleich Beendigung des der Tiefenverwitterung günstigen überkommenen Bestandsklimas bedeutete.

*Beispiele:* Block- und Felsburglandschaften am Fuß der Sierra de Guadarrama (Spanien); Pseudoblockströme (→ II, 23) an Steilhängen Elbas (zwischen Procchio und Marciana Marina), die an Ort und Stelle liegen und nur durch in Hangmulden abfließendes Wasser ausgespült wurden; nur einige Blöcke infolge Schwerkraft wenig aus ursprünglicher Lage verschoben.

**Flußnetz und Talformen:** Trotz nur periodisch fallender Niederschläge in mediterranen Gebieten *voll ausgebildetes* Flußnetz mit überraschend großer *Taldichte*; freilich nicht unter heutigen Verhältnissen wechselfeuchten Klimas entstanden, sondern aus vorzeitlichen Perioden gleichmäßiger über das Jahr verteilter Niederschläge stammend (Tertiär, pleistozäne Pluvialzeiten). Ständige Wasserführung heute nur noch in von Gletschern und perennierenden Schnee- und Firnfeldern gespeisten Flüssen, z. B. südl. Alpenrandflüssen; alle anderen durch jahreszeitlichen Wechsel zwischen winterlicher Hochwasserführung und völliger sommerlicher Austrocknung charakterisiert, allenfalls schmale Wasserfäden in breiten *Schotterbetten*[1].

Mittelwasserbett der Flüsse feucht-gemäßigter Waldklimate (Zone 4) fehlt ebenso wie Niedrigwasserbett (Wiesentalsohle), da Übergangsjahreszeiten mit mittlerer Wasserführung sehr kurz; nur schottererfüllte *Hochwasserbetten*, die jeweils in Wintermonaten von verheerenden Wasserfluten in voller Breite eingenommen und tiefergelegt werden; zugleich kräftige *Seitenerosion*. Tieferlegung also nicht durch rückschreitende Erosion, sondern durch einphasiges „Tieferschalten" im Sinne H. v. WISSMANNS. Daher im Längsprofil gewöhnlich keine durch Katarakte oder Wasserfälle gekennzeichneten Talstufen. Weitertransport der

---

[1] ital. Bez. Torrenten, Fiumare; span. Bez.: Bajados

Kies- und Schotterpolster in stoßweisen Schüben, nicht kontinuierlich wie in Mittelbreiten.

Schüttere Vegetationsdecke in Einzugsgebieten begünstigt schnellen flächenhaften Wasserabfluß und rasches Anschwellen der Torrenten, zugleich starke Schuttzufuhr. *Akkumulation* auf breiten Talsohlen, in durchflossenen Becken (z. B. großen Längstälern Kaliforniens und Chiles) und auf Küstenebenen mit ihren bes. großen, schnellwachsenden Deltas.

> Größtes Hochwasser des Arno am 4. November 1966 bildete im Gebiet von Florenz 15 km langen und 5 km breiten, fast 9 m tiefen See, an dessen Grund sich allein im Stadtbereich 500 000 m³ Schutt und Schlamm niederschlugen.

Nur Flüsse im Karst ohne breite Schottersohlen. Hochwasserbetten sind dort mäßig breite Felssohlen, in die Niedrigwasserbetten schuttarmer Karstflüsse klammartig eingekerbt sind.

*Linearerosion* mediterraner Flüsse insges. trotz Schuttüberlastung und jahreszeitlicher Unterbrechung der Wasserführung weit stärker als die perennierender Flüsse in feucht-gemäßigten Waldklimaten (Zone 4), jedoch schwächer als in polarer Frostschuttzone (Zone 2a).

*Täler* beginnen als klar begrenzte *Kerbtälchen* oder *Kerbtalschluchten*, nicht in flachen Talmulden oder Dellen wie in immerfeuchten Gebieten gemäßigter Breiten. Vielzahl kleiner Seitentäler führt zu starker Zerschneidung der das Haupttal begleitenden Bergzüge, so daß im Unterschied zu Mittelbreiten durchlaufende Kämme fehlen. Auflösung in viele Einzelrücken mit steilen, konvexen Hängen (H. MORTENSEN).

*Seitentäler* können mit Steilgefälle oder Stufe ins Haupttal einmünden, wenn dieses in niederschlagsreicheren Hochgebieten beginnt und Tiefenerosion in wasserärmeren Nebentälern mit der im Haupttal nicht Schritt halten kann. Derartige „hängende" Nebentäler oft mit hohen Wasserfällen, z. B. auf Madeira (A. WIRTHMANN).

*Talhänge* häufig glatt. Klare Terrassengliederung nur in Gebirgen pleistozäner Vergletscherung oder Solifluktion und deren Vorländern (z. B. Glacis-Terrassen in Spanien und Sardinien) oder in tektonischen Hebungsgebieten und Einflußbereichen eustatischer Meeresspiegelschwankungen.

Gebiet außertropischer wechselfeuchter Klimate ist gleich Zone winterkalter Steppenklimate (5) geomorphologisch außerordentlich *labiles Übergangsgebiet*, in dem fehlerhafte Landnutzung und Waldverwüstung sowohl flächen- wie linienhafte Abtragungsvorgänge katastrophal beschleunigen.

> Eindrucksvollstes *Beispiel:* 7 m mächtige Verschüttung Olympias durch den Alpheios seit etwa 500 n. Chr. (J. BÜDEL).

**Hypsometrischer Formenwandel** im mediterranen Winterregengebiet gekennzeichnet durch Auftreten von *3 klimageomorphologischer Höhenstufen:*

*1. untere Stufe:* „Normalniveau" mit beschriebenem Formenschatz.

*2. mittlere Stufe:* ab 1000–1200 m, auf Iberischer Halbinsel und Korsika bis max. 2600 m reichend, mit intensiver *Höhenvergrusung der Massengesteine* (W. KLAER); Grus erfüllt alle Spalten und Klüfte. Granit zerbröckelt jedoch nicht in Einzelminerale, sondern zerfällt in Krümel verschiedener Mineralzusammensetzung, ist auch nicht gelb, braun oder rötlich verfärbt wie in unterer Stufe. Auflösung des Gesteins erfolgt entlang feinsten kluftähnlichen Flächen, so daß entstehender Detritus „gerichtet" erscheint. Nähere Untersuchung ergab weitgehendes Fehlen chemischer Mineralzersetzung; mediterraner *Höhengrus* muß also vornehmlich als Ergebnis *physikalischer Verwitterung,* d. h. der Frost-, Insolations- und Hydratationssprengung, aufgefaßt werden.

Höhengrus *Korsikas* zeigt große Ähnlichkeit mit rezentem Grus im Harz (→ IV, 103), dessen Entstehung auf Hydratation in Verbindung mit chemischen Umsetzungserscheinungen in submikroskopischen Dimensionen zurückzuführen ist. Auch Höhenvergrusung Korsikas ist, wie aus Zerstörung gletscherüberschliffener Felsoberflächen hervorgeht, rezent; ob sie an Periode älterer Vergrusung wie in unterer Tiefenverwitterungszone anknüpft, noch ungewiß.

Zeugnisse *mechanischer Verwitterung* in mittlerer Höhenstufe bes. eindrucksvoll an vegetationslosen, schnell abtrocknenden Felswänden. *Abschuppungsvorgänge* an edaphisch ariden Steilhängen so intensiv, daß selbst von Karren zerfurchte Granitplatten als Schalen abplatzen. Auf freigelegten neuen Felsoberflächen setzt mit Bildung von Karrenembryonen erneute Zerfurchung ein. Gesteinstrümmer am Hangfuß unterliegen weiterer mechanischer und chemischer Zerstörung.

*Ergebnis* derartiger Abschuppungsvorgänge sind *Glocken-, Helm-* oder *Domberge,* die als landschaftsbeherrschende Großformen für Monsunklimate (Zone 6b u. 7) und wechselfeuchte Tropen (Zone 11) bezeichnend sind, aber auch im mediterranen Winterregengebiet nicht fehlen. Auf Korsika derartig glatte, meist stark konvex zugeformte Felskuppeln vorwiegend zwischen 1300 und 1900 m.

*Musterbeispiel* korsischer Helmberge ist *Mt. Tritore* (1503 m). Name „Tritore" (= Dreiturm) beruht auf Tatsache, daß ihn zwei über 1 m breite Gänge durchziehen, deren basische Füllung stärker verwitterte als benachbarter Granit („selektive" Verwitterung). Durch Ausräumung des Gangmaterials wurde Felskuppel in Längsrichtung dreigeteilt. Am Fuß Anhäufung bis 60 cm dicker Gesteinsplatten, die oberflächenparallel vom Anstehenden gelöst und in die Tiefe geglitten sind. Kopfflächen der 3 Felstürme starker Vergrusung unterworfen. Grusanfall so groß, daß trotz exponierter Lage Wind und Wasser den Detritus nicht völlig abzutragen vermögen. Durch

Vergrusung werden Felskuppeln von oben her allmählich aufgezehrt und abgeflacht.

*Andere Beispiele:* Peña del Yelmo[1]) in der Pedriza de Manzanares, ein Prototyp dieser Bergform, und 200 m hoher Burgberg von Póvoa de Lanhoso in NW-Portugal; ferner auf Elba Monte Capanne, höchster Berg der Insel (1019 m), Monte Giove (855 m) und zwischen ihnen aufragende La Tavola; dort hangparallele Abbankung an allen Seiten gut sichtbar, glatte Felswände führen steil in die Tiefe, Trümmer abgeplatzter Granitschalen sammeln sich zu mächtigen Schutthalden am Fuß der Berge. La Tavola ebenso mit tischartigem Schlußstein (Name!) wie Päkundä in Korea; beide Berge von geradezu verblüffender Übereinstimmung ihrer Form.

Insolation, Hydratation und Frostsprengung zwar wesentlich an rezenter Formung der Glockenberge beteiligt, *primäre Anlage* jedoch als *Vorzeitform* (→ IV, 161). Ablösung der Großschuppen an Druckentlastungsklüften (→ II, 13). Gleichem Formungsmechanismus unterliegen auch Flanken aller Täler Korsikas zwischen 1300 und 1900 m. Glatthänge gleichen denen glazialüberformter Trogtäler, sind aber, wie an Glockenbergen, Ergebnis hangparalleler Ablösung mächtiger Gesteinsplatten infolge nachlassenden Überlagerungsdrucks.

> Großartiges Gegenstück zu korsischen Glockenbergen: Domberge im Yosemite-Tal kalifornischer Sierra Nevada, an denen Bedeutung der Druckentlastungsklüfte zuerst erkannt wurde (F. E. MATTHES).

Von *Tafoni* zerfressene Einzelblöcke auf Korsika bis 2100 m mit merklicher Verringerung ihrer Anzahl oberhalb 1500 m. Aushöhlungen aber in mittlerer Höhenstufe unvollkommen: keine großen Gewölbe und überhängenden Baldachine. In Höhen um 2000 m Innenwände der Tafoni mit Algen und Flechten bewachsen, scheinen sich unter Bedingungen heutigen Höhenklimas nicht weiterzuentwickeln, eher durch rezente Frostverwitterung allmählich zerstört zu werden.

*3. obere Höhenstufe:* umfaßt Bereich *rezenter Solifluktion und Frostverwitterung* mit zackigen Graten, schroff aufragenden Pfeilern und Türmen. Hochgebirge, z. B. im chilenischen Winterregengebiet, erstickt förmlich im Schutt, Niederschläge reichen nicht für dessen Abtransport aus (H. MORTENSEN). Durch Überschuß der Schuttproduktion unterscheidet sich Hochregion scharf von mittleren und tieferen Lagen.

*Stufe* aktiver *glazialer Überformung fehlt* in mittelmeerischen Kernländern. Auch in randlichen Hochgebirgsregionen (S-Alpen, Sierra Nevada, Atlas, Taurus, Libanon) wird, mit Ausnahme höchster Gipfel des östl. Taurus, nirgends gegenwärtige klimatische Schneegrenze erreicht. Kleiner Veleta-Gletscher am Mulhacén (3478 m), höchstem Berg spanischer Sierra Nevada, ist seit 1923 völlig abgeschmolzen (H. PASCHINGER). Heutige Schneegrenze liegt im östl. Taurus mit vergletscher-

---

1) span. yelmo = Helm

tem Cilo Dag (4168 m) in 3400—3500 m, auf Kreta in 3000—3100 m, d. h. streicht hoch über Gipfelregion der Insel (2456 m) hinweg; ebenso bleibt in N-Afrika Hoher Atlas unter anzunehmender rezenter Schneegrenze in 4200 m. Französische Seealpen bei heutiger Schneegrenze in 3000 m gletscherfrei (G. SCHWEIZER), einige kleine Kargletscher — die südlichsten der Alpen — in Melédia-Gélas-Gruppe italienischer Seealpen (Schneegrenze 2700 m) im Schwinden begriffen (CH. HANNSS). Hingegen sind kurze *Wandgletscher*, die häufig in aktive *Blockgletscher* (→ III, 79) übergehen, Leitformen sommertrockener Mediterrangebiete. Weiterhin in alpiner Stufe *zonentypische Erscheinungsformen* der Solifluktion, Frostschuttbildung und asymmetrischen Hangentwicklung.

*Untergrenze rezenter Solifluktion* liegt in voll durch mediterranen Klimagang bestimmten französischen Seealpen in 2000 m, Obergrenze flächenhaften Auftretens von Bodenflußerscheinungen in 2900 m bei Gipfelhöhen um 3000 m. Nur Formen gebremster oder gebundener Solifluktion: Fließerdeterrassen und -girlanden, Fließerdezungen, Rasenwälzen und Rasenschälen, ferner Rasenringe und Pflasterböden, aber keine Steinstreifen oder Steinnetze. Pseudo-Steinstreifen durch Ausspülung (G. SCHWEIZER). Nur im Hohen Atlas oberhalb 3200 m und im Taurus zwischen 3000—3400 m Strukturböden landschaftsbestimmend.

In Hochgebirgen Iberischer Halbinsel untere rezente Solifluktionsgrenze in 1900—2100 m, im südl. Apennin und nördl. Atlas in 2000 m, im Hohen Atlas in 2600 m, im griechischen Hochgebirge zwischen 1950 und 2300 m, auf Kreta zwischen 1800 und 1900 m, im Taurus in 2000 bis 2500 m, im Libanon in 2000—2200 m.

*Sturzschutt* in gleicher alpiner Höhenstufe auf vegetationsfreien Steilhängen als formbildende Erscheinung: in Mergelkalken hoher Seealpen ab 2200 m, im Kristallin ab 2500 m bei bis zu 3000 m aufragenden Rückwänden.

*Charakteristische Hangasymmetrien* treten in Seealpen ebenso wie im Taurus (Abb. 6) oder anderen höheren mediterranen Gebirgen auf:

**Abb. 6**
Asymmetrische Hang- und Kammformung am Beispiel des Toros Dag, östl. Taurus
(nach W. KLAER)

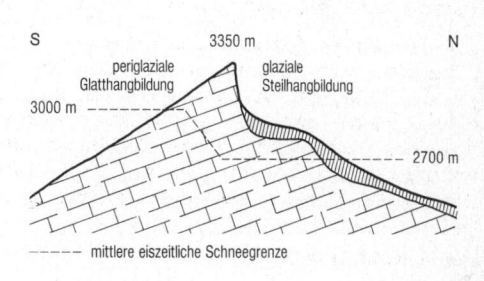

N-Hänge stets wandartig versteilt mit felsigen, durch Steinschlagrinnen gegliederten, nahezu senkrechten Abbrüchen und frischen, vegetationslosen Sturzhalden am Hangfuß, S-Hänge dagegen als gleichmäßig geböschte Glatthänge von 25°–30° Neigung mit inaktiven Wanderschuttdecken, bewachsenen Schutthalden und bescheidenen Zeugnissen rezenten Durchtränkungsfließens (Rasenwälzgirlanden). Diese Hangasymmetrien primär *vorzeitlicher Entstehung:* wandartige Versteilung der N-Hänge durch glaziale Unterschneidung, südl. Glatthänge durch pleistozäne Solifluktion (G. Schweizer). Erhaltung und Weiterbildung der Asymmetrien durch heutiges Mediterranklima mit starken Strahlungsgegensätzen begünstigt: an kalten N-Hängen größere Schneeanhäufung, späteres Abtauen, bis zu 1000 m tiefer liegende Schneegrenze als an sonnenexponierten S-Hängen mit häufigerem Frostwechsel und Bodenflußerscheinungen.

**Vorzeitformen:** *5 Reliefgenerationen* im mediterranen Bereich wie in Mittelbreiten (Zone 4) nachweisbar: tertiäre Einebnungsflächen mit tiefgründigen Verwitterungsdecken; Fußflächen und breite Talböden aus Periode klimatisch begründeten Übergangs von vorherrschender Flächenbildung zur Talbildung um Wende Pliozän/Pleistozän; pleistozäne, kaltzeitliche (pluvialzeitliche) und warmzeitliche (interpluviale) Formengruppen; bescheidene rezente, d. h. seit etwa 15 000 Jahren wirksame, vielfach stark anthropogen beeinflußte Überformung.

*1. Reliefgeneration der tertiären Flächensysteme* am vollkommensten auf Iberischer Halbinsel ausgebildet. Dort unter in Resten erhaltener miopliozäner Dachfläche als Ergebnis phasenhafter Hebung ausgedehnte altpliozäne *Rumpffläche* als beherrschende Ebenheit spanischer *Meseta* (J. E. Schwenzner, H. Lautensach u. E. Mayer). Diese greift in mit Felsburgen gespickten Pedimenten (Rampen) und Talbuchten in Gebirgskörper ein. *Fußflächen* sind mit roten, gelben und orangefarbenen, kantengerundeten großen und kleinen Blöcken in sandig-tonigen Ablagerungen bedeckt, deren Alter als ältestpleistozän (Villefranchien) bestimmt wurde. Rumpfflächenbildung ging also auf Iberischer Halbinsel um Wende Pliozän/Pleistozän in Fußflächenbildung über, die bereits 2. Reliefgeneration darstellt (→ IV, 162).

Ebenso in ganz N-Afrika im Mio-Pliozän eine unter tropisch-wechselfeuchten Klimabedingungen entstandene weitgespannte Rumpffläche, die im zentralen Mittleren Atlas in 2300 m Höhe liegt. Je höher sie gehoben wurde, umso stärker ist sie dank von der Küste zum Gebirge steigender Niederschläge zerschnitten und zerstört, während im Bereich küstennaher Meseten Tertiärrelief gut konserviert blieb. Marokkanische Meseta zwar durch vom Atlas kommende Flüsse in größere Flächenstücke zergliedert, jedoch weitflächig nicht nur gut erhalten, sondern sogar in aktiver Weiterbildung. Vom Atlas herabtransportierter Schutt wird infolge plötzlichen starken Gefällsbruchs in flachen Schuttkegeln ausgebreitet und arbeitet durch Korrasion und Seitenerosion an rezenter Erweiterung der Flächen mit.

Am S-Saum des Mittelmeergebietes wie im Inneren der Iberischen Halbinsel somit am Gebirgsfuß *Pedimentbildung*, die jedoch in Spanien im Frühpleistozän endete, auf Sardinien ebenfalls im Oberpliozän/Ältestpleistozän zur Entstehung eines Initial- oder „Dachglacis" führte; in dieses wurden in pleistozänen Kaltzeiten weitere tiefere Glacis-Terrassen eingesenkt, die seit Beginn des Holozäns der Zerstörung unterliegen (O. SEUFFERT); dagegen geht im südl. Übergangsgebiet zur subtropischen Trockenzone (8) Pedimentierung bis zur Gegenwart weiter.

Dominanz der Pedimentbildung am subtropisch-trockenen äquatorialen Saum des Mittelmeergebietes steht somit überwiegende *Talbildung* an dessen feucht-gemäßigtem polarem Saum gegenüber. *Mittelmeergebiet* damit als *Übergangszone zwischen 2 Bereichen unterschiedlicher Morphodynamik* charakterisiert (→ IV, 187). Grenzen beider Wirkungsbereiche unterlagen infolge Klimaänderungen entsprechenden horizontalen und vertikalen Verschiebungen.

Mächtige *Verwitterungsdecken* in mittelmeerischen Kristallingebieten (→ IV, 153) können nicht nur Ergebnis rezenter Tiefenverwitterung sein. Limonitschlieren beweisen ebenso wie mächtige Kaolinlager zweifelsfrei starkes Ausmaß chemischer Tiefenverwitterung. Da eine solche jedoch mit gegenwärtigem sommertrockenem Klima nicht vereinbar, ist Annahme berechtigt, daß sich bis in 50 m Tiefe reichende Gesteinsvergrusung in feuchterem Klima unter mehr oder weniger dichtem Waldkleid vollzogen hat. Vegetationsdecke hat heute nicht mehr vorhandenen Niederschlagsspeicher dargestellt, durch den beständig genügend Bodenfeuchtigkeit für nachhaltig in die Tiefe wirkende chemische Verwitterung zur Verfügung stand.

*Vorzeitliche* (tertiäre) intensive *Tiefenverwitterung* unter tropisch-wechselfeuchten Klimabedingungen geologisch *nachweisbar*: interglaziale Terrassenschotter des Minho-Tales in Portugal liegen nach H. LAUTENSACH auf Kies- und Kaolinschichten, die bereits umgelagertes Produkt älterer Granitverwitterung darstellen; im Gravone-Tal auf Korsika pleistozäne Schotterterrassen in älteren autochthonen Grushorizont eingearbeitet (W. KLAER).

Im Tertiär also Bildung der im Granitgrus „schwimmenden" Wollsackblöcke, kryptogene Vorformung der Felsburgen und Entstehung von *Inselbergen*, deren Basis z. B. in Spanien von jungmiozänen und altpliozänen Schichten ummantelt wird; typisch tropische Inselberge in fertiger Ausgestaltung müssen somit bereits Ende Miozän existiert haben (R. BRINKMANN). Auch erste Anlage mittelmeerischer Glockenberge (→ IV, 157) in tropisch-wechselfeuchtem Tertiärklima.

Von Felstrümmern bedeckte Inselberge südl. Salamanca in NO-SW streichender Kette angeordnet, im Aspromonte (Italien) – ostafrikanischen Inselberglandschaften gleichend – als fossile Formen sanftgewellter Oberfläche des Kristallins aufgesetzt (H. LEMBKE).

2. *Reliefgeneration* umfaßt Formen aus *Wende Pliozän/Pleistozän*. Ihr gehören – in Spanien bis 28 km breite – *Fußflächen* (Glacis) an (→ IV, 160), die z. T. als breite Terrassentröge in Gebirgskörper eingreifen und an Hochböden der Mittelbreiten erinnern (→ IV, 110). Innere Becken Iberischer Halbinsel erhielten im obersten Pliozän hydrographische Verbindung zum Meer. Durch Einsetzen starker fluviatiler Erosion Entstehung breiter, flacher *Hochterrassenflächen* der Campiñas, durch die sich tertiäre Mesetaflächen in einzelne große „Páramos"[1], d. h. in ein Tafelland von zuweilen Schichtstufencharakter, auflösten. Gleichzeitig Abtragung der Deckschichten aus jungmiozäner/altpliozäner Verschüttungsphase und Herauspräparierung miozäner Inselberge.

Fast horizontale, bis über 100 m mächtige Schotterkörper (Rañas) auf spanischen Gebirgsfußflächen sind jünger (Villefranchien) und werden als Zeugen ältesten Pluvials gedeutet, gehören damit schon pleistozänem Formenschatz an.

*3. und 4. Reliefgeneration* umfassen Formengruppen der *Glazial- und Interglazialzeiten* bzw. der Pluviale und Interpluviale. Pleistozäne Vergrößerung polarer Kaltluftkalotte bewirkte *Verlagerung der Westwinddrift in den Mittelmeerraum*. Kaltzeiten wirkten sich in mittlerer und oberer klimageomorphologischer Höhenstufe als Glazialzeiten, in unterer hingegen infolge durch Breitenlage bedingter höherer Temperaturen nur als Pluvialzeiten aus. In Interglazialzeiten waren Mittelmeerländer wärmer und trockener, in Glazialzeiten kühler und feuchter als heute, aber niemals wärmer und feuchter zugleich. In Interglazialzeiten wuchs, wie in Gegenwart, immergrüner, in Glazialzeiten sommergrüner Wald.

*Terrassensysteme* in Nähe pleistozän vergletscherter Gebirge, deren Aufschotterungen sich mit jeweiligen Hochgebirgsvergletscherungen korrelieren lassen, z. B. Terrassen des Ebro-Beckens mit Pyrenäenvergletscherung (W. PANZER), sind Zeugnisse des Wechsels zwischen Kalt- bzw. Pluvialzeiten und Warm- bzw. Interpluvialzeiten. Zerschneidungsphasen entsprechen Warmzeiten. Auf Iberischer Halbinsel gehören derartige Flußterrassen mit häufig rotgefärbten, verkrusteten Akkumulationen als Glacis-Terrassen zum Formenkomplex quartärer Fußflächen (H. MENSCHING).

---

1) span. Páramos im urspr. Sinne: öde Hochflächen; nicht mit klimatischer und pflanzengeographischer Höhenstufe feuchttropischer Anden (Zone 12) zu verwechseln

Für *Verwitterungsvorgänge* in unterer, vom Meeresspiegel bis zur Solifluktionsgrenze reichenden Höhenstufe bedeuteten pleistozäne Klimaänderungen keinen so einschneidenden Hiatus wie in Mittelbreiten. Kaltzeiten bremsten zwar Intensität chemischer Tiefenverwitterung, im Prinzip diese jedoch, bes. im äquatorialen Saum der Winterregengebiete, nahezu *kontinuierlich wirksam* vom Oberpliozän bis in frühhistorische Zeit, in der sich mit Entwaldungen Bestandsklima, damit auch Verwitterungsbedingungen änderten (→ IV, 151).

*Pleistozäne Solifluktion* je nach geographischer Breitenlage in sehr unterschiedlichen Höhen; reichte in S-Frankreich und Po-Ebene noch, wie in Mittelbreiten (Zone 4), bis zum Meeresspiegel, im Ebro-Becken setzte sie ab 200 m, auf spanischer Meseta oberhalb 700 m, in Sierra Nevada ab 800—1000 m, im nordafrikanischen Hohen Atlas ab 1800 m ein. Dieses *Ansteigen* der *Solifluktionsuntergrenze* von N nach S entspricht gleichartigem Anstieg pleistozäner *Schneegrenze* (→ IV, 164).

*Solifluidale Abtragung* der vom Tiefland bis in große Höhen reichenden Grusdecken (→ IV, 161) auf *Korsika* am stärksten zwischen 1000 und 1500 m. In dieser Höhenstufe zahlreiche weitere Zeugnisse pleistozänen Bodenfließens, z. B. fossile, jetzt ruhende *Blockströme*; ziehen sich am S-Hang des Mt. Tritore von 1500 bis 1100 m herab. Im Bereich unterer Solifluktionsgrenze (500—800 m) haben sich mit Ausklingen solifluidaler Transportkräfte manche Blockströme zu wilden Blockhaufen angestaut. Unterhalb pleistozäner Solifluktionsgrenze nur noch Blockmeere und Blockfelder, die infolge starker Abholzung jetzt aus Grusmassen ausgespült werden. Dadurch unter einzelnen Blöcken Bildung pilzstieliger Sockel wie unter Schlußsteinen von Erdpyramiden oder bei Gletschertischen: sicheres Anzeichen für heutige absolute Bewegungslosigkeit der Blöcke auch im Bereich pleistozäner Blockstrommassen. In Sierra de Gredos (Spanien) fossile Blockströme zwischen 2050 und 2200 m (K. U. BROSCHE).

Durch solifluidale Abtragung der Grusdecke endgültige Freilegung kryptogen entstandener *Felsburgen*, die auf Korsika zwischen 1000 und 1500 m regelrechte Felsburgzone bilden (W. KLAER). Felsburgzone ist Hauptnährgebiet korsischer Blockmeere und Blockströme. Viele Blockmeere schließen unmittelbar an Trümmerhaufen alter Felsburgen an, sind unter Einfluß pleistozänen Periglazialklimas, nach Abtransport der Grusmassen durch Solifluktion, zerstört worden. Auch am Fuß der Felsburgen entstandene Blockhalden von solifluidalen Bewegungen erfaßt, auseinandergezogen und weiter unterhalb in Hangmulden zu Blockmeeren und Blockströmen vereinigt.

Phanerogener *Fortgang der Verwitterung* unter Wirkungen des Jetztzeitklimas; jedoch keine Weiterentwicklung der Hohlblöcke in Höhen über 1500 m. Algen- und Flechtenbewuchs der Tafoni in 2000 m sprechen für deren Entstehung in pleistozänen Warmzeiten, vielleicht sogar bereits um Wende Pliozän/Pleistozän.

Mediterrane Hochgebirge gekennzeichnet durch Glatthänge mit pleistozänen Wanderschuttdecken, örtlichen Vorkommen von Steinnetzen „tropischen" Typs, d. h. geringer Größe und bescheidenen Tiefgangs, durch eiszeitliche Kare, Rundhöcker, Moränen und Blockgletscher. Großartige Blockgletscher im Taurus (W. KLAER) und in Seealpen (G. SCHWEIZER; → III, 79).

*Depression der Schneegrenze* während letzter Kaltzeit im nördl. Mittelmeergebiet 1200—1500 m, im südl. 800 m, dadurch im nördl. Teil fast alle Gebirge, im südl. nur höchste Erhebungen in nivalem Bereich. Libanon und Sinai auch im Pleistozän unvergletschert (W. KLAER). Charakteristisch für frühere und heutige Übergangslage des Mittelmeergebietes ist außerordentlich rascher Anstieg würmzeitlicher Schneegrenze von 1300 m an N-Küste Spaniens, die noch in Zone feucht-gemäßigten Waldklimas (4) liegt, auf 2500 m in Sierra Nevada und 3400 m im Hohen Atlas. Keine echten Glazialspuren auf Kreta und im Libanon.

*Vergletscherung* im Mittelmeergebiet war in erster Linie Karvergletscherung (→ III, 74). Nur wenige Gebirge, wie Kilikischer Ala Dag im Taurus, nordwestl. Pindus in Griechenland und Hoher Atlas, bezeugen durch Trog- und Hängetäler, Zungenbecken- und Moränenstauseen Wirkung von Talgletschern (→ III, 73). Zézere-Gletscher in portugiesischer Serra da Estrêla hatte z. B. Länge von 13 km, aber kein Gletscher außer großen S-Alpengletschern (Gardagletscher) erreichte Gebirgsrand. Eisstromnetze fehlten, einige flache Gebirgsrücken im W Iberischer Halbinsel trugen Plateaugletscher norwegischen Typs (Serra da Estrêla, Serra Segundéra).

In den zum Winterregengebiet gehörenden Abschnitten chilenischer Hochkordillere und der Sierra Nevada Kaliforniens außerordentlich eindrucksvolle Zeugnisse pleistozäner Vergletscherung.

*Besonders kennzeichnend* für pleistozäne mediterrane Vergletscherung: Abhängigkeit von Wind- und Niederschlagsrichtung, Sonnenexposition, regional-orographischer Begünstigung und darauf beruhend vor allem die für subtropische Gebirge charakteristische, gelegentlich extrem *asymmetrische Bergformung*. Diese um so ausgeprägter, je höher Gebirge aufragt und je arider umgebendes Tiefland ist. Entsprechend den lokal überall andersartigen Faktoren liegen z. B. im Kastilischen Scheidegebirge fast alle Kare auf SO-Seite im Lee der Wetterrichtung, im Hohen Atlas dagegen ausschl. auf nordwestl. Luvseite. Extreme asymmetrische Formung im Taurus: sonnengeschützte N-Hänge völlig von Karen zerfressen und übersteilt, S-Hänge meist bis zum Gipfel als vollkommene Glatthänge mit geringer Schuttbedeckung, die durch Frostverwitterung entsteht und durch solifluidalen Transport die Hänge glattschleift (W. Klaer). Beide Vorgänge, Glatthang- und Steilhangbildung, noch rezent (→ IV, 159). Pleistozäne Kare werden durch kleine aktive *Blockgletscher* steil erhalten; da auf Glatthänge seit Pleistozän ununterbrochen Frostverwitterung und Solifluktion wirken, gleichsinnige Weiterentwicklung von Formen, die in letzter und vorletzter Kaltzeit entstanden sind.

Auch im Kristallin französischer Seealpen pleistozäner Formenschatz nahezu unverändert erhalten (G. Schweizer), abgesehen von rezenter Sturzschuttbildung an glazial übersteilten Hängen und mäßiger Wirkung der Kammeissolifluktion. In sedimentären Tinée-Alpen dagegen, bes. im Bereich leicht erodierbarer Mergel an vegetationsarmen S-Hängen, durch periodische und episodische Starkregen weitgehende Abräumung glazialen Schutts und intensive zonentypische Hangzerschneidung.

Periglaziale Hangasymmetrien in mediterranen Gebirgsländern auch ohne Mitwirkung glazialer Rückwandversteilung durch Kargletscher vorkommend, z. B. auf Zypern, das unvergletschert blieb.

Auf S-Seite der Gebirge Zyperns schmolz Schnee alljährlich schnell ab, so daß periglaziale Kräfte voll wirksam werden konnten; auf N-Seite hingegen Erhaltung der Schneedecke von Dezember bis Mai. Hoher Sonnenstand im Juni führte bei Lage Zyperns auf 35. Breitengrad zu schneller Schneeschmelze, die große Schutt- und Bodenmassen mit sich riß. Nur durch katastrophale Ausmaße derartiger Schicht- und Geröllfluten Entstehung gewaltiger Schuttfächer am Gebirgsfuß verständlich (W. F. Schmidt).

Insges. war rd. 800—1000 m Vertikaldistanz umfassende Periglazialzone im Pleistozän morphodynamisch aktivste Zone der Mittelmeerländer. Hinterlassener Formenschatz bestimmt weitaus stärker heutiges Relief als bescheiden überprägte, im Umfang begrenzte glaziale Höhenstufe oder fluviatil geformter Bereich zwischen Meeresspiegel und unterer Solifluktionsgrenze.

*In Kalkgebieten* völlig andersartiges Mosaik fossilen und rezenten *Karstformenschatzes* (→ III, 9 ff.). Karstrandebenen und Poljeböden zwar in rezenter Weiterbildung, aber in Anlage auf Zeiten intensiverer Korrosion in warmem, wechselfeuchtem Vorzeitklima zurückgehend. Kaltzeitliche Schotter auf hochgelegenen Poljeböden sprechen für inter- oder präglaziale, vermutlich oberpliozäne Entstehung dieser Karstebenheiten, die in ältere tertiäre Flächensysteme eingesenkt sind.

Im Zentralapennin (Mte. Velino-Gebiet) von K. H. Pfeffer Nachweis rißeiszeitlicher Moränen und Schotter in mehreren Poljen. Bildung des Campo Felice und Piano di Pezza setzte im Oberpliozän ein. — Auch von eiszeitlichen Gletschern durchflossenes Piano del Cavallo in Venezianischen Voralpen präquartärer Entstehung (F. Fuchs). — Dolinen im Hochkarst des Orjengebirges und am Durmitor (Montenegro) ähnlich wie Poljen glazial überformt und mit Moränenfüllung. — Eiszeitliche Überprägung älterer Karstformen im Taurus zwischen 3000 und 3400 m Höhe (H. Spreitzer).

Bisher einziges *Beispiel* fossiler tropischer Karstformen im Mittelmeergebiet: fossile Karsttürme mit Korrosionshohlkehlen, die oberpliozäner Karstrandebene der Insel Ithaka (Griechenland) aufsitzen (H. MAURIN u. J. ZÖTL). Dagegen sind Humi — isolierte Kalkklötze an Poljerändern — keine fossilen Karstkegel, sondern durch seitliche Korrosion von Kalkspornen abgegliederte Zeugenberge (→ III, 36).

Bereits auf kreidezeitliche Entstehung gehen *Bauxitvorkommen* in S-Frankreich und Jugoslawien zurück. Auch *Terra rossa* verdankt intensive Rotfärbung, im Unterschied zu Braun- und Gelberden, feuchterem Vorzeitklima. H. MENSCHING sieht in Terra rossa auf Insel Mallorca pluvialzeitliche Bodenbildung; O. SEUFFERT differenziert regional und hält Terra rossa-Bildung während Pluvialzeiten nur im südl. Mittelmeergebiet (Sizilien, SO-Spanien, N-Afrika), während Interpluvialen im zentralen und nördl. Mittelmeerraum für möglich. Andere Autoren verlegen Entstehungszeit ins Jungtertiär.

*Hauptphase der Talbildung* im Karst war kühleres Pleistozän. Zusammentreffen eines der linearen Erosion günstigen Klimawechsels mit tektonischen Hebungsvorgängen führte zur Entstehung tief in Karstflächen eingeschnittener Cañons, denen größere perennierende Flüsse bis heute zur Küste folgen; kleinere Flüsse nur in wasserundurchlässiger Flyschzone, versickern beim Übertritt in Kalkgebiete. Dort sich fortsetzende Trockentäler sind in pleistozänen Kaltzeiten entstanden, als Klüfte und Haarrisse im Kalk durch Bodeneis plombiert waren (→ II, 92, III, 30). Nach Abtauen in inter- und postglazialen Warmzeiten riß zusammenhängende Oberflächenentwässerung ab: Flußschwinden leiten jetzt am Beginn der Trockentäler zuströmendes Wasser in Karsthöhlensysteme ab. Auch diese Systeme sind mehrphasiger Entstehung, wie Anordnung der Röhren in mehreren Stockwerken erkennen läßt. Ursache dafür jedoch vorwiegend tektonischer Art.

*5. Reliefgeneration* umfaßt rezenten, bereits geschilderten Formenschatz.

Klimageomorphologische Hauptmerkmale → IV, 184.

### Literatur

Weitere einschlägige Literatur → Bd. II und III der „Geomorphologie in Stichworten".

BECKER, H.: Vergleichende Betrachtung der Entstehung von Erdpyramiden in verschiedenen Klimagebieten der Erde. Kölner Geogr. Arb. 17, 1966

BECKMANN, W.: Bodengeographie der östlichen Sierra de Gredos (Spanien). Geoderma 1, 1967, S. 299—314

BIRKELAND, P. W.: Pleistocene glaciation of the northern Sierra Nevada. J. Geol. 72, 1964, S. 810—825

BIROT, P.: Sur la morphologie de la Sierra Guadarrama Occidental. Ann. Géogr. 46, 1937, S. 25—42
— u. JÉRÉMINE, E.: Recherches sur le comportement de l'érosion différentielle dans les roches granitiques de Corse. C. R. Congr. Internat. Géogr. Lisbonne 1949, Bd. II, Lisbonne 1950, S. 243—253
BLANCK, E.: Die Mediterran-Roterde (Terra rossa). In: E. BLANCK, Handb. Bodenlehre, Bd. 3, Berlin 1930, S. 194—256
BRINKMANN, R.: Über fossile Inselberge. Nachr. Ges. Wiss. Göttingen, Math.-phys. Kl., 1932, S. 242—248
BROSCHE, K. U.: Beobachtungen an rezenten Periglazialerscheinungen in einigen Hochgebirgen der Iberischen Halbinsel. Die Erde, 1971, S. 34—52
—: Neue Beobachtungen zu vorzeitlichen Periglazialerscheinungen im Ebrobecken. Z. Geomorph., N. F. 15, 1971, S. 107—114
—: Vorzeitliche Periglazialerscheinungen im Ebrobecken in der Umgebung von Zaragoza sowie ein Beitrag zur Ausdehnung von Schutt- und Blockdecken im Zentral- und W-Teil der Iberischen Halbinsel. Göttinger Geogr. Abh., H. 60, Poser-Festschr. 1972, S. 293—316
BÜDEL, J.: Klima-morphologische Beobachtungen in Süditalien. Erdkunde 5, 1951, S. 73—76
—: Aufbau und Verschüttung Olympias: mediterrane Flußtätigkeit seit der Frühantike. Dt. Geographentag Heidelberg 1963, Tagungsber. u. wiss. Abh. 34, Wiesbaden 1965, S. 179—183
BUTZER, K. W.: Pleistocene Cold-Climate Phenomena of the Island of Mallorca. Z. Geomorph., N. F. 8, 1964, S. 7—31
—: Pleistocene geomorphology and stratigraphy of the Costa Brava Region (Catalonia). Akad. Wiss. u. Lit., Math.-nat. Kl. 1, Mainz 1964
— u. FRÄNZLE, O.: Observations on Pre-Würm Glaciations of the Iberian Peninsula. Z. Geomorph., N. F. 3, 1959, S. 85—97
DRESCH, J.: Systèmes d'érosion en Afrique du Nord. Rev. Géogr. Lyon 28, 1953, S. 253—261
FRÄNZLE, O.: Glaziale und periglaziale Formbildung im östlichen Kastilischen Scheidegebirge. Bonner Geogr. Abh. 26, 1959
—: Untersuchungen über Ablagerungen und Böden im eiszeitlichen Gletschergebiet Norditaliens. Erdkunde 13, 1959, S. 289—297
—: Die pleistozäne Klima- und Landschaftsentwicklung der nördlichen Po-Ebene im Lichte bodengeographischer Untersuchungen. Abh. Akad. Wiss. u. Lit. Mainz, Math.-nat. Kl. 8, 1965
FRENZEL, G.: Studien an mediterranen Tafoni. N. Jb. Geol. u. Paläont. Abh., 122, 1965, S. 313—323
FUCHS, F.: Studien zur Karst- und Glazialmorphologie in der Monte-Cavallo-Gruppe/Venezianische Voralpen. Frankfurter Geogr. Hefte 47, 1970
GARCÍA-SÁINZ, L.: El glaciarismo cuaternario de Sierra Nevada. Estudios Geográficos 4, 1943, S. 233—254
—: Frostbodenformen im Idubeda-Gebirge (Spanien). Z. Geomorph., N. F. 6, 1962, S. 33—50
GÜLDALI, N.: Karstmorphologische Studien im Gebiet des Poljesystems von Kestel (Westlicher Taurus, Türkei). Tübinger Geogr. Stud. 40, 1970
HAGEDORN, J.: Beiträge zur Quartärmorphologie griechischer Hochgebirge. Göttinger Geogr. Abh. 50, 1969

HANNSS, CH.: Les glaciers les plus méridionaux des Alpes: Observations de morphologie glaciaire dans les Alpes maritimes, versant italien. Rev. Géogr. Alpine 58, 1970, S. 619—648

HARRASSOWITZ, H.: Studien über Mittel- und südeuropäische Verwitterung. Geol. Rdsch. 17a, 1926, S. 122—210

—: Südeuropäische Roterde. Chemie der Erde 4, 1930, S. 1—11

HAZERA, J.: Les glacis du Valle de Mena et l'évolution morphologique au Sud-Ouest de Bilbao. Rev. Géogr. Pyrénées et Sud-Ouest 35, 1964, S. 67—84

HEMPEL, L.: Über Verwitterung und Abtragung im Granit Nordostspaniens. N. Jb. Geol. Paläont. Mineral. 5, 1958, S. 227—233

—: Zur geomorphologischen Höhenstufung der Sierra Nevada Spaniens. Erdkunde 12, 1958, S. 270—277

—: Rezente und fossile Zertalungsformen im mediterranen Spanien. Die Erde, 1959, S. 38—59

—: Klimamorphologische Taltypen und die Frage einer humaniden Höhensntufe in europäischen Mittelmeerländern. Peterm. Geogr. Mitt., 1966, S. 81—96

—: Humide Höhenstufe in Mediterranländern? Feddes Repertorium 81, 1970, S. 337—345

HERNANDEZ-PACHECO, F.: Fisiografía, geología y glaciarismo cuaternario de las montañas de Reinosa. Mem. real. Ac. Cienc. exact. fis. y nat. 10, Madrid 1944

HORMANN, K.: Torrenten in Friaul und die Längsprofilentwicklung auf Schottern. Münchner Geogr. Hefte 26, 1964

JOHNSON, G.: Cryoturbation at Zaragoza, Northern Spain. Z. Geomorph., N. F. 4, 1960, 74-80

KAISER, K.: Ein Beitrag zur Frage der Solifluktionsgrenze in den Gebirgen Vorderasiens. Z. Geomorph., N. F. 9, 1965, S. 460—479

KANTER, H.: Junge Abtragungserscheinungen in den Tertiärgebieten des östlichen Kalabrien und eines Teiles der südlichen Basilikata. Z. Geomorph. 4, 1929, S. 161—179

KAYSER, K.: Morphologische Studien in Westmontenegro II. Z. Ges. f. Erdkde. Berlin, 1934, S. 26—102

KELLETAT, D.: Verbreitung und Vergesellschaftung rezenter Periglazialerscheinungen im Apennin. Göttinger Geogr. Abh., H. 48, 1969

KESSELI, J. E.: Studies in the pleistocene Glaciation of the Sierra Nevada, California. Univ. of California, Publ. in Geogr. 6, 1941, S. 315—361

—: Rock Streams in the Sierra Nevada, California. Geogr. Rev. 31, 1941, S. 203—227

KLAER, W.: Verwitterungsformen im Granit auf Korsika. Peterm. Geogr. Mitt., Erg.-H. 261, 1956

—: Beobachtungen zur rezenten Schnee- und Strukturbodengrenze im Hochlibanon. Z. Geomorph., N. F. 1, 1957, S. 57—70

—: Studien zum Pleistozän im Libanon, im Sinaigebirge und im Toros Dagh. Tagungsber. u. wiss. Abh., Dt. Geographentag Berlin 1959, Wiesbaden 1960, S. 204—210

—: Die periglaziale Höhenstufe in den Gebirgen Vorderasiens. Z. Geomorph., N. F. 6, 1962, S. 17—32

—: Untersuchungen zur klimagenetischen Geomorphologie in den Hochgebirgen Vorderasiens. Heidelberger Geogr. Arb. 11, 1962

KLEBELSBERG, R. v.: Die eiszeitliche Vergletscherung der Apenninen. Z. Geomorph. 18, 1930, S. 141—169; 21, 1933/34, S. 121—136

KLINGE, H.: Zur Frage der zeitlichen Einordnung rezenter und vorzeitlicher Kalksteinböden der Iberischen Halbinsel. Extrait des Rapp. présentés au 6. Congrès Internat. de la Sci. du Sol. Paris 1956, S. 31—35

—: Über spanische Terra rossa-Vorkommen und die Möglichkeit ihrer zeitlichen Einordnung auf Grund bodengeographischer Studien. Z. Pflanzenern., Düng. u. Bodenkde. 67, 1957, S. 223—231

—: Eine Stellungnahme zur Altersfrage von Terra rossa-Vorkommen unter besonderer Berücksichtigung der Iberischen Halbinsel, der Balearischen Inseln und Marokkos. Z. Pflanzenern., Düng. u. Bodenkde. 81, 1958

KUBIENA, W. L.: Kurze Übersicht über die wichtigsten Bodenbildungen der iberischen Halbinsel. Veröff. Geobot. Inst. Rübel, Zürich 31, 1955

LAUTENSACH, H.: Die eiszeitliche Vergletscherung der Serra da Estrêla (Portugal) und ihr Formenschatz. Verh. Dt. Geographentag Magdeburg 1929, Breslau 1930, S. 134—146

—: Eiszeitstudien in der Serra da Estrêla (Portugal). Z. Gletscherkde. 17, 1929, S. 321—369

—: Interglaziale Terrassenbildung in Nordportugal und ihre Beziehungen zu den allgemeinen Problemen des Eiszeitalters. Peterm. Geogr. Mitt., 1941, S. 297—311

—: Portugal in der Eiszeit. Z. Gletscherkde. 28, 1942, S. 20—59

—: Madeira. Erdkunde 3, 1949, S. 212—229

—: Granitische Abtragungsformen auf der Iberischen Halbinsel und in Korea, ein Vergleich. Peterm. Geogr. Mitt., 1950, S. 187—196

—: Die Insel Ischia. Acta Geogr. 14, Helsinki 1955, S. 249—285

—: Die Iberische Halbinsel. München 1964

—: u. MAYER, E.: Iberische Meseta und Iberische Masse. Z. Geomorph., N. F. 5, 1961, S. 161—180

LEHMANN, H.: Studien über Poljen in den Venezianischen Voralpen und im Hochapennin. Erdkunde 13, 1959, S. 258—289

LEMBKE, H.: Beiträge zur Geomorphologie des Aspromonte (Kalabrien). Z. Geomorph. 6, 1931, S. 58—112

LIEDTKE, H.: Vergletscherungsspuren und Periglazialerscheinungen am Südhang des Lovčen östlich von Kotor. Eisz. u. Gegenw. 13, 1962, S. 231—237

LLARENA, J. G.: Neuere physiogeographische Forschungen in Spanien. Sitzungsber. Europ. Geographen — Würzburg 1942, Leipzig 1943, S. 525—536

LLIBOUTRY, C.: Le Massiv du Nevado Juncal (Andes de Santiago), ses pénitents et ses glaciers. Rev. Géogr. Alpine 17, 1954, S. 465—494

LOUIS, H.: Glazialmorphologische Beobachtungen im albanischen Epirus. Z. Ges. f. Erdkde., Berlin, 1926, S. 398—409

—: Die Entstehung der Poljen und ihre Stellung in der Karstabtragung auf Grund von Beobachtungen im Taurus. Erdkunde 10, 1956, S. 33—53

MASSEPORT, J.: Considérations sur les glacis d'érosion nordméditerraniens. Rev. Géogr. Alpine 52, 1964, S. 125—152

MATTHES, F. E.: Geologic history of the Yosemite Valley. US Geol. Survey, Prof. Paper 160, 1930

MAULL, O.: Geomorphologische Studien aus Mitteldalmatien (Kerka- und Cetinagebiet). Geogr. Jber. aus Österreich 11, 1915, S. 1—30

—: Beiträge zur Morphologie des Peloponnes und des südlichen Mittel-Griechenlands. Geogr. Abh., X, 3, 1921

—: Vergleichende Karstländerstudien. Wiss. Jb. Univ. Graz 1940, S. 343—386

MAURIN, V. u. ZÖTL, J.: Ein fossiler semi-arider tropischer Karst auf Ithaka. Erdkunde 20, 1966, S. 204—208
MENSCHING, H.: Morphologische Studien im Hohen Atlas von Marokko. Würzburger Geogr. Arb. 1, 1953
—: Solifluktionserscheinungen im Hohen Atlas von Marokko. Photogr. u. Forsch. 5, 1953, S. 182—192
—: Das Quartär in den Gebirgen Marokkos. Peterm. Geogr. Mitt., Erg.-H. 256, 1955
—: Karst und Terra rossa auf Mallorca. Erdkunde 9, 1955, S. 188—196
—: Probleme der mediterranen Roterde (Terra rossa). Photogr. u. Forsch. 7, H. 2, 1956, S. 33—39
—: Die regionale und klimatisch-morphologische Differenzierung von Bergfußflächen auf der Iberischen Halbinsel. Würzburger Geogr. Arb. 12, 1964, S. 141—158
MESSERLI, B.: Der Gletscher am Erciyas Dagh und das Problem der rezenten Schneegrenze im anatolischen und mediterranen Raum. Geogr. Helvet. 19, 1964, S. 19—34
—: Beiträge zur Geomorphologie der Sierra Nevada (Andalusien). Diss. Bern 1965
—: Das Problem der eiszeitlichen Vergletscherung im Libanon und Hermon. Z. Geomorph., N. F. 10, 1966, S. 37—68
—: Die eiszeitliche und gegenwärtige Vergletscherung im Mittelmeerraum. Geogr. Helvet 22, 1967, S. 105—228
MORTENSEN, H.: Die Oberflächenformen der Winterregengebiete. In: F. THORBECKE, Morphologie der Klimazonen. Düsseldorfer Geogr. Vorträge, Verh. 89. Tagung Ges. dt. Naturforscher u. Ärzte 1926. Breslau 1927, S. 37—46
—: Das Formenbild der chilenischen Hochkordillere in seiner diluvial-glazialen Bedingtheit. Z. Ges. f. Erdkde. Berlin, 1928, S. 98—111
—: Einige Oberflächenformen in Chile und auf Spitzbergen im Rahmen einer vergleichenden Morphologie der Klimazonen. Peterm. Geogr. Mitt., Erg.-H. 209, H. Wagner-Gedächtnisschr., 1930, S. 147—156
OBERMAIER, H.: Beiträge zur Kenntnis der quartären Vereisung der Iberischen Halbinsel. Z. Gletscherkde. 20, 1932, S. 422—425
OEHME, R.: Die Rañas. Eine spanische Schuttlandschaft. Z. Geomorph. 9, 1935/36, S. 25—42
—: Beiträge zur Morphologie des mittleren Estremadura (Spanien). Ber. Naturforsch. Ges. Freiburg 38, 1943, S. 28—108
PANZER, W.: Talentwicklung und Eiszeitklima im nordöstlichen Spanien. Abh. Senckenberg Naturforsch. Ges. Frankfurt 39, 1926, S. 141—182
—: Geomorphologische Beobachtungen in Nordostspanien. Geol. Rdsch. 17, 1926, S. 229—232
PASCHINGER, H.: Der südlichste Gletscher Europas. Z. Gletscherkde. u. Glazialgeol. 3, 1954, S. 39—46
—: Würmvereisung und Spätglazial in der Sierra Nevada. Z. Gletscherkde. u. Glazialgeol. 3, 1954, S. 55—67
—: Die würmeiszeitliche Schneegrenze im Mittelmeergebiet. Mitt. Geol. Ges. Wien 48, 1955, Wien 1957, S. 201—205
—: Morphologische Studien in der Hauptgruppe der spanischen Sierra Nevada. Mitt. Geogr. Ges. Wien 99, 1957, S. 199—203

Paschinger, H.: Quartäre Formenwelt im Fußgebiet der Sierra Nevada Spaniens. Erdkunde 15, 1961, S. 201—209

Paskoff, R.: Le Chili semi-aride. Recherches géomorphologiques. Bordeaux 1970

Pfannenstiel, M.: Das Quartär der Levante. Rezente Frostböden und Karst des Ulu Dag. Abh. Akad. Wiss. u. Lit. Mainz, Math.-nat. Kl. 5, 1956

Pfeffer, K.-H.: Beiträge zur Geomorphologie der Karstbecken im Bereich des Monte Velino (Zentralapennin). Frankfurter Geogr. Hefte 42, 1967

Planhol, X.: Contribution à l'étude géomorphologique du Taurus Occidental et de ses plaines bordières. Rev. Géogr. Alpine 44, 1956, S. 609—685

Poser, H.: Klimamorphologische Probleme auf Kreta. Z. Geomorph., N. F. 1, 1957, S. 113—142

Rathjens, C.: Beobachtungen an hochgelegenen Poljen im südlichen Dinarischen Karst, ein Beitrag zur Frage der Entstehung und Datierung der Poljen. Z. Geomorph., N. F. 4, 1960, S. 141—151

—: Ein Beitrag zur Frage der Solifluktionsgrenze in den Gebirgen Vorderasiens. Z. Geomorph., N. F. 9, 1965, S. 35—49

Ridjanović, J.: Neue Beobachtungen über die Eiszeitwirkungen im Orjen-Gebirge (Jugoslawien). Würzburger Geogr. Arb. 20, 1967, S. 1—23

Rohdenburg, H. u. Sabelberg, U.: „Kalkkrusten" und ihr klimatischer Aussagewert, neue Beobachtungen aus Spanien und Nordafrika. Göttinger Bodenkundl. Ber. 7, 1969, S. 3—26

— —: Zur landschaftsökologisch-bodengeographischen und klimagenetisch-geomorphologischen Stellung des westlichen Mittelmeergebietes. Göttinger Bodenkundl. Ber. 7, 1969, S. 27—47

— —: Quartäre Klimazyklen im westlichen Mediterrangebiet und ihre Auswirkungen auf die Relief- und Bodenentwicklung vorwiegend nach Untersuchungen an Kliffprofilen auf den Balearen und an der marokkanischen Atlantikküste. Z. Geomorph., Suppl. Bd. 15, 1972, S. 87—92

Rutte, E.: Kalkkrusten in Spanien. N. Jb. Mineral. etc., Abt. B, 106, 1958, S. 52—138

Scharlau, K.: Landeskundliche Charakteristik der Krim. Festschr. f. H. Mortensen, Abh. Akad. Raumforsch. u. Landesplanung 28, Bremen 1954, S. 255—273

Schmieder, O.: Die glazialen Formen der Sierra de Gredos. Mitt. Geogr. Ges. München 10, 1915, S. 1—60

Schmidt, W. F.: Zur Morphologie und Landschaft von Cypern. Peterm. Geogr. Mitt. 100, 1956, S. 268—277

—: Der morphogenetische Werdegang der Insel Cypern. Erdkunde 13, 1959, S. 179—201

Schultze, J. H.: Geomorphologische Forschungen in Neugriechenland. Festschr. Hundertjahrfeier Ver. Geogr. u. Statistik, Frankfurt 1936, S. 313—336

Schweizer, G.: Der Formenschatz des Spät- und Postglazials in den Hohen Seealpen. Z. Geomorph., Suppl.-Bd. 6, 1968

—: Le tardiglaciaire et le niveau des neiges permanentes dans les hautes montagnes des alpes maritimes, l'exemple du bassin supérieur de la Tinée. Méditerranée, 1968, S. 23—40

Schwenzner, J. E.: Zur Morphologie des zentralspanischen Hochlandes. Geogr. Abh. 3, Bd. 10, Stuttgart 1936

Seuffert, O.: Der Einfluß von Klimagenese und Morphodynamik auf Entstehung und Verbreitung der Terra rossa im westlichen Mittelmeergebiet. Würzburger Geogr. Arb. 12, 1964
—: Beobachtungen über kleinräumige Vermittlungs- und Formbildungsvorgänge auf Sardinien. Würzburger Geogr. Arb. 22/IV, 1968
—: Klimatische und nichtklimatische Faktoren der Fußflächenentwicklung im Bereich der Gebirgsvorländer und Grabenregionen Sardiniens. Geol. Rdsch. 58, 1968, S. 98—110
—: Die Reliefentwicklung der Grabenregion Sardiniens (Ein Beitrag zur Frage der Entstehung von Fußflächen und Fußflächensystemen). Würzburger Geogr. Arb. 24, 1969
Sole Sabaris, L.: Rapport bibliographique pour l'étude de l'évolution des versants sous le climat méditerranéen. Prem. Rapp. Comm. l'Étude Versants, I. G. U., Amsterdam 1956, S. 107—122
Spreitzer, H.: Untersuchungen im Kilikischen Ala Dag im Taurus. Mitt. Geogr. Ges. Wien 98, 1956, S. 57—64
—: Zur Geographie des Kilikischen Ala Dag im Taurus. Festschr. Hundertjahrfeier Geogr. Ges. Wien 1856—1956, Wien 1957, S. 414—459
—: Frührezente und rezente Hochstände der Gletscher des Kilikischen Ala Dag im Taurus. Festschr. f. H. Kinzl, Schlern-Schr. 190, Innsbruck 1958, S. 265—280
—: Fußflächen am Kilikischen Ala Dag im Taurus. Mitt. Geogr. Ges. Wien 101, 1959, S. 183—201
—: Hangformung und Asymmetrie der Bergrücken in den Alpen und im Taurus. Z. Geomorph., Suppl.-Bd. 1, 1960, S. 211—236
—: Die Entstehung der Formen des Hochgebirges, rezente und vorzeitliche Höhengürtel der Landformung am Beispiel der Alpen und des Taurus. 33. Dt. Geographentag Köln 1961, Tagungsber. u. wiss. Abh., Wiesbaden 1962, S. 223—236
Stickel, R.: Die geographischen Grundzüge Nordwestspaniens einschließlich von Altkastilien. Verh. 23. Geographentag Magdeburg 1929, Breslau 1930, S. 147—154
Suter, K.: Die eiszeitliche Vergletscherung der Apenninen. Z. Gletscherkde. 21, 1933/34, S. 99—120, 342—353; 22, 1935, S. 142—162; 24, 1936, S. 140—155
—: Die eiszeitliche Vergletscherung des Zentralapennin. Vjschr. Naturforsch. Ges. Zürich 1940
Terzaghi, K.: Landforms and subsurface drainage in the Gačka Region in Yugoslavia. Z. Geomorph., N. F. 2, 1958, S. 76—100
Tichy, F.: Die Entwaldungsvorgänge des 19. Jahrhunderts in der Basilicata (Süditalien) und ihre Folgen. Erdkunde 11, 1957, S. 288—296
—: Beobachtungen von Formen und Vorgängen „Mediterraner Solifluktion". Dt. Geographentag Berlin 1959, Tagungsber. u. wiss. Abh., Wiesbaden 1960, S. 211—217
Tricart, J.: Paléoclimats quaternaires et morphologie climatique dans le Midi Méditerranéen. Eisz. u. Gegenw. 2, 1952, S. 172—188
Ullmann, R.: Abtragungs- und Verwitterungsformen im Ligurisch-Emilianischen Apennin. Geogr. Helvet., 1964, S. 229—244
Vaumas, E. de: Sur la succession des processus morphogénétiques en Méditerranée au cours d'une glaciation quaternaire. C. R. Acad. Sci. 256, 1963, S. 2879—2882

VAUMAS, E. DE: Phénomènes périglaciaires à Chypre et formation des glacis en période froide. Rev. Géomorph. Dyn. 14, 1963, S. 72—80
—: Phénomènes cryogéniques et systèmes morphogénétiques en Méditerranée orientale. Rev. Géogr. phys. Géol. Dyn. 6, 1964, S. 291—311
—: Phénomènes cryogéniques en Israël. Rev. Géogr. phys. Géol. Dyn. 7, 1965, S. 295—309
—: Phénomènes karstiques en Méditerranée orientale. Mém. et Doc., N. S. 4, 1967—1968, S. 194—282
—: Cryogénèse ancienne et actuelle au promontoire de Ras Chaekka (Liban). Z. Geomorph. N. F., Suppl. Bd. 13, 1972, S. 173—186
VITA-FINZI, C.: The Mediterranean Valleys. Cambridge Univ. Press. 1969
VOSSMERBÄUMER, H.: Malta, Ein Beitrag zur Geologie und Geomorphologie des Zentralmediterranen Raumes. Würzburger Geogr. Arb. 38, 1972
WEISCHET, W.: Chile. Darmstadt 1970
WICHE, K.: Beitrag zur Morphologie des Thessalischen Olymp. Geogr. Jber. aus Österreich 16, 1955—1956, S. 25—40
—: Geomorphologische Studien in Südost-Spanien (Provinz Murcia). Mitt. Geogr. Ges. Wien 101, 1959, S. 390—395
—: Beiträge zur Formenentwicklung der Sierren am unteren Segura (SO-Spanien). Mitt. Geogr. Ges. Wien 103, 1961, S. 125—157
—: Formen der pleistozänen Erosion und Akkumulation in Südostspanien. Rep. 6. Internat. Congr. Quatern. Warschau 1961, Bd. I, Lódź 1964, S. 187—198
WIRTHMANN, A. Zur Klimageomorphologie von Madeira. Karlsruher Geogr. Hefte 2, 1970
ZWITTKOVITS, F.: Klimabedingte Karstformen in den Alpen, den Dinariden und im Taurus. Mitt. Österr. Geogr. Ges. 108, 1966, S. 72—97

## Zone 6b: Außertropisches Monsungebiet

Verbreitung auf O-Asien beschränkt: Mandschurei, N-China bis zum Tsinlingschan und Hwaiyanggebirge (Hwaiyangschan), Korea außer südlichstem Teil.

Klimazonale Einordnung: Semihumider Bereich nach A. PENCK; Wintertrockene Dw- und Cw-Klimate nach W. KÖPPEN; Kühl-gemäßigte wintertrockene Klimate nach H. v. WISSMANN; Gemäßigt sommerfeuchtes Klima nach N. CREUTZBURG; Kühl-gemäßigtes sommerwarmes und sommerfeuchtes Klima nach C. TROLL und K. H. PAFFEN.

Klimatische Merkmale: *ausgeprägtes Jahreszeitenklima,* jedoch im Unterschied zu Mediterrangebieten zeitliches Zusammenfallen niederschlagsreicher mit heißer bzw. trockener mit kalter Jahreszeit. Dadurch weit stärkerer Gegensatz zwischen Sommer und Winter als in Zone 6a.

*Jahresniederschläge* zwischen 250 und 650 mm, von O nach W abnehmend. In Gebirgen, z. B. koreanischem Diamantgebirge, bis 1750 mm; Regenfälle häufig als heftige Güsse. Im westl. Lößland bereits starke Einflüsse innerasiatischer Hochwüstenklimate (Zone 5).

Mittlere *Temperatur* wärmsten Monats 20° bis 26° C, kältesten Monats 0° bis −12° C, im nördl. Korea −20° C, mit Minima zwischen −30° und −40° C. Jahresschwankung 25° bis 40° C. Bei allgemein abnehmenden Temperaturen von S nach N in gleicher Richtung Zunahme der Jahresamplitude.

Vegetationsmerkmale: in O-Mandschurei, W-Schantung und Hwaiyanggebirge lichter, von offenen Flächen unterbrochener *Mischwald mit Kiefern* und laubabwerfenden Bäumen, heute bis auf kleine Reste gerodet. Lößregion N-Chinas und mandschurische Ebene sind *waldloses Steppen- und Buschland* mit bewaldeten Gebirgsinseln.

---

Nirgends auf der Erde – wenn auch jeweils jahreszeitlich begrenzt – reicht Vorstoß tropischer Klimaeinflüsse so weit nach N, borealer so weit nach S wie in außertropischem Monsungebiet. Scharfer Jahreszeitenkontrast bedeutet entsprechend *abrupten Wechsel im Formungsmechanismus:* in sommerlicher Treibhausatmosphäre Ablauf morphodynamischer Prozesse wie in feuchten Tropen, im trocken-kalten Winter wie in subarktischer Zone NO-Sibiriens; im W Einflüsse zentralasiatischen Wüstenklimas. Zusammenwirken im gleichen Raum führt zu teils ähnlichen, teils andersartigen Formen wie in Mittelmeerländern.

Wesentlicher *Unterschied der Ausgangssituation* zwischen lößbedecktem N-China sowie Teilen Mittelchinas (Nankinger Bergland) einerseits und lößfreien östl. Bergländern andererseits.

## Formenschatz im Lößland

Lößgebiete (Abb. 7) haben eigenen „gesteinsbedingten" Formenschatz. Indirekt freilich diese Petrovarianz der Formen ebenfalls klimabedingt, denn ohne monsunalen staubig-trockenen Winter in N-China ist bis zur Gegenwart andauernde äolische Lößsedimentation nicht denkbar.

*Voraussetzungen* für Lößablagerung sind Nachbarschaft N-Chinas zu vegetationslosen Trockengebieten der Mongolei und im Winter wehender NW-Monsun. Wüsten und Salzsteppen Hochasiens (Zone 5) liefern Material, Steppenlandschaften N-Chinas erforderliche Ablagerungsbedingungen.

*Morphodynamisch* steht Lößgürtel in engerer Verbindung zum winterkalten Steppengürtel (Zone 5) als zum ozeanisch beeinflußten östl. China und feuchteren mittelchinesischen Bergland (Hwaiyanggebirge, Tsinlingschan), das zum subtropischen Monsungebiet (Zone 7) überleitet.

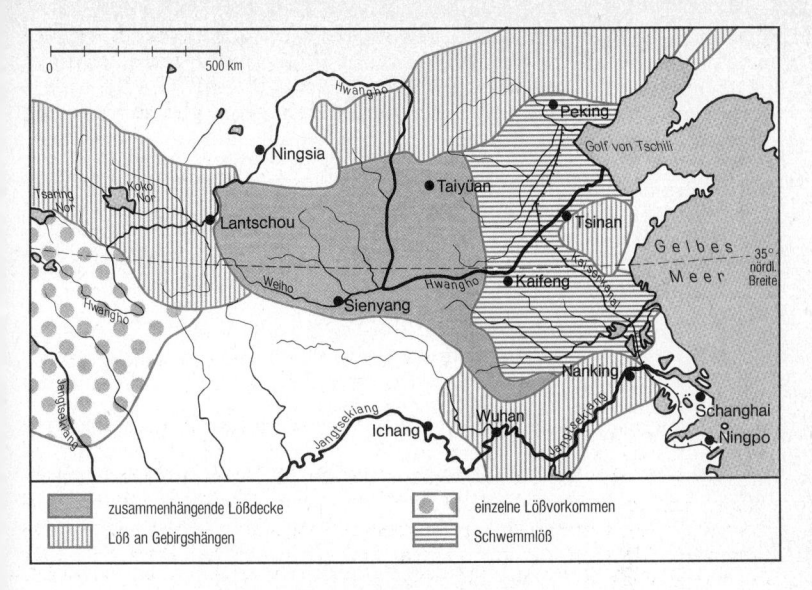

**Abb. 7** Lößverbreitung in N-China
(nach H. SCHMITTHENNER)

*Mächtigkeit* des Lößpolsters verschieden, je nach Lage zum Herkunftsgebiet: durchschnittlich 30—80 m, max. 250—400 m. Zusammenhängende Decken auf den Plateaus von Schensi, den Bruchstaffeln von Schansi bis zur Linie Tsinlingschan—Jangtsekiang. Gebiete östl. der Staffelbrüche mit Schwemmlöß bedeckt. *Höhengrenze* der Lößverbreitung in Schantung bei 200—300 m, im W Chinas in 2000 m. Wo zu steile Hänge keine Grasnarbe tragen, keine Lößablagerung.

Lößbedeckte Gebiete unterscheiden sich von lößfreien durch *sanftere Hänge*. Gegensatz von sanften und steilen Hängen bestand zwar schon im präexistenten Relief (→ IV, 183), wurde jedoch durch Lößauflage noch betonter.

**Verwitterungsart und Bodentypus:** Nordchinesischer Löß bis in 1800 m Höhe ohne Verwitterungshorizonte und auch an Oberfläche keine Anzeichen stärkerer Bodenbildung; Beweis, daß Staubablagerung in O-Asien bei gleichzeitiger erosiver und denudativer Umgestaltung der Lößlandschaft bis in Gegenwart andauernder Vorgang ist. In vielen Gebieten bleibt Lößablagerung hinter rezenter Zerschneidung zurück, in anderen herrscht Gleichgewicht zwischen Anwehung und Abtragung. In westl. Gebieten überwiegt Lößablagerung.

**Abtragungsart:** *Charakteristische Abtragungsformen* im Löß sind *terrassierte Schluchten* (H. SCHMITTHENNER). *Schluchtenbildung* auf monsunale *Platzregen* zurückzuführen: Löß ist durchlässig und standfest; aus Landregen stammendes, langsam abrinnendes Wasser würde versickern, bevor es erosiv oder denudativ wirksam werden könnte; da Niederschläge aber als Platzregen fallen, alles Wasser also nicht sofort versickern kann, fließt es in Systemen kleiner Spülrinnen ab. Einmal angelegte Rinnen werden durch nachfolgende Güsse weiter vertieft, Hänge versteilt, so daß Lößschollen nachsacken. Weiteres Wachstum sich vielfach verzweigender Schluchten ähnelt dem der Owragi in südrussischer Steppe (→ IV, 134).

Stoßen Schluchten auf anstehendes Gestein oder eine Lößkindllage (→ II, 85), durchtränkt Sickerwasser lockeres Material unmittelbar über wasserstauender Schicht, und durchfeuchteter Löß gerät ins Fließen. Dadurch Entstehung seitlicher Höhlungen, in die im Laufe der Zeit Deckschicht nachbricht.

Lößschluchten häufig von Terrassen begleitet. Diese *Lößterrassen* jedoch nicht erosions-, sondern strukturbedingt (→ II, 108); fallen in der Regel mit angeschnittenen Lößkindlhorizonten zusammen und sind eng mit Schluchtenbildung verbunden. Sickerwasser tritt am Grunde einer sich vertiefenden Schlucht, sobald Lößkindllage erreicht ist, in verstärktem Maße aus; dadurch entstehen seitlich in die Schluchtwände eingreifende Buchten und Kessel mit ebenen Böden, die allmählich in die Breite wachsen. Schließen sich benachbarte Buchten und Kessel zusammen, so bilden sich größere Verebnungen, die bei weiterer Einkerbung der Schluchten als Terrassen erhalten bleiben.

*Anthropogene Beeinflussung* durch Feldterrassenbau, Wegenetze (Hohlwege), Höhlenwohnungen mit entsprechenden *Rückwirkungen auf Abtragungsvorgänge* bes. stark, da chinesisches Lößland uraltes Ackerbauland ist.

## *Formenschatz lößfreier Bergländer*

Nach W offener halber Gebirgsbogen umschließt nordchinesisches Lößgebiet: Ostmandschurisches Gebirge, Korea, Schantung, Hwaiyanggebirge; hier wesentlich *andersartige* Formbildungsprozesse.

**Verwitterungsart und Bodentyp:** Über meisten Gesteinen auf flachen Hängen Rotlehm als Klimax der Bodenbildung. Granit verwittert nur im äußersten S (Zone 7), wo feucht-heißer Sommer am längsten dauert, zu 5 m mächtigen „tropischen" Rotlehmdecken. Darin eingebettet große ellipsoidförmige Blöcke des in der Tiefe anstehenden grobkörnigen Biotitgranits. Scharfe Grenze zwischen unverwitterten Blöcken und völlig zu Rotlehm verwandeltem Granit. *Rotverwitterung* reicht im Hauptteil Koreas nicht über 200 m aufwärts. Größere Böschungswinkel bewirken schnellere Abtragung; dadurch kann Verwitterung nicht bis zum Endstadium der Rotlehmbildung fortschreiten. Im nördl. Korea fehlt Rotverwitterung infolge geringerer sommerlicher Wärme und Feuchtigkeit.

**Abtragungsart:** *Zertalung* von ungewöhnlicher Stärke charakterisiert Bergländer außertropischer Monsungebiete; die dadurch zu in Ketten aneinandergereihter Bergstöcke aufgelösten Gebirgszüge lassen aber in Verlauf und Anordnung noch deutlich einstigen Zusammenhang erkennen. Diese Gebirgsstöcke sind von Hügelländern umgeben, die ihrerseits zu nur wenig zertalten, flach gewellten Rumpfflächen und Aufschüttungsebenen überleiten, auf denen Flüsse zwischen selbst aufgeschütteten Uferdämmen ihren Weg zur Küste suchen.

**Flußnetz und Talformen:** *Zonentypisch* sind weniger die Täler großer Flüsse, die über weite Einzugsbereiche verfügen, wodurch sich jahreszeitliche Unterschiede in der Wasserführung weitgehend ausgleichen, als *Täler kleinerer Flüsse mit periodischer Wasserführung.* In strengem jahreszeitlichem Rhythmus wechseln, wie in Mediterrangebieten, Abflußminima und -maxima. Durch Zusammendrängung der Regenfälle auf wenige Monate entstehen gewaltige sommerliche *Hochfluten* mit Überschwemmungskatastrophen, während die Flüsse im Winter als meist schmale Rinnsale auf breiten Sohlen dahinziehen. Flüsse mittlerer Größe schwellen im Sommer etwa auf 20—50fache Breite winterlicher Wasserläufe an.

*Täler* infolge großer sommerlicher Wasserführung allgemein *sehr breit* angelegt, Talböden von mehr oder weniger mächtigen Schotterlagen bedeckt. Breite Talsohlen begleiten die tief eingekerbten Flüsse trotz erheblichen Gefälles bis weit in Oberlaufgebiete, fast bis zu Wasserscheiden. Aus 3. und 4. Höhenstufe der Glockenberge und Felsschroffen (→ IV, 181) wird den Flüssen viel mechanisch aufbereiteter Schutt, aus Bereichen der Gelb- und Roterdeverwitterung der 2. Höhenstufe (→ IV, 179) Feinmaterial zugeführt, so daß sie in kurzer sommerlicher Hochwasserperiode *mit Sedimenten* aller Korngrößen *überlastet* sind, die sie — ganze Breite der Talsohle einnehmend — zur Abtragbasis zu befördern trachten. Starke Geröllführung bedingt *kräftige Abtragleistung,* die sich in „Tieferschaltung" ganzer Talsohle äußert.

*Schotterdecken* können Mächtigkeit bis 5 m erreichen, aber auch als nur lockerer Schleier über örtlich sichtbarem Felsboden liegen. In bewaldeten Bergländern Koreas sind Flußoberläufe trogartige Geröllrinnen in völlig glattpoliertem Anstehenden mit sommerlichem Durchgangstransport beachtlicher Schottermengen. Trog- oder Muldentalform völlig unabhängig von eiszeitlicher Überformung.

*Stromstrichverlegungen* verursachen alljährlich neben Tiefenerosion aktive *Seitenerosion*. Läßt zu Winterbeginn Wasserführung nach, sucht der zum gewundenen Rinnsal gewordene Fluß seinen Lauf durch Schuttmassen des Sommerbetts, verläßt dieses jedoch bei stärkerer Wasserführung zugunsten kürzerer Strecke. Auf diese Weise häufig Verlegungen der Winterbetten und des Stromstrichs, Fluß pendelt von einer Talseite zur anderen; dabei Unterschneidung seitlicher Hänge und Erweiterung der Talsohle, die durch niedrigen Steilabfall oder scharfen Knick begrenzt wird.

*Schuttkegel der Nebenflüsse* haben gleichen Effekt: je weniger Wasser die Flüsse im Winter führen, desto steiler ihre sich ins Hauptal vorschiebenden Schuttkegel; verursachen charakteristische *Gliederung der Talsohle:* zwischen sich verschneidenden Schuttkegeln und Hang des Hauptales entstehen längliche bis dreieckige Aussparungen, die als breite Rinnen der Talwand folgen. In sie überströmendes Hochwasser kann Wurzeln der Schuttkegel durchbrechen und hart dem Talhang folgendes künftiges Winterbett schaffen. Dadurch auch Unterschneidung von Bergspornen und Begradigung der Talzüge. Viele Täler wirken eigentümlich steif und starr (H. SCHMITTHENNER).

Urspüngliche Annahme SCHMITTHENNERS, daß es in China keine eingesenkten *Mäander* oder *Umlaufberge* gäbe, nicht bestätigt: 300 m tief eingesenkte Mäander südl. des Huaschan, 200 m tiefe Talmäander im Lößland von Schensi (H. v. WISSMANN). Auch in Korea mäandrierende Flüsse häufig, in Mittelläufen mit eingesenkten Mäandern (H. LAUTENSACH). Umlaufberge bes. zahlreich in Schensi.

*Konkave Hangprofile* bei durch seitliche Erosion gestreckten Talzügen, aber auch bei Mehrzahl aller anderen Täler mit deutlicher Zweiteilung in flachen Unterhang und steilen, oft bis zur Wasserscheide reichenden Oberhang mit Glockenbergen oder Felsschroffen als Abschluß. Mittelsteile Hangpartien nehmen nur schmale Zone ein oder fehlen ganz.

*An Talgestaltung* arbeitet *Verwitterung* in 2 Richtungen: auf flachen Hängen durch chemische Verwitterung, an steilen durch mechanische Gesteinszertrümmerung. Chemische Verwitterung auf flachen Hängen zwar intensiv, wegen geringen Gefälles jedoch Abtragung nur mäßig stark; an Steilhängen theoretisch kräftigste und schnellste Abtragung, aber glatte Felswände liefern nicht genügend aufbereitetes Transportmaterial. Günstigste Voraussetzungen für tiefgründige Verwitterung und kräftige Abtragung an mittelsteilen Hängen: auf ihnen genügend Feuchtigkeit für chemische Gesteinszersetzung und günstiges Gefälle für Massentransport, dehnen sich daher auf Kosten der Wasserscheidenhänge aus, werden jedoch selbst durch von unten nachrückende Hangverflachung aufgezehrt. Gegenüber breiten flachen Wasserscheiden und V-förmigen Talkerben deutscher Mittelgebirge wirken scharfgratige Wasserscheiden und muldenförmige Talquerschnitte im außertropischen Monsunasien wie negatives Reliefbild (H. SCHMITTHENNER).

Schnelle *Zurückverlegung* auch an *Talschlüssen* zu beobachten, die auffällige Ähnlichkeit mit Karen haben: steile Rückwand aus nacktem Fels und weniger steile Seitenwände, die sich in weitem Bogen einander nähern, wodurch Form eines Karriegels vorgetäuscht wird. Im Unterschied zu Karen fehlt solchen Quelltrichtern aber Eintiefung am Boden, also keine genetische Beziehung zu echten Karen.

*Form der Talschlüsse* läßt erkennen, daß sie sich hauptsächlich seitwärts vergrößern. Häufig wachsen Talschlüsse zusammen oder zapfen höherliegende Talenden an. Breite *Talpässe*, die durch Verschneidung zweier breitsohliger Täler entstehen, führen zur Auflösung der Gebirge in einzelne Bergstöcke, zur Individualisierung der Helm- und Glockenberge. Derartige Talpässe sind Leitlinien des Verkehrs.

In *breiten Taltrichtern* treten Flüsse auf Gebirgsvorländer aus und lagern vor Gebirgsrändern umfangreiche Schwemmfächer ab. Durch Zusammenwachsen benachbarter Taltrichter infolge seitlicher Hangunterschneidung entstehen zusammenhängende, bis heute in lebhafter Weiterbildung befindliche Fußflächen vor Steilanstiegen der Gebirge: *Pedimente* und *Glacis* (→ II, 174 ff.). In sie eingeschachtelt Systeme von Glacis-Terrassen wie auf Iberischer Halbinsel oder in N-Afrika (→ IV, 162, 211).

*Zerschneidung der Fußflächen* erreicht nur selten größere Vertikalbeträge. Entstehung von Riedellandschaften, Badlands oder Hügelländern, in die Flüsse bis max. 30 m eingetieft sind. An Hügel- und Badlandzone schließen sich flachgewellte Ebenen an: echte *Rumpfflächen* mit Inselbergen und Inselberggruppen. Diese Rumpfflächen sind *fossil* und waren von Sedimenten verschüttet, werden heute wieder freigelegt und als Pedimente bergwärts aktiv weiterentwickelt. Typische Erscheinung für *Kontinuität der Flächenbildung* in semihumiden und semiariden Übergangsgebieten.

**Hypsometrischer Formenwandel** *in Korea* nach H. LAUTENSACH mit *4 klimageomorphologischen Höhenstufen:*

*1. unterste Stufe:* durch beschriebene Rotlehmverwitterung gekennzeichnet (→ IV, 176).

*2. Höhenstufe:* beginnt in etwa 200 m Höhe als Stufe granitischer *Gelbverwitterung*. Obere Grenze senkt sich von 800 m im südlichsten Korea (Zone 7) auf 400 m am nördl. Ansatz der Halbinsel ab. Granit ist infolge chemischer Verwitterung bis weit über 10 m Tiefe völlig zersetzt. Feldspäte sind kaolinisiert, Zerlegung der Biotite liefert hydratisiertes Eisenoxid (Limonit), durch das Detritus gelb oder bräunlich verfärbt ist. Geringere Temperaturen infolge größerer Höhenlage verlangsamen Bildung der Eisenoxide. Dies und rel. schnelle Abtragung durch Schlagregen verhindern im oberflächennahen Bereich Bildung von Rotlehm.

Über dem Anstehenden *Zersatzzone* mit kernfrischen, kantengerundeten oder wollsackförmigen Blöcken, überlagert von blockfreier Gruszone, die in eigentlichen Bodenhorizont aus Gelblehm übergeht, zuweilen mit dünner Humusauflage. Übergang vom tiefgründig zersetzten gelben zum unzersetzten schwarzweißen Granit innerhalb 3—5 cm. In zersetzten Gelberde-Bereichen wird Granit hochgradig porös, saugt sich im niederschlagsreichen Sommer voll Wasser; in folgenden Monaten mit häufigem Frostwechsel arbeitet *Frostsprengung* an *Erweiterung der Kornabstände,* lockert Gesteinsgefüge und erweitert Klüfte, so daß sommerliche chemische Verwitterung Möglichkeit leichteren Angriffs auf gut vorbereiteten Untergrund hat. Aber auch im tieferen Untergrund erfolgt wenigstens einmal im Jahreswechsel Frostsprengung, da infolge langer Dauer und Intensität winterlicher Fröste Gefrornis entlang Klüften auch in noch festes Gestein eindringt. *Rot- und Gelberdeverwitterung* in Korea und N-China nach H. LAUTENSACH zweifellos *rezent* durch Zusammenwirken von chemischer Verwitterung und Frostsprengung.

Studien LAUTENSACHS in Korea vor allem deswegen wichtig, weil sie ungefähren *Vergleich* der dort durch Jahreszeitenwechsel gesteuerten Art der *Blockverwitterung* mit kaltzeitlichen Verwitterungsvorgängen in Blockmeeren deutscher Mittelgebirge zulassen (→ IV, 107). Wenn auch in Mitteleuropa pleistozäne sommerliche Erwärmung geringer war als gegenwärtig in Korea, auch sommerliche Niederschläge beträchtlich hinter denen Monsunasiens zurückblieben — gewissen Ausgleich brachten Schmelzwassermengen —, so lassen sich doch in Korea Wirkungen winterlichen Bodenfrostes im von Wollsackblöcken durchsetzten Granitdetritus gut studieren. In keiner anderen klimageomorphologischen Zone ist derartiger Vergleich möglich, denn in deutschen Mittelgebirgen fehlen heute genügend lang andauernde Frostperioden, und in der Arktis gibt es nur ganz vereinzelte Vorkommen durch vorzeitliche Tiefenverwitterung geformter, in noch erhaltene alte Verwitterungprofile eingebetteter Blöcke (→ IV, 83).

Beobachtungen in koreanischer Zone granitischer Gelbverwitterung lehren, daß winterliche Frostsprengung zwar Kornabstände erweitert und damit zur Gefügelockerung beiträgt, aber durch Tiefenverwitterung bestimmte Blockform nicht entscheidend verändert.

Nicht anders waren Wirkungen des Periglazialklimas auf Blockmeere deutscher Mittelgebirge: Blöcke gerieten zwar an stärker geneigten Hängen durch Solifluktion in Bewegung, aber die durch feuchttropische tertiäre Tiefenverwitterung gerundeten Quader verloren durch Bodenfrost nicht ihre Wollsackform.

Heute weitgehend entwaldete, tiefgründig zersetzte Granithänge der Gelbverwitterungsstufe Koreas sind der *Abspülung* durch sommerliche Regen schutzlos preisgegeben. V-förmige Racheln zerfurchen die Hänge, schließen sich zu typischen Badlands zusammen. An steilen Hängen werden in Verwitterungsdecke „schwimmende" Wollsackblöcke durch Abspülung aus ihrer Umhüllung von zersetztem Granit herausgeschält. Freilegung der Blockhorizonte als Haufen runder Blöcke, die Felsburgen Iberischer Halbinsel ähneln, aber keine mit dem Anstehenden festverbundenen Felsburgen sind. Entstehung von Blockmeeren und Pseudoblockströmen. Echte, periglazial bewegte Blockströme nur in größeren Höhen.

*3. Höhenstufe:* umfaßt Verbreitungsgebiet der *Felspanzerhänge* und *Helm- oder Glockenberge* (→ II, 13). So weit frostfreie Zone reicht, bestimmen *stahlgrau* im Sonnenlicht glänzende, glatte feuchte Flächen dieser prallwölbigen Berggestalten das Landschaftsbild; andere sind durch $1/2$ m tiefe Karren gestriemt, von dunklen, dichten Flechtenmänteln oder schwarzen Mineralrinden überzogen. Auf Gipfeln der Berge oft napfartige Vertiefungen, „Opferkessel", im koreanischen Diamantgebirge als „Schminktöpfe der Engel" bezeichnet; andere Gipfel häufig von gerundetem Block, einem Schlußstein, gekrönt.

*Obergrenze* der Glockenberge in bes. winterkalter Mandschurei schon bei 300 m, in N-China und Korea bei 800 m Meereshöhe, d. h. sie deckt sich z. T. noch mit Höhenstufe der Gelberdeverwitterung.

Nur selten fallen diese sich als großartige Kuppeln oder Halbkuppeln bis 500 m über ihre Umgebung erhebenden Berge, wie brasilianische Zuckerhüte im Küstengebiet bei Rio de Janeiro (→ IV, 309), unmittelbar zu den Talböden ab, sondern sind meist, wie Zuckerhüte im Inneren Brasiliens, durch Sättel und Mulden miteinander verbunden. In diesen Mulden großartige *Felsenmeere* mit rundlichen Blöcken gewaltiger Dimensionen. Noch erkennbare Kluftrichtungen zeigen, daß sie nur wenig bewegt sind, sich eigentlich noch *in situ* befinden. Sind also keine Überreste von Glockenbergen, sondern echte Felsenmeere im Quellbereich der Flüsse.

*4. Höhenstufe:* zeichnet sich durch ganz anders geformte Berggestalten in gleichen Gesteinen (vor allem Graniten) als Ergebnis *intensiver Frostverwitterung* aus: zackige Gipfel, Felsschroffen, schmale Grate, scharf aus kahlen Felshängen heraustretende Rippen, Pfeiler und Türme. Unterscheiden sich auch durch *weißliche* Färbung vom Blauschwarz oder Stahlgrau tiefer gelegener Glockenberge. Scharfkantiger, großblockiger Granitschutt bildet auf sanfter Binnenabdachung des Kwanmobong (2541 m) in Korea riesige Felsenmeere „arktischen" Typs.

Oberste Zone von starken Winterfrösten geprägter Formen reicht nach S bis zum Hwaiyanggebirge, senkt sich im extrem winterkalten N und NW bis in sehr geringe Meereshöhen ab. Im außertropischen Monsungebiet ist Höhen-Frostverwitterung ebenso *rezente Erscheinung* wie Abschalung der Glockenberge in darunter gelegener klimatischer Höhenstufe. Halden kantigen Blockschutts, die sich als Zeugnisse der Frostsprengung am Fuß der Felsschroffen sammeln und bis in Zone prallwölbiger Glockenberge herabreichen, als allochthone[1]) Bildungen scharf von autochthonen[2]) Blockbildungen zu unterscheiden. Mit gut gerundeten Wollsackblöcken zwar keine Verwechslung möglich, jedoch mit Quadern feinkörniger Granite, die *in situ* nicht zu Ellipsoiden, sondern zu nur kantengerundeten, mauerartig angehäuften Blöcken (Notschokpongs[3])) verwittern.

*Echte Blockströme* aus mächtigen Granitblöcken, denen des Harzes vergleichbar, ziehen sich an den Hängen der nicht ganz 2000 m Höhe erreichenden südkoreanischen Diagonalkette (Chirisan) herab. Reiche Niederschläge in heißen Sommern führen zur maximalen Entfaltung *chemischer Verwitterung*. In Frostwechselperioden der — gemessen an niederer geographischer Breite — kalten Winter herrscht Solifluktion, in koreanischen Diamantbergen, im Hwaiyanggebirge u. a. chinesischen Gebirgen *Kammeissolifluktion,* die vor allem auf *Wirkung des Rauhreifs* zurückzuführen ist (H. SCHMITTHENNER). Rauhreifbildung durch Auftreffen warmer, feuchter Luftmassen auf Felsoberflächen oder Schutthänge. Ungewöhnlich dicke Rauhreifschicht schmilzt tagsüber, und Wasser durchtränkt obersten Bodenhorizont; dieser gefriert in folgender kalter Nacht zu Eisschwamm und verwandelt sich beim Auftauen in Schlammbrei, der talwärts fließt. Austrocknung durch Wind läßt aus diesem Brei Eisnadeln emporwachsen, die Kammeisschichten von 20 bis 30 cm Mächtigkeit bilden können. Bodenteilchen und Steine werden angehoben und gleiten beim Abschmelzen den Hang hinunter. Gesteinstrümmer am Fuß der Felsschroffen oder Klippen werden dadurch ständig entfernt, Felskerne immer weiter herausgeschält.

**Vorzeitformen** sind als Rumpfflächen, Inselbergplatten, Rotlehmplatten oder Rothügelländer beherrschende Großformen in N- und Mittelchina (J. F. GELLERT). Nehmen breiten Streifen am N-Fuß des Hwaiyanggebirges ein, setzen sich nach O in Inselbergplatte von O-Anhwei und Kiangsu sowie im Bergland von Nanking fort. Begrenzung im N durch große Hwaiho-Hwangho-Schwemmlößebene; an deren N-Rand wiederum Inselbergplatte ausgebildet, die zum Bergland von W-Schantung, einem tiefzerschnittenen, breite Sockelfläche überragenden Kammflur-Stockwerkgebirge, ansteigt.

*Verebnungen* sind vorwiegend Rotsandstein-Felsfußflächen und Rumpfflächen mit aufgesetzten Inselbergmassiven. Daneben flache, aus Verwitterungsdecken aufragende Rotsandsteinrücken: Schildinselberge (→ II, 168) mit nur 5° Hangneigung. Böschungen größerer Inselberge betragen dagegen 30—40°. Felsflächen kappen alttertiäre Rotsandsteinformation

---

1) griech. allos = anders, chthon = Erde
2) griech. autos = selbst
3) koreanisch = Getreidesackhaufen; weil Blöcke Form gefüllter Reissäcke haben

und sind vielfach mit roten oder rotbraunen jungpleistozänen Verwitterungslehmen bedeckt. Die in diese Platten wenig eingeschnittenen Flüsse werden von 2 pleistozänen Terrassen begleitet. Morphologische Befunde und Wirbeltierreste ergeben mio-pliozänes Alter der Flächen (J. F. GELLERT).

*Rumpfflächen* scheinen in wärmerem, sowohl im Sommer wie im Winter regenreicherem Monsunklima entstanden zu sein, unter dessen Einfluß chemische Verwitterung und flächenhafte Abtragung wirksamer waren als heute. Flache Talmulden, die Felsflächen hügelig-wellig gliedern, sind wohl als *Spülmulden* und damit als Hinweis auf vorzeitliche Abtragungsvorgänge unter tropisch-wechselfeuchten Klimabedingungen anzusehen.

*Verbreitung* der Rumpfflächen bis weit nach N-China läßt Rückschluß zu, daß im Jungtertiär feucht-heißes Klima weiter nach N reichte als heute und damit gesamtes außertropisches Monsungebiet, in dem gegenwärtig feucht-heiße Klimabedingungen und dafür typische Verwitterungs- und Abtragungsvorgänge nur auf Sommermonate beschränkt sind, einschloß.

*Monsunaler Klimatyp* — wenn auch mit Veränderungen einzelner Komponenten — in O-Asien offensichtlich schon sehr lange wirksam. Heutige morphodynamische Prozesse führen nur zur *Überprägung altangelegter Formen*. Auch Glockenberge existierten schon im Pleistozän. Im Huangschan an steilen Felswänden, die durch überhängende Großschuppen vor Verwitterung geschützt sind, gut erhaltene Gletscherschrammen wahrscheinlich rißeiszeitlichen Alters (H. v. WISSMANN).

*Spuren pleistozäner Vergletscherung* im außertropischen Monsungebiet unbedeutend und auf höchste Gebirgsregionen beschränkt. Würmeiszeitliche Schneegrenze senkte sich von 3000 m im Wutaischan (Schansi) auf 2100 m in Korea und 1200 m im nördl. Chingan (Mandschurei) ab. Nur Kare aus letzter, kleine Talgletscher aus vorletzter Kaltzeit an polseitigen Randgebieten.

*Ablagerung des Lösses* war bedeutendstes morphologisches Ereignis im Pleistozän, bedeckte vorpleistozänes Relief und konservierte es. Altrelief zeigte schon gleiche Charakteristika wie rezentes: Nebeneinander von steilen, auch heute lößfreien und von sanftgeneigten, vorwiegend seit Pleistozän lößbedeckten Hängen.

Deutliche *Gliederung* nordchinesischen Lösses: 4 Lagen feinkörnigen, ungeschichteten Lößstaubs, jeweils durch dünne Schotter und Sandhorizonte voneinander getrennt; von ältesten unteren bis jüngsten oberen äolischen Ablagerungen bezeichnet als: Hipparion-Tone, Sanmen-Lehme, Tschoukoutien-Lößlehme und Malan-Löß (H. v. WISSMANN). Nach unten hin zunehmende Rotfärbung der Ablagerungen; daraus Schluß auf Beginn der Lößsedimentation um Wende Spättertiär/Altpleistozän.

Im Malan-Löß am Wutaischan Auftreten von moränenartigen oder solifluidalen Schuttmassen in oberflächlich verwittertem Löß, der von unverwittertem Löß überlagert wird. Unverwitterter Malan-Löß nacheiszeitlicher Entstehung, verwitterte Lösse als würmeiszeitliche Ablagerungen gedeutet (H. v. WISSMANN). Flora- und Faunareste im Löß sprechen für Ablagerung in semiaridem bis aridem Klima mit kalten Wintern und ähnlichem Jahreszeitengang wie heute. Auch für Interglazialzeiten in N-China ein dem heutigen Klima ähnliches, nur wenig feuchteres Steppenklima anzunehmen. Fortsetzung der Lößablagerung bis zur Gegenwart.

*Vorzeitformen und Jetztzeitformen gehen im außertropischen Monsungebiet ohne Bruch ineinander über.* Dies gilt für Lößsedimentation ebenso wie für vorzeitliche und rezente Flächenbildungsprozesse. Heutige klimabedingte Morphodynamik ist *flächenbildend und flächenerhaltend* zugleich. Jetzige Abtragungsvorgänge ähnlich denen, die fossile Rumpfflächen entstehen ließen. Einebnung ist als komplexer Vorgang aufzufassen, an dem in Gebirgsrandnähe Pedimentierung durch Seitenerosion austretender Flüsse, im weiteren Vorland Flächenspülung beteiligt war. Abtragungsvorgänge haben sich demnach seit Bildung fossiler Rumpfflächen zwar nicht grundsätzlich gewandelt, doch scheint erste Anlage flächenhafter Reliefteile unter klimatischen Bedingungen erfolgt zu sein, unter denen flächenhafte Abtragungsvorgänge ausschließlicher formenprägend waren als heute. Wirken, wie auf Iberischer Halbinsel, mit sehr ähnlicher Tendenz als Pedimentbildung bis zur Jetztzeit fort.

„Subtropische Zone gemischter Reliefbildung" (J. BÜDEL) reicht in O-Asien bis 42° n. Br., d. h. ebenso weit nach N wie im Mittelmeergebiet. Flächenerhaltung und Entstehung von Gebirgsfußflächen überall dort, wo heutige Morphodynamik an Altflächen anknüpfen konnte (Sukzessionsflächen), während Linearerosion das Relief im Gebirgsland prägt; fluviatile Abtragung dort früher wie heute durch vorgegebene, tektonisch angelegte Großformen und vom Jahresrhythmus des Wasserabflusses bestimmt.

Klimageomorphologische Hauptmerkmale außertropischer wechselfeuchter Klimate (Zone 6a u. 6b): Klima der Mittelmeerländer wie das außertropischer Monsungebiete durch *halbjährigen Wechsel von Regen- und Trockenzeit* gekennzeichnet. Während aber in Monsunländern Niederschläge in warmer Jahreszeit fallen und Winter kalt und trocken ist, hat Etesienzone kühlen, regenreichen Winter und trocken-heißen Sommer. Zusammentreffen feuchter mit warmer Jahreszeit bedeutet größere Intensität chemischer Verwitterungsprozesse in Monsungebieten, aber auch in Mittelmeerländern werden im Boden aufgespeicherte winterliche Niederschläge noch im Frühsommer kräftig wirksam. Am äquatorialen Saum der Mittelmeergebiete Regenzeit zugleich bereits verhältnismäßig warme Jahreszeit.

*Chemische Verwitterung* kommt im feucht-heißen Sommer O-Asiens zu maximaler, durch Arbeit winterlichen Frostes vorbereiteter Wirkung. Winterlicher Frostsprengung im nördl. O-Asien steht zwar sommerliche Hitzesprengung im Mittelmeergebiet gegenüber, jedoch Wirkungen der Insolation im Ergebnis nicht mit denen des Frostes vergleichbar. Vor allem in Ablauf und Wirkung chemischer Verwitterung zwischen beiden Gebieten wesentliche *Unterschiede:*

In O-Asien bis in 200 m Meereshöhe reichende Stufe tropischer *Roterdeverwitterung* fehlt in Winterregenklimaten. Dagegen in beiden Gebieten Zone intensiver *Gelberdeverwitterung,* die in Monsunländern 2. Höhenstufe, in Mittelmeerländern untere Stufe der Tiefenverwitterung darstellt. *Vergrusung* der Gesteine, Bildung „schwimmender" Wollsackblöcke und deren Ausspülung durch Schlagregen, begünstigt durch schüttere oder weitgehend vernichtete Vegetationsdecke, in beiden Gebieten gleich. Tiefenverwitterung in frühere Klimaperioden zurückreichend, mächtige Grusdecken sind Vorzeit- und Gegenwartsformen zugleich.

*Wasserstrom* im sommerfeuchten O-Asien abwärts gerichtet, in Mediterrangebieten hingegen winterliche Sickerwässer infolge sommerlicher Verdunstung kapillar wieder aufsteigend. Dadurch Entstehung brauner Limonitschlieren an Kluftflächen oder an konzentrischen Schalen, die Wollsackblöcke umhüllen. Keine derartigen Krusten in O-Asien. Ständig abwärts gerichteter Wasserstrom in Winterregengebieten nur in Kalken: *Karsterscheinungen* in klassisch mediterraner Ausprägung ohne Gegenstück in außertropischen Monsunländern.

*Glocken-* oder *Helmberge* als typische Großform verbreitet auftretender Massengesteine in beiden Klimagebieten unterhalb Frostgrenze, in Monsunländern vollkommener ausgebildet als im Mittelmeergebiet. In beiden Fällen vorzeitliche Anlage, jedoch in rezenter Weiterbildung.

*Oberste Höhenstufe* beider Bereiche mit Felsschroffen, zackigen Pfeilern, Graten und Türmen ebenfalls in O-Asien infolge weit tieferer Wintertemperaturen und intensiverer Frostsprengung markanter ausgeprägt als im Etesiengebiet.

*Solifluktionserscheinungen,* jedoch bescheidenen Ausmaßes, in Frostwechselzone beider Gebiete. Echte aktive Blockströme in O-Asien, fehlen im Mittelmeergebiet. Dort hingegen fossile Blockströme und charakteristische Hangasymmetrien als Zeugnisse lebhaften Bodenfließens im Pleistozän. Dadurch Freilegung kryptogen vorgeformter Felsburgen, die wiederum im außertropischen O-Asien unbekannt sind.

*Pleistozäner Klimawechsel* für Mittelmeerländer von einschneidenderer Bedeutung als für Monsunländer, in denen monsunaler Klimatyp trotz pleistozäner Temperaturabsenkung erhalten blieb. Daher dort *Kontinuität der Lößsedimentation* seit Wende Tertiär/Pleistozän bis zur Gegenwart.

Andererseits *aktive Blockgletscher* in allen mediterranen Hochgebirgen weit verbreitet, während sie in Monsunländern fehlen; sind offensichtlich an heißes sommertrockenes Klima oder lokalklimatische Aridität (Exposition!) gebunden, für die winterkalte Trockenheit nördl. O-Asiens keinen Ersatz bietet.

*Rezente glaziale Formen* in beiden Gebieten *fast nicht vertreten*, da nur höchste Gipfel Schneegrenze erreichen. Auch pleistzäner glazialer Formenschatz unbedeutend und weitgehend durch Solifluktion überwältigt.

*4 klimageomorphologische Höhenstufen* in außertropischen Monsunländern, in Mittelmeerländern nur 3, weil dort unterste tropische Rotlehmzone fehlt. Übrige Höhenstufen im Formungsmechanismus und Formenbild außerordentlich ähnlich. In 2 oberen Höhenstufen herrscht mechanische, in beiden bzw. einer unteren Stufe chemische Verwitterung vor.

*Abtragung* durch Rinnenspülung, Hangzerschneidung und Badlandbildung ohne wesentliche Unterschiede; in beiden Gebieten durch anthropogene Eingriffe stark gefördert. Wasserregime der Flüsse ebenfalls übereinstimmend durch periodischen *Wechsel von Hoch- und Niedrigwasser* gekennzeichnet. Ergebnis sind gleichermaßen breite, von Schottern erfüllte Täler, die in voller Sohlenbreite tiefer verlegt („tiefergeschaltet") werden. Talanfänge in Kerben oder steilwandigen Quelltrichtern. In beiden Bereichen durch zahlreiche Nebentäler weitgehend Auflösung der Gebirgszüge zu einzelnen Bergstöcken.

*Flüsse* außertropischer wechselfeuchter Klimate gleichen in jeweiligen Niederschlagszeiten perennierenden Flüssen Mitteleuropas, in Trockenperioden episodisch wasserführenden Tälern arider Subtropen. *Schottermassen* werden mit jahreszeitlicher Unterbrechung ruckartig talwärts bewegt; in feucht-gemäßigten Waldklimaten herrscht ständiger, jedoch rel. schwacher, in subtropischen Trockenklimaten nur gelegentlicher Abtransport. Tiefen- und Seitenerosionsleistung der Torrenten gegenüber perennierenden Flüssen der Mittelbreiten erheblich verstärkt. Breitsohlige, schotterüberlastete Täler außertropischer wechselfeuchter Klimate somit *eigenständiger Taltyp*.

*Pedimente und Glacis* an Gebirgsrändern als ererbte *Vorzeitformen*, die im Anschluß an tertiäre Rumpfflächenbildung entstanden, durch pleistozäne Glacis-Terrassen gegliedert und im Übergangsgebiet mediterranen Bereichs zu subtropischen Trockenklimaten (Zone 8) in rezenter Weiterbildung begriffen sind.

Im Unterschied zu klimageomorphologischen Zonen höherer Breiten im ganzen Bereich der Zone 6 (außer oberster Höhenstufe) *kein* entscheidender *Bruch* in Reliefgestaltung *durch pleistozäne Kaltzeiten*. Bescheidene glaziale Überformung durch Kar- und einzelne Talgletscher an polseitigen Randgebieten; am äquatorialen Saum stets der Jetztzeit sehr ähnliche Formungsprozesse. *Vorzeit- und Gegenwartsformen gehen überall ineinander über. Zonentypisch* sind *Mehrzeitformen.*

Morphodynamische Prozesse außertropischer wechselfeuchter Klimate insges. dadurch gekennzeichnet, daß in Mediterrangebieten infolge planetarischer Verschiebung der Luftdruckgürtel im jahreszeitlichen Wechsel Formungsmechanismen feucht-gemäßigter Waldklimate (Zone 4) und subtropischer Trockenklimate (Zone 8), im außertropischen Monsungebiet solche subtropischer Feuchtklimate (Zone 7) und winterkalter borealer Klimate (Zone 3) wirksam werden: BÜDELS „Subtropische Zone gemischter Reliefbildung".

*Innerhalb des Mittelmeergebietes* vollzieht sich damit *planetarischer Formenwandel* von außertropischer Talbildungszone zur subtropischen Zone der Pedimentbildung: am polaren Saum noch vorherrschende Linearerosion wird äquatorwärts immer mehr durch flächenhafte Abtragung abgelöst. Formungsmechanismen der Talbildung bleiben mit zunehmender Annäherung an Trockenzone nur noch in höheren Lagen wirksam, während sich unter von N nach S auf 1500 m Höhe ansteigender klimageomorphologischer Grenzfläche umgekehrt vertikaler Wirkungsbereich der Flächenspülung polwärts beständig verkleinert.

*In O-Asien* bedeutet Jahreszeitenwechsel ähnliches periodisches Übergreifen borealer und feucht-tropischer Formungsmechanismen mit entsprechenden morphologischen Auswirkungen: oberste Stufe lebhafter Frostverwitterung nimmt in N-China und Mandschurei von S nach N immer tiefer gelegene Gebiete ein, während umgekehrt untere Stufe tropischer Rotlehmverwitterung von N nach S in zunehmend höhere Regionen übergreift.

*Ähnlichkeiten* der Formen innerhalb gesamter Zone außertropischer wechselfeuchter Klimate in erster Linie auf jahreszeitlichen Wechsel zwischen Regen- und Trockenzeit, *Hauptunterschiede* der Reliefgestaltung auf andersartigen Temperaturgang zurückzuführen.

### Literatur

BEHRMANN, W.: Der Lauschan bei Tsingtau. „Natur u. Volk", Z. Senckenberg. Naturforsch. Ges. 65, Frankfurt 1935, S. 382—387

FOCHLER-HAUKE, G.: Die Mandschurei. Heidelberg-Berlin 1941

GELLERT, J. F.: Das Lößproblem in China. Peterm. Geogr. Mitt. 106, 1962, S. 81—94

—: Tektonisch- und klimatisch-morphologische Beobachtungen und Probleme im östlichen China. Peterm. Geogr. Mitt. 107, 1963, S. 81—103

HANSON-LOWE, J.: Das Problem der Terrassen am unteren Yangtse. Z. Geomorph. 11, 1943, S. 199—221

KANTER, H.: Der Löß in China. Mitt. Geogr. Ges. Hamburg 34, 1922, S. 99—150
KÖHLER, G.: Der Hwang-Ho. Peterm. Geogr. Mitt., Erg.-H. 203, 1929
KOZARSKI, S.: Problem of Pleistocene glaciations in the mountains of East China. Z. Geomorph., N.F. 7, 1963, S. 48—70
LAUTENSACH, H.: Korea. Leipzig 1945
—: Granitische Abtragungsformen auf der Iberischen Halbinsel und in Korea. Peterm. Geogr. Mitt. 96, 1950, S. 187—196
MIN TIEH, T.: Soil Erosion in China. Geogr. Rev. 31, 1941, S. 370—390
OBRUTSCHEW, W.: Das Lößland des nordwestlichen China. Geogr. Z., 1895, S. 263—273
RICHTHOFEN, F. v.: China. Bd. I, Berlin 1877, Neudruck Graz 1971; Bd. II, Das nördliche China. Berlin 1882
—: Geomorphologische Studien aus Ostasien. Sitzungsber. Preuß. Akad. Wiss., 1900, S. 887—925; 1901, S. 1—27; 1902, S. 1—52
SCHMITTHENNER, H.: Die chinesische Lößlandschaft. Geogr. Z. 25, 1919, S. 308—322
—: Chinesische Landschaften und Städte. Stuttgart 1925
—: Die Oberflächengestaltung im außertropischen Monsunklima. In: F. THORBECKE, Morphologie der Klimazonen. Düsseldorfer Geogr. Vorträge, Verh. 89. Tagung Ges. dt. Naturforscher u. Ärzte 1926. Breslau 1927, S. 26—36
—: Reisen und Forschungen in China. Z. Ges. f. Erdkde., 1927, S. 171—196, 377—394
—: Forschungsergebnisse einer Reise durch China, 1925/26. Verh. u. wiss. Abh. 22. Dt. Geographentag Karlsruhe 1927, Breslau 1928, S. 142—154
—: Nord- und Südchina. Peterm. Geogr. Mitt. 75, 1929, S. 129—136
—: Der Wutaischan. Mitt. Ges. f. Erdkde. Leipzig 50, 1929/30, S. 5—22
—: Landformen im außertropischen Monsungebiet. Wiss. Veröff. Museum f. Länderkde. Leipzig, N.F. 1, 1932, S. 81—101
—: Probleme aus der Lößmorphologie in Deutschland und China. Geol. Rdsch. 23a, Salomon Calvi-Festschr., 1933, S. 205—217
—: China im Profil. Leipzig 1934
—: Bau- und Oberflächengestalt des Berglandes von Schansi. Mitt. Ver. Geogr. Univ. Leipzig 1936, S. 141—154
SUN TIEN-CHING: Beobachtungen von quartären Vereisungsspuren in der Volksrepublik China. Ber. Geol. Ges. DDR 6, 1962, S. 181—193
TERRA, H. de.: Der eiszeitliche Zyklus in Südasien und seine Bedeutung für die menschliche Vorgeschichte. Z. Ges. f. Erdkde. Berlin 1938, S. 285—296
WANG, T. C.: Die Dauer der ariden, humiden und nivalen Zeiten des Jahres in China. Tübinger Geogr. u. Geol. Abh., R. II, H. 7, Öhringen 1941
WISSMANN, H. v.: Die Klimate Chinas im Quartär. Geogr. Z. 44, 1937, S. 321—340
—: Die quartäre Vergletscherung in China. Z. Ges. f. Erdkde. Berlin 1937, S. 241—262
—: Über Lößbildung und Würmeiszeit in China. Geogr. Z. 44, 1938, S. 201—220
—: Die Klima- und Vegatationsgebiete Eurasiens. Z. Ges. f. Erdkde. Berlin, 1939, S. 1—14
—: Karrenähnliche Rillen im Granit im Gipfelbereich des Hoaschan an der Grenze von Schansi und Honan. Mortensen-Festschr., Veröff. Akad. Raumforsch. u. Landesplanung 28, Bremen 1954, S. 61

## Zone 7: Formengruppen der feuchten Subtropen (subtropisch-wechselfeuchter Klimate mit überwiegender Regenzeit, einschließlich subtropischer Monsunklimate)

**Verbreitung:** grundsätzlich an O- und SO-Seiten der Kontinente: Mittel- und S-China, S-Korea, S-Japan, O-Australien, N-Insel von Neuseeland, SO-Küste Afrikas, ostpontische Schwarzmeerküste und südkaspisches Tiefland; SO der USA, Mittel- und S-Brasilien, Uruguay, östl. argentinische Pampa.

**Klimazonale Einordnung:** Teilbereich humider Klimate nach A. PENCK; Sommerheiße Cfa-Klimate, „Virginisches Klima" in N-Amerika, „Maisklima" (Cfax') in argentinischer Pampa nach W. KÖPPEN; Subtropische Feuchtklimate nach H. v. WISSMANN; Subtropisch ständig feuchte Klimate nach N. CREUTZBURG; Subtropische ständig feuchte sommerheiße Klimate nach C. TROLL und K. H. PAFFEN.

**Klimatische Merkmale:** *Niederschläge zu allen Jahreszeiten,* jedoch mit *Maxima im Sommer:* auf japanischen Inseln im Jahresdurchschnitt um 1500 mm, mit größten Regenmengen bis 3000 mm im S von Kiuschu und geringsten (1000–1200 mm) an im Regenschatten gelegener Inlandsee; in S-China 500–2500 mm, in Mittel- und S-Brasilien 1000 bis über 2000 mm, in Uruguay und argentinischer Pampa 500–1500 mm, in ostpontischen Gebirgen 2000–3000 mm, in mittleren Höhen dort über 3000 mm. 8–12 humide Monate, *heiße Sommer* (27°–30° C), *milde Winter.* In O-Asien Taifune, im SO der USA Hurrikane mit Niederschlägen besonderer Intensität. Fröste selten, in Japan aber nur Riukiu-Inseln völlig frostfrei.

**Vegetationsmerkmale:** subtropische *Regenwälder,* im asiatischen Bereich mit Übergängen zu tropischem Monsunwald, heute jedoch weitgehend gerodet. Im südwestl. Japan *immergrüne Laubwälder,* im östl. Pontus „Kolchische" Wälder mit Rhododendron-Dickichten.

---

Prägeformen subtropischer Monsunländer O-Asiens als *Leitformen* aller subtropisch-wechselfeuchten Klimate der Erde mit überwiegender Regenzeit aufzufassen. *Jedoch:* ähnlich wie sich monsunaler Klimatyp infolge andersartiger Konfiguration der Landmassen nirgends an deren O-Seiten in gleicher idealer Ausprägung wie in Asien wiederholt, ergeben sich, trotz grundsätzlich gleichartigem Formungsmechanismus, *Regionalvarianten.*

*Morphodynamische Parallelen* in den beiden großen Zonenanteilen Neuer Welt (SO der USA, Mittel- und S-Brasilien) besser erkennbar als in den kleineren Verbreitungsgebieten (O-Australien, N-Insel Neuseelands, O-Küste S-Afrikas, ostpontische Schwarzmeerküste, südkaspisches Tiefland).

**Verwitterungsart und Bodentypus:** *In Granitgebieten* bewirkt *intensive Silikatverwitterung* tiefgründige Gesteinszersetzung. In Detritus gebettete *Blöcke* werden allmählich von chemischer Verwitterung *aufgezehrt*. Allgemein verbreitete *rote Böden* (Rotlehm, rotlehmige Schotter) mit von 200 m in Mittelchina nach S ansteigender oberer Verbreitungsgrenze. Darüber, wie im außertropischen Monsungebiet (Zone 6b), *Gelberdeböden*, in größeren Höhen gelbbraune und gelbgraue Gebirgswaldböden (→ IV, 179 ff.).

Rotlehm unterster Stufe mit charakteristischem oberem Bleichhorizont: völlig weißer *Kaolin* oder kaolinisierte, buntgefleckte oder geflammte, *in situ* gebildete Böden, wichtig als Rohmaterial chinesischer Porzellanindustrie (z. B. bei Shiwan). Große Kaolinvorkommen auch in S-Brasilien.

Bemerkenswerter *Wechsel zwischen roten und grauen Böden* im südwestl. *Paraguay:* flachbucklige, aus Überschwemmungsniederungen aufragende Rücken (Lomas) heben sich durch leuchtend rote Böden scharf von grauen Böden der Niederungen ab. Graue tonige, in Trockenzeit aufreißende Niederungsböden sind entfärbte Roterden, die nach Rodung der Lomas abgespült wurden.

*Gelbbrauner Löß* in östl. argentinischer *Pampa* von 30—60 cm mächtigem dunklem Oberboden mit 2—5 % Humusgehalt bedeckt: Schwarzerde-ähnlichem Boden, aber keiner echten Schwarzerde, für die — im Unterschied zur südrussischen Steppe (→ IV, 133) — erforderliche klimatische Bildungsbedingungen fehlen. Ukraine liegt im BSk-, östl. Pampa im Cfa-Klima KÖPPENS. Mittlere Jahresschwankung der Temperatur in S-Rußland 25° bis 30° C, in Pampa nur 13° bis 18° C bei winterlichen Mitteltemperaturen von 7° bis 10° C und ganzjährig, wenn auch stark unterschiedlichen Niederschlägen. In Pampa fehlt winterliche Kälte- und sommerliche Trockenstarre. Abbau vegetativer Massen kommt in keinem Monat völlig zum Erliegen, Humusanreicherung bleibt damit in mäßigen Grenzen. In uruguayischer „Schwarzerde" mit nur 2—3 % Humus infolge ständiger kräftiger Durchfeuchtung sogar Podsolierungserscheinungen: Anreicherung sandiger Bestandteile an Bodenoberfläche, Verfrachtung des Tons und humoser Substanzen in den Untergrund, Entstehung von Bleichfeldern *(blanqueales)* mit mehr als 90 % Quarzgehalt in oberer Bodenschicht.

*Mechanische Gesteinsaufbereitung* ist — gegenüber ganzjährig wirksamer intensiver chemischer Verwitterung — im subtropischen Teil *Monsunasiens* infolge Fehlens der Frost- und Insolationssprengung (geringe tages- und jahreszeitliche Temperaturunterschiede) völlig unbedeutend.

*Am W-Rand beider Amerika* begünstigen dagegen meridional streichende Kettengebirge jahreszeitlich wechselnde Kalt- und Warmluftvorstöße, die zu starken Temperaturgegensätzen und damit zur Aktivierung mechanischer Verwitterung selbst in meeresspiegelnahen Gebieten führen.

Polare *Northers* erreichen in N-Amerika Texas und Florida, aus SW wehende frostbringende *Pamperos* Paraguay, Mittel- und S-Brasilien. Bis 120 m hohe Granitkuppeln der „Inselberglandschaft in Zentraltexas" (M. HANNEMANN) sind im Sommer hohen Temperaturen (27° bis 30° C, max. bis 43° C), im Winter, zuweilen innerhalb weniger Minuten, Temperaturstürzen von 10° bis 20° C ausgesetzt. Bei Minimaltemperaturen bis −18° C lebhafte Frostsprengung. Haben sich an Flanken der Inselberge Granitschalen bereits aus festem Gesteinsverband gelöst und sich unter ihnen Hohlräume gebildet, in denen sich Wasser sammelt, kann Frostsprengung Wirkungsgrad erreichen, der alle anderen Faktoren weit übertrifft.

*Zusammenwirken von Frostverwitterung, Insolation und Hydratation* an „Inselbergen" in Texas auch bei Abschuppung im kleinen zu beobachten:

> Von Oberflächen dicker Gesteinsschalen lösen sich dünne Plättchen und Schuppen ab, haften z. T. nur noch locker an Unterlage, so daß sie bei geringster Berührung abspringen. Kleine, zwischen 2 Gesteinskanten als Widerlager eingespannte, aufgewölbte Schalen lassen erkennen, daß Aufwölbung auf Volumenvergrößerung durch Hydratation beruht. Regenwasser versickert durch Klüfte und Risse der obersten Felsplatten bis auf festen Gesteinskern, strömt zwischen diesem und auflagernden Platten ab, spült Feingrus aus und beschleunigt Abgleiten der Großschalen, die am nordöstl. Fuß des Enchanted Rock ungewöhnlich mächtige Blockansammlungen bilden. Besonderheit texanischer „Inselberge" sind kleine und größere pfannenartige Vertiefungen auf ihren flachen Kuppeln, die sich mit Regenwasser füllen, zur Entstehung anmooriger Böden und zum Bewuchs mit Gras und Opuntien führen (nach Beobachtungen d. Verf.).

Während Verbreitung flacher *Granitkuppeln* im SO der USA auf Texas und Georgia (Stone Mt. bei Atlanta) beschränkt ist, gehören hochaufragende *Glockenberge* zum landschaftsbeherrschenden Formenschatz Monsunasiens und Mittelbrasiliens, fehlen auch in S-Brasilien nicht und kommen vereinzelt bis Uruguay vor. Cerro von Montevideo (149 m) und Pan de Azúcar (389 m) bei Piriápolis am La Plata sind südlichste Zuckerhutberge im Kristallin Brasilianischer Masse.

Zu gleichem Formenkreis gehören mit scharfem Knick gegen flachwellige Rumpffläche (→ IV, 199) abgesetzte *Cuchillas* Uruguays: 10−20 km lange, nur wenige km breite Rücken, die ihre Umgebung um 50−100 m überragen. Manche von ihnen in gigantische Felsburgen und Blockhaufen aufgelöst mit *Hohlblöcken* (Tafoni), von denen oft nur noch Hart-

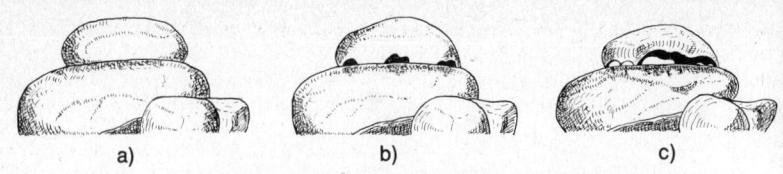

**Abb. 8** Durch Basistafonierung entstandene „Schildkrötenschale"
im Hornblendegranit der Sierra Mahoma, Uruguay
(nach H. WILHELMY)
a) durch Tiefenverwitterung entstandener, jetzt freigelegter Wollsackblock;
b) beginnende Aushöhlung des auflagernden Blocks „von unten her"
(Basistafonierung); c) nur noch aus Hartrinde bestehender Restblock
(„Schildkrötenschale")

rinden als bizarre „Tierskelette" oder von kleinen Stelzen getragene „Schildkrötenschalen" (Basis-Tafoni, → II, 27) erhalten sind (Abb. 8).

Schönste *Beispiele* nordwestl. Montevideo in Sierra Mal Abrigo, Sierra Cufré und Sierra Mahoma (H. WILHELMY u. W. ROHMEDER).

**Abtragungsart:** Im subtropischen Monsunasien steht unter intakter Walddecke nur feinkörniges Verwitterungsmaterial an der Oberfläche an; nach Waldvernichtung wird jedoch Feinmaterial durch heftige Regengüsse schnell *linien- und flächenhaft* abgetragen.

*Zerrachelung und Zerrunsung* der Berghänge daher charakteristische Allgemeinerscheinung in entwaldeten Gebieten. Abspülung setzt unmittelbar ein, indem sich Regenwasser in geschlossenen Rinnen sammelt und sofort mit Schutt belädt. Schon nach kurzer Zeit Oberfläche solcher Hänge von metertiefen Ravinen und Gullies überzogen. Bes. schwere Erosionsschäden in SW-Japan. Badlands dort als „Shirasu" bezeichnet. Auf Kiushu häufig Auslösung von Bergrutschen durch schwere Taifunregen (M. SCHWIND). Ebenfalls starke Zerrachelung fehlerhaft genutzten oder aufgegebenen Kulturlandes, z. B. ehemaliger Kaffeepflanzungen, in Mittelbrasilien. Badlandbildungen aus süd-östl. Afrika, N-Insel Neuseelands und ostpontischem Gebirge bekannt. In südl. Appalachen Bekämpfung der *soil erosion* durch Tennessee Valley Authority. In Paraguay und in argentinischer Provinz Misiones schnelle Verarmung der Ackerböden durch Ausspülung toniger Bestandteile. Während frischgerodete Urwaldböden 25—55 % lehmige und 35—75 % sandige Bestandteile haben, steigt Quarzsandgehalt länger bebauter, von Regenwasser ausgewaschener Oberböden auf 90—93 %.

*Badlandbildung* fehlt in argentinischer Pampa infolge völlig andersartigen Klimagangs als in südrussischer Steppe und geringer Reliefenergie; dagegen im uruguayischen Departamento Rocha durch Überbestockung in stärker reliefiertem Hügelland nach längeren Trockenperioden schwere Abspülungsschäden. Form und Ausmaße dort entstandener Racheln erinnern an südrussische Owragi (H. WILHELMY u. W. ROHMEDER).

Auf Insel Hongkong und gegenüberliegender Festlandhalbinsel Kowloon Granithügel in steilwandige Kerbschluchten aufgelöst, deren Oberfläche mit kernfrischen, gut gerundeten *Granitblöcken* übersät ist: von Tiefenverwitterung noch unberührt gebliebene, ausgespülte und an Oberfläche gelangte Blöcke abgetragener Zersatzzone (W. PANZER). — *In Wasserrissen* angereicherte Blöcke, unter denen selbst im regenarmen Winter Bäche rauschen, bilden *Pseudoblockströme*, keine echten Blockströme, da sie nicht wie fossile Blockströme mittlerer Breiten in Periglazialklima solifluidal bewegt worden sind (→ IV, 41). — Auch in Rodungsgebieten S-Brasiliens an ungeschützten Hängen, z. B. in Maisfeldern, Freispülung wohlgerundeter „schwimmender" Wollsackblöcke und blockstromartige Ansammlungen, die völlig Pseudoblockströmen Hongkongs gleichen.

Einmal aus feuchter Umhüllung befreit, sind nunmehr an Oberfläche liegende Blöcke Wirkungen phanerogener Verwitterung ausgesetzt, die langsamer arbeitet als Tiefenverwitterung, daher verhältnismäßig lange Lebensdauer der Blöcke sichert. Großblöcke häufig von tiefen Rillen im Sinne der Abflußrichtung überzogen (Granitkarren).

**Verkarstung:** Lösungsverwitterung in Kalken steht in Monsunasien gleichrangig neben intensiver Silikatverwitterung der Massengesteine. Bezeichnende Folge ist Entstehung sehr ähnlicher Formen in beiden Gesteinsarten: steile Einzelberge oft kreisrunden Isohypsenverlaufs, die Glockenbergen gleichen, inselbergartige Kegel oder steilwandige Türme, wie sie in NO-Kwangsi, Kweiling und Tongking häufig sind. Auffällig sind stets *ausgeprägter Profilknick* und weitgehende *Niveaugleichheit* der Türme und Kegel eines Gebietes. Gipfelhöhen entsprechen Rumpfflächenniveaus benachbarter Gebirge, an deren Fuß die Karsttürme auftreten (J. F. GELLERT).

Derartiger, durch *Vollformen* gekennzeichneter Karst nur im nahezu frostfreien Monsunasien bis etwa 30° n. Br. Nördl. unterem Jangtsekiang Schichtstufen- und Schichtrippenlandschaften mit Formen „*mediterranen*" *Karstes* (Zone 6b). Obergrenze der Kegelkarstvorkommen steigt mit Isothermenflächen nach W auf 1800—2000 m in Kweitschou und O-Yünnan an. Verbreitungsgrenze im Hochland von Zentral-Yünnan durch Abnahme der Niederschläge, deren Beschränkung auf 5 Sommermonate und 5° bis 10° C kühlere Sommer als im östl. China bestimmt (H. v. WISSMANN).

*Karstentwicklung* beginnt durch korrosive Unterschneidung von Kalksteinhängen mit Entstehung von Karstrandebenen oder von oben her durch Lösungsverwitterung an Schnittpunkten verschiedener Kluftsysteme. Zunächst Bildung schlundförmiger Dolinen, die sich allmählich zum Niveau der Karstrandebene bzw. der Unterschneidungsebene hindurchfressen. Benachbarte Dolinen wachsen zusammen, bis nur noch isolierte Karstkegel übrigbleiben (→ III, 38 ff). Jährliche *Überschwemmungen* tragen zur seitlichen Ausweitung der Schlote und randlichen Aufzehrung der Kalkmassen wesentlich bei.

*Südchinesischer Turmkarst* fußt in breiten, nassen Talebenen, die sich, wie alle häufig vom Hochwasser überfluteten breiten Talböden und intramontanen Ebenen humider Monsunländer, durch Dauerverwitterung allmählich tiefer verlegen (→ IV, 195). Ausgeprägte Fußschultern an Hängen der Karsttürme sind Reste ehemals höher gelegener nasser Basisebenen (J. F. GELLERT). Derartige Flächenbildungen im Karst bei langer Kontinuität humider monsunaler Klimaverhältnisse und entsprechend kontinuierlicher Lösungsverwitterung nicht klimagenetisch, sondern tektonisch zu erklären: verkarstete Kalkmassive unterlagen gleicher tektonisch bedingter Mehrphasigkeit der Formung wie benachbarte, durch Rumpftreppen gegliederte Gebirge (→ IV, 201).

An Rändern überschwemmter Flächen Entstehung von Grotten, Bach- und Fußhöhlen, die häufig zum Einsturz unterminierter Berge führen. Hält sich Unterschneidungsebene lange im gleichen Niveau, werden Kegel und Türme schließlich völlig aufgezehrt.

Ebenen, aus denen sich Karstkegel und -türme erheben, sind mit 5 bis 12 m mächtigen Hochwasseraufschüttungen der Flüsse bedeckt, unter deren Sedimenten sich Kalklösung bis zum Grundwasserspiegel fortsetzt: runde, scharf begrenzte und bis 15 m hohe Kalksteinhöcker mit Näpfen, Kesseln und Taschen im Untergrund. Auch auf diesen unteren Abtragflächen dominieren Vollformen. Abspülung der Aufschüttungsdecke bringt, wie bei Lunan in O-Yünnan, Karrenfelder zum Vorschein (H. v. WISSMANN).

In nichtasiatischen Teilbereichen der Zone 7 fehlen Kegel- und Turmkarst. In Florida zwar Tausende von Wasser erfüllter Karstwannen und Dolinen *(Everglades)*, aber Höhenlage der Kalktafel über Grundwasser- (Vorfluter-)Niveau so gering, daß markant aufragende Vollformen nicht entstehen konnten (→ III, 37 ff.).

**Flußnetz und intramontane Ebenen:** *Gewässernetz* und Orographie zeigen in S-China (wie auch in wechselfeuchten Tropen S-Asiens, → IV, 298) auffällige Diskrepanz: Flüsse durchziehen mäandrierend weite Talebenen, durchbrechen Bergketten in engen, gefällsreichen Schluchten, um unterhalb der Durchbruchsstrecken erneut auf breite Talebenen auszutreten (W. CREDNER). Gefällsarme Ebenen begleiten — unmittelbar an die Aufschüttungsebenen in Küstennähe anschließend — die Flüsse aufwärts durch Hügelländer und Gebirgsketten in treppenförmiger Anordnung bis weit in Oberlaufgebiete hinein. In Yünnan liegen höchste dieser *intramontanen Ebenen* in 2000 m; sind keine tektonischen Einbruchsbecken, sondern Ergebnis rezenter Erosion und Akkumulation der Flüsse.

| Verwitterungsdecke | | Besonders widerständiges Gestein |
| Flußsedimente | --- | Trockenzeit - Grundwasserspiegel |
| Unverwittertes Gestein | | Trockenzeit- und Regenzeitbett |

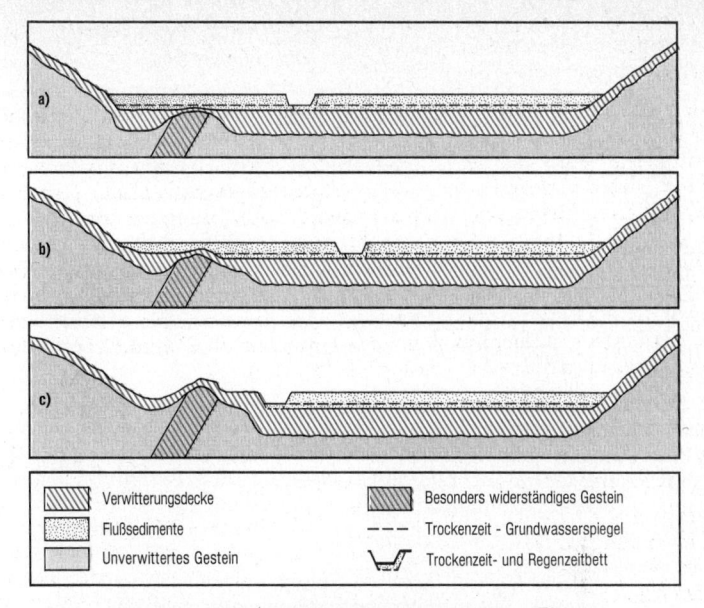

**Abb. 9** Erosive Tieferlegung intramontaner Ebene
mit Entstehung von Fußhügeln
a) breite intramontane Überschüttungsebene mit im Untergrund
verborgenem Härtling; b) Verwitterung unter den Flußsedimenten hat
weiter in die Tiefe gegriffen, den Härtling näher an die Oberfläche
gebracht; c) Härtling ist durch weitere flächenhafte Tieferlegung der
Aufschüttung an die Oberfläche gelangt und bildet einen Fußhügel

Derartige *Überschüttungsebenen* (W. CREDNER) bestehen aus 6–20 m mächtigen feinen Sedimenten über anstehendem Gestein, gelegentlich auch aus dünneren Aufschüttungsmassen, so daß unverwitterter Untergrund aus ihnen auftaucht. Zwischen unverwittertem Fels und Sedimentbedeckung gewöhnlich Lage verwitterten Ausgangsgesteins als tiefgründig aufbereitete Gruszone. Schon in geringer Entfernung von randlich steilaufragenden Bergen ist dieser Grus zu plastischer, hochbeweglicher toniger Masse verwittert, die durch Anordnung noch erkennbarer Mineralbestandteile Rückschlüsse auf primäre Gesteinsstruktur erlaubt. W. CREDNER erkannte – unter Vorwegnahme BÜDELscher Idee „doppelter Einebnungsfläche" (→ II, 166 f.) –, daß Basis und Oberfläche der Beckenfüllungen echte Abtragflächen sind (Abb. 9).

Mit Beginn der Regenzeit schwellen Flüsse an, treten über ihre Ufer und überfluten die sie umgebenden Ebenen, auf denen sie mitgeführte Sedimente niederschlagen, auch durch tiefgründige Durchtränkung des

Untergrundes beweglich gemachtes örtliches Verwitterungsmaterial umlagern. Dabei wird zwar gelegentlich Lockermaterial bis zum unverwitterten Anstehenden abgedeckt, das frische Gestein jedoch von hin- und herpendelnden Flüssen nicht angeschnitten. Bei nachlassenden Niederschlägen Rückzug der Flüsse auf Niederwasserbett, dessen Sohle sich im Lauf der Trockenperiode durch Aufschotterung erhöht. Dadurch liegt Flußlauf während Trockenperiode in höherem Niveau als in Regenzeit. In tieferen, von Grundwasser erfüllten Aufschüttungsmassen kann dadurch selbst in Trockenmonaten chemische Aufbereitung zu plastischer, hochmobiler, kaolinisierter Verwitterungsmasse unverändert weitergehen. Diese Form der *Dauerverwitterung* hält Gestein am Grunde sedimentbedeckter Talsohle in einem Zustand, der dem in sommerlicher Regenzeit bis zum Anstehenden heruntergreifenden Fluß keinen Widerstand bietet.

Durch Dauerverwitterung und flächenhafte Abspülung werden intramontane Ebenen erhalten und parallel zu sich selbst tiefergeschaltet. Voraussetzung dafür ist allerdings ausgeglichenes Verhältnis zwischen Gesteinsaufbereitung und Abtragung, wobei Schnelligkeit der Abtragung in erster Linie von Lage der Erosionsbasis und ihren Veränderungen abhängt. Da für jede Ebene flußabwärts folgender Felsriegel lokale Erosionsbasis darstellt, wirken sich großräumige tektonische und klimatische Veränderungen oder Meeresspiegelschwankungen zunächst nur lokal, d. h. im Bereich der Hebungsgebiete und in Nähe des Meeresspiegels als absoluter Erosionsbasis, aus. Durch solche Veränderungen belebte rückschreitende Erosion greift allmählich in Hauptflüssen aufwärts. Bei langsam erfolgender Tieferlegung lokaler Erosionsbasen sind sie in der Lage, damit Schritt haltend, intramontane Ebenen in ganzer Breite tieferzuverlegen.

Heutige Ebenen somit nach CREDNER als vererbte, einst in höherem Niveau angelegte Flachlandschaften aufzufassen. Erhaltung intramontaner Ebenen als Formentyp dadurch ermöglicht, daß Flüsse im betreffenden Laufstück immer zu schwach waren, sich durch eigene Aufschüttungen hindurch in noch unverwitterten Gesteinsuntergrund einzuschneiden.

*Fußhügelzonen* auffällig einheitlichen Niveaus, die die Ebenen vielfach von steiler Gebirgsumrahmung trennen, lassen frühere größere Ausdehnung der Ebenen in höherem Niveau erkennen; stellen entweder Schuttkegel der auf die Ebenen mündenden Nebentäler dar oder bestehen aus gleichen Gesteinen wie benachbarte Berge und Untergrund der Ebenen. Überdies sprechen in Fußhügelzonen auftretende, heute vielfach verfestigte fossile Talsedimente für einst größere Ausdehnung der Flächen.

*Ursache der Entstehung* von Fußhügeln können von Dauer-Tiefenverwitterung weniger angegriffene resistentere Gesteine oder — was allgemeiner gilt — geringere Wasserdurchtränkung, damit geringere Zersetzung der vom Flußlauf weiter entfernten Fußregion sein. Schreitet flächenhafte Tieferschaltung intramontaner Ebenen schneller fort als Verwitterung der Randzone folgen kann, wird sich diese nach einiger Zeit über Niveau der Hochwasseraufschüttungen erheben; von diesem Stadium an ist betreffendes Oberflächenstück der Dauerverwitterung, wie sie am Grunde der Flußaufschüttungen arbeitet, entzogen und wird Bestandteil der Reliefglieder mit nur periodischer Verwitterung und linear-erosiver Zerschneidung: steigt als Hügel, später als Berg über Niveau sich eintiefender Täler und Ebenen auf (W. CREDNER). Diese Deutung der *Randhügelgenese* CREDNERS grundsätzlich übereinstimmend mit BÜDELS Auffassung der Entstehung von Grundhöckern und Schildinselbergen in wechselfeuchten Tropen.

*Im Bereich intramontaner Ebenen* sind Wirkungen wechselfeuchten *Monsunklimas* durch sich dort ergebende spezielle hydrographische Verhältnisse weitgehend *ausgeschaltet*. Dauerverwitterung und flächenhafter Abtrag leicht beweglicher Massen in den Ebenen, die Verhältnissen im immerfeuchten Tropenklima entsprechen, steht nur periodisch aktive Verwitterung und lineare Erosion in widerständigen Gesteinen der Bergländer gegenüber. Gleicher Gegensatz gilt für unterhalb der Ebenen gelegene *Kerbtalstrecken*, in denen lineare Erosion in wenig verwittertem, durch Schotter und Blockpackungen geschütztem Gestein erschwerte Angriffsmöglichkeiten hat. Flüsse vertiefen diese Durchbruchsstrecken, obwohl sie aus durchflossenen Ebenen nur Feinsedimente mit sich führen. Grobmaterial gelangt zwar in die Flüsse, z. B. aus dem kräftiger Abtragung unterworfenen Steilrelief, durch Schuttkegel der Nebenflüsse, durch Gekriech oder Erdschlipfe, doch ist dieses Material morsch und zerfällt schon nach kurzem fluviatilem Transport. Gesteinsaufbereitung in Monsunklimaten so intensiv, daß Bedingungen für Erhaltung von Grobschutt beim Abtransport durch Bäche und Flüsse von vornherein ungünstig sind.

*Einkerbung* allein *durch Wasserwirkung*, ohne Mithilfe von Schleifmitteln, in der Regel nur in Lockermaterial. Effekt dort abhängig vom Erosionswiderstand bodenschützender Vegetationsdecke (Phytovarianz), von Regendichte, Durchlässigkeit des Bodens und Böschungsverhältnissen. Bedeutende Massentransporte durch reine Flächenspülung nur dort, wo von Natur aus schüttere Vegetationsdecke steilere Berghänge überzieht oder Pflanzenkleid vom Menschen zerstört wurde, so daß monsunale Schlagregen Lockermaterialien unmittelbar angreifen können. Dies erklärt intensive Zerrachelung aller vergrusten Hänge (→ IV, 192), jedoch nicht Erosionsleistung geröllarmer Flüsse in Engtalstrecken. Bedeutungsvoll scheinen in ihnen, wie in alpinen Klammen (→ II, 101), außer großer Wassermenge vor allem *periodische Schwankungen* zu sein, denn bei zunehmender Wasserführung nimmt auch Turbulenz und dynamische Energie der Flüsse zu.

*Beispiel:* bei Chaotsing fast 2 km breites, 8 m tiefes Strombett des Sikiang (Westfluß) wird in unterhalb gelegener Durchbruchsschlucht auf kaum 250 m Breite eingeengt. Talsohle von sich hindurchzwängenden Wassermassen bis auf 180 m Tiefe, d. h. unter Meeresniveau ausgekolkt (J. F. GELLERT).

*Tieferlegung der Engtalstrecken* verläuft jedoch im Vergleich zu anderen Klimaten außerordentlich langsam; sonst hätten sich in SO-Asien trotz großer tektonischer Mobilität intramontane Ebenen nicht in so weiter Verbreitung erhalten können.

**Talformen** nichtasiatischer Gebiete der Zone 7 in charakteristischer Übereinstimmung mit S-China. Tief eingesenkte Flüsse in Piedmont-Region von Georgia (USA) gekennzeichnet durch häufigen Wechsel von Talweitungen und engen Durchbruchsstrecken. Flüsse, wie z. B. Oconee River, durchfließen mäandrierend kleine intramontane Becken, die durch V-förmige, gefällsreiche Schluchten miteinander verbunden sind (J. F. WOODRUFF u. E. J. PARIZEK). Ebenso von E. NOWACK beschriebener Lauf des Kizil Irmak im nördl. Anatolien in Größenordnung durchflossener intramontaner Ebenen und enger Durchbruchsstrecken weitgehend mit süd-chinesischen Tälern übereinstimmend.

*Sohlentäler* (→ II, 106) ähnlichen Typs bildeten früher im östl. Pontus gefürchtete Malariagebiete (G. STRATIL-SAUER); sie gehen bergwärts in langgestreckte, von Talweitungen unterbrochene V-Täler mit klammartigen Teilstrecken und — über mit Geröll beladene Gebirgsbäche — in flache Quellmulden über.

Im kräftig zertalten Waldbergland der Great Smoky Mts. der südl. Appalachen berühren sich im Kammbereich häufig Quellmulden entgegengesetzt entwässernder Flüsse; so entstanden durch Erniedrigung der Kammlinie typische Water Gaps (= Pässe), die für nach W ziehende Einwanderer bei Querung des Gebirges von großer Bedeutung waren. Auch dafür Parallelen in O-Asien (→ IV, 179).

*Breite Taltrichter* S-Chinas, in denen Gebirgsflüsse auf Vorlandebenen austreten, sind anderer Entstehung als in N-China (→ IV, 179). Während dort auf Schuttkegeln durch seitliche Erosion austretender Flüsse Erweiterung der Taltrichter und deren Zusammenschluß zu schotterbedeckten Fußflächen erfolgt, münden Flüsse S-Chinas als schuttarme Gewässer auf Ebenen, deren Fortsetzung in Gebirgstäler hinein nach Prinzip der Tieferschaltung durch Dauerverwitterung ständig durchfeuchteten Untergrundes erfolgt.

Eigenartiges Phänomen sind vielfältig gelappte und verästelte *Rückstauseen* des zwischen natürlichen Uferdämmen fließenden Jangtsekiang;

entstehen alljährlich, wenn infolge Sommerregens und Schneeschmelze in südwestchinesischen Gebirgen Wasserspiegel des Stroms um 15—18 m (bei Hangkau), in Talengen oberhalb Itschang sogar um 30—40 m ansteigt. Nebenflüsse können dadurch ihr Wasser nicht abführen, ihre Unterläufe werden zu Staubecken, in denen sich von zuströmenden Gewässern mitgeführter Schlamm niederschlägt (H. SCHMITTHENNER).

Diese periodisch überschwemmten und trockenfallenden Flußebenen Mittel- und S-Chinas sind ebenso wie intramontane Ebenen von Natur für Reisbau geradezu vorausbestimmt.

*Typisch* für subtropische Feuchtgebiete Monsunasiens ist *Formenvergesellschaftung* von Überschüttungsebenen der Flüsse und aus diesen ansteigenden niederen Platten und Hügelländern mit höheren Erhebungen, Einzelbergen und Bergzügen, in die die intramontanen Ebenen eingesenkt sind. Wo in diesen Bergländern nackter Fels durch flächenhafte Abspülung freigelegt ist, setzt *lineare Zerschneidung* ein, wenn auch nur mit sehr begrenzter Wirksamkeit. Trotzdem erscheinen alte Flachreliefs im höheren Bergland (→ IV, 201) kräftig zerstört. Dies jedoch ganz überwiegend auf starke junge Tektonik, nicht auf klimabedingte Vorgänge zurückzuführen. Gut erhaltene Rumpfflächen und Inselbergplatten in geringeren Meereshöhen weit verbreitet. Rias südchinesischer Küste durch postpleistozäne Überflutung zerschnittener älterer Inselbergplatte entstanden.

*Kontinuierlich* seit Ende Pliozän vor sich gehende *Taleintiefung* und bis zur Gegenwart andauernde Auflösung in *Kammflur-Stockwerkgebirge* für südl. Japan (K. NISHIMURA) ebenso bezeichnend wie für südl. China. Dadurch grundsätzliche Unterscheidung der Bergländer immerfeuchten Monsunklimas O-Asiens von tertiären Rumpftreppengebirgen Mitteleuropas mit ihren im Pleistozän eingetieften, terrassierten Tälern (W. CREDNER, J. F. GELLERT).

Schwer zu entscheiden, ob feuchte Subtropenzone (7) noch zur Talbildungszone oder bereits zur Flächenbildungszone im Sinne BÜDELS zu rechnen ist. Sowohl Tal- wie Flächenbildung von zoneneigener Morphodynamik abhängig.

**Flächenbildung:** Aktive Rumpfflächen in Küstennähe, z. B. in Umgebung von Kanton (W. PANZER), weniger auf Flächenspülung, als auf gesteigerte Zersetzung des Granits im Grundwasserbereich zurückzuführen. Interessante Konvergenz zur Entstehung von Karstrandebenen in Massenkalken gleichen Gebiets. Der Granitplatte aufgesetzte Inselberge entsprechen in ihrer Form durchaus benachbarten Karstkegeln (→ IV, 194).

Bestes *Beispiel* für *Rumpfflächen* in aktiver Weiterbildung: die max. bis 200 m Meereshöhe ansteigende Fastebene im südl. Uruguay; nimmt etwa 70 000 km² ein und überspannt kristallinen Sockel Brasilianischer Masse, die weiter im N von stufenbildenden paläozoischen und mesozoischen Schichtpaketen und Trappdecken überlagert ist (→ I, Abb. 37).

Subtropisches humides Monsunasien ist *Übergangsgebiet* zum tropischen Monsunasien (Zone 11b). Vertikale Stufenfolge spezifischer Verwitterungs- und Abtragungserscheinungen verliert von N nach S zunehmend an Bedeutung.

**Hypsometrischer Formenwandel** zwar wie in außertropischen Monsunländern gekennzeichnet durch Aufeinanderfolge von „tropischer" Rotlehmstufe (bis 200 m), Gelberdestufe (bis 800 m) und Glockenbergstufe, aber es fehlt in vielen Gebieten 4. Höhenstufe mit glazialen Zeugnissen; wo diese auftreten, handelt es sich um *Vorzeitformen*.

*1. unterste Höhenstufe:* entspricht beschriebenem klimageomorphologischem Normalniveau.

*2. Höhenstufe:* Wirkungsmöglichkeiten der Tiefenverwitterung stark vom Relief abhängig. Verbreitung gelber Grusböden in Umgebung Hongkongs scheint z. B. auf Lage an stark geneigten Hängen zu beruhen: Verwitterungsdecke wird abgespült, bevor sie typische reife Ausbildung zum Rotlehm erreicht hat (W. PANZER).

*3. Höhenstufe:* Reliefteile, bes. glatte Steilhänge kahler Glockenberge, die über untere beiden Stufen intensiver chemischer Tiefenverwitterung aufragen, unterliegen einer weniger aggressiven Oberflächenverwitterung, die stark unter Einfluß semiariden Mikroklimas steht. Glockenberge meist als Halbkuppeln angelehnt an Bergnasen oder rückwärts an Hauptkörper der Gebirge. Als freistehende „Zuckerhüte" nur auf höchsten Gipfeln des Hwaiyanggebirges, des Kwaifungschan, Kwanschan und Tsinlingschan.

*4. Höhenstufe:* gelbbraune und graugelbe Gebirgswaldböden zeigen gelegentlich Wirkungen der Kammeissolifluktion (→ II, 74). 20–30 cm mächtige Eisnadelfilze bei Kiukiang und Kuling auf 29° n. Br. beobachtet (H. SCHMITTHENNER). Rezente periglaziale Solifluktion in japanischen S-Alpen oberhalb 2000–2300 m durch Strukturböden bewiesen (M. SCHWIND). Mechanische Gesteinszertrümmerung in diesen Höhen durch Frostsprengung; jedoch bei Strukturböden schwierig, Anteil rezenter Formung gegen vorzeitliche abzugrenzen. In S-China zackige Felsformen mit Sicherheit fossil, keine rezente Höhenstufe intensiver Frostverwitterung wie in N-China (Zone 6b).

*Rezente glaziale Formen* fehlen. Fudschisan (Fudschijama, 3776 m) ohne ewigen Schnee, nur in geschützten Lagen einige perennierende Schneeflecken. Heutige Schneegrenze am Fudschisan in 4000–4100 m, in Mittelchina bei 3000 m, in Gebirgen westl. Rotem Becken von Szetschuan in 5100 m Höhe. Einige kleine Karglietscher im Yülungschan. In Japan, S- und Mittelchina ragt kein Gebirge über heutige Schneegrenze auf.

**Vorzeitformen:** *3 Reliefgenerationen* am heutigen Formenbild subtropischer Monsungebiete beteiligt:

*1. Reliefgeneration* tertiärer *Rumpfflächen*, in tieferen Niveaus mit aufgesetzten Inselbergen, in weiter Verbreitung. Höhere Flächen erosiv stark zerschnitten, vielfach tektonisch verstellt; daher weiträumige Niveau- und Altersvergleiche bisher erfolglos. Allgemeine Flächenaufzehrung im Gebirgsland in erster Linie Folge lebhafter Tektonik im Himalaya-Randbereich; im tektonisch ruhigen indischen Subkontinent (Zone 10 u. 11) entwickeln sich dagegen schulbeispielhaft ausgebildete alte Flächensysteme bis heute weiter.

Im subtropischen *Monsunasien* auf Altflächen erhalten gebliebene tiefgründige Rotlehm-Verwitterungsdecken präpleistozän, aber trotz pleistozäner Klimaänderungen bis jetzt in kaum unterbrochener Weiterbildung.

In *S-Afrika* ist unterste Fläche vor Großer Randstufe an O-Seite nicht, wie mittleres und oberes Randstufenniveau, als echte Rumpffläche, sondern als um Wende Spätpliozän/Altquartär entstandenes *Pediment* aufzufassen. K. Kayser und E. Obst betonen Formenunterschied dieses „unteren Randstufenniveaus" gegenüber darüber gelegener Rumpftreppe. Unteres Randstufenniveau mit starker flächenhafter Abspülung ist tief zertalt und durch mehrere kleinere Stufen gegliedert, die den eigentlichen höheren Rumpfflächen fehlen. Zerschnittene breitflächige Riedelzone, die in 3–4facher Terrassierung über gehobene Abrasionsterrassen bis unmittelbar ans Meer heranreicht, stellt Gebirgsfußfläche mit eingesenkten Glacis-Terrassensystemen vor steilem Rückland großer Ostafrikanischer Randstufe dar.

*Piedmont* der Appalachen ebenfalls nicht – wie W. Penck glaubte (→ II, 151) – eine unterste aktive Rumpffläche, sondern Pediment, in das mehrere Glacis-Terrassen eingeschnitten sind. Auch Flächentreppen der südbrasilianischen Serra do Mar und der Küstenregion von Santa Catarina als Pedimente gedeutet; ihre Entstehung führen J. J. Bigarella und M. R. Mousinho auf semiaride Klimabedingungen pleistozäner Kaltzeiten, ihre Zerschneidung auf humidere Klimate in Warmzeiten zurück.

*2. Reliefgeneration:* umfaßt außer derartigen Pedimenten glaziale und periglaziale *Formen des Pleistozäns*. Letztkaltzeitliche *Schneegrenze* lag in japanischen S-Alpen auf 2700 m und sank über N-Alpen (2500 m) auf 1600 m in Hokkaido ab (M. Schwind). Depression gegenüber heutiger Schneegrenze etwa 1200–1400 m. Zeugnisse eiszeitlicher, auf einzelne hohe Gebirgsstöcke beschränkter Vergletscherung durchweg jetzt im Stadium der Zerstörung: Kare, Rundhöcker und Trogtäler mit Moränenkränzen. Gegenüber rel. reichem eiszeitlichem Formenschatz im nördl. Japan (Zone 4) Glazialzeugnisse im südl. Teil äußerst bescheiden: nur 6 Kare und 3 Trogtäler. In S-China letztkaltzeitliche Schneegrenze (Tali-Eiszeit) in 2600 m anzunehmen, daher Gesamtbereich wegen zu geringer Höhenlage eisfrei. In westchinesischen Randketten (Yülungschan) hingegen bei Schneegrenze in 3900 m großflächige würmeiszeitliche Hochgebirgsvergletscherung (H. v. WISSMANN).

*In O-China* auch vereinzelte Glazialformen, doch weitgehend verwittert und mit Löß bedeckt, vermutlich Spuren älterer, stärkerer Vereisung mit weit tiefer gelegener Schneegrenze, da sogar noch Gebirge am unteren Jangtsekiang von 900 m an vereist waren. Vermutlich schoben sich in dieser älteren Glazialzeit mächtige Piedmontgletscher bis an Rand der Ebenen vor. Von Eiskappe über O-Tibet erreichten Vorlandgletscher noch Rotes Becken von Szetschuan, wo Altmoränen von würmkaltzeitlichem Löß bedeckt sind. Für diese ältere Glazialzeit Schneegrenzdepression von 1500 m errechnet (H. v. WISSMANN). In S-China und auf Taiwan Kare, Blocklehme, Gletscherschrammen und Schotterlagen nachgewiesen, die man 4 pleistozänen Kaltzeiten zuordnen zu können glaubt.

*Im amerikanischen Bereich* der Zone 7 fehlen Glazial- und Periglazialspuren mit Ausnahme der in südl. argentinischer Pampa bis 1243 m aufragenden Sierra de la Ventana, in der flache Block- und Geschiebewälle als Ablagerungen lokaler Schuttgletscher oder als pleistozäne Periglazialerscheinungen gedeutet werden.

*Im ostpontischen Gebirge* vielfältige Zeugnisse einstiger Vergletscherung und periglazialer Solifluktion, jedoch in Höhen, die oberhalb subtropisch-feuchter Zone liegen. Obergrenze „pontischer Klimaregion" nicht mit Kamm der Hauptkette identisch, sondern bereits in 1700—2500 m Meereshöhe (E. LÖFFLER). Eiszeitliche Schneegrenzdepression unterschritt nicht diese Höhe, so daß gesamter pleistozäner und rezenter Glazial- und Periglazialbereich zum subtropischen Trockengebiet (Zone 8) gehört.

Über *Auswirkungen* pleistozänen *Periglazialklimas* in S-China wenig bekannt. Außer vorzeitlichen Felsschroffen und pleistozänem Frostschutt höherer Gebirge alle Periglazialformen wohl von jüngerer Morphodynamik überwältigt. In S-China und Japan weder pleistozäner noch rezenter Löß. Südlichste Vorkommen würmkaltzeitlichen Lösses *in Mittelchina:* Nankinger-Lößlehme. Bei 45 m Mächtigkeit reichen sie bis 35 m unter heutigen Meeresspiegel; Beweis für Ablagerung während würmkaltzeitlicher eustatischer Meeresspiegelabsenkung (H. v. WISSMANN).

*Nankinger-Lößlehm* im Unterschied zu nordchinesischem Löß stärker verwittert (rötlich-gelber plastischer Ton), da Vorkommen nur südl. der Klimascheide Tsinglingschan — Hwaiyanggebirge; durchschnittliche jährliche Niederschlagsmengen innerhalb seines Verbreitungsgebietes 650 bis 1000 mm gegenüber nur 250—650 mm im Gebiet nordchinesischer Lößvorkommen.

Unter *heutigen* klimatischen Bedingungen in Mittelchina Lößsedimentation — anders als in N-China (→ IV, 174) — nicht denkbar. Da Nankinger-Lößlehm würmeiszeitlichen Alters, muß für diese Zeit unter Einfluß gehäufter Kaltlufteinbrüche aus sibirisch-mongolischem Gebiet Verschiebung des Steppengürtels um 4 Breitengrade, d. h. um rd. 500 km nach S, vorausgesetzt werden. Mit Steppengürtel verschob sich auch Trockenzone der Mongolischen und der Ordos-Wüste. Aus diesen südwärts verlagerten Wüsten wurde Nankinger-Lößlehm ebenso wie Malan-Löß (→ IV, 183) ausgeblasen. Ausnahme bilden nur Lößlehme in Szetschuan, die wie europäischer Löß aus Periglazialbereichen stammen.

Während *Interglazialzeiten* in N-China wahrscheinlich kein humideres Klima als heute; dort zwar durch Alterung Rötung tieferer Lößhorizonte, aber keine Rot*lehm*verwitterung (H. v. WISSMANN). Hingegen scheinen Interglazialzeiten südl. Tsinglingschan und Hwaiyanggebirge im Bereich Nankinger-Lößlehme humider gewesen zu sein. Löß wurde ausgelaugt und in Rotlehm verwandelt, z. T. zu buntem Zellenlaterit verfestigt. Faunenreste seit Pliozän ähneln indisch-malayischen Arten, lassen somit auf heiß-humides Klima schließen. Seit Pliozän besteht demnach schon morphodynamisch wichtiger *Unterschied* zwischen *Klima N-Chinas* und demjenigen *Mittel- und S-Chinas*.

*Löß der südamerikanischen Pampa*, deren östl. Teil zum Bereich subtropischer Feuchtklimate gehört, entspricht Nankinger-Lößlehm. Lößdecke verhüllt durch Bruchtektonik zerstückelten Untergrund und ist örtlich bis 300 m mächtig (→ IV, 190).

*3. Reliefgeneration:* umfaßt beschriebenen Formenschatz der Gegenwart.
**Klimageomorphologische Hauptmerkmale** feuchter Subtropen: Bei allgemein hohen Niederschlägen, heißen Sommern und milden Wintern, d. h. nahezu ganzjähriger Humidität, kräftige *chemische Verwitterung* mit „schwimmenden" Wollsackblöcken in mächtigen Roterdehorizonten, z. T. kaolinisiert. In größeren Meereshöhen Gelberde.

*Mechanische Verwitterung* in subtropischen Monsunländern unbedeutend, in amerikanischen Bereichen der Zone 7 infolge meridionaler Kalt- und Warmluftvorstöße dagegen wirksames Agens.

*Abspülung* entwaldeter Hänge bewirkt oberflächliche Blockanreicherungen: Pseudoblockströme, intensive *Zerrachelung* aller aus Lockermaterial bestehenden Hangabschnitte. Granithohlblöcke im Küstenbereich (Hongkong, Uruguay) mit bes. eindrucksvollen Basis-Tafoni durch Schatten- und Salzverwitterung.

*Hangvergrusungszone* in S-China überragt von *Glockenbergen;* beherrschendes Landschaftselement auch in Mittelbrasilien mit südlichsten Zuckerhutvorkommen am La Plata. Im nordamerikanischen Bereich der Zone 7 Auftreten wesentlich flacherer Granitkuppeln auf Zentraltexas und Georgia beschränkt.

*Verkarstung* von Massenkalken führt zu ähnlichen Formen wie Glockenbergbildung in Massengesteinen: Kegel- und Turmkarst. Verbreitung auf nahezu frostfreien S Monsunasiens beschränkt; fehlen in allen anderen Bereichen der Zone, freilich auch mangels geeigneter Kalkvorkommen oder wegen zu geringer Höhenlage verkarstungsfähiger Kalktafeln (Florida).

*Talzüge* durch mehrfachen Wechsel breiter intramontaner Aufschüttungsebenen mit engen Talschluchten gekennzeichnet. Durch Hochwasserüberflutung lange feucht gehaltene *Überschüttungsebenen* werden infolge kräftiger Basisverwitterung allmählich tiefergeschaltet, soweit Tiefenerosion in engen Durchbruchsstrecken damit Schritt zu halten vermag. Tiefenerosion in V-Tälern zwischen *intramontanen Ebenen* nur gering, wenn auch Wasserturbulenz bedeutende Auskolkung zur Folge hat. W. CREDNERS Theorie der Tieferschaltung intramontaner Ebenen durch Dauerverwitterung enthält bereits Grundgedanken BÜDELscher Idee „doppelter Einebnungsflächen". Heutige Beckenebenen sind vererbte, einst in höherem Niveau angelegte alte Flachlandschaften.

Durch lokal wirksame *Dauerverwitterung*, die Verhältnissen in immerfeuchter Tropenzone (12) gleicht, sind intramontane Ebenen direkter Morphodynamik wechselfeuchten Monsunklimas entzogen; im Gebirgsrelief dagegen volle Auswirkung als sehr aktive Runsenspülung, aber nur geringe lineare Tiefenerosion, da infolge tiefgründiger Gesteinsaufbereitung wirksame Erosionswaffen fehlen. Schneller Zerfall mürber Gerölle. Abgesehen von V-förmigen Durchbruchstälern breite, muldenförmige Querprofile für Täler aller Teilgebiete der Zone 7 charakteristisch. Sedimentarme Flüsse mäandrieren auf feuchten Talböden, die sich ähnlich wie intramontane Ebenen durch Dauerverwitterung tieferschalten.

*Rumpfflächen* in wenig über Meeresniveau gelegenen Bereichen (China, Uruguay) in aktiver Weiterbildung, weniger durch Flächenspülung als durch Gesteinszersetzung im Grundwasserniveau; ältere höhere Flächen stark erosiv zerschnitten und häufig tektonisch verstellt.

Als *fossile Pedimente mit Glacis-Terrassen* sind im Gesamtbereich verbreitete, ebenfalls stark zerschnittene und durch eingeschachtelte Terrassen gekennzeichnete tiefere Flächensysteme anzusehen; auch Piedmont am O-Fuß der Appalachen ist keine unterste Rumpffläche, sondern tief zertaltes Pediment, desgl. Fußflächen vor brasilianischer Serra do Mar und Großer Randstufe am O-Rand S-Afrikas.

Rezente periglaziale *Solifluktion* nur in japanischen S-Alpen. Keine rezenten *Glazialerscheinungen,* auch nur bescheidene Spuren pleistozäner Vereisung. Gegenüber 4 klar ausgebildeten klimageomorphologischen Höhenstufen in außertropischen Monsunländern (Zone 6b) ist im subtropischen Mittel- und S-China wie auch in allen nichtasiatischen Teilgebieten der Zone 7 hypsometrischer Formenwandel auf *3 Höhenstufen* beschränkt: zackige Felsen und Grate in höchsten Gebirgsbereichen sind *Vorzeitformen.*

Würmkaltzeitlicher *Löß* nur in Mittelchina (Nankinger-Lößlehm), fehlt in S-China. Löß argentinischer Pampa ebenfalls pleistozän, jedoch sowohl aus Kalt- wie rel. trockenen Warmzeiten stammend.

*Mosaik* aus Formen *fossiler, subfossiler und rezenter Tal- und Flächenbildung* rechtfertigt Zuordnung subtropisch-wechselfeuchten Klimabereichs mit überwiegender Regenzeit zu BÜDELS „Zone gemischter Reliefbildung", deren Abgrenzung sich jedoch von der unserer Zone 7 in einigen Punkten unterscheidet: BÜDEL vereinigt in seiner morphodynamisch „neutralen" Zone die von uns differenziert behandelten Formengruppen der Zonen 6 und 7, rechnet andererseits S-China bereits zur randtropischen Zone exzessiver Flächenbildung (→ Abb. 2). Trotz zweifellos vorhandener partieller Formengemeinschaft mit wechselfeuchten Tropen (Zone 11) entspricht Morphodynamik subtropischer Monsungebiete überwiegend derjenigen gesetzmäßig an O- und SO-Küsten der Kontinente auftretender subtropisch-wechselfeuchter Klimate, so daß Zuordnung zu *einer* klimageomorphologischen Zone (7) sachlich begründeter erscheint.

### Literatur

Weitere einschlägige Literatur → Bd. II der „Geomorphologie in Stichworten"

BERRY, L. u. RUXTON, B. P.: Weathering Profiles and Geomorphic Position on Granite in two Tropical Regions (Hong-Kong and Sudan). Rev. Geomorph. Dyn. 12, 1961, S. 16–31

BIGARELLA, J. J. u. MOUSINHO, M. R.: Slope development in south eastern and southern Brazil. Z. Geomorph., N.F. 10, 1966, S. 150–160

BROCK, R. W.: Weathering of igneous rocks near Hong Kong. Bull. Geol. Soc. Amer. 54, 1943, S. 717–738

CORTE, A. E. u. FIGUEROA, L. A.: Quaternary and present mass wasting features in Sierra de la Ventana (Argentina). Z. Geomorph., Suppl.-Bd. 9, 1970, S. 138–145

CREDNER, W.: Das Kräfteverhältnis morphogenetischer Faktoren und ihr Ausdruck im Formenbild Südost-Asiens. Bull. Geol. Soc. China 11, Peiping 1931, S. 13–34

–: Yünnanreise des Geogr. Instituts der Sun Yatsen Universität. Tl. II, Geol. u. morph. Beobachtungen. Naturwissenschaften 20, 1932, S. 739–743

–: Zur Problematik einiger Durchbruchstäler in Kwantung (S-China). Geol. Rdsch. 23a, 1933, S. 155–167

FENNEMAN, N. M.: Physiography of Eastern United States. New York - London 1938

FISK, H. N.: Pleistocene exposures in western Florida parishes. Louis. Dept. Cons. Geol. Bull. 12, 1938

—: Loess and Quaternary geology of the Lower Mississippi Valley. J. Geol. 59, Chicago 1951, S. 333—356

FOCHLER-HAUKE, G.: Die Natur des Si kiang-Stromgebietes (Südchina). Mitt. Geogr. Ges. München 27, 1934, S. 145—266

FREISE, F. W.: Gesteinsverwitterung und Bodenbildung im Gebiet der „Terra Roxa" des brasilianischen Staates São Paulo. Chemie der Erde 9, 1934/35, S. 100—125

—: Inselberge und Inselberg-Landschaften im Granit- und Gneisgebiet Brasiliens. Z. Geomorph. 10, 1938, S. 137—169

GELLERT, J. F.: Der Tropenkarst in Süd-China im Rahmen der Gebirgsformung des Landes. Tagungsber. u. wiss. Abh., Dt. Geographentag Köln 1961, Wiesbaden 1962, S. 376—384

GERSTENHAUER, A.: Ein karstmorphologischer Vergleich zwischen Florida und Yucatán. Tagungsber. u. wiss. Abh., Dt. Geographentag Bad Godesberg 1967, Wiesbaden 1969, S. 332—344

HANNEMANN, M.: Eine Inselberglandschaft in Zentraltexas. Die Erde, 1951/52, S. 354—365

HANSON-LOWE, J.: Das Problem der Terrassen am unteren Yangtse. Z. Geomorph. 11, 1943, S. 199—221

ICHIKAWA, M.: On the debris supply from mountain slopes and its relation to river bed deposition. Tokyo Kyoiku Daigaku, sect. C, 6, Nr. 49, 1958, S. 1—29

IWATSUKA, S.: On landslides and related phenomena in mountain areas of Japan. Univ. Tokyo, Contr. to Geogr., 1959, S. 154—157

JORDAN, R. H.: An Interpretation of Floridian Karst. J. Geol. 58, 1950, S. 221—268

KAYSER, K.: Zur Flächenbildung, Stufen- und Inselberg-Entwicklung in den wechselfeuchten Tropen auf der Ostseite Süd-Rhodesiens. Verh. Dt. Geographentag Würzburg 1957, Wiesbaden 1958, S. 165—172

KNIFFEN, F. B.: Louisiana, its land and people. Baton Rouge 1968

KOZARSKI, S.: Fossil Congelifluction covers in the northern part of the Lushan (Central China). Bull. Acad. polon. Sci. 1961, S. 195—207

—: Problem of Pleistocene glaciations in the mountains of East China. Z. Geomorph., N.F. 7, 1963, S. 48—70

LAUTENSACH, H.: Korea. Leipzig 1945

—: Granitische Abtragungsformen auf der Iberischen Halbinsel und in Korea. Peterm. Geogr. Mitt. 96, 1950, S. 187—196

LÖFFLER, E.: Untersuchungen zum eiszeitlichen und rezenten klimagenetischen Formenschatz in den Gebirgen Nordostanatoliens. Heidelberger Geogr. Arb. 27, 1970

LOUIS, H.: Die Geomorphologie auf der Regional-Konferenz der Internat. Geogr. Union in Japan im August/September 1957. Z. Geomorph., N.F. 2, 1958, S. 135—139

MATSUMOTO, S.: Block Streams in the Kitakami Mountains. With special reference to the Himekamidake Area. Sci. Rep., Tokohu Univ., 7th Ser. No. 20, 1971, S. 221—235

MAULL, O.: Vom Itatiaya zum Paraguay. Leipzig 1930

MIN TIEH, T.: Soil Erosion in China. Geogr. Rev. 31, 1941, S. 370—390

Nishimura, K.: Chugoku Mountains as a Staircase Morphology. Sci. Rep., Tohoku Univ., 7th Ser. No. 12, Sendai 1963, S. 1—19
Nowack, E.: Journeys in northern Anatolia. Geogr. Rev. 21, 1931, S. 70—92
Obst, E. u. Kayser, K.: Die Große Randstufe auf der Ostseite Südafrikas und ihr Vorland. Sonderveröff. III, Geogr. Ges. Hannover 1949
Odum, H. W.: Southern Regions of the United States. Chapel Hill 1936
Panzer, W.: Eiszeitspuren auf Formosa. Z. Gletscherkde. 23, 1935, S. 81—91
—: Zur Geomorphologie Südchinas. Geol. Rdsch. 26, 1935, S. 155—156
—: Verwitterungs- und Abtragungsformen im Granit von Hongkong. Mortensen-Festschr., Veröff. Akad. Raumforsch. u. Landesplanung 28, 1954, S. 41—60
Richthofen, F. v.: China, Bd. I, Berlin 1877, Neudruck Graz 1971; Bd. III, Das südliche China, Berlin 1912
Ruellan, F.: La décomposition et la désagrégation du granite à biotite au Japon et en Corée et les formes du modelé qui en résultent. C. R. Acad. Sc. Paris 193, Paris 1931, S. 67—69
Russell, R. J.: Quaternary surfaces in Louisiana. C. R. Congr. Internat. Géogr. Amsterdam, Vol. 2, 1938, S. 406—412
Ruxton, B. P. u. Berry, L.: Weathering of granite and associated erosional features in Hong Kong. Bull. Geol. Soc. Amer. 68, 1957, S. 1263—1292
Schmitthenner, H.: Die Oberflächengestaltung im außertropischen Monsunklima. In: F. Thorbecke, Morphologie der Klimazonen. Düsseldorfer Geogr. Vorträge, Verh. 89. Tagung Ges. dt. Naturforscher u. Ärzte 1926, Breslau 1927, S. 26—36
—: Nord- und Südchina. Peterm. Geogr. Mitt. 75, 1929, S. 129—136
—: Landformen im außertropischen Monsungebiet. Wiss. Veröff. Museum f. Länderkde. Leipzig, N.F. 1, 1932, S. 81—101
Schwind, M.: Die eiszeitliche Vergletscherung in Ostasien. Geogr. Z. 48, 1942, S. 157—172
—: Das japanische Inselreich. Bd. 1: Die Naturlandschaft. Berlin 1967
Šilar, I.: Zur Morphologie und Entwicklung des Kegelkarstes in Südchina und Nordvietnam. Peterm. Geogr. Mitt. 107, 1963, S. 14—19
Stratil-Sauer, G.: Der östliche Pontus. Geogr. Z. 23, 1927, S. 497—519
Sun Tien-Ching: Beobachtungen von quartären Vereisungsspuren in der Volksrepublik China. Ber. Geol. Ges. DDR 6, 1962, S. 181—193
Tseng Chao-Hsuan u. a.: Karst mountain patterns in the tropic monsoon region, Southern China. Acta geogr. sinica 26, Peking 1960. S. 45—51
Watson, T. L.: Weathering of granitic rocks in Georgia. Bull. Geol. Soc. Amer. 12, 1901, S. 93—108
Wilhelmy, H.: Die eiszeitliche und nacheiszeitliche Verschiebung der Klima- und Vegetationszonen in Südamerika. Tagungsber. u. wiss. Abh., Dt. Geographentag Frankfurt/M. 1951, Remagen 1952, S. 121—127
— u. Rohmeder, W.: Die La Plata-Länder. Braunschweig 1963
Wissmann, H. v.: Die quartäre Vergletscherung in China. Z. Ges. f. Erdkde. Berlin 1937, S. 241—262
—: Die Klimate Chinas im Quartär. Geogr. Z. 44, 1938, S. 321—340
—: Über Lößbildung und Würmeiszeit in China. Geogr. Z. 44, 1938, S. 201—220
—: Südwest-Kiangsu. Wiss Veröff. dt. Museum f. Länderkde. Leipzig, N.F. 8, 1940, S. 61—131

WISSMANN, H. v.: Der Karst der humiden heißen und sommerheißen Gebiete Ostasiens. Erdkunde 8, 1954, S. 122—130
—: Die rezente und quartäre Vergletscherung des Yülungschan. Mitt. Österr. Geogr. Ges. Wien 101, 1959, S. 165—182
WOODRUFF, J. F. u. PARIZEK, E. J.: Influence of underlying rock structures on stream courses and valley profiles in the Georgia Piedmont. Ann. Assoc. Amer. Geographers 46, 1956, S. 129—139


## Zone 8: Formengruppen der trockenen Subtropen (subtropisch-wechselfeuchter Klimate mit überwiegender Trockenzeit)

Verbreitung grundsätzlich am polaren Saum subtropischer Hochdruckgebiete: an Winterregenzone N-Afrikas südl. anschließender schmaler Steppen- und Wüstensteppenstreifen, von Kanarischen Inseln über N-Afrika, Hochländer von Anatolien, Iran und Afghanistan bis zum Pandschab reichend; S-Afrika von Großer Karru im S bis zur mittleren Kalahari und S-Rhodesien; größter Teil Australiens südl. des Wendekreises; Teile des SW der USA, mittleres argentinisches Anden-Vorland mit Pampinen Sierren und westl. Pampa.

Klimazonale Einordnung: Semiarider und arider Bereich nach A. PENCK; Steppenklima (BSh) nach W. KÖPPEN; Subtropisches Waldsteppen- und Steppenklima nach H. v. WISSMANN; Subtropisches kurz winterfeuchtes Klima nach N. CREUTZBURG; Subtropisches winterfeuchtes Steppenklima nach C. TROLL und K. H. PAFFEN.

Klimatische Merkmale: Lage im Randbereich subtropischer Hochdruckzellen jenseits der Trockengrenze. *Langandauernde Trockenzeiten* im Wechsel mit rel. kurzen Perioden heftiger Regenfälle im Winter. *Jahresniederschläge* (meist unter 400 mm) geringer als mögliche Verdunstung, weniger als 5 humide, meist 8—10 aride Monate. *Heiße trockene Sommer* mit Maxima zwischen 40° und 50° C und starken *Temperaturgegensätzen* zwischen Tag und Nacht (10° bis 20° C). Starke Strahlungsgegensätze auf Sonnen- und Schattenseiten. *Milde feuchte Winter*, kältester Monat zwischen 2° und 13° C, in weiten Bereichen alljährlich *Nachtfröste* im Winter.

Vegetationsmerkmale: Gras-, Dornstrauch- und Sukkulentensteppen, Halbwüsten und Salzsteppen. In Kalahari Akaziensteppe, in N-Amerika Wermutsteppe *(sagebrush)*, im W Argentiniens Buschwald *(monte)*. Steppengrenze bei etwa 300 mm Jahresniederschlag, Wüstensteppe bei 100 bis 300 mm, Halbwüste bei 50—100 mm.


**Verwitterungsart und Bodentypus:** *Chemische Verwitterung* infolge spärlicher Niederschläge stark reduziert. Bodenaustrocknung führt zum kapillaren Aufstieg des im Untergrund zirkulierenden Wassers und zur

Abscheidung darin gelöster Stoffe in Oberflächennähe: über Sedimentgesteinen Bildung von Kalk- und Gipskrusten (→ II, 24), sofern jährliche Niederschlagsmengen mindestens 80—100 mm erreichen, 280 bis 300 mm nicht übersteigen und Grundwasserspiegel in Oberflächennähe liegt. Bei tieferer Lage nur Entstehung von Lockerböden mit Kalkkonkretionen (E. WIRTH, A. ABDUL-SALAM).

*Kalkkrusten* (→ II, Abb. 2) in Gebieten mit weniger als 80 mm Jahresniederschlag, z. B. südl. des Atlas (→ IV, 241), fossil, stammen aus feuchterer früherer Klimaperiode; umgekehrt bezeugen solche in Gebieten mit mehr als 300 mm Regen Entstehung unter einstmals trockeneren Klimabedingungen, z. B. Kalkkrusten in rel. niederschlagsreichen Gebieten Syriens und Palästinas (400—600 mm), die durch Abtragung überlagernder Bodenschicht an Oberfläche geraten sind.

*Kieselkrusten* (→ II, 25) entstehen bei kapillarem Grundwasseranstieg in Gebieten von Silikatgesteinen. Dabei Verkieselung in den Boden eingelagerter organischer Reste, die sich infolge Wassermangels lange erhalten: verkieselte Hölzer, z. B. Petrified Forest (= „versteinerter Wald") in Arizona.

*Übergangsgebiet* meridionaler *Braunerden* außertropisch-wechselfeuchter Klimate und mediterraner Terra rossa (Zone 6a) zu mineralischen *Rohböden* vollarider Klimate (Zone 9). Südl. Verbreitungsgrenze der Terra rossa im Atlasgebiet bei mindestens 400 mm Jahresniederschlag, Obergrenze im Gebirge bei 1000—1200 mm.

Phänomene der *Kernverwitterung* (→ II, 26) und der *Hartrindenbildung* in Verbindung mit kapillarem Boden- und Porenwasseraufstieg. Kräftiger Zersetzung im Gesteinsinneren („Kernfäule") steht Verkrustung und Verhärtung oberflächennaher Teile des Gesteins („Verdunstungsfront") durch Mineralabscheidung gegenüber (→ II, 26). Gebiete subtropisch-wechselfeuchten Klimas mit überwiegender Trockenzeit, d. h. des Übergangs vom semiariden zum vollariden Klima, sind neben Zone 10 *Hauptverbreitungsbereich der Hohlblockbildungen* (Tafoni) (→ II, 27).

*Beispiele* ihres Vorkommens: Pakistan, SW-Afrika, Arizona in Umgebung von Phoenix, Pampa de Achala in Sierra de Córdoba (Argentinien).

In SW-Australien sogar Tafonierung und Hohlkehlenbildung an Basis von Hartrinden bedeckter fossiler Inselberge (J. DAHLKE).

*Physikalische Verwitterung* stark, mit Übergang von höheren zu niederen Breiten zunehmend. Nur gradueller, kein prinzipieller Unterschied zu Erscheinungsformen physikalischer Verwitterung in subtropisch-tropischen Wüstenklimaten (Zone 9): Hitzesprengung, Gesteinsabgrusung, Hydratation, Salzsprengung und Salzverwitterung (→ IV, 239 f.).

Bedeutender mechanischer Gesteinszerfall ist Voraussetzung für Aktivierung zonentypischer Pedimentierungsprozesse (→ IV, 211). In subtropischen Hochländern bei Vorhandensein ausreichender Feuchtigkeit und winterlicher Temperaturerniedrigung auch Frostverwitterung an Schuttlieferung auf Fußflächen beteiligt, z. B. Mohave und Bolsones im westl. Argentinien.

**Entwässerung und Talformen:** Kein einheitliches, zum Meer gerichtetes Entwässerungsnetz, sondern nebeneinander große, von *Dauerflüssen* eingenommene Talzüge und weitverzweigte *Trockentalsysteme*, die nur periodisch oder episodisch Wasser führen.

Perennierende Gewässer sind *Fremdlingsströme*, die aus niederschlagsreicheren Gebieten außerhalb Zone 8 gespeist werden, so daß sie trotz Wasserverlustes in durchflossener Trockenzone das Meer erreichen. *Zonentypische Talform* dieser großen Fremdlingsflüsse sind *Cañons* (→ II, 102), z. B. Grand Canyon des Colorado River, Cañons des Oranje und Fischflusses in SW-Afrika oder cañonartige Täler wie im Atlas-Bereich und auf Gran Canaria. In ihnen kräftig wirkende Tiefenerosion, gute Erhaltung der Steilhänge, da ständiger seitlicher Wasserzufluß fehlt. Gewöhnlich unausgeglichenes Gefälle, lange Erhaltung von Gefällsstufen.

*Trockentalsysteme* (Wadis, Oueds in N-Afrika, Riviere in SW-Afrika) altangelegt (→ IV, 217); dienen heute episodisch fallenden Niederschlägen als Abflußbahnen, erreichen z. T. größere Vorfluter (Fremdlingsflüsse) oder das Meer, enden jedoch häufig in abflußlosen Hohlformen (Salzseen, Salzpfannen, Salztonebenen) oder zerfasern und verlieren sich. Im Gebirgsbereich Verwilderungs-Schottersohlen.

Höhere *Terrassensysteme der Wadis* nur aus vorzeitlichen Abflußverhältnissen erklärbar, unterste Hochwasserterrasse jedoch rezent und auf Wirkung gelegentlicher Unwetter zurückzuführen (→ IV, 44). Morphodynamische Auswirkungen derartiger Kleinkatastrophen, wie z. B. großer Überschwemmung von 1969 in Tunesien, nicht zu unterschätzen und nicht mit Ergebnissen vorzeitlicher Formungsprozesse zu verwechseln.

**Abtragung und Flächenbildung:** *Flächenspülung* ist wichtigste Abtragungsart in subtropischen Trockengebieten mit außerordentlich schütterer Vegetationsdecke, auf die im Zusammenspiel mit Seitenerosion und Linearerosion im Bereich großer Talzüge Entstehung von Gebirgsfußflächen mit eingeschachtelten Glacis-Terrassen zurückgeht (→ II, 173).

*Pedimente und Glacis* sind *die zonentypischen* Großformen wechselfeuchter Subtropen mit überwiegender Trockenzeit; ihr Vorkommen ist gebunden an

1) ausgeprägte *Reliefgegensätze,* d. h. unvermitteltes Nebeneinander von Hoch- und Tiefzonen,

2) heftige *Regenfälle* innerhalb kurzer Niederschlagsperioden, wobei Gesamtregenmenge weniger entscheidend ist als Wechsel mit langanhaltenden Trockenperioden.

In persischen Hochbecken z. B. noch rezente Pedimentbildung bei nur 100—200 mm Jahresniederschlag.

Zwischen hochaufragenden Gebirgsrückländern („Trocken-Fronthängen" nach J. BÜDEL) und beckenartigen Senkungsfeldern bilden, bergwärts meist scharf begrenzt, zunächst verhältnismäßig steil (10—15°) abfallende, dann allmählich nach unten flach auslaufende Gebirgsfußflächen Übergang von Zone kräftiger Tiefenerosion im Gebirge zur Akkumulationszone in vorgelagerter Beckenregion. Diese flachkonkaven Ebenheiten bestehen im oberen Teil aus Pedimenten — echten Schnittflächen im anstehenden Gestein —, im unteren Abschnitt aus schuttbedeckten Glacis, unter die die Kappungsflächen eintauchen (→ II, Abb. 33). Grobschutt (Fanger-Schutt nach G. STÄBLEIN) im oberen Teil der Glacis geht in flachauslaufendem Fußteil in immer feinkörnigere Lockermaterialien über.

Von Pedimenten und Glacis umgürtete Tiefenzonen sind häufig abflußlose Hohlformen (Schotts, Ovas, Bolsone) mit Füllungen salzreicher Feinsedimente: in Trockenzeiten glatte, ebene Lehmtennen mit Salzausblühungen. Derartige Salztonebenen bezeichnet als Kawire, Playas, Salares oder Alkaliflats.

In Pedimentierungsprozessen Rückverlegung der Steilhänge durch Rillen- und Runsenspülung, kombiniert mit Flächenspülung, seitlicher fluviatiler Erosion und Deflation im Vorland. Abtragsgeschwindigkeit steiler Rückhänge oberhalb der Pedimente vor allem durch Geschwindigkeit mechanischer Gesteinsaufbereitung am Steilhang bestimmt.

Obwohl sie auf Klimaschwankungen und -änderungen ebenso wie auf Krustenbewegungen empfindlich und schnell reagieren, sind Pedimente und Glacis sehr langlebige Großformen (Mehrzeitformen) der Trockenklimate: reichen in Anlage bis ins Tertiär zurück (→ IV, 217), unterlagen in pleistozänen Pluvial- und Interpluvialzeiten abwechselnd Weiterbildung und Zerschneidung (→ II, 178) und erfahren reduzierte Weiterbildung unter heutigen klimatischen Verhältnissen. *Flächenerhaltung* um so vollkommener, je höher Ariditätsgrad des betreffenden Gebietes: BÜDELS „Arid-semiaride Zone der Flächen-Erhaltung und -Überprägung (Sukzessionsflächen) sowie der Fußflächenbildung".

Großartige geröllübersäte polygenetische Glacis an S-Seite des Hohen Atlas — dort als Regs bezeichnet — gehen weiter südl. in Hammadas der

Kreidetafeln über (H. MENSCHING). Aufgrund der Auswertung von Satellitenbildern nordamerikanischer Trockengebiete bestreiten zwar H. G. GIERLOFF-EMDEN und U. RUST Wirksamkeit rezenter Pedimentierungsprozesse im Übergangsbereich zur vollariden Wüste; bes. gut erhaltene, unzerschnittene Pedimente und Glacis in Randwüstenzone können jedoch nicht als fossil aufgefaßt werden, da auch im gegenwärtigen ariden Klima während kurzer Zeitabschnitte mit kräftigen Niederschlägen Formung zweifellos weitergeht.

*Hauptverbreitungsgebiete* der Pedimente und Glacis sind Scharnierzonen zwischen engräumig aufeinanderfolgenden Hebungs- und Senkungsfeldern der *Basin-Ranges* im Großen Becken von Utah und Nevada (USA); *Mohave* im südöstl. Kalifornien mit ihrem bes. eindrucksvollen Wechsel zwischen Salztonebenen, weiten, schuttbedeckten schiefen Ebenen und Gebirgshorsten, die oft bis auf bescheidene Reste mit sich gratartig verschneidenden Hängen abgetragen sind und nur noch als kleine Inselgebirge Pedimente und Glacis überragen; bajonettartig gegeneinander versetzte *Pampine Sierren* im W Argentiniens mit den sie trennenden schlauchförmigen Bolsonen; *O-Hänge zentraler Anden* bei Mendoza; *Ovas* Anatoliens mit den sie säumenden, abrupt aufsteigenden Schollengebirgen, wofür auch die Hochbecken Irans entsprechende Beispiele liefern; Fußregion des *Sinai-Gebirges*; südafrikanische *Karru* und östl. Hochland bis *S-Rhodesien*; vor allem aber *Atlasländer* mit ihrem Wechsel SW-NO-streichender Hoch- und Tiefenzonen. Untersuchung der dort schulbeispielhaft entwickelten Pedimente und Glacis durch H. MENSCHING, K. WICHE, P. BIROT, J. DRESCH, R. RAYNAL u. a. hat allgemeine Bildungsbedingungen dieser Leitform subtropischer Trockengebiete geklärt (→ II, 175).

Großräumig sich zusammenschließende, miteinander verschmelzende Pedimente zwar wegen andersartiger Genese nicht als Rumpfflächen, wohl aber als *Pediplains* (→ II,181) zu bezeichnen.

In Gebieten flacheinfallender Sedimentgesteine schneiden Pedimente Gesteinsgrenzen in spitzem Winkel, stellen als Fußflächen zugleich Formelement der in semiariden und ariden Klimagebieten weit verbreiteten *Schichtstufenlandschaften* dar (→ II, Abb. 40). Diese in zonentypischer Ausprägung, z. B. in dem durch H. MORTENSENs Untersuchungen bekannt gewordenen Llano Estacado (Texas, → II, 205), *mit charakteristischen Abweichungen* vom Bild der Stufenlandschaften in humiden Klimaten. Neben Frontstufen Typus der *Achterstufen* weit verbreitet (→ II, Abb. 36).

*Stufenhänge* steil, oft mit Tendenz zur Wandbildung, darunter ebenfalls steile, von Runsen gegliederte Schutthänge. Einzelne größere Rinnen gliedern Stufengrundriß in Buchten und Sporne. Meist scharf ausgebildeter Trauf. Abgewalmte Stufenhänge nur dort, wo Stufenlandschaften in Bereich pleistozäner periglazialer Solifluktion geraten sind (→ II, Abb. 7).

*Stufenflächen* in der Regel *Schichtflächen:* bezeichnender Unterschied zu Landterrassen humider Klimate (→ II, 186), die Schnittflächen, allenfalls partielle Schichtflächen sind. In Stufenflächen tief eingesenkte *Täler vom Cañontyp* (→ IV, 210, 245), deren Hänge sich als getreppte Front- oder Achterstufen weiterbilden.

Als *Sondertyp* in Schichtkammbereichen arider Klimate von H. BLUME und H. K. BARTH *Rampenstufen* und *Schuttrampen* erkannt. In diesem Falle Stufenfront durch parallele Erosionskerben in spitzwinklige Vorsprünge von Dreiecks- oder Bügeleisenform gegliedert. Gleichen Grundriß haben Schuttrampen, die, aus Hangschutt bestehend, unteren Partien der Stirnhänge im Bereich des Stufensockels aufsitzen, wobei ihre Spitze gegen Stufenfront gerichtet ist und Basis in Pediment oder Glacis überleitet.

*Beispiele* für Rampenstufen: Comb Ridge des Colorado Plateaus bei Kayenta (Arizona); Schichtkammrückhänge am Green Mountain (Wyoming); Schichtstufen der syrischen Wüste; für Schuttrampen: Sinai-Halbinsel; westl. Colorado-Canyon.

*Ablauf morphodynamischer Prozesse im Schichtstufenrelief* semiarider und arider Gebiete nach H. BLUME zu gliedern in:

1) *Rückverlegung der Stufen* durch Rückwittern stufenbildender Schichtpakete. Entstehung der Buchten und Sporne dabei nicht zurückzuführen auf Quellerosion wie in humiden Klimaten, sondern auf Linearerosion des sich in Rinnen und Runsen sammelnden Wassers der Schichtfluten. Achterstufen infolge größerer Wasserzufuhr stärker gegliedert als Frontstufen, durch deren Rückwandern häufig in Stufenflächen eingesenkte Täler geköpft werden.

2) *Formung der* mit Schichtflächen widerständiger Gesteinspakete identischen *Stufenflächen* durch flächenhafte Abtragung weniger widerständiger Deckschichten: Ergebnis kombinierter Wirkung von Schichtflutenspülung und Deflation. Auf Stufenflächen Erhaltung einzelner Abtragreste des Hangenden als Mesas oder Buttes.

Bei fast horizontal lagernden Schichten weitgehende Auflösung der Stufenränder, lineare erosive Zerschneidung der Mesetas, Entstehung von Tafelberg-Schwärmen und einzelnen Mesa-Klötzen, wie z. B. im Monument Valley (Arizona) oder auf syrisch-irakischer Wüstentafel (→ II, 208). Zwischen Restbergen Entwicklung breiter Pedimentgassen (Flats); auf diesen kann Flächenspülung wirksam werden, die Mesa-Klötze durch seitliche Unterschneidung beständig verkleinert.

*Starke Bodenerosion* in Lockersedimenten bei ausreichender Reliefenergie durch Rillenspülung, oft begünstigt durch anthropogene Eingriffe in schüttere Vegetationsdecke, z. B. in Marokko (R. RAYNAL). In Neu-Mexiko 2, wohl von jüngeren Klimaschwankungen abhängige Phasen der Gully-Erosion nachweisbar: frühere Periode des Arroyo-Cutting im 12.–13. Jh., der eine Akkumulationsphase folgte, bis Bodenzerstörungen in 2. Hälfte des 19. Jhs. wieder auflebten (Y. F. TUAN). Für ältere, vorkoloniale Phase keine anthropogene Mitwirkung anzunehmen. Ausmaß der *soil erosion* also offensichtlich von feinen klimatischen Nuancen, z. B. Zunahme sommerlicher Starkregen, abhängig.

Für S-Afrika durch K. KAYSER Nachweis, daß in vorwiegend trockenem wechselfeuchtem Klima optimale Bedingungen für Einsetzen der *soil erosion*, in mehr humiden Bereichen für deren Größenwachstum herrschen.

Entstehung rezenter *Flugsandfelder* neben Badlandbildungen in empfindlich auf menschliche Eingriffe reagierender semiarider Übergangszone. In Argentinien trennt von Bahia Blanca in flachem Bogen nach NW verlaufender Buschwaldgürtel Grasfluren der Pampa im O von den durch schütteren Bewuchs festgelegten Sandfeldern im trockenen W. Heute durch Buschrodung und Trockenfeldbau ihres Schutzes beraubte Sandfelder sind in Bewegung geraten, Binnendünen beginnen fruchtbare Humusböden östl. Pampa zu überwandern (H. WILHELMY u. W. ROHMEDER).

**Hypsometrischer Formenwandel:** Weite Gebiete der Zone 8 von höher aufragenden Gebirgen eingenommen (Atlas, Hochland von Anatolien, Südwestasiatische Gebirge und Hochländer, westl. USA, mittlere Hochkordillere S-Amerikas); dadurch über von heißem Trockenklima geprägtem „*Normalniveau*" eine durch größere Feuchtigkeit und durch Frostwechsel gekennzeichnete *Solifluktionsstufe* und z. T. rezente *nivale Stufe* mit bescheidenem glazialem Formenschatz ausgebildet. Wo Höhenwälder gedeihen, entspricht untere Waldgrenze gewöhnlich Obergrenze *arider Landformung*. Zwischen untere Zone der Steppen und Wüsten und höhere Solifluktionsstufe schiebt sich Waldgürtel ein. Bei fehlender Vegetation *Verzahnung* arider und solifluidaler Formen; daher schwierig, Frostschutt- von Trockenschuttzone zu trennen (C. RATHJENS).

Oberhalb Waldgürtel *2 klimageomorphologische Höhenstufen:*

*Rezente Solifluktionsstufe:* untere Grenze in subtropischen Gebirgen weniger von bestimmtem Schwellenwert der Frostwechselhäufigkeit als von Minimum vorhandener Bodenfeuchtigkeit in schneefreier Sommerperiode abhängig. Höhenstufe häufigen Frostwechsels reicht z. B. in Afghanistan bis 2000 m herab, aber infolge Feuchtigkeitsmangels fehlen dort weitflächige Solifluktionserscheinungen (C. RATHJENS). Verhältnisse also umgekehrt wie im Gebirge humider Klimate (Zone 4); dort in allen Höhenlagen ganzjährig erforderliche Bodenfeuchte vorhanden, dadurch Auftreten von Solifluktionserscheinungen ausschließlich von Frostwechselhäufigkeit abhängig. In Gebirgen subtropischen Trockengürtels können sich die beiden Vorbedingungen der Bodenfeuchte und der Frostwechselhäufigkeit entweder räumlich decken oder in Verbreitung erheblich voneinander abweichen.

Im über 4000 m aufragenden Hohen Atlas von Marokko aktive Tageszeiten-Solifluktion (→ II, 73) von November bis Mai dank ausreichender Bodenfeuchtigkeit durch winterliche Schneefälle. Strukturböden oberhalb 3200—3300 m. Solifluidaler Schutt-Transport abwärts bis 2600 m (H. MENSCHING).

*Untere Solifluktionsgrenze* im Libanon in 2000—2200 m, im Elbursgebirge in 3300 m, im afghanischen Hindukusch in 3300—3400 m, im Karakorum um 4000 m, im nordwestl. Himalaya in 4700—4900 m, d. h. kontinuierlicher kräftiger Anstieg vom O-Rand des Mittelmeeres bis Zentralasien. Dabei Vergrößerung der Höhenspanne zwischen Solifluktionsuntergrenze und rezenter Schneegrenze (→ IV, 216) von 800 bis 900 m im Libanon auf etwa 1200 m im Hindukusch und NW-Himalaya (C. RATHJENS). Solifluktionsstufe verbreitert sich mit wachsender Kontinentalität.

Im Taurus untere Solifluktionsgrenze in 2000—2500 m (H. SPREITZER), in nördl. Randgebirgen anatolischen Hochlandes (Pontische Gebirge) in 2350—2500 m (E. LÖFFLER).

Verbreitete Erscheinungen innerhalb Solifluktionszone sind außer Steinnetzen und Steinstreifen, Fließerdegirlanden und Rasenschälerscheinungen bes. *Blockgletscher* und *asymmetrische Hangformen* gleichen Typs wie im mediterranen Bereich (Zone 6a, → IV, 159).

Ausführliche Darstellung der Solifluktionserscheinungen in subtropischen Hochgebirgen durch C. TROLL (1944).

Neben auf Frostwirkung zurückzuführende Strukturböden in subtropischen Trockengebieten Vorkommen von *Musterböden*, deren Entstehung auf unterschiedlicher Quellfähigkeit des Bodens infolge verschieden hohen Tongehaltes beruht. Solche Musterböden (Gilgais) von H. BREMER aus Neu-Südwales beschrieben; kommen auch in anderen periodisch trockenen Gebieten der Subtropen und Tropen vor; leicht mit Frostbodenerscheinungen zu verwechseln.

*Nivale Stufe:* rezente Schneegrenze streicht in 4200 m über höchste Gipfel der Atlas-Ketten hinweg. Winterliche, 4—5 Monate überdauernde Schneedecke zwar ab 2500 m, aber keine perennierenden Schneeflecken. Schneegrenze im Libanon in 3000—3100 m, auf S-Seite des Elburs in 4000—4400 m, im Kuh-e-Sabalan (NW-Iran) in 4500 m, im afghanischen Hindukusch, Karakorum und nordwestl. Himalaya bis 5000 m ansteigend.

Im 4740 m aufragenden Kuh-e-Sabalan Iranisch-Aserbaidschans 7 kleine Kar- und Hanggletscher (G. Schweizer), im afghanischen Hindukusch Firnkessel-, Firnmulden- und (an Steilhängen) Wandgletscher, dazu bis 5 km lange Talgletscher, die in Blockgletscher übergehen (E. Grötzbach u. C. Rathjens).

In östl. Taurus und in Pontischen Gebirgen heutige Schneegrenze in 3400—3500 m, nur höchste Gipfel vergletschert, wie Cilo Dag (4168 m) im Taurus und Kaçkar Dag (3971 m) im Pontus mit max. 1,5—2 km langen Gletschern. *Glazialer Formenschatz* aller vorderasiatischen Gebirge jedoch im wesentlichen nicht rezenter, sondern *pleistozäner* Entstehung (→ IV, 219).

*Büßerschnee* ist spezifisches, an Hochgebirge subtropisch-tropischer Trokkenzone mit intensivem *sommerlich-herbstlichem Strahlungswetter* gebundenes Phänomen (→ III, 75): bis 3 m hohe, jahreszeitlich entstehende *penitentes* im mittleren Hindukusch, 0,5—1 m hohe Firnzacken am Demavend (Elburs, N-Iran) oberhalb 4800 m, 30—80 cm hohe Büßerschneefiguren ab 4200 m im Kuh-e-Sabalan (NW-Iran), in schönster Ausbildung zwischen 4500 und 4700 m (G. Schweizer). Im Kuh-e-Sabalan nördlichstes, zugleich westlichstes annuelles Büßerschneevorkommen Alter Welt; westl. Linie Kuh-e-Sabalan—Zagros keine jahreszeitliche Büßerschnee-Entstehung wegen mediterraner Klimaeinflüsse mehr möglich: höherer Bewölkungsgrad im Bereich großer Massenerhebungen.

*In den USA* ragen Gebirge subtropischer Trockengebiete nirgends bis in Höhen auf, die zur Entwicklung von Gletschern unter heutigen Klimaverhältnissen erforderlich wären. Dagegen rezente Solifluktionserscheinungen ab 3400—3500 m: Steinstreifen und Pflasterböden in San Francisco Mountains südl. Colorado Canyon, kleine Steinnetze am Agassiz Peak, größere Steinringe in Gipfelregion des Pikes Peak (4300 m) in Colorado.

*Im mexikanischen Hochland* 3 vergletscherte Berggipfel: Pico de Orizaba (5700 m), Popocatepetl (5432 m) und Ixtaccihuatl (5286 m) mit Schneegrenze in 4600—4700 m. Nevado de Toluca (4577 m) und Nevado de Colima (4339 m) heute ohne ewigen Schnee, der vielleicht noch in frühkolonialer Zeit vorhanden war (Name!).

*In argentinisch-chilenischer Hochkordillere* ragen im trockenen Mittelabschnitt nur höchste Gipfelstöcke über rezente, in 5500—6500 m Höhe verlaufende Schneegrenze auf; lediglich in vorgelagerter, stärker beregneter Sierra del Anconquija sinkt sie auf 5100—5200 m ab. Zahl der Gletscher daher gering, aber unter ihnen einige bedeutender Größe: Tunuyán-Gletscher bedeckt z. B. 74 km², überwindet 3000 m Höhendifferenz und mißt 24,5 km, Plomo-Gletscher 16,5 km lang.

Typus des vom Nevado del Plomo (6120 m) ausgehenden Gletschers, auch der Eisströme am Nevado Juncal (6180 m), erinnert an Gletscher zentralasiatischer Trockenregion (→ IV, 142): firnkesselartige Talschlüsse, Überlagerung der Hauptgletscher durch Nebengletscher, durch Ablation stark aufgelöste Oberflächen. „Gletscherausbrüche" durch schnellere Bewegung des Hangend-Gletschers über Liegend-Gletscher, Bildung von Eislawinen und Hochwasserkatastrophen. Insges. starke Gletscherrückgänge, bes. zwischen 1930 und 1950 (H. WILHELMY u. W. ROHMEDER).

Trockene Hochanden sind eines der Hauptverbreitungsgebiete gegen Ende des Sommers verschwindenden Büßerschnees (C. TROLL). In Höhen zwischen 2700 und 5000 m auf nicht zu steilen Hängen ausgedehnte Penitentes-Felder.

*Täglicher Frostwechsel* oberhalb 4600 m. An flachen Hängen Frostmusterböden: polygonale und kreisförmige Steinnetze, an steileren Hängen Streifenböden. Bis 4000 m herab gebundenes Bodenfließen mit Sichelrasen.

**Vorzeitformen** haben nicht nur Hochgebirge, sondern – vor allem im Pleistozän – durch völlig andersartige Morphodynamik Gesamtrelief bis zum Meeresspiegel herab entscheidend geprägt. *3 Reliefgenerationen:*

*1. Reliefgeneration des Tertiärs:* in N-Afrika Entstehung weitgespannter, später gehobener und zerschnittener *Rumpfflächen*, an Gebirgsrändern seit Wende Pliozän/Pleistozän von *Pedimenten*, die sich bis Gegenwart weiter entwickelten (→ IV, 210 f.). Alte Rumpfflächensysteme in allen Bereichen der Zone 8: in 2000–2200 m Höhe gehobene Plateaus der Pampa de Achala in Sierra de Córdoba (Argentinien), 2 prä- und postneogene Altflächen in 1000–1400 m Höhe Inneranatoliens. In S-Afrika reichen z. T. wiederaufgedeckte alte Landoberflächen bis ins Paläozoikum zurück, bewiesen durch geschrammte Rundhöcker und Grundmoränen oberkarboner Vereisung. Ebenso gut erhalten in SW-Australien präkambrische Rumpffläche mit fossilen Inselbergen in 220 bis 450 m Höhe („Altes Plateau").

Auf Kanarischen Inseln gut datierbare jungtertiäre *Täler* als weiträumige Kehltäler (i. S. von H. LOUIS, → II, 105) mit muldenförmigem Querschnitt (H. KLUG); entsprechen rezenten Kehltälern wechselfeuchter Tropen (Zone 11) und lassen in Verbindung mit fossilem Rotlehm auf wechselfeuchtes subtropisch-tropisches Klima im Jungtertiär schließen.

Auch heutige *Trockentalsysteme* nordafrikanischer Wadis gehen in Anlage bis ins Tertiär zurück, in Syrien mit Sicherheit bis ins Oligozän (H. BOESCH); dienten im Pleistozän als Leitlinien der Entwässerung, ebenso noch heute dem Abfluß episodisch fallender Niederschläge (→ IV, 210).

2. *Reliefgeneration:* umfaßt Formenschatz des *Pleistozäns.* Kaltzeiten der mittleren Breiten entspricht in Tiefländern am polaren Saum subtropischen Trockengürtels bei allgemeiner Temperaturabsenkung um 4° bis 5° C ein in mehrere *Pluvial-* und *Interpluvialzeiten* gegliedertes feuchteres Klima, das in der Horizontalen zur S-Verlagerung der Steppengrenze, in der Vertikalen zur *Herabzonierung morphologischer Höhengrenzen* um 700—800 m in N-Afrika, um 800—1100 m im Mittleren Osten führte. Neben vielen morphologischen Argumenten machen z. B. für Syrien und Palästina vierfach geschichtete Höhlensedimente 4 Feuchtzeiten wahrscheinlich. In Pluvialzeiten konnten sich jeweils infolge intensivierter Verkarstung Kalktuffe auf Höhlenböden in verstärktem Maße ansammeln. Horizonte durch vorgeschichtliche Funde datierbar.

## Pleistozäner Klimaablauf

Begriff „Pluvial" erstmals 1884 von E. HULL für Feuchtzeitspuren in Palästina verwendet. Pluviale am polwärtigen Rand subtropischen Hochdruckgürtels als „Polare Pluviale" (H. FLOHN) bezeichnet (besser: „Mediterrane Pluviale") zur Unterscheidung von zeitlich verschobenen „Tropischen Pluvialen" am äquatorialen Saum (→ IV, 53).

Während ältere Pluviale anscheinend nur feuchter waren, aber keinen merklichen Temperaturrückgang erkennen lassen, erweisen sich 2 *letzte Pluviale* als deutlich feuchter und kühler. Von H. FLOHN Verdunstungsreduktion durch pleistozäne *Temperaturabsenkung* um 5° C am N-Saum der Sahara auf 20 % geschätzt, dazu vermehrte Niederschläge durch S-Verlagerung der Westwinddrift.

Mit Sicherheit im letzten pleistozänen Pluvial bescheidene *Kar- und Talvergletscherung* höchster Regionen des Mittleren und Hohen Atlas, während kleinere Firnmulden im Rif keine Gletscher speisten. Im M'-Goun-Gebiet endeten kleine Talgletscher in 3200—3500 m Höhe, am Ayachi reichten sie bis 2800 m, am Toubkal bis 2600 m herab.

Entsprechend rezentem Verlauf starker Anstieg letztkaltzeitlicher Schneegrenze und unterer Solifluktionsgrenze von maritimen zu kontinentalen Bereichen.

*Eiszeitliche Schneegrenze* stieg in *N-Afrika* von 2300 m im Rif auf 2900—3000 m im Mittleren und 3200 m im östl. Hohen Atlas, erreichte im M'Goun-Gebiet 3500 m (H. MENSCHING, K. WICHE). Daraus errechnet sich pleistozäne Schneegrenzdepression von etwa 1000 m im N, 700—800 m im S des Atlas-Systems.

*Sinai* (2650 m) im Pleistozän eisfrei (W. KLAER). Schneegrenze verlief hoch über Gipfelstockwerk hinweg, lag im 3088 m aufragenden *Libanon* in 2750—2850 m Höhe; daher hier wie auch im Antilibanon allenfalls in höchsten Lagen kleine Gipfelvereisung.

Über *Anatolien* Aufwölbung der Schneegrenzfläche von 2700 m an O-Abdachung des Ala Dag auf 3000—3100 m am Erciyes Dag und Absenkung auf 2500—2600 m im Pontischen Gebirge. Alle über 3000 m hohen Gebirge mit mehr oder weniger gut erhaltenen Zeugnissen glazialer Überformung. Größere Talgletscher an Flanken des Ala und des Erciyes Dag. Gletscherzungen reichten an N-Abdachung des Toros Dag bis 1700 m herab. Voll ausgebildete U-Täler mit Moränenwällen im Pontischen Gebirge. Bes. tiefe würmkaltzeitliche Schneegrenze (2200 m) am Ulu Dag bei Bursa, der als fast 2600 m hoher nordwestl. Eckpfeiler Anatoliens („Mysischer Olymp") noch voll unter mediterranem Klimaeinfluß (Zone 6a) steht und alljährlich tief verschneit ist.

In heute noch 7 Gletscher tragendem Kuh-e-Sabalan (NW-Iran, 4740 m) aus pleistozänen Moränen und anderen Glazialspuren auf eiszeitliche Schneegrenzhöhe von 3600—3700 m zu schließen, d. h. auf Schneegrenzdepression von 800—900 m gegenüber heute (G. SCHWEIZER). Am Demavend im Elburs-Gebirge pleistozäne Schneegrenze in 3700—3800 m (H. BOBEK), im afghanischen Hindukusch je nach Exposition zwischen 3500 und 4000 m, d. h. Depression von 900—1100 m (E. GRÖTZBACH, C. RATHJENS). Im Hindukusch pleistozäne Talgletscher bis 17 km Länge.

*In den USA* verlief im trockenen W eiszeitliche Schneegrenze nach Bestimmungen an San Francisco Mountains südl. des Grand Canyon in 3300 m Höhe; nur höchste Aufragungen, wie Pikes Peak (4300 m) in Colorado, trugen kleine Gletscher.

*Im mexikanischen Hochland* pleistozäne glaziale Überformung mit Sicherheit von F. JAEGER am Ixtaccihuatl (5286 m) nachgewiesen. Zusammenhängende Vergletscherung reichte bis 3860 m herab: Trogtäler und Moränen. Tiefste Rundhöcker in 3400 m. Eiszeitliche Schneegrenze in 3800—3900 m, d. h. 800—900 m tiefer als heute; Gletscherenden fast 1200 m tiefer als in Gegenwart. Am Pico de Orizaba, Popocatepetl u. a. hohen Vulkanen wegen jüngerer Eruptionen Auffindung von Eiszeitspuren nicht zu erwarten.

*In argentinisch-chilenischer Hochkordillere* Depression eiszeitlicher Schneegrenze 1000 m, in Sierra de Anconquija sogar 1400 m; lag dort in 3700—4000 m, gegenüber 5000—5500 m im trockenen subtropischen Gebirgsabschnitt. Zahlreiche Kare und Moränen, jedoch eiszeitlicher Formenschatz weitgehend durch rezente Trockenschuttbildung überwältigt (→ IV, 39).

*Formenschatz pleistozäner Solifluktion* landschaftsbestimmender als glazialer Formenschatz, bes. durch entstandene Hangasymmetrien und Glatthangbildungen neben üblichen Strukturbodenerscheinungen.

*In N-Afrika* untere letztkaltzeitliche Solifluktionsgrenze im Rif in 800 bis 1200 m, im Mittleren Atlas in 1500—1600 m, im Hohen Atlas in 1800—2000 m. Kaltzeitlicher Senkungsbetrag verminderte sich in nordsüdl. Richtung von rd. 1000 m im N auf 700—800 m im S, d. h. Depressionsbetrag unterer Solifluktionsgrenze nahm in gleichem Sinne wie Absenkung letztkaltzeitlicher Schneegrenze ab.

Im *Sinai-Gebirge* pleistozäne Frostschuttsolifluktion oberhalb 1800 m. In allen Gebirgen Vorderasiens ebenfalls Entwicklung breiter *Solifluktionsschuttstufen* mit typischem Formenschatz (→ IV, 214 f.).

*Im trockenen W der USA* ab 2400 m pleistozäne Wanderschuttdecken und Blockgletscher, z. B. am Kendrick Peak im nördl. Arizona (D. BARSCH), jedoch ohne darüber gelegene nivale Höhenstufe.

*Für argentinisch-chilenische Hochkordillere* lange, in eiszeitlichen Karen wurzelnde Schuttschleppen bezeichnend; verwachsen seitlich zu breiten Schutthalden, in denen Gebirge bis zu Graten und Gipfeln förmlich ertrinken: Trockenschutt, der aus pleistozänem Solifluktionsschutt infolge nacheiszeitlicher Anhebung der Solifluktionsgrenze hervorgegangen ist. Untergrenze pleistozäner Solifluktion bei 3500 m, heutiger Frostwechselzone in 4600 m.

*Gleichsetzung* der Begriffe *Solifluktionsstufe* und *Periglazialstufe* in Gebirgen subtropischer Trockengebiete *unberechtigt*, denn vergletscherte Areale waren klein und kaum von Einfluß auf nächste Umgebung. Durch tageszeitlichen Frostwechsel gekennzeichnete Solifluktionsstufe ging mit abnehmender Höhe schnell in *pluviale Bereiche* tieferer Stufe über.

In Gebirgstälern, am Gebirgsrand und im *Vorland* verstärkte Schuttakkumulation durch Solifluktionsschuttmassen und gesteigerte Transportkraft der Flüsse. Morphologische Prozesse in diesen Bereichen beruhten also vorwiegend auf *Fernwirkung* tiefgreifenden klimageomorphologischen Wandels in oberen Stockwerken der Gebirge, die sich nach Ebenen und Vorländern hin abschwächten und deren Auswirkungen geringer blieben als in nival-pluvialen höheren Lagen (H. MENSCHING). Den Gebirgsbereich verlassende *Flußsysteme* hatten im Pleistozän beständigere Wasserführung als heute, da diese durch Firn und Gletscher der Hochregionen als sommerliche Wasserreservoire gesichert war. Schuttüberlastung der Gebirgstäler wirkte sich also vor allem im unmittelbaren Vorfeld aus, dessen Felsfußflächen (Pedimente) von Schotterfeldern überlagert und dadurch in Glacis umgewandelt wurden. In Hauptglacis jeweils beiderseits der Flußläufe bis zu 4 gegeneinander abgesetzte *Glacis-Terrassen* eingesenkt; Gebirgsvorländer daher gewöhnlich durch Glacis-Treppen gegliedert.

Jeweils in *Pluvialzeiten* erfolgte *Flächen- bzw. Terrassenbildung*, in *Interpluvialzeiten* ihre *erosive Zerschneidung* (→ II, 176). Weiterer Abfluß des Wassers durch heute nur noch episodisch benutzte Trockentalsysteme (Wadis, Oueds, Riviere), die schon im Tertiär der Entwässerung dienten (→ IV, 217) und ihre pleistozäne Weiterbildung nicht nur örtlichen pluvialzeitlichen Niederschlägen, sondern ebenso interpluvialer Wasserzufuhr aus höherem Gebirgsland verdankten, also ferngesteuerter fluvialer Morphodynamik unterlagen.

Altpleistozäner pluvialer Entstehung sind auf Kanarischen Inseln im Unterschied zu tief eingesenkten tertiären Muldentälern ganz seichte, flachhangige Muldentäler, in die sich im Mittel- und Altquartär, andauernd bis zur Gegenwart, cañonartige Kerbtäler einschnitten (H. KLUG).

*In N-Afrika* bereits aus Frühpleistozän Zeugnisse von *Feuchtzeiten*, bewirkt durch örtlich erhöhte Niederschläge oder Zufuhr von Fremdwasser. Aus Villafranca[1]-Pluvial stammende, in Ebenen SW-Marokkos weitverbreitete *Süßwasserkalke* sowie völlig verfestigte Süßwasserkalkdecken 250 km breiter Hammada-Zone im S von Marokko und Algerien müssen auf lange Reihe von Süßwasserseen ältesten Pleistozäns zurückgehen. Ähnliche fossile Kalke in Steppe und Wüstensteppe NW-Afrikas, in Küstenzone SW-Marokkos, im zentralmarokkanischen Bergland zwischen Rif und Mittlerem Atlas (H. MENSCHING). Zone fossiler Kalkkrusten verläuft in N-Afrika zwischen 31° und 29° n. Br., zeigt pleistozäne *S-Verlagerung des Wüstenrandes* um 200—300 km an.

Jüngeres Villafranca-Pluvial am Rand des Mittelgebirges bei Meknes durch Schotterablagerungen mit mächtigen allochthonen Roterden angezeigt, die von Schuttdecken des Günz-Pluvials überlagert sind.

*Klima* muß in diesen beiden *frühen* Pluvialen sehr feucht, wenn auch nicht kühler als heute gewesen sein, denn Villafranca-Sedimente und günzzeitliche Ablagerungen ohne Kryoturbationsanzeichen. In beiden *späteren* Pluvialzeiten Klima nachweislich kühler als heute, jedoch blieben ausgeprägte Feucht-Kaltzeiten auf oberes Gebirgsstockwerk beschränkt. In tieferen Lagen keine Zeugen für feuchteres und zugleich kühleres Klima. In Fußregionen der Gebirge und im Vorland pleistozäner Klimaablauf heutigen Verhältnissen sehr ähnlich, abgesehen von etwas erhöhter Feuchtigkeit (H. MENSCHING). Verbreitung des Etesienwaldes blieb an Mittelmeerbereich gebunden, Niederschlagszunahme anscheinend südl. des Küstenatlas nicht groß genug, um stärkere Ausdehnung des Waldes bis in heutige Gebiete der Wüstensteppe zu bewirken. Pleistozäne Klimaschwankungen drücken sich im Tiefland vornehmlich in südwärtiger Erweiterung des Steppenbereichs und der Wüstensteppe aus.

---

[1] Villafranca oder Villefranchien = Initialphase des Pleistozän, → IV, 52

Nur letzte Feuchtzeit N-Afrikas exakt mit Würm-Glazial mittlerer Breiten zu parallelisieren, wenn sie auch weder in Dauer noch Rhythmus ihres Ablaufs genaues pluviales Abbild letzter europäischer Glazialzeit ist. In vielen Fällen vielmehr nachweisbar, daß Vorrückungsphase der Vergletscherung, also beginnende Würm-Regression des Mittelmeeres, eigentlichem Würm-Pluvial entsprach. Oberes Pleistozän dagegen bereits recht trocken (K. W. BUTZER).

Aus Erkenntnis, daß subtropisches Pluvial zeitlich europäischem Altwürm entspricht, dagegen dem Würm-Hoch- und dem -Spätglazial in Subtropen eine Periode stark herabgesetzter Pluvialität gleichzusetzen ist, schließt BUTZER, daß Pluviale am N-Saum saharisch-arabischen Trockengürtels nicht als Sekundäreffekte voll entwickelter Inlandvereisung höherer Breiten aufgefaßt werden dürfen, sondern daß primäre Änderungen allgemeiner Zirkulation im subtropischen S Steigerung der Niederschläge hervorgerufen, zugleich nördl. des Mittelmeerraumes Vergletscherung bewirkt hätten. Wirksamkeit der Pluviale im saharisch-arabischen Trockengürtel sei als rel. kurze Unterbrechung normalen semiariden Klimas zu betrachten.

*Am O-Rand südafrikanischen Trockenraums* ergaben Pleistozänforschungen ebenfalls den Kaltzeiten der N-Hemisphäre entsprechende Folge von mindestens 4 Pluvialen, durch die gegenwärtige polare Trockengrenze in nördl. und nordwestl. Richtung verschoben war.

G. C. MAARLEVELD folgert aus Schotteruntersuchungen der Terrassen des Vaal, daß letzte Kaltzeit mit Temperaturabsenkung und dadurch hervorgerufener Reduktion der Verdunstung eingesetzt habe. In dieser Frühphase des Pluvials, beim Übergang von trocken-warmem zu feucht-kühlem Klima, entwickelte der Fluß stärkste Erosionskraft und schüttete grobe Schotter auf. Ablagerung des Feinmaterials ganz im humiden Höhepunkt eigentlichen Pluvials. Da MAARLEVELD südafrikanische Pluviale mit nordhemisphärischen Eiszeiten parallelisiert, fällt Akkumulation der Schotterterrassen des Vaal in Frühphasen der Glaziale. Nachweis einer Folge pleistozäner Pluviale wird gestützt durch Höhlensedimente, vor allem in Transvaal. Wechsel von Tropfsteinablagerungen und Rotsandschichten ist mit dem durch Terrassenstudien am Vaal festgestellten Klimagang zu parallelisieren. Travertine[1]) am O-Rand der Kalahari ließen sich mit 4 pleistozänen Pluvialzeiten korrelieren.

*Pleistozäne Süßwasserseen:* Als überzeugendster Beweis für pleistozäne Pluvialzeiten im subtropischen Trockengebiet wird Nachweis *ehemaliger Süßwasserseen* angesehen. In großen intramontanen Becken der USA und in Hochländern von Arizona und Neu-Mexiko insges. 119 derartige Eiszeitseen, die, z. T. über niedrige Schwellen verbunden, mehr als 140 heute abflußlose Becken erfüllten (R. F. FLINT).

Klassisches *Beispiel: Lake Bonneville* im Großen Becken der USA. Großes Becken heute Gebiet der Binnenentwässerung, nur äußerster SO hat Abfluß nach außen zum Colorado River. Größtes der abflußlosen Teilbecken vom

---

1) Kalktuffe, deren Poren nachträglich durch Kalksubstanz ausgefüllt wurden

Großen Salzsee eingenommen mit zwischen 13,5 und 30 % schwankendem Salzgehalt. Großer Salzsee ist, wie G. K. GILBERT in klassischer Monographie (1890) nachwies, eingedampfter Rest zehnmal größeren pleistozänen Süßwassersees, den er nach frühem Pionier im trockenen W der USA *Lake Bonneville* nannte. Höhe der alten Uferlinien in 300 m über heutigem See, darunter gut ausgebildete ehemalige Strandterrassen in 273 m und 190 m rel. Höhe. Die beiden oberen Terrassen entsprechen 2 kaltzeitlichen Hochständen, bewiesen durch Verknüpfung mit Moränen der Wisconsin- und der Illinoian-Vereisung (Würm, Riß). Beim 300 m-Hochstand hatte Lake Bonneville Abfluß über Red Rock Paß nach N zum Snake River. Auf breit entwickelter 190 m- oder Provoterrasse, die längere Zeit gleichbleibenden Seespiegelstand anzeigt, gut erhaltene fossile Deltaschüttungen.

Ähnliche pleistozäne Süßwasserseen im westl. Nevada: *Lake Lahonton* mit Terrassen in 33, 95 und 160 m Höhe und Pyramid-Lake als heutigem Rest (I. C. RUSSEL). Lake Bonneville und Lake Lahonton nahmen zusammen allein 25 der jetzt abflußlosen Teilbecken ein.

Auch Hochbecken von Mexiko von großem Eiszeitsee erfüllt (F. JAEGER); oberste Terrasse 53 m über jetzigem schwach salzigem, weiter schrumpfendem Restsee (Texcoco-See).

Im trockenen W Argentiniens war 1850 km² großes Mar Chiquita mit 13—36 % Salzgehalt einst weit größerer Süßwassersee, auch Salinas Grandes, Bebedero-Lagune u. a. Salares sind erst in postglazialer Zeit abflußlos geworden und haben sich in Salzpfannen verwandelt (H. WILHELMY u. W. ROHMEDER).

*Frage* ist, *ob* pleistozäne Süßwasserseen Ergebnis vermehrter Niederschläge, also *echter Pluvialzeiten* im engeren Bereich ihres Auftretens, oder des vermehrten Wasserzuflusses aus benachbarten Hochgebieten bei gleichzeitiger Verringerung der Verdunstung infolge allgemeiner pleistozäner Temperaturabsenkung sind.

Für allseitig umschlossene Hoch- und Binnenbecken semiarider und arider Subtropen *Vorderasiens* ist *Nachweis* erbracht, daß sich örtliche pleistozäne klimatische Verhältnisse kaum von heutigen unterschieden und sich dort erkennbare Zeugnisse pleistozäner „Feuchtzeiten" teils durch Verringerung der Verdunstung, teils durch Fremdwasserwirkung zwanglos erklären lassen.

Im Hochland von Anatolien hatte nach H. LOUIS Van-See 60 m höheren, Burdur-See 90 m höheren Wasserspiegelstand als heute. In den Burdur-See ergossen sich Schmelzwässer der Taurusgletscher, während Tuz Gölü in Zentralanatolien nur Seespiegelanhebung von 5 m erreicht haben soll. Burdur-See füllte sich bis zum Überlaufen. Van-See und Tuz Gölü auch im Pleistozän abflußlos. Heute trockenes Becken von Konya/Eregli bildete großen Binnensee, der wahrscheinlich durch Karstgerinne unterirdisch entwässerte. Genauere Untersuchungen von O. EROL ergaben am Tuz Gölü Abfolge von 7 Terrassensystemen, die oszillierenden pluvialzeitlichen Anhebungen des Scespiegels bis max. 110 m über heutigem Niveau im frühen Pleistozän entsprechen.

Günstigerer Wasserhaushalt Anatoliens ging nach H. Louis auf einfache Temperaturerniedrigung ohne wesentliche Vermehrung pleistozäner Niederschläge zurück; damit ist für diese Region keine entscheidende Änderung planetarischer Zirkulation im Pleistozän anzunehmen.

Für heute wasserlose, von Kawiren (Salzwüsten) eingenommene Becken iranischen Hochlandes hat H. Bobek seit langem gleiche Ansicht vertreten; andere Autoren (A. Gabriel, R. Huckriede, K. Scharlau, G. Stratil-Sauer) deuten sie als Eindampfungsreste pluvialzeitlicher Wasserflächen, die ihre Entstehung örtlich gesteigerten Niederschlägen, also echten Pluvialen, verdanken.

Im Umkreis der Großen Kawir fehlen Uferterrassen — im Unterschied zu Eiszeitseen N-Amerikas — (H. Bobek); nur in 1330 m Höhe gelegener Rezaiyeh-See (Urmia-See) im äußersten W Irans von 4 Terrassen-Systemen umgeben, die bis 120 m höheren pleistozänen Seespiegelstand bei unveränderter Abflußlosigkeit erkennen lassen (G. Schweizer).

*Kritische Diskussion* des Problems durch E. Ehlers (1971) löst Widersprüche in oben genanntem Sinne auf (→ IV, 223), daß *nur Randgebirge*, bes. deren Außenhänge, wirklich höhere Regenmengen empfingen, während der in inneren Hochbecken registrierbare „Pluvial-Effekt" befriedigend durch Verdunstungsrückgang infolge Temperaturerniedrigung erklärbar sei. Feuchtzeiten iranischer Hochbecken schon 1905 von E. Huntington nicht als Pluvialzeiten, sondern zutreffend als *Fluvial- oder Seezeiten* bezeichnet.

Bei Annahme letztkaltzeitlicher Temperaturabsenkung um 4° C ergab sich nach Berechnungen von E. Ehlers unter Verwendung der Trockengrenzformel von R. Jätzold Ansteigen von gegenwärtig 1 auf 4 humide Monate im Gebiet um Teheran, von 1 auf 2 Monate bei Kerman. Kontrollberechnungen nach Formeln von H. Walter und W. Lauer/E. de Martonne führten zu ähnlichen, eher noch etwas größeren Humiditätswerten.

Das echte, nur für die anatolischen und iranischen *Randgebirge* nachweisbare Pluvial entspricht, wie in N-Afrika, *Beginn* letzter Kaltzeit. Feucht-kaltem Altwürm folgte dort ebenso trocken-kalte Periode des Hochwürm. Es gab keinen pleistozänen großen Kawir-See, nur seichte Wasserfüllungen der einzelnen Becken, die seit oberem Pliozän nachweisbar sind, pleistozäne Kaltzeiten überdauerten und jahreszeitlichem Regime mit alljährlicher sommerlicher Austrocknung und Salzkrustenbildung während dazwischenliegenden Warmzeiten wie in Gegenwart unterlagen (H. Bobek).

Auch altwürmzeitliche, 73—78 m über heutigem Niveau gelegene Spiegelstände des Kaspischen Meeres von E. Ehlers in Übereinstimmung mit russischen Forschern auf kombinierte Wirkung herabgesetzter Verdunstung der Seespiegelfläche, Zunahme der Abflußspende der Flüsse und verstärkte Niederschläge zurückgeführt. Als *primäre Ursache* aller Veränderungen im Wasserhaushalt dabei *Temperaturschwankungen* anzusehen. Senke von El Jafr (Jordanien) im Jungpleistozän von Süßwassersee doppelter Bodenseegröße erfüllt (R. HUCKRIEDE), Spiegel des Toten Meeres sogar zeitweise 280 m höher als heute, damit nur 25 m unter würmkaltzeitlichem Mittelmeerspiegel; Abflußlosigkeit blieb also erhalten, während Kaspisches Meer über Manytsch-Senke zum eustatisch abgesenkten Schwarzen Meer entwässerte.

*Pleistozäner Klimaablauf auf der S-Hemisphäre:* unterschied sich wesentlich von dem der N-Halbkugel wegen andersartiger Entwicklung antarktischen Inlandeises.

In S-Amerika verhinderten N-S-streichende Anden — ähnlich wie Gebirgsumrahmung vorderasiatischer Hochbecken — Übergreifen äquatorwärts verlagerter Westwinddrift auf subtropische Trockengebiete W-Argentiniens. Salinas Grandes, Mar Chiquita, Bebedero-Bolsón in San Juan u. a. heute abflußlose Becken (→ IV, 280) erreichten Süßwasserhochstände nicht durch pluvialzeitlichen Regen, sondern erst im Spätglazial durch verstärkte Schmelzwasserzufuhren aus den Anden. Tiefbohrungen in Umgebung von Mar Chiquita und Salinas Grandes zeigten, daß Ablagerungen bis in große Tiefe kräftig mit Salzen durchsetzt sind und sich keine pluvialzeitlichen Entsalzungshorizonte nachweisen lassen. Lediglich aus Existenz ehemaliger Seen am O-Rand trockenen Mittelabschnitts argentinischer Kordillere kann also, ebensowenig wie im Iran, Pluvialzeit in der Pampa abgeleitet werden (H. WILHELMY).

In subtropischer Trockenzone S-Amerikas, in der Vereisung auf höchste Gebirgslagen beschränkt war, hat sich im Tiefland Wechsel von Glazial- und Interglazialzeiten nicht so spürbar ausgewirkt wie innerhalb südwärts verschobenen Westwindgürtels nördl. Hemisphäre. Auch während Glazialzeiten herrschte in der Pampa rel. mildes Klima.

Warmer Brasilstrom bespülte Atlantikküste bis Patagonien. Mangrove noch im Pleistozän bis Rio Negro (Patagonien) verbreitet. Falkland-Inseln infolge eustatischer Meeresspiegelabsenkung mit Festland verbunden, dadurch Abfluß kalten Polarwassers nach N verhindert. Erst als infolge postglazialen Meeresspiegelanstiegs Verbindung zerriß, drang kalter Falklandstrom an patagonischer Küste vor und drängte Mangrove um volle 12 Breitengrade nach N zurück.

Damit auch Sedimentation bis 300 m mächtiger *Lößdecke der Pampa* unter anderen klimatischen Bedingungen als in mittleren Breiten Europas. Pampalöß nicht, wie europäischer Löß, glazialen Alters, sondern *vornehmlich in Interglazialzeiten* abgelagert. Wenn Glazialzeiten im Bereich des Subtropenhochs unterhalb nivaler Zone Pluvialzeiten oder zumindest etwas feuchtere und kühlere Perioden waren, können sie nicht gleichzeitig als eigentliche Lößbildungszeiten angesehen werden. Zur Lößsedimentation erforderliches Trockenklima war in europäischer Westwindzone in Form *kalt-ariden* Klimas während der *Glazialzeiten* gegeben, in südamerikanischer Trockenzone hingegen in Form *warm-ariden* Klimas während der *Interglaziale*. Warm- und Kaltzeiten waren im W argentinischer Pampa gleichermaßen arid; ebenso in Zentralaustralien, hier entspricht nach H. BREMER ältere Dünenphase einer Warmzeit, jüngere einer Kaltzeit (→ IV, 280).

Da Interglazialzeiten ebenso wie postglaziale Warmzeiten Perioden großer vulkanischer Eruptionen in den Anden waren, bestanden in warmen Trockenzeiten nicht nur günstigste klimatologische Voraussetzungen für Lößtransport, sondern es wurden in vulkanischen Aschen auch bes. große Staubmengen bereitgestellt.

Pampalöß besteht neben vulkanischen Aschen aus verwehten Verwitterungsteilchen zerfallender Gesteine andinen Bereichs und ausgeblasenem Fluß-, See- und Moränenschlamm. Hoher Anteil entfällt auf Feinmaterial des Solifluktionsschutts, der sich in breiter Höhenstufe pleistozäner andiner Frostwechselzone gebildet hat und umgelagert die tief eingeschnittenen Gebirgstäler NW-Argentiniens in großer Mächtigkeit erfüllt. Aus pleistozäner Solifluktionsschuttstufe ist rezente Trockenschuttstufe (→ IV, 39) hervorgegangen.

3. *Reliefgeneration* umfaßt eingangs beschriebenen Formenschatz der Gegenwart.

Klimageomorphologische Hauptmerkmale trockener Subtropen: Langandauernde Trockenzeiten (8–10 aride Monate) im Wechsel mit rel. kurzen Perioden heftiger Niederschläge im Winter führen zu stark *reduzierter chemischer Verwitterung*. Infolge kapillaren Grundwasseraufstiegs Bildung von Kalk-, Gips- und Kieselkrusten in Lockerböden, von Hartrinden auf Gesteinsoberflächen, verbunden mit Zersetzung des Gesteinsinneren („Kernfäule"). Zone 8 neben Zone 10 Hauptverbreitungsgebiet von Hohlblockbildungen (Tafoni). Gesteinszerfall vorwiegend durch starke *mechanische Verwitterung*.

*Entwässerungsnetz* gekennzeichnet durch Nebeneinander periodisch wasserführender Flüsse im Gebirgsland und aus niederschlagsreicheren Gebieten kommender Fremdlingsströme, ferner episodisch als Abfluß dienender Trockentäler (Wadis, Oueds, Riviere), deren Entstehung bis ins Tertiär zurückreicht.

*Cañon* ist zonentypische *Talform*. Im Gebirge kräftige Tiefenerosion, lange Erhaltung von Gefällsstufen. In Lockermaterialien starke Runsenbildung: *soil erosion* und Entstehung von Flugsandfeldern.

*Pedimente und Glacis* entstehen infolge kombinierter Wirkung von mechanischer Gesteinsaufbereitung an steilen Gebirgsrückländern mit Flächenspülung und Seitenerosion im Vorlandbereich, Glacis-Terrassen durch lineare Zerschneidung der Glacis. Übergang sanftkonkav auslaufender Gebirgsfußflächen in *Salztonebenen.* In Schichtstufenlandschaften auch Stufenflächen als Pedimente. Steile Stufenhänge flachlagernder Schichtpakete entsprechen denen über markantem Fußknick ansteigender Rückländer in tektonisch gestörten oder andersartigen Gesteinen.

Obergrenze arider Landformung in feuchteren Gebirgsländern identisch mit unterer Waldgrenze. Oberhalb Waldgürtel 2 *klimageomorphologische Höhenstufen:* Solifluktionsstufe und (nur in Hochgebirgen) nivale Stufe mit bescheidenem glazialem Formenschatz. Bei Fehlen der Vegetationsdecke *Verzahnung* arider und solifluidaler Formen. Starkes Ansteigen beider morphologischer Höhengrenzen mit zunehmender Kontinentalität. Für breite rezente Solifluktionsstufe bes. *Blockgletscher* und *asymmetrische Hangformen,* für nivale Stufe *Kar-, Firnkessel- und Hanggletscher* bezeichnend. Zone 8 mit sommerlich-herbstlichem Strahlungswetter Hauptverbreitungsgebiet des *Büßerschnees.*

Drei klar ausgebildete *Reliefgenerationen:* 1. Generation der *tertiären,* z. T. auch weit älteren *Rumpfflächensysteme* mit Flachmulden- und Kehltälern wie in heutigen wechselfeuchten Tropen (Zone 11). Erste Anlage jetziger Trockentalsysteme (Wadis). In 2. Generation Formenschatz des *Pleistozäns. Herabzonierung* morphologischer Höhengrenzen um 700 bis 1100 m führte zur Erweiterung glazialer und solifluidaler Bereiche, in tieferen Lagen zu weitgehend veränderter Morphodynamik durch Wirksamkeit mehrerer miteinander *wechselnder Pluvial- und Interpluvialzeiten.* 3. Generation zeigt Formenschatz der *Gegenwart.*

Auswirkungen pleistozäner Temperaturabsenkung um etwa 5° C erst in beiden letzten Pluvialen. In höchsten Gebirgsregionen Kar- und Talvergletscherung. Wie in Gegenwart starker Anstieg letztkaltzeitlicher Schneegrenze und unterer Solifluktionsgrenze von maritimen zu kontinentalen Bereichen. Übergang breiter Solifluktionsschuttstufen in Pluvialbereich tieferer Stufe. Im Postglazial Umwandlung pleistozäner Solifluktionsstufe höherer Gebirge in Trockenschuttstufe der Gegenwart.

Im Vorland *Fernwirkungen* pleistozänen pluvialen Gebirgsklimas durch vermehrte Wasserführung der Flüsse und sich anschließender Wadis: Weiterbildung tertiär angelegter Pedimente und Glacis in Pluvialzeiten, erosive Zerschneidung und Auflösung in Glacis-Terrassen in Interpluvialen. Fossile Kalkkrusten beweisen in N-Afrika S-Verlagerung des Wüstenrandes um 200—300 km. *Pluvialzeiten* jeweils mit Frühphasen der Kaltzeiten, nicht mit Hochglazialen, synchron.

Im Pleistozän von Süßwasser erfüllte, heute versalzte oder ausgetrocknete *Seen* nur z. T. Ergebnis echter örtlich wirksamer Pluvialzeiten. Höhere Seespiegelstände auch durch vermehrten Wasserzufluß aus benachbarten Hochgebieten bei gleichzeitiger Verringerung der Verdunstung infolge *allgemeiner pleistozäner Temperaturabsenkung.* Für Hochbecken von Anatolien und Iran, d. h. durch Gebirge allseitig abgeschlossene Binnenbecken, kein grundsätzlich andersartiges pleistozänes Klima gegenüber heutigen semiariden Verhältnissen nachweisbar. Echte Pluvialzeiten nur an Außenrändern der Gebirge.

Auf S-Hemisphäre wegen andersartiger Entwicklung antarktischen Inlandeises von N-Afrika abweichender, weitgehend altweltlichen Hochbecken entsprechender pleistozäner Klimaablauf. In subtropischer Trockenzone der Tiefländer W-Argentiniens und Australiens sowohl Kalt- wie Warmzeiten arid. *Lößsedimentation der Pampa* im Unterschied zu Europa in warm-ariden Interglazialen.

*Pedimente und Glacis* als *die* Prägeform wechselfeuchter Subtropen mit überwiegender Trockenzeit bestimmen klimageomorphologische Eigenständigkeit der Zone 8. Morphodynamik der Pedimentbildung beherrscht gesamtes Flachrelief. Tiefenerosion nicht auf Gebirgsrelief beschränkt, sondern kann mit Flächenbildung bzw. Flächenerhaltung in gleicher Region nebeneinander wirksam sein (H. MENSCHING).

Fußflächen erweisen sich trotz vorzeitlichen Klimawechsels als sehr *langlebige Großformen* (Mehrzeitformen). Nach J. BÜDELs Gliederung entspricht Zone 8 polarem Saum „Arid-semiarider Zone der Flächen-Erhaltung und -Überprägung sowie der Fußflächenbildung", unterscheidet sich damit einerseits von wechselfeuchten Tropen als Hauptzone der Rumpfflächenentstehung, andererseits von mittleren Breiten als Bereichen der Flächenzerstörung. Pedimente bilden bei stärkerem räumlichem Zusammenschluß *Pediplains*, keine Rumpfflächen.

Kenntnis rezenter Morphodynamik semiarider Subtropen trägt wesentlich dazu bei, Ablauf morphologischen Geschehens in Mitteleuropa um Wende Oberpliozän/Altquartär zu klären, als unter ähnlichen klimatischen Bedingungen am Rande der Mittelgebirge Säume von Pedimenten (Lateralflächen) entstanden, die sich als breite Talungen (Hochböden) ins Innere der Gebirgskörper fortsetzen (→ IV, 110).

### Literatur

Weitere einschlägige Literatur → Bd. II der „Geomorphologie in Stichworten"

ABDUL-SALAM, A.: Morphologische Studien in der Syrischen Wüste und dem Antilibanon. Berliner Geogr. Abh. 3, Berlin 1966
AHNERT, F.: The Influence of Pleistocene Climates upon the Morphology of Cuesta Scarps on the Colorado Plateau. Ann. Assoc. Amer. Geogr. 50, 1960, S. 139—156
ANDRES, W.: Beobachtungen zur jungquartären Formungsdynamik am Südrand des Anti-Atlas (Marokko), Z. Geomorph. N. F., Suppl.-Bd. 14, 1972, 66—80

ANTEVS, E.: Climatic Variations during the last Glaciation in North America. Bull. Amer. Meteorol. Soc. 19, 1938, S. 172—176
—: The Great Basin, with emphasis on glacial and postglacial times. Univ. Utah Bull. 38, 1948, S. 168—191
AWAD, H.: La montagne du Sinai central, étude morphologique. Publ. Soc. Roy. Géogr. d'Égypte, Kairo 1951
—: A new Type of Desert „Cuesta" in Central Sinai. Ann. Fac. of Arts, Ibrahim University 2, Kairo 1953, S. 135—141
—: Some aspects of the geomorphology of Marocco related to the quaternary climate. Geogr. J. 1963, S. 129—140
BAKKER, J. P.: Paläogeographische Betrachtungen auf Grund von fossilen Verwitterungserscheinungen und Sedimenten in Wüsten und Steppen im Bereich des Mittelmeergebietes. Nova Acta Leopoldina, N.F. 31, 1966, S. 45—66
BALCHIN, W. G. u. PYE, N.: Piedmont Profiles in the Arid Cycle. Proc. Geol. Assoc. 66, 1955, S. 167—182
BARBIER, R. u. CAILLEUX, A.: Glaciaire et périglaciaire dans le Djur-Djura occidental (Algérie). Paris 1950
BARSCH, D. u. ROYSE, CH. F. jr.: A model for development of Quaternary terraces and pediment-terraces in the southwestern United States of America. Z. Geomorph., N.F. 16, 1972, S. 54—75
— u. UPDIKE, R. G.: Periglaziale Formung am Kendrick Peak in Nord-Arizona während der letzten Kaltzeit. Geogr. Helvet. 26, 1971, S. 99—114
BARTH, H. K. u. BLUME, H.: Zur Morphodynamik und Morphogenese von Schichtkamm- und Schichtstufenreliefs in den Trockengebieten der Vereinigten Staaten. Tübinger Geogr. Studien 53, 1973
BEHRMANN, W.: Beobachtungen am Rande der Wüste. Geogr. Z. 38, 1932, S. 321—333, 399—412
BIROT, P. u. DRESCH, J.: Pédiments et glacis dans l'Ouest des États Unis. Ann. Géogr. 75, 1966, S. 513—552
— u. JOLY, F.: Observations sur les glacis d'érosion et les reliefs granitiques du Maroc. Mém. et Doc. C.N.R.S. 1952, S. 9—60
BLUME, H.: Probleme der Schichtstufenlandschaft. Darmstadt 1971
— u. BARTH, H. K.: Rampenstufen und Schuttrampen als Abtragungsformen in ariden Schichtstufenlandschaften. Erdkunde 26, 1972, S. 108—115
BOBEK, H.: Die Rolle der Eiszeit in Nordwestiran. Z. Gletscherkde. 25, 1937, S. 130—183
—: Zur eiszeitlichen Vergletscherung des Alburzgebirges, Nordiran. Mitt. Naturwiss. Ver. Kärnten 142, Festschr. f. V. Paschinger, Klagenfurt 1953, S. 97—104
—: Klima und Landschaft Irans in vor- und frühgeschichtlicher Zeit. Geogr. Jber. aus Österreich 25, 1955, S. 1—42
—: Features and Formation of the Great Kawir and Masileh. Arid Zone Res. Centre, Univ. Tehran. Publ. 2, Tehran 1959
—: Die Salzwüsten Irans als Klimazeugen. Anz. Österr. Akad. Wiss., phil.-hist. Kl. Nr. 3, 1961, S. 7—19
—: Nature and implications of quaternary changes in Iran. Arid Zone Res. 20, Unesco, Rom 1963, S. 403—413
—: Zur Kenntnis der südlichen Lut. Mitt. Österr. Geogr. Ges. 111, Wien 1969, S. 155—192
BOESCH, H.: Beiträge zur Morphologie des Nahen Ostens. Eclog. Geol. Helvet. 42, 1949, S. 23 ff.

Bremer, H.: Der Einfluß der Vorzeitformen auf das rezente Relief Australiens. Tagungsber. u. wiss. Abh., Dt. Geographentag Heidelberg 1963, Wiesbaden 1965, S. 184—193
—: Musterböden in tropisch-subtropischen Gebieten und Frostmusterböden. Z. Geomorph., N.F. 9, 1965, S. 222—237
—: Zur Morphologie von Zentralaustralien. Heidelberger Geogr. Arb. 17, 1967
Bryan, K. Pediments developed in basins with through drainage as illustrated by the Socorro area, New Mexico. Bull. Geol. Soc. Amer. 43, 1932, S. 128—129
— u. McCann, F.: Successive Pediments and Terraces of the Upper Rio Puerco in New Mexico. J. Geol. 44, 1936, S. 145—172
Büdel, J.: Bericht über klima-morphologische und Eiszeitforschungen in Nieder-Afrika. Erdkunde 6, 1952, S. 104—132
—: Sinai, die Wüste der Gesetzesbildung. Abh. Akad. Raumforsch. u. Landesplanung 28, Mortensen-Festschr., 1954, S. 64—87
—: Pedimente, Rumpfflächen und Rücklandsteilhänge; deren aktive und passive Rückverlegung in verschiedenen Klimaten. Z. Geomorph., N.F. 14, 1970, S. 1—57
Butzer, K. W.: Late glacial and postglacial climatic variation in the Near East. Erdkunde 11, 1957, S. 21—34
—: Mediterranean Pluvials and the general circulation of the Pleistocene. Geogr. Ann. 39, 1957, S. 48—53
—: Quaternary stratigraphy and climate in the Near East. Bonner Geogr. Abh. 24, 1958
—: The Near East during the last glaciation: A palaeogeografical sketch. Geogr. J., 1958, S. 367—369
—: The last „pluvial" phase of the eurafrican subtropics. Arid Zone Res. 20 Unesco, Rom 1963, S. 211—218
—: Climatic-geomorphologic interpretation of Pleistocene Sediments in the Eurafrican Subtropics. African Ecology and Human Evolution (Hrsg. Howell u. Bourlière). London 1964, S. 1—27
Cohen, H. R. u. O. Erol: Aspects of the palaeogeography of Central Anatolia. Geogr. J. 135, 1969, S. 388—398
Coque, R.: L'évolution des versants en Tunésie présaharienne. Z. Geomorph., Suppl.-Bd. 1, 1960, S. 172—177
Czajka, W.: Schwemmfächer und Schwemmebene in der Piedmontzone. Die Erde , 1950/51, S. 155—166
—: Rezente und pleistozäne Verbreitung und Typen des periglazialen Denudationszyklus in Argentinien. Acta Geogr. 14, Helsinki 1955, S. 121-140
—: Schwemmfächerbildung und Schwemmfächerformen. Mitt. Geogr. Ges. Wien 100, 1958, S. 18—36
—: Schutthäufung, Sedimentumlagerung und Ausräumung zwischen der hohen Kordillere und dem Bolsón von Fiambalá. Peterm. Geogr. Mitt. 1959, S. 244—256
—: El Volcán. Ein Bergfuß-Schwemmfächer mit Schlammströmen in einer ariden Tallandschaft Nordwest-Argentiniens. Göttinger Geogr. Abh., H. 60, Poser-Festschr. 1972, S. 125—139
Dahlke, J.: Beobachtungen zum Phänomen der Hangversteilungen in Südwestaustralien. Erdkunde 24, 1970, S. 285—290
Dongus, H.-J.: Über Beobachtungen an Schichtstufen in Trockengebieten. Festschr. f. H. Wilhelmy, Tübinger Geogr. Stud. 34, 1970, S. 43—55

DRESCH, J.: Recherches sur l'évolution du relief dans le Massif Central du Grand Atlas. Tours 1941
—: Systèmes d'érosion en Afrique du Nord. Rev. Geogr. Lyon 28, 1953, S. 253—261
—: Formes et limites climatiques et paléoclimatiques en Afrique du Nord. Ann. Géogr. 63, 1954, S. 56—59
—: Le Piémont de Téhéran. Bull. Assoc. Géogr. Français, No. 284/285, 1959, S. 35—64
EHLERS, E.: Das Chalus-Tal und seine Terrassen (Mittlerer Elburs). Erdkunde 23, 1969, S. 215—229
—: Südkaspisches Tiefland (Nordiran) und Kaspisches Meer. Tübinger Geogr. Stud. 44, 1971
ERHARDT, K.: Geomorphologische Studien über das Bergland von Südamman. Peterm. Geogr. Mitt. 76, 1930, S. 290—294
ERINC, S.: Glacial evidences of climatic variations in Turkey. Geogr. Ann. 34, 1952, S. 89—98
EROL, O.: Les hauts niveaux pléistocènes du Tuzgölü (lac Salè) en Anatolie centrale (Turquie). — Ann. Géogr. 79, 1970, S. 39—50
FAIR, T. J. D.: Hillslope and pediments of the semi-arid Karroo. South African Geogr. J. 31, 1948, S. 71-79
FLOHR, E. F.: Beobachtungen und Gedanken über Bodenzerstörung im südl. Afrika. Z. Geomorph. 11, 1939-43, S. 267—317
FOCHLER-HAUKE, G.: Verwitterungs-, Erosions- und Aufschüttungsvorgänge in nordwestargentinischen Gebirgstälern. Naturwiss. Rdsch. 1952, S. 65—71
GABRIEL, A.: Zur Oberflächengestaltung der Pfannen in den Trockenräumen Zentralpersiens. Mitt. Geogr. Ges. Wien 1957, S. 146—160
GENTILLI, J.: Les paysages australiens du Quaternaire. Ann. Géogr. 72, 1963, S. 129—147
GIERLOFF-EMDEN, H. G. u. RUST, U.: Verwertbarkeit von Satellitenbildern für geomorphologische Kartierungen in Trockenräumen (Chihuahua, New Mexiko, Baja California). Münchner Geogr. Abh. 5, 1971
GILBERT, G. K.: Lake Bonneville. US Geol. Survey Mon. 1, 1890
GRÖTZBACH, E.: Beobachtungen an Blockströmen im afghanischen Hindukusch und in den Ostalpen. Mitt. Geogr. Ges. München 50, 1965, S. 175—201
— u. RATHJENS, C.: Die heutige und die jungpleistozäne Vergletscherung des Afghanischen Hindukusch. Z. Geomorph., Suppl.-Bd. 8, 1969, S. 58—75
HEY, R. W.: Pleistocene crees in Cyrenaica (Libya). Eisz. u. Gegenw., 1963, S. 77—84
HÖVERMANN, J.: Über Strukturboden im Elburs (Iran) und zur Frage des Verlaufs der Strukturbodengrenze. Z. Geomorph., N. F. 4, 1960, S. 173—174
—: Schollenrutschungen und Erdfließungen im nördlichen Elburs (Iran). Z. Geomorph., Suppl.-Bd. 1, 1960, S. 206—210
HUCKRIEDE, R.: Jung-Quartär und End-Mesolithikum in der Provinz Kerman (Iran). Eisz. u. Gegenw. 12, 1961, S. 25—42
— u. WIESEMANN, G.: Der jungpleistozäne Pluvial-See von El Jafr und weitere Daten zum Quartär Jordaniens. Geol. et Palaeontol. 2, 1968, S. 73—95
HUNTINGTON, E.: The Basin of Eastern Persia and Sistan. In: R. PUMPELLY, W. M. DAVIS u. E. HUNTINGTON, Explorations in Turkestan 1904, Washington 1905

Izbirak, R.: Geomorphologische Beobachtungen im Oberen Kizilirmak- und Zamanti-Gebiet. Münchner Geogr. Hefte 22, 1962

Jaeger, F.: Forschungen über das diluviale Klima in Mexiko. Peterm. Geogr. Mitt., Erg.-H. 190, 1926

—: Zur Morphologie der Fischflußsenke. Festschr. f. C. Uhlig, Öhringen 1932, S. 30—37

—: Die Trockenseen der Erde. Peterm. Geogr. Mitt., Erg.-H. 236, 1939

Jennings, J. K. u. Sweeting, M. M.: The Limestone Ranges of the Fitzroy Basin, Western Australia. Bonner Geogr. Abh. 32, Bonn 1963

Johnson, D. W.: Rock Fans of arid Regions. Amer. J. Sci. 23, 1932, S. 389—416

Joly, F.: Pédiments et glacis d'érosion dans le Sud-Est du Maroc. C. R. Congr. Internat. Géogr. Lisbonne 1949, Bd. II, Lisbonne 1950, S. 110—125

— u. Raynal, R.: Originalité des Phénomènes Périglaciaires au Sud de la Méditerrannée. Biuletyn Peryglacjalny 10, Lódź 1961, S. 31—33

Kaiser, K.: Ein Beitrag zur Frage der Solifluktionsgrenze in den Gebirgen Vorderasiens. Z. Geomorph., N. F. 9, 1965, S. 460—479

Kanter, H.: Das Mar Chiquita in Argentinien. Abh. aus Gebiet Auslandskde. R. C. 19, Naturwiss. 7, Hamburg 1925

Kayser, K.: Soil Erosion (Bodenverheerung) und Normalabtragung. Tagungsber. u. wiss. Abh., Dt. Geographentag Frankfurt 1951, Remagen 1952, S. 189—197

King, L. C.: La géomorphologie de L'Afrique du Sud. Ann. Géogr. 63, 1954, S. 113—129

Klaer, W.: Beobachtungen zur rezenten Schnee- und Strukturbodengrenze im Hochlibanon. Z. Geomorph., N. F. 1, 1957, S. 57—70

—: Studien zum Pleistozän im Libanon, im Sinaigebirge und im Toros Dagh. Tagungsber. u. wiss. Abh., Dt. Geographentag Berlin 1959, Wiesbaden 1960, S. 204—210

—: Die periglaziale Höhenstufe in den Gebirgen Vorderasiens. Z. Geomorph., N. F. 6, 1962, S. 17—32

—: Untersuchungen zur klimagenetischen Geomorphologie in den Hochgebirgen Vorderasiens. Heidelberger Geogr. Arb. 11, 1962

Klammer, G.: Die Gefällsstufen der Flüsse von den östlichen Randketten des Aconquijagebirges in Tucumán. Abh. Akad. Raumforsch. u. Landesplanung 28, Mortensen-Festschr., Bremen 1954, S. 113—118

Klug, H.: Morphologische Studien auf den Kanarischen Inseln. Schr. Geogr. Inst. Kiel 24, 3, 1968

—: Die Talgenerationen der Kanarischen Inseln. Tagungsber. u. wiss. Abh., Dt. Geographentag Bad Godesberg 1967, Wiesbaden 1969, S. 369—381

Koons, D.: Cliff Retreat in the southwestern United States. Amer. J. Sci. 253, 1955, S. 44—52

Korn, H. u. Martin, H.: Die jüngere geologische und klimatische Geschichte Südwestafrikas. Zbl. Mineral., Abt. B, 1937, S. 456—473

Krinsley, D. B.: A geomorphological and paleoclimatological study of the Playas of Iran. Washington 1970

Kühn, F.: Quartäre fluviatile Aufschüttungen in den nördlichen argentinischen Anden (nach Keidel). Peterm. Geogr. Mitt., 1915, S. 111

Lefèvre, M. A.: Note sur les pédiments du désert Mojave. Bull. Soc. Belge d'études Géogr. 21, 1952, S. 259—268

Leiter, M.: Untersuchungen über die Denudation des Colorado-Gebietes im südwestlichen Nordamerika. Geogr. Abh., II. R., H. 4, Stuttgart 1929

Löffler, E.: Untersuchungen zum eiszeitlichen und rezenten klimagenetischen Formenschatz in den Gebirgen Nordostanatoliens. Heidelberger Geogr. Arb. 27, 1970

Louis, H.: Die Verbreitung von Glazialformen im Westen der Vereinigten Staaten. Z. Geomorph. 2, 1927, S. 221—235

—: Eiszeitliche Seen in Anatolien. Z. Ges. f. Erdkde. Berlin, 1938, S. 267—285

—: Die Spuren eiszeitlicher Vergletscherung in Anatolien. Geol. Rdsch. 34, 1944, S. 447—481

Maarleveld, G. C.: Über die pleistozänen Ablagerungen im südlichen Afrika. Erdkunde 14, 1960, S. 35—46

Mabbutt, J. A.: Pediment Land Forms in Little Namaqualand. South African. Geogr. J. 121, 1955, S. 77—83

Mammerickx, J.: Quantitative Observations on pediments in the Mojave and Sonoran Deserts. Amer. J. Sci. 262, 1964, S. 417—435

Mensching, H.: Morphologische Studien im Hohen Atlas von Marokko. Würzburger Geogr. Arb. 1, 1953

—: Solifluktionserscheinungen im Hohen Atlas von Marokko. Photogr. u. Forsch. 5, 1953, S. 182—192

—: Eine geographische Forschungsreise nach Nordafrika und zu den Kanarischen Inseln. Erdkunde 8, 1954, S. 212—217

—: Morphologische Studien im Zentralen Mittleren Atlas. Tagungsber. u. wiss. Abh., Dt. Geographentag Essen 1953, Wiesbaden 1955, S. 132—139

—: Das Quartär in den Gebirgen Marokkos. Peterm. Geogr. Mitt., Erg.-H. 256, 1955

—: Marokko. Heidelberg 1957

—: Glacis — Fußfläche — Pediment. Z. Geomorph., N. F. 2, 1958, S. 165—186

—: Entstehung und Erhaltung von Flächen im semi-ariden Klima am Beispiel Nordwest-Afrikas. Tagungsber. u. Wiss. Abh., Dt. Geographentag Würzburg 1957, Wiesbaden 1958, S. 173—184

—: Bericht und Gedanken zur Tagung der Kommission für Periglazialforschung in der IGU in Marokko 1959. Z. Geomorph., N.F. 4, 1960, S. 159—170

—: Zur Geomorphologie Südtunesiens. Z. Geomorph., N. F. 8, 1964, S. 424—439

—: Tunesien. Darmstadt 1968

—: Bergfußflächen und das System der Flächenbildung in den ariden Subtropen und Tropen. Geol. Rdsch. 58, 1968, S. 62—82

—: (Hrsg.): Piedmont plains and sand-formations in arid and humid tropic and subtropic regions. Z. Geomorph., Suppl.-Bd. 10, 1970

—, Giessner, K. u. Stuckmann, G.: Die Hochwasserkatastrophe in Tunesien im Herbst 1969. Beobachtungen über die Auswirkungen in der Natur- und Kulturlandschaft. Geogr. Z. 58, 1970, S. 81—94

— u. Raynal, R.: Fußflächen in Marokko. Peterm. Geogr. Mitt. 98, 1954, S. 171—176

Messerli, B.: Der Gletscher am Erciyas Dagh und das Problem der rezenten Schneegrenze im anatolischen und mediterranen Raum. Geogr. Helvet. 19, 1964, S. 19—34

—: Das Problem der eiszeitlichen Vergletscherung im Libanon und Hermon. Z. Geomorph., N. F. 10, 1966, S. 37—68

MORTENSEN, H.: Über den Abfluß in abflußlosen Gebieten und das Klima der Eiszeit in der nordchilenischen Kordillere. Naturwissenschaften 17, 1929, S. 245—251
—: Neues zum Problem der Schichtstufenlandschaft. Nachr. Akad. Wiss. Göttingen, Math.-phys. Kl. IIa, 1953, Nr. 2, S. 3—22
—: Über Wandverwitterung und Hangabtragung in semiariden und vollariden Gebieten. Union Géogr. Internat. Rapp. Comm. l'Étude Versants, Amsterdam 1956, S. 96—104
NOWACK, E.: Die Oberflächengestaltung Anatoliens. Peterm. Geogr. Mitt. 79, 1933, S. 234—236
OBST, E. u. KAYSER, K.: Die große Randstufe auf der Ostseite Südafrikas. Sonderveröff. III Geogr. Ges. Hannover 1949
OLLIER, C. D.: Some features of granite weathering in Australia. Z. Geomorph., N. F. 9, 1965, S. 285—304
OUTCALT, S. I. u. BENEDICT, J. B.: Photo-interpretation of two types of rock glacier in the Colorado Front Range, U.S.A. J. Glaciol. 5, 1965, S. 849—856
PAFFEN, K. H., PILLEWIZER, W. u. SCHNEIDER, H.-J.: Forschungen im Hunza-Karakorum. Erdkunde 10, 1956, S. 1—33
PASSARGE, S.: Südafrika. Leipzig 1908
—: Verwitterung und Abtragung in den Steppen und Wüsten Algeriens. Geogr. Z. 15, 1909, S. 493—510 u. Verh. 17. Dt. Geographentag Lübeck 1909, Berlin 1910, S. 102—124
PFANNENSTIEL, M.: Die diluvialen Schotterterrassen von Ankara und ihre Einordnung in die europäische Quartärchronologie. Geol. Rdsch. 31 1940, S. 407—432
PITTELKOW, J.: Die Trockengrenze Nordamerikas. Diss. Berlin 1928
RAHN, P.: Inselbergs and nickpoints in Southwestern Arizona. Z. Geomorph., N. F. 10, 1966, S. 217—225
—: Sheetfloods, streamfloods and the formation of Pediments. Ann. Assoc. Amer. Geogr. 57, 1967, S. 593—604
RATHJENS, C. sen.: Löß in Tripolitanien. Z. Ges. f. Erdkde. Berlin, 1928, S. 211—228
RATHJENS, C.: Geomorphologische Beobachtungen an Kalkgesteinen in Afghanistan. Ein Beitrag zur Karstmorphologie der Trockengebiete. Stuttgarter Geogr. Stud. 69, H. Lautensach-Festschr., 1957, S. 276—288
—: Erste wissenschaftliche Ergebnisse einer Reise nach Afghanistan im Sommer 1963. Erdkunde 18, 1964, S. 235—242
—: Ein Beitrag zur Frage der Solifluktionsgrenze in den Gebirgen Vorderasiens. Z. Geomorph., N. F. 9, 1965, S. 35—49
RAYNAL, R.: Bodenerosion in Marokko. Wiss. Z. Martin-Luther-Univ. Halle-Wittenberg 6, 1957, S. 885—893
REIFENBERG, A.: Die Bodenbildung im südlichen Palästina in ihrer Beziehung zu den klimatischen Faktoren des Landes. Chemie der Erde 3, 1928, S. 1-27
ROHMEDER, W.: Die diluviale Vereisung des Anconquija-Gebirges in Nordwest-Argentinien. Peterm. Geogr. Mitt. 87, 1941, S. 417—433
RUSSEL, I. C.: Geological history of Lake Lahontan, a Quarternary Lake of Northern Nevada. US Geol. Survey Mon. 11, 1885
SCHAMP, H.: Das Hochgebirge des südlichen Sinai und die Frage nach seiner diluvialen Vereisung. Die Erde, 1951/52, S. 18—25
—: Die Sinai-Halbinsel. Erdkunde 7, 1953, S. 232—235

Scharlau, K.: Zum Problem der Pluvialzeiten in Nordost-Iran. Z. Geomorph., N. F. 2, 1958, S. 258—277
—: Das Nordost-iranische Gebirgsland und das Becken von Mesched. Z. Geomorph., N.F. 7, 1963, S. 23—35
—: Ergebnisse neuer Feldforschungen im Hochland von Iran. Z. Geomorph., N. F. 8, 1964, S. 54—59
Schmieder, O.: Zur eiszeitlichen Vergletscherung des Nevado de Chani. Z. Ges. f. Erdkde, Berlin, 1922, S. 272—273
Schultze-Jena, L.: Aus Namaland und Kalahari. Jena 1907
Schumm, S. A.: Seasonal variations of erosion rates and processes on hill slopes in western Colorado. Z. Geomorph., Suppl.-Bd. 5, 1964, S. 215—238
— u. Chorley, R. J.: Talus Weathering and Scarp Recession in the Colorado Plateaus. Z. Geomorph., N. F. 10, 1966, S. 11—34
— u. Hadley, R. F.: Arroyos and the semi-arid cycle of erosion. Amer. J. Sci. 255, 1957, S. 161—174
Schweizer, G.: Büßerschnee in Vorderasien. Erdkunde 23, 1969, S. 200—205
—: Der Kuh-e-Sabalan (Nordwestiran). Beiträge zur Gletscherkunde u. Glazialgeomorphologie Vorderasiatischer Hochgebirge. Tübinger Geogr. Stud. 34, Festschr. f. H. Wilhelmy, 1970, S. 163—178
—: Klimatisch bedingte geomorphologische und glaziologische Züge der Hochregion vorderasiatischer Gebirge (Iran und Ostanatolien). Erdwissenschaftl. Forsch. Akad. Wiss. u. Lit. IV. Hrsg. C. Troll, Wiesbaden 1972, S. 221—236
Sorge, E.: Die Trockengrenze Südamerikas. Z. Ges. f. Erdkde. Berlin, 1930, S. 277—287
Stratil-Sauer, G.: Forschungen in der Wüste Lut. Wiss. Z. Martin-Luther-Univ. Halle-Wittenberg, Math.-nat. Kl. 1956, S. 569—574
—: Die pleistozänen Ablagerungen im Innern der Wüste Lut. Festschr. Hundertjahrfeier Geogr. Ges. Wien, 1957, S. 460—485
Terra, H. de: Geomorphologische Studien zwischen oberem Industal und südlichem Tarimbecken. Z. Geomorph. 5, 1930, S. 79—131
Tricart, J.: Oscillations et modifications de caractère de la zone aride en Afrique et en Amérique latine lors des périodes glaciaires des hautes latitudes. Arid Zone Res. 20, Unesco, Rom 1963, S. 415—418
—: Tentative de corrélation des périodes pluviales africaines et des périodes glaciaires. C. R. Somm. Soc. Géol. France, Paris 1956, S. 164—167
Trinkler, E.: Vorläufiger Bericht über die wissenschaftlichen Ergebnisse meiner Reise in Afghanistan. Mitt. Geogr. Ges. München, 1924, S. 275—278
—: Afghanistan. Peterm. Geogr. Mitt., Erg.-H. 196, 1928
Troll, C.: Büßerschnee in den Hochgebirgen der Erde. Peterm. Geogr. Mitt., Erg.-H. 240, 1942
—: Neue Gletscherforschungen in den Subtropen der Alten und Neuen Welt (Karakorum u. argentinische Anden). Z. Ges. f. Erdkde. Berlin, 1942, S. 54—65
Tuan, Yi-Fu: Pediments in Southeastern Arizona. Univ. Calif. Publ. in Geogr. 13, Berkeley 1959
—: New Mexican Gullies: A critical review and some recent observations. Ann. Assoc. Amer. Geogr. 56, 1966, S. 573—597
Vageler, P.: Zur Bodengeographie Algiers. Peterm. Geogr. Mitt., Erg.-H. 258, 1955

WENZENS, G.: Morphologische Entwicklung der „Basin-Ranges" in der Sierra Madre Oriental (Nordmexiko). Z. Geomorph. N. F., Suppl.-Bd. 15, 1972, S. 39—54

WERNER, D. J.: Beobachtungen an Bergfußflächen in den Trockengebieten NW-Argentiniens. Z. Geomorph., N. F., Suppl.-Bd. 15, 1972, S. 1—20

WICHE, K.: Ergebnisse geomorphologischer Untersuchungen im Hohen Atlas. Forsch. u. Fortschr., 1953, S. 168—169

—: Klimamorphologische und talgeschichtliche Studien im M'Goungebiet (Hoher Atlas). Mitt. Geogr. Ges. Wien 95, 1953, S. 4—41

—: Pleistozäne Klimazeugen in den Alpen und im Hohen Atlas. Mitt. Geogr. Ges. Wien 95, 1953, S. 143—166

—: Klimabedingte Formengestaltung im Mittelabschnitt des Hohen Atlas. Tagungsber. u. Wiss. Abh., Dt. Geographentag Essen 1953, Wiesbaden 1955, S. 140—147

—: Fußflächen im Hohen Atlas. Sitzungsber. Österr. Akad. Wiss., Math.-phys. Kl., Abt. I, 164, 1955, S. 389—416

—: Die österreichische Karakorum-Expedition 1958. Mitt. Geogr. Ges. Wien 100, 1958, S. 1—14

—: Beobachtungen und Gedanken zur Morphogenese des Sirouamassivs und seiner südlichen Vorlagen, Marokko. Mitt. Geogr. Ges. Wien 100, 1958, S. 37—57

—: Klimamorphologische Untersuchungen im westlichen Karakorum. Wiss. Verh. Dt. Geographentag Berlin 1959, Wiesbaden 1960, S. 190—204

WIEGAND, G.: Zur Entstehung der Oberflächenformen in der westlichen und zentralen Türkei. Würzburger Geogr. Arb. 30, 1970

—: Hydrodynamische Formenbildungskräfte in Kleinasien. Z. Geomorph. N. F., Suppl.-Bd. 15, 1972, S. 55—65

WILHELMY, H.: Die eiszeitliche und nacheiszeitliche Verschiebung der Klima- und Vegetationszonen in Südamerika. Tagungsber. u. Wiss. Abh., Dt. Geographentag Frankfurt 1951, Remagen 1952, S. 121—127

— u. ROHMEDER, W.: Die La Plata-Länder. Braunschweig 1963

WILLIAMS, J. S.: Lake Bonneville. US Geol. Survey Prof. Paper 257-C, 1962, S. 131—152

WIRTH, E.: Morphologische und bodenkundliche Beobachtungen in der syrisch-irakischen Wüste. Erdkunde 12, 1958, S. 26—42

WRIGHT, H. E.: Late pleistocene soil development, glacial and cultural change in the eastern Mediterranian Region. Ann. New York Acad. Sci. 95, 1961, S. 718—728

—: Pleistocene glaciation in Kurdistan. Eisz. u. Gegenw. 12, 1962, S. 131—164

ZIEGERT, H.: Zur Pleistozän-Gliederung in Nordafrika. Afrika-Spectrum, H. 3, Die Sahara, Hamburg 1967, S. 5—24

## Zone 9: Formengruppen der subtropisch-tropischen Wüstenklimate

**Verbreitung:** Nordhemisphärischer Trockengürtel von saharisch-atlantischer Küste über Arabien bis Hochland von Iran, SW der USA mit Mohave- und Gila-Wüste, Niederkalifornien, nördl. Mexiko, peruanisch-chilenische Küstenwüste (Atacama), südwestafrikanische Küstenwüste (Namib).

Mehrzahl sogenannter „Wüsten" der Erde nur Halbwüsten oder Wüstensteppen, z. B. „Wüste" Tharr, Kalahari und zentralaustralische „Wüsten". Selbst Simpson Desert im extremen Trockengebiet Australiens ist Zwergstrauchsteppe. Südl. Teil zentralaustralischer „Wüsten" zu Zone 8, mittleres und nördl. Hauptgebiet mit Baum- und Strauchsavannen zu Zone 10 gehörig. Auch Tharr und Kalahari größtenteils bereits im Bereich tropisch-wechselfeuchter Klimate mit überwiegender Trockenzeit (10).

**Klimazonale Einordnung:** Vollarider Bereich nach A. PENCK; Wüstenklima (BWh) nach W. KÖPPEN; Subtropisches und tropisches Wüstenklima nach H. v. WISSMANN; Subtropisches und tropisches ständig trockenes Klima nach N. CREUTZBURG; Subtropisches und tropisches Halbwüsten- und Wüstenklima nach C. TROLL und K. H. PAFFEN.

**Klimatische Merkmale:** Lage im subtropischen Hochdruckgürtel mit äquatorwärts abströmenden Passaten (NO-Passat auf N-Halbkugel, SO-Passat auf S-Halbkugel) führt bei Absteigen der Luftmassen zu Wolkenauflösung und Abtrocknung, daher bei meist wolkenlosem Himmel *starke Erwärmung* und *sehr seltene* Niederschläge als heftige, meist gewitterartige *Sturzregen,* in Zentralsahara an 1—4 Tagen im Jahr.

*Vollarider Bereich:* 12 aride Monate. Gesamtniederschlagsmenge von jährlich 200 mm in Randgebieten auf 20 mm in Vollwüsten und 0,5 bis 15 mm in Kernwüsten abnehmend, bei potentiellen Verdunstungswerten von 5000—8000 mm in zentraler Sahara, 4000 mm in chilenischer Wüste. Jahresniederschlagsmittel fiktiv, da regenlose Zeit mehrere Jahre, in Kernwüsten (z. B. Chile) sogar Jahrzehnte andauern kann. Verdunstung von Tropfregen bereits beim Fallen.

*Mittlere Jahrestemperaturen* nicht unter 17 bis 18° C, mittlere Monatstemperaturen zwischen 20° C im Winter und 35° C im Sommer, tägliche Maxima häufig über 50° C. Abkühlung nicht selten bis 0° C-Grenze mit gelegentlichen Frösten bis —5° C, in Wüstengebirgen (Hoggar) bis —15° C. Tägliche *Temperaturschwankungen* zwischen 15° und 35° C, maximal über 50° C, Amplitude der Bodentemperaturen bis 50 % höher als die der Lufttemperatur. Trotz geringer rel. Luftfeuchte (im Jahresmittel zwischen 20 und 60 % schwankend, am Tag oft nur 5 bis 10 %) infolge derartiger Temperaturstürze nachts häufig Tau- und Nebelbildung, bes. in Rand- und Küstenwüsten mit hoher Luftfeuchtigkeit, in Voll- und Extremwüsten seltener.

*Starke Winde* aus gleicher Richtung (Sandstürme) vor allem in peripheren Wüstengebieten; in zentralen Bereichen unregelmäßiger, dort nur selten als Staub- oder Sandstürme.

Polare Begrenzung des Wüstengürtels bei Übergang episodischer Sturzregen in periodisches Niederschlagsregime mediterranen Winterregengebiets (Zonen 8 u. 6a), äquatoriale Grenze im Bereich regelmäßig auftretender Sommerregen (Sahel, Zone 10). S-Grenze der Sahara als klimageomorphologische Region damit auf etwa 16° n. Br.

**Vegetationsmerkmale:** *spärliche Pflanzenwelt,* an normal- bis extremaride Verhältnisse angepaßt; nach Regenfällen schnelle zarte Begrünung sonst völlig vegetationsfrei erscheinender Flächen. Blüte und Samenbildung in wenigen Tagen, lange Erhaltung der Keimfähigkeit bis zum nächsten Regen. In enger Bindung an Mulden und Talungen z. T. perennierende Grundwasserflora: Borstengräser, Polsterpflanzen, Zwergsträucher, Tamarisken, Akazien und Palmen. Inselartiges Auftreten von *Grundwasser-Oasen* mit rel. üppiger Natur- und Kulturvegetation; bedecken in der Sahara etwa Fläche von 350 km². Große *Strom-Oasen* an Fremdlingsflüssen (Nil, Drá); *Gebirgsfuß-Oasen* an Grenze zwischen peruanisch-chilenischer Küstenwüste und W-Hang der Anden.

---

**Wüstentypen:** Wüsten der Zone 9 sind *Klimawüsten*; entweder *Passatwüsten* beiderseits der Wendekreise: z. B. ganz N-Afrika einnehmende Sahara, mit über 8 Mill. km² Fläche, 5000 km ost-westl. Erstreckung und 1500—2000 km Breite größte Wüste der Erde, oder durch kalte Meeresströmungen an W-Seiten der Kontinente begünstigte *Küstenwüsten:* Namib, Atacama.

Kaltes Auftriebswasser und ablandige Winde verhindern Eindringen und Kondensation feuchter Meeresluft über erhitztem Festland. Infolge kalten Auftriebswassers Stabilisierung unterster Luftschichten, daher keine konvektiven, Niederschläge erzeugenden Vertikalbewegungen in der Atmosphäre. Hohe Ariditätsgrade auf rel. schmalen Küstenstreifen beschränkt.

Im Hochland von Iran Übergang passatischer Wüsten (BWh) in *Hoch-* und *Binnenwüsten,* die in Zentralasien extreme Ausbildung erfahren (BWk, Zone 5, → IV, 141).

*Sahara* Prototyp einer Passatwüste mit klar ausgeprägtem planetarischem Formenwandel: 3 durch spezifische Morphodynamik gekennzeichnete *Teilbereiche* der Wüste in breitenparalleler Aufeinanderfolge:

1) Rand- oder Halbwüsten zwischen 31° und 29° n. Br.,
2) Mittel- oder Vollwüsten zwischen 29° und 25° n. Br.,
3) Kern- oder Extremwüsten zwischen 25° und 23° n. Br.

Mittel- und Randwüsten südl. 23° n. Br. als Übergang zu trockeneren Randtropen (Zone 10). Im N wird Randwüste durch Wüstensteppe (Zone 8), im S durch Trockensavanne des Sahel (Zone 10) begrenzt. In Küstenwüsten gleiche Übergänge im Sinne west-östl. Formenwandels, jedoch in engerer Aufeinanderfolge. Auch chilenische Küstenwüste ist im Zentrum ausgesprochene Kernwüste.

Derartige klimageomorphologische Wüstengliederung beruht nicht primär auf den von Peripherie zum Zentrum der Wüsten abnehmenden Regenmengen und damit wachsendem Niederschlagsdefizit, sondern vorrangig auf hoher *Verdunstungspotenz* (W. MECKELEIN), durch die auch noch im Untergrund extrem trockener Kernwüsten Kapillarströmungen aktiviert werden; diese bewirken z. B. Salzverwitterung mit in der Tiefe des Bodens einsetzender Staubbildung (→ IV, 242).

Nordamerikanische Mohave und Gila-Wüste entsprechen saharischem Typ der Halb- und Vollwüste, dort keine Extremwüste.

**Verwitterungsart:** *Wüsten sind Hauptwirkungsbereich physikalischer Verwitterung auf der Erde* infolge fast völlig fehlenden Vegetationsschutzes und häufiger tag-nachtzeitlicher Temperaturschwankungen bis ± 50° C. Da Oberflächen — bes. dunkler — Gesteine bis über 80° C erhitzt, nachts auf 0° C abgekühlt werden können, herrscht kräftige mechanische Gesteinszertrümmerung; Hänge mit mächtigen Block- und Schutthalden bedeckt; Schuttmäntel verhüllen auch flacheres Gelände.

*Insolations-* oder *Hitzesprengung* (→ II, 17) führt zur Entstehung von scharfkantigem Blockschutt und weiterem Zerfall zu kleinkörnigem Kristallgrus. Im Boden Wirkung kurzfristiger Temperaturschwankungen nur bis in etwa 50 cm Tiefe.

Fossile Felsburgen und Granitblockanhäufungen am N-Rand des Tibesti-Gebirges (→ IV, 243) bestehen aus kryptogen geformten Wollsackblöcken (→ II, 22) tropisch-humider bis wechselfeuchter vorzeitlicher Tiefenverwitterung (W. KLAER). Zerstörung kernfrischer Blöcke heute durch physikalische Verwitterung von außen her durch Abschuppung und Abgrusung unter Erhaltung ihrer rundlichen Form. Auch scharfkantige Blöcke erfahren von Ecken her allmähliche Zurundung. Kryptogene Sphäroidalverwitterung heiß-humider Gebiete ist somit phanerogener Wollsackbildung heiß-arider Zone als Konvergenzerscheinung an die Seite zu stellen, d. h. Entstehung von Wollsackblöcken durch aride Morphodynamik auch *ohne* vorangegangene Tiefenverwitterung.

*Kernsprünge* zerlegen größere Blöcke in 2 oder mehrere Einzelblöcke; weitere Auflösung durch *Trümmersprünge,* vor allem infolge Abschreckung durch plötzliche Regengüsse unter Mitwirkung der *Hydratationssprengung* (→ II, 18). Differenzierung des Insolations- und des Hydratationseffektes schwierig, da schon bei chemischen Umsetzungen (→ IV, 240), geringsten Ausmaßes Volumenvergrößerung der Minerale durch Wasseraufnahme einsetzt, damit Sprengwirkung ausgelöst werden kann. An häufig nur der Insolation zugesprochener Schalenablösung und Abschuppung (Abschilferung) dünner Gesteinslamellen ist Hydratation sicher stärker beteiligt als bisher meist angenommen.

*Beweis*, daß Abschuppung, Abgrusung und Entstehung von Kernsprüngen nicht allein auf Insolationssprengung beruhen können, liefern Baudenkmäler Ägyptens. Glattpolierte Flächen 5000 Jahre alter Monumente ohne Verwitterungseinwirkung, obwohl sie gleicher Sonnenbestrahlung ausgesetzt waren wie anstehender rauher Fels, der Abgrusung unterliegt. Glatte Flächen verhindern Eindringen von Feuchtigkeit, die zur Auslösung der Hydratationsvorgänge erforderlich ist. Verwitterungsanzeichen an behauenen Steinen nur im von Schutt umgebenen Sockelbereich, der von kapillar aufsteigenden salzhaltigen Lösungen angegriffen wird. *Salzverwitterung* (→II, 28), die auf chemischen Eigenschaften der Salze beruht, also von andersartigem Effekt als mechanisch wirksamere *Salzsprengung*.

*Salzsprengung* (→ II, 19) verursacht durch Volumenzunahme wasserfrei auskristallisierter oder durch Verdunstung wasserfrei gewordener Salze durch Hydratation (H. Mortensen).

*Frostsprengung* (→ II, 19) bescheidenen Ausmaßes in tiefgelegenen Wüsten gelegentlich bei nächtlicher Unterschreitung der 0° C-Grenze; auch in Wüstengebirgen (Hoggar, Inselgebirge der Mohave) bei häufigerem Frostwechsel nur von rel. geringer Bedeutung.

In Mittel-(Voll-)Wüsten ist physikalische Verwitterung also nahezu ausschließliches Agens der Gesteinsaufbereitung; in Kern-(Extrem-)Wüsten ebenfalls stark, jedoch z. T. überlagert durch Phänomen der Staubhautbildung (→ IV, 244); in Rand-(Halb-)Wüsten mechanische Verwitterung mit dort noch wirksamer chemischer Verwitterung durch alkalireiche Lösungen kombiniert.

*Chemische Verwitterung* insges. sehr gering, gebunden an Minimum vorhandener Bodenfeuchte: Regen, Tau oder kapillar aufsteigendes Grundwasser. Niederschläge und Taufall am häufigsten in Rand- und Küstenwüsten. Kräftiger Taufall z. B. in Vor-Namib und peruanischer Küstenwüste; Tau dringt in Lockerböden bis 0,5 cm Tiefe ein. In extremen Bereichen ägyptischer Wüste Tau und Nebel selten. Bodenfeuchte reicht nirgends in Wüstenzone zur Verkarstung lösungsfähiger Gesteine aus: Steinsalz-, Gips- und Anhydritvorkommen an freier Oberfläche.

Dagegen Aktivierung geringster vorhandener Wassermengen in Form der *Salzverwitterung* (→ II, 28). Häufigste Wüstenminerale außer Kochsalz (NaCl) vor allem Soda ($Na_2CO_3$), Anhydrit ($CaSO_4$), Thenardit ($Na_2SO_4$) und Kieserit ($MgSO_4 \cdot H_2O$); alle stark hygroskopisch, nehmen Wasser aus Boden, spärlichen Niederschlägen, Tau, Nebel und kühler, feuchter Morgenluft auf. Salze steigen bes. im Sockelbereich einzelner Felsblöcke empor und begünstigen Gesteinszerfall, oft intensiviert durch Schattenverwitterung (→ II, 26).

Durch *Schattenverwitterungseffekt,* d. h. der sich an vor Bestrahlung geschützten Flächen länger erhaltenden chemisch wirksamen Feuchtigkeit, an Felswänden Bildung von Verwitterungshohlkehlen, an isolierten Felsklötzen oft unter resistenter Deckplatte, so daß Pilzfelsen entstehen; leicht mit sehr ähnlichen Korrasionsformen zu verwechseln (→ IV, 246).

Hinweise auf *Geschwindigkeit der Verwitterungsvorgänge* im Wüstenklima durch altägyptische Baudenkmäler. Während polierte Flächen ohne jede Veränderung Jahrtausende überdauert haben (→ IV, 240), sind an Granitsäulen, die z. T. im Schutt steckten, untere 2 m völlig zermürbt. Kolossalfigur des Ramses in Theben durch Kern- und Schalensprünge zusammengestürzt; einer der Memnon-Kolosse aus nubischem Sandstein in ganzer Höhe zerspalten. Bes. nachhaltige Zerstörung altägyptischer Kunstdenkmäler durch Bodensalz.

Bildung von *Kalk-* und *Gipskrusten* (→ II, 24) durch hohen Ariditätsgrad bereits in Halbwüste mit 50 mm mittlerem Jahresniederschlag und 3000–4500 mm jährlicher Verdunstungspotenz verhindert, endet in Wüstensteppe (Zone 8) bei mindestens 80–100 mm und oberflächennahem Grundwasserhorizont (→ IV, 209). Klimabedingte Krustenböden daher in Halb-, Voll- und Extremwüsten fossil (→ IV, 254); Vorkommen rezenter Krustenböden dort nur aklimatisch, d. h. azonal in Wadis und Geländedepressionen dank Grundwassernähe.

*Kieselkrusten* (→ II, 25) fehlen ebenfalls in hochariden Bereichen der Passatwüsten, sind jedoch zonentypische Erscheinungen der *Küstenwüsten,* z. B. Namib. Unterschiedliches Verhalten freier Kieselsäure erklärt sich aus unterschiedlicher Wasserzirkulation in beiden Wüstentypen; in Passatwüsten mit zwar seltenen, aber heftigen Niederschlägen (z. B. Ägyptischer Wüste) wird Kieselsäure mit schnell absinkendem Regenwasser in Grundwasserstrom abgeführt; freie Kieselsäure daher im extremariden Klima nur in unbedeutenden Mengen. In Küstenwüsten mit häufigerer Niederschlags- und Nebelbildung hingegen (z. B. Namib) wechselt absteigender mit aufsteigendem Wassertransport, daher Abscheidung von Kieselkrusten (Ein- und Verkieselungen) möglich.

Eindrucksvollste *Beispiele* verkieselter Hölzer im Petrified Forest Nat. Park, Arizona.

*Für Vollwüstenbereich* mit ausgedehnten Hammadas (→ IV, 247) bezeichnend ist gelbe, braune, karminrote, schwarze oder graphitglänzende Patinierung der über die Flächen verstreuten Gesteine: *Wüstenlack* als hauchdünner bis mehrere cm dicker hochglänzender Kieselsäure-, Eisen- oder Manganüberzug auf Windkantern, Geröllen, auch feineren Grusteilen (→ II, 26). Derartige Rinden auf Kalken und Sandsteinen (seltener Basalten) immer an Oberflächen, nie an Unterfläche der Gesteine, in der Sahara häufig in Schattenlage (W. MECKELEIN); sind Vorzeit- und Jetztzeitformen zugleich, wie Neubildungen auf Bruchflächen von Insolationsschutt und an Narben abgeplatzter älterer Rinden beweisen.

*Entstehung des Wüstenlacks* nach Untersuchungen von F. SCHEFFER et. al. auf Einwirkung von Blaualgen (Cyanophyceen) und deren Stoffwechselprodukte auf Gestein zurückzuführen. Stoffwechselprodukte bewirken Mobilisierung und Freisetzung ionaren Eisens durch pH-Erniedrigung. Im Zuge der bei Austrocknung einsetzenden Filmwasserbewegung aus Gesteinsfugen werden wasserlösliche Komplexe auf Gesteinsoberfläche diffus verteilt und durch Eintrocknung angereichert, so daß es zur Bildung lackartiger Überzüge kommt.

Als Konvergenzerscheinung tritt „Wüstenlack" auch in kalt-ariden Polar- und Hochgebirgsregionen auf (→ IV, 33).

*In Extremwüsten* mit kapillarem Grundwasseraufstieg und potentieller Verdunstung von 6000–8000 mm/J Bodeninkrustationen ohne stärkere Verfestigung der Lockerböden. Kalkabscheidung in Form winzig kleiner Kalkspatkristalle verursacht Lockerung des Bodengefüges: *Staubböden* in flächenhafter Verbreitung; bilden entweder eigentliche Verwitterungsdecke oder entstehen subkutan[1]) durch Verwitterung des Ausgangsgesteins unter Einfluß von Salzen (W. MECKELEIN). Trotz größten Niederschlagsmangels damit auch für Kernwüsten zwar geringe und sehr langsame, aber wirkungsvoll arbeitende chemische Verwitterung erwiesen.

Hohe Verdunstungspotenz extrem trockener Gebiete aktiviert sogar Kristallwasser; bindet durch Entstehung dünner Staubhaut (H. MORTENSEN, → IV, 244) *Staubböden* (Staub-Yermas) am Ort ihrer Entstehung.

In Verbindung mit Staubbodenentwicklung Auftreten unter der Oberfläche gelegener *Krypto-Polygone*: Netzwerke, deren Fugen mit Staub ausgefüllt sind (W. MECKELEIN). Größere Polygongefüge an der Oberfläche („Saharische Strukturböden" nach G. KNETSCH) liegen über Gipszellen; ihre Genese ist durch Hydratationsvorgänge und Salzverwitterung zu erklären. Konvergenzerscheinung zu periglazialen Strukturböden (→ II, 74).

*Aktive Hohlblockbildung* (Tafoni, → II, 26) in von Hartrinden überzogenen Gesteinen auf *Rand- und Küstenwüsten* beschränkt, z. B. Sinai-Halbinsel, Peruanische Küstenwüste, Namib. Nur in diesen Gebieten mit häufigem Wechsel von Befeuchtung und Abtrocknung der Gesteinsoberflächen Hartrindenbildung und Kernverwitterung im Zusammenwirken mit salzhaltiger Meeresluft möglich.

---

1) lat. sub = unter, cutis = Haut

*Rezente Tafoni* in extremariden Bereichen zentraler Sahara andersartiger Entstehung. Treten z. B. am N-Rand des Tibesti-Gebirges nur in Bodennähe kernfrischer, von Hartrinden *freier* Gesteine auf. Von W. KLAER als besondere Form der Hydratationsverwitterung im Bereich des Kapillarsaums erklärt. Salzhydratation unter Einwirkung der Grundfeuchte des Bodenschutts bewirkt Abschuppung und allmähliche Vertiefung von Halbhöhlen; damit entsprechen Hydratations-Tafoni extrem arider Gebiete den Hartrinden-Tafoni in periodisch-wechselfeuchten Klimaten mit längerer oder überwiegender Trockenzeit als konvergente Form. Halbhöhlen in größerem Bodenabstand können durch „Herauswachsen" der Inselberge in höheres Niveau geratene fossile Hydratations-Tafoni sein (H. MENSCHING).

**Bodentypus:** infolge Zurücktretens chemischer Verwitterung mineralische Rohböden (Yermas) grober Textur, ohne Humusauflage, von meist graugelber, zuweilen dunkler Farbe mit rötlichen und bräunlichen Einsprenkelungen. Mineralzusammensetzung entspricht fast völlig der des Ausgangsgesteins. Da Basen infolge Wassermangels nicht in den Untergrund ausgewaschen werden, neutrale oder leicht basische Bodenreaktion.

Im Unterschied zur Unfruchtbarkeit ausgewaschener Meeressande oder fluvioglazialer Sander (→ III, 95) macht nicht Unfruchtbarkeit der Böden Sahara zur Wüste, sondern mangelnder Mineralienaufschluß infolge fehlenden Wassers. Bei ausreichender Bewässerung auch auf Wüstensand gute Ernten.

**Abtragungs- und Transportart:** Abtragung des vorwiegend durch mechanische Verwitterung aufbereiteten Feinmaterials durch *Wasser und Wind*, jedoch von sehr unterschiedlicher Wirkung in Rand-, Mittel- und Kernwüsten. In Gebieten verbreiteten Auftretens fossiler oder rezenter Krusten (→ IV, 241) Beeinträchtigung fluviatiler oder äolischer Abtragleistung. Unter an Hängen, bes. Wadiflanken, angeschnittenen Krusten Ausquellen durchfeuchteter feiner Unterböden: subkutanes Breifließen (S. PASSARGE). In Kernwüsten Reduktion der Windwirkung durch Staubhaut (→ IV, 244).

Wüsten sind Bereiche der *Binnenentwässerung*, also *nicht abflußlos*. Abfluß von Randwüsten ist gegen immer trockener werdende Binnengebiete gerichtet, wo er schließlich durch Versickerung, vor allem steigende Verdunstung, zum Erliegen kommt oder bei Erreichen einer infolge eingetretenen Wasserverlustes nicht voll auffüllbaren („abflußlosen") Hohlform endet: Sebkha oder Schott in N-Afrika, Khebra arabischer Wüstentafel. Dabei durch größere Zuflüsse Aufbau von Binnendeltas. Kleinere kurzlebige Gerinne zerfasern nach von jeweiliger Wasserführung abhängiger kürzerer oder längerer Laufstrecke und „verlieren" sich im Sand unter Bildung von Trockendeltas.

*Trockendeltas:* nach innen gerichtete oder endorheische[1] Entwässerung im Gegensatz zum meerwärtigen exorheischen[2] Abfluß großer *Fremdlingsströme*, die trotz hoher Wasserverluste breite Wüstenzonen überwinden; Trockendeltas können seitlich zu Schuttwällen verwachsen, die Hohlformen nahezu völlig umrahmen; zur Beckenmitte hin immer feiner werdende Sedimente: Sand, schließlich Tonablagerungen mit Salzausblühungen und polygonalen Trockenrissen.

*Fluviatile Abtragung* rel. am stärksten in *Halbwüsten*. Durch kurzfristige, aber sehr wirksame Platz- oder Ruckregen Abtransport zerkleinerten Gesteinsmaterials. *Schichtflutenabtragung* und weitflächige Aufschüttungen im Versickerungsbereich abfließenden Wassers oder in abflußlosen Hohlformen als Sammelzentren der Binnenentwässerung. Auffüllung dieser Hohlformen je nach Größe des Einzugsbereiches und der Reliefenergie der Umgebung.

Stärkste Sedimentlieferung durch auf die Ebenen austretende Gebirgsflüsse. Vor ihren engen Durchbrüchen haben z. B. nach S strömende Flüsse des Anti-Atlas rötliches Feinmaterial in mächtigen, sandig-lehmigen Terrassenkörpern abgelagert. Derartige Terrassen für gesamten Saum nordafrikanischen Trockengürtels typisch und weit verbreitet (H. MENSCHING).

Auch in *Voll-* und in *Extremwüsten* allenthalben, selbst an ganz flach geneigten Hängen, vielfältig verästelte, dichte Netze von Rillen und Runsen als Zeugnisse der Abtragarbeit fließenden Wassers. Für hocharide Gebiete anscheinend paradoxe Erscheinung der Dominanz fluvialen Reliefs gegenüber Formen der Windabtragung leicht zu erklären: jeder noch so kurze Regenguß hinterläßt in von Vegetation entblößter Oberfläche sandiger Lockerböden deutliche Abflußspuren, ebenso in leicht erodierbaren Mergeln, wie z. B. in Nebentälern des Death Valley, USA. Entstandene Rillen erhalten sich im Trockenklima besser und länger als im ständig durchfeuchteten und zum Zerfließen neigenden Boden humider Bereiche. Zu ihrer jahrelangen Konservierung trägt in Extremwüsten Staubhautbildung wesentlich bei.

*Staubhaut* — zuerst von H. MORTENSEN aus nordchilenischer Kernwüste beschrieben — ist keine Salzkruste, sondern etwa 0,5 cm dicke verbackene, fast salzfreie Oberflächenschicht, die sich nach jedem (in N-Chile alle 20–50 Jahre) eintretenden Regenfall erneut bildet und Windabtragung weitgehend verhindert. Eigentliche Salzstaubschicht erst in 10 cm Tiefe. Mangelnde Feuchtigkeit der Extremwüste verhindert kapillaren Salzaufstieg bis zur Oberfläche, daher nur Verklebung dünner Staubschicht durch aktiviertes Kristallwasser (→ IV, 242) und Niederschläge.

---

1) griech. endon = innen, binnen, rhe = Fluß
2) griech. exo = außen, draußen

*Wadis* sind markanteste Zeugnisse *linearer Erosion* in der Wüste: *Mehrzeitformen* tertiärer Anlage, pleistozäner Weiterbildung und rezenten episodischen Wasserabflusses. Rel. dichtes Trockentalnetz außer in Extremwüste.

> Im Fezzan seit Menschengedenken kein großes Wadi gleichzeitig in ganzer Länge von Wasser durchflossen, richtiger „Fluß" meist nur kurzfristig in einzelnen Talabschnitten. In östl. Zentralsahara während 1. Hälfte des 20. Jhts. nur aus 17 verschiedenen Jahren insges. 27 Wadifluten bekannt geworden.

Allgemeiner Begriff *Wadi* nach W. Meckelein aufzulösen in: Wadi-Senke, Wadi-Tal und Wadi-Bett.

*Wadi-Senken:* als bedeutendes Landschaftselement auffallende Tiefenlinien, z. B. bis 30 km breites, 400 km langes Wadi Tanezzuft.

*Wadi-Täler:* von geringerer Größe; wie Wadi-Senken unter heutigen Klimabedingungen nicht in ganzer Breite von Wasser durchflossen; Beweis für Anlage in früherer niederschlagsreicherer Periode. Zuweilen Kreuzung von Wadi-Tälern pleistozäner und rezenter Entwässerung (→ IV, 254).

*Wadi-Betten:* bis 1 km breite, 4—5 m tief mit scharfem Spülrand in Wadi-Täler eingesenkte eigentliche rezente Abflußbahnen des in seltenen Regengüssen fallenden Wassers. Im Gebirgsbereich typische Erosionsrinnen mit — in niederschlagsfreier Zeit — aneinandergereihten oder nur stellenweise auftretenden Wasserlöchern. Je weiter sich Abflußbahnen in die Wüste verfolgen lassen, desto flacher die Wadis, desto seltener darin sichtbar abfließendes Wasser; Wadi endet schließlich in flacher, unregelmäßiger Talspur mit dahinsickerndem Grundwasser. Diese in Wadi-Betten in nur geringer Tiefe erreichbare obere Grundwasserschicht bildet unterirdische Fortsetzung versiegter Flußläufe, ist jedoch infolge Seltenheit der Niederschläge starken Schwankungen unterworfen und kann zeitweise völlig fehlen. Von 3000 Brunnen im Fezzan nur 1 % außerhalb der Wadis.

*Talzüge* größerer *Wadis vom Cañontyp* (→II, 102) tiefer eingesenkt, sowohl im Gebirgsland wie auch im Bereich genügend hoch gelegener flacher Wüstentafeln, z. B. Swakop und Kuiseb in Felsflächen-Namib. Seitentäler mit Mündungsstufen, wie u. a. im Death Valley (Mohave), da in Hauptschlucht Erosionskraft größer ist als in Nebentälchen. Auch mit 100—140 m hohen Steilhängen in Wüstenplatte eingesenktes Kastental des Nils war vor junger Aufschüttung in Zeiten pleistozäner Meeresspiegelabsenkung doppelt so tiefer Cañon.

Wichtigste fluviale *Aufschüttungsform:* weite *Sandschwemmebenen*, bes. im Vorland des Hoggar- und des Tibesti-Gebirges, die ihre Entstehung kombinierter Wirkung von Spülfluten und äolischer Umlagerung verdanken (→ IV, 249).

*Äolische Abtragung:* Bedeutung des Windes für Abtragungsvorgänge in der Wüste unterschiedlich beurteilt.

Klassiker der Wüstenforschung, wie J. WALTHER („Gesetz der Wüstenbildung") und E. KAISER („Diamantenwüste") maßen Deflationswirkungen große Bedeutung bei. Spätere Lehrmeinung, beruhend auf Forschungen von S. PASSARGE und W. MEINARDUS in ägyptischer Wüste, von H. MORTENSEN in chilenischer Wüste, hielt Wind- gegenüber Wasserwirkung für überbetont. In jüngerer Zeit jedoch durch zahlreiche Spezialuntersuchungen zwar nicht für gesamtes Wüstengebiet, aber für einzelne Regionen unter bestimmten klimatischen und petrographischen Voraussetzungen große Bedeutung äolischer Abtragung erwiesen (H. BOBEK, W. MECKELEIN, H. HAGEDORN).

*Randwüsten* sind *Hauptwirkungsfeld* des Windes; hier meist lebhafte Luftbewegung, Wind vorwiegend aus einer Richtung und genügend Verwitterungsmaterial für Abtragung und Akkumulation: Bereich der großen aktiven *Wanderdünen*. In N-Afrika z. B. Auswehung von Staub und Verfrachtung bis zu Kanarischen Inseln und ins Mittelmeergebiet: Löß in Tripolitanien (C. RATHJENS sen.), hohe Staubwolken gelegentlich noch in Italien sichtbar.

*In Mittelwüsten* zwar nicht geringere Windhäufigkeit, aber seltenere und schwächere Sandstürme. Boden dort weitgehend durch schon in Vergangenheit erfolgte Feinmaterialauswehung und Oberflächenanreicherung von Felsschutt (Hammada), Geröll und Kies (Serir) geschützt (→ IV, 247); äolische Abtragung dadurch paralysiert. Mehrzahl dort auftretender *Dünen fossil und bewegungslos*, Barchane (→ II, 84) sehr selten (W. MECKELEIN).

*In Kernwüsten* Lockermaterialien durch Staubhaut (→ IV, 244) festgelegt; dem Wind fehlt für Korrasion erforderliches Schleifmittel; keine großen Dünen, allenfalls als Vorzeitformen (W. MECKELEIN).

*Voraussetzung* für äolische Abtragung ist Vorhandensein unverbackenen feinen Lockermaterials (Sand, Staub), das vom Wind leicht abgehoben und fortbewegt werden kann (→ II, 80). Durch Stürme (Harmattan, Samum, Gibli, Chamsin) und über stark erhitztem Boden entstehende Windhosen (Tromben) auch Verfrachtung gröberen Sandes. Durch *Sandstrahlgebläse* Glättung am Boden liegender Steine (Windkanter), Entstehung von Korrasionshohlkehlen, Umwandlung isoliert aufragender Felsen zu Pilzfelsen.

*Pilz- oder Tischfelsen:* Verwitterungsform einzelständiger Felsen, die auf stärker abgetragenem Sockel ruhen, daher an Pilz oder Tisch erinnern. Herausarbeitung der Pilzform kann auf Sandschliff beruhen (Korrasionspilzfelsen), an Unterschneidung (Hohlkehlenbildung) jedoch häufiger als früher angenommen Salz- und Schattenverwitterung beteiligt (Tafonierung, → Seiten-Tafoni, II, 82). Pilzfelsen entstehen auch durch selektive Verwitterung, wenn Basisschichten weniger widerstandsfähig sind als Hangendes („Hut").

Auf Deflation vor allem Entstehung zweier charakteristischer Oberflächenformen der Vollwüste zurückzuführen: Hammada und Serir, auf die 8/10 bis 9/10 gesamten Wüstenareals entfallen: eintönigste Landschaftstypen der Erde.

*Hammada[1]):* aus scharfkantigen Gesteinsbruchstücken bestehende *Fels- und Schuttwüste*, entstanden durch mechanische Verwitterung *in situ;* überzieht daher, häufig als geschlossenes Steinpflaster, ebenso große flache Tafelländer wie unruhiges Gebirgsrelief. Nach Ausgangsgestein zu unterscheiden zwischen Kalk-, Sandstein- oder Basalt-Hammada. An Fortführung des durch weiteren Gesteinszerfall entstandenen Feinmaterials auch gelegentlich abfließendes Wasser beteiligt. Größte Hammadaflächen in Schichtstufenlandschaft nördl. des Hoggar-Gebirges: Hammada von Tademait, Tinghert und el-Homra.

*Serir[2]):* aus abgerolltem, gerundetem Material unterschiedlicher Korngröße bestehende, fast tischebene *Kies- oder Geröllwüste*. Ausbildung von Schotter-, Grob- oder Feinkieslagen (Kiespflastern) über von einzelnen Kieseln durchsetztem Feinsand läßt Anreicherung in oberflächennahem Bereich durch Windausblasung erkennen. Rundung der Kiesel, auch der Einzelkomponenten feinkörniger Kiesböden, und Abnahme mittlerer Korngröße in bestimmter Richtung verweisen auf vorangegangenen fluviatilen Transport.

W. MECKELEIN unterscheidet zwischen *Alluvial-Serir* im Bereich großer Wadi-Zonen, hervorgegangen aus rezenten Schwemmfächern oder Schottersohlen der Wadi-Betten, und *Eluvial-Serir* zentraler Wüstenlandschaften, entstanden aus flachen vorzeitlichen Schwemmfächern (→ IV, 254). Eluvial-Serir ist Mehrzeitform: fluvialer Gerölltransport und Akkumulation in Perioden kräftiger Flächenspülung, Ausblasung des Feinmaterials in arider Gegenwart.

Bedeutende Abtragleistung des Windes in cañonartigen Schluchten tieferer Wadis. Erweiterung von exponierten Talkrümmungen, ebenso von Talschlüssen an Stufenrändern zu mächtigen Amphitheatern. Herauspräparierung feinster Unterschiede von weichem und hartem Gestein. Den Schichtstufen der Hammadas vorgelagerte Zeugenberge zwar durch fluviatile Erosion abgegliedert, endgültige Trennung jedoch häufig erst durch Deflation. Auch an Ausweitung großer Wüstendepressionen Windwirkung beteiligt. Viele der libysch-ägyptischen Oasendepressionen durch steil abfallende Luv- und sanft ansteigende Leeseiten gekennzeichnet. Große, teilweise weit unter Meeresniveau reichende Kryptodepressionen Qattara − 134 m, Siwa − 32 m, Schotts − 31 m) zwar als tektonische

---

1) arab. die Unfruchtbare
2) arab. Bez.: saghir, sprich: sarir = klein; in franz. Literatur als Reg bezeichnet

Senken angelegt, jedoch durch Deflation vergrößert, da Wasserzufluß nicht ausreicht, sie zu umfangreicheren Seen aufzufüllen.

Fayum-Oase (−50 m) jedoch keine tektonische Senke, sondern im Alttertiär nach Prinzipien der Schichtstufengenese vorgeformt (H. SCHMITTHENNER), in Zeiten pleistozänen eustatischen Meeresspiegeltiefstandes durch Nilarm erosiv tiefer verlegt (M. PFANNENSTIEL), durch Rückwanderung der Stufen und äolische Ausräumung vergrößert.

Durch Deflation keine Entstehung von Rumpfflächen, die Gesteine verschiedenen Härtegrades unterschiedslos kappen, sondern im Gegenteil Formung eines durch Petrovarianz entscheidend bestimmten Feinreliefs. Von E. KAISER beschriebene *Deflationswannen* der nach O auf 1000 bis 1300 m ansteigenden südl. Namib sind bis 50 m tiefe, 1 km breite und mehrere km lange Hohlformen. Ihr großartiges Gegenstück ist das strukturbedingte Windrelief im Borku-Bergland im SO der Sahara (H. HAGEDORN). Sandsteinrippen wurden in von Windgassen getrennte Stromlinienkörper verwandelt, die mit steiler Stirnseite und flach auslaufender Rückseite an Walrückenform von Drumlins (→ III, 99) erinnern.

Deflationswannen auch aus südl. Lut (Iran) durch H. BOBEK bekannt (→ II, 80). Kiesbetten älterer Flußläufe im Becken von Namaksar (Iran) durch Auswehung des Feinmaterials benachbarten Gebietes als Dämme herauspräpariert (Reliefumkehr, → III, 167).

**Ablagerungsart:** *Akkumulationsformen* des Windes sind ebene Flugsandfelder mit rhythmisch angeordneten kleinen Sandrippeln; Querdünen, senkrecht zur Richtung schwach wehender Winde; Längsdünen in Hauptrichtung beständiger, kräftiger Winde, wie z. B. im „Großen Dünenmeer" mittlerer Namib („Dünen"-Namib).

Verschiedenartige Gestaltung als Walldünen, Parabel- oder Bogendünen, Sicheldünen (Barchane), Strichdünen und mancherlei Vergesellschaftungs- oder Übergangsformen, wie Stern-, Trichter- und Pyramidendünen (→ II, 82 ff.). Barchane verwachsen zu über 100 km langen Dünenketten, die in Hauptwindrichtung wandern (→ II, Abb. 10).

*Wanderdünen* vorwiegend in Randwüsten; bedecken klar begrenzte Areale, auf deren einer Seite sie sich bilden, bestimmte Fläche überwandern, auf anderer Seite wieder vergehen. Nur $1/10$, nach neueren Schätzungen $1/5$ bis $1/6$ der Sahara besteht aus derartigen Dünengebieten mit bis zu 300 m hohen „Dünengebirgen". Gegenstück in Arabien: 130 000 km² große Sandwüste Rub al-Khali.

*Erg oder Edeyen*[1]: neben Hammada und Serir 3. große Leitform der Wüste; besteht (wie im Fezzan) aus großflächigen, leicht gewellten oder

---

[1] arab. bzw. berber. Bez. für *Sandwüste,* beiderseits des Aïr-Gebirges *Ténéré* (Tiniri) genannt

tennenartig glatten *Sandebenen* mit Rippelmarken oder Dünenfeldern (z. B. Edeyen von Murzuk und Ubari), in denen Vollformen durch langgestreckte oder allseitig geschlossene Hohlformen voneinander getrennt sind. An ihrem Grunde oft freigelegte Kiesböden oder anstehendes Gestein.

*Zu unterscheiden* zwischen autochthonen und allochthonen Dünenfeldern. *Autochthone* Ergs aufgebaut aus Zerfallsprodukten örtlich anstehenden Sandsteins, *allochthone* Ergs fossile pleistozäne Sandverschwemmungen. Für pluvialzeitlichen fluviatilen Sandtransport spricht Ablagerung in flachen Hohlformen und rötliche Farbe dieser älteren, heute festliegenden Dünenkomplexe gegenüber weißlichen rezenten autochthonen Dünen (W. MECKELEIN).

*Sandschwemmebenen* im südwestl. Hoggar-Vorland zuerst von J. BÜDEL beschrieben und, wie auch im Tibesti-Bereich, von J. HÖVERMANN auf rezentes Zusammenwirken von Wind und Spülvorgängen zurückgeführt; haben sehr geringes, z. T. ungleichsinniges Gefälle; knüpfen südl. des Tibesti an präexistente Spülmuldenfluren (→ II, 104), nördl. des Gebirges an vorzeitliches Fußflächenrelief (→ II, 174) an und sind als heutige Erscheinungsformen *Ergebnis rezenter Sandverwitterung*. HÖVERMANN stellt Sandschwemmebenen extremariden Klimas als selbständigen Typ der Flächenbildung zwischen subtropische Pedimentregion und eigentliche Flächenbildungszone wechselfeuchter Tropen.

**Schichtstufenlandschaften** nehmen weite Bereiche innerer Sahara, Libyscher Wüste, Irakischer Wüste (→ I, Abb. 1) und Arabiens ein. Am eindrucksvollsten Kranz der Schichtstufen, der Hoggar-Gebirge (Ahaggar) bes. im N umgibt (Abb. 10). Ablauf morphodynamischer Prozesse wie in Zone 8 (→ IV, 212). Bes. *Charakteristika der Vollwüste:* weitgespannte Stufenflächen und Gebirgsfußflächen sind zugleich Flächen großer Hammadas; Stufenhänge sehr steil, im Bereich des Stufenbildners und auch weniger widerständigen unterlagernden Gesteins oft als senkrechte Wand; maximale Böschungen auch der gewaltigen Schutthalden des Unterhangs; Übergang zu konkaven Formen erst am kurzen Schuttfuß.

**Hangformen** allgemein — auch bei Inselbergen — in keiner anderen Klimazone so stark *von Resistenzeigenschaften der Gesteine abhängig* wie im ariden Bereich: Wechsel konvexer Hangformen in Massengesteinen oder Quarziten mit konkaven in mehr tonhaltigem Gestein. Sehr steile Hänge in grobkörnigem Granit, weniger steile in feinkörnigen Massengesteinen, Gneisen, Schiefern, Tuffen. Auch *Klüftung* von Bedeutung. Bei engmaschigem Kluftnetz lineare oder konvexe Hänge, bei weitmaschigem vielfältig gestufte Hangoberfläche. Inselberge (→ IV, 301) im Bereich der Sandschwemmebene des nördl. Hoggar-Vorlandes mit ausgesprochen scharfem Knick sind fossil. Auf leicht geneigten Sandschwemmebenen schnellere Abspülung des im Fußbereich anfallenden feinen Ver-

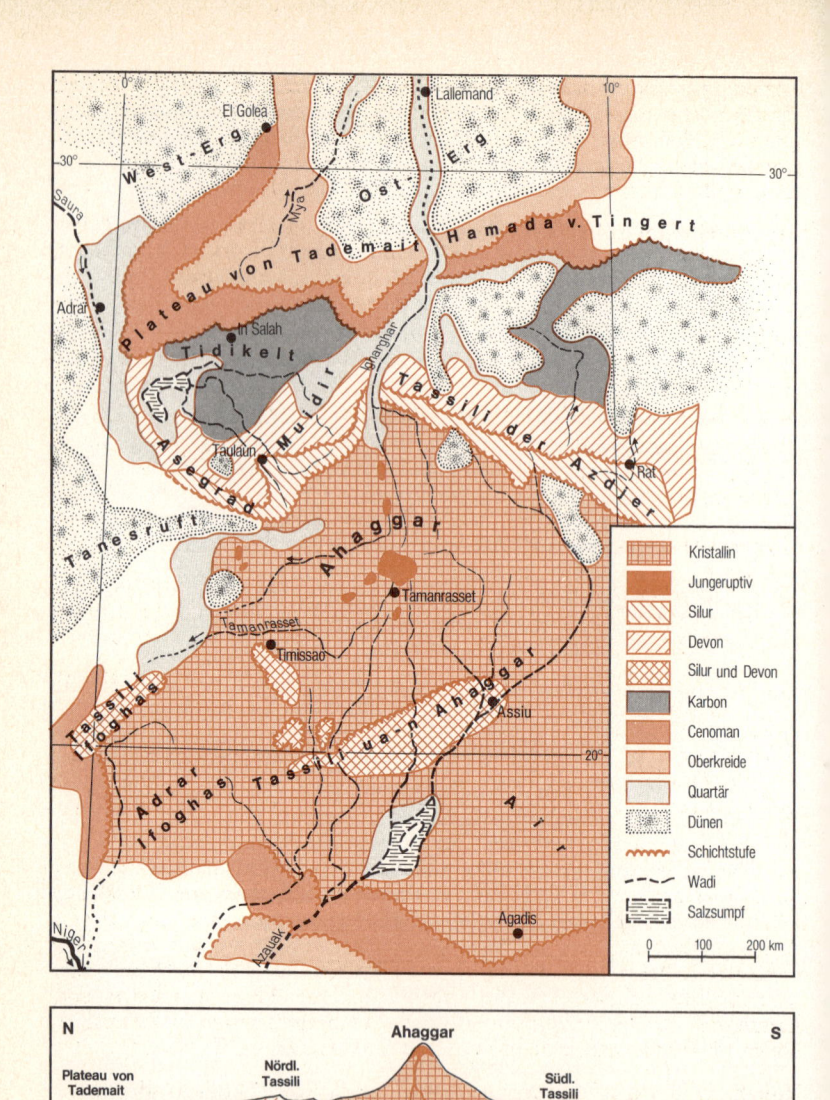

**Abb. 10** Die Schichtstufenlandschaft der zentralen Sahara
(nach A. MENZEL)

witterungsdetritus; dadurch Erhaltung deutlichen Hangknicks; bei fehlender Abspülung des Schuttmantels dagegen lineare oder konkave Hangprofile. „Normales", aktueller Morphodynamik ariden Klimas entsprechendes Hangprofil allgemein gekennzeichnet durch sehr steilen Oberhang und flachkonkav auslaufenden kurzen Unterhang.

Hypsometrischer Formenwandel: In zentraler Sahara Gruppe NW-SO-streichender, bis über 3000 m aufragender *Hochgebirge:* Hoggar-Massiv und Tibesti-Gebirge mit Fortsetzung im Ennedi-Bergland; Aïr und Randhöhen am Roten Meer um 2000 m hoch. Zentralsaharische Gebirge bilden *Wasser- und Klimascheide* zwischen nördl. und südl. Sahara: im Hoggar-Gebirge und nordöstl. vorgelagerten Tassili dringen mediterrane Winterregen am weitesten nach S, im Aïr und Tibesti-Gebirge tropische Sommerregen (Zone 10) am weitesten nach N vor.

Formenwandel gekennzeichnet durch 3 *klimageomorphologische Höhenstufen:*

*1. untere Stufe:* in 900—1400 m Höhe am Rand des Hoggar-Massivs Wurzeln der Sandschwemmebenen; örtliches Windrelief.

*2. mittlere Höhenstufe:* Schluchtenrelief; mehrgliedrige, tief zertalte fossile Rumpftreppen (→ IV, 252); ebene Sohlen der Trockentäler mit mächtigen Decken von Sand und Feingrus.

*3. Höhenstufe:* Schuttzone der Hochregion. Junge extrem gesteinsangepaßte Steilhänge sind Ergebnis starker Abspülung durch Sturzregen. Niederschläge jedoch nicht ausreichend, um Hochregion Charakter einer Wüstensteppe zu verleihen. Vollwüste bis zu höchsten Gipfeln, jedoch — nach Ansicht von J. BÜDEL — mit Übergang der Trockenschuttzone in *Frostschuttzone* der Höhe. Steinringe von 30—60 cm $\emptyset$ bis 1500 m herab.

Ähnlich im Tibesti-Gebirge zu unterscheiden zwischen: unterer Stufe mit *Sandschwemmebene* und *Windrelief* im Vorland, mittlerer Höhenlage (700—2500 m), gekennzeichnet durch kräftig von Linearerosion gegliedertes *Schluchtenrelief,* darüber semiaride Hochregion mit ausgesprochen *flächenhafter Abtragung* und schließlich in über 3000 m Höhe „periglaziale" Höhenstufe der Gipfelregion mit heute schwacher, aber kaltzeitlich aktiver Frostschuttbewegung, Hangterrassetten und Strukturböden (J. HÖVERMANN, H. HAGEDORN, B. MESSERLI, J. GRUNERT).

Von K. H. KAISER Existenz rezenter „periglazialer" Höhenstufe im Tibesti-Gebirge, von H. MENSCHING ebenso im Hoggar-Massiv bestritten: erklären vorhandene Musterböden als Ergebnis der Salz- und „trockenen" Temperaturverwitterung (→ IV, 239 f.). Trotz ausreichender Frostwechselhäufigkeit sei vorhandene Bodenfeuchte für Aktivierung von Solifluktionsvorgängen zu gering.

Gebirge aller anderen Wüsten von geringerer Höhe, bleiben unter Frostwechselgrenze, damit im Bereich arider Morphodynamik. Südamerikanische Puna ist Hochgebirgswüste der Zone 10 (→ IV, 274).

**Vorzeitformen** weitgehend bis zur Gegenwart bestimmend für Relief der Wüste.

Wenig zerschnittene tertiäre *Gipfel-Plateaus* in 1500—2000 m Höhe beherrschen Aïr-Gebirge in südl. Sahara. Im 3000 m aufragenden Hoggar-Massiv ebenfalls alte, dort durch vulkanische Decken konservierte *Rumpfflächen* mit fast 20 m dicken fossilen Böden, deren tiefgründige Kaolinisierung unter leuchtend rotem Oberboden Entstehung in früherem warm-feuchtem Klima erkennen läßt (J. BÜDEL, W. KUBIENA). Unter ähnlichen Klimabedingungen entstanden im Jungtertiär: bis 500 m hohe, jetzt in Zerstörung begriffene steilwandige Inselberge im Randbereich des Hoggar auf 2—3° geneigter, in 650—800 m Höhe gelegener Sockelfläche; aus Sandschwemmebene aufragende kristalline Grundhöcker; von dünner Sand- und Kiesschicht bedeckte Rotlehme im O-Fezzan und am Rande des Serir Tibesti; Pedimente, für deren Weiterentwicklung heutiges extremarides Klima wegen zu seltener Flächenspülung nicht günstig ist. Diese Hoggar-(Ahaggar-) oder peritassilische Sockelfläche (H. MENSCHING) ist eine durch Zusammenwachsen von Pedimenten entstandene *Pediplain,* keine Rumpffläche im eigentlichen Sinn.

Im Eozän Anlage ältester, exorheischer *Wadi-Systeme,* im späteren Tertiär durch tektonische Vorgänge (Heraushebung zentralsaharischer Gebirgsschwelle) gestört und unterbrochen, im Pleistozän z. T. mit umgekehrtem Gefälle von Wasser durchflossen.

*Ablauf tertiärer Klimageschichte* im Nil-Gebiet vor allem durch Forschungen K. BUTZERS genauer bekannt: *zu Beginn* des Tertiärs bedeckte Mittelmeer größten Teil heutigen Ägyptens, wahrscheinlich bis Sudan-Grenze; südl. daran anschließend wüstenhaft trockene Sandsteinplateaus. Im *Oligozän* in Ägypten semiaride Klimabedingungen, im mittleren, vielleicht auch nördl. Sudan Feuchtsavannen. Ähnlich günstige Niederschlagsbedingungen wie im Oligozän zu keinem späteren Zeitpunkt mehr im ägyptischen Bereich nachweisbar.

Im mittleren *Miozän* Wandlung semiariden Klimas in „subarides", d. h. weit verbreitete Abtragebenen deuten zwar auf noch feuchteres Klima hin als in Gegenwart, aber auf bereits wesentlich trockeneres als im Oligozän. BUTZER schätzt mittlere Jahresniederschläge dieser Zeit auf 100—200 mm. Im unteren *Pliozän* schnelle Eintiefung des Niltals. Zunächst weitgehend ganzjährig fallende Niederschläge nahmen vom mittleren Pliozän an ausgesprochen jahreszeitlichen Charakter an.

Ausführliche Untersuchungen zur quartären Klimageschichte und Morphodynamik im Nilgebiet ebenfalls durch K. BUTZER, in zentraler Sahara durch W. MECKELEIN, H. MENSCHING, in Nieder-Afrika und im Hoggar-Gebirge durch J. BÜDEL, P. ROGNON, im Tibesti durch J. HÖVERMANN, H. HAGEDORN, P. J. ERGENZINGER u. a.

*Für frühes und mittleres Pleistozän* in Ägypten auf Grund morphologischer Befunde 3 paläoklimatologische Hauptphasen nachweisbar:

*1. Phase:* Ablagerung grober Schotter im Niltal und in Wadis als Ergebnis subariden bis semiariden Klimas mit kräftigem periodischem (winterlichem) Abfluß.

*2. Phase:* Bildung von roten Böden unter Einwirkung zeitweise mäßig starker chemischer Verwitterung.

*3. Phase:* Perioden stark reduzierter Abtragvorgänge infolge vollarider, mit heutiger Situation vergleichbarer klimatischer Verhältnisse.

Für Synchronisierung dieser Klimaänderungen mit älteren Kaltzeiten der N-Halbkugel keine genügend sicheren Grundlagen. Erst für Würm- und Spätglazial in Oberägypten Unterscheidung mehrerer korrelierbarer Fluvialzeiten möglich, die sich in „Wadi-Konglomeraten" und „Korosko-Formation" des Niltals und Terrassenbildungen dokumentieren: Terrassenaufschüttungen in Trockenzeiten und Endphasen der Feuchtzeiten, erosive Zerschneidung in frühen Feuchtzeiten (K. P. OBENAUF, D. JÄKEL).

*Pleistozäner Klimawechsel* (→ IV, 218) von unterschiedlicher *Auswirkung* in Rand-, Mittel- und Kernwüsten.

Im Sinai-Gebirge (2650 m) zwar keine Vergletscherung (→ IV, 218), aber 800 m Vertikaldistanz umfassende Solifluktionsschuttstufe; Frostschutt bis 800 m herab. Im Hoggar breite Höhenstufe fluvialer Überformung mit pleistozäner feuchtzeitlicher Rotlehmbildung. Braunlehmrelikte auf Basalt im Atakor oberhalb 2000 m, die rezentem Braunlehm über gleichem Ausgangsgestein auf Fernando Póo entsprechen, verweisen auf sogar zeitweise extrem feuchtes pleistozänes Höhenklima (W. KUBIENA). Frage, ob Braunlehmbildung in Riß-Würm-Interglazialzeit oder Frühwürm erfolgte, d. h. interpluvialer oder pluvialer Entstehung ist, vielleicht durch alternierendes Übergreifen tropischen und mediterranen Pluvials (→ IV, 53) auf zentralsaharische Gebirgsschwelle zu erklären, was feuchtzeitliche Dauerwirkung in höheren Regionen zur Folge gehabt hätte. Im Tibesti-Gebirge in Höhen über 700 m pluvialzeitlicher Niederschlag von mindestes 400—500 mm/J, in Gipfellagen über 800 mm anzunehmen (J. HÖVERMANN); dies würde bedeuten, daß pleistozäne Frostregion in zentralen Wüstengebirgen höher lag als heute, wenn nicht überhaupt fehlte.

In pleistozänen Feuchtzeiten Weiterbildung im Jungtertiär angelegter Pedimente und Glacis im Randbereich zentralsaharischer Gebirgsschwelle, begünstigt durch starke Schuttanlieferung aus pluvialer (und solifluidaler?) Höhenregion, mit Fortsetzung schuttbedeckter Fußflächen in Sandschwemmebenen.

Vier größere pleistozäne *Flußsysteme*, die z. T. tektonisch gestörtes tertiäres Entwässerungsnetz überlagerten, entwässerten Hoggar-Massiv radial nach allen Seiten, erreichten jedoch auch in Feuchtzeiten nicht das Meer: über 1000 km langer Igharghar nach N zu den Schotts, Tamanrasset zum westl. gelegenen Becken von Taodenni, Asaouak im S zum Niger, Tafasasset zum Tschad-Becken. Große Zahl terrassierter Trockentäler der Sahara läßt noch einstige Zugehörigkeit zu diesem System pluvialzeitlicher „Urstromtäler" erkennen, obwohl früher zusammenhängende Tiefenlinien häufig durch Sandverwehungen unterbrochen sind, Teilstrecken der Wadis sogar durch jüngere Krustenbewegungen und Akkumulationen rückläufiges Gefälle erhalten haben.

Wesentlich wasserreichere, meist perennierende Flüsse zogen von Atlasketten nach S, versickerten und sammelten sich als Tiefengrundwasser in weitgespannten geologischen Schichtmulden. In Depression der Schotts gewaltiges, 1000 m unter Erdoberfläche gelegenes *Wasserreservoir* nach französischem Geologen als „Savornin-Meer" bezeichnet. Da geologische Mulde von wasserundurchlässiger Tonschicht nach oben abgedichtet ist und ehemaliges Einzugsgebiet im Sahara-Atlas höher lag, steht Wasser unter Druck und wird in artesischen Brunnen erbohrt. Savornin-Meer erstreckt sich vom Sahara-Atlas fast 1000 km nach S bis in libyschen Fezzan. Dort läuft Mulde in Schichtstufe der Hammadas aus und bildet ergiebigen Quellhorizont. Weitere, durch Schwellen getrennte geologische Becken mit fossilem Grundwasser auch unter anderen Teilen der Sahara.

*In Randwüste* (Halbwüste) stärkste Auswirkungen der Pluvialzeiten: fossile Krustenböden, z. B. auf Hammada el-Homra nördl. Djebel es-Soda, beweisen beträchtliches Vordringen feuchteren pleistozänen Steppenklimas mit etwa 300 mm Jahresniederschlag nach S (G. Knetsch).

*In Mittelwüste* (Vollwüste) bezeugen jetzt festliegende Ergs ein im Pleistozän nach S verlagertes Halbwüstenklima. Material der Kieswüsten wurde in dieser Zeit zusammengeschwemmt, häufiger als heute von Wasser erfüllte Wadis erfuhren entscheidende Ausgestaltung.

An Nahtstelle zwischen tertiären Inselbergen und Sockelfläche im westl. Tibesti-Vorland entstanden durch fluviatile Tiefenerosion im Wechsel mit äolischer Abtragung bis 10 m tiefe, z. T. kastentalförmige Randsenken. Umformung aus wechselfeuchtem Tertiärklima stammender Inselberge mit „Normalprofil" wie im heutigen Savannenklima (→ IV, 303) in pleistozänen Feuchtzeiten, reduzierte Weiterbildung, bes. in Zeiten heftiger episodischer Sommerniederschläge, noch in Gegenwart (H. HAGEDORN).

*In Kernwüste* (Extremwüste) dagegen — mit Ausnahme höher aufragender Gebirge (→ IV, 251) — keine pluvialzeitliche Formung; war extremarid wie in Gegenwart. Vom Hoggar-Massiv herabkommende Flüsse durchzogen sie als Fremdlingsströme wie heutiger Nil Ägypten. Nur in Kernwüste fehlt vielfältig verzweigtes Wadi-Netz der Halb- und Vollwüste.

Zentrale Sahara, bes. O-Fezzan mit Serir Tibesti, somit alter hocharider Kernraum, in dem seit Pleistozän gleiche Formungskräfte wirken. Entscheidender Formungsbruch bereits zu Beginn des Quartärs, als Morphodynamik feucht-warmen Tertiärklimas durch andersartige Formungsmechanismen trocken-heißen Wüstenklimas abgelöst wurde.

*In chilenischer Kernwüste* ebenfalls keine pluvialzeitlichen Spuren (H. MORTENSEN). Oberflächengestaltung dort weitgehend auf seit langem unverändert wirkende Kräfte zurückzuführen, allenfalls Bildung bes. breiter Trockentäler unter etwas feuchterem, aber insges. wüstenhaft-aridem Klima. Süßwasserkalke des Loa-Beckens, die W. WETZEL für untrügliche Zeugnisse eines selbst in der Kernwüste wirksam gewesenen Pluvialklimas hielt, von H. MORTENSEN als Absätze des im Pleistozän weit bedeutenderen Flusses angenommen, der jedoch sein Wasser nicht aus Niederschlägen über der Wüstenzone, sondern aus pluvialzeitlich besser beregnetem, hoch gelegenem Einzugsgebiet erhielt. Da kalter Humboldt-Strom, der eine der Hauptursachen für heutige Regenlosigkeit nordchilenischer Wüste ist, nachweislich seit Miozän existiert und auch im Pleistozän Lage nicht verändert hat, kann in Kaltzeiten keine stärkere zyklonale Tätigkeit über Kernwüste geherrscht haben. Eine solche aber für Annahme echter Pluvialzeit unerläßlich. Auch in der vom kalten Benguela-Strom bespülten Namib fehlen Indizien für Wirksamkeit eines Pluvials.

Klimageomorphologische Hauptmerkmale subtropisch-tropischer Wüstenklimate: *Vollarider Bereich* der Zone 9 umfaßt *Passatwüsten* beiderseits der Wendekreise und *Küstenwüsten* an W-Seiten der Kontinente. Morphodynamik gekennzeichnet durch maximale Wirkung *mechanischer Verwitterung* (Insolationssprengung), unterstützt durch Hydratationsvorgänge, und von Rand- zu Kerngebieten steigende *Verdunstungspotenz;* durch diese selbst in Gebieten extremer Trockenheit Kapillarströmungen im Untergrund aktiviert, insges. jedoch Wirkung chemischer Verwitterung gering.

Wasserabfluß an Erdoberfläche unbedeutend: *Binnenentwässerung.* Bereits im Tertiär angelegte, im Pleistozän aktivierte, in Gegenwart nur episodisch wasserführende *Wadis* enden in abflußlosen Hohlformen:

Salzpfannen mit kleinen Binnendeltas (Trockendeltas). Nur wenige zum Meer entwässernde Fremdlingsströme.

In Abhängigkeit vom peripher-zentralen Klimawandel, d. h. Rückgang der Niederschlagsmengen und Zunahme der Verdunstungspotenz, zu unterscheiden zwischen Rand- oder Halbwüsten, Mittel- oder Vollwüsten, Kern- oder Extremwüsten.

*In Randwüsten* bei Vorhandensein minimaler Bodenfeuchte durch Regen (um 50 mm/J), Tau oder kapillar aufsteigendes Grundwasser noch wirksame *Salz- und Schattenverwitterung,* jedoch keine rezente Entstehung von Kalk- und Gipskrusten. Kieselkrusten auf Küstenwüsten beschränkt. *Hohlblockbildungen* in von Hartrinden überzogenen Gesteinen. Bescheidene Schichtflutenspülung durch Platz- oder Ruckregen. Lebhafte *äolische Abtragung und Akkumulation.* Randwüsten Hauptverbreitungsbereich aktiver *Wanderdünen.*

*In Vollwüsten* absolute Dominanz *mechanischer Verwitterung,* Entstehung von *Wüstenlack* durch Einwirkung von Blaualgen. Vielfältig verästelte Rillen und Runsen als Zeugen gelegentlicher Abtragarbeit fließenden Wassers (Jahresniederschlag um 20 mm), lange Erhaltung der Abflußspuren während oft Jahre andauernder Trockenperioden. Heutige Windwirkung gering, da schon in subrezenter Zeit oder weiter zurückliegender Vergangenheit Feinmaterial ausgeblasen wurde und von Felsschutt (Hammada) oder Kies und Geröll (Serir) bedeckte Landoberfläche jetzt Auswehung tiefer gelegenen Feinmaterials verhindert. Mehrzahl der *Dünenfelder* (Ergs) *fossil* und bewegungslos.

Hammadas bilden zugleich weitgespannte Stufenflächen der im nordhemisphärischen Trockengürtel weit verbreiteten *Schichtstufenlandschaften* bzw. Fußflächen am Rande der Gebirge. Steilstufen mit kurzem konkavem Schuttfuß unterliegen gleichem Formungsmechanismus, bes. Kerbenerosion, wie in Zone 8. Hangformen allg. stark von jeweiligen Resistenzeigenschaften der Gesteine abhängig.

*In Extremwüsten* infolge hoher Verdunstungspotenz (6000—8000 mm/J) Abscheidung von Kalkspatkristallen ohne Verfestigung des Lockerbodens: *Staubböden mit Staubhaut.* Durch Staubhaut lange Konservierung mikrofluviatiler Formen, der durch äußerst seltene Niederschläge erzeugten Netze von Regenrillen. Sandschwemmebenen sind Ergebnis kombinierter Wirkung gelegentlicher Spülfluten und äolischer Umlagerung. Im Bereich der Staubböden Windabtragung durch Staubhautbildung weitgehend unterbunden. Hydratations-Tafoni im Unterschied zur Halbwüste durch Salzverwitterung ohne Hartkrustenbildung.

*Hypsometrischer Formenwandel* im Bereich zentralsaharischer Gebirgsschwelle gekennzeichnet durch Aufeinanderfolge von *3 klimageomorphologischen Höhenstufen:* Sandschwemmebenen und (örtlichem) Windrelief im untersten Niveau, Schluchtenrelief mittlerer Lagen und Schuttstufe höherer Region, die von J. BÜDEL, J. HÖVERMANN und H. HAGEDORN als „periglaziale" Höhenstufe mit aktiver Frostschuttbewegung gedeutet, von anderen Autoren (K. H. KAISER, H. MENSCHING) als reine Trockenschuttstufe aufgefaßt wird.

Tertiäre und pleistozäne *Vorzeitformen*, wie *Rumpfflächen* in zentralsaharischen Gebirgen, *Pedimente* an ihren Rändern, fossile Böden, ausgedehnte *Wadi-Systeme* bestimmen Oberflächenbild der Wüsten weitgehend bis zur Gegenwart.

In Rand- oder Halbwüsten bezeugen fossile Krustenböden pleistozäne S-Verlagerung der Steppenzone, in heutiger Vollwüste festliegende Ergs entsprechende Verschiebung der Halbwüste. Kernwüste dagegen auch im Pleistozän extremarid wie in Gegenwart. Pleistozäne und holozäne Formen dort nicht voneinander zu trennen. Entscheidende Veränderung der Formungsmechanismen in Kernwüsten bereits zu Beginn des Quartärs mit Ablösung warm-feuchten Tertiärklimas durch heiß-arides, seitdem ununterbrochen herrschendes Wüstenklima. Weiterbildung tertiärer Initialflächen nach Prinzipien arider Morphodynamik als Mehrzeitformen.

Pluvialzeitliche Auswirkungen nur in höher aufragenden Gebirgen. Alternierendes Übergreifen mediterraner und äquatorialer Pluviale (→ IV, 53) scheint im Hoggar- und im Tibesti-Gebirge zu pleistozäner Dauerfeuchtbodenzeit geführt zu haben.

Insges. Zone 9 ein Großraum ausgesprochener *Erhaltung von Altformen*, bes. Flächen, ungeachtet partieller fluviatiler oder äolischer Überformung. Seit Beginn des Pleistozäns nur graduelle, keine prinzipielle Veränderung der Formungsmechanismen. Wüstengebiete daher von J. BÜDEL mit Recht als Teilbereich in seine „arid-semiaride Zone der Flächen-Erhaltung und -Überprägung" einbezogen.

### Literatur

Weitere einschlägige Literatur → Bd. II der „Geomorphologie in Stichworten"

ABOU EL-EZZ, M. S.: The Evolution of Landscape in Lower Nubia. Bull. Soc. Géogr. Égypte 38, Le Caire 1965, S. 5-29

AUFRÈRE, L.: Essai sur les Dunes du Sahara Algérien. Sven Hedin-Festschr., Stockholm 1935, S. 481-500

BALL, J.: Problems of the Libyan Desert. Geogr. J. 70, 1927, S. 21-38

BALOUT, L.: Pluviaux interglaciaires et préhistoire saharienne. Trav. Inst. Rech. Sahar. 8. 1952, S. 9-21

BARDET, P.: Présence de latérites fossiles dans l'Atakor du Hoggar. C. R. Acad. Sci. 232, 1956, S. 1126-1128

BARTON, D. C.: The disintegration and exfoliation of granite in Egypt. J. Geol. 46, 1938, S. 109-111

BEADNELL, H. J. L.: The dunes of the Libyan desert. Geogr. J. 35, 1910, S. 379-395
BECKER, C.: Über Strukturböden im Hoggar-Massiv. Z. Geomorph., N. F. 9, 1965, S. 457-459
BELLAIR, P.: Sur l'âge des affleurements calcaires de Mourzouk, de Zouila et d'El Gatroûn. Trav. Inst. Rech. Sahar. 4, 1947, S. 155-163
BLACKWELDER, E.: Cavernous rock surfaces of the desert. Amer. J. Sci. 5, 17, New Haven 1929, S. 393-399
–: Desert Plains. J. Geol. 39, 1931, S. 133-140
–: Lake Manly: an Extinct Lake of the Death Valley. Geogr. Rev., 1933, S. 464-471
–: Pleistocene Lakes and Drainage in the Mohave Region. Calif. Div. Mineral. Bull. 170, 1954
BLANCK, E.: Wüstenkrusten oder Wüstenstaubhaut. Peterm. Geogr. Mitt., 1931, S. 7-9
– u. PASSARGE, S.: Die chemische Verwitterung in der ägyptischen Wüste. Abh. aus Gebiet Auslandskde. 17, Hamburg 1925
BOBEK, H.: Zur Kenntnis der südlichen Lut. Mitt. Österr. Geogr. Ges. 111, Wien 1969, S. 155-192
BÖTTCHER, U., ERGENZINGER, P.-J., JAECKEL, S. H., KAISER, K.: Quartäre Seebildungen und ihre Mollusken-Inhalte im Tibesti-Gebirge und seinen Rahmenbereichen der zentralen Ostsahara. Z. Geomorph., N. F. 16, 1972, S. 182–234
BRYAN, K. u. LA RUE, E. C.: Persistence of Features in an arid Landscape: The Navajo Twins, Utah. Geogr. Rev. 17, 1927, S. 251-257
BÜDEL, J.: Bericht über klima-morphologische und Eiszeitforschungen in Nieder-Afrika. Erdkunde 6, 1952, S. 104-132
–: Reliefgenerationen und plio-pleistozäner Klimawandel im Hoggargebirge. Erdkunde 9, 1955, S. 100-115
–: Die pliozänen und quartären Pluvialzeiten der Sahara. Eisz. u. Gegenw. 14, 1963, S. 161-187
BUSCHE, D.: Untersuchungen zur Pedimententwicklung im Tibesti-Gebirge (République du Tschad). Z. Geomorph., Suppl. Bd. 15, 1972, S. 21-38
BUTZER, K. W.: Studien zum vor- und frühgeschichtlichen Landschaftswandel der Sahara. Akad. Wiss. u. Lit. Mainz, Math.-nat. Kl., 1958, S. 20-122
–: Contributions to the pleistocene geology of the Nile Valley. Erdkunde 13, 1959, S. 46-67
–: Environment and Archeology. An Introduction to Pleistocene Geography, Chicago 1964
–: Desert Landforms at the Kurkur Oasis, Egypt. Ann. Assoc. Amer. Geogr. 55, 1965, S. 578-591
–: Climatic changes in the arid zones of Africa during early to mid-Holocene times. Royal Meteorol. Soc. (Proc. Int. Symposium on World Climate from 8000 to 0 B. C.) London 1966, S. 72–83
– –: On pleistocene evolution of the Nile Valley in Southern Egypt. Can. Geogr. 9, 1965, S. 74–83
BUTZER-HAUSER: Upper Pleistocene Stratigraphy in Southern Egypt. Background to Evolution in Africa. Hrsg. v. W. BISHOP, Chicago 1967, S. 329–356
–: Desert and River in Nubia. Madison 1968
CAPOT-REY, R.: La morphologie de l'Erg occidental. Trav. Inst. Rech. Sahar. 2, 1943

CAPOT-REY, R.: Dry and humid morphology in the western Erg. Geogr. Rev., 1945, S. 391—407
—: L'Edeyen de Mourzouk. Trav. Inst. Rech. Sahar. 4, 1947, S. 67-109
—: Le Sahara français. Paris 1953
CLOOS, H.: Wind und Wüste im Deutschen Namaland. N. Jb. Mineral. etc., Beil.-Bd. 32, 1911, S. 49-70
CLOS-ARCEDUC, A.: Essai d'explications des formes dunaires sahariennes. Études de photointerprétation 4, Paris, Inst. Geogr. Nat. 1969
CONRAD, G.: Synchronisme du dernier pluvial dans le Sahara septentrional et le Sahara méridional. C. R. hebdom. Séances Acad. Sci. 257, 1963, S. 2506 bis 2509
—, GEZE, B. u. PALOC, H.: Phénomènes karstiques et pseudo-karstiques au Sahara. Rév. Géogr. phys. Géol. Dyn. 9, 1967, S. 357—369
DESIO, A.: Die italienische Sahara. Z. Ges. f. Erdkde. Berlin, 1941, S. 369-378
—: Brève synthèse de l'évolution morphologique du territoire de la Libye. Bull. Soc. Roy. Géogr. d'Égypte, 1958, S. 9-21
DRESCH, J.: Observations sur le désert côtier du Pérou. Ann. Géogr. 70, 1961, S. 179-184
DUNBIER, R.: The Sonoran Desert. Univ. Arizona Press, Tucson, Arizona 1968
ERGENZINGER, P.: Reliefentwicklung an der Schichtstufe des Massif d'Abo (Nordwesttibesti). Z. Geomorph., Suppl. Bd. 15, 1972, S. 93-112
FENNER, C. N.: Pleistocene Climate and Topography of the Arequipa Region. Bull. Geol. Soc. Amer. 59, 1948
FIELD, R.: Stream Carved Slopes and Plains in Desert Mountains. Amer. J. Sci. 29, 1935
FÜRST, M.: Hammada - Serir - Erg. Z. Geomorph., N. F. 9, 1965, S. 385—421
—: Bau und Entstehung der Serir Tibesti. Z. Geomorph., N. F. 10, 1966, S. 387-418
GABRIEL, A.: Beobachtungen im Wüstengürtel Innerpersiens. Mitt. Österr. Geogr. Ges. 77, 1934, S. 53-77
—: Durch Persiens Wüsten. Stuttgart 1935
—: Das Bild der Wüste. Wien 1958
—: Die Wüsten der Erde und ihre Erforschung. Berlin-Göttingen-Heidelberg 1961
—: Zum Problem des Formenschatzes in extrem ariden Räumen. Mitt. Österr. Geogr. Ges. 106, 1964, S. 3-15
GABRIEL, B.: Terrassenentwicklung und vorgeschichtliche Umweltbedingungen im Enneri Dirennao (Tibesti, östl. Zentralsahara). Z. Geomorph., Suppl. Bd. 15, 1972, S. 113-128
GAVRILOVIĆ, D.: Die Überschwemmungen im Wadi Bardagué im Jahr 1968 (Tibesti, Rep. du Tchad). Z. Geomorph., N. F. 14, 1970, S. 202-218
GRENIER, P.: Observations sur les taffonis du désert chilien. Bull. Assoc. Géogr. Français, Paris 1968, S. 193-211
GROVE, A. T.: Geomorphology of the Tibesti region with special reference to Western Tibesti. Geogr. J. 126, I, 1960, S. 18-27
GRUNERT, J.: Zum Problem der Schluchtbildung im Tibesti-Gebirge (Rép. du Tchad). Z. f. Geomorph., Suppl. Bd. 15, 1972, S. 144—155
HACK, J. T.: Dunes of the Western Navajo Country. Geogr. Rev. 31, 1941, S. 240-263

HAGEDORN, H.: Forschungen des II. Geographischen Instituts der Freien Universität Berlin im Tibestigebirge. Die Erde, 1965, S. 47-48
—: Landforms of the Tibesti Region. In: South-Central Libya and Northern Chad. A Guidebook to the Geology and Prehistory, ed. by J. J. WILLIAMS and F. KLITZSCH. Petroleum Exploration Soc. of Libya, Tripolis 1966, S. 53-58
—: Beobachtungen an Inselbergen im westlichen Tibesti-Vorland. Berliner Geogr. Abh. 5, 1967, S. 17-22
—: Über äolische Abtragung und Formung in der Südost-Sahara. Erdkunde 22, 1968, S. 257-269
—: Studien über den Formenschatz der Wüste an Beispielen aus der Südost-Sahara. Verh. 36. Dt. Geographentag Bad Godesberg 1967, Wiesbaden 1969, S. 401-411
—: Untersuchungen über Relieftypen arider Räume an Beispielen aus dem Tibesti-Gebirge und seiner Umgebung. Z. Geomorph., Suppl.-Bd. 11, 1971
HANSEN, C. L. u. BUTZER, K. W.: Early Pleistocene Deposits of the Nile Valley in Egyptian Nubia. Quaternaria 8, 1966, S. 177-185
HASTENRATH, S.: The Barchans of the Arequipa Region, Southern Peru. Z. Geomorph., N. F. 11, 1967, S. 300-331
HÖLLERMANN, P.: Zur Frage der unteren Strukturbodengrenze in Gebirgen der Trockengebiete. Z. Geomorph., Suppl. Bd. 15, 1972, S. 156-166
HÖVERMANN, J.: Vorläufiger Bericht über eine Forschungsreise im Tibesti-Massiv. Die Erde, 1963, S. 126-135
—: Die wissenschaftlichen Arbeiten der Station Bardai im ersten Arbeitsjahr (1964 bis 1965). Berliner Geogr. Abh. 5, 1967, S. 7—10
—: Hangformen und Hangentwicklung zwischen Syrte und Tschad. Congr. Coll. Univ. Liège 40, L'évolution des versants. Liège 1967, S. 139-156
HOLLON, W.: The North American deserts. New York 1966
JAEGER, E. C.: The North American Deserts. Stanford 1957
JÄKEL, D.: Vorläufiger Bericht über Untersuchungen fluviatiler Terrassen im Tibesti-Gebirge. Berliner Geogr. Abh. 5, 1967, S. 39-50
—: Erosion und Akkumulation im Enneri Bardagué-Arayé des Tibesti-Gebirges (zentrale Sahara) während des Pleistozäns u. Holozäns. Berliner Geogr. Abh. 10, 1971
— u. SCHULZ, E.: Spezielle Untersuchungen an der Mittelterrasse im Enneri Tabi, Tibesti-Gebirge. Z. Geomorph., Suppl. Bd. 15, 1972, S. 129-143
JANNSEN, G.: Einige Beobachtungen zu Transport- und Abflußvorgängen im Enneri Bardagué bei Bardai. Berliner Geogr. Abh. 8, 1969, S. 41—46
—: Morphologische Untersuchungen im nördlichen Tarso Voon (Zentrales Tibesti). Berliner Geogr. Abh. 9, 1970
—: Periglazialerscheinungen in Trockengebieten. — Z. Geomorph., Suppl. Bd. 15, 1972, S. 167-176
KAISER, E.: Abtragung und Auflagerung in der Namib. Geol. Charakterbilder 27/28, Berlin 1923
—: Was ist eine Wüste? Mitt. Geogr. Ges. München 16, 1923, S. 1-20
—: Die Diamantenwüste Südwestafrikas. 2 Bde., Berlin 1926
—: Über Wüstenformen, insbesondere in der Namib Südwestafrikas. In: F. THORBECKE, Morphologie der Klimazonen. Düsseldorfer Geogr. Vorträge, Verh. 89. Tagung Ges. dt. Naturforscher u. Ärzte 1926. Breslau 1927, S. 68-78

KAISER, K.: Über Konvergenzen arider und „periglazialer" Oberflächenformung. Abh. 1. Geogr. Inst. FU Berlin 13, Schultze-Festschr., 1970, S. 147-188
KANTER, H.: Der Fezzan als Beispiel innersaharischer Becken. Sitzungsber. Europ. Geographen Würzburg 1942, Leipzig 1943, S. 403-462
KAYSER, K.: Namib-Studien — Beobachtungen und Überlegungen auf einer Fahrt vom Naukluft-Gebirge zum Kuiseb und der Wüstenforschungsstation Gobabeb. Dt. Geogr. Forsch. in der Welt von heute. Festschr. f. E. Gentz, Kiel 1970, S. 181-192
KILIAN, C.: Aperçu de la structure des Tassilis des Ajjers. Paris 1922
—: Au Hoggar. Paris 1925
KINZL, H.: Die Dünen in der Küstenlandschaft von Peru. Mitt. Geogr. Ges. Wien 100, 1958, S. 5-17
KLAER, W.: Formen der Granitverwitterung im ganzjährig ariden Gebiet der östlichen Sahara (Tibesti). Tübinger Geogr. Stud. 34, Wilhelmy-Festschr., 1970, S. 71-78
KLUG, H.: Geomorphologische Beobachtungen im südlichen Randgebiet der Wüste Sonora (Mexiko). Schr. Naturw. Ver. Schlesw.-Holst. 42, 1972, S. 35-46
KNETSCH, G.: Beobachtungen in der libyschen Sahara. Geol. Rdsch. 38, 1950, S. 40-59
—: Über aride Verwitterung unter besonderer Berücksichtigung natürlicher und künstlicher Wände in Ägypten. Z. Geomorph., Suppl.-Bd. 1, 1960, S. 190-205
—: Über Boden und Grundwasser in der Wüste, am Beispiel westägyptischer Vorkommen. Nova Acta Leopoldina, N. F. 31, 1964, S. 67–85
— u. REFAI, E.: Über Wüstenverwitterung, Wüsten-Feinrelief und Denkmalzerfall in Ägypten. N. Jb. Mineral. etc., Abh. 101, 1955, S. 227-256
KREBS, N.: Morphologische Beobachtungen in den Wüsten Ägyptens. Mitt. Geogr. Ges. Wien 57, 1914, S. 312-321
KRUMBEIN, W. E.: Biologische Entstehung von Wüstenlack. Umschau in Wiss. u. Technik 71, 1971, S. 240-241
KUBIENA, W. L.: Über die Braunlehmrelikte des Atakor (Hoggar-Gebirge). Erdkunde 9, 1955, S. 115-132
LARSON, P.: Deserts of America. London 1970
LAWSON, A. C.: The Epigene Profiles of the Desert. Univ. Calif. Geol. Bull. 9, 1915, S. 23-48
LETTAU, K. u. H.: Bulk transport of sand by the barchans of the Pampa de La Joya in Southern Peru. Z. Geomorph., N. F. 13, 1969, S. 182—195
MAACK, R.: Die Tsondab-Wüste und das Randgebirge von Ababes in SW-Afrika. Z. Ges. f. Erdkde. Berlin 1924, S. 13-29
MALAURIE, J.: Sur la faible importance de désagrégation méchanique et sur l'évolution des pentes dans le massif du Hoggar. C. R. Acad. Sc. 230, Paris 1950, S. 2307-2309
McGINNIES, W. G., BRAM, J., GOLDMAN, B. J. u. PAYLORE, P.: Deserts of the World. An appraisal of research into their physical and biological environments. Univ. Arizona Press 1968
MECKELEIN, W.: Forschungen in der zentralen Sahara. Braunschweig 1959
—: Beobachtungen und Gedanken zu geomorphologischen Konvergenzen in Polar- und Wärmewüsten. Erdkunde 19, 1965, S. 31-39
MEINARDUS, W.: Die morphologischen Klimafaktoren in der Wüste bei Heluan. Abh. Ges. Wiss. Göttingen, Math.-phys. Kl. III, 1933

MEINARDUS, W.: Bodentemperaturen in der Wüste bei Schellal, Oberägypten. Nachr. Ges. Wiss. Göttingen, Math.-phys. Kl. V, Geogr. I, 1935, S.1-18
MENSCHING, H.: Französische Sahara-Forschung. Erdkunde 7, 1953, S. 123-125
—: Klima-geomorphologische Beobachtungen zur Blockbildung in den ariden Subtropen Afrikas. Tübinger Geogr. Stud. 34, Festschr. f. H. Wilhelmy, 1970, S. 133-140
—, GIESSNER, K. u. STUCKMANN, G.: Sudan, Sahel, Sahara. Geomorphologische Beobachtungen auf einer Forschungsexpedition nach West- und Nordafrika 1969. Jb. Geogr. Ges. Hannover für 1969, Hannover 1970
MENZEL, A.: Die Stufenlandschaften der zentralen Sahara. Wiss. Veröff. Museum f. Länderkde., Leipzig, N. F. 2, 1933, S. 103-130
MESSERLI, B.: Formen und Formungsprozesse in der Hochgebirgsregion des Tibesti. Hochgebirgsforschung, H. 2, 1972, S. 23-86
MOLLE, H.-G.: Terrassenuntersuchungen im Gebiet des Enneri Zoumri (Tibestigebirge). Berliner Geogr. Abh. 8, 1969, S. 23-31
—: Gliederung und Aufbau fluviatiler Terrassenakkumulationen im Gebiet des Enneri Zoumri (Tibesti-Gebirge). Berliner Geogr. Abh. 13, 1971
MONOD, Th.: Majâbat al-Koubrâ un ‚Empty-Quater' ouest-saharien. Hermann v. Wissmann-Festschr., Tübingen 1962, S. 115-125
—: The late Tertiary and Pleistocene in the Sahara and Adjacent Southerly Regions. In: C. HOWELL and F. BOURLIÈRE: African Ecology and Human Evolution, New York 1963, S. 117-229
MORTENSEN, H.: Der Formenschatz der nordchilenischen Wüste. Abh. Ges. Wiss. Göttingen, Math.-phys. Kl., N. F. 12, 1, 1927
—: Inselberglandschaften in Nordchile. Z. Geomorph. 4, 1928/29, S. 123-138
—: Über Vorzeitbildungen und einige andere Fragen in der nordchilenischen Wüste. Mitt. Geogr. Ges. Hamburg 40, 1929, S. 202-239
—: Einige Oberflächenformen in Chile und auf Spitzbergen im Rahmen einer vergleichenden Morphologie der Klimazonen. Peterm. Geogr. Mitt., Erg.-H. 209, Wagner-Gedächtnisschr., 1930, S. 147-156
—: Probleme der deutschen morphologischen Wüstenforschung. Naturwissenschaften 18, 1930, S. 629-637
—: Die Wüstenböden. In E. BLANCK: Handb. Bodenlehre Bd. 3, 1930, S. 437-490
—: Die Salzsprengung und ihre Bedeutung für die regionale klimatische Gliederung der Wüsten. Peterm. Geogr. Mitt. 79, 1933, S. 130-135
—: Das Gesetz der Wüstenbildung. Universitas 5, 1950, S. 801-814
OBENAUF, K. P.: Beobachtungen zur spätpleistozänen und holozänen Talformung im Nordwest-Tibesti. Berliner Geogr. Abh. 5, 1967, S. 27-38
PASSARGE, S.: Beobachtungen über Verwitterung während einer Reise in Ägypten im Jahre 1914. In: E. BLANCK u. S. PASSARGE: Die chemische Verwitterung in der ägyptischen Wüste. Abh. aus Gebiet Auslandskde. 17, Hamburg 1925, S. 1-26
—: Die Ausgestaltung der Trockenwüsten im heißen Gürtel. In: F. THORBECKE, Morphologie der Klimazonen. Düsseldorfer Geogr. Vorträge, Verh. 89. Tagung Ges. dt. Naturforscher u. Ärzte 1926. Breslau 1927, S. 54-67
—: Morphologische Studien in der Wüste von Assuan. Univ. Hamburg, Abh. aus Gebiet Auslandskde. 60, C, Bd. 17, 1955
— u. MEINARDUS, W.: Studien in der ägyptischen Wüste. Abh. Ges. Wiss. Göttingen, Math.-phys. Kl. III, H. 9, Berlin 1933

PENCK, A.: Die Morphologie der Wüsten. Geogr. Z. 1909, S. 545-558 u. Verh. 17. Dt. Geographentag Lübeck 1909, Berlin 1910, S. 125-140
PFALZ, R.: Geomorphologische Probleme in Italienisch-Libyen. Z. Ges. f. Erdkde. Berlin, 1940, S. 379-401
PFANNENSTIEL, M.: Das Quartär der Levante. II. Die Entstehung der ägyptischen Oasendepressionen. Akad. Wiss. u. Lit. Mainz, Abh. Math.-nat. Kl. 7, 1953
RANGE, P.: Die täglichen Wärmeschwankungen an der Oberfläche des Bodens im heißen ariden Klima. Meteorol. Z. 1920, S. 102-104
—: Die Küstenwüsten zwischen Lüderitzbucht und Swakopmund in Südwestafrika. Peterm. Geogr. Mitt., 1927, S. 344-352
ROGNON, P.: Oberservations sur le quaternaire du Hoggar. Trav. Inst. Rech. Sahar. 21, 1962, S. 57-79
—: Climatic influences on the African Hoggar during the Quaternary, based on geomorphologic observations. Ann. Assoc. Amer. Geogr. 57, 1967, S. 115-127
—: Le Massif de l'Atakor et ses Bordures (Sahara Central). Étude géomorphologique. Paris 1967
SANDFORD, K. S.: The Wadi Um Dud in the Eastern Desert of Egypt. Geogr. J. 72, 1928, S. 144-158
—: The Pliocene and Pleistocene deposits of Wadi Quena and the Nile Valley between Luxor and Assiut. Quaterly J. Geol. Soc. London 85, 1929, S. 493-548
SCHAMP, H.: Die Gebirgswüsten der südlichen Sinaihalbinsel. Z. f. Erdkde. 1941, S. 340-347
SCHATTNER, I.: Weathering phenomena in the Crystalline of the Sinai in the light of Current Notions. Bull. Research Council of Israel, Geo-Sci., 10 G, 1961, S. 247-266
SCHEFFER, F., MEYER, B. u. KALK, E.: Biologische Ursachen der Wüstenlackbildung. Z. Geomorph., N. F. 7, 1963, S. 112-119
SCHIFFERS, H.: Die Sahara und die Syrtenländer. Stuttgart 1950
—: Begriff, Grenze und Gliederung der Sahara. Peterm. Geogr. Mitt., 1951, S. 239-246
—: Die Seen in der Sahara. Die Erde, Berlin 1952, S. 1-13
—: Die Sahara und ihre Randgebiete. Bd. 1, München 1967
SCHMITTHENNER, H.: Die Stufenlandschaften am Nil und in der Libyschen Wüste. Geogr. Z. 37, 1931, S. 526-540
SCHWARZBACH, M.: Das Alter der Wüste Sahara. N. Jb. Geol. u. Paläontol., 1953, S. 157-174
SCHWEGLER, E.: Die Böden nordafrikanischer Wüsten und Halbwüsten. N. Jb. Mineral., Geol. u. Paläontol., Abh. 89 B, 1948, S. 349–406
SHATA, A.: Remarks on the Geomorphology. I: The Lower Nubia Area, Egypt. Bull. Soc. Géogr. 35, Kairo 1963, S. 273-300
SMITH, H. T. U.: Giant composite barchans of the northern Peruvian deserts. Bull. Geol. Soc. Amer. 67/12, 1956
SPREITZER, H.: Die zentrale Namib. Mitt. Österr. Geogr. Ges. 105, Wien 1963, S. 340-356
—: Landschaft und Landformung der Zentralen Namib. Nova Acta Leopoldina 31, Leipzig 1964
—: Beobachtungen zur Geomorphologie der Zentralen Namib und ihrer Randgebiete. S. W. A. Wiss. Ges. Sonderveröff. 4, Windhoek 1965

Stratil-Sauer, G.: Forschungen in der Wüste Lut. Wiss. Z. Martin Luther-Univ. Halle-Wittenberg, Math.-nat. Kl., 1956, S. 569-574
—: Die pleistozänen Ablagerungen im Inneren der Wüste Lut. Festschr. Hundertjahrfeier Geogr. Ges. Wien, 1957, S. 460-485
Suter, K.: Zur Hydrologie der Sahara. Erdkunde 7, 1953, S. 306-309
Thompsen, D. G.: The Mojave Desert Region. US Geol. Survey Water Supply Paper 578, Washington 1929
Tricart, J.: Notes géomorphologiques sur les environs d'Atar (Mauritanie). Bull. de I. F. A. N. 17, Ser. A, 1955, S. 325-337
Villinger, H.: Statistische Auswertung von Hangneigungsmessungen im Tibesti-Gebirge. Berliner Geogr. Abh. 5, 1967, S. 51-65
Waibel, L.: Die Inselberglandschaft von Arizona und Sonora. Z. Ges. f. Erdkde. Berlin, Sonderbd. 1928, S. 68-91
Walther, J.: Die Denudation in der Wüste. Abh. Math.-phys. Kl., Sächs. Akad. Wiss. 16, Leipzig 1891, S. 345-570
—: Die nordamerikanischen Wüsten. Verh. Ges. f. Erdkde. Berlin 19, 1892, S. 52-65
—: Das Gesetz der Wüstenbildung. Leipzig 1924[4]
Weischet, W.: Zur Geomorphologie des Glatthang-Reliefs in der ariden Subtropenzone des Kleinen Nordens von Chile. Z. Geomorph., N. F. 13, 1969, S. 1-21
Wetzel, W.: Die Welt der konzentrierten Lösungen. Ein Einblick in die Natur der Salpeterwüste. Natur 17, Leipzig 1926, S. 350-356
—: Beiträge zur Erdgeschichte der mittleren Atacama. N. Jb. Mineral. etc., Beil.-Bd. 58 B, 1927, S. 505-578
Williams, G. E.: Piedmont sedimentation and late Quaternary chronology in the Biskra region of the northern Sahara. Z. Geomorph., Suppl.-Bd. 10, 1970, S. 40-63
Wilson, I. G.: Desert sandflow basins and a model for the development of ergs. Geogr. J. 137, II, 1971, S. 180-199
Wirth, E.: Morphologische und bodenkundliche Beobachtungen in der syrisch-irakischen Wüste. Erdkunde 12, 1958, S. 26-42
Wissmann, H. v.: Übersicht über Aufbau und Oberflächengestaltung Arabiens. Z. Ges. f. Erdkde. Berlin, 1932, S. 335-357
Ziegert, H.: Climatic Changes and Paleolithic Industries in Eastern Fezzan, Libya. In: J. J. Williams and E. Klitzsch, South-Central Libya and Northern Chad, Amsterdam 1966
—: Gebel Ben Ghnema und Nord-Tibesti. Pleistozäne Klima- und Kulturenfolge in der zentralen Sahara. Wiesbaden 1969


# Zone 10: Formengruppen der trockenen Randtropen
## (tropisch-wechselfeuchter Klimate mit überwiegender Trockenzeit)

Verbreitung: auf N-Halbkugel am äquatorialen Saum subtropisch-tropischer Wüsten (Zone 9), auf S-Halbkugel östl. an Küstenwüsten anschließend. Im nördl. Afrika: Kap Verdische Inseln, Senegambien, westafrikanischer Sahel[1]), mittlerer Sudan (Kordofan), Küstenstreifen am Roten Meer mit Somalia und S-Arabien; in S-Afrika: nördl. Kalahari, mittlerer und nördl. Teil SW-Afrikas (Amboland, Rehobother Westen, Namaland); NW-Indien („Wüste" Tharr) und mittlerer Dekkan; nördl. Zentralaustralien; karibische Küste Kolumbiens und Venezuelas einschl. „Inseln unter dem Winde", NO-Brasilien, Gran Chaco; peruanische, bolivianische und argentinische Puna.

Klimazonale Einordnung: Semiarider bis arider Bereich nach A. PENCK; Teilbereich der BSh-Klimate nach W. KÖPPEN; Warmtropisches Trokken- und Dornsavannenklima nach H. v. WISSMANN; Kurz sommerfeuchtes, halbtrockenes Tropenklima nach N. CREUTZBURG; Teilbereich des tropischen Halbwüsten- und Wüstenklimas nach C. TROLL und K. H. PAFFEN.

Klimatische Merkmale: randtropisches *Tageszeitenklima,* d. h. tägliche Temperaturschwankungen (10° bis 15° C) nur wenig größer als Jahresamplitude mittlerer Monatstemperaturen (um 10° C), ganzjährig hohe Tagestemperaturen: 35° bis 40° C; kältester Monat nicht unter 18° C, wärmster um 30° C. Außer in NW-Indien *kein Frost* in Tieflandgebieten.

Morphodynamisch hygrischer Jahresgang mit *sommerlichen Zenitalregen* bei von Jahr zu Jahr großer Niederschlagsvariabilität bedeutsamer als thermischer Jahresgang. 6–11 aride, 1–6 humide Monate (Sahel: 9½, Sudan: 5–9½ aride Monate). Keine zusammenhängende „Regenzeit", sondern Niederschläge auf Einzeltage innerhalb der Sommermonate beschränkt. Niederschlagsbringer sind mit polwärtiger Verlagerung innertropischer Konvergenz (ITC) nach N bzw. nach S übergreifende *tropische Westwinde;* erreichen in Nieder-Afrika etwa 16–17° n. Br. Im Winter umgekehrt Vorstoß trockener passatischer Luftmassen von höheren gegen niedere Breiten.

Äußerster polwärtiger Wirkungsbereich tropischer Zenitalregen bezeichnet polare Grenze der Zone 10; diese in NW-Indien am weitesten nach N verschoben (bis 30° n. Br.).

*Jahresniederschlagsmengen* zwischen 150 und 600 mm, max. 800 mm. Minimum am Unterlauf des Indus mit 100 mm. Wichtigster Unterschied zum subtropisch-wechselfeuchten Klima mit überwiegender Trokkenzeit am polaren Saum des Trockengürtels (Zone 8): keine Winter-, sondern Sommerregen, höhere absolute Temperaturen bei wesentlich geringerer Jahresschwankung.

---

[1] arab. sâhel = an der Küste liegend; Nahtzone zwischen Wüste und Steppe; Raum Mauretanien, Mali, Niger, Tschad

In niederschlagsfreien Monaten extreme Lufttrockenheit: 10—15 %/o rel. Luftfeuchte gegenüber 70—80 %/o im Sommer. Große morphologische Bedeutung passatischen Windsystems im Sahel, monsunaler SW-Strömung in „Wüste" Tharr; dort bes. zu Beginn heißer Jahreszeit Staub- und Sandstürme. Im nördl. Zentralaustralien von Januar bis März tropische Wirbelstürme („willy willies"), von heftigen Regengüssen abgelöste Staubstürme.

Vegetationsmerkmale: Dorn- und Sukkulenten-*Savannen*, Büschelgräser, keine geschlossene Grasnarbe. In Kalahari ebenso wie im Sahel und in NW-Indien Akazien-Dornbusch-Savanne, in Zentralaustralien Malleescrub mit Eukalypten, Akazien und Spinifex-Gräsern, bei über 500 mm Jahresniederschlag laubabwerfender Trockenwald; in NO-Brasilien Caatinga[1]).

---

Verwitterungsart: Lage trockener Randtropen zwischen vollariden Passatwüsten (Zone 9) und wechselfeuchten Tropen (Zone 11) findet Ausdruck in äquatorwärts abnehmender *physikalischer*, dabei kaum zunehmender *chemischer* Verwitterung. Keine rezente Tiefenverwitterung, nur schwache Ansätze einer Bodenbildung (→ IV, 267).

*Gesteinsblöcke* im westafrikanischen Sahel mit deutlichen Abschuppungs- und Vergrusungserscheinungen unter Mitwirkung mikroklimatisch gesteuerter chemischer Feinmaterialverwitterung: unter frisch abgeplatzten Schalen tonreiche Rötungshorizonte (H. MENSCHING). Rote, z. T. ziegelrote Verfärbungen auch auf Innenseite von Verwitterungskrusten der Inselberge in Angola (O. JESSEN). Mächtige Blockanreicherungen an Steilhängen, entstanden durch Grusausspülung. Keine Blockansammlungen auf flach geneigten Fußflächen.

H. MENSCHING hält rezente Blockbildung im Sahel durch Entblößung klüftigen Gesteinsuntergrundes und langsam vordringende chemische Verwitterung ohne kryptogene Vorformung in älterer tropisch-humider Verwitterungsschicht für möglich.

*Kritik:* phanerogene Zurundung kantiger Blöcke in aridem Klima zwar nicht ausgeschlossen (→ IV, 239), aber nicht Regelfall. Bei Hyderabad im Dekkan (N = 790 mm/J, 7—8 aride Monate) riesige, sich über 60 km erstreckende Blockmeere mit Felsburgen und aufeinandergetürmten Wakkelsteinen (P. SCHLEE), die nur durch Freilegung aus mächtiger fossiler Verwitterungsdecke erklärbar sind. Ebenso in NO-Brasilien (N = 500 bis 600 mm/J, 9 aride Monate) in flachen Talmulden Ausspülung kryptogen angelegter Felsburgen mit Wackelsteinen aus alten Verwitterungshorizonten in *statu nascendi* zu beobachten (H. WILHELMY).

---

1) indian.-portug. = weißer Wald; von heller Rinde laubabwerfender Bäume

Trockene Randtropen, bes. von Passat überwehte Inseln und Küstenstreifen, sind Hauptverbreitungsgebiete von *Hohlblockbildungen* (Tafoni) in vollkommenster Erscheinungsform: hausgroße, von Hartrinden überzogene Wollsackblöcke, deren Inneres durch Kernverwitterung völlig ausgehöhlt ist (→ II, 26 ff).

> *Beispiel:* 15 m hohe Dioritkugeln auf Karibikinsel Aruba (N = 440 mm/J, 10 aride Monate), deren Tafoni-Öffnungen entgegengesetzt zum 6—7 Monate wehenden ONO-Passat nach SW gerichtet sind. Kavernen entstanden auf feuchter Windschattenseite, während sich auf windexponierten Flächen durch ständigen Wechsel von Befeuchtung und Abtrocknung Hartrinden (Schutzrinden) bildeten. Abschuppung mürber Dioritplättchen im Inneren der Hohlkugeln beweist rezenten Fortgang des Tafonierungsprozesses (H. WILHELMY).

**Bodentypus:** Äquatorwärts zunehmende, jedoch in trockenen Randtropen nur *vorzeitlich* größere Bedeutung chemischer Verwitterung findet Ausdruck in *Rotfärbung* der Böden, beruhend auf relativer Anreicherung von Eisenoxid und -hydroxid im oberen Bodenhorizont. Verwitterungspotential reinen Wassers nimmt mit steigenden Temperaturen zu, ist in Tropen etwa fünfmal größer als in gemäßigten Breiten. Intensive Auslaugung führt zu Basenverarmung und damit zur Freisetzung von Kieselsäure und Sesquioxiden ($Fe_2O_3 + Al_2O_3$), die sich in oberen Horizonten anreichern; dadurch entstehen vegetationsfeindliche *Lateritkrusten*[1]), die *klimatypische Erscheinung* wechselfeuchter Tropen sind (→ IV, 294 f.); Auftreten in ariden Randtropen verweist auf Entstehung unter *vorzeitlich* humideren Klimabedingungen (→ IV, 295).

Ursprünglich im Oberboden gebildete Laterithorizonte sind häufig durch Abspülung an Oberfläche getreten, z. B. Cangadecken NO-Brasiliens. In ähnlicher Weise Kunkur- (Kankar-, Kanker-)Pflaster NW-Indiens zu erklären: in kalkreichen Lockergesteinen (Löß) entstandene *Konkretionshorizonte*, die durch Abtragung darüber gelegener Bodenschicht freigelegt wurden und im Erscheinungsbild weitgehend Kalkkrusten (→ IV, 209) gleichen, aber andersartiger Genese sind. Entstehung wohl subrezent unter etwas feuchteren, aber nicht grundsätzlich anderen Klimabedingungen als heute (C. RATHJENS).

*Kieselkrusten* (silcrete) über Sandsteinen und Quarziten sind Äquivalent der Lateritkrusten auf eisenhaltigen Gesteinen; bilden z. T. mehrere Meter mächtige Anreicherungen mit $SiO_2$-Gehalt bis 92 % bei nur 2 % $Fe_2O_3$. Hauptverbreitung in Zentralaustralien und S-Afrika. Durch Umlagerungsprozesse gelegentlich Pisolithstreu (Lateritkonkretionen) auf Kieselkrusten oder umgekehrt.

In westl. Kalahari infolge geringer Niederschläge auf sehr sandigen Lockersedimenten, z. B. Quarzsanden, praktisch keine Bodenbildung, d. h.

---

1) lat. later = Ziegelstein

kein vom Ausgangsmaterial zu unterscheidendes Bodensubstrat (H. LE-SER). Außerhalb „Sandvelds" nackte Fels-, Skelett- und Kies„böden". Im westafrikanischen Sahel bei Jahresniederschlägen von 250—500 mm leicht verbraunte Oberböden. Versalzungs- und Versumpfungserscheinungen in Gebieten künstlicher Bewässerung infolge Grundwasseranstiegs, z. B. pakistanischer Indus-Ebene (H. BLUME).

*Schwarze Savannenböden* sind Besonderheiten Indiens: *Regur* oder black cotton soil, vorwiegend über Trappdecke, aber auch auf lößartigen Feinsedimenten und auf Dünensand. Verbreitung anscheinend an Mindestniederschlag von 400 mm/J gebunden (C. RATHJENS).

*Keine rezente* tropische *Roterde*; in NW-Indien erst bei Niederschlägen über 800 mm/J, d. h. außerhalb Zone 10, z. B. auf Halbinsel Saurashtra und ebenfalls zur Zone 11 gehörigem Mount Abu (Aravallis). Auch rezente Roterde in N-Australien nur im Bereich der Feuchtsavanne. Vererdete Laterite Zentralaustraliens sind Zeugnisse feuchteren Vorzeitklimas (H. BREMER).

**Abtragungs- und Transportart:** *Oberflächenabfluß* erreicht, wie in vollariden Wüsten, nur über Fremdlingsflüsse das Meer (→ II, 92), z. B. Rio Salado, Bermejo und Pilcomayo im Gran Chaco, Indus und Niger. In reinen Sandgebieten (Kalahari, Tharr) sofortiges Absinken des Niederschlagswassers in den Untergrund, Wiederaustritt im Grundwasserhorizont größerer Tiefenlinien, die Anschluß an Fremdlingsströme haben, in abflußlosen Hohlformen oder Binnendeltas enden.

*Binnendelta* großen Ausmaßes als *zonenspezifischer Landschaftstyp* im westl. Niger-Bogen zwischen Koulikoro und Timbuktu.

> Bei Ségou tritt Niger in weite tonige Ebene ein: ausgedehntes fossiles Delta; dieses geht 130 km stromabwärts in rezentes Binnendelta über, dem sich oberhalb Mopti Zone seeartiger periodischer Überschwemmungen anschließt, die zusammen mit rezentem und fossilen Binnendelta riesiger pluvialzeitlicher Binnensee war (→ IV, 276). Nachdem heutiger Unterlauf des Niger durch rückschreitende Erosion Niger-Becken erreichte und Niederschläge seit Beginn des Holozäns auf heutiges Maß zurückgingen, Entleerung des Binnensees und Umwandlung in Sumpfgebiet, das bis auf Macina-Ebene (rezentes Binnendelta) jedoch rasch austrocknete. Macina-Ebene jetzt nur noch zur Regenzeit weithin überschwemmt. Hochwasser des Niger ergießt sich dann in „Marigot de Diaka", ein fast 2 km breites altes Strombett.

Ähnliches Binnendelta des Rio Pilcomayo oberhalb Einmündung in Rio Paraguay.

Wasserführung kleinerer Flüsse nur während sommerlicher Regen für einige Tage oder Wochen. „Abkommen" dieser Flüsse nicht mit Flutwelle, wie Wadis vollarider Gebiete, sondern mit zwar ebenfalls schnell, aber Talungen nicht in ganzer Breite erfüllendem schlammreichem Wasser, das gelegentlich geradezu Schlammbrei darstellt. Dann wieder ebenso allmähliches Trockenfallen. Nur in NW-Indien (Gujerat, Halbinsel Saurashtra) einige Flüsse mit trockenzeitlichen schmalen Wasserfäden. Luni River erreicht als einziger Indischen Ozean.

Flüsse Zentralaustraliens während größten Teils des Jahres trocken: *Creeks*, die in später zu Tonpfannen austrocknenden Wasserlöchern enden, sog. *floodouts*. Bedeutendstes Creek-System ist das des Finke River, der mit zahlreichen Nebenflüssen riesiges Areal zum Eyre-See, der mit — 12 m tiefsten Depression Australiens, entwässert, diesen jedoch zwischen 1903 und 1953 nur dreimal erreicht haben soll.

Ähnliche große *abflußlose Hohlformen* arider Randtropen: Tschad-See, Salz- und Kalkpfannen der Kalahari und anderer Landschaften SW-Afrikas, Sambhar-See NW-Indiens, Amadeus-See Zentralaustraliens. Gebiete der Binnenentwässerung umfassen im trockenen Tiefland S-Amerikas 1,6 Mill. km².

Wirksamkeit *linienhafter* Erosion von Reliefenergie und Entfernung zur Erosionsbasis (Basisdistanz) abhängig. In weitgespannte alte Rumpffläche des Sahel 30—50 m eingetiefte *Täler* zwar unter vorzeitlich andersartigen klimatischen Bedingungen entstanden, setzen sich aber in Einzugsbereichen als aktive rezente Spülmulden fort, wie sie bes. für Feuchtsavanne (Zone 11) bezeichnend sind; gehen talabwärts in ebensohlige kastenartige Täler mit ausgeprägten Flußbetten, schließlich in die alten Haupttäler über (H. MENSCHING).

Durch *Omuramben*[1], flußbettlose Muldentäler im nördl. Namaland (SW-Afrika), während Regenzeit gelegentlich Abfluß der Schichtfluten zur Kalahari. Wasserrückstände in kleinen schüsselförmigen Senken der Omuramben bilden allmählich austrocknende *Vleys* (J. F. GELLERT).

*Spülwirkung zenitaler Sommerregen*, bes. der Monsunfluten NW-Indiens, von außerordentlicher Stärke. Sanderfüllte Hochflutbetten unterliegen ständiger Veränderung, alle Gerinne von frischem Aussehen. Jedoch in Flachmuldentälern selbst Erosionsleistung sehr gering: keine Terrassen, gewöhnlich auch keine Prall- und Gleithänge. Aus höheren Gebirgen (z. B. Anden S-Amerikas) austretende Flüsse häufig ohne eigentliches Bett im Bereich der Ebene und fast alljährlicher Verlagerung unterworfen: „tallose Flüsse" des Gran Chaco (H. KANTER), die sich im Sand verlieren oder in Binnenbecken enden.

Selbst große Stromsysteme, wie das des Indus und der Pandschab-Flüsse, bis in jüngste Vergangenheit von beständigen *Laufverlegungen* betroffen. Indus-Ebene von zahllosen außer Funktion gesetzten oder nur gelegentlich wasserführenden, wenig in Landoberfläche eingetieften alten Flußläufen durchzogen (H. WILHELMY).

---

[1] aus Hererosprache

Unmittelbarer Abtragungs- und Akkumulationseffekt durch *Schichtfluten* nicht zu unterschätzen. Im bolivianischen Chaco nahe Anden-Rand durch einzelne Schichtfluten Ablagerung bis zu 20 cm dicker Schlammschicht, Entstehung 80 m breiter, bis 8 m tiefer, sofort nach Abfluß wieder trockenfallender Spülbetten (G. BISCHOFF).

Oberflächlich abfließendes, von allen Seiten zuströmendes Regenwasser auch an Auffüllung abflußloser Hohlformen (Pfannen, Dry lakes) mit Feinmaterial in stärkerem Maße als in vollarider Wüste (Zone 9) beteiligt. 150—180 km² großer salziger Sambhar Lake westl. Jaipur hat z. B. Einzugsbereich von 5700 km².

*Kalkpfannen* SW-Afrikas andersartiger Entstehung: sind ehemalige Grundwasserseen über kalkreichem Untergrund (Etoscha-Pfanne) oder aus trockengefallenen Flußläufen hervorgegangen (F. JAEGER).

*Abtragungsprozesse* stoßweise auf kurze Regenzeit konzentriert. Trockenzeit ist Periode der Schuttaufbereitung, Regenzeit die der Schuttabfuhr. Keine nennenswerte Behinderung flächenhafter Abtragung durch schüttere Busch- und Baumbestände und in Trockenzeit verdorrende lückenhafte Grasnarbe. Keine Flächenspülung in reinen Sandgebieten; auf tonhaltigen Böden Begünstigung des Oberflächenabflusses durch *Luftpolster:* Poren des in niederschlagslosen Monaten ausgetrockneten Bodens sind von Luft erfüllt, so daß kurzfristig und konzentriert fallende Regen (bis 100 mm/Tag) nicht sogleich in Untergrund eindringen und Perkolationsgerüst[1]) auffüllen können; daher wird Lockermaterial durch derartige Spülfluten flächenhaft abtransportiert. Erst bei längerer Durchfeuchtung volle Ausnutzung der Speicherkapazität. Verdrängung der Luft unter Bildung vegetationshemmender Schaumböden (O. H. VOLK u. E. GEYGER).

Vor Eintritt dieses Zustandes durch Flächenspülung nicht nur mechanische Weiterverfrachtung, sondern vor allem Abfuhr suspendierten Feinmaterials als *Trübe*.

Durch flächenhaft abströmendes Wasser Entstehung von Erosionsrissen: an steileren Hängen badlandartige Zerschneidung von Lockersedimenten, auf flachem Gelände Bildung vielfältig verzweigter *Rillensysteme*. Von zelligen und schlackigen Lateritpanzern geschützte Altflächen (→ u.) davon jedoch unberührt.

*Rezente äolische Abtragung und Akkumulation* nur a) in Gegenden mit mittlerem Jahresniederschlag unter 150 mm; bei höheren Regenmengen setzt Vegetationsdecke Windgeschwindigkeit unter kritischen Punkt herab, bei dem Sand ausgeblasen wird; b) in Gebieten anthropogener Vegetationszerstörung; dadurch in Bewegung geratene fossile

---

1) lat. colare = durchseihen

*Dünen*-Felder reichen in NW-Indien bis zum westl. Stadtrand von Delhi. In von Menschen weniger berührten Gebieten liegen Dünen fest, sind in der Tharr selbst von Bäumen bewachsen (C. RATHJENS).

Auch große, mit Spinifex bedeckte Längsdünen Zentralaustraliens fossil; jedoch rezente Ausblasung von Feinmaterial aus großer Amadeus-Senke, die noch von versalztem pluvialzeitlichem Restsee erfüllt ist. Durch Schichtfluten eingeschwemmte Sedimente werden z. T. durch Staubstürme wieder an ursprünglichen Abtragungsort zurückverfrachtet. Sand überweht Systeme fluvialer Erosionsrillen, die bes. Fußflächen fossiler Inselberge überziehen und vorwiegend Ergebnis heftiger, durch Wirbelstürme ausgelöster Regengüsse sind (H. BREMER). Sandüberdeckung führt zu ständiger Neubildung der Abflußrillen nach jeder Trockenperiode.

*Steinpflasterböden* sind, ebenso wie große Dünenfelder in zentralaustralischer Simpson-„Wüste", durch Windausblasung entstanden und weit verbreitet; bestehen aus gerundeten, bis kopfgroßen, häufig von Wüstenlack überzogenen Geröllen, eckigen Gesteinstrümmern, Silkret und Pisolith. Dieses durch stauberfüllte Spaltennetze voneinander getrennte „Gibber"-Material ist durch Ausblasung und Verspülung feinerdiger Stoffe zu Kiesdecken angereichert und ähnelt dann Seriren (→ IV, 247) vollarider Gebiete. Unter dünnem Kiesschleier oft feine Polygonstruktur erkennbar. Derartige tropische Musterböden entweder durch Quellung des Feinmaterials entstanden (→ IV, 33), oder Steinpflaster stellen Restprodukt dar, das durch Denudation, Deflation und Freilegung des Unterbodens infolge Umlagerung verkrusteten Bodens zurückblieb. Da die Gibber-Böden am Rand der Simpson-„Wüste" von Dünen überlagert werden, müssen sie älter als diese, vermutlich im Plio-Pleistozän entstanden sein.

**Rezente Flächenbildung** geht *im westafrikanischen Sahel* von tieferer Erosionsbasis breiter Talböden aus: durch Hangabspülung entstehen flachgeneigte Ebenheiten (2—6°), deren obere Begrenzung ausstreichende Eisenkrusten höherer Altfläche bilden. Durch Abbruch der Lateritdecke ständige Verkleinerung der Altflächen, schließlich Auflösung in tafelberg-(mesa-)ähnliche Reste, die rezente Spülfläche — oft auf pilzstilartigen Sockeln — überragen. Somit deutlich *2 Flächengenerationen* erkennbar: der Zerstörung unterworfene höhere Altflächen mit Lateritkrusten, darunter in Gegenwart an Ausdehnung gewinnende, von einzelnen Mesas überragte Fußflächen (H. MENSCHING).

*In Zentralaustralien* völlig gleichartiger Formenkreis: 20—50 m hohe, über die tiefere Ebene verstreute Tafelberge mit konkaven Hängen und von Hartkruste aus Laterit bzw. Silkret geschützter plateauähnlicher Gipfelfläche, vorwiegend auf Spülscheiden der Flüsse. H. BREMER erklärt ihre Entstehung im Sinne BÜDELS als Ergebnis flächenhafter Tieferlegung alttertiärer Fläche zur heutigen Rumpfebenheit.

Auftreten dieser jüngeren Verebnungsflächen beiderseits MacDonnell-Kette als nördl. und südl. plains, wobei sich nördl. Ebene mit 0,02 % allmählich von 750 auf 250 m nach N absenkt, südl. Ebene etwas stärker mit 0,03 % Gefälle von 520 auf 180 m zum Eyre-See als lokaler Erosionsbasis neigt.

Beispiele zeigen wichtigen Unterschied in Auffassung der *Genese*: H. MENSCHING betrachtet untere Sahel-Fläche wegen Aufzehrung der Altfläche von tieferer Erosionsbasis her als *Pediment*, H. BREMER und J. BÜDEL sehen in rezenter tieferer Fläche echte *Rumpffläche*. Da Flächenbildungsprozesse in trockenen Randtropen mit vorherrschender arider Morphodynamik und Abtragung von „unten her" anders verlaufen als in wechselfeuchten Tropen, dem klassischen Gebiet der Rumpfflächenbildung durch Abtragung von „oben her" (→ IV, 297), ist MENSCHINGS Unterscheidung beider Flächenbildungsprozesse begründet. Auch für westl. S-Afrika Bedeutung der Pedimentbildung von H. PASCHINGER betont; für O-Seite S-Rhodesiens Übergang der an trockene Randtropen gebundenen Fußflächenbildung zur Rumpfflächenbildung wechselfeuchter Tropen von K. KAYSER herausgearbeitet.

Wo ältere Flächen nicht durch Eisenpanzer geschützt sind, setzt sich flächenhafte Abtragung auch im höheren Niveau fort, z. B. in Schichtstufenlandschaft W-Rajastans (C. RATHJENS), und auf nicht geschlossen von Laterit- und Kieselkrusten bedeckten alttertiären Rumpfflächen Zentralaustraliens. H. BREMER spricht dort von Freilegung und allmählicher Tieferschaltung alter Inselberg-Fußflächen durch Rillenspülung.

**Hangprofile** entsprechen weitgehend typischer arider Morphodynamik (→ IV, 249): bei Vorhandensein harter Deckschicht (Lateritkruste oder stufenbildende widerständige Gesteinspakete) sehr steiler Oberhang und — je nach Mächtigkeit weicheren Sockels — langer oder kurzer konkaver Unterhang. Stufenränder im Unterschied zu solchen vollarider Gebiete stärker von Erosionskerben durchzogen, z. B. monsunalen Starkregen ausgesetzte Stufenlandschaft von Mangho Pir in Pakistan (H. BLUME). Bei fehlender Deckplatte, etwa auf Zeugenbergresten oder aus Massengesteinen bestehenden Inselbergen, einheitlich sanft konkave, in flachen Schuttschleppen auslaufende Hänge.

*Beispiele:* Inselberge im W senegambischer Platte, Hooiberg auf Aruba, Andesit-Inselberge auf Rumpffläche von Keetmannshoop in S-Afrika.

**Inselberge** haben optimale Bildungsbedingungen nicht in Trocken-, sondern in Feuchtsavanne (→ IV, 301); in wechselfeuchten Tropen mit überwiegender Trockenzeit zwar weit verbreitet, jedoch als Vorzeit- oder Mehrzeitformen (→ IV, 40), die entweder weiterer Abtragung unterworfen oder (in trockensten Bereichen) auch völlige Ruheformen sind, z. B. Ayers Rock im SW australischen N-Territoriums.

*Ayers Rock,* vermutlich größter Inselberg der Erde mit Umfang von 8 km, erhebt sich als nackter, von zahlreichen parallelen Rinnen zerfurchter und von Tafoni durchsetzter Arkose-Block mit konvexen Hängen 350 m hoch über in 500 m Meereshöhe gelegener Altfläche. Bedeckung mit violett verfärbten Großschuppen läßt absolute Formungsruhe erkennen (H. BREMER). Ayers Rock ist „tote Landform" i. S. PASSARGEs. Steilheit der Hänge somit nicht Ausdruck rezenter, sondern vorzeitlicher Morphodynamik und zugleich gesteinsbedingt. Im gleichen Gebiet gelegener Inselberg Mt. Conner aus harten Quarziten über weichem tonhaltigem Sockelgestein zeigt klimazonales Normalprofil: steilen Oberhang und flach auslaufenden schuttbedeckten Unterhang.

Nur *Klein-Inselberge* als Ergebnis *linearer Zerschneidung von Felsfußflächen* als *rezente* Formen in trockenen Randtropen nachgewiesen. Im Rehobother Westen von SW-Afrika überragen bis 250 m hohe ältere Inselbergmassive allgemeine Granitrumpffläche in 1750–1850 m Meereshöhe; diese Fußfläche von breiten, nur 10–30 m tiefen Mulden durchzogen, deren Böden zur Regenzeit weithin überschwemmt und mit Spülschutt der Bergfußflächen eingedeckt werden. Bei schwachem Regen herrscht Aufschüttung, bei Wolkenbrüchen Abtransport, verbunden mit weiterer Ausdehnung flachmuldigen Talsystems. Am S-Fuß der Kamelberge von H. ABEL allmähliche Aufzehrung der den Inselberg umgebenden Fußfläche unter Bildung kleiner und kleinster Inselberge von kaum 10 m Höhe beobachtet. Auch im Kaokoveld regelmäßig Entstehung solcher Klein-Inselberge, wenn sich eine Fußfläche aktiv von „unten her" erweitert. Flache Mulden, die Omuramben-Talungen des Hererolandes ähneln (→ IV, 269), stellen Leitbahnen für abfließendes Wasser dar. Gewöhnlich schneller Zerfall dieser Klein-Inselberge zu Granitblockhaufen.

**Hypsometrischer Formenwandel:** *In Australien* kaum als solcher anzusprechen, da die beiden W-O streichenden Gebirge (MacDonnell- und Musgrave-Kette) die große zentralaustralische Ebenheit nur um etwa 1000 m überragen und max. nicht über 1560 m Meereshöhe erreichen.

Nördliche MacDonnells durch Schichttrippen hochmetamorpher Gesteine gekennzeichnet mit Kehltälern, d. h. mäßig bis steilen Hängen über muldenförmigem Talgrund. Weitere Aufgliederung der Schichtkämme durch intramontane Becken. Völliges Fehlen von Glockenbergen, auch im Kristallin. Randliche Fußflächen enden an Steilhängen in Massengesteinen mit scharfem Knick, während in Schichttrippenlandschaft obere Steilhänge in flache Schuttschleppen des Unterhangs übergehen.

Von A. KOLB in Hamersley Range NW-Australiens beobachtete Steinringe liegen in nur 500 m Meereshöhe, können also nicht auf Frostwechsel beruhen. Sind aus vom Wind ausgeblasenen Steinpflastern hervorgegangen, in deren Lücken sich Büschelgräser ansiedelten, die durch ihr Wachstum Steine seitlich verdrängten. Nach Absterben der Gräser Musterung im Steinpflaster erkennbar.

*In Puna* Argentiniens, Boliviens und Perus weitaus *bedeutsamerer* vertikaler *Formenwandel*: gewaltiger, etwa 3300—4000 m aufragender Hochlandblock von vorwiegend sanfter Oberflächengestaltung. Schuttfelder und Geröllhalden verhüllen Kuppen und Rücken, nur höchste Gipfel und Kämme als scharfe Zacken und Grate; Ränder des Hochlandblocks von fast 7000 m hohen Vulkanen gesäumt.

Bei Niederschlag von nur 200—300 mm/J Puna wüstenhaft trocken, z. T. echte Hochgebirgswüste.

La Quiaca[1]) in 3462 m Höhe hat bei 304 mm Jahresniederschlag und 9,1° C mittlerer Jahrestemperatur 8 aride Monate. Sommerliche Tagestemperaturen um 30° C, nachts, auch im Sommer, fast regelmäßig Fröste, im Winter bis —26° C.

Infolge starker mechanischer Verwitterung alle Hänge von Insolations- und Frostschutt bedeckt. Herabgleitende Gesteinsscherben selten von Wüstenlack (→ IV, 242) überzogen. Ansammlungen von Feinmaterial (Sand, Staub) in feuchten Becken und Senken, bilden in Trockenzeiten von Rissen durchzogene harte, glatte Tennen. Flache *Salare*[2]), einst Seen größerer Ausdehnung (→ IV, 280), heute nur noch von spärlichen Rinnsalen gespeist, verändern je nach Regenfällen Größe und Lage. In Trockenzeiten weißschimmernde Flächen von Kochsalz, Gips, Boraten und Chloriden.

*Beispiele:* Salar von Antofalla erfüllt in 3346 m Höhe 8—10 km breite Mulde von 155 km Länge; Salar von Arizaro in 3650 m Höhe ist 40 km breit und 87 km lang. Manche Salare bedecken Fläche bis zu 3000 km², z. B. riesiger Salar von Uyuni auf bolivianischem Altiplano in 3660 m (150 x 130 km).

*Kräftige Tageszeiten-Solifluktion* in hinlänglich wasserhaltigem Boden und Verwitterungsschutt in Höhen zwischen 4600 und 5300 m, Wirkungen denen jahreszeitlicher Solifluktion arktischer Frostschutzone (→ IV, 80) vergleichbar (C. TROLL), jedoch bescheidenere Größe entstehender Steinringe wegen geringeren Tiefgangs allnächtlichen Frostes (→ IV, 73).

*Kammeis-Solifluktion* für Bereich trockener tropischer Hochgebirge bes. charakteristisch, ferner Auftreten bis zum Boden ausfrierender Bäche und Flüsse. Entstehen in argentinischer Puna durch sogleich nach Austritt gefrierendes Quellwasser und ständiges Wachsen der das Bachbett erfüllenden Eiskörper infolge fortgesetzter Schüttung; durch mittägliches Abschmelzen Verwandlung in Gießbäche, deren Erosions- und Zerstörungskraft diejenige alpiner Wildbäche erreicht. „*Tageszeiten-Aufeis*" ist Konvergenzerscheinung zum „Jahreszeiten-Aufeis" borealer Waldländer (→ IV, 97).

---

1) in argent. Puna
2) span. sal = Salz

In Puna höchste Lage der *Schneegrenze* innerhalb ganzen Kordilleren-Systems: je nach Exposition in 5500—6500 m, am Llullaillaco sogar in 6700 m. Perennierende Schneeflecken nur in geschützten Lagen. Alle unter 6500 m hohen und selbst noch höhere isolierte Gipfel apern alljährlich aus. Daher trockene tropische Hochanden von 19° bis 31° s. Br. nahezu gletscherfrei, auch keine Vorkommen von Büßerschnee (→ IV, 216).

Sajama (6520 m) in bolivianischer W-Kordillere nur mit kleiner Firn- und Eiskappe; am Ojos del Salado (6885 m) außer vereistem Krater 2 kleine Hängegletscher, einige größere am Nevado de Cachi (6720 m).

Rezenter glazialer Formenschatz somit im Landschaftsbild der Puna völlig bedeutungslos (H. WILHELMY u. W. ROHMEDER).

**Vorzeitformen** noch weitgehend *bestimmend* für heutiges Relief arider Randtropen. Zu unterscheiden *3 Reliefgenerationen:*

*1. Reliefgeneration:* tertiäre, wahrscheinlich in noch weiter zurückliegenden Zeiten angelegte *Rumpfflächen,* die jetzt durch Abtragung von „unten her" (rezente Pedimentbildung) aufgezehrt werden, bes. im Sahel, in S- und SW-Afrika und Zentralaustralien *landschaftsbeherrschend.* Laterit- und Kieselkrusten unter humideren Vorzeitverhältnissen entstanden. Postkretazische[1] Tiefenverwitterung in Australien bis 10 m unter schützenden Eisenkrusten nachweisbar (H. BREMER). Dort, im Sahel und SW-Afrika durch Auftreten von Büßersteinen bezeugt.

*Büßersteine:* einzeln aus festem Felsuntergrund, meist Gneis, emporragende steile Felsen oder Mauern von Gesteinsplatten. Oft — ähnlich Büßerschnee subtropischer Hochgebirge (→ IV, 216) — in Reihen angeordnet und schwach geneigt. Treten nördl. MacDonnell-Kette am Fuß oder in Umrahmung von Inselbergen auf und wurden freigespült, wo diese Fußflächen flach zum Bett eines Gewässers einfallen (H. BREMER). Büßersteine nach E. ACKERMANN infolge langandauernder Tiefenverwitterung im Grundwasserbereich entstanden und durch nachfolgende Abtragung des Feinmaterials freigelegt. Im Prinzip gleicher Vorgang wie bei Aufdeckung des Grundhöckerreliefs unter doppelter Einebnungsfläche (→ II, 166 f.). Gelegentliche Kantenrundung der Gesteine kann Ergebnis mechanischer Verwitterung durch phanerogene Abschuppung oder kryptogener Tiefenverwitterung im Bereich der Kluftlinien sein.

Inselberge mit dem für wechselfeuchte Tropen (Zone 11) typischen Hangknick verharren heute in völliger Formungsruhe, wie Ayers Rock in Zentralaustralien (→ IV, 273), wo auch Tafoni an Steilwänden und Opferkessel (Oriçangas) auf Gipfelflächen nicht mehr weitergebildet werden. Rezentes Herauswachsen alter Inselberge nur durch Tieferschaltung sie umgebender Fußflächen (→ IV, 272).

---

[1] post = nach, kretazisch = kreidezeitlich

Mehrzahl der Inselberge gibt mit blockreichen konkaven Hangschleppen fortschreitenden *Zerfall* der Massive und Auflösung zu felsburgartigen Blockhaufwerken zu erkennen, wie bes. in zur Zone 10 gehörigen Teilen S- und SW-Afrikas. Mit Erniedrigung und Auflösung alter Inselbergkomplexe auch Verschwinden der Schuttschleppen.

*Täler* größerer Flußsysteme ebenfalls vererbte Formen. Flachmuldentäler großer Ebenen und Kehltäler der Gebirge unter einstigen klimatischen Bedingungen der Feuchtsavanne angelegt, in Zentralaustralien z. T. bis ins obere Paläozoikum zurückreichend; in pleistozänen Pluvialzeiten Verdichtung des Talnetzes. Dabei bildeten die großen Ebenheiten Erosionsbasis der Flachmuldentäler, nicht umgekehrt wie in Außertropen.

Auch Kerbtäler und klammartig die Schichtkämme durchbrechende Schluchten (Chasm) in MacDonnells präkretazischen Ursprungs; ihr Vorkommen also — im Unterschied zu feuchtgemäßigten Waldklimaten mittlerer Breiten (Zone 4) — kein Anzeichen für junge Erosionsbelebung (H. BREMER).

2. *Reliefgeneration:* **Pleistozäner Klimawechsel** war weniger unmittelbar durch Temperaturabsenkung, als durch Veränderung des Wasserhaushalts *von nachhaltigem morphodynamischem Effekt.* Da in Tieflandsgebieten randtropischen Bereichs nur 4—5° betragender Temperaturrückgang keine wesentliche Reduzierung der Verdunstung bewirkte, müssen, wie Entstehung ausgedehnter pleistozäner *Süßwasserseen* beweist, innerhalb heute arider Randtropen *echte Pluvialzeiten* geherrscht haben.

Nur für nordwestindische Tharr, das am weitesten nach N vorgeschobene Teilgebiet, keine pleistozänen Feuchtzeiten nachweisbar. Seit frühhistorischen Zeiten erkennbare „Austrocknung" der Tharr beruht nicht auf Klimaänderung, sondern auf fehlerhafter menschlicher Landnutzung, durch die ursprünglich an Baumbewuchs reiche Trockensavanne in „Wüste" verwandelt wurde (C. RATHJENS, → IV, 279).

In Bereichen echter pleistozäner Pluviale wechseln Zeugnisse humider Klimaverhältnisse mit solchen trockeneren Phasen, dokumentiert durch Perioden verstärkter Dünenbildung.

In ariden Randtropen Niederafrikas 2 bedeutende pleistozäne *Süßwasserbecken:* Niger-Becken im großen Niger-Bogen, heute zu wesentlich kleinerem Binnendelta zusammengeschrumpft (→ IV, 268), und Tschad-Becken.

*Tschad-Becken* reicht vom S-Rand zentralsaharischer Gebirgsschwelle bis zum Hochland von Adamaua in Kamerun. Tiefste Teile der Depression in nur 160 m ü. M. (Bodélé-Depression), während etwa 500 km südwestl. gelegener heutiger Tschad-See Spiegelstand von 240 m ü. M. hat.

*Tschad-See:* sehr flacher, 4,5—6 m tiefer Endsee des Schari; verändert häufig und schnell seine Gestalt in Abhängigkeit von veränderter Wasserzufuhr. Trotz Nähe zu vollariden Gebieten und jährlicher Verdunstungspotenz von 2000 mm kein Salzsee, sondern Süßwassersee mit nur ganz geringem Salzgehalt. Fehlende stärkere Versalzung einerseits auf örtliche Sommerniederschläge (250—500 mm), vor allem aber auf beständigen Zufluß von Logone und Schari zurückzuführen; ohne diesen wäre Austrocknung des Tschad-Sees Frage nur weniger Jahre. Ständig wachsendes Schari-Delta führt zu kontinuierlicher Verlagerung des Sees nach N bis in alte Dünengebiete hinein (→ IV, 278).

Umfang Ende der Trockenzeit (Juni) rd. 15 000 km², nach Regenzeit (November) etwa 25 000 km², damit weniger als $1/10$ der Oberfläche des auf 320 000 km² Fläche geschätzten, bis über 100 m tiefen pluvialzeitlichen Binnenmeeres, das wahrscheinlich über den Benue Abfluß in Atlantischen Ozean hatte.

*Beweise*, daß Tschad-See in heutiger Gestalt rel. junges Gebilde ist: trotz Abflußlosigkeit sehr geringer, von Schari-Mündung nach N leicht zunehmender Salzgehalt; in 340 m Meereshöhe ohne Unterbrechung 200 km verfolgbares Strandwallsystem aus Kies, Sand und Muschelresten; entsprechende alte Ufermarken im W, SW und O heutigen Tschad-Sees; Höhe der Strandwälle 2—15 m, Breite 20—1000 m. Ferner: durch Windabtragung aufgeschlossene, 100 m mächtige Sedimentfolge aus warvenartigen Ton-, Schluff- und Feinsandlagen an S-Spitze der Falaise d'Angamma; Aufriß, Grundriß, Lagerungsverhältnisse und Fossilgehalt geben Falaise d'Angamma als fossile Deltaschüttung zu erkennen, die von Strandwällen überlagert wurde. P. ERGENZINGER folgert ähnlich wie ältere Forscher (J. PIAS, A. T. GROVE und R. A. PULLAN), daß jungpluviales Binnenmeer im Tschad-Becken absolute Höhe von 335—340 m erreicht hat.

Im Jungtertiär 3 von Regressionen unterbrochene Perioden der Seefüllung zu unterscheiden: 1. Tschad-Meer-Stadium, 2. Bahr el Ghazal-Stadium, 3. Tschad-See-Stadium. Nach PIAS, abweichend von ERGENZINGER, 4 Transgressionsphasen. In jeweiligen ariden Phasen Verkleinerung des Sees und Dünenbildung.

Optimale *Dünenbildung* (→ IV, 246) im Bereich der Halb- oder Randwüsten. Aus Vorkommen fossiler Dünen somit nicht auf *voll*aride Klimaverhältnisse zu schließen, sondern im Vergleich zur Vollwüste auf rel. feuchteres, aus Sicht der Randtropen auf rel. trockeneres Klima. Entscheidend für Dünenentstehung ist Lage betreffenden Gebietes im planetarischen Windsystem.

*Große fossile Dünensysteme* vor allem im W und NO des Tschad-Sees, die auf zeitweiliges Übergreifen arider Verhältnisse nach S schließen lassen. Offenbar mehrere Dünengenerationen, die, abgesehen von jüngsten Bildungen, noch nicht völlig klar voneinander zu trennen sind. Im allg. in Zone 10 keine rezente Dünenbildung.

*Zone fossilen Dünengürtels* etwa 300 km breit, reicht — mit Unterbrechungen — über 4000 km vom Senegal bis ins Tschad-See-Gebiet. Östl. des Niger zusammenhängender, mit Dornbusch bewachsener alter Dünenkomplex von 30 000 km² Fläche: „The ancient Erg of Hausaland". Dieser fossile Erg liegt heute südl. 750 mm-Isohyete in dicht besiedeltem Gebiet. Zur Zeit der Dünenbildung müßten Klimazonen um 350 bis 450 km äquatorwärts verschoben gewesen sein, d. h. 150 mm-Isohyete verlief dort, wo heute 750 mm-Niederschlagslinie liegt. Dünenverlauf entspricht Windrichtungen, wie sie gegenwärtig in weiter nördl. gelegenen Gebieten herrschen, in denen rezente Dünen entstehen. Mehrphasigkeit pleistozäner Dünenbildung aus gelbroten Sanden im Dünenkern und weniger mächtigen weißen Decksanden zu erschließen (J. BÜDEL, J. TRICART).

*Mehrfache Aufeinanderfolge von Feucht- und Trockenzeiten* aus wiederholtem Wechsel hoher Spiegelstände des Tschad-Sees mit Perioden der Dünenbildung erkennbar.

*Problem:* Wie sind diese S-Pluviale und S-Interpluviale mit denen am N-Saum subtropischen Trockengürtels zu synchronisieren? Jüngere Forschungsergebnisse sprechen dafür, daß den Mediterranen (Polaren) Interpluvialen südl. der Sahara infolge nach N verlagerter ITC (in W-Afrika als Monsunfront) jeweils ein Pluvial entsprach, mit Mediterranen Pluvialen hingegen im S Trockenzeiten korrespondierten, d. h. Äquatoriale Pluviale (in alter Terminologie „Subpluviale") mit Mediterranen Pluvialen *alternierten* (→ IV, 53).

Letzte äquatoriale Pluvialzeit um 5000—2400 v. Chr. Aus dieser Periode aufschlußreiche Felsmalereien; dann endgültiger Übergang zu heutigem Klima. Daraus ergibt sich, daß subtropischer Trockengürtel in pleistozänen Pluvialzeiten keine *gleichzeitige* Einengung von N und S her erfuhr (wie J. BÜDEL zunächst annahm), sondern — ältere Annahme A. PENCKS (1913) weitgehend bestätigend — sich in ungefähr gleicher Breite jeweils äquator- oder polwärts verschob.

> Auffassung eines Alternierens von N- und S-Pluvialen, ausgehend von Re-Interpretation der PENCKschen These durch BALOUT (1952), in Folgezeit vor allem von SCHWARZBACH (1953), TRICART (1956), ROGNON (1963), FLOHN (1963), FAIRBRIDGE (1964), WOLDSTEDT (1965) und ZIEGERT (1966 u. 1969) vertreten. Auch BÜDEL und BUTZER nähern sich in neueren Arbeiten dieser Auffassung.

Versuch einer Korrelation der Tschad-See-Spiegelschwankungen mit denen des Rudolf-Sees und der nördl. anschließenden, heute trockengefallenen Omo-Ebene durch K. BUTZER.

Aus Kalk- und Gipskrusten im sehr trockenen Hadramaut (N = 30 bis 40 mm/J) und einer bedeutenden pleistozänen Talverschüttung im Wadi Huwairah schließt A. LEIDLMAIR auf mindestens ein Pluvial in S-

Arabien, das er mit Würmkaltzeit gleichsetzt, während A. SEMMEL für in Danakilwüste (N-Äthiopien) erkanntes Pluvial derartige Parallelisierung ablehnt und Auffassung alternierenden Tropischen Pluvials vertritt.

*Im Trockengebiet NW-Indiens* keine Spuren echter Pluvialzeiten nachweisbar. Jetziger wüstenhafter Charakter der Tharr auf anthropogene Einflüsse zurückzuführen (C. RATHJENS, → IV, 276). Sambhar Lake (westl. Jaipur) auch im Pleistozän abflußlos. Dagegen aus fossilen Dünen in W-Rajastan auf zweimalige Ausweitung der Trockenzone im Pleistozän nach S zu schließen. Perioden zwischen Dünenbildungsphasen zwar sicherlich feuchter, aber nicht niederschlagsreicher als heute, semiarider Klimatyp erfuhr also keine grundsätzliche Änderung.

*In Neuer Welt* liegt zwischen gleichen Breitenkreisen, die in Alter Welt subtropisch-tropischen Wüstengürtel (Zone 9) begrenzen, Karibisches Meer.

*Auf N-Rand S-Amerikas* greifen trockene Randtropen nur als schmaler Saum über: „Inseln unter dem Winde" und Küstenstreifen von Kolumbien und Venezuela. Trockentalsysteme (Roois) auf Curaçao, Aruba und Bonaire bezeugen einst stärkeren linearen Wasserabfluß als heute. Für Wirksamkeit pleistozäner Feuchtzeiten sprechen: geologisch nachgewiesene Entstehung der „Wadis" zwischen oberem Pleistozän und frühem Holozän, quartäre Torfmoore auf „Inseln unter dem Winde", mächtige Schotterfüllungen im Césartal (N-Kolumbien) und fossile Kalkkrusten auf Halbinsel Guajira (H. WILHELMY). Entsprechender Rückschluß aus Formenbild der Schichtstufenlandschaft auf Bonaire durch H. BLUME.

*In trockenen Randtropen der S-Hemisphäre* durch Kalkkrusten, Karsterscheinungen (z. B. im Otavibergland), Seenbildung, Talverschüttungen und Aufwehung von Dünen gleichermaßen Wechsel pleistozäner Feucht- und Trockenzeiten erwiesen, jedoch unterschiedliche Auffassungen über Anzahl und Parallelisierung mit analogen Erscheinungen der N-Hemisphäre.

*In Kalahari* nach Vorarbeiten von S. PASSARGE, F. JAEGER u. a. pleistozäne Morphogenese bes. durch H. LESER weitgehend geklärt: nach Anlage größerer Talsysteme und Ablagerung älterer roter Dünensande Ende Kreidezeit/Alttertiär im Pliozän/Altpleistozän Einschneiden der Riviere mit Terrassenbildungen bis Mittelpleistozän und nach aridem Riß/Würm-Interpluvial im Würm-Pluvial Entstehung von Kalkkrusten und Pfannen, abgeschlossen in semiarider Übergangszeit durch letztes Dünenwandern. Rezente Quarzsandumlagerungen wie in Tharr Ergebnis der Überweidung.

*Etoscha-Pfanne,* 4000 km² groß, mit 10—20 m hohem Steilrand in von Kalkkruste überzogene Rumpffläche eingesenkt, nicht durch Klimaänderung ausgetrocknet, sondern infolge Anzapfung des ursprünglich in Etoscha-Becken entwässernden Kunene durch einen Küstenfluß. Kleinere Pfannen kettenartig parallel zu langen fossilen Dünenwällen in Dünen-„tälern" angeordnet.

*Zentralaustralien* wird ähnlich wie Kalahari von bis zu 30 km langen parallelen Dünenketten durchzogen. In 400—500 m breiten Dünen-„straßen" kleine Seen. Aus unterschiedlicher Färbung der Dünensande schließt H. BREMER auf 2 pleistozäne Trockenperioden, die durch Feuchtzeiten abgelöst wurden. In diesen Pluvialen Entstehung riesiger Seen, von denen der Dieri-See 100 000 km² erreichte; umfaßte jetzigen Eyre-, Gregory-, Blanche-, Callabonna- und Frome-See und entwässerte vermutlich über Torrens-See zum Spencer-Golf. Höchste der 4 alten See-Terrassen 56 m über heutigem Niveau. Amadeus-See ist, wie viele andere, ähnlicher pleistozäner Restsee.

*Auf peruanisch-bolivianischem Altiplano* (Abb. 11), auf dem Temperaturabsenkung etwa 6° C erreichte, großartigste Zeugnisse pleistozäner Pluvialzeiten: *Titicaca-See,* der schon Ende Tertiär existierte und als *Lago Ballivián* im Pleistozän bis über 100 m höhere Seespiegelstände als heute hatte, und jungpleistozäner *Lago Minchin* (von G. STEINMANN [1906] nach seinem Entdecker benannt), der heutigen *Poópo-See* einschl. Salare von Coipasa und Uyuni umfaßte, 450 km lang und 200 km breit war (C. TROLL). Von F. MONHEIM am Titicaca-See 4 Terrassenniveaus in 8—111 m Höhe festgestellt. Frühere Zweifel über Beziehungen alter Seespiegelstände zu Tektonik, Fremdwasserzufluß von benachbarten Hochgebirgsgletschern oder Klimaänderungen durch Wasserhaushaltsberechnungen A. KESSLERs behoben: ergaben, daß pleistozäne Seehöchststände nicht ohne Annahme gleichzeitiger örtlicher Niederschlagszunahme erklärbar sind. Für abflußlosen Lago Minchin diese Ansicht bereits von C. TROLL vertreten.

*In argentinischer Puna* mindestens 7 ehemalige Eiszeitseen nachgewiesen, aus denen heutige Salare hervorgegangen sind (H. KANTER, C. VITA FINZI).

*Pleistozäne Schneegrenze* verlief in trockenen Zentralanden — abhängig von jeweiliger Exposition — in 4500—5500 m, d. h. 1000 m tiefer als heute; Vergletscherung war damit, wie in Gegenwart, auf hohe, über eigentliche Puna aufragende Gebirgsketten und Einzelberge beschränkt. Aus darunter folgender breiter Solifluktionsschuttstufe in Postglazialzeit rezente Trockenschuttstufe hervorgegangen.

Ob *Trockengebiet NO-Brasiliens* im Pleistozän zeitweise trockener oder feuchter war als heute, noch unklar. Flußeinschneidungsphasen wechselten mit solchen der Travertinausfüllung breiter Talmulden, jedoch zeit-

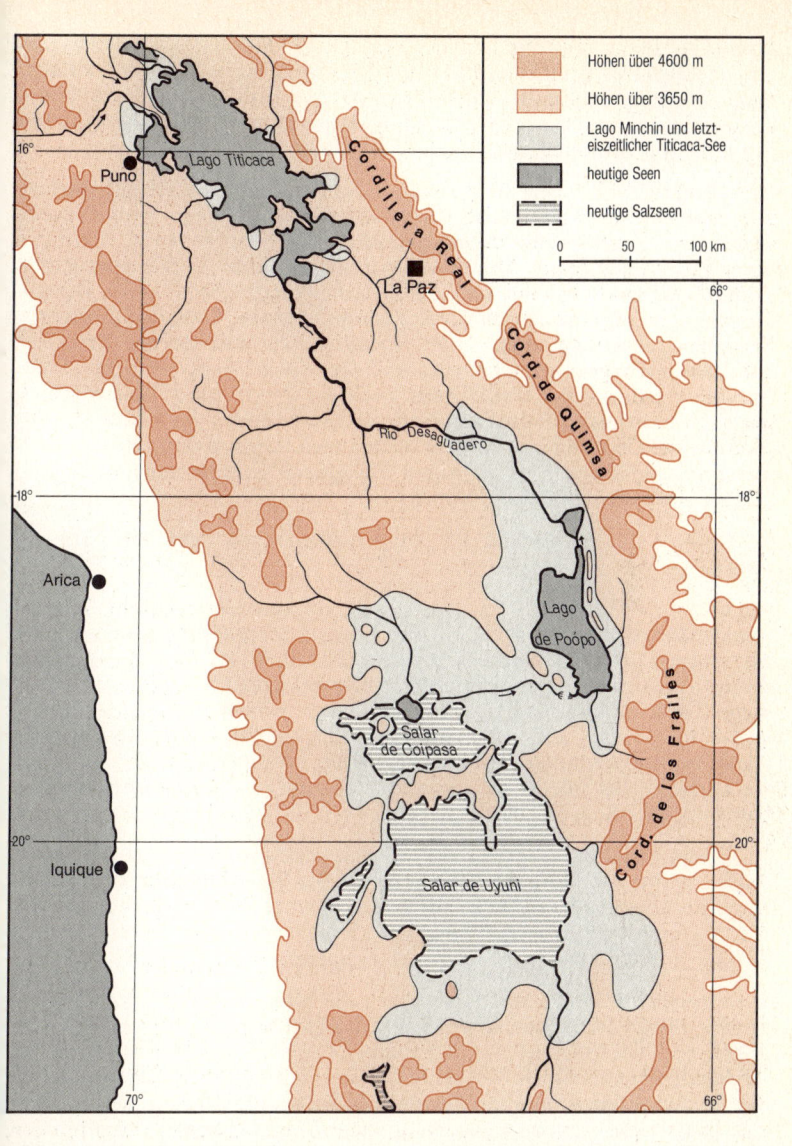

**Abb. 11** Pluvialzeitliche Seen auf dem peruanisch-bolivianischen Altiplano
(nach C. TROLL u. A. KESSLER)

liche Zuordnung unsicher. A. AB'SABER und W. CZAJKA halten insges. trockenes Pleistozänklima für wahrscheinlich, J. TRICART datiert erkennbare Trockenphasen ins Postpleistozän. Am grundsätzlich semiariden Charakter NO-Brasiliens scheinen pleistozäne Klimaschwankungen nichts geändert zu haben.

In S-Amerika nicht wie in Afrika einfache breitenparallele pleistozäne Verschiebung der Klima- und Vegetationszonen, sondern infolge meridionalen Verlaufs großer topographischer Einheiten im westl. Gebirgsland durch polwärtigen Vorstoß des Pluvialregimes Verkleinerung des ariden Bereichs, umgekehrt im östl. Tiefland (Gran Chaco) — wie Durchsetzung aller pleistozänen Ablagerungen mit Salzen, Gips und Anhydrit beweist —, vielleicht auch in NO-Brasilien, Ausweitung der Trockenzone äquatorwärts: statt breitenparalleler Verschiebung erfolgte *Drehbewegung* pleistozäner Grenzlinien zwischen Feucht- und Trockengebieten (H. WILHELMY). Parabraunerden ähnelnde Böden im Chaco Boreal (hellbraune Oberböden über dunkelbraunen Unterböden) deuten auf erst im Spätpleistozän oder frühen Postglazial eingetretenen verbesserten Bodenwasserhaushalt (R. LÜDERS).

*3. Reliefgeneration* umfaßt eingangs beschriebenen rezenten Formenschatz.

**Klimageomorphologische Hauptmerkmale** trockener Randtropen: Rezente morphodynamische Prozesse durch Wechsel sommerlicher *Zenitalregen* mit langandauernder *Trockenzeit* bei ganzjährig *hohen Temperaturen* gesteuert. Infolge geringer absoluter Niederschlagsmengen keine nennenswerte Tiefenverwitterung und Bodenbildung: meist nackte Fels-, Skelett- und Sand„böden", die sich kaum vom Ausgangsmaterial unterscheiden. Keine tropische Roterde. Laterit- und Kieselkrusten aus feuchteren Vorzeitklimaten. Bei Niederschlägen über 400 mm/J in Indien schwarze Savannenböden: Regur.

Im Vergleich zu Zone 9 reduzierte Temperaturschwankungen, daher nur *mäßig starke physikalische Verwitterung*. Blockmeere, Felsburgen, Wakkelsteine u. ä. durch Tiefenverwitterung in vorzeitlichen Bodenhorizonten angelegt, später freigespült, jetzt in phanerogener Weiterbildung. *Tafoni* (Hohlblöcke) in Modellbeispielen, bes. in Küstengebieten.

*Wasserabfluß* über Fremdlingsströme zum Meer (Indus, Niger, Chacoflüsse). *Binnendeltas* zonenspezifischer Landschaftstyp: Binnendelta des Niger und des Pilcomayo. „Abkommen" kleinerer, nur kurzfristig in Regenzeit schlammreiches Wasser führender Flüsse (Creeks, Omuramben), die in Tonpfannen oder größeren abflußlosen Hohlformen enden und auf Laufstrecke allmählich austrocknende Wasserlachen (Vleys) hinterlassen. Trockengefallene Flußläufe und ehemalige Grundwasserseen zu Kalkpfannen umgebildet.

Häufige *Verlegung* kaum eingetiefter Flußläufe, selbst großer Tieflandströme wie Indus. Im Gran Chaco Typus „talloser Flüsse". In Rumpffläche tiefer eingesenkte Täler (z. B. im westafrikanischen Sahel) sind Vorzeitformen. Rezentem Oberflächenabfluß entsprechen flache Spülmulden wie in wechselfeuchten Tropen (Zone 11, → 297).

Wasserabfluß durch schüttere Vegetation kaum behindert. Abtransport suspendierten Feinmaterials auf stark ausgetrockneten, zunächst nicht wasseraufnahmefähigen Böden als *Trübe*. Bodenaustrocknung in Verbindung mit Vegetationsauflockerung bestimmend für Art und Verlauf der Abtragvorgänge. Auf großen Ebenheiten Entstehung weitverzweigter Rillensysteme, an steileren Hängen aus Lockermaterial von Badlands.

Keine rezente Rumpfflächenbildung von „oben her", sondern Aufzehrung der Altflächen durch Abtragung von „unten her": von tieferer Erosionsbasis breiter Talböden aus entstehen durch Hangabspülung flachgeneigte Spülflächen — *Pedimente* —, die von Tafelbergen mit schützender Lateritkruste (Mesas), Abtragresten aufgelöster Rumpfflächen, überragt werden. Klimageomorphologische Grenze zwischen ariden Randtropen (Zone 10) und wechselfeuchten Tropen (Zone 11) dort zu suchen, wo rezente Fußflächenbildung als allgemein verbreitete, zonentypische Erscheinung durch rezente *Rumpfflächenbildung* abgelöst wird (H. MENSCHING).

Für Entwicklung der *Hangprofile* weitgehend petrographische Verhältnisse maßgebend: in morphologisch „harten" Gesteinen (Lateritkrusten, Kalktafeln) steile Oberhänge, in weniger widerständigen Sockelgesteinen sanft-konkave Unterhänge; in gleichartigen Gesteinen — außer in Kalken — flach auslaufende Hänge. Dieses klimazonale Normalprofil auch bei *Inselbergen*, die Vor- oder Mehrzeitformen sind und optimale Bildungsbedingungen in wechselfeuchten Tropen haben (→ IV, 301 ff.). Inselberge mit für Zone 11 typischen konvexen Hängen nur als „tote" Landformen, wie Ayers Rock in Zentralaustralien, rezent lediglich Entstehung von Klein-Inselbergen durch lineare Zerschneidung von Felsfußflächen.

*Dünen* als äolische Akkumulationsformen, *Steinpflaster*-(„Gibber"-)böden als Ausblasungsformen fossil. Aktivierung der Windabtragung jedoch infolge anthropogener Zerstörung der Pflanzendecke.

Durch *hypsometrischen Formenwandel* nur in südamerikanischer Puna wesentlich differenziertes Bild: von Insolations- und Frostschutt bedeckte Hänge, Salare als Eindampfungsreste pleistozäner Seen, dazu Tageszeiten-Aufeisbildungen und in 4600—5300 m Frostmusterböden infolge Tageszeitensolifluktion als Konvergenzerscheinungen zum Jahreszeiten-Aufeis und zur Jahreszeiten-Solifluktion borealer und subpolarer Breiten (→ IV, 80, 97).

Höchste *Schneegrenzlagen* der Welt: 5500—6500 m; daher trockene tropische Hochanden — mit wenigen Ausnahmen — zwischen 19° und 31° s. Br. gletscherfrei, auch kein Büßerschnee.

*Vorzeitformen* in allen Höhenstufen bis zur Gegenwart reliefbestimmend: tertiäre (und ältere) *Rumpfflächen* mit Laterit- und Kieselkrusten, sie überragende, z. T. in Auflösung begriffene Inselberge und in die Altflächen eingesenkte Täler. Unter Einfluß nur sehr langsam formverändernd wirkender arider Morphodynamik Vorzeitformen *noch in rel. guter Erhaltung*. Auch Klammen, Kerb- und Kehltäler in Gebirgen alt; ihre Form kein Beweis für junge Erosionsbelebung wie in feuchtgemäßigten Waldklimaten (Zone 4).

*Pleistozäner Klimawechsel* von unterschiedlicher Auswirkung: in nordwestindischer Tharr, dem am weitesten nach N vorgeschobenen Teilgebiet der Zone 10, keine pleistozänen Feuchtzeiten nachweisbar; Tharr eine „man made desert". In Afrika dagegen 2 große pleistozäne *Süßwasserseen*: weit über heutigen Bereich des Binnendeltas hinausreichender Niger-See und gegenüber heute zehnmal größerer Tschad-See. Durch Strandwallsysteme und fossile Dünen mindestens 3 durch Regressionsphasen unterbrochene jungquartäre Seehochstände nachgewiesen.

*Äquatoriale Pluviale und Interpluviale* verliefen nach jüngeren Forschungsergebnissen nicht synchron mit Mediterranen Feucht- und Trockenzeiten, sondern *alternierten*. Geomorphologische Zeugnisse für pleistozänen Klimawandel auch im Trockengebiet am N-Rand S-Amerikas, auf S-Hemisphäre in Kalahari und Zentralaustralien, jedoch noch Schwierigkeiten der Parallelisierung mit entsprechenden Erscheinungen nördl. Hemisphäre.

Riesige *Eiszeitseen* auf peruanisch-bolivianischem Altiplano: Lago Ballivián, aus dem heutiger Titicaca-See hervorging, Lago Minchin im Bereich jetzigen Poópo-Sees und der Salare von Coipasa und Uyuni.

*Pleistozäne Schneegrenzen* in trockenen Zentralanden in 4500—5500 m, d. h. nur den Altiplano überragende Gebirge und Vulkane trugen Gletscher. Schneegrenzdepression von 1000 m entsprach Herabzonierung pleistozäner Solifluktionsschuttstufe. Infolge meridionalen Verlaufs großer topographischer Einheiten S-Amerikas im Gebirgsland polwärtiger Vorstoß des Pluvialregimes, im Tiefland Ausweitung der Trockenzone äquatorwärts. Im Unterschied zu Afrika keine breitenparallele Verschiebung, sondern *Drehbewegung* pleistozäner Grenzlinien zwischen Feucht- und Trockengebieten.

Insges. Formenschatz arider Randtropen weitgehend durch aus humideren Klimaphasen stammende *Vor- und Mehrzeitformen* geprägt. Aktivierung arid-morphodynamischer Prozesse erst in rel. junger klimageschichtlicher Vergangenheit.

## Literatur

Weitere einschlägige Literatur → Zone 9 u. 11 sowie Bd. II der „Geomorphologie in Stichworten"

ABEL, H.: Geomorphologische Untersuchungen im Kaokoveld (Südwestafrika). Wiss. Verh. Dt. Geographentag Essen 1953, Wiesbaden 1955, S. 126-135
—: Beiträge zur Landeskunde des Kaokoveldes (Südwestafrika). Dt. Geogr. Blätter 47, Bremen 1954, S. 5-120
—: Beiträge zur Landeskunde des Rehobother Westens (Südwestafrika). Mitt. Geogr. Ges. Hamburg 51, 1955, S. 55-97
—: Beiträge zur Morphologie der Großen Randstufe im südwestlichen Afrika. Dt. Geogr. Blätter 48, Bremen 1959, S. 131-268
AB'SABER, A.: Conhecimentos sobre as flutuaçoes climaticas de Quarternario no Brazil. Bol. Paul. de Geogr. 22, 1957, S. 3—18
ACKERMANN, E.: Büßersteine — Zeugen vorzeitlicher Grundwasserschwankungen. Z. Geomorph., N. F. 6, 1962, S. 148-182
BALOUT, L.: Pluviaux interglaciaires et préhistoire saharienne. Trav. Inst. Rech. Sahar. 8, 1952, S. 9-21
BERRY, L.: Some erosional features due to piping and sub-surface wash with special reference to the Sudan. Geogr. Ann. 52 A, 1970, S. 113—119
BIROT, P. u. DOLLFUS, O.: L'évolution des versants dans l'étage inférieur des Andes péruviennes occidentales. Ann. Géogr. 70, 1961, S. 162-178
BISCHOFF, G.: Über Schichtfluten, Grundwasser und Gipsdiapire im bolivianischen Andenvorland des Chaco. M. Richter-Festschr., Clausthal-Zellerfeld 1965, S. 317-323
BLUME, H.: Die Versalzung und Versumpfung der pakistanischen Indusebene. Zur Problematik künstlicher Bewässerung in Trockengebieten. Schr. Geogr. Inst. Kiel 23, 1964, S. 227-245
—: Zur Problematik des Schichtstufenreliefs auf den Antillen. Geol. Rdsch. 58, 1968, S. 82-97
—: Mangho Pir, eine Schichtstufenlandschaft im ariden Nordwesten Vorderindiens. Geogr. Z. 56, 1968, S. 295—306
BÖTTCHER, U.: Die Akkumulationsterrassen im Ober- und Mittellauf des Enneri Misky (Südtibesti). Berliner Geogr. Abh. 8, 1969, S. 7-21
BREMER, H.: Der Einfluß von Vorzeitformen auf die rezente Formung in einem Trockengebiet — Zentralaustralien. Tagungsber. u. wiss. Abh., Dt. Geographentag Heidelberg 1963, Wiesbaden 1965, S. 184-196
—: Ayers Rock, ein Beispiel für klimagenetische Morphologie. Z. Geomorph., N. F. 9, 1965, S. 249-284
—: Zur Morphologie von Zentralaustralien. Heidelberger Geogr. Arb. 17, Heidelberg 1967
BROOKFIELD, M.: Dune trends and wind regime in Central Australia. Z. Geomorph., Suppl.-Bd. 10, 1970, S. 121-153
BÜDEL, J.: Bericht über klima-morphologische und Eiszeitforschungen in Nieder-Afrika. Erdkunde 6, 1952, S. 104-132
—: Geomorphologie von Zentralaustralien nach H. Bremer. Z. Geomorph., N. F. 13, 1969, S. 217-230
BUTZER, K. W.: Contemporary depositional environments of the Omo Delta. Nature 226, 1970, S. 425-430

Butzer, K. W.: Geomorphological observations in the lower Omo Basin, Southwestern Ethiopia. Coll. Geogr. 12, Festschr. f. C. Troll, Bonn 1970, S. 177-192
—: The Lower Omo Basin: Geology, Fauna and Hominids of Plio-Pleistocene Formations. Naturwissenschaften 58, 1971, S. 7-16
Czajka, W.: Geomorphologische Reiseergebnisse aus der argentinischen Puna und ihren Randgebieten. 17. Internat. Geogr. Congr. Abstracts, Washington 1952, S. 319-323
—: Das Inselbergproblem auf Grund von Beobachtungen in Nordostbrasilien. Machatschek-Festschr., Peterm. Geogr. Mitt., Erg.-H. 262, 1957, S. 321-333
—: Die Serra do Araripe. Ein Tafelgebirge in Nordost-Brasilien. Die Erde 88, 1957, S. 320-333
—: Estudos Geomorfológicos no Nordeste Brasileiro. Rev. Brasileira Geogr. 20, 1958, S. 135-180
—: Lage- und Materialbestimmtheit von Frostmusterböden. Schlern-Schr. 190, Festschr. f. H. Kinzl, Innsbruck 1958, S. 31-43
—: Fragen der flächenhaften Abtragung am Beispiel Nordost-Brasiliens. Dt. Geographentag Würzburg 1957, Tagungsber. u. wiss. Abh., Wiesbaden 1958, S. 132-164
Dollfus, O.: L'influence de l'exposition dans le modelé des versants des Andes Centrales Peruviennes. Z. Geomorph., Suppl.-Bd. 5, 1964, S. 131—135
Dresch, J. u. Rougerie, G.: Observations morphologiques dans le Sahel du Niger. Rev. Géomorph. Dyn. 11, Paris 1960, S. 49-58
Ergenzinger, P. J.: Rumpfflächen, Terrassen und Seeablagerungen im Süden des Tibestigebirges. Dt. Geographentag Bad Godesberg 1967, Tagungsber. u. wiss. Abh., Wiesbaden 1969, S. 412-427
Fair, T. J. D.: Slope form and development in the interior of Natal. Proc. and Trans. Geol. Soc. South Africa 50, 1947, S. 105-119
Fochler-Hauke, G.: Zur Abgrenzung, Orographie und Morphologie der argentinischen Puna. Die Erde, 1950/51, S. 167-177
Fölster, H.: Morphogenese der südsudanesischen Pediplane. Z. Geomorph., N. F. 8, Berlin 1964, S. 393-423
Furon, R.: L'ancien Delta du Niger. Rev. Géogr., Phys. Géol. Dyn. 2, 1929, S. 265-274
Ganssen, R.: Landschaft und Böden in Südwestafrika. Die Erde, 1960, S. 115-131
—: Südwestafrika — Böden und Bodenkultur. Versuch einer Klimapedologie der Trockengebiete. Berlin 1963
— u. Moll, W.: Beiträge zur Kenntnis der Böden warm-arider Gebiete, dargestellt am Beispiel Südwest-Afrikas. Z. Pflanzenern., Düng. u. Bodenkde. 94, 1961, S. 9-25
Gellert, J. F.: Ein Musterboden auf dem Schwarzrand in Südwestafrika. Z. Geomorph., N. F. 5, 1961, S. 132-137
—: Planetarische Zirkulation und Landschaftsgestaltung in Afrika südlich der Lundaschwelle am Beispiel von Südwestafrika. Wiss. Veröff. Dt. Inst. f. Länderkde., N. F. 23/24, Leipzig 1966, S. 287-305
—: Klimatisch-geomorphologische Beobachtungen und Probleme im semiariden und ariden Hochland von Südwestafrika. Wiss. Z. PH Potsdam, Math.-nat. R. 11, 1967, S. 287-300
Gentilli, J.: Les paysages australiens du Quaternaire. Ann. Géogr. 72, 1963, S. 129-147

GRAF, K. J.: Beiträge zur Solifluktion in den Bündner Alpen (Schweiz) und in den Anden Perus und Boliviens. Arb. Geogr. Inst. Univ. Zürich. Ser. A, Nr. 284, 1971

GROVE, A. T.: A note on the former extent of Lake Chad. Geogr. J. 125, 1959, S. 465-467

GROVE, A. T. u. PULLAN, R. A.: Some aspects of the Pleistocene Palaeogeography of the Chad Basin. In: African Ecology and Human Evolution, Ed. F. C. HOWELL u. F. BOURLIÈRE, New York 1963, S. 230-245

HASTENRATH, S. L.: Observations on the snow line in the Peruvian Andes. J. Glaciol. 6, 1967, S. 541-550

—: On the pleistocene snow-line depression in the arid regions of the south American Andes. J. Glaciol. 10, 1971, S. 255-267

HEINZELIN, J. de u. PAEPE: Pleistocene Sediments in Sudanese Nubia. In: Background to Evolution in Africa. Hrsg. v. W. W. BISHOP u. J. D. CLARK, Chicago 1967, S. 313-328

JAEGER, F.: Die Grundzüge der Oberflächengestaltung von Südwestafrika. Z. Ges. f. Erdkde. Berlin, 1923, S. 14-24

—: Die Oberflächenformen im periodisch trockenen Tropenklima mit überwiegender Trockenzeit. In: F. THORBECKE, Morphologie der Klimazonen. Düsseldorfer Geogr. Vorträge, Verh. 89. Tagung Ges. dt. Naturforscher u. Ärzte 1926, Breslau 1927, S. 18-25

—: Die Trockenseen der Erde. Peterm. Geogr. Mitt., Erg.-H. 236, 1939

— u. WAIBEL, L.: Beiträge zur Landeskunde von Südwestafrika. Mitt. a. Dt. Schutzgebieten, Erg.-H. 14, 1920 u. Erg.-H. 15, 1921

JESSEN, O.: Reisen und Forschungen in Angola. Berlin 1936

KANTER, H.: Das Problem der wandernden Seen in Trockengebieten, erläutert am Unterlauf des Rio Dulce in den Porongosniederungen. Z. Ges. f. Erdkde. Berlin, 1933, S. 22-34

—: Der südamerikanische Chaco und seine Flußprobleme. Geogr. Wochenschr. 3, 1935, S. 89-102

—: Das Problem der tallosen Flüsse. Geogr. Wochenschr. 3, 1935, S. 641-646

—: Der Gran Chaco und seine Randgebiete. Abh. aus Gebiet Auslandskde. 43, R. C., Bd. 13, 1936

—: Probleme aus der Puna de Atacama. Peterm. Geogr. Mitt., 1937, S. 10-15, 42-46

KAYSER, K.: Zur Flächenbildung, Stufen- und Inselberg-Entwicklung in den wechselfeuchten Tropen auf der Ostseite Süd-Rhodesiens. Verh. Dt. Geographentag Würzburg 1957, Wiesbaden 1958, S. 165-172

KESSLER, A.: Über Klima und Wasserhaushalt des Altiplano (Bolivien, Peru) während des Hochstandes der letzten Vereisung. Erdkunde 17, 1963, S. 165-173

KING, L. C.: La géomorphologie de l'Afrique du Sud. Ann. Géogr. 63, 1954, S. 113-129

—: Research on slopes in South Africa. Prem. Rapp. Comm. l'Étude Versants, I. G. U Amsterdam 1956, S. 105-106

KINZL, H.: Karsterscheinungen in den peruanischen Anden. Geogr. Stud., Festschr. f. J. Sölch, Wien 1951, S. 52-58

KOLB, A.: Das Problem der Steinringe in der Hamersley Range in Westaustralien. Tübinger Geogr. Stud. 34, Festschr. f. H. Wilhelmy, 1970, S. 79-82

Krebs, N.: Morphologische Beobachtungen in Central-Indien und Rajputana. Z. Ges. f. Erdkde. Berlin, 1932, S. 321-335
—: Vorderindien und Ceylon. Stuttgart 1939
Leidlmair, A.: Klimamorphologische Probleme in Hadramaut. H. v. Wissmann-Festschr., Tübingen 1962, S. 162-180
Leser, H.: Die westliche Kalahari um Auob und Nossob (östliches Südwestafrika). Tübinger Geogr. Stud. 34, Festschr. f. H. Wilhelmy, 1970, S. 113-131
—: Landschaftsökologische Forschungen im Kalaharisandgebiet um Auob und Nossob (östliches Südwestafrika). Wiesbaden 1971
—: Bericht über eine Forschungsreise in Randlandschaften der Kalahari (Südwest- und Südafrika). Die Erde, 1972, S. 162-178
Lewis, A. D.: Sand dunes of the Kalahari within the borders of the Union. South Africa Geogr. J. 19, 1936, S. 22-32
Lüders, R.: Bodenbildungen im Chaco Boreal von Paraguay als Zeugen des spät- und postglazialen Klimaablaufs. Geol. Jb. Hannover 78, 1961, S. 603-608
Mabbutt, J. A.: The Weathered Landsurface of Central-Australia. Landform studies from Australia. Z. Geomorph., N. F. 9, 1965, S. 82-114
Martin, S. W.: Glacial Lakes in the Bolivian Andes. Geogr. J. 131, 1965, S. 519-528
Mensching, H. (Hrsg.): Piedmont plains and sand-formations in arid and humid tropic and subtropic regions. Z. Geomorph., Suppl.-Bd. 10, 1970
—: Flächenbildung in der Sudan- und Sahel-Zone (Ober-Volta und Niger). Z. Geomorph., Suppl.-Bd. 10, 1970, S. 1—29
—: Klima-geomorphologische Beobachtungen zur Blockbildung in den ariden Subtropen und Tropen Afrikas. Tübinger Geogr. Stud. 34, Festschr. f. H. Wilhelmy, 1970, S. 133-140
—: Der Sahel in Westafrika. Hamburger Geogr. Stud. 24, Festschr. f. A. Kolb, 1971, S. 61-73
—, Giessner, K. u. Stuckmann, G.: Sudan, Sahel, Sahara. Geomorphologische Beobachtungen auf einer Forschungsexpedition nach West- und Nordafrika 1969. Jb. Geogr. Ges. Hannover 1969, Hannover 1970
Monheim, F.: Bericht über Forschungen in den zentralen Anden, insbesondere im Titicacabecken. Erdkunde 9, 1955, S. 204-216
—: Beiträge zur Klimatologie und Hydrologie des Titicacabeckens. Heidelberger Geogr. Arb. 1, 1956
Obst, E. u. Kayser, K.: Die große Randstufe auf der Ostseite Südafrikas und ihr Vorland. Sonderveröff. III Geogr. Ges. Hannover 1949
Ollier, C. D.: Some features of granite weathering in Australia. Z. Geomorph., N. F. 9, 1965, S. 285-304
— u. Tuddenham, W. G.: Inselbergs of Central-Australia. Z. Geomorph., N. F. 5, 1961, S. 257-276
Paschinger, H.: Morphologische Studien im westlichen Südafrika. Veröff. Univ. Innsbruck, Alpenkundl. Stud. 1, Festschr. f. H. Kinzl, Innsbruck 1968, S. 1–24
Passarge, S.: Die Kalahari. Berlin 1904
—: Südafrika. Leipzig 1908
—: Ist der Trockenschutt der Puna eine Jetztzeitform? Peterm. Geogr. Mitt., 1923, S. 23-25
—: Die Kalkpfannen im Hereroland und in der Kalahari. Beitr. Kolonialforsch. 5, Berlin 1943, S. 106-132

PIAS, J.: Transgressions et Regressions du Lac Tchad à la fin du Tertiaire et au Quaternaire. C. R. Acad. Sci. 246, Paris 1958, S. 800-803

RATHJENS, C.: Physisch-geographische Beobachtungen im nordwestindischen Trockengebiet. Erdkunde 11, 1957, S. 49-58

—: Probleme der anthropogenen Landschaftsgestaltung und der Klimaänderungen in historischer Zeit in den Trockengebieten der Erde. Arb. Geogr. Inst. Univ. d. Saarlandes 6, 1961, S. 3-12

—: Menschliche Eingriffe in den Wasserhaushalt und ihre Bedeutung für die Geomorphologie der altweltlichen Trockengebiete (an Beispielen aus Afghanistan und dem nordwestlichen Indien). Nova Acta Leopoldina, N. F. 31, Leipzig 1966, S. 139-148

—: Die Wüste Thar. Beispiel einer von Menschen geschaffenen Wüste. Dt. Geogr. Forsch. in der Welt von heute. Festschr. f. E. Gentz, Kiel 1970, S. 61-67

— sen. u. WISSMANN, H. v.: Landschaftskundliche Beobachtungen im südlichen Hedjaz. Erdkunde 1, 1947, S. 61-89, 200-205

RUXTON, B. P.: Weathering and subsurface erosion in granite at the Piedmont angle. Balos, Sudan. Geol. Mag. 95, 1958, S. 353—377

— u. BERRY, L.: Notes on faceted slopes, rock fans, and domes on granite in the east-central Sudan. Amer. J. Sci. 259, 1961, S. 194—206

— —: Weathering Profiles and Geomorphic Position on Granite in two Tropical Regions (Hong-Kong and Sudan). Rev. Geomorph. Dyn. 12, 1961, S. 16-31

SCAETTA, H.: Variation du climat pleistocène en Afrique Central. Ann. Géogr. 1937, S. 164-176

SCHLEE, P.: Landschaftsbilder von vorderindischen Rumpfebenen und Inselbergen. Mitt. Geogr. Ges. Hamburg 44, 1936, S. 39-88

SCHNEIDERHÖHN, H.: Karsterscheinungen im Otaviberglande. Abh. Senckenberg. Naturforsch. Ges. 37, 1921, S. 292-318

SCHULTZE-JENA, L.: Aus Namaland und Kalahari. Jena 1907

SEMMEL, A.: Zur jungquartären Klima- und Reliefentwicklung in der Danakilwüste (Äthiopien) und ihren westlichen Randgebieten. Erdkunde 25, 1971, S. 199-209

SIMONSON, R. W.: Morphology and classification of the "Regur Soils" in India. J. Soil Sci. 5, 1954, S. 275-278

STEINMANN, G.: Geologie von Peru und Equador. Heidelberg 1929

TRICART, J.: Tentative de corrélation des périodes pluviales africaines et des périodes glaciaires. C. R. Somm. Séances Soc. géol. France, Paris 1956, S. 164-167

—: Géomorphologie dynamique de la moyenne vallée du Niger (Soudan). Ann. Géogr. 68, 1959, S. 333-343

— u. BROCHU, M.: Le grand Erg ancien du Trarza et du Cayor. Rev. Géomorph. Dyn., 1955, S. 145-177

— u. CARDOSO da SILVA, T.: Un exemple d'évolution karstique en milieu tropical sec: Le morne de Bom Jesus da Lapa (Bahia, Brésil). Z. Geomorph., N. F. 4, 1960, S. 29-42

TROLL, C.: Die zentralen Anden. Jubil. Sonderbd. Z. Ges. f. Erdkde. Berlin, 1928, S. 92—118

—: Die Cordillera Real. Z. Ges. f. Erdkde. Berlin 63, 1929, S. 279-317

—: Quartäre Tektonik und Quartärklima der tropischen Anden. Frankfurter Geogr. Hefte 11, 1937, S. 64-67

Troll, C.: Strukturböden, Solifluktion und Frostklimate der Erde. Geol. Rdsch. 34, 1944, S. 545-694
— u. Finsterwalder, R.: Die Karten der Cordillera Real und des Talkessels von La Paz (Bolivien) und die Diluvialgeschichte der zentralen Anden. Peterm. Geogr. Mitt. 81, 1935, S. 393-399
Twidale, C. R.: Landform development in the Lake Eyre Region, Australia. Geogr. Rev. 62, 1972, S. 40-70
Urvoy, Y.: Les bassins du Niger. Brüssel 1942
Verstappen, H. Th.: Aeolian geomorphology of the Thar Desert and palaeoclimates. Z. Geomorph., Suppl.-Bd. 10, 1970, S. 104-120
Vita-Finzi, C.: A Pluvial Age in the Puna de Atacama. Geogr. J. 125, 1959, S. 401-403
Volk, O. H. u. Geyger, E.: Schaumböden als Ursache der Vegetationslosigkeit in ariden Gebieten. Z. Geomorph., N. F. 14, 1970, S. 79-95
Waibel, L.: Gebirgsbau und Oberflächengestalt der Karrasberge in Südwestafrika. Mitt. a. Dt. Schutzgebieten 33, 1925, S. 2-38, 81-114
Walther, J.: Laterit in Westaustralien. Z. Dt. Geol. Ges. 67 B, 1915, 113-132
Warren, A.: Dune trends and their implications in the central Sudan. Z. Geomorph., Suppl.-Bd. 10, 1970, S. 154-180
Werther, E.: Die Kalahari. Wiss. Veröff. Museum f. Länderkde. Leipzig, N. F. 3, 1935, S. 36—94
Wilhelmy, H.: Die eiszeitliche und nacheiszeitliche Verschiebung der Klima- und Vegetationszonen in Südamerika. Tagungsber. u. wiss. Abh., Dt. Geographentag Frankfurt 1951, Remagen 1952, S. 121-127
—: Die klimamorphologische und pflanzengeographische Entwicklung des Trokkengebietes am Nordrand Südamerikas seit dem Pleistozän. Die Erde, 1954, S. 244-273
—: Der „wandernde Strom". Studien zur Talgeschichte des Indus. Erdkunde 20, 1966, S. 265-276
—: Indusdelta und Rann of Kutch. Erdkunde 22, 1968, S. 177-191
—: Das Urstromtal am Ostrand der Indusebene und das Sarasvati-Problem. Z. Geomorph., Suppl.-Bd. 8, 1969, S. 76-93
— u. Rohmeder, W.: Die La Plata-Länder. Braunschweig 1963
Wissmann, H. v.: Karsterscheinungen in Hadramaut. Ein Beitrag zur Morphologie der semiariden und ariden Tropen. Peterm. Geogr. Mitt., Erg.-H. 262, Machatschek-Festschr., 1957, S. 259-268

## Zone 11: Formengruppen der wechselfeuchten Tropen

**Verbreitung:** südl. Sudan, nördl. Ghana, Nigeria und Kamerun, Äthiopien, O-Afrika, südl. Kongo-Becken, Gabun, nördl. Angola, Rhodesien und nördl. Transvaal; Indien (außer mittlerem Dekkan und nordwestl. Trockengebiet), SO-Asien; N-Australien; westl. Zentralamerika, Westindische Inseln, Teile von Venezuela und Guayanaländern, Zentralbrasilien.

**Klimazonale Einordnung:** Tropisch semiaride und semihumide Bereiche nach A. Penck; Savannenklima (Aw) nach W. Köppen; Warmtropisches Feuchtsavannenklima nach H. v. WISSMANN; Sommerfeuchtes und ständig feuchtes Tropenklima mit kurzen Trockenzeiten nach N. CREUTZBURG; Tropisch sommerhumide Feuchtklimate und wechselfeuchte Tropenklimate nach C. TROLL und K. H. PAFFEN.

**Klimatische Merkmale:** hygrische, keine thermischen Jahreszeiten. Temperaturmittel kältesten Monats über 18° C, Jahresmittel um 25° C, Tagestemperatur 20° bis 35° C. *Tageszeitenklima*, d. h. größere tageszeitliche Temperaturschwankungen (bis 35° C) als jahreszeitliche (bis 8° C).

Ausgeprägter *Wechsel von Regen- und Trockenzeit*. 6—9½ humide, 2½ bis 6 aride Monate, in denen jedoch noch 15—20 % des Gesamtniederschlags fallen. Insges. Verteilung der Regenfälle über 6—10 Monate. Maximum der Niederschläge im Sommer, bes. in südostasiatischen Monsunländern. In Abhängigkeit von sommerlichen Sonnenhöchstständen je nach Entfernung von Wendekreisen 1 oder 2 Regenzeiten. *Gesamtjahresniederschlagsmengen* über 600, meist über 1200 mm. Trockenzeit im kalendarischen Winter; jedoch in S-Amerika infolge mediterraner Herkunft der Bevölkerung gewöhnlich Regenzeit als Winter *(invierno)*, Trockenzeit als Sommer *(verano)* bezeichnet.

*Klimatische Höhenstufen* im Gebirgsland mit traditionellen landesüblichen Bezeichnungen:

In *S-Amerika* (äquatorialer Bereich):

4. Stufe: *Tierra helada* (Frostland) über 3000 m,
3. Stufe: *Tierra fria* (kaltes Land) von 2000—3000 m,
2. Stufe: *Tierra templada* (gemäßigtes Land) von 1000—2000 m,
1. Stufe: *Tierra caliente* (heißes Land) zwischen 0 und 1000 m.

In *Äthiopien*:

4. Stufe: *Tschokke* über 3500 m,
3. Stufe: *Dega* von 2500—3500 m,
2. Stufe: *Woina Dega* von 1800—2500 m,
1. Stufe: *Kolla* unterhalb 1800 m.

Höhengrenzen jeweils polwärts absinkend.

**Vegetationsmerkmale:** Bei 1000—2000 mm/J bzw. 7—9½ humiden Monaten regengrüner Feuchtwald (laubabwerfender Monsunwald) und Feuchtsavanne; bei zunehmender Trockenzeit (5—7½ aride Monate) Übergang laubabwerfender Feuchtwälder in Trockenwälder, von Feuchtsavannen in Trockensavannen mit Galeriewäldern (Grundwasserwäldern) an Flußufern. Typische *Vegetationsformationen:* Miombo-Wald O-Afrikas, Llanos des Orinoco und Mamoré, Campos cerrados Zentralbrasiliens.

Durch verbreitetes Auftreten von Termiten besonderer Typ der *Termitensavanne* (C. TROLL): von baumbestandenen Termitenhügeln überragte, z. T. jahreszeitlich überschwemmte Grasfluren (O-Afrika, Großes Pantanal von Mato Grosso, Llanos des Mamoré).

*Azonal* in niederschlagsreichsten Teilen tropischer Monsunländer (Bengalen, Assam, West-Ghats), an passatischen Luvseiten Westindischer Inseln und an mittelbrasilianischer Küste (Serra do Mar) bei Jahresregenmengen über 2000 mm *immergrüner Regenwald* von gleichem Typ und gleicher Morphodynamik wie in ständig feuchten Tropen (Zone 12). Einstige Feucht- und Trockenwaldgebiete, bes. der Monsunländer, heute weitgehend gerodet und durch Kulturland ersetzt. In Bengalen z. B. nur noch 15 % ursprünglichen Waldes erhalten, übrige Fläche vor allem von Reisfeldern eingenommen.

---

**Verwitterungsart und Bodentypus:** Entscheidend für Art und Verlauf *morphodynamischer Prozesse* ist klar ausgeprägter Wechsel von Regen- und Trockenzeiten. Verwitterung und Abtragung von sehr unterschiedlicher Wirksamkeit im Steil- und im Flachrelief, überdies jahreszeitlich *differenziert:* stärkste Aktivität mechanischer Verwitterung an Steilhängen (Inselberge, Rumpfstufen) in Trockenzeit, nachhaltigste Wirkung chemischer Tiefenverwitterung auf großen Ebenheiten in Regenzeit.

*Physikalische Verwitterung* an *Steilhängen* begünstigt durch edaphische Aridität (→ IV, 29) schnell abtrocknender Gesteinsoberflächen. Gleiche Vorgänge der Schalenbildung, Abgrusung, weiteren Gesteinszerfalls und Grobschuttentstehung wie in ariden, semiariden und subtropisch-wechselfeuchten Bereichen (Zone 6, 8, 9). Dabei Mitwirkung der Hydratation (→ II, 18) und kapillaren Aufstiegs gelöster Mineralien, die sich in oberflächenparallelen Klüften abscheiden und Abspringen großer Gesteinsschalen begünstigen. Wetterbedingte ruckartige, bei einsetzendem Regen unterbrochene Kapillarbewegungen der Verwitterungslösungen charakteristisch für wechselfeuchte Tropen. Vorwiegend in Gewittergüssen als *Stark- und Schlagregen* fallende Niederschläge führen zur Bildung von *Kristallinkarren:* hangabwärts ziehende, bis 50 cm tiefe, durch leicht zugerundete Rippen voneinander getrennte Rinnen als Zeugen aktiver Lösungsverwitterung von Silikatgesteinen im feucht-warmen Klima (→ III, 51). Über Abspülung von Feingrus hinaus auf von Hartrinden überzogenen Felsflächen keine Spuren stärkerer chemischer oder mechanischer Wasserwirkung.

*Hohlblockbildungen* bei mikroklimatischer oder makroklimatischer Aridität, z. B. am Mount Abu (Aravallis) im Grenzbereich Indiens zwischen Zone 10 und 11.

*Tiefgründige chemische Verwitterung* – derjenigen immerfeuchten Tropen (Zone 12) kaum nachstehend – auf großen *Ebenheiten*. Anfänge der Tiefenverwitterung als Vergrusung. Bei Erhaltung der Verwitterungsdecke *in situ* (Ortsböden) Ausbildung charakteristischen tropischen *Bodenprofils* mit kräftig gefärbtem *Rotlehm* in oberen Horizonten, nach unten allmählich in körnigen Detritus und schließlich – meist abrupt – in anstehendes Gestein übergehend. Durch Eisenabfuhr Umwandlung sehr feuchten Rotlehms in *Kaolin*, der in tieferen Lagen noch Gefüge des Ausgangsgesteins erkennen läßt und frischem Fels oft unmittelbar aufliegt.

*Tropische Bodenprofilentwicklung* weitgehend unabhängig vom Ausgangsgestein, jedoch am vollkommensten in Massengesteinen. Mächtigkeit der Verwitterungsdecke gewöhnlich 10–30 m, in Extremfällen 150–200 m, wie durch Tiefbohrungen in N-Transvaal bestätigt (W. F. Schmidt-Eisenlohr).

Im Verwitterungshorizont „schwimmende" *Wollsackblöcke* (→ II, 22), Grundhöcker (→ II, 166) an Basisfläche, Büßersteine (→ II, 167). Bei größeren Kluftabständen (Maschenweite) des Sockelgesteins Felsburg- und Schildinselberg-Embryonen.

Durchfeuchtung des Bodens durch langsam fließendes Wasser auf Flächen und wenig geneigten Hängen stärker als Eindringen des Wassers in den Untergrund bei schneller abströmendem Wasser an Steilhängen; dadurch steigt Ausmaß chemischer Verwitterung mit abnehmendem Böschungswinkel und schafft damit Voraussetzung für beschleunigte Abtragung; dies ist wesentlicher Unterschied gegenüber ständig feuchten Klimaten, in denen dank gleichmäßiger Durchfeuchtung aller Geländeteile Steilhänge kräftigerer Abtragung unterliegen als Bereiche geringerer Reliefenergie (H. Bremer). Längere Durchfeuchtung des Flachreliefs bedeutet überdies zeitliche Verlängerung heiß-humider Klimaeinflüsse noch in nachfolgende Trockenzeit hinein.

> Weitgehend steinfreie Oberfläche tiefgründiger Verwitterungsdecken erleichtert Straßenbau in wechselfeuchten Tropen. Mit Straßenhobel Schaffung der Trassen, die zunächst glatt wie Asphaltstraßen sind, sich aber durch ständiges Befahren in „Wellblechpisten" verwandeln (→ Rhythmische Phänomene, III, 161).

*Steinsohlen*[1] sind sehr merkwürdige, 5–30 cm dicke, noch *nicht sicher geklärte Erscheinungen* wechselfeuchter Tropen; trennen in 0,50–3 m Tiefe strukturlosen, nahezu steinfreien gelben Oberboden von tiefgründig verwitterten Rotlehmen; bestehen aus kantengerundeten Quarzen, die im Detritus des Basisgesteins noch als Gänge erkennbar sind, auch aus

---

[1] Steinlagen, Steinpflaster, Steinhorizonte; engl. Bez.: stonelines; franz. Bez.: nappe de gravats

Geröllen, z. B. über tertiären Ablagerungen des Paraíba-Grabens (Brasilien). Steinhorizonte verlaufen — jedoch mit kleinen Abweichungen — oberflächenparallel und greifen zuweilen taschenförmig in den Untergrund ein.

Steinsohlen dieser Art aus O-Afrika, Kongo-Gebiet, Angola, W-Afrika, dem Sudan, Äthiopien, Australien, vor allem aus östl. Brasilien bekannt und von H. LEHMANN, C. TROLL u. a. beschrieben. Dort weitgehende Parallelität zwischen rezenter Oberfläche und Steinsohlen in kuppelförmigen Hügeln, sog. *meias laranjas* („Halben Orangen"), durch Gegensatz zwischen rotem Kern und gelber „Schale" bes. augenfällig.

*Diskussion:* Von strukturloser Oberschicht teils äolischer, teils fluviatiler Transport vermutet, jedoch dafür ebensowenig Beweise wie für angenommene Anreicherung der Quarzstücke unter kaltzeitlichen (pluvialen) Klimabedingungen (→ IV, 53). Schwer vorstellbar, daß ältere, von Steinpflaster bedeckte Landoberfläche völlig von jüngerem Feinmaterial eingedeckt, dann wieder in der Weise zertalt und abgetragen worden ist, daß sich in neuer Landoberfläche genau altes, verschüttetes Relief widerspiegelt. Wahrscheinlicher, daß Steinpflaster gar keine alten Landoberflächen darstellen, sondern auf Entmischung des Oberbodens durch Termiten zurückzuführen sind (H. BREMER). Quarzhorizonte markieren Untergrenzen des Aktivitätsbereiches der Bodentiere. Strukturlosigkeit des Oberbodens ebenfalls gut durch intensive Wühlarbeit von Termiten erklärbar, da Korngrößen gelber Deckschicht mit Termitenerde übereinstimmen (C. TROLL).

Wechselfeuchte Tropen sind *Hauptverbreitungsgebiet von Laterit*. Laterisierung der Böden gebunden an tropisch-humide Klimate; Entstehung laterisierter Rotlehme daher unter Regenwald (Zone 12) und in Feuchtsavanne (Zone 11) bei Jahresniederschlägen von 1000—2500 mm und max. 3—4 ariden Monaten.

Bezeichnung Laterit nicht eindeutig. Zu unterscheiden zwischen lateritischen *Böden* (Latosolen) und Laterit*krusten*:

*Entstehung lateritischer Böden:* vorwiegend in silikathaltigen Ausgangsgesteinen eines schwach reliefierten Geländes; auf Kalken Entstehung von Roterden nichtlateritischen Charakters. Dunkelrote bis dunkelbraune Färbung des Laterits durch Anreicherung von Eisenhydroxid in oberen Bodenschichten, während Kieselsäure in die Tiefe abgeführt wird. Mit zunehmendem Kieselsäureentzug Übergang plastischer Rotlehme in krümelige Roterde. Häufig Zurücktreten der $Fe_2O_3$-Anreicherung gegenüber starker Zunahme von $Al_2O_3$. Endglied dieser Entwicklung sind Bauxit-Laterite mit $Al_2O_3$-Gehalt bis 50 %.

*Entstehung von Lateritkrusten:* in charakteristischer Zone roter Flecken in ockergelber Grundmasse Anreicherung äußerst beweglicher Aluminium- und Eisenoxide (Sesquioxide). Bei Sauerstoffzutritt Verhärtung zunächst weichen hydratisierten allitischen bzw. ferralitischen Materials; dieses kann Gestalt porösen Gesteins, auch zellige, bläschenförmige oder Konglomeratstruktur (in Form verfestigter Eisenkonkretionen) annehmen, die sich zu harten Lagen und Krusten zusammenschließt. Dieser Prozeß irreversibel. Zellige oder netzartige Limonitkrusten gehen bei Wasserentzug in Hämatit über und führen zu völliger Unfruchtbarkeit des Bodens.

Ältere Auffassung, daß Lateritkrusten durch kapillaren Aufstieg der Sesquioxide während Trockenzeit und Ausfällung an Erd*oberfläche* entstanden seien, nicht bestätigt. Wahrscheinlicher, daß Laterit als Ausfällungsprodukt in oberen Bodenhorizonten entsteht und Ergebnis des Austauschs mineralischer Gefügeglieder des Gesteins gegen lateritische Bestandteile wandernder Lösungen ist (A. FINCK). Eigentliche Lateritbildungszone zunächst noch von oberster Bodenschicht bedeckt.

Lateritische Auflagekrusten erklären sich damit als primäre Bildungen im tieferen Boden, die erst sekundär durch Abtragung an die Oberfläche gelangt sind, wo sie unter Luftzutritt verhärteten und zum Erosionsschutz wurden. Entstehung von Laterit*krusten* somit bezeichnend für wechselfeuchte Tropen mit *länger andauernden* Trockenzeiten unter Voraussetzung des Vorhandenseins lateritischer Rotlehme aus feuchteren Vorzeitklimaten (Mio-Pliozän). In Trockensavanne keine rezenten Laterisierungsprozesse im Boden.

Aus Lateritkrusten in heutigen Trockengebieten jedoch auch nicht vorbehaltlos auf feuchtere Vorzeitklimate zu schließen, da sie auch edaphisch in feuchteren Niederungen als *Grundwasser-Laterite* entstanden und infolge Abtragung durch *Reliefumkehr* als konservierende Deckschicht auf Hügelrücken geraten sein können. Derartige, über tiefgründig verwitterten Gesteinen angeschnittene Lateritkrusten bilden scharfkantig begrenzte Schichtstufen: homolithische Schichtstufen (nach H. LOUIS) im Unterschied zur Normalform heterolithischer Schichtstufen mit harter Deckschicht über völlig andersartigem Sockelgestein (→II, 208).

*Kieselsäureabscheidungen* in Oberflächennähe nur im semihumiden Übergangsgebiet zwischen Zone 11 und Zone 10.

*Lösungsverwitterung* (→ II, 15) maximaler Effizienz, von der selbst *Silikatgesteine* nicht verschont bleiben, durch ganzjährig gleichbleibend hohe Boden- und Wassertemperaturen. Wasser in „Opferkesseln" (Oriçangas = „Wasseraugen") der Granitgebirge von Surinam erreicht pH-Wert von 7,6—8,2 und wird 50° bis 60° C warm. Flechten, Algen sowie in Gesteinsklüften prallwölbiger Glockenberge und Zuckerhüte siedelnde Bromeliaceen scheiden organische Säuren aus, die Silikatverwitterung begünstigen. Steilhänge im Granit von Mysore (Indien), im Syenit des Itatiáia-Gebirges (Brasilien) und der Inselberge Kameruns von tiefen

Rillenkarren überzogen. Sind als Lösungsformen echte Karren, keine „Pseudokarren" (→ II, 24).

In *Karbonatgesteinen* vielfach wirksamere Lösungsverwitterung: *Kuppen-, Kegel- und Turmkarst* in um so charakteristischerer Gestaltung, je reiner verkarstete Kalke sind (→ III, 37). Klassische Verbreitungsgebiete des durch Vollformen gekennzeichneten „tropischen Karstes" (→ III, Abb. 8 u. 9) innerhalb Zone 11: Kuba, Jamaica, Puerto Rico, Bergland von Chiapas (Mexiko) und SO-Asien, vereinzelte Vorkommen in Kenia. Dolinenkarst Yucatáns und Floridas von „mediterranem" Typ.

> Bezeichnungen „tropischer" und „mediterraner" Karst können allenfalls als Typenbezeichnungen dienen, besagen jedoch nicht, daß in Tropen ausschl. Karstvollformen auftreten oder Karsthohlformen auf Mittelmeerländer beschränkt sind (→ III, 44 ff.).

**Abtragungsart:** Abtragungsvorgänge im Bereich der Feucht- und der Trockensavannen absolut durch *Flächenspülung* bestimmt, desgl. in heute weitgehend gerodeten Waldgebieten. Selbst im lichten Monsunwald SO-Asiens Abtragung und Überschüttungen durch Schichtfluten wie im Grasland beobachtet. Im Vergleich zu trockenen Randtropen (Zone 10) dichtere, abflußhemmende Vegetation durch größere Niederschlagsfülle ausgeglichen. In noch vorhandenen regengrünen Feuchtwäldern Abtragmechanismen immerfeuchter Tropen (→ IV, 332).

Flächig abströmende, bis 20 cm hohe *Schichtfluten* sind Hauptagens der Abtragung in offenen Grasländern wechselfeuchter Tropen. Kombination von tiefgründiger Verwitterung und Flächenspülung (Abtragung von „oben her") führt zur Entstehung weitgespannter Ebenheiten: *Rumpfflächen*.

> Erarbeitung grundsätzlich wichtiger Erkenntnisse zur Rumpfflächengenese in Angola (O. JESSEN), O-Afrika (H. LOUIS), Rhodesien und Transvaal (E. OBST/K. KAYSER, R. MEYER), SW-Afrika (H. ABEL, U. RUST), Indien (N. KREBS, J. BÜDEL), SW-Nigeria und N-Australien (H. BREMER).

*Flächenbildungsvorgänge* kennzeichnen keine andere klimageomorphologische Region der Erde so *dominant* wie wechselfeuchte Tropen; diese daher von J. BÜDEL als „Randtropische Zone exzessiver *Flächen*bildung" scharf „Subpolarer Zone exzessiver *Tal*bildung" gegenübergestellt, jedoch räumlich weiter gefaßt als unsere Zone 11; z. B. von BÜDEL auch subtropische Monsunländer (Zone 7), westl. Vorderindien (Zone 10), Kalahari (Zone 10) und tropische Anden (Zone 12) mit einbezogen.

Kenntnis *rezenter* Rumpfflächenentstehung in wechselfeuchten Tropen liefert Grundlage für Verständnis *vorzeitlicher* Flächenbildungsprozesse bis in polare Breiten.

*Große Ebenheiten* in wechselfeuchten Tropen entstehen

1) *nach Prinzip „doppelter Einebnungsflächen"* (J. BÜDEL, → II, 166), d. h. durch Abtragung mächtiger tiefgründiger Verwitterungsdecke und Freilegung der Grundhöckerfläche. *Voraussetzung:* über langen Zeitraum wirksame Tiefenverwitterung unter ausgesprochen humiden Klimabedingungen ohne dazu parallelverlaufende gleich starke Abtragung, z. B. bei Schutz durch Gebirgsrahmen (→ II, Abb. 32).

BÜDELS obere Einebnungsfläche (Spülfläche) entspricht CREDNERS in intramontanen Becken SO-Asiens beobachteter, stark durchfeuchteter Überschüttungsebene (→ IV, 195), unter welcher Tiefenverwitterungsprozesse unter sehr ähnlichen Bedingungen verlaufen.

Bei allmählicher Tieferschaltung oberer Einebnungsfläche Freilegung noch weniger tief verwitterter Randzone des Anstehenden. Entstehung von Spülpedimenten (Spülsockeln), die mit solchen benachbarter Erhebungen zusammenwachsen. Tieferlegung oberer Einebnungsfläche von U. RUST als „Alteritisches Tieferschalten" bezeichnet, weil Prozeß an Ausbildung eines Zersatzprofils[1]) gebunden ist.

2) *durch kontinuierlichen Abtransport* des durch fortschreitende Tiefenverwitterung anfallenden *Detritus*; dadurch kann keine tiefgründige Verwitterungsdecke entstehen, sondern anstehendes Gestein ist immer nur von dünnem Grusschleier bedeckt und ragt vielerorts aus Spülfläche auf.

Kein anderer Verwitterungsvorgang versetzt anstehendes Gestein so schnell in abtragfähigen Zustand wie chemische Tiefenverwitterung wechselfeuchter Tropen (C. RATHJENS). Flächenbildung von „oben her" durch kontinuierliche Vergrusung und damit schritthaltende Abtragung, d. h. ohne Ausbildung sich länger erhaltender Verwitterungsdecke, vor allem von E. OBST, K. KAYSER, H. LOUIS und R. MEYER betont.

*Rumpfflächen* wechselfeuchter Tropen sind keine Ebenheiten im mathematischen Sinn, sondern weitgespannte, ganz flachwellige Hügelländer, durchzogen von *Spülmulden*, deren Hänge in sanfter Wölbung über kaum ausgeprägte Zwischentalscheiden (Spülscheiden nach J. BÜDEL) mit Gefälle von 1—2 % bzw. 0,6—1,2°, max. bis 3,5° in nächste Mulde übergehen (→ II, 103 ff). Keine „Täler", da ihnen deutlich ausgearbeitete Tiefenlinie und eigentliches Gerinne fehlen; dienen nur Aufnahme seitlich zuströmenden Wassers der Schichtfluten. Erst im unteren Teil Entwicklung zu Flachmulden- oder Spülmuldentälern i. S. von H. LOUIS (→ II, Abb. 15e). Im Unterschied zu divergierenden Flüssen auf Pedimenten arider und semiarider Gebiete konvergieren Abflußlinien auf Rumpfflächen wechselfeuchter Tropen.

---

1) franz. Bez.: altérite

Durch Spülmuldenabtragung eigentliche Tieferlegung der Flächen. Rumpffläche so lange als *rezent* zu bezeichnen, wie sie von intaktem, aktivem Spülmuldennetz überzogen ist, gleichgültig in welcher Höhenlage sich betreffende Rumpffläche befindet (H. LOUIS). Mit anderen Worten: 2 durch Rumpfstufe voneinander getrennte Flächen können, da sie in Weiterbildung begriffen sind, als rezent betrachtet werden, auch wenn sie in Anlage verschiedenen Alters sind. *In unterschiedlicher Höhe gelegene Rumpfflächen wechselfeuchter Tropen somit Mehrzeitformen.*

*Abspülungsprozeß* setzt ein mit beginnender Regenzeit. In Trockenzeit ausgedörrter Boden ist von zahlreichen kleinsten Haarrissen durchzogen. Regenwasser bleibt zunächst auf Oberfläche stehen, da noch im Boden vorhandene Luft (Benetzungswiderstand) sofortiges Einsickern verhindert.

*In 1. Phase* zunächst keine Rinnenbildung, da zahlreiche kleine Unebenheiten im Boden, Grasbüschel u. ä. Abfluß verhindern. Erst nach etwa einer Stunde Formierung kleiner Rinnsale, die Kleinsthindernisse umgehen und sich allgemeinem Gefälle anpassen. Abspülung in dieser Form, solange Wasser nicht versickern kann.

*2. Phase* beginnt, wenn Boden mit Wasser gesättigt ist, Poren und Haarspalten gefüllt, Hohlräume infolge Volumenvergrößerung aufgequollenen Tons sich verringert haben bzw. Spalten zugeschlämmt worden sind. Mit steigendem Abfluß Ausbildung profilierter Rinnsale, die für längere Zeit, meist die einer Regenperiode, erhalten bleiben. Ablagerung mitgeführten Feinmaterials oft schon nach wenigen Metern an kleinen Hindernissen, Weitertransport bei erneutem Regenfall bis zum nächsten Hindernis usf. Abtragung verläuft also in vielen Einzelphasen, abhängig von Periodizität der Niederschläge, ruht in Trockenzeit. In nächster Regenperiode Verlegung der Rinnsale an ganz andere Stellen. Neben etappenweiser mechanischer Verfrachtung kleinster Bodenteilchen Aufschwemmung der Tonpartikel und Abfuhr suspendierter Stoffe ohne temporäre Wiederablagerung vor Erreichen des Vorfluters.

**Gewässer- und Talnetz:** Auch größere *Flüsse* fließen fast gleichsohlig im Niveau der Fläche, d. h. in nur wenig ausgeprägten breiten, terrassenlosen Talmulden von 2–3, max. 6–8 m Tiefe (z. B. Flüsse der Tamilnad-Ebene an Koromandelküste Indiens) mit Gefälle von nur 0,5 % bis max. 3 %; führen keine groben Schotter, sondern nur chemisch aufbereitetes Material tropischer Tiefenverwitterung, Feinsand und Tonbestandteile als Trübe (J. BÜDEL), unterscheiden sich somit in Sedimentführung nicht von der der Spülfluten, jedoch absolut von meist schotterreichen außertropischen Flüssen (vgl. dazu bes. H. BREMER 1971); sind gekennzeichnet durch Fehlen der Tiefen-, Seiten- und rückschreitenden Erosion.

*Gefällsknicke* im Längsprofil treten auf, wo Fluß Härtestufen quert. Gesamtes Längsprofil mit Flach- und Steilstrecken zwischen solchen Härtlingsschwellen „aufgehängt". Nur langsamer Ausgleich und Beseitigung der Härtestufen, da Flüssen Erosionswaffen fehlen, praktisch *keine Tiefenerosion* erfolgt, Leistung des Flusses sich in erster Linie auf Feinmaterialtransport beschränkt. Deltas an Küsten wechselfeuchter Tropen kein Beweis für Erosionskraft, sondern nur für Transportleistung der Savannenflüsse.

*Fehlen rückschreitender Erosion* wird verdeutlicht durch lange Erhaltung kaum wahrnehmbarer *Flächenpässe* zwischen 2 verschiedenen hydrographischen Systemen.

*Beispiel:* Flächenpaß in Gegend Tirupattur im östl. Vorderindien, gebildet aus 2 nach verschiedenen Richtungen sanft geneigten Flächen, denen Ponnaijar-Fluß und Palar-Fluß folgen. Wasserscheide liegt inmitten gleichförmigflachen Rumpfflächenreliefs, hat Breite von über 20 km und ist mit dem Auge nicht zu lokalisieren. Gefälle nach beiden Seiten beträgt 0,25 %. Beginn eigentlichen hydrographischen Netzes erst in einiger Entfernung von der Scheitelregion in Form kleiner Regenzeitrinnsale (J. Büdel). Kein „Kampf um die Wasserscheide" (→ II, 124), wie zwischen außertropischen Flußsystemen.

Auch *keine Seitenerosion* der Flüsse, daher fehlen Prall- und Gleithänge sowie Arbeitskanten an Flußufern. Hochflutbetten gehen ohne Uferkonkave in anschließende Flächen über.

Breite des Hochflutbettes in wechselfeuchten Tropen nicht durch Seitenerosion, sondern Hochwassermengen bestimmt, d. h. der in größeren Sammeladern zusammenströmenden Spülfluten. Häufig *Uferdammbildungen* durch seitliche Aufschüttungen, keine Terrassen.

Für außertropische Gebiete bezeichnende dreidimensionale, an Flußläufe gebundene Linearerosion (Tiefen-, Seiten- und rückschreitende Erosion) entfällt somit als selbständiger Vorgangskomplex bei Oberflächenformung in wechselfeuchten Tropen. Flüsse sind zwar hydrographische, aber keine morphogenetischen Einheiten, haben daher keinen Einfluß auf Abtragungsvorgänge an Hängen der Spülmulden und auf Spülscheiden. Verhältnis der Tieferlegungsgeschwindigkeit von Spülmulden zu Spülscheiden beträgt 1:1 (J. Büdel). Während im Bereich jedes Talreliefs dreidimensionale Linearerosion, d. h. Talbildung der Flüsse, bestimmender Motor und Schrittmacher für alle Abtragungsvorgänge ist, wird in wechselfeuchten Tropen Tieferschaltung der Rumpfflächen allein durch denudative Vorgänge gesteuert.

Kritik R. Meyers an Büdels Unterscheidung von denudativ entstandenen Spülmulden und erosiv geformten Tälern geht an eigentlichem Problem vorbei, da er flache Hohlformen der Rumpfflächen ohne fixierte Gerinneläufe (Spülmulden) und von Savannenflüssen eingenommene, ebenfalls wenig eingetiefte Muldentäler als Formen gleichsetzt. Talcharakter dieser großen Hohlformen von Büdel nie bestritten. Terminus Flachmuldental zugunsten der Bezeichnung Spülmulde von H. Louis inzwischen aufgegeben.

**Gebirgs- und Rückenrelief:** Alleiniger Bereich stärker wirksamer Linearzerschneidung von Altflächenrändern ist das der Rumpfstufe häufig als Saum „zonaler Inselberge" (→ IV, 302) vorgelagerte Hügel- und Plattenland: tropisches Gebirgs- und Rückenrelief, das *Übergang* von tieferen zu höheren Flächen bildet.

> *Beispiel:* mit 2 %o (0,11 °) sanft von O nach W ansteigende, 100–200 km breite Tamilnad-Ebene indischer Koromandelküste wird durch tropisches Gebirgs- und Rückenrelief mit 30–200 m hohen Inselbergen von höher gelegener Bangalore-Fläche getrennt (J. BÜDEL).

Untere Fläche greift in tiefen Dreiecksbuchten in höhere Ebenheit ein. Flüsse, die im oberen Niveau in flachen Muldentälern fließen, queren Rumpfstufen in kurzer Kerbtalstrecke mit starkem Gefälle und Gefällsstufen, um im tieferen Niveau schnell wieder Muldentalprofil anzunehmen.

An *Schichtstufenrändern* ähnliches Bild. Kreidestufe SW-Nigerias durch tiefe Stufenrandbuchten — vergleichbar mit Dreiecksbuchten der Rumpfstufen — gegliedert, die zahlreiche aus seitlichen Kerbtälern einmündende Flüsse aufnehmen (H. BREMER). Aktives Zurückwandern der Stufenfronten im Gambaga-Stufenland (nördl. Ghana) durch lineare Kerbenerosion und grundwasserbedingte Quellunterschneidung, Formung der Basislandterrasse durch Flächenspülung (H. K. BARTH). Kombination beider Vorgänge bewirkt sowohl eigentliche Rückwanderung der Stufe als auch lineare Zerschneidung höherer (traufnaher) Abschnitte der Stufenflächen (→ II, 209). Entwässerungsnetz dabei weitgehend durch tektonische Kluftlinien vorgezeichnet.

*Strukturelle und petrographische Abhängigkeiten* (H. K. BARTH) nicht nur im Schichtstufenrelief wirksam. In Kristallingebieten noch auffälligere Bindung von hydrographischen Leitlinien, Inselbergreihen und sogar Rumpfstufen an vorgezeichnetes Kluftnetz und Gesteinsunterschiede (Petrovarianz); auf geologischen Karten und bes. aus Vogelschau gut erkennbar: in Indien (J. F. GELLERT), N-Australien (H. BREMER), Kenia (H. KADOMURA), im Pietersburger Hochland des westl. S-Afrika (E. OBST – K. KAYSER, H. PASCHINGER).

*Kluftlinien* sind Leitlinien der Tiefenverwitterung. Dort bes. gründliche Gesteinsaufbereitung begünstigt Fixierung der Abflußbahnen. Flußeintiefung nicht durch rückschreitende Erosion wie in außertropischen Gebieten, sondern von „oben her". Geologische Lineamente dadurch in wechselfeuchten Tropen von Flüssen nachgezeichnet, knieförmiges Abbiegen oder bajonettartige Versetzung von Flußläufen häufig nicht, wie in Mittelbreiten, auf Anzapfung (→ II, 124 f.) zurückzuführen.

In Indien Bindung der Rumpfstufen sowie der Dreiecksbuchten an Verwerfungen von H. BRUNNER mit Nachdruck betont. Dabei brauchen heutige Steilränder nicht mehr Lineamenten direkt zu folgen, sondern können durch Abtragung zurückgewichen sein. Oberflächenbild allgemein stark durch Petrovarianz bestimmt. Felsrücken und Felsschilde bestehen z. B. in N-Transvaal in der Regel aus widerständigeren Gesteinen (W. F. SCHMIDT-EISENLOHR).

**Inselberg-Problem:** Entstehung von Inselbergen[1] eng mit Rumpfflächenbildung verbunden und auf Zusammenspiel intensiver chemischer Verwitterung mit Flächenspülung beruhend.

Umfassende Übersicht über Erforschungsgeschichte und Forschungsstand bei U. RUST (1970).

Inselberge bestehen gewöhnlich aus gleichem Gestein wie Rumpffläche, die sie als Einzelberge oder in Schwärmen überragen; gleichen in Massengesteinen Glocken, Kuppeln, Kegeln oder flachgerundeten schildförmigen Rücken. Seltener auch aus Sedimentgesteinen (NO-Brasilien) oder Trappdecken (Indien) herausmodelliert, dann von tafelbergähnlichem Aussehen und an Zeugenberge vor Schichtstufenrändern erinnernd.

*3 Möglichkeiten der Anlage:*

1) Als „echte" Inselberge früher nur *Skulpturformen* angesehen, die vor Rändern höherer, geschlossener Rumpfflächen liegen und sich durch Terrassenleisten oder Reste von Lateritdecken als Teile in Auflösung begriffener älterer Flächen erweisen (Vorgebirgsinselberge nach E. OBST und K. KAYSER).

2) Petrographische Spezialforschung zeigt jedoch, daß viele Inselberge *Strukturformen* sind. Makroskopisch unsichtbare Inhomogenitäten im Gestein können bewirken, daß Inselberge frei von jeder Bindung an zyklischen Abtragungsverlauf bei allmählicher denudativer Erniedrigung von Flächen aus diesen emporwachsen. Viele Inselberge S- und O-Afrikas sind derartige *Härtlinge*, die aus weicheren Schiefern herauspräpariert sind (H. v. STAFF, O. HECKER, C. GILLMAN).

*Beispiele:* nach F. THORBECKE waren von 400 Gesteinsproben aus Inselberggebiet von N-Tikar 50 petrographisch unterschiedlich. Größter aller dortigen Inselberge (Njua) erwies sich als Syenithärtling, d. h. als Abtragrest gewaltigen Intrusionsstocks im Granit und Gneis. Viele „Kopjes" S-Afrikas sind aus weicheren Schiefern herausgeschälte Granitstöcke.

3) Weiterer Typ von Inselbergen *tektonisch* angelegt. Zahlreiche Inselberge O-Afrikas sind Überreste an Brüchen gehobener *Horste*.

*Beispiele:* nach O. E. MEYER Inselberge von Ugogo (Tansania) auf von ONO nach WSW ziehender Linie angeordnet. In gleicher Richtung klüftet Granit des Hauptgebirges südl. Dodoma, während kurze Kämme der Inselberge NNW-SSO streichen, d. h. also sekundärer Kluftrichtung folgen. Auch

---

[1] nach ihrem Entdecker in O-Afrika. W. BORNHARDT, in nordamerikanischer geomorphologischer Literatur als *bornhargts* bezeichnet

E. Nowack sieht in Inselbergen des Usagara-Berglandes (Tansania) letzte Reste einzelner Horste in zerstückeltem Schollenland. Gleichartige Beobachtungen von H. Berger im Inselbergland von NO-Uganda.

Inselberge *genetisch zu gliedern* in:

1) *Zonale Inselberge:* Bezeichnung von K. Kayser, weil sie an Zone aufgelöster *Rumpfstufen gebunden* sind und deren Aufzehrung durch Verzahnung mit tieferer Fläche bezeugen; entsprechen Auslieger- oder Restinselbergen Büdels; gehören zum Typ der Skulpturinselberge, da sie aus gleichen Gesteinen bestehen wie Rumpffläche, aus der sie sich erheben. Außer mit höherem Rumpfflächenniveau korrespondierender Gipfelfläche zuweilen Hangverflachungen als Zeugen älterer, höherer Sockelflächen, z. B. bei Inselbergen NO-Ugandas (H. Berger).

2) *Azonale Inselberge:* verteilen sich, fern einer Rumpfstufe, in lockerer, *regelloser Streuung*, zuweilen auch in Inselbergschwärmen, über Rumpffläche (Abb. 12); sind gewöhnlich Skulpturinselberge, können aber auch strukturbedingt oder tektonisch angelegt sein.

**Abb. 12** Inselbergschwärme auf der Amboin-Rumpffläche in Angola (nach O. Jessen)

3) *Aufsteigende Inselberge oder Schildinselberge: tauchen* als flache Buckel *aus Verwitterungsdecken* der Rumpfflächen *auf*, sind vorzugsweise Spülscheiden aufgesetzt; werden von J. Büdel als durch Flächenspülung freigelegte *Grundhöcker* unterer Einebnungsfläche (→ IV, 297) gedeutet. Prinzipiell gleiche Erklärung für durch Abtragung aus Rumpfflächen herausgewachsene, sich allmählich versteilende Inselfelsen durch O. Jessen.

Bei phasenhafter Tieferschaltung oberer Einebnungsfläche Entstehung von Randverebnungen an aufsteigenden Schildinselbergen; derartige getreppte Inselberghänge von E. Obst und K. Kayser in O-Afrika beobachtet.

Schildinselberge stellen bes. widerständigen Komplex des Grundhöckerreliefs dar, beruhend auf geringerer Zerklüftung sonst homogenen Gesteins oder auf petrographischer Inhomogenität (Härtling).

Alle Inselbergtypen unterliegen, wie Zuckerhüte und Glockenberge (→ IV, 309), der Abschalung und Abschuppung auf Druckentlastungsklüften (infolge nachlassenden Überlagerungs- und Seitendrucks, → II, 13 f.) unter Mitwirkung der Insolation und chemischer Mineralaufbereitung unter obersten Schalen. Kernbohrungen in Inselbergen N-Transvaals erbrachten Nachweis 10—15 m mächtigen mürben Gesteins zwischen Außenschalen und frischem innerem Fels (W. F. SCHMIDT-EISENLOHR). Auch dünne Mineralanreicherungshorizonte zwischen Deckplatten und Inselbergkernen tragen zur Abschalung bei.

Wandverwitterung schreitet von unten nach oben fort. Scharfe, aus sichelförmigen Abbruchkanten hervorgegangene Überhänge runden sich im Laufe der Zeit, Narben sind schließlich nur noch als leichte Unebenheiten erkennbar. Durch Abschuppung von unten her werden Flanken der Inselberge allmählich immer steiler. Auf Gipfelkuppen zuweilen flache, pfannenartige Vertiefungen mit Verwitterungsresten und dünnen Humusschichten.

*Am Fuß der Inselberge* sammeln sich Trümmer als kantiger, aber rasch zu Grus zerfallender Schutt, daher kein Blockschuttkranz und wegen schnellen Abtransports durch Flächenspülung auch keine Schuttschleppe von längerem Bestand. Da anstehender Fels immer wieder herausgearbeitet, Hangprofil durch Wandverwitterung versteilt oder steil erhalten wird, erheben sich Flanken des Inselberges mit scharfem Knick und Böschungswinkel von 30—60° aus der Ebene.

*Scharfer Hangknick* vor allem von S. PASSARGE, L. WAIBEL und N. KREBS als entscheidendes Merkmal „echter" Inselberge angesehen. An Herausarbeitung kann subkutane Seitendenudation (J. BÜDEL) beteiligt sein, hervorgerufen durch Menge des von Inselbergflanken abfließenden Wassers und dadurch geförderte intensive chemische Verwitterung am Bergfuß (subkutane Durchfeuchtung). Selten steckt Inselbergfuß in Hülle tiefgründiger Verwitterungsdecke; in der Regel wird chemisch an Basis aufbereitetes Gestein sofort durch Flächenspülung verschwemmt, und blanke Felsflächen stehen an; diese sind zuweilen als flachansteigende Felssockel ausgebildet, die Ursprungsbereich am Inselbergfuß wurzelnder Flachmuldentäler (i. S. v. H. LOUIS) darstellen, z. B. an Inselbergen von Hua-Hin am Golf von Siam.

Inselbergprofile demonstrieren klar Unmöglichkeit, etwa im Sinne von W. PENCK (→ II, 60), zwischen „aufsteigender" und „absteigender" Inselbergentwicklung zu unterscheiden. E. OBST und K. KAYSER erklärten es mit Recht für bedenklich, tektonisch-genetisch gemeinte Bezeichnungen, die im gemäßigten Klima Berechtigung haben mögen, auf ganz anderen Klimabereich, d. h. auf wechselfeuchte Tropen, zu übertragen.

Knick im Profil von *Stufenrändern* wechselfeuchter Tropen nicht am Hangfuß, sondern an Grenze morphologisch harter Deckschicht und weniger resistentem Sockelgestein, also petrographisch, nicht durch Abtragungsvorgänge bestimmt. Ebenso Schärfe des Hangknicks von Inselbergen wesentlich von Gesteinsart abhängig (R. MEYER).

Hangknick zwar typisches Merkmal für rezent in Weiterbildung begriffene Inselberge wechselfeuchter Tropen, aber nicht — wie früher angenommen — für Inselberge überhaupt. *Profillinie ändert sich* in Abhängigkeit von jeweiliger Dauer der Regen- und Trockenzeit. Charakteristischer Knick nur im wechselfeuchten Klima mit mindestens 4 Regenmonaten von mehr als 100 mm/J Niederschlag und 4—6 Trockenmonaten unter 50 mm/J. Sinken Niederschläge der Regenperiode unter diese Werte ab, wie z. B. in ariden Randtropen (Zone 10), kann in Trockenzeit entstandene Schutthülle nicht mehr abgetragen werden. Zu ähnlichem Ergebnis führen hohe Niederschläge immerfeuchter Tropen (Zone 12). Dort infolge lebhafter chemischer Verwitterung Umhüllung der Bergfüße mit tiefgründig zersetztem Blockschutt. In beiden Fällen keine „typisch" konvexen, sondern konkave Hangprofile.

*Beispiele:* nach N. KREBS Inselberge mit scharfem Hangknick in Indien schulbeispielhaft nahe der O-Küste ausgebildet, bes. nördl. Konkan und in Gebieten des Inneren mit Jahresniederschlägen von 500—1500 mm. Im N und S daran anschließend Formen mit allmählichem Übergang vom Inselberghang in Rumpffläche. Solche konkaven Hangprofile im Grenzsaum zur Tharr (Zone 10) mit größeren Schuttansammlungen am Inselbergfuß oder im Regenwaldgebiet S-Indiens, in dem bereits Morphodynamik immerfeuchter Tropen (Zone 12) herrscht. Unterschiedliche Hangformung schon von KREBS als Ergebnis heutiger klimatischer Differenzierung gedeutet und Frage der Inselbergentstehung selbst unter andersartigem Vorzeitklima aufgeworfen.

Auch fossile Inselberge Mitteleuropas (→ IV, 109) mit ihren sanft auslaufenden Fußhängen völlig *jetzigem* feucht-gemäßigtem Klima adäquat.

Durch Kombination von Verwitterung und Abspülung sogar Entstehung von Hohlkehlen und Randfurchen, völlig die Inselberge umschließender Depressionen, die nach außen entwässern.

*Beispiele:* Kilba Hills des westl. Berglandes von Adamaua, Nigeria (J. C. PUGH), Inselberge von Quixadá in NO-Brasilien (W. CZAJKA).

*Schildinselberge* zeigen bei länger wirksam gewesener subkutaner Seitenverwitterung Ausbildung von durch kleinen Knick abgesetzten Sockelflächen (Spülpedimente nach J. BÜDEL). Infolge phanerogener Weiterverwitterung können Schildinselberge Aussehen von Wollsackklippen annehmen, sind dann kaum von Ruinen anderer Inselbergtypen zu unterscheiden. Fortgang der Entwicklung zielt allgemein auf Zerstörung zonaler und azonaler Inselberge, d. h. auf totale Einrumpfung letzter Altformenreste, hin.

*Beispiel:* Inselberglandschaft von Trichinopoli im südöstl. Vorderindien, die kaum noch diesen Namen verdient, da alle Einzelberge bis auf geringe Reste schon der Einebnung zur glatten Rumpffläche zum Opfer gefallen sind (P. SCHLEE).

„Inselbergproblem" ist kein zentrales geomorphologisches Problem wechselfeuchter Tropen; *Zentralproblem ist Mechanismus der Flächenbildung;* nur im Zusammenhang damit ist Inselbergentstehung zu verstehen.

Aktive Rumpfflächenbildung unabhängig von absoluter Meereshöhe. Zahlreiche Beispiele von Rumpfflächen aus Angola, O-Afrika und Indien (→ II, 164), die, im Unterschied zu außertropischen Bereichen, fortschreitende Einebnung hoch über Meeresniveau — z. B. um 1800 m im Iringa-Hochland — bei völligem Fehlen linearer Zerschneidung beweisen. Tektonische Hebungsvorgänge nahezu ohne Einfluß auf denudativ bestimmte Oberflächenformung wechselfeuchter Tropen: wichtiger Unterschied zu tektonisch ständig neu belebter linearer Erosion in feuchtgemäßigten und innertropischen Waldklimaten (→ IV, 105, 335).

**Aufschüttungsebenen:** *Sumpfgebiete und Überschwemmungssavannen* auf gefällsarmen Rumpfflächen und Aufschüttungsebenen wechselfeuchter Tropen sind Gegenstück zu Binnendeltas (→ IV, 268) trockener Randtropen: Sudds im S der Republik Sudan, Llanos des Mamoré im östl. Tiefland Boliviens, Großes Pantanal in Mato Grosso. Überschwemmungssavannen häufig zugleich *Termitensavannen* mit locker gestreuten, sich über Wasserfläche erhebenden baumbestandenen Termitenhügeln (C. TROLL).

Sudds nehmen großen Teil des Abiad-Beckens ein, bilden ausgedehntes Überschwemmungsgebiet des Weißen Nils unterhalb seines Austritts aus Asandeschwelle auf fast gefällslose Alluvialebene südl. Sudans. Örtlich fallende Niederschläge werden durch hohen regenzeitlichen Wasserstand des weißen Nils am Abfluß gehindert und zu schwer passierbarer See- und Sumpffläche aufgestaut (E. HÖLLER).

*Llanos des Mamoré* sind ebenfalls riesige Überschwemmungssavanne, deren Entwässerung durch die sich zum Rio Madeira vereinigenden Flüsse Mamoré, Beni und Guaporé in Regenzeit unzulänglich ist, da Ebene im N von Grundgebirgsschwelle begrenzt wird und Engtal des Rio Madeira schnellen Wasserabfluß behindert.

*Großes Pantanal,* in nur 90—100 m Meereshöhe im Herzen S-Amerikas gelegen, stellt etwa 100 000 km² umfassendes *Binnendelta* zahlreicher von Rändern zentralbrasilianischen Planaltos kommender sedimentreicher Flüsse dar. Diese durchziehen stark mäandrierend unter Bildung natürlicher Uferdämme (→ II, Abb. 15 m u. 23) die Schwemmlandebene (H. WILHELMY); durch Abschnürung der Mäanderbögen Entstehung runder und ovaler Umlaufseen (→ II, 127 f.).

**Hypsometrischer Formenwandel** in wechselfeuchten Tropen als Zone exzessiver Flächenbildung weniger als in anderen klimageomorphologischen Regionen durch Veränderung der Formungsmechanismen mit wachsender Meereshöhe als durch in allen Höhenstufen auftretenden *Gegensatz zwischen Flach- und Gebirgsrelief* bestimmt. Einerseits große Ebenheiten mit vorwiegender Flächenspülung bis in fast 2000 m Höhe, andererseits durch Linearzerschneidung charakterisierte Gebirgsreliefs bis in Meeresniveau herabreichend, z. B. in West-Ghats Vorderindiens oder Serra do Mar Brasiliens. Bezeichnend, daß Täler in tektonisch sehr mobilen, zudem meist niederschlagsreichen Gebirgsrandgebieten *Kerbtalformen* aufweisen, die bereits denen ständigfeuchter Tropen (Zone 12) nahekommen, wie z. B. südl. Teile der West-Ghats, Assams und Burmas.

*Im Bergland* in der Regel Muldentäler (Kehltäler) mit steilen Talflanken über breiten Talgründen, die sich zu intramontanen Ebenen (W. CREDNER, → IV, 194 ff.) ausweiten können; in ihnen erfolgt fortschreitendes Flächenwachstum nach gleichen Prinzipien der Tieferschaltung intramontaner Becken wie in subtropisch-wechselfeuchten Klimaten (Zone 7, → IV, 195) bzw. doppelter Einebnungsflächen. Häufiges Vorkommen solcher intramontanen Becken und Ebenen im „Land der meridionalen Stromfurchen" (SO-Asien).

> *Beispiele:* im Flußgebiet des Menam Nan folgen talabwärts aufeinander: die Ebenen von Muang Lä (300 m), Muang Poa (230 m), nach 15 km die von Muang Rim (220 m) und die 35 km lange Ebene von Muang Nan (200 m), die in Ebene von Muang Sa (190 m) übergeht. Bei Längserstreckung von 35 km und Höhenunterschied von 10 m zwischen oberem und unterem Ende hat Ebene von Muang Nan Gefälle von nur 0,28 %ο (W. CREDNER). — Ähnlich im Bergland von Guayana (Surinam) beständiger Wechsel von Talweitungen und Engtalstrecken (Sulas) mit Wasserfällen oder Katarakten (J. P. BAKKER).

Auf in über 4000 m gehobener tertiärer Rumpffläche des Ruwenzori zwischen einzelnen Gefällsstufen ausgedehnte ebene Talböden mit eher Seen als Flüssen gleichenden Gewässern. Diese präglazial angelegten Steilstufen durch Gletscherschurf noch versteilt. Kräftige Abspülung an Steilhängen pleistozäner Trogtäler (→ II, 105) beschleunigt Auffüllung flacher Talabschnitte und Seewannen. Gerinne fließen nicht in klar ausgebildeten Fluß- oder Bachbetten, sondern sind, wie im Oberlaufgebiet des Bujuku, in viele kleine Rinnsale aufgelöst, die sich je nach Wasserführung verändern. Daher reichverzweigtes Netz kaum ausgearbeiteter, den ganzen Talboden überziehender Trockenrinnen. Infolge fehlender Erosionskraft sind Gewässer nicht in der Lage, alte Moränenwälle zu durchschneiden oder das Tal verbauende Solifluktionsschuttkegel auszuräumen. Mit Übergang der Flüsse in peripheres Steilrelief Ausbildung von schluchtartigen Kerbtälern mit übersteilten Hängen; unverändertes Querprofil bis in Fußzone des Massivs.

Im ebenfalls kräftig herausgehobenen äthiopischen Hochlandblock tief eingeschnittene, durch Basalttafeln getreppte Cañons, die sich in Schroffheit der Talflanken mit Großem Colorado Canyon (→ II, 102) vergleichen lassen, z. B. 1500 m tiefer Cañon des Blauen Nils. Auf Hochflächen Übergang in flache Muldentäler, die sich z. T. zu intramontanen Becken erweitern. Ihr Längsgefälle oberhalb harter Felsriegel so gering, daß sich Versumpfungszonen, in Regenzeit sogar flache Überschwemmungsseen bilden (J. BÜDEL). 4 solcher intramontanen Ebenen im Hochland von Godjam durch A. SEMMEL näher untersucht. Von W. CREDNER erkannter Abtragungsmechanismus (→ IV, 194) bestätigt, jedoch Talweitungen nicht, wie von CREDNER, als vererbte Reste älterer Flachlandschaft aufgefaßt, sondern als rezente, ständig in Erweiterung begriffene Abtragebenen.

*Flüsse* führen selbst in Engtalstrecken kaum gröberes Geröll. Schneller Zerfall infolge vorangegangener chemischer Verwitterung in allen innerhalb „warmer" Tropen, d. h. unter 2000—2500 m gelegenen Gebirgslandschaften: Tierra caliente und Tierra templada S-Amerikas, Kolla und Woina Dega Äthiopiens. Flüsse leisten keine mechanische Erosionsarbeit, sondern spülen Verwitterungsmaterial aus, befördern Feinsedimente mit 2 deutlichen, von Ausgangsgestein und Hochwassersortierung abhängigen Korngrößenmaxima: *zweiphasige Flußablagerungen* nach J. P. BAKKER und H. J. MÜLLER. Mangel an Erosionswaffen bedingt lange Erhaltung der Gefällsbrüche (Sulas, Cachoeiras) in Flüssen wechselfeuchter Tropen und Erschwerung ihrer Nutzung als Schiffahrtswege.

Führung gröberen Gerölls nur in kühleren Hochlandgebieten (Tierra fria, Dega), in denen Intensität chemischer Tiefenverwitterung nachläßt und mechanische Gesteinsaufbereitung aktiviert wird; bes. starke Schotterführung äthiopischer Flüsse (J. WERDECKER).

*Abfolge der 4 klimageomorphologischen Höhenstufen* am klarsten ausgeprägt in Hochgebirgen wechselfeuchter Tropen: „tropischen Schneebergen", wie Kilimandscharo, Mount Kenya und Ruwenzori in O-Afrika, Sierra Nevada de Santa Marta und Sierra de Mérida im N S-Amerikas, Gebirgsmauer des Himalaya; weniger deutlich — wegen Fehlens rezenter nivaler Höhenstufe — im Hochland von Äthiopien und im Bergland Mittelbrasiliens. In allen Hochgebirgen:

*1. untere Vorlandstufe* mit beschriebener Morphodynamik;

*2. ausgeprägte Regenwaldstufe* vor allem auf Hauptregenwinden ausgesetzter Seite, mit charakteristischem, durch Kerbtalzerschneidung gekennzeichnetem Formenschatz ständig feuchter Tropen (Zone 12);

*3. rel. niederschlagsarme Zwischenstufe* mit Rückgang der Regenmengen — z. B. am Kilimandscharo auf 600 mm/J. —, Glatthängen mit Insolationsschutt und infolge Trockenheit nur wenig solifluidal bewegtem Frostschutt;

*4. oberste Stufe rezenter Vergletscherung.*

Eigentlicher hypsometrischer Formenwandel am deutlichsten in periglazialer und nivaler Höhenstufe.

*Fröste* am Kilimandscharo und Mount Kenya ab 3000 m, am Ruwenzori in 3400 m, in Äthiopien ab 2100 m (Beckenlagen) bzw. 2500 m (Gebirge).

Von den 3, zu gewaltigem Gebirgsstock des *Kilimandscharo* (5895 m) zusammengewachsenen erloschenen Vulkanen bleibt Schira unterhalb Schneegrenze; Mawensi hat 2 kleine Firnflecke, Kibo reich gegliederte Firn- und Eiskappe, deren Rand durch aufragende Bergrippen in einzelne Hanggletscherzungen zerteilt ist. SW-Seite tiefer herab vergletschert (4550—4800 m) als N- und O-Seite (F. JAEGER). Stetiger Eisrückgang seit ersten Beobachtungen durch H. MEYER (1887). Frostschuttstufe mit Steinstreifen und Polygonen in 4200—5000 m, im Mattenbereich hangparallele Rasenabschälung; Vorkommen von Büßerschnee.

Am *Mount Kenya* (5195 m) infolge ausgeprägter Gliederung in Täler und Grate 15 gut entwickelte Talgletscher alpinen Typs. Größter von ihnen, Lewisgletscher, 1934 von C. TROLL und K. WIEN photogrammetrisch vermessen und Eishaushalt berechnet. Ende der Gletscherzungen in 4500—4600 m Höhe; Büßerschnee.

*Ruwenzori* (5109 m) kein vulkanisches Gebirge, wie früher angenommen, sondern stark gehobene kristalline Horstscholle, die von noch erhaltener tertiärer Uganda-Rumpffläche überspannt wird. Ihr auflagernd eine 30 km lange, jedoch schmale Eiskappe von 5 km$^2$ Fläche als Nährgebiet von 37 abfließenden kleinen Gletschern, die im O bis 4550 m, im W bis 4200 m herabreichen. An steilen Gebirgsflanken Frostschutt, aber keine Strukturböden.

*Äthiopischer Hochlandblock* steigt von 2000 m im SW auf 3000 m im NO an; auflagernde Basalttafeln mit Gipfelflächen bis 4600 m Höhe. Keine rezente Vergletscherung, Frostwechselzone mit gut entwickelten Polygon- und Streifenböden zwischen 4200 und 4600 m. Schneegrenze in 4800 m, d. h. 200 m oberhalb höchster Gipfel.

Auf S-Seite des von *Mount Everest-Gruppe* (8845 m) gebildeten Hauptkamms des Himalaya rezente Schneegrenze in 5500 m. Infolge hoher Monsunniederschläge intensivst vergletschertes Hochgebirge am Rande wechselfeuchter Tropen.

*Geomorphologische Höhenstufen kolumbianischer Sierra Nevada de Santa Marta* von G. BARTELS genauer untersucht. Dort oberhalb teils trockener, teils feuchter Fußstufe mit weitgehender Überdeckung klimazonaler Formungskräfte durch petrographische Einflüsse *4 Höhenstufen* zu unterscheiden:

*1. submontan-montane Stufe:* zwischen 400 bzw. 600 m und 3000 m; mit intensiver chemischer Verwitterung und deutlich eingeschnittenem Gewässernetz. Zunahme der Linearerosion auf tiefgründig verwittertem Gestein bes. in oberen Talästen. Abspülungsbeträge in Gebieten anthropogen gestörter Vegetation 2—3 m in 500 Jahren. Geringer Abtrag in Nebelwaldstufe.

*2. alpine Stufe:* in 3000 m bis etwa 4300 m; sehr geringe mechanische und chemische Verwitterung ohne Relevanz für rezente Formung; nur geringe Zerschneidung pleistozänen Lockermaterials (Moränen).

*3. subnivale Stufe:* von 4300 m bis Gletschergrenze; starke Aktivität mechanischer Verwitterung. Bildung von Frostschutthängen und Steinschlaghalden. Freie und gebundene Solifluktion je nach Geschlossenheit der Rasendecke. Miniatur-Frostmusterböden nur in von Feinmaterial erfüllten Wannen. In schuttreichen Tälern Erlahmen fluvialer Aktivität.

*4. nivale Stufe:* mit stark zurückschmelzenden Hängegletschern von max. 2,5 km Länge. Schneegrenze auf nordexponierten Hängen in 5100 m, im O (Nevado Ramirez) 300 m, im W (Pico Menders) 400 m tiefer.

In Kordillere von Mérida von J. TRICART und M. MICHEL ähnliche Höhengliederung beobachtet, von R. WEYL hypsometrischer Formenwandel der Blockverwitterung auf Haiti und in Costa Rica untersucht.

*Helm- und Glockenberge* sind weiteres charakteristisches Formenelement der durch junge Hebung stärker zerschnittenen *kristallinen* Massen wechselfeuchter Tropen, z. B. O-Rand Brasilianischer Masse, im Gegensatz zu tektonisch stabilen oder nur großräumigen Vertikalbewegungen unterworfenen Rumpfflächenlandschaften Afrikas und Indiens. Ihr südamerikanischer Prototyp: die von B. BRANDT als „tallose Berge" beschriebenen *Zuckerhüte* am Bruchrand brasilianischer Serra do Mar; erreichen Idealgestalt im 395 m hohen Pão d'Assucar bei Rio de Janeiro, sind aber in unzähligen Varianten in Mittelbrasilien verbreitet. Helm- und Glockenberge ebenso für subtropische Wechselklimate (Zone 6a u. 7) bezeichnend.

*Zuckerhüte* bilden entweder isolierte Bergkegel oder reihen sich in Kammregion höherer Gebirge aneinander (z. B. Orgelgebirge); ähneln durch ihre prallwölbigen, konvexen, glatten Oberflächen Inselbergen, wie diese umgekehrt (z. B. Inselberge im Küstenhinterland von N-Moçambique) mit den berühmten Gestalten in der Umgebung von Rio de Janeiro verglichen worden sind (E. OBST u. K. KAYSER). Zuckerhüte jedoch anderer *Entstehung:* keine Skulpturformen wie zonale Inselberge (→ IV, 302), sondern wie Glocken-, Helm- oder Domberge durch weitmaschiges tektonisches Kluftnetz vom Gebirgskörper *isolierte,* von zunächst glatten Flächen mit scharfen Kanten begrenzte *Monolithe* aus Massengesteinen, die kräftiger Abschuppung unterliegen. Allmähliche typische Zurundung beruht auf zwiebelförmiger Abschalung entlang Druckentlastungsklüften (→ II, 13).

*Voraussetzung* ihrer Entstehung ist Vorhandensein *grobkörniger kristalliner Gesteine* (Granit, Syenit, Tonalit). Zuckerhutberge auch in Orthogneisen mit noch wenig verändertem Kristallgefüge (z. B. Augengneis) und in Konglomeraten (Konvergenz, → IV, 32), nicht jedoch in feinkörnigen Massengesteinen und kristallinen Schiefern, die zur Bildung zackiger Bergformen neigen.

Nach Berechnungen von F. W. FREISE liefert jeder Quadratmeter brasilianischer Zuckerhüte im Jahresdurchschnitt 8,5 kg Verwitterungsschutt. Berge daher von Mantel frischen Blockschutts über tiefgründig zersetzten älteren Gesteinstrümmern eingehüllt. Auf den Halden stockender Urwald unterbindet schnelle weitere Abtragung.

Zuckerhüte können somit *grundsätzlich in allen Klimaten* entstehen, fehlen in Norwegen (Setesdalen) ebensowenig wie in den Alpen (Adamello-Gruppe); aber optimale Bedingungen für *Weiterentwicklung* und Erhaltung *in wechselfeuchten Klimaten* (Winterregengebiete, Monsunländer), bes. in wechselfeuchten Tropen.

Großen Zuckerhutbergen am Rand der Serra do Mar ist Zone einander sehr ähnlicher Halbkugelberge und Rundkuppen vorgelagert (gaben Landschaft mittleren Paraíbatals Namen „Mar de Morros" = Hügelmeer), bestehen z. T. aus anstehendem Augengneis und sind aus abgesunkenen Randstaffeln hervorgegangen; haben bereits höheren Zurundungsgrad erreicht als Zuckerhüte oder enthalten unter dickem Verwitterungsmantel mit oberflächenparalleler Steinsohle (→ IV, 293) nur noch kleinen Gesteinskern. Heutige Oberflächen dieser „Halborangen" auffällig glatt.

*Bodenerosionserscheinungen* in Brasilien auf ehemaligem, jetzt weidewirtschaftlich genutztem Kaffeeland. Auf Madagaskar als Lavakas bezeichnete scharfrandige Hangrisse ebenfalls durch menschliche Eingriffe begünstigt.

Tropische *Rotlehmverwitterung* reicht in Brasilien am Itatiáia (2787 m) bis in etwa 2000 m Höhe, gefolgt von schmaler Gelberdestufe in 2000 bis 2200 m. Wenig darüber in 2200–2400 m bedecken riesige Wollsackblöcke aus Nephelinsyenit in kleineren Gruppen oder als Blockherden die Hänge. Aufschlüsse beweisen ihre Entstehung durch kryptogene Sphäroidalverwitterung und Anreicherung an Oberfläche durch Ausspülung.

Tatsache, daß tropische Roterdeverwitterung nur 200–400 m unterhalb der Itatiáia-Blockmeere endet, scheint für Blockbildung durch rezente Tiefenverwitterung noch in Höhen von mehr als 2000 m zu sprechen, zumal kräftige Kannelierung aller Steilhänge aktive Lösungsverwitterung (Silikatverwitterung, → II, 21) bis in Gipfelbereich der Agulhas Negras (2787 m) zu erkennen gibt. Andererseits nicht zu übersehen, daß Serra da Mantiqueira mit Nephelinsyenitstock des Itatiáia Bestandteil der an ihrem O-Rand kräftig zerstückelten, junggehobenen Brasilianischen Masse ist. Rumpffläche, die Serra da Mantiqueira in 1800—2200 m überspannt, lag Ende Tertiär noch wesentlich tiefer als heute. Daher wahrscheinlich, daß Blockbildung im Itatiáia-Hochtal in geringerer Meereshöhe, d. h. unter feucht-heißen Klimabedingungen, begonnen hat.

**Vorzeitformen:** Vorzeitliche *Verwitterungshorizonte* an Gebirgsrand O-Brasiliens durch tektonische Hebung in Höhen versetzt, die morphodynamisch wirksamer *pleistozäner Klimaänderung* unterlagen. Eindeutige Frostschuttstrukturen in 2300 m unter dünner Humusdecke nachgewiesen (R. RAYNAL), jedoch keine solifluidal zu Blockströmen zusammengeführten Blockmassen. Überall erkennbar, daß diese *in situ* erhalten und durch rezente Abspülung freigelegt sind. Trotz gegenwärtig etwa während 60 Tagen herrschenden Frostwechsels keinerlei Anzeichen rezenten Bodenfließens.

Heutige mittlere Jahrestemperatur im Itatiáia-Gebirge in 2200 m Höhe 11,5° C, an Gipfel der Agulhas Negras (2787 m) 7,5° C. Bei Annahme würmzeitlicher Temperaturabsenkung um 5° C ergeben sich für Höhenstufe zwischen 2200 und 2800 m Jahrestemperaturen von 6,5° bis 2,5° C.

Unter Voraussetzung schon im Pleistozän beendeter tektonischer Hebung letztkaltzeitliche Temperaturabsenkung um 5° C für Aktivierung der Solifluktion ausreichend, jedoch nicht für Verfirnung und Entstehung von Gletschern, obwohl Talschlüsse unterhalb Agulhas Negras Aussehen von Firnmulden haben, manche Formen in 2300—2400 m Höhe Karen ähneln, in einem Fall sogar Karsee mit Karschwelle entwickelt ist. Jedoch keine Moränen und keine Gletscherschrammen, daher allenfalls rißeiszeitliche Verfirnung des Gipfelbereichs mit einem kleinen Kargletscher anzunehmen.

*Pleistozäne Schneegrenze* daraus für Itatiáia-Gebirge in 2400 m und Solifluktionsgrenze in 2200—2300 m abzuleiten. Von H. LEHMANN in Serra da Mantiqueira zweifelsfreier Solifluktionsschutt bis in 1700 m herab beobachtet, also außerordentlich starke Depression gegenüber entsprechenden Grenzlinien auf gleicher geographischer Breite (etwa südl. Wendekreis) gelegener Anden. In trockenen Zentralanden (Zone 10) verlief pleistozäne Schneegrenze in 4500—5500 m, Solifluktionsgrenze 900—1000 m tiefer. Ungewöhnlich tiefe Lage pleistozäner klimageomorphologischer Höhenstufen im östl. Gebirgsland Brasiliens nur durch Zusammenwirken von Temperaturabsenkung und Niederschlagsreichtum zu erklären.

Auch gegenwärtige *Frostwechselgrenze* bei Jahresregenmengen von 2400 mm weitaus tiefer als in trockenen Zentralanden: in 2000 m gegenüber 4600—5300 m (→ IV, 274).

*Problem* abnormer Depression pleistozäner Schneegrenze und Frostwechselzone steht auf Grund von Beobachtungen auch in anderen Hochgebirgen wechselfeuchter Tropen noch in der Diskussion:

im *Vor-Himalaya* östl. Kathmandu durch Kare und Moränen in 2100 m, die auf eiszeitliche Schneegrenzsenkung in diesem Bereich von 2000 m schließen lassen (H. HEUBERGER); durch rißeiszeitliche Moränen auf 1800 m Höhe in Cordillera Blanca *Perus* (H. KINZL); durch vermutlich rißeiszeitliches Kar in 2300 m an N-Flanke der Sierra Nevada *Kolumbiens* (H. WILHELMY). Älteste Moränen dort in 2800 m, Spuren eiszeitlicher Solifluktion herab bis 2100—2400 m. Daraus schloß G. BARTELS gegenüber heutiger Solifluktionsgrenze in 4300 m auf kaltzeitliche Depression unterer Solifluktionsgrenze von etwa 2000 m, gegenüber Schneegrenzdepression von 600 bis 1000 m; nach anderen Beobachtungen pleistozäne Schneegrenze um 3700—3800 m, woraus sich wesentlich höherer Absenkungsbetrag von 1200—1300 m ergibt. Erklärung für diesen von dem in übrigen kolumbianischen Anden abweichenden höheren Depressionswert in pleistozänem Übergreifen innertropischen Regengebietes auf südl. Randzone nordhemisphärischen Trockengürtels und postpleistozänem Rückpendeln zu suchen (H. WILHELMY). Pleistozäne Schneegrenze vergleichsweise in Cordillera de Talamanca Costa Ricas in 3500 m (R. WEYL).

Pleistozäne Bändertone und Würgeböden in 1637 m bzw. 1700 m Meereshöhe, also ebenfalls sehr tiefer Lage, von H. VOSS aus *Angola* beschrieben.
— In *Äthiopien* glaubt J. HÖVERMANN für Gebiet der steilen Glockenberge von Senafé (2500—2800 m) und Sandsteintafelland von Adigrat (2500—2700 m) ausgedehnte eiszeitliche Vergletscherung nachweisen zu können. Auch J. WERDECKER beschreibt aus Hochsemién „Ufermoränen typischer Ausbildung" in 2700 m. C. TROLL hält „Kare" für gesteinsbedingte Talschlüsse, „Moränen" in 2200—2750 m für pseudoglaziale Blockbildungen. Von W. KULS und A. SEMMEL ähnliche Formen im Hochland von Godjam als *in situ* verwitterte Basaltblöcke erkannt, damit Beobachtungsgrundlage für von HÖVERMANN angenommenen Schneegrenzverlauf „älterer äthiopischer Vereisung" in 2600—2700 m und „jüngerer äthiopischer Vereisung" in 2750—2950 m (von N nach S ansteigend) zweifelhaft.

*In Äthiopien* verlief pleistozäne Schneegrenze nach Forschungsergebnissen von E. NILSSON, J. BÜDEL, W. KULS und A. SEMMEL in etwa 4100—4200 m, d. h. 600—700 m, nach J. WERDECKER in 3600—3700 m, d. h. 1100—1200 m unter in 4800 m anzunehmender, auch höchste Gipfel nicht berührender rezenter Schneegrenze (→ IV, 308). Pleistozäne Vergletscherung Äthiopiens auf sanftgeneigte Flächen der Hochkämme beschränkt. Frostschuttzone in 3500—4100 m. Darunter, bis auf 2600 m herab, von J. BÜDEL Zone pluvialzeitlicher „Durchtränkungsfließerde" vermutet.

*Im Kilimandscharo* waren neben Kibo auch in Gegenwart nur verfirnter Mawensi und firnfreier Schira (→ IV, 308) von Eis bedeckt. Tiefste pleistozäne Gletscherzungen je nach Exposition bis in 3600—3800 m, d. h. rd. 1000 m tiefer als in Gegenwart. Eiszeitliche Schneegrenze auf N-Flanke von Mawensi und Kibo in 4400—4800 m, auf S-Flanke in 4250 bzw. 4400 m (F. KLUTE).

*Am Mount Kenya* gut ausgebildete U-Täler bis 3500 m herab, tiefste Glazialspuren in 3000 m Höhe. An O-Flanke des *Mount Elgon* (4322 m) 3 Moränenwälle in 3255 m, 3785 m und 3900 m, an O-Seite des *Ruwenzori* in 2000 m, an W-Flanke in 2700 m.

*Auffällig* insges., daß Differenzbeträge zwischen eiszeitlichen und rezenten Glazialerscheinungen an SW- und W-Seiten des Kilimandscharo und Ruwenzori 900—1400 m, an SO- und O-Seiten hingegen über 2000 m betragen.

*Auswirkungen pleistozäner Klimaänderung* in Hochgebirgen wechselfeuchter Tropen bedürfen somit weiterer Klärung. Seit HÖVERMANN für Äthiopien Ansicht einer pleistozänen Schneegrenzedepression von 1800 bis 2000 m vertrat, lassen Beobachtungen aus anderen Bereichen dieser klimageomorphologischen Zone auf ähnliche Depressionswerte, bes. für Riß-Kaltzeit, schließen. Hingegen für HÖVERMANNS ebenfalls lebhaft widersprochener These angeblich *widersinnigen* Verlaufs von pleistozäner Schneegrenze und unterer Solifluktionsgrenze weder aus wechselfeuchten Tropen noch aus subtropisch-wechselfeuchten Klimagebieten (Zone 8), z. B. Vorderasien, überzeugende Beweise.

Mit abnehmender Meereshöhe zwar Reduzierung des Einflusses pleistozäner Klimaveränderungen, jedoch auch im Bereich klimageomorphologischen Normalniveaus der Zone 11 keineswegs so gleichartiger, störungsfreier Klimaablauf seit Tertiär oder noch älteren Zeiten, wie bisher meist angenommen.

*Beweise:* höhere Seespiegelstände, mehrphasige Bildung von Lateritkrusten, pluvialzeitliche Schlammströme. Auftreten bis 2 m $\varnothing$ erreichender Magnetitquarzblöcke auf anstehendem Grundgebirge (Gneis) in NO-Transvaal (1100 m) von W. F. SCHMIDT-EISENLOHR durch pluvialzeitlichen Schlammstromtransport erklärt.

*Pleistozäne Seespiegelschwankungen* in O-Afrika und Äthiopien vor allem durch L. S. B. LEAKY und E. NILSSON untersucht. Am Nakuru- und am Naivasha-See in Kenia Nachweis von 7 Uferterrassen bis in 193 m über heutigem Spiegel des Nakuru-Sees. Pleistozäner Yaya-See im Hochland von Äthiopien hinterließ über 80 m mächtige Sand- und Tonablagerungen; wurde durch Anzapfung vom Blauen Nil entleert, bevor sich infolge Abdämmung durch jungvulkanische Aufschüttungen heutiger Tana-See (3630 km²) bildete. In Gegenwart Rudolf-See mit 7500 km² Fläche größter abflußloser See O-Afrikas.

*Rückschlüsse auf Wechsel von Pluvial- und Interpluvialzeiten* aus Brandungsterrassen, Strandwällen, Deltaschüttungen und Seesedimenten. NILSSON unterscheidet Erstes, Großes und Letztes Pluvial und hat diese mit nordafrikanischen Pluvialen gleichzusetzen versucht. Jedoch von F. E. ZEUNER u. a. mit Recht darauf verwiesen, daß Wasserstandsschwankungen nur dann verläßliche Klimazeugen sind, wenn Seebecken und Einzugsgebiete über lange Zeit unverändert bleiben. Ostafrikanische Seen liegen jedoch in vulkanisch aktiven und tektonisch labilen Gebieten (in Grabenbrüchen, → I, 62 f.). Daher alle Versuche der *Parallelisierung* ostafrikanischer Eiszeiten mit europäischen, z. B. Kageran mit Günz, Kamasian mit Mindel, Kanjeran mit Riß und Gamblian mit Würm, noch *sehr fragwürdig*. Nur zeitliche Gleichsetzung des Gamblian-Pluvials mit Würm scheint gesichert. Am Himalaya-Rand von H. de TERRA (1938) aus Terrassenablagerungen auf 4 Pluvialperioden geschlossen, die zeitlich und kausal mit 4 in Kaschmir nachgewiesenen Glazialen übereinstimmen.

Größerer *pleistozäner Wasserreichtum* ist, unabhängig von Synchronisierungsfrage, für ostafrikanische Feucht- und Trockensteppe ebenso erwiesen wie für Campos cerrados Mittelbrasiliens geologisch durch Ablagerung von Tonschichten und Konglomeraten, morphologisch durch Entstehung bes. breiter und flacher Täler dokumentiert. Becken des Paraná war im Pleistozän von riesigen Seen und Sümpfen erfüllt. An seinem O-Rand, vom Mündungsgebiet des Rio Tietê bis zum Rio Grande, Entstehung ausgedehnter Kieselgurlager, am W-Ufer von Torfmooren. Erst seit pleistozäner See über Guaira-Fälle Abfluß gefunden hat, existiert Talweg des heutigen Rio Paraná (H. WILHELMY). Pleistozäne Seen Mittelbrasiliens nur als Ergebnisse pluvialzeitlicher Niederschlagszunahme aufzufassen. Schmelzwässer eiszeitlicher Gletscher, d. h. Fremdwässer, können dort weder Seebecken erfüllt, noch Täler geschaffen oder Konglomerate abgelagert haben. Pluvialzeitlicher See im Paraná-Bekken hat vermutlich noch während früher Postglazialzeit existiert. Tatsache, daß Paraná in mindestens 3 durch Laterithorizonte getrennte Sedimentschichten eingeschnitten ist, spricht dafür, daß der See ein wechselnd trockenes und feuchtes Postpluvial noch erlebt hat.

*In venezolanischen Llanos* folgte ebenfalls auf periodisch-trockenes Klima im Jungtertiär mit Bildung von Lateritkrusten Periode kräftiger fluviatiler Aufschüttung im Pleistozän. In dieser niederschlagsreichen Zeit waren Llanos des Orinoco riesige Strom- und Überschwemmungslandschaft, die derjenigen im heutigen Amazonien ähnlich war: Netz von Flußläufen, Überschwemmungsebenen, Sümpfen, Seen und daraus aufragenden Inselplatten nahm weite Gebiete heutiger niedriger Llanos ein. Schon A. v. HUMBOLDT entdeckte Anzeichen größerer Wasserführung des Orinoco: in Felsenengen des Stroms, weit über heutigem Hochwasserniveau, alte Wasserstandsmarken als Flutrinden aus blau-schwarzen Eisen-Mangan-Verbindungen. Gesamtes Apure-Arauca-Gebiet stellte nach jüngeren Erkenntnissen zusammenhängende Seefläche dar, die in Pluvialzeit größte Ausdehnung erreichte und Verbindung mit amphibischem Amazonastiefland hatte; in dieser Zeit Entstehung zahlreicher Bifurkationen im Orinoco-Amazonasgebiet und flacher Wasserscheiden zwischen beiden Stromgebieten (→ II, 132). Seit Beginn des Holozäns Auflösung dieses weiten Überschwemmungslandes in einzelne Seen, Sümpfe und Flüsse; Teil dieser Flüsse verödete, Wälder höherer Schotterplatten (Tierra firme) breiteten sich immer mehr auf Kosten der Sumpflandschaft aus.

Durch Senkung des Grundwasserspiegels seit Beginn der Postpluvialzeit wurde Feuchtwald auf Flächen zwischen den Flußläufen durch Trockenwald ersetzt, und bei anhaltender Erosion — heutige Flüsse sind bereits um 10 m in die tieferen Llanos-Flächen eingesenkt — wird Grundwasserwald immer mehr vom Trockenwald zurückgedrängt; dieser löst sich seinerseits durch von den Überschwemmungsgrasfluren ausgehende Weidebrände in Savannen auf. Dadurch entscheidender anthropogener Beitrag an Entstehung gegenwärtigen Vegetationsbildes der Llanos.

Zeugnisse mehrfachen Klimawechsels im Bereich großer Rumpfflächen sind vor allem eingelagerte, verschiedenaltrige Bauxit- und Laterithorizonte. Lateritdecken des Mysore-Plateaus (S-Indien) als miozänen und pliozänen Alters erkannt (H. BRUNNER). Auf um Wende Plio-Pleistozän schräg gestellter Dekkan-Scholle sind Lateritkrusten gekappt, durch flächenhafte Abtragung an Oberfläche gebracht, oft aus ehemaligen optimalen Entstehungsbereichen feuchter Talmulden durch Reliefumkehr auf Hügelkuppen erhalten (→ IV, 295).

Auf plio-pleistozänen Flächen entstanden keine neuen Lateritkrusten. *Folgerungen* H. BRUNNERS: nicht nur NW-Indien (→ IV, 279), auch S-Indien war im Pleistozän trockener als heute; pleistozäne Talverschüttungen als Ergebnis verstärkter Abspülung des weniger von Vegetation geschützten Bodens in ariden Kaltzeiten gedeutet. Zone 11 im Bereich indischen Subkontinents während Pleistozäns also in ähnlicher Sonderstellung wie Zone 10, für die H. de TERRA Fehlen echter Pluvialzeiten nachwies.

Auch im Küstengebiet Mittelbrasiliens sprechen von Kiesellagen bedeckte Fußflächen für zeitweilige Herrschaft ariderer Verhältnisse (J. TRICART), jedoch noch ungewiß, ob im Pleistozän oder im Postpleistozän.

Aus derartigen Beobachtungen ersichtlich, daß morphodynamische Prozesse in wechselfeuchten Tropen nicht in störungsfreier Gleichmäßigkeit seit Tertiär oder noch älteren Zeiten bis zur Gegenwart abgelaufen sind. Einfluß dieser Klimaschwankungen jedoch auf schon präpleistozän angelegte Großform „Rumpffläche" von so geringem Einfluß, daß nicht von pleistozäner Unterbrechung der Einebnungsvorgänge gesprochen werden kann. In O-Afrika geologischer Nachweis präkretazisch entstandener Inselberge, somit auch der Rumpffläche, der sie aufsitzen (H. v. STAFF). Seit dieser Zeit prinzipiell unveränderte, nur graduell variierte Wirksamkeit gleicher Formungsmechanismen.

Klimageomorphologische Hauptmerkmale wechselfeuchter Tropen: Ablauf morphodynamischer Prozesse durch klar ausgeprägten *Wechsel von Regen- und Trockenzeiten* bestimmt. Nennenswerte mechanische Verwitterung nur an edaphisch ariden Steilhängen, sonst allg. vorherrschende chemische *Tiefenverwitterung* mit maximaler Intensität auf großen Ebenheiten in Regenzeit. Tiefgründige Verwitterungsprofile (Ortsböden) mit „schwimmenden" Wollsackblöcken und meist abruptem Übergang in anstehendes Gestein.

Neben immerfeuchten Tropen (Zone 12) Hauptverbreitungsgebiet in rezenter Bildung begriffener *lateritischer Böden* (Latosole), die unter Oberflächenschicht als plastische Böden entstehen, erst durch Abtragung des Oberbodens infolge Luftzutritts (in trockeneren Teilen wechselfeuchter Tropen) zu Lateritkrusten verhärten, als Grundwasser-Laterite durch Reliefumkehr häufig schützende Decken auf Hügelrücken und Kuppen bilden. In Kalken durch Lösungsverwitterung Entstehung von Kuppen-, Kegel- und Turmkarst ohne Verwitterungsdecken.

Abtragung durch *Flächenspülung*. Ihr Ergebnis: *Rumpfflächen,* die sich auch in größerer Meereshöhe entwickeln können. Durch Rumpfstufen getrennte Flächen zwar verschieden alt in Anlage, aber sämtlich *in rezenter Weiterbildung*. Abtrag nach Prinzip „doppelter Einebnungsflächen" oder durch kontinuierlichen Abtransport entstehenden Verwitterungsmaterials; von Verwitterungsmassen bedeckte Flächen wechseln daher mit solchen durchragenden Felsuntergrundes.

Rumpfflächen von flachen *Spülmulden* durchzogen; auch Betten größerer Flüsse kaum eingetieft. Mangels Erosionswaffen — Flüsse führen nur Feinmaterial — keine Linearerosion; Gefällsknicke im Längsprofil bleiben unverhältnismäßig lange an gleicher Stelle erhalten. Tieferschaltung der Rumpfflächen allein durch denudative Vorgänge auf Flächen selbst, in Abhängigkeit von vorausgegangener, der Abtragung vorauseilender Tiefenverwitterung bestimmt. *Kerbtäler* nur im Bereich zerschnittener Rumpfstufen: tropisches *Gebirgs- und Rückenrelief.* Anlage der Talnetze stark von tektonischen Leitlinien und in ihrem Bereich verstärkt wirkender Tiefenverwitterung abhängig.

Mit Rumpfflächengenese eng Entstehung von *Inselbergen* verbunden. Können reine Skulpturformen, strukturell (Härtlinge) oder tektonisch (Horste) angelegt sein. Zu unterscheiden zwischen zonalen Inselbergen (im Rumpfstufenbereich), azonalen Inselbergen (regellos über Rumpffläche verstreut) und Schildinselbergen (durch Abtragung auftauchende große Grundhöcker). Ausgeprägter *Hangknick* nur bei Inselbergen wechselfeuchter Tropen; in stärker ariden und vollhumiden Gebieten (Zone 10 und 12) flachkonkave Hangprofile.

Tendenz zur *Versumpfung* sehr flacher Ebenen: Sudds, Llanos des Mamoré, Großes Pantanal von Mato Grosso mit mäandrierenden Dammuferflüssen und Umlaufseen; Typus der Termitensavanne.

*Hypsometrischer Formenwandel* weniger durch Veränderung der Formungsmechanismen mit wachsender Meereshöhe als durch *Gegensatz zwischen Flach- und Gebirgsrelief,* unabhängig von jeweiliger Höhenlage, gekennzeichnet. Flächenspülung ohne Linearzerschneidung auch auf hochgelegenen Rumpfflächen, Tieferschaltung intramontaner Becken durch intensive Verwitterung an Basis der Überschüttungsebenen, die durch Engtalstrecken voneinander getrennt sind. In ihnen nur geringe Erosionsleistung der Flüsse, vorwiegend Abtransport aufbereiteten Verwitterungsmaterials.

Als Gegenstück zu Glocken-, Helm- und Dombergen wechselfeuchter Tropen und Subtropen, bes. der Monsunländer, in Randgebieten kristalliner Massen *Zuckerhutberge;* sind durch tektonische Klüfte vom Gebirgskörper abgelöste Monolithe, unterscheiden sich dadurch von Skulpturinselbergen.

Erst in periglazialer und nivaler Höhenstufe tropischer Schneeberge eigentlicher hypsometrischer Formenwandel. Im Pleistozän kräftige *Herabzonierung aller klimatischen Höhengrenzen,* in Riß-Kaltzeit möglicherweise um 2000 m. Echtheit sehr tief herabreichender „Periglazial-" und „Glazialspuren" jedoch umstritten, noch weitere Untersuchungen erforderlich.

Aus alten Uferlinien, Brandungsterrassen usw. auf *höhere Wasserspiegelstände* ostafrikanischer Seen zu schließen, jedoch noch keine befriedigende Synchronisierung mit nordafrikanischen Pluvialen und Interpluvialen. Auch in S-Amerika (Paraná-Becken, Llanos des Orinoco) große pleistozäne Seen. Hingegen scheinen im mittelbrasilianischen Küstengebiet und in S-Indien echte Pluvialzeiten gefehlt, zeitweise sogar aridere Verhältnisse als in Gegenwart geherrscht zu haben.

Feuchtere und trockenere Abschnitte des Pleistozäns jedoch ohne Einfluß auf Erhaltung und Weiterbildung vorherrschender, polyzyklischer Großform wechselfeuchter Tropen: der Rumpfflächen, deren Anlage z. B. in O-Afrika bis in präkretazische Zeiten zurückreicht. *Rumpfflächen mit Inselbergen* sind *die* zonentypische *Prägeform,* die auf Intensität chemischer Tiefenverwitterung und Flächenspülung beruht. Verdanken vorzügliche Erhaltung und beständige Weiterbildung nicht zuletzt ihrer Lage in seit langen geologischen Zeiten nicht mehr von Faltungsvorgängen betroffenen Zonen. Alte, weitgespannte Ebenheiten stärkerer Durchfeuchtung und Verwitterung ausgesetzt als Steilrelief, somit Erhaltung und Weiterbildung einmal vorhandener Flächen nach Prinzip der Selbstverstärkung. Kenntnis aktualmorphodynamischer Prozesse in wechselfeuchten Tropen von bes. Bedeutung für Verständnis tertiärer Flächenbildungsprozesse in mittleren Breiten.

## Literatur

Weitere einschlägige Literatur → Zone 10 u. 12 sowie Bd. II u. III der „Geomorphologie in Stichworten"

ACKERMANN, E.: Dambos in Nordrhodesien. Wiss. Veröff. Dt. Museum f. Länderkunde Leipzig, N. F. 4, 1936, S. 148-157
ALEXANDRE, J. u. ALEXANDRE-PYRE, S.: Les surfaces d'aplanissement d'une région de savane (Haut Katanga). Z. Geomorph., Suppl.-Bd. 9, 1970, S. 127-137
ASKEW, G. P., MOFFATT, D. J., MONTGOMERY, R. F. u. SEARL, P. L.: Soil landscapes in north eastern Mato Grosso. Geogr. J. 136, 1970, S. 211—227
BAKKER, J. P.: Über den Einfluß von Klima, jüngerer Sedimentation und Bodenprofilentwicklung auf den Savannen Nord-Surinams (Mittelguayana). Erdkunde 8, 1954, S. 89-112
—: Quelques aspects du problème des sédiments correlatifs en climat tropical humide (Surinam). Z. Geomorph., N. F. 1, 1957, S. 3—43
—: Zur Entstehung von Pingen, Oriçangas und Dellen in den feuchten Tropen (mit besonderer Berücksichtigung des Voltzberggebiets Surinams). Abh. Geogr. Inst. FU Berlin 5, 1957, S. 7-21
—: Die Flächenbildung in den feuchten Tropen. Tagungsber. u. wiss. Abh., Dt. Geographentag Würzburg 1957, Wiesbaden 1958, S. 86-88
—: Zur Granitverwitterung und Methodik der Inselbergforschung in Surinam. Tagungsber. u. wiss. Abh., Dt. Geographentag Würzburg 1957, Wiesbaden 1958, S. 122-131
— u. MÜLLER, H. J.: Zweiphasige Flußablagerungen und Zweiphasenverwitterung in den Tropen unter besonderer Berücksichtigung von Surinam. Lautensach-Festschr., Stuttgarter Geogr. Stud. 69, 1957, S. 365—397
BARTELS, G.: Geomorphologische Höhenstufen der Sierra Nevada de Santa Marta (Kolumbien). Gießener Geogr. Schr. 21, 1970
BARTH, H. K.: Probleme der Schichtstufenlandschaften Westafrikas. Tübinger Geogr. Stud. 38, 1970
—: Strukturelle und petrographische Abhängigkeiten des Schichtstufenreliefs Tropisch-West-Afrikas. Geogr. Z. 1972, S. 270—286
BECKMANN, W.: Die Mikromorphologie des Bodens bei physisch-geographischen Untersuchungen in Südindien. Festschr. f. A. Kolb. Hamburger Geogr. Stud. 24, 1971, S. 235—242
BERGER, H.: Beobachtungen zur Inselbergbildung in Nordost-Uganda. Geogr. Jber. aus Österreich 28, 1959—1960, S. 72—79
BIROT, P.: Esquisse morphologique de la région littorale de l'état de Rio de Janeiro. Ann. Géogr. 66, 1957, S. 80—91
BLONDEL, F.: L'érosion en Indochine. C. R. Congr. Internat. Géogr. Paris 1931, t. II, Paris 1933, S. 659–666
BLUME, H.: Problemas de la Topografía kárstica en las Indias Occidentales. Union Geográfica Internacional, Conferencia Regional Latinoamericana, Bd. 3, Mexico 1966, S. 255—266
—: Zur Problematik des Schichtstufenreliefs auf den Antillen. Geol. Rdsch. 58, 1968, S. 82—97
—: Besonderheiten des Schichtstufenreliefs auf Puerto Rico. Dt. Geogr. Forsch. in der Welt von heute. Festschr. f. E. Gentz, Kiel 1970, S. 167—179
—: Karstmorphologische Beobachtungen auf den Inseln über dem Winde. Tübinger Geogr. Stud. 34, Wilhelmy-Festschr., 1970, S. 33—42

BORCHERT, G.: Südost-Angola. Hamburger Geogr. Stud. 17, 1963
BORNHARDT, W.: Zur Oberflächengestaltung und Geologie Deutsch-Ost-Afrikas. Berlin 1900
BRANDT, B.: Die tallosen Berge an der Bucht von Rio de Janeiro. Mitt. Geogr. Ges. Hamburg 30, 1917, S, 1–68
BREMER, H.: Das Nordterritorium Australiens. Geogr. Z. 53, 1965, S. 262–293
—: Klima und Vegetation im australischen Nordterritorium. Peterm. Geogr. Mitt., 1965, S. 183–193
—: Flüsse, Flächen- und Stufenbildung in den feuchten Tropen. Würzburger Geogr. Arb. 35, 1971
BROCHU, M.: Occurence possible de glaciations locales pléistocènes et de phénomènes périglaciaires au Brésil. Z. Geomorph., N. F. 1, 1957, S. 271–276
BRUNNER, H.: Geomorphologische Karte des Mysore-Plateaus (Südindien), ein Beitrag zur Methodik der morphologischen Kartierung in den Tropen. Wiss. Veröff. Dt. Inst. f. Länderkde., N.F. 25/26, 1968, S. 5–17
—: Verwitterungstypen auf den Granitgneisen (Peninsular Gneis) des östlichen Mysore-Plateaus (Südindien). Peterm. Geogr. Mitt., 1969, S. 241–248
—: Pleistozäne Klimaschwankungen im Bereich des östlichen Mysore-Plateaus (Südindien). Geologie 19, 1970, S. 72–82
BÜDEL, J.: Klima-morphologische Arbeiten in Äthiopien. Erdkunde 8, 1954, S. 139–156
—: Die „Doppelten Einebnungsflächen" in den feuchten Tropen. Z. Geomorph., N.F. 1, 1957, S. 201–228
—: Die Eiszeit in den Tropen. Universitas 7, Stuttgart 1957, S. 741–749
—: Die Relieftypen der Flächenspülzone Süd-Indiens am Ostabfall Dekans gegen Madras. Coll. Geogr. 8, Bonn 1965
—: Bildung von Rumpfflächen und Talrelieftypen in der Flächenspülzone Süd-Indiens. Dt. Geographentag Bochum 1965, Tagungsber. u. wiss. Abh., Wiesbaden 1966, S. 293–322
—: Die Einflüsse des Grundwassers auf die Reliefbildung im semiariden Süd-Indien. Nova Acta Leopoldina, N.F. 31, 1966, S. 107–129
—: Ein wichtiger Beitrag zur Geomorphologie der Tropen. Mitt. Geogr. Ges. München 52, 1967, S. 281
BUSK, D.: The Southern Glaciers of the Stanley Group of the Ruwenzori. Geogr. J. 120, 1954, S. 137–145
BUTZER, K. W., RICHARDSON, J. L. u. WASHBOURN-KAMAU, C.: Radiocarbon Dating of East African Lake Levels. Science 175, 1972, S. 1069–1076
CAILLEUX, A.: Historique des études géomorphologiques sur l'Itatiáia. Z. Geomorph., N.F. 1, 1957, S. 277–279
— u. TRICART, J.: Zones phytogéographiques et morphoclimatiques au Quaternaire au Brésil. C. R. Somm. de la Soc. Biogéogr., No. 296, 1957, S. 7–11
CORBEL, J.: Karsts du Yucatán et de la Floride. Bull. Assoc. Géogr. Française, 282/283, Paris 1959, S. 2–14
—: Processus morphogénétiques des karstes équatoriaux. Bull. Assoc. Géogr. Française, 282/283, Paris 1959, S. 15–26
COTTON, C. A.: Plains and Inselbergs of the Humid Tropics. Transact. Royal. Soc. of New Zealand, Geol. 1, Wellington 1962, S. 269–277
CREDNER, W.: Das Kräfteverhältnis morphogenetischer Faktoren und ihr Ausdruck im Formenbild Südost-Asiens. Bull. Geol. Soc. China 11, 1932, S. 13–34
—: Siam, das Land der Thai. Stuttgart 1935

CUISINIER, L.: Régions calcaires de l'Indochine. Ann. Géogr. 38, 1929, S. 266—273
DEMANGEOT, J.: Problèmes morphologiques du Mato Grosso central. Rev. Géogr. Alpine 49, 1961, S. 143—166
DOERR, A. H. u. HOY, D. R.: Karst landscapes of Cuba, Puerto Rico and Jamaica. Sci. Mon. 1957, S. 178—187
DRESCH, J.: Remarques géomorphologiques sur l'Itatiáia. Z. Geomorph., N.F. 1, 1957, S. 289—291
EDEN, M. J.: Some aspects of weathering and landforms in Guyana (formerly British Guiana). Z. Geomorph., N.F. 15, 1971, S. 181—198
FLINT, R. F.: On the basis of Pleistocene correlation in East Africa. Geol. Mag. 96, 1959, S. 265—284
—: Pleistocene climates in Eastern and Southern Africa. Bull. Soc. Amer., 1959, S. 343—374
—: Pleistocene climates in low latitudes. Geogr. Rev. 7, 1963, S. 123—130
FLÜCKIGER, O.: Schuttstrukturen am Kilimandscharo. Peterm. Geogr. Mitt. 1934, S. 321—324 u. 357—359
FÖLSTER, H.: Morphogenese der südsudanesischen Pediplane. Z. Geomorph., N.F. 8, 1964, S. 393—423
—: Slope Development in SW-Nigeria during late Pleistocene and Holocene. Göttinger Bodenkdl. Ber. 10, 1969, S. 3—56
FREISE, F. W.: Beobachtungen über den Schweb einiger Flüsse des brasilianischen Staates Rio de Janeiro. Z. Geomorph., 5, 1930, S. 241—244
—: Brasilianische Zuckerhutberge. Z. Geomorph. 8, 1933/35, S. 49—66
—: Inselberge und Inselberg-Landschaften im Granit- und Gneisgebiet Brasiliens. Z. Geomorph. 10, 1936—38, S. 137—168
—: Der Ursprung der brasilianischen Zuckerhutberge. Z. Geomorph. 11, 1943, S. 93—112
GELLERT, J. F.: Beobachtungen und Bemerkungen zur Geomorphologie Südindiens. Geogr. Ber. 15, 1970, S. 118—132
—: Das System der Entstehung und Gestaltung der Rumpfflächen, Inselberge samt Pedimenten und Rumpftreppen in Afrika. Peterm. Geogr. Mitt. 115, 1971, S. 172—182
GERSTENHAUER, A.: Ein karstmorphologischer Vergleich zwischen Florida und Yucatán. Tagungsber. u. wiss. Abh., Dt. Geographentag Bad Godesberg 1967, Wiesbaden 1969, S. 332—344
—: Beiträge zur Genese der Poljen in den wechselfeuchten Tropen. Abh. 1. Geogr. Inst. FU Berlin 13, J. H. Schultze-Festschr., 1970, S. 125—134
GIERLOFF-EMDEN, H. G.: Erhebungen und Beiträge zu den physikalisch-geographischen Grundlagen von El-Salvador. Mitt. Geogr. Ges. Hamburg 53, 1958, S. 7—140
GILLMANN, C.: Zum Inselbergproblem in Ostafrika. Geol. Rdsch. 28, 1937, S. 296—297
GLAZEK, J.: Some observations on karst phenomena in North Vietnam. Congr. Internat. sp. 1965, Ljuljavi 1968, S. 451—456
GRADZINSKI, R. u. RADOMSKI, A.: Origin and development of internal poljes „Hoyos" in the Sierra de los Organos. Bull. Acad. polon. Sci., Sér. Sci., Geol. et Geogr. 33, 1965, S. 181—186
GUHL, E.: La Sierra Nevada de Santa Marta. Rev. Acad. Colombiana Cienc. Exactas 8, Nr. 29, Bogotá, 1950, S. 111—122

Hamelin, L. E. u. Cailleux, A.: Sables, cailloux et cannelures de l'Itatiáia. Z. Geomorph., N.F. 1, 1957, S. 308–312

Handley, J. R. F.: The geomorphology of the Nzega Area of Tanganyika with special reference to the formation of Granite Tors. 19. Internat. Geol. Congr., Sect. 21, 1952, Algier 1954, S. 201–210

Hecker, O.: Zur Entstehung der Inselberglandschaft im Hinterlande von Lindi in Deutsch-Ostafrika. Z. Dt. Geol. Ges. 57, 1905, Monatsber., S. 175–179

Heinzelin, J. de: Glacier Repression and Periglacial Phenomena in the Ruwenzori Range (Belgian Congo). J. Glaciol. 2, 1961, S. 137–140

Hennig, E.: Flächenhafte Abtragung in Ugogo. Peterm. Geogr. Mitt. 1950, S. 20

Herrmann, R.: Zur regionalhydrologischen Analyse und Gliederung der nordwestlichen Sierra Nevada de Santa Marta (Kolumbien). Gießener Geogr. Schr. 23, 1971

—: Die zeitliche Änderung der Wasserbindung im Boden unter verschiedenen Vegetationsformationen der Höhenstufen eines tropischen Hochgebirges (Sierra Nevada de Sta. Marta/Kolumbien). Erdkunde 25, 1971, S. 91–102

Hervieu, J.: Influence des changements de climat quaternaires sur le relief et les sols du Nord-Cameroun. Ann. Géogr. 79, 1970, S. 386–398

Heuberger, H.: Beobachtungen über die heutige und eiszeitliche Vergletscherung in Ost-Nepal. Z. Gletscherkde. u. Glazialgeol. 3, 1956, S. 349–364

Höller, E.: Das Problem der Feucht- und Trockensteppen im Abiadbecken. Arch. Dt. Seewarte 55, Nr. 4, 1936

Hövermann, J.: Über glaziale und periglaziale Erscheinungen in Erithrea und Nordabessinien. Abh. Akad. Raumforsch. u. Landesplanung 28, Mortensen-Festschr., 1954, S. 87–111

—: Über die Höhenlage der Schneegrenze in Äthiopien und ihre Schwankungen in historischer Zeit. Nachr. Akad. Wiss. Göttingen, Math.-phys. Kl. IIa, Math.-Phys.-Chem. Abt., Nr. 6, 1964, S. 111–137

Hunter, J. M. u. Hayward, D. F.: Towards a Model of Scarp Retreat and Drainage Evolution: Ghana, West Africa. Geogr. J. 137, 1971, S. 51–68

Hurault, J.: L'érosion régressive dans les régions tropicales humides et la genèse des inselbergs granitiques. Paris 1967

Jaeger, F.: Forschungen in den Hochregionen des Kilimandscharo. Mitt. a. Dt. Schutzgebieten 22, Berlin 1909

—: Veränderungen der Kilimandscharogletscher. Z. Gletscherkde. 19, 1931, S. 285–299

—: Die Eiszeit Ostafrikas. Koloniale Rdsch. 25, 1933, S. 135–139

Jessen, O.: Reisen und Forschungen in Angola. Berlin 1936

Kádár, L.: Klimatisch-dynamischgeomorphologische Bemerkungen zu den Fragen der Rumpftreppenbildung und der Richtungsänderung der tropischen Flüsse. Wiss. Veröff. Inst. f. Länderkde., N.F. 23/24, Leipzig 1966, S. 279–286

Kadomura, H.: The Landforms in the Tsavo-Voi Area, Southern Kenya. Geogr. Rep. Tokyo Metropol. Univ. 5, 1970, S. 1–23

Kayser, K.: Soil Erosion (Bodenverheerung) und Normalabtragung. Tagungsber. u. wiss. Abh., Dt. Geographentag Frankfurt 1951, Remagen 1952, S. 189–197

—: Zur Flächenbildung, Stufen- und Inselberg-Entwicklung in den wechselfeuchten Tropen auf der Ostseite Südrhodesiens. Tagungsber. u. wiss. Abh., Dt. Geographentag Würzburg 1957, Wiesbaden 1958, S. 165–172

King, L. C.: A Theory of Bornhardts. Geogr. J. 112, 1948, S. 83—87
—: The origin of Bornhardts. Z. Geomorph., N.F. 10, 1966, S. 97—98
Klute, F.: Die Ergebnisse der Forschungen am Kilimandscharo, 1912. Berlin 1920
Krebs, N.: Morphologische Beobachtungen in Central-India und Rajputana. Z. Ges. f. Erdkde. Berlin, 1932, S. 321—335
—: Das Hochland der Nilgiri. Geogr. Z. 1933, S. 11—29
—: Morphologische Beobachtungen in Südindien. Sitzungsber. Preuß. Akad. Wiss., Phys.-math. Kl., 1933, S. 694—721
—: Das südlichste Indien. Z. Ges. f. Erdkde. Berlin, 1933, S. 241—270
—: Zur Morphologie der Ost-Ghats. Sitzungsber. Preuß. Akad. Wiss., Phys.-math. Kl. 16, Berlin 1935, S. 3—17
—: Klima und Bodenbildung in Süd-Indien. Z. Ges. f. Erdkde. Berlin, 1936, S. 87—101
—: Vorderindien und Cylon. Stuttgart 1939
—: Über Wesen und Verbreitung tropischer Inselberge. Abh. Preuß. Akad. Wiss., Math.-nat. Kl. 6, Berlin 1942
Krenkel, E.: Über den Bau der Inselberge Ost-Afrikas. Naturwiss. Wochenschr., N.F. 19, 1920, S. 373—378
Kuls, W. u. Semmel, A.: Beobachtungen über die Höhenlage von zwei klimamorphologischen Grenzen im Hochland von Godjam (Nordäthiopien). Peterm. Geogr. Mitt. 106, 1962, S. 279—284
— —: Zur Frage pluvialzeitlicher Solifluktionsvorgänge im Hochland von Godjam (Nordäthiopien). Erdkunde 19, 1965, S. 292—297
Lasserre, G.: Karst de la Guadeloupe. Erdkunde 8, 1954, S. 115—117
—: Évolution des versants calcaires de Grande Terre et Marie Galante (Guadeloupe). Prem. Rapp. Comm. l'Étude Versants, Union Géogr. Internat., Amsterdam 1956, S. 134—136
Leakey, L. S. B.: East African Lakes. Geogr. J. 77, 1930, S. 497—514
Lefèvre, M. A.: Observations de morphologie dans les massifs de Serra do Mar et de l'Itatiáia. Z. Geomorph., N.F. 1, 1957, S. 302—308
Lehmann, H.: Der tropische Kegelkarst in Westiindien. Verh. Dt. Geographentag Essen 1953, Wiesbaden 1955, S. 126—131
—: Der tropische Kegelkarst auf den großen Antillen. Erdkunde 8, 1954, S. 130—139
—: Klimamorphologische Beobachtungen in der Serra da Martiqueira und im Paraiba-Tal (Brasilien). Abh. Geogr. Inst. FU Berlin 5, 1957, S. 67—72
—: Kegelkarst und Tropengrenze. Tübinger Geogr. Stud. 34, Wilhelmy-Festschr., 1970, S. 107—112
—, Krömmelbein, K. u. Lötschert, W.: Karstmorphologische, geologische und botanische Studien in der Sierra de los Organos auf Cuba. Erdkunde 10, 1956, S. 185—204
Louis, H.: Beobachtungen über die Inselberge bei Hua-Hin am Golf von Siam. Erdkunde 13, 1959, S. 314—319
—: Über Rumpfflächen und Talbildung in den wechselfeuchten Tropen, besonders nach Studien in Tanganyika. Z. Geomorph., N.F. 8, Sonderh., 1964, S. 43—70
—: Über die Spülmulden und benachbarte Formbegriffe. Z. Geomorph., N. F. 12, 1968, S. 490—501

Louis, H.: Fortschritte und Fragwürdigkeiten in neueren Arbeiten zur Analyse fluvialer Landformung besonders in den Tropen. Z. Geomorph., N.F. 17, 1973, S. 2–42

Macar, P.: Notes sur l'excursion à l'Itatiáia (Brésil, 1956). Z. Geomorph., N.F. 1, 1957, S. 293–296

Martonne, E. de: Problèmes morphologiques du Brésil tropical atlantique. Ann. Géogr. 49, 1940, S. 1–27, 106–129

Maull, O.: Vom Itatiaya zum Paraguay. Leipzig 1930

Mensching, H.: Geomorphologische Beobachtungen in der Inselberglandschaft südlich des Victoria-Sees. Abh. Geogr. Inst. FU Berlin 13, 1970, S. 111–124

– (Hrsg.): Piedmont plains and sand-formations in arid and humid tropic and subtropic regions. Z. Geomorph., Suppl.-Bd. 10, 1970

Meyer, H.: Der Kilimandjaro. Berlin 1900

–: Die Eiszeit in den Tropen. Geogr. Z. 10, 1904, S. 593–600

Meyer, O. E.: Inselberge in Ugogo. Peterm. Geogr. Mitt., 1912, I, S. 216

Meyer, R.: Über Flächenbildung in den wechselfeuchten Tropen. Krit. Gedanken zu den Vorstellungen von J. Büdel. Mitt. Geogr. Ges. München 51, 1966, S. 183–204

–: Studien über Inselberge und Rumpfflächen in Nordtransvaal. Münchner Geogr. Hefte 31, 1967

Monroe, W. H.: The Karst Features of Northern Puerto Rico. Bull. Nat. Speleol. Soc. 30, Washington 1968, S. 75–86

Mortensen, H.: Über einige Oberflächenformen nördlich Rio de Janeiro, in der Serra do Mar und im Itatiáia-Gebirge. Z. Geomorph., N.F. 1, 1957, S. 296–302

Nilsson, E.: Quaternary Glaciations and Pluvial Lakes in British East-Africa Geogr. Ann. 13, 1932, S. 249–344

–: Pluvial Lakes in East Africa. Geol. Fören. Förhandl. 60, 1938, S. 423–433

–: Ancient Changes of Climate in British East-Africa and Abyssinia. Geogr. Ann. 22, 1940, S. 1–79

–: Die Eiszeit in Indien nach H. de Terra und T. T. Paterson nebst einem Versuch zu einer zeitlichen Parallelisierung der quartären Klimaschwankungen in Indien, Ostafrika und Europa. Geogr. Ann. 23, 1941, S. 1–23

–: The Pluvials of East Africa. Geogr. Ann. 31, 1949, S. 204–211

Nowack, E.: Zur Erklärung der Inselberglandschaften Ostafrikas. Z. Ges. f. Erdkde. Berlin, 1936, S. 270–274

Obst, E. u. Kayser, K.: Die Große Randstufe auf der Ostseite Südafrikas und ihr Vorland. Sonderveröff. III Geogr. Ges. Hannover 1949

Ojany, F. F.: The inselbergs of eastern Kenya with special reference to the Ukambani area. Z. Geomorph., N.F. 13, 1969, S. 196–206

Ollier, C. D.: The inselbergs of Uganda. Z. Geomorph., N.F. 4, 1960, S. 43–52

O'Reilly-Sternberg, H.: Floods and landslides in the Paraiba Valley, December 1948. Influence of the destructive exploitation of the land. Congr. Géogr. Internat. Lisbonne, III, 1949, S. 633–664

Pallister, J. W.: Slope form and erosion surfaces in Uganda. Geol. Mag. 93, 1956, S. 465–472

–: Slope development in Buganda. Geogr. J. 122, 1956, S. 80–87

Paschinger, H.: Morphologische Studien im westlichen Südafrika. Veröff. Univ. Innsbruck, Alpenkdl. Stud. 1, Festschr. f. H. Kinzl, Innsbruck 1968, S. 1–24

PASSARGE, S.: Über Rumpfflächen und Inselberge. Z. Dt. Geol. Ges. 56, 1904, S. 193—207
—: Das Problem der Skulptur-Inselberglandschaften. Peterm. Geogr. Mitt. 1924, S. 66—70, 117—120
—: Das Problem der Inselberglandschaften. Z. Geomorph. 4, 1929, S. 109—122
PFEFFER, K.-H.: Neue Beobachtungen im Kegelkarst von Jamaica. Tagungsber. u. wiss. Abh., Dt. Geographentag Bad Godesberg 1967, Wiesbaden 1969, S. 345—358
PIPPAN, TH.: Characteristics of valley sections in a moderate relief controlled by fluvial erosion (Puerto Rico) compared with such influenced by both fluvial and glacial erosion (Alpine Flysch-Zone and Bohemian Forest). Z. Geomorph., Suppl.-Bd. 9, 1970, S. 119—126
PUGH, J. C.: Fringing pediments and marginal depressions in the Inselberg landscape of Nigeria. Inst. of Brit. Geographers, Trans. and papers 1956, Publ. No. 22, London 1957, S. 15—31
—: The Landforms of Low Latitudes. Essays in Geomorphology edited by G. H. Dury. New York 1966
RATHJENS, C.: Ein Rundgespräch über Flächenbildung in Saarbrücken. Z. Geomorph., N.F. 12, 1968, S. 470—489
—: Gedanken und Beobachtungen zur Flächenbildung im tropischen Indien. Tübinger Geogr. Stud. 34, Wilhelmy-Festschr., 1970, S. 155—161
RAYNAL, R.: Formations de pentes et évolution climatique dans la Serra da Mantiqueira. Z. Geomorph., N. F. 1, 1957, S. 279—289
ROHDENBURG, H.: Hangpedimentation und Klimawechsel als wichtigste Faktoren der Flächen- und Stufenbildung in den wechselfeuchten Tropen an Beispielen aus Westafrika, besonders aus dem Schichtstufenland Südost-Nigerias. Göttinger Bodenkdl. Ber. 10, 1969, S. 57—152
—: Hangpedimentation und Klimawechsel als wichtigste Faktoren der Flächen- und Stufenbildung in den wechselfeuchten Tropen. Z. Geomorph., N.F. 14, 1970, S. 58—78
RUELLAN, F.: Le rôle des nappes d'eau pluviale ruisselante dans le modelé du Brésil. Notes Labor. Géomorph. Ec. Htes Études 3, 1952, S. 1—46
RUST, U.: Beiträge zum Problem der Inselberglandschaften aus dem Mittleren Südwestafrika. Hamburger Geogr. Stud. 23, 1970
RUXTON, B. P. u. BERRY, L.: Notes on weathering zones and soils on granitic rocks in two tropical regions. J. Soils Sci. 10, 1959, S. 54—63
SAVIGEAR, R. A. G.: Slopes and hills in West Africa. Z. Geomorph., Suppl.-Bd. 1, 1960, S. 156—171
SAWICKI, L. v.: A Karst in Siam. Cvijić-Festschr., Belgrad 1924, S. 167—174
SCHMIDT-EISENLOHR, W. F.: Beziehungen zwischen Oberflächengestalt, Klima und Vegetation von Nord-Transvaal. Erdkunde 21, 1967, S. 12—25
SEMMEL, A.: Intramontane Ebenen im Hochland von Godjam (Äthiopien). Erdkunde 17, 1963, S. 173—189
SIEVERS, W.: Über Schotterterrassen, Seen und Eiszeit im nördlichen Südamerika. Wiener Geogr. Abh. II, 2, 1887
—: Die Sierra Nevada de Santa Marta und die Sierra de Perijá. Z. Ges. f. Erdkde. Berlin 23, 1888, S. 1—158
—: Die Cordillere von Mérida. Geogr. Abh. III, 1, Wien 1888
—: Zur Vergletscherung der Cordilleren des tropischen Südamerika. Z. Gletscherkde. 2, 1908, S. 271—284

ŠILAR, J.: Zur Morphologie und Entwicklung des Kegelkarstes in Südchina und Nordvietnam. Peterm. Geogr. Mitt. 107, 1961, S. 14—19
SPINK, P. C.: The Equatorial Glaciers of East Africa. J. Glaciol. 1949, S. 277—281
STAFF, H. v. u. HENNIG, E.: Zur Morphogenie des Küstengebiets im südlichen Deutsch-Ostafrika. Zbl. Mineral. etc., 1922, S. 611—614
SWARDT, A. M. J. de: Laterisation and landscape development in parts of Equatorial Africa. Z. Geomorph., N.F. 8, 1964, S. 313—333
SWEETING, M.: The Karstlands of Jamaica. Geogr. J. 124, 1958, S. 184—199
THOMAS, M. F.: Some aspects of the Geomorphology of domes and tors in Nigeria. Z. Geomorph., N. F. 9, 1965, S. 63—81
—: The Origin of Bornhardts. Z. Geomorph., N. F. 10, 1966, S. 478—479
—: A Bornhardt Dome in the Plains near Oyo, Western Nigeria. Z. Geomorph., N.F. 11, 1967, S. 239—261
THORBECKE, F.: Die Inselberg-Landschaft von Nord-Tikar. In: „Zwölf länderkundliche Studien", Festschr. f. A. Hettner, Breslau 1921, S. 215—242
—: Der Formenschatz im periodisch trockenen Tropenklima mit überwiegender Regenzeit. In: F. THORBECKE, Morphologie der Klimazonen. Düsseldorfer Geogr. Vorträge, Verh. 89. Tagung Ges. dt. Naturforscher u. Ärzte 1926. Breslau 1927, S. 10—17
THORP, M. B.: Closed Basins in Younger Granite Massifs, Northern Nigeria. Z. Geomorph., N.F. 11, 1967, S. 459—480
TRICART, J.: Division morphoclimatique du Brésil atlantique central. Rev. Géomorph. Dyn. 9, 1958, S. 1—22
— u. MICHEL, M.: Monographie et carte géomorphologique de la région de Lagunillas (Andes Vénézueliennes). Rev. Géomorph. Dyn. 15, 1965, S. 1—33
— u. MILLIÉS-LACROIX, J.: Les terrasses des Andes vénézuéliennes. Bull. Soc. Géol. France 4, 1962, S. 201—218
TROLL, C.: Termiten-Savannen. Länderkdl. Forschungen, N. Krebs-Festschr., Stuttgart 1936, S. 275—312
—: Studien zur vergleichenden Geographie der Hochgebirge der Erde. Erdkundl. Wissen 11, Wiesbaden 1966, S. 95—126
—: Inhalt, Probleme und Methoden geomorphologischer Forschung (mit besonderer Berücksichtigung der klimatischen Fragestellung). Beil. Geol. Jb. 80, 1969, S. 225—257
—: Die Formen der Solifluktion und die periglaziale Bodenabtragung. Mit Nachtrag 1970, In: C. RATHJENS (Hrsg.), Klimatische Geomorphologie, Darmstadt 1971. S. 171—205
— u. WIEN, K.: Der Lewisgletscher am Mount Kenya. Geogr. Ann. 31, 1949, S. 257—274
VAGELER, P.: Grundriß der tropischen und subtropischen Bodenkunde. Berlin 1938[2]
VOSS, F.: Kaltzeitliche Ablagerungen im Hochland von Angola. Eisz. u. Gegenw. 21, 1970, S. 145—160
WAIBEL, L.: Entgegnung zu Passarges Aufsatz „Das Problem der Inselberglandschaften". Z. Geomorph. 4, 1929, S. 255—256
—: Die Sierra Madre de Chiapas. Mitt. Geogr. Ges. Hamburg 43, 1933, S. 12—162
WERDECKER, J.: Untersuchungen in Hochsemién. Mitt. Geogr. Ges. Wien 100, 1958, S. 58—66

WERDECKER, J.: Beobachtungen in den Hochländern Äthiopiens auf einer Forschungsreise 1953/54. Erdkunde 9, 1955, S. 305–317
WEYL, R.: Blockmeere in der Cordillera Central von Santo Domingo (Westindien). Z. Dt. Geol. Ges. 92, 1940, S. 173–179
–: Spuren eiszeitlicher Vergletscherung in der Cordillera de Talamanca Costa Ricas (Mittelamerika). N. Jb. Geol. u. Paläontol. Abh. 102, 1955, S. 283–294
–: Eiszeitliche Gletscherspuren in Costa Rica (Mittelamerika). Z. Gletscherkde. u. Glazialgeol. 3, 1956, S. 317–325
WHITTOW, J. B.: The Landforms of the Central Ruwenzori, East Africa. Geogr. J. 132, 1966, S. 32–43
–, SHEPHERD, A., GOLDTHORPE, J. E. u. TEMPLE, P. H.: Observations on the Glaciers of Ruwenzori. J. Glaciol 4, 1963, S. 581–616
WILHELMY, H.: Die eiszeitliche und nacheiszeitliche Verschiebung der Klima- und Vegetationszonen in Südamerika. Tagungsber. u. wiss. Abh., Dt. Geographentag Frankfurt 1951, Remagen 1952, S. 121–127
–: Das Große Pantanal in Mato Grosso. Ein Beitrag zur Landeskunde tropischer Schwemmlandebenen. Verh. Dt. Geographentag Würzburg 1957, Wiesbaden 1958, S. 45–71
–: Umlaufseen und Dammuferseen tropischer Tieflandflüsse. Z. Geomorph., N.F. 2, 1958, S. 27–54
WISSMANN, H. v.: Der Karst der humiden heißen und sommerheißen Gebiete Ostasiens. Erdkunde 8, 1954, S. 122–130
WOOD, W. A.: Recent glacier fluctuations in the Sierra Nevada de Santa Marta, Colombia. Geogr. Rev. 60, 1970, S. 374–392
ZEUNER, F. E.: Frost Soils on Mount Kenya and the Relation of Frost Soils to Aeolian Deposits. J. of Soil Sci. 1, 1949–50, S. 20–30
–: Summary and comments, with contributions on the Pleistocene in East Africa and Arab's gulf. Geol. Rdsch. 38, 1950, S. 77–81


## Zone 12: Formengruppen der immerfeuchten Tropen

Verbreitung: Länder beiderseits des Äquators: Kongo-Becken, südl. Kamerun und Teile der Oberguineaküste, O-Madagaskar, S-Ceylon, Malaysia, Indonesien, Teile der Philippinen, Neuguinea, östl. Zentralamerika, Amazonien, nördl. Andenländer.

Klimazonale Einordnung: Vollhumider Klimabereich nach A. PENCK; Tropisches Regenwaldklima (Af) nach W. KÖPPEN und H. v. WISSMANN; Ständig feuchtes Tropenklima nach N. CREUTZBURG; Tropische Regenklimate nach C. TROLL und K. H. PAFFEN.

Klimatische Merkmale: *Tageszeitenklima*. Gleichmäßig hohe Temperaturen (über 18° C) in allen Monaten des Jahres, tägliche Temperaturschwankungen (6° bis 10° C) größer als jahreszeitliche (0,5° bis 5° C). Gleichbleibend *große Wärme* verbunden mit ständig *hoher Feuchtigkeit*. Mit wanderndem Sonnenstand zu- oder abnehmende *Zenitalregen* von mindestens 2000 mm/J, d. h. in engerem äquatorialem Bereich 2 Maxima und 2 Minima. Jedoch keine echte, sondern nur relative Trockenzeit, gekennzeichnet durch nicht ins Gewicht fallenden Niederschlagsrückgang.

9¹/₂ — 12 humide, max. 2¹/₂ aride Monate, die jedoch nicht regenlos sind und Charakter ständig feucht-heißen Klimas mit täglich aufkommender starker Bewölkung („Treibhausklima") nicht verändern.

Grundsätzlich gleicher Temperatur- und Niederschlagsgang auch in tropischen Hochgebirgen, daher Berechtigung von frostfreien „warmen" Tropen (Tiefland) und „kalten" Tropen mit periodisch oder ständig auftretenden Frösten (Gebirgsland) zu sprechen (H. v. WISSMANN). Klimatische Höhenstufen (→ IV, 291).

Vegetationsmerkmale: keine durch Temperatur- oder Niederschlagsgang bedingte Vegetationsruhe. *Immergrüne tropische Regenwälder,* Bäume mit Brett- und Stelzwurzeln. In Randgebieten Übergangswälder mit z. T. laubabwerfenden Bäumen.

*Extrazonal* immergrüne Regenwälder auch in bes. regenreichen Bergländern wechselfeuchter Tropen (Zone 11) mit zonentypischer Morphodynamik immerfeuchter Tropen, z. B. in Assam, Burma, O-Küste Mittelbrasiliens (Serra do Mar) und auf passatischen Luvseiten Westindischer Inseln; umgekehrt extrazonal innerhalb tropischer Regenwaldzone auch Vorkommen offener Grasfluren: Campos als edaphische und vegetationshistorische Relikte im Amazonastiefland, ferner auf Schichttafelflächen am O-Rand der Anden und im Bergland von Guayana.

---

*Formenschatz* immerfeuchter Tropen in weit stärkerem Maße als in anderen klimageomorphologischen Zonen *unabhängig von Gesteinsart* (Petrovarianz). Gesteinsunterschiede durch Intensität der Verwitterung nahezu völlig ausgelöscht. Ständig hohe Wärme mit nur geringfügigen Temperaturschwankungen, überreichliche Niederschläge als Folge täglicher Zenitalregen spiegeln sich nicht nur in Wasserhaushalt und Vegetation, sondern bestimmen ebenso Ablauf und Art der Verwitterung. Alle Vorgänge der Abtragung und Aufschüttung *in engster Abhängigkeit von dichtem Pflanzenkleid* (Phytovarianz).

**Verwitterungsart und Bodentypus:** Optimal wirksame *chemische Verwitterung* infolge gleichmäßig hoher Temperatur und Feuchtigkeit auch über lange geologische Zeiträume hinweg führte zur Entstehung mächtiger Bodendecken. Aggressivität der Regen- bzw. Sickerwassers wird gesteigert durch Anreicherung mit Kohlensäure, die durch Wurzelatmung der Pflanzen im Boden stets neu entsteht. Ergänzung durch Vielzahl organischer Säuren, ausgeschieden von im Boden lebenden Tieren (Ameisensäure) oder gebildet infolge Verwesung pflanzlicher und tierischer Organismen (wie Huminsäure u. a.), ferner Zufuhr von Ammoniak und Salpetersäure, die bei Entladung der häufigen tropischen Gewitter mit Regenwasser in den Boden gelangen.

*Wirkung* chemischer Verwitterung, die an Intensität in keiner anderen klimageomorphologischen Zone übertroffen wird, als *Lösungsverwitterung* oder als *hydrolytische Verwitterung*.

*Lösungsverwitterung* mit charakteristischen morphologischen Folgeerscheinungen vor allem in Karbonatgesteinen: *Verkarstung*. In Gebieten reiner Massenkalke von ausreichender Mächtigkeit für feucht-heiße tropische Länder typischer *Kuppen-, Kegel- und Turmkarst* (→ III, 37). In an Beimengungen reichen Kalken (Mergelkalken, Dolomit) und solchen geringerer Mächtigkeit oder unzureichender Höhenlage über örtlichem Vorfluter kein durch Vollformen (Mogotes), sondern, wie in Mittelmeerländern, durch Hohlformen (Poljen, Dolinen) gekennzeichneter Karstformenschatz. Nur wenig über Meeresspiegel gelegene Kalktafel Yucatáns von Dolinen (Cenotes) durchsetzt, geht erst landeinwärts mit zunehmender Höhe in Kuppen- und Kegelkarst über.

An tropischen Küsten (→ III, 146) schnelle Verkarstung gehobener Korallenriffe. In chemisch reinen Korallenkalken modellhafte Entwicklung von Karstkleinformen: Karren und Kamenitsi (→ III, 16 f).

> Großartigste *Beispiele* tropischer Kegelkarstlandschaften auf Java, in Malaysia und S-Thailand, auf westindischen Inseln, bes. Cuba, Puerto Rico und Jamaica (H. LEHMANN, H. BLUME), in Chiapas und Tabasco (A. GERSTENHAUER), am O-Rand peruanischer Anden (H. KINZL).

Auf Java, im „Gebirge der 1000 Kuppen" (Gunung Sewu), halbkugelige Berge von 100—200 m Höhe und rundlichem Grundriß, die durch labyrinthische schmale Gänge und Hohlformen (cockpits) voneinander getrennt sind. Oft mehrere Kuppen auf gemeinsamem Sattel. Hangprofile stets konvex. Ähnliche Formen in SW-Celebes, dort jedoch Karstkegel isolierter und in Reihen angeordnet („gerichtet"). Turmkarst SO-Asiens ist extremste Form der Entwicklung: steilflankige Berge, die an Basis von verzweigten Höhlensystemen durchzogen sind, so daß Karsttürme oft nur noch von Pfeilern getragen werden.

Moderne karstmorphologische Forschung ergab, daß sich „tropischer" Kuppen-, Kegel- und Turmkarst trotz Auftretens von Dolinen und Poljen im feucht-heißen Äquatorialbereich nicht in Normalzyklus der Karstentwicklung im Sinne von W. M. DAVIS und J. CVIJIĆ (→ III, 46) eingliedern läßt, stellt vielmehr eigene klimazonale Typenreihe dar, die allerdings nur unter bestimmten Voraussetzungen (Auftreten von Massenkalken, ausreichende Höhenlage, auf feuchten Basisebenen wirksame Seitenkorrosion) zur vollen Ausbildung kommt (→ III, Abb. 8 u. 9).

Erscheinungen der Lösungsverwitterung auch auf von Vegetation freien Steilhängen und Felswänden in Silikatgesteinen: Granitkarren (→ II, 24; III, 51); auf nackten Felskuppen Napfbildungen und „Opferkessel" (Oriçangas).

*Beispiele:* Rillenkarren im Granit der Seychellen-Insel Mahé (M. BAUER), Riesenkarren im Basalt der Hawaii-Inseln Oahu und Maui (H. S. PALMER).

Über diese, seit langem bekannten Karren in Silikatgesteinen hinaus von A. WIRTHMANN im Peridotit Neukaledoniens dolinen- und poljeartige Hohlformen nachgewiesen, durch die Karstformenschatz in Nicht-Karbonatgesteinen um weitere Varianten bereichert wird.

*Hydrolytische Verwitterung* bewirkt unter Wassereinfluß chemische Veränderung der einzelnen Mineralbestandteile des Gesteins. Lockerung des Molekulargefüges und Kristallgitters führt zum Zerfall der Mineralien; dabei Ausscheidung der Eisen-, Aluminium- und Kieselsäureverbindungen, meist in kolloidaler Form, und Entstehung neuer Stoffe (Sekundärmineralien). Von besonderer Bedeutung ist Zersetzung tonerdehaltiger Silikate, z. B. der Feldspäte, die Hauptbestandteil vieler Gesteine sind. Unter Abfuhr freier Kieselsäure ins Grundwasser Entstehung von *Tonmineralien* und Tonen als chemische Neubildungen, meist durch Beimengung von Sand, Eisenoxid u. a. zu Lehm verunreinigt. Bei völliger Eisenabfuhr Ton in reiner Form als weißer *Kaolin* (→ II, 21). Kaolinit ist wichtigstes Tonmineral feucht-tropischer Klimate, wenig quellfähig im Gegensatz zu quellfähigem Illit und sehr quellfähigem Montmorillonit, die ebenfalls aus Verwitterung und Umbau silikatischer Minerale hervorgegangene Tonminerale sind.

Während Einwirkung reinen Wassers auf Silikatgesteine in kühl-gemäßigten Klimaten nur gering ist, vermag es in heißen Tropen dank seines — wenn auch sehr geringen — Molekülzerfalls in verschieden geladene Ionen hydrolytische Zerlegung der Silikate zu bewirken. Aus Summierung des Effektes ergibt sich innerhalb langer geologischer Zeiträume *Silikatverwitterung* bedeutenden Ausmaßes. Sie wächst bei steigenden Wassermengen und Temperaturen. Daraus erklärt sich tiefgründige chemische Verwitterung in den Tropen und Bedeutungslosigkeit chemischer Verwitterungsvorgänge in der Arktis (→ IV, 74).

*Petrovarianz* in immerfeuchten Tropen also von geringer Bedeutung. Intensiven tiefgründigen Zersetzungsvorgängen unterliegen fast sämtliche Gesteine, auch solche, die in anderen Breiten als widerstandsfähig gelten; führen zur Entstehung von *Verwitterungsprofilen* einheitlichen Aussehens und nahezu gleicher Mächtigkeit, max. von mehreren 100 m.

Aktive Zone der Gesteinszersetzung in mit Wasser gesättigtem Horizont unmittelbar über anstehendem Fels. In diesem Zersatzhorizont ist Gestein bereits völlig aufgelöst, läßt aber ursprüngliche Struktur noch erkennen mürbe, fertig erscheinende Masse, die sich mit Spaten leicht abstechen läßt; selbst Quarz ist bröckelig und bietet keinen Widerstand.

Über Zone groben Granitersatzes folgt gewöhnlich feinerer Grus, in dem Verwitterung noch weiter fortgeschritten ist und der im Gegensatz zum *in situ* befindlichen Zersatz gelegentlich bereits umgelagert sein kann. Maultierpfade, die in Granitgrus eingetreten sind, wie z. B. in Antioquia (Kolumbien), gleichen Hohlwegen im Löß (→ II, 85).

Eingelagert in Zersatz- und Gruszone „schwimmende", d. h. *in situ* befindliche *Wollsackblöcke:* kernfrische, kugelige Gesteinsblöcke mit sehr dünner Verwitterungsschale (→ II, 22). Treten in Basisnähe anstehenden Gesteins als Blockpackungen noch in losem Verband auf, werden aber nach oben hin immer seltener und kleiner, bis sie schließlich ganz verschwinden. Aber selbst völlig blockfreie obere Gruszone und Rotlehmdecke häufig noch von gut erkennbarem, in bestimmten Richtungen angeordnetem Maschenwerk durchzogen, das in deutlicher Verbindung zu größeren Klüften im Gesteinssockel steht. Den frischen Fels zerlegende Klüfte dienen als bevorzugte Leitlinien aggressiver Wässer in die Tiefe, durch die vom Untergrund als parallelepipedische[1]) Quader abgelöste Felsblöcke von allen Seiten angegriffen werden, bes. intensiv an Schnittpunkten der Kluftlinien. An Kanten und Ecken beginnende Tiefenverwitterung führt notwendigerweise zur Abrundung der Blöcke und bei fortschreitender, konzentrisch auf die Blöcke einwirkender Zersetzung zu mehr oder weniger vollkommener Kugelgestalt kernfrischer, in ihren Zersatz gebetteter Wollsackblöcke.

*Beispiele:* Granitzersatz der Insel Bangka wird zur Zinnerzgewinnung mit Wasser durchspült. Dabei kommen noch darin erhaltene Wollsackblöcke zum Vorschein, bedecken in großen Ansammlungen Boden der Zinngruben (K. HELBIG). — Ähnlich durch Meeresbrandung Freilegung kryptogen geformter Sphäroide am Strand der Insel Paquetá bei Rio de Janeiro (H. WILHELMY). — Vor allem Anreicherung von Blöcken durch Abspülung an Oberfläche ungeschützten Kulturlandes. Dafür zahlreiche Beispiele aus Sierra Madre de Chiapas (L. WAIBEL), Malaysia u. a. tropischen Ländern (→ II, Abb. 1).

Bei unveränderten topographischen Verhältnissen, d. h. möglichst geringem Bodenabtrag unter unverletztem Vegetationsmantel, stetiges Fortschreiten der Verwitterung nach unten: Zone aktiven Gesteinszersatzes wird in immer größere Tiefen verlegt, frische, vom Anstehenden neu abgelöste Blöcke unterliegen der Zurundung, während mit Aufzehrung alter Gesteinskerne Teil des Zersatzhorizontes zur Gruszone umgebildet wird und obere Rotlehmdecke immer größere Mächtigkeit erreicht: „Innertropische Ortsbodenzone" J. BÜDELs (1950).

---

1) griech. epi = hin (auf), pedon = Boden; flächenparallel

Tiefgründige Verwitterung in feucht-heißen Tropen ausschließlich Ergebnis der *Hydrolyse*. In kühl-gemäßigten Klimaten (bes. Zone 4) so bedeutsame Hydratation (→ II, 18 f) leitet allenfalls durch Gefügelockerung an Gesteinsbasis sehr viel wirksamere hydrolytische Verwitterung ein.

*Bodenhorizont* bildet oberen Abschluß ganzer Verwitterungsdecke; an seiner Ausgestaltung außer Wärme und Wasser vor allem Vegetation beteiligt. *Zu unterscheiden* zwischen:

1) *zonalen* Böden, die in ihrer Profilentwicklung unabhängig vom Gestein Zusammenwirken von Klima und Vegetation widerspiegeln;

2) *intrazonalen* Böden, bei denen lokale Faktoren, wie Relief und Ausgangsgestein, von dominierendem Einfluß sind;

3) *azonalen* jungen Böden auf Alluvionen.

*Sammelbezeichnungen* für klimazonale *tropische* Böden, die jedoch unterschiedlichen Bedeutungsinhalt haben: lateritische Böden, Latosole, Rotlehme, Roterden oder Braunlehme; umfassen farblich ganze Skala von Rot-, Gelb- und Brauntönen, hervorgerufen durch Ferrohydroxid, in Farbintensität beeinträchtigt durch jeweiligen Gehalt des Oberbodens an Humusverbindungen. Grün des Waldes und Rot der Böden sind die 2 beherrschenden Farben im Landschaftsbild feuchter Tropen.

Entstehung *lateritischer Böden* durch Verwitterung aller Gesteinsarten außer Kalk im Gesamtbereich ständig feuchter Tropen: *plastische Böden,* die erst bei Luftzutritt verhärten und in wechselfeuchten Tropen (Zone 11) nach Abtragung oberster Bodenschicht harte Lateritkrusten bilden (→ IV, 294 f.). In immerfeuchten Tropen keine rezenten *Lateritkrusten;* wo solche auftreten, sind sie *fossil.*

Plastische lateritische Böden sind *Rotlehme* mit hohem Kaolinitanteil; gehen bei zunehmender Auswaschung der Kieselsäure in weniger zähe, krümelige *Roterden* (Latosole) über. Kieselsäure wird mit Grundwasser über Flüsse ins Meer abgeführt, also im Unterschied zu ariden Gebieten kein kapillarer Wiederaufstieg und keine Bildung von Kieselkrusten (→ IV, 241).

An Oberfläche anstehende *Braunlehme* verdanken Färbung bescheidenem Humusanteil. Humusauflage unter tropischem Regenwald infolge schneller völliger Zersetzung organischer Reste unbedeutend. Urwaldböden daher nur von mäßiger bis geringer Fruchtbarkeit.

Üppigkeit des Regenwaldes kein Sinnbild für Fruchtbarkeit der Böden, auf denen er stockt. Hyläa Amazoniens verdankt z. B. großartige Entfaltung allein hoher Wärme und Feuchtigkeit. Boden ist nur Standort; alle Nährstoffe, die er zu bieten hat, befinden sich in mächtiger Vegetationsdecke über ihm und kehren im ewigen Kreislauf des Werdens und Vergehens immer wieder schnell dorthin zurück. Bei Eingriffen des Menschen, z. B. Nutzung von Rodungsflächen als Kulturland, schnelle Verarmung. Bes. bei üblicher Brandrodungswirtschaft Auswaschung eines Teils der Nährstoffe in den Untergrund (H. WILHELMY). Fruchtbare Böden in den feuchten Tropen nur auf tiefgründig verwitterten basischen Eruptivgesteinen (Trappdecken), vulkanischen Aschen und im alluvialen Schwemmland.

Längere Erhaltung der Rohhumusschicht im Regenwald nur bei Wasserstau, z. B. in Sumpfgebieten mit Podsolierungserscheinungen (Bleicherdebildung) und Ausscheidung von Ortstein im Untergrund.

Konstant nach unten gerichteter Wasserstrom und dichtes Pflanzenkleid verhindern Austrocknung des Oberbodens. Daher keine Oberflächenverkrustung (→ IV, 241), nur azonales oder edaphisches Auftreten von *Rindenbildungen*, z. B. von Hartrinden auf edaphisch ariden Felsoberflächen *fossiler Inselberge*, von „Wüstenlack" (→ II, 26) ähnelnden glänzenden Manganrinden auf Geröllen zeitweilig wasserfreier Uferbänke tropischer Flüsse (Rio Cauca in Kolumbien) oder im Spritzwasserbereich tropischer Küsten (Mauritius) infolge ständigen Wechsels von Befeuchtung und Abtrocknung. Derartige Manganrinden kein Ergebnis einer Kernverwitterung (→ IV, 267), sondern Mineralanlagerungen von außen her. Durch Kohlensäureabgabe kalkreichen Sickerwassers gelegentlich Kalksinterkrusten an steilen Flanken von Karstkegeln (K. H. PFEFFER).

*Physikalische Verwitterung* in immerfeuchten Tropen *völlig unbedeutend*. Auch an freien Felsflächen fossiler Inselberge (Amazonien) oder an kryptogen geformten, durch Abtragung an Oberfläche gelangten Wollsackblöcken geht phanerogene Verwitterung — wenn auch reduziert — vorwiegend als chemische Verwitterung weiter. Nur an edaphisch sehr trockenen Steilhängen temporäre bescheidene Wirkungen der Insolationssprengung, bes. infolge „Abschreckung" heißer Gesteinsoberflächen durch Gewittergüsse.

**Abtragungsart:** Gegenüber Abtragungsvorgängen verhalten sich aus verschiedenartigsten Ausgangsgesteinen hervorgegangene tiefgründige Verwitterungsdecken als petrographisch gleichartige Lockermassen, in denen zonentypisches Abtragungsrelief unabhängig vom tieferen Gesteinsuntergrund vollendete Ausgestaltung erfährt. *Ergebnis* sind in tropische Waldgebirge — je nach Dichte des Talnetzes — tief eingesenkte, sich in scharfen Graten verschneidende Täler mit konvexen Hängen, in Mittelgebirgen sanft gerundete Kuppen mit konkaven Hangprofilen. Anstehendes Gestein, außer in Kalkgebieten, nur sehr selten sichtbar. Auf nackten, zeitweise trockenen Gesteinsoberflächen Aktivierung der Formungsmechanismen wechselfeuchter Tropen (Zone 11).

*Freie Flächenspülung* unter dichtem Waldkleid auf von Wurzeln durchsetztem Boden nicht möglich. Auf Rodungsflächen hingegen Ausspülung *in situ* kryptogen entstandener Wollsackblöcke: von Jahr zu Jahr zunehmende „Verblockung" des Kulturlandes, Entstehung von blockstromartigen Gesteinsansammlungen, „Pseudoblockströmen", da sie im Gegensatz zu periglazialen Blockströmen (→ IV, 41) nie solifluidale Bewegung erfahren haben. Freilegung an Basis der Verwitterungsdecke entstandener Blockpackungen (Blocksohlen) vor allem durch spontane Massenversetzungen.

*Bergrutsche*[1]) bes. für *südamerikanische Anden* charakteristisch; Häufigkeitsmaximum während und gegen Ende der Regenzeit. Vorgang begünstigt durch Steilheit der Hänge (30—60°), Gewichtszunahme regenfeuchten Hochwaldes, talwärts einfallende Gesteinsschichten und deren Anschnitt durch Straßen oder Eisenbahnen, oft schon durch Maultier- oder Wildpfade. Erschütterungen durch Kraftfahrzeuge, leichte Erdbeben, Stürme oder heftige Gewittergüsse bringen feuchtigkeitsdurchtränkte Verwitterungsmassen zum Abrutschen; auch erosive Unterschneidung übersteilter Talhänge (→ IV, 336) durch Flüsse trägt zur Auslösung bei. Über Granit und Gneis keil- oder streifenförmige Abgleitbahnen, über Schiefer u. a. geschichteten Sedimentgesteinen häufig treppenartige Querabbrüche. Im Kalk keine Bergrutsche, da infolge Verkarstung (→ IV, 328) keine tiefgründigen Verwitterungsdecken entstehen.

Reihenweise alljährlich an Flanken kolumbianischer Anden niedergehende *derrumbes* hinterlassen tiefe Abrißnischen und breite Abgleitbahnen als rote Wunden im Grün des die steilen Gebirgsflanken überziehenden Waldes. Erdrutsche kommen meist erst zur Ruhe, wenn mit Blöcken gespickte Zersatzzone oder anstehendes Gestein auf ganzer Länge der Abgleitbahnen freigelegt ist.

Auf *Neuguinea* Steigerung solcher mehr linienhaft wirkenden Bergrutsche zu *großflächigen Bergstürzen*, die sich bis in von Regenwäldern bedeckte Gipfelbereiche auswirken. Durch Verschneidung gegenüber und nebeneinander gelegener Bergsturznischen weisen fast sämtliche Berge *Gratformen* auf, die mit zunehmender Höhe und Durchfeuchtung oft messerscharf werden und nackten Fels zutage treten lassen; von W. BEHRMANN als Nischengrate bezeichnet. Berühren sich in extremen Fällen 2 oder mehrere solcher Nischengrate, erfolgt Bildung allseitig zugeschärfter Gipfelfelsen, die an Karlinge glazialer Entstehung erinnern.

In tropischen Regenwaldgebieten *Mittelamerikas* dagegen keine derartige Zuschärfung der Gebirgskämme. Bergsturzartige Rutschungen, die bis zum anstehenden Gestein herabgreifen, fehlen im allg., daher gegenständige Rutschungsflanken meist noch durch breitere Bergrücken voneinander getrennt (K. SAPPER). Diese Unterschiede wohl auf rel. und absolut größere Höhenunterschiede zwischen Kämmen und Talböden und größere Taldichte in Neuguinea zurückzuführen.

---

1) span. Bez.: derrumbes

Kleinere *Erdschlipfe* verbleiben überwiegend innerhalb der Verwitterungsschicht, kommen meist an Hängen selbst zum Stillstand und reichen nur gelegentlich bis zum Talboden. Oft tragen abgleitende Massen noch Teile der Vegetationsdecke, die nach Stillstand wieder anwächst. Auch kahle Rutschflächen überziehen sich schnell wieder mit Vegetation, aber noch lange bleiben vernarbte, von Sekundärvegetation bedeckte Abgleitbahnen als hellgrüne Streifen im dunklen Grün des Bergwaldes erkennbar.

*Gekriech* (→ II, 69) und *subsilvines Bodenfließen* bewirken auf flacher geböschtem Gelände allmähliche Massenversetzungen. Vegetationsdecke und humoser Oberboden saugen sich voll Wasser. Infolge Schwerkraft bewegen sich unter dünner Laubstreu einzelne Bodenpartikel abwärts, füllen Hohlräume von Tieren und faulenden Wurzeln aus. *Kriechbewegungen* des Bodens, d. h. seine allmähliche Abwärtsbewegung durch Verlagerung einzelner Bodenteilchen unter und zwischen den Wurzeln, sind erste Anzeichen dafür, daß der Boden Grenze seiner Wasseraufnahmefähigkeit erreicht hat und plastisch geworden ist.

Bei anhaltender Wasserdurchtränkung wird Kriechen zum *Fließen*: plastischer Kriechboden verwandelt sich in lehmig-flüssigen Brei, der *unter* verfilzter Wurzelschicht hangabwärts fließt.

Gelegentlich, bes. zur Zeit der Regenmaxima, ergießt sich Bodenfluß in Form kleinerer und größerer *Schlammausbrüche* als rötlich-gelber Fächer *über* Lauboberfläche. Folge ist Nachsacken der Vegetation.

*Beispiele* solcher Schlammausbrüche aus Mittelamerika (K. SAPPER), Neuguinea (W. BEHRMANN) und Brasilien (F. W. FREISE) bekannt.

Subsilviner Bodenfluß vor allem von W. VOLZ in vulkanischem Lockermaterial auf Java, von J. LENTZ in Guatemala beobachtet: Schichtfolge wechsellagernder gröberer Bimssande und feiner vulkanischer Aschen werden nach starker Durchfeuchtung in breiigen, zwischen Bimsschichten abwärts fließenden Ton umgewandelt.

Morphologisch äußern sich subsilvine Bodenversetzungen anders als keil- und streifenförmige Rutschungen im Granit- und Gneiszersatz: Entstehung von *Wülsten* oder langgestreckten stufenförmigen *Absenkungen*, durch die Hänge staffelförmig gegliedert werden wie im Gajo-Lande N-Sumatras.

*Gesamtwirkung* dieser Vorgänge entspricht *flächenhafter Abtragung* nicht zu unterschätzenden Ausmaßes. Subsilvines Bodenfließen auch als „tropische Solifluktion" bezeichnet und im Effekt mit periglazialer Solifluktion vergleichbar, doch sollte nach Vorschlag C. TROLLS Begriff Solifluktion auf durch Frostwechsel ausgelöstes Bodenfließen beschränkt bleiben.

*Abfluß* im Regenwald fallender Niederschläge auf *3 Wegen:*

1) *auf Oberfläche der meist dünnen Laubstreu;* hier bleibt abrinnendes Wasser ohne nennenswerten Einfluß auf *direkte Oberflächenabspülung;* Wasser ist meist klar, durch Humusbestandteile leicht gefärbt, gelegentlich nach Überfließen unbedeckten Bodens rötlich-trüb.

2) *zwischen Moderschicht und eigentlicher Bodendecke;* durch kräftigere Form der Bodenabspülung nach heftigen Regen entstehen zwischen mineralischem Unterboden und 1–1½ m mächtiger Moderschicht aus Wurzeln, Stämmen und Laub *Hohlräume* von 0,5–1 m Höhe, in die Vegetations- und Moderschicht allmählich nachsackt. Dadurch freigelegte Wurzeln der Bäume können Tropenurwald zu unpassierbarem Gewirr aus Hohlräumen, Löchern und Wurzelwerk machen.

3) *als Grundwasser.*

**Fluß- und Talnetz:** Linearerosion beginnt durch über und unter der Moderschicht abrinnendes Wasser; sammelt sich in kleineren oder größeren Rinnen zu kräftig fließenden Wasseradern. Zwar wird Seitenerosion und spülende Kraft des Regenwassers durch dicht wuchernde Vegetation stark herabgemindert, intensiver *Tiefenerosion* bietet jedoch die weiche, leicht angreifbare Verwitterungsdecke keinen Widerstand. Gespeist durch ständig vorhandene Feuchtigkeit und sich regelmäßig wiederholende Regengüsse reißen selbst kleinere Wasserfäden, die über dichte Folge von Kaskaden an steilen Berghängen herunterfließen, tiefe Sturzbachkerben in Flanken der Berge. Oft haben sie die viele Meter mächtige Verwitterungsschicht bis auf Gesteinssockel durchschnitten. Betten größerer Wildbäche sind unausgeglichen und von vielen Wasserfällen unterbrochen.

Über lange Zeiträume andauerndes konstantes Verharren von Wasserfällen und Stromschnellen an gleicher Stelle macht aber deutlich, daß Erosionskraft dieser zwar sedimentreichen, jedoch geröllarmen Wasserläufe gegenüber widerständigem Material nur äußerst gering ist.

Bäche und Flüsse befördern *im Waldbergland* hauptsächlich durch Erosion und Denudation aus mächtiger Verwitterungsschicht zugeführte Sedimente. Flanken tiefer Bacheinschnitte bilden geeignete Austrittsstellen für herabkriechende und zu Tal fließende breiartige Bodenmassen. Erdschlipfe und Rutschungen verursachen gelegentlich Stauungen der Bäche, bis erneutes Anschwellen der Wassermassen die Sedimente forträumt. Bergrutschbahnen können zum Ansatz neuer Kerbtalbildung werden. Rotbraune, schlammreiche Bäche vereinigen sich zu „Weißwasserflüssen" (→ IV, 338), die vor Gebirgsrändern weite Schwemmlandebenen aufbauen und zwischen selbst aufgeschütteten Uferdämmen dem Meere zustreben.

*In* tropischen bewaldeten *Bergländern* schafft erosive Zerschneidung bis über 100 m mächtiger Verwitterungsdecken *Kerbtalrelief* von großer

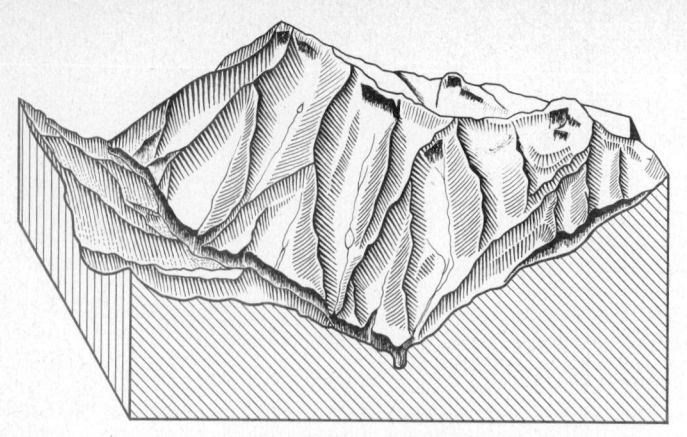

**Abb. 13** Kerbtalrelief im Sepik-Gebiet, Neuguinea
(nach W. BEHRMANN)

Taldichte mit ungewöhnlich steilen, hochaufstrebenden Talflanken (Abb. 13). Hänge steigen fast immer ohne Unterbrechung durch Terrassen gerade oder leicht konvex empor, ausgenommen pleistozäne, wieder zerschnittene Schotterkörper am Grunde tiefer Talzüge in Hochgebirgen (→ IV, 345).

> Verhältnis oberer Talweite zu Taltiefe auf Puerto Rico 7:1 gegenüber wesentlich breiteren Tälern europäischer Mittelgebirge (z. B. Böhmerwald) mit entsprechender Relation von 9:1 (TH. PIPPAN).

Auf sehr wasserdurchlässigen jungvulkanischen Ablagerungen, z. B. Hawaiis, zunächst nur mäßig starke Zerrunsung und schnellere Bewaldung als Kerbtalbildung. Auf trockenen Leeseiten der Inseln allmählich Entwicklung steilwandiger Schluchten, im Endstadium vom Cañontyp mit trogartigen Talschlüssen wie in trockenen Subtropen und Randtropen (Zone 8—10, → IV, 210, 245). Auf feuchteren Luvseiten mit rascher Tiefenverwitterung hingegen tiefe Kerbtalzerschluchtung mit weitgehender Reduzierung der Zwischentalscheiden und Zusammenschluß der Talrückwände zu scharfen Firsten (A. WIRTHMANN).

Gefahr der *soil erosion* trotz Neigung zu schneller Kerbtalbildung in immerfeuchten Tropen gering, sogar auf Rodungsflächen keine Badland-Gullies, eher schnelle Eintiefung von Hangmulden zu Kerbschluchten. Ständig starke Durchfeuchtung verhindert Hangzerrunsung, wie in feuchtgemäßigten Waldklimaten (→ IV, 104), und begünstigt Entstehung rel. weitmaschiger Entwässerungsbahnen. Bodenerosion an wechselfeuchte Klimate mit längeren Trockenperioden gebunden (Zone 6 u. 10).

Häufige Anpassung tropischer Flüsse an *tektonische Leitlinien* spricht für wirksamen Anteil der Tiefenverwitterung an Fixierung der Talzüge: in Klüften schnell voranschreitende Verwitterung begünstigt Flußeintiefung; im Gewässernetz spiegelt sich daher weitgehend vererbtes Kluftnetz, wie bes. H. O'REILLEY STERNBERG für Amazonien gezeigt hat. Tieferlegung der Talböden in ganzer Längserstreckung von „oben her", nicht durch rückschreitende Erosion (H. BREMER). Auch dies bezeichnende Konvergenz zu Flüssen arktischer Frostwechselzone. Tropische Flüsse befinden sich in einer Art „Dauerjugendstadiums" im Sinne von J. P. BAKKER und H. J. MÜLLER.

In ähnlicher Weise wie in arktischer Frostschutzone (→ IV, 81) „Eisrindeneffekt" Tiefenerosion der Flüsse begünstigt, leistet in immerfeuchten Tropen intensive chemische Verwitterung entscheidende Vorarbeit für schnelles Einschneiden der Flüsse, obwohl diesen Gerölle als Erosionswaffen weitgehend fehlen. Wo solche angetroffen werden, handelt es sich nicht um „echte" Gerölle, sondern um aufgearbeitete alte Schotter, die im Pleistozän aus glazialer und periglazialer Höhenstufe in heiß-feuchte tiefere Regionen gelangten (→ IV, 345), oder um Restkerne der Tiefenverwitterung, d. h. kleinere oder größere Wollsackblöcke; verschwinden meist nach kurzer Transportstrecke, da sie rel. schnell zerfallen.

Immerfeuchte Tropen sind *zweite* große klimageomorphologische *Zone exzessiver Talbildung* der Erde. Äquatorbereich somit nicht im Sinne BÜDELS als „innertropische Zone partieller Flächenbildung" aufzufassen; Linearerosion führt auch nicht, wie W. M. DAVIS in Zyklentheorie deduzierte (→ II, 148), zur Entstehung von Fastebenen. Rumpfflächenbildung vielmehr an Flächenspülung wechselfeuchter Tropen gebunden.

**Schichtstufenlandschaften:** In immerfeuchten Tropen *Flächenspülung nur in Kombination mit Linearerosion* auf edaphisch trockenen Stufenflächen. *Schichtstufenlandschaften*, z. B. im westl. Amazonien und Guayana, gekennzeichnet durch von Savannen bedeckte Stufenflächen, die meist als Schichtflächen wasserdurchlässige Gesteine überspannen. Brechen in vegetationsarmen wandartigen Frontstufen ab, die in flachkonkavem, von Regenwald bedecktem Unterhang auslaufen. Nur von geringer Vegetationskrume bedeckte Stufenflächen unterliegen weitgehend edaphisch-arider Morphodynamik, die makroklimatisch-ariden Abtragprozessen (→ IV, 213) entspricht und zur Herausschälung von Schichtflächen führt. In Zone 12 sonst bedeutungslose Petrovarianz (→ IV, 329) nur im Karst und im Schichtstufenland wirksam.

Von linearen Erosionsrinnen durchzogene Stufenflächen werden von rückwärts aufgezehrt, im Extremfall, z. B. in reinen Kalken, zu Kegelkarstrelief aufgelöst (H. BLUME). Im Regelfall kräftige Rückverwitterung der Stufenfronten durch Quellunterschneidung, Felsabbrüche und Erdschlipfe; beispielhaft an Mampong-Stufe im südl. Ghana (H. K. BARTH).

Wachstum der Fußflächen vor zerlappten Stufenrändern beruht nicht auf Flächenbildungsprozessen, ist vielmehr Ergebnis aktiven Rückwanderns der Stufenhänge. Mäßig geböschte Sockel von Wasserrissen zerschnitten. Auch konkave, von Wald bedeckte Schuttfüße fossiler Inselberge (→ IV, 344) unterliegen nicht flächenhafter Abtragung, sondern linearer Zerschneidung.

**Aufschüttungsebenen:** Einzige rezente Flächen immerfeuchter Tropen sind nicht Abtrag-, sondern *Aufschüttungs- oder Schwemmlandebenen*; nehmen als charakteristischer Großlandschaftstyp innerhalb Zone 12 bedeutende Areale ein; schließen meist übergangslos an Gebirge an. Infolge Geröllarmut und Feinheit der Sedimente ist Aufschüttungskegel tropischer Flüsse beim Austritt in die Ebene außerordentlich flach und wird bei periodisch auftretenden Hochwasserfluten stets aufs neue flächenhaft verschwemmt. Auf eigenen Alluvionen fließt und schiebt sich der Fluß in großen Windungen auf der von ihm und anderen Flüssen aufgeschütteten Ebene vor. Dabei allmähliche Erhöhung des Flußbetts über umliegendes Schwemmland. Gröbere Sedimentbestandteile lagern sich durch siebende Wirkung der Ufervegetation bei Hochwasser unmittelbar am Ufer ab und führen zum Aufbau deichartiger natürlicher Uferwälle (→ II, Abb. 15m).

*Bifurkationen* (Flußgabelungen), die in verschiedener Richtung entwässernde Stromsysteme miteinander verbinden, sind bezeichnendes Merkmal für nahezu fehlende Wasserscheiden im Bereich tropischer Schwemmlandebenen (→ II, Abb. 25).

*Drei Flußtypen* zu unterscheiden nach unterschiedlicher Sedimentführung, d. h. Menge der im Wasser enthaltenen Schwebstoffe, von der Trübungsgrad abhängt, und nach Gehalt an gelösten oder kolloidal gebundenen organischen Substanzen (Humusstoffen), durch die Farbton bestimmt wird. Im Amazonastiefland ausgebildete Prototypen finden sich ebenso in anderen tropischen Schwemmlandebenen:

1) *Weißwasserflüsse* (água branca): mit lehmgelb bis rötlich-trübem oder kakaobraunem Wasser von zuweilen erbsbreiartigem Aussehen, das infolge Reflexion des Sonnenlichtes in Schrägaufsicht weiß erscheint (Name!). Einzugsgebiet amazonischer schlammbeladener Weißwasserflüsse, wie Marañón, Huallaga, Ucayali, Apurimac, Rio Madeira u. v. a., liegt im jungen tertiären Faltengebirge der Anden, dessen reich beregnete O-Abhänge mit tiefgründigen Verwitterungsböden bedeckt sind (→ IV, 331). Abfließenden Wassermassen stehen daher große Mengen bereits feinaufbereiteter Schwebstoffe zur Verfügung. Ufer von Dämmen und Dammuferseen (→ IV, 341) begleitet (→ Abb. 14).

2) *Klarwasserflüsse:* mit durchsichtigem Wasser von gelb- bis dunkelolivgrüner Farbe; führen als Sedimente nicht suspendierte Lehmpartikel, sondern Quarzsand, bauen daher keine natürlichen Uferdämme auf,

sondern werden von weißen Sandstränden begleitet (z. B. Rio Tapajós, Xingú und Tocantins). Unterschied zu Weißwasserflüssen beruht auf andersartigen Verwitterungs- und Abtragbedingungen im Einzugsgebiet der Klarwasserflüsse, den bereits weitgehend abgetragenen Mittelgebirgslandschaften Zentralbrasiliens und Guayanas; Großteil dieser Einzugsgebiete also außerhalb immerfeuchten tropischen Regenwaldgebietes in wechselfeuchten Tropen (Zone 11). Durch die in alten Rumpfflächenlandschaften herrschende andersartige Morphodynamik – vor allem Ruhe der Abtragprozesse in Trockenzeiten – geringerer Anfall feiner Schwebstoffe, mäßig starker Sandtransport am Grunde der Flüsse.

3) *Schwarzwasserflüsse* (água preta): führen ebenfalls klares, transparentes Wasser, jedoch von olivgrüner, kaffeebrauner bis rotbrauner Farbe, und fast kein sedimentierbares Material; werden von Sandstränden begleitet. Quellgebiet liegt in ebenem erosionsschwachem Gelände, teils im Überschwemmungswaldgebiet des Igapó oder auf ganz von stagnierendem Wasser bedeckten Flächen. Dunkle Farbe des Wassers erklärt sich aus großem Anteil organischer Substanzen. Bekanntester Schwarzwasserfluß: Rio Negro. Auch ursprüngliche Klarwasserflüsse können sich beim Passieren versumpfter Gebiete zu Schwarzwasserflüssen verwandeln, wie Rio Cucurú, Nebenfluß des oberen Tapajós. Bei Vereinigung von Klar- oder Schwarzwasserflüssen mit Weißwasserflüssen fließen beide unterhalb Einmündung noch viele Kilometer nebeneinander, bis sie sich schließlich mischen.

In breiten *Mündungstrichtern* (Flußseen) erreichen rechte Amazonaszuflüsse den Hauptstrom, nachdem Feinsedimente bereits an Wurzel dieser infolge pleistozäner Meeresspiegelabsenkung entstandenen Ästuare abgesetzt sind (→ II, 135). Sedimentmenge hat nicht ausgereicht, übertiefte Flußunterläufe in gleichem Maße aufzufüllen wie Amazonas selbst als Weißwasserfluß sein pleistozänes Kerbtal durch starke Sedimentierung in Kastental verwandelt hat (Abb. 14). Dadurch zugleich Abdämmung der Mündungstrichter und Umwandlung in *Flußseen* mit schmaler Öffnung zum Weißwasserfluß (z. B. des Rio Tapajós); bei Einmündung eines Klarwasserflusses in anderen Klarwasserfluß dagegen offene Trichtermündung jeweils in voller Breite erhalten geblieben.

Bes. von H. SIOLI und H. KLINGE herausgearbeitete Typologie der Flüsse Amazoniens durch Beobachtungen in anderen tropischen Schwemmlandebenen als allgemeingültig bestätigt. Aus Neuguinea, dem Kongo-Becken und von Insel Bangka sind neben am weitesten verbreiteten, von Dammufern begleiteten Weißwasserflüssen auch durch Humussäure verfärbte Klar- und Schwarzwasserflüsse bekannt.

*Stromverwilderung und Mäanderbildung* sind weitere charakteristische Merkmale tropischer Tieflandflüsse. Verwilderungserscheinungen zum einen beim Austritt der Flüsse aus dem Gebirge im Bereich der von ihnen selbst aufgeschütteten flachen Schwemmkegel, zum anderen im Flußmündungsbereich. Wasserfülle der Ströme und minimales Gefälle, vor allem küstennaher Teile der Schwemmlandebenen, führen häufig zur Aufspaltung in mehrere Mündungsarme und Stromstrichverlegungen nach breitflächiger Hochwasserüberflutung. Jahreszeitliche Wasserstandsschwankungen am Mittellauf des Amazonas 16—20 m, an Einmündung des Rio Negro 10—16 m, am Unterlauf 5—7 m. Stromunterläufe sind Zone der Riesenmäander, in denen von Sedimenten bereits stark entlasteter Fluß in weitausholenden Windungen Weg zur Küste sucht.

Mittleres Laufstück gekennzeichnet durch rel. festes Bett, in dem der Fluß ebenfalls mäandrierend, jedoch in kleineren Windungen zwischen natürlichen Uferdämmen fließt. Dabei trotz geringen Gefälles — Amazonas überwindet auf 3760 km langer Laufstrecke vom Fuß der Anden bis Atlantik nur 180 m — meist hohe Fließgeschwindigkeit infolge allseitig zuströmender großer Wassermassen.

*Uferdämme* sind trotz oft beachtlicher Breite und Höhe keine stabilen Gebilde. Gleichzeitig mit Aufbau arbeitet Fluß an ihrer Zerstörung, bes. durch Seitenerosion zur Zeit des Niedrigwassers. Zusammensetzung der Dammaufschüttungen, Wechsellagerung von gröberem Material, Lehm, Sand und feinem Schlick mit reichlicher Beimischung vegetabilischer Reste, läßt bei Niedrigwasser seitlich abgestautes Grund- und Sumpfwasser durchsickern. Dadurch Ausquellen von Erdreich aus durchfeuchteter Basis der Uferdämme und staffelbruchartiges Abgleiten von Erdschollen in den Fluß. *Terras caidas* bilden am Amazonas kilometerlange Abbrüche; ebenso am Sepik auf Neuguinea ständige Uferabbrüche, durch die mit den Erdschollen gesamter Baumbestand in den Strom stürzt.

Steilufer an Prallseiten, Schlamm- und Sandbänke an Gleitufern zwingen den Fluß, sich dem ständig durch Wechsel von Erosion und Anlandung veränderten weichgrundigen Bett anzupassen. Entstehen durch Seitenerosion darüber hinaus Durchlässe im Uferdamm zum dahintergelegenen Überschwemmungsgebiet, können Flußverlegungen größeren Ausmaßes die Folge sein. Hintereinander gestaffelt auftretende, parallele, gefächerte oder sich kreuzende Dammuferwaldstreifen an Gleithangseiten zeugen vom streifenförmigen Anwachsen des tropischen rezenten Alluviallandes.

An natürliche Uferwälle tropischer Tieflandflüsse gebundene Dammuferwälder zu unterscheiden von Galeriewäldern wechselfeuchter Tropen. *Galeriewälder* sind Grundwasserwälder in Ufernähe von Savannenflüssen, also edaphisch bedingte Hochwaldformation im tropischen Grasland, *Dammuferwälder* (→ Abb. 14) hingegen Bestandteil der Niederungswälder auf periodisch überschwemmter *Flußaue;* diese in Amazonien als Várzea bezeichnet.

*Várzeas*[1]) nehmen Raum zwischen aktiven Uferdämmen und 30—60 m, örtlich bis 100 m hohen Steilhängen überschwemmungsfreier Terra firme

---

1) engl.-amer. Bez.: floodplains

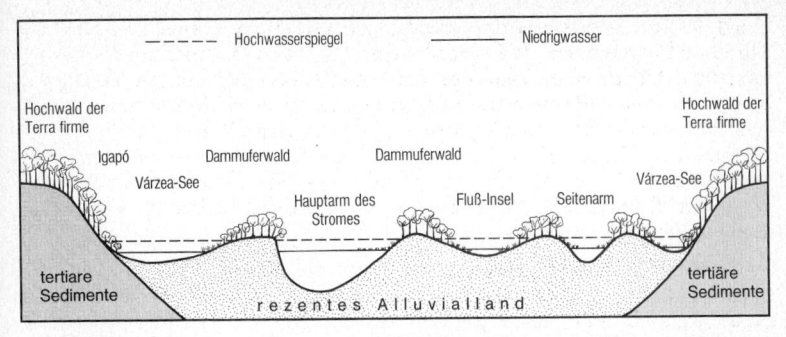

**Abb. 14** Schematisches Querprofil durch das untere Amazonastal (nach H. SIOLI)

ein, in die 20—100 km breites Kastental des Amazonas mit Haupt- und Nebenarmen und vielen Altwässern eingesenkt ist (→ Abb. 14). In Hochwasserzeiten überspült steigender Strom die Uferdämme und verwandelt Várzea in flache, 20—40 km breite Seen, die sich, oft ohne Unterbrechung, über mehr als 100 km Länge beiderseits des Amazonas entlangziehen. Boden nur 3—6 m tiefer Seen fällt flach vom Uferdamm gegen Terra firme-Rand ab: bei Überfließen der Uferdämme schneller Rückgang der Strömungsgeschwindigkeit, folglich Hauptniederschlag der Sedimente in Dammnähe, geringerer Sedimentausfall in stromferneren Teilen der Várzea. Entsprechender Rückgang der Korngrößen von Sand bis zu feinstem Schluff im Zentrum der Seebecken. Dort klares Wasser mit Schwimmrasenteppichen, Feldern von Wasserhyazinthen (Eichhornia) und Victoria Regia. Bei Niedrigwasser völlige oder teilweise Entleerung der Várzeaseen, Verwurzelung des Schwimmrasens am feuchten Boden.

Innerhalb Stromaue liegen verlassene Flußschlingen als sichelförmig gekrümmte *Altwässer*[1]. Umlaufseen (→ II, 127) auffälligerweise nur aus wechselfeuchten Tropen (Großes Pantanal von Mato Grosso, Mündungsdreieck zwischen Orinoco und Apure, Unterlauf des Rio Magdalena) bekannt geworden, in Schwemmlandebenen immerfeuchter Tropen dagegen bisher nicht beobachtet. Entstehung von Umlaufseen und Trockenfallen der Altwässer hängt zweifellos weitgehend von Sediment (Sand!) und Höhenlage des Flußlaufs über benachbarter Schwemmlandebene ab. Während Pantanalflüsse nicht nur Uferdämme aufschütten, sondern auch ihre Sohle durch Sedimentation am Boden ständig erhöhen, so daß abgeschnürte Mäander trockenfallen, bleiben Flußläufe Amazoniens unter Niveau der Umgebung, haben sehr viel größere Tiefe, Amazonas

---

[1] mit bezeichnendem engl. Namen *oxbow-lakes* = Ochsenjoch-Seen

z. B. bis 100 m. Trotz starker Sedimentführung keine völlige Auffüllung des Strombettes infolge hoher Fließgeschwindigkeit (0,5—1,5 m/sec, in Talverengung von Obidos 3 m/sec); dadurch ist pleistozäne Talübertiefung bis heute nicht völlig ausgeglichen.

Von Uferdämmen umschlossene *Flußinseln* mit kleinen runden Seen im Zentrum zwar Umlaufseen ähnlich, aber anderer Genese: sind normale Dammuferseen wie Várzeaseen beiderseits des Stroms (→ Abb. 14).

*Andere Verhältnisse* in stark mit Gebirgsland verzahnten Schwemmlandebenen, wie z. B. Talboden des Sepik auf *Neuguinea: im Oberlaufgebiet* zwischen Uferdämmen und hohen Talflanken Säume von *Waldsümpfen*, durchzogen von 2—3 m breiten Gräben und Rinnsalen, die sich steilwandig bis zu 3 m tief in die Anschwemmungsböden eingeschnitten haben. *Stromabwärts* die Talausgänge der meisten Bergflüsse bis in die Ebenen hinaus begleitende *Sagosümpfe*. Erreichen noch innerhalb des Gebirges Nebenflüsse den Sepik, Entstehung von *Rückstauseen*; Uferdämme des Hauptflusses blockieren Mündungen der Nebenflüsse, so daß deren Unterläufe ertrinken. *Außerhalb des Gebirges* ausgedehnte *Grassümpfe*: amphibische Gebilde mit verfilzter, schwimmender Grasdecke, die am Rande offenen Wassers oft von wildem Zuckerrohr und Schilf gesäumt werden.

Fluviatil geschaffene Aufschüttungsebenen der Zone 12 gehen schließlich in den Brackwasserbereich der *Küste* mit von Mangrove besetzten Watten über.

*Mangrove- und Korallenriffküsten* (→ III, 144) sind neben Fjord- und Schärenküsten einzige klimazonale Küstentypen der Erde. Zwar in Verbreitung nicht auf immerfeuchte Tropen beschränkt, sondern mit warmen Meeresströmungen an O-Seiten der Kontinente bis über Wendekreise polwärts vorstoßend, jedoch Hauptvorkommen im äquatorialen Bereich: festländischer Regenwald setzt sich über Sumpfwaldzone in *Mangrovewald* des Wattenbereichs fort. Auf Beteiligung stelzwurzeliger Mangrove an seewärtigem Wachstum tropischer Schwemmlandebenen und Flußdeltas beruht Einbeziehung flacher Gezeitenküsten in biogenen, der Morphodynamik immerfeuchter Tropen unterworfenen charakteristischen Küstentyp. Ähnlich erweitern *Saumriffe* (→ III, 146) vor schlickfreien Felsküsten festländischen Bereich und unterliegen damit zonentypischen Formungskräften: schneller Verkarstung gehobener Korallenriffe durch intensive Lösungsverwitterung (→ IV, 328).

**Hypsometrischer Formenwandel:** Bis etwa 2000 m ü. d. M., d. h. innerhalb *1. und 2. Höhenstufe* der Tierra caliente und Tierra templada (→ IV, 291), gekennzeichnet durch bereits beschriebenen *Gegensatz* zwischen *Kerbtalrelief* im Gebirgsland und großen *Aufschüttungsebenen* in geringer Meereshöhe.

*Auf 3. Höhenstufe* oberhalb 2000 m in feucht-tropischen nördl. Anden bis zur Obergrenze der *4. Höhenstufe,* der Páramo-Region[1]) in etwa 4000 m, trotz großer absoluter Meereshöhe kein alpines Relief, sondern ausgesprochen *weiche, runde Formen.* Tiefgründige Rotlehmverwitterung unterer Bereiche durch weit schwächer in den Untergrund vordringende *Braunlehmverwitterung* abgelöst.

Kolumbianische und ecuadorianische Anden gleichen ins „Gigantische vergrößertem Mittelgebirge" (H. WILHELMY), dem hohe vergletscherte Vulkankegel als Fremdformen aufgesetzt sind.

Weiche Formen der Tierra fria und des Páramo-Bereichs der Tierra helada (→ IV, 291) auf Überformung des noch in posttertiärer Zeit in kräftiger Hebung begriffenen nördl. Andenkörpers durch periglaziale Solifluktion zurückzuführen (→ IV, 347).

*Rezente Schneegrenze* in W- und O-Kordillere in 4600—4700 m (z. B. am Cumbal an kolumbianisch-ecuadorianischer Grenze), in der im Regenschatten beider äußeren Kordillerenstränge gelegenen Zentralkordillere in 4800 m (z. B. am Tolima), nach S hin in Cordillera Blanca Perus auf 4900—5000 m, Cordillera Real auf 5200 bis 5300 m ansteigend.

*Gipfelvergletscherung* hoher Vulkankegel, wie Huila (5750 m), Tolima (5215 m) und Ruiz (5400 m) in Kolumbien, Chimborasso (6267 m), Cotopaxi (5897 m) u. a. in Ecuador, steht geschlossene *Hochgebirgsvergletscherung* 180 km langer Cordillera Blanca mit 6768 m hohem Huascarán, Cordillera Huayhuash (6734 m) sowie Cordillera Real mit Illimani (6862 m) und Illampu (6550 m) am O-Rand peruanisch-bolivianischen Hochlandes gegenüber; verdanken intensive Vergletscherung feuchten, vom Amazonas-Tiefland aufsteigenden Luftmassen, stehen damit trotz Lage in ariden Randtropen (Zone 10) voll unter Einfluß des Niederschlagsregimes immerfeuchter Tropen. Nur durch Santa-Tal von Weißer Kordillere getrennte, westl. von ihr im Windschatten gelegene Schwarze Kordillere (Cordillera Negra) unvergletschert; ihre sanften Hangformen solifluidal bedingt.

*Rezente Frostwechselstufe* in Kolumbien zwischen 4000 und 4700 m, nach S ansteigend, in Ecuador oberhalb 4400 m, in Cordillera Real Boliviens zwischen 4700 und 5200 m. Vertikaldistanz damit in gleicher Richtung von 700 auf 500 m abnehmend.

Glazialmorphologische Erforschung dieser bedeutendsten vergletscherten Hochgebirge feuchter Tropen vor allem durch H. KINZL und C. TROLL.

*Moränenstauseen,* die sich infolge weltweit zu beobachtender junger Gletscherrückgänge gebildet haben, sind bezeichnendes Merkmal tropischer

---

[1] Páramos: die oberhalb 3000 m gelegenen anmoorigen Hochflächen und waldlosen, breiten Bergrücken, die von Büschelgräsern und kerzenartigen Korbblütlern (Espeletien) bedeckt sind

Hochgebirgsgletscher; verursachten mehrfach infolge Durchbruchs durch den Moränenwall im peruanischen Santa-Tal (Callejon de Huaylas) verheerende Überflutungen und Vermurungen (1941 Zerstörung eines Teils der Stadt Huarás); noch katastrophalere Auswirkungen durch Gletschersturzmuren, bes. infolge Erdbebens am 31. Mai 1970 abgegangener Gletscherlawine, die Yungay verschüttete und 25 000 Menschenleben forderte (W. WELSCH u. H. KINZL, R. JÄTZOLD). In demselben Gebiet durch ähnlichen Abbruch überhängender Eismassen 1962 Vernichtung dreier Dörfer.

*Vorzeitformen* in unteren klimatischen Höhenstufen immerfeuchter Tropen nahezu ohne Bedeutung. Forschungsergebnisse sprechen übereinstimmend für seit oberem Tertiär herrschende gleichartige klimatische Verhältnisse. Verwitterungs- und Abtragungsbedingungen haben — abgesehen von indirekten Folgen eustatischer Meeresspiegelabsenkung (→ IV, 345) — keine grundsätzliche Veränderung erfahren. Tieflandbereiche und Gebirge bis in 2000 m Höhe somit nicht von zeitlich differenzierten Reliefgenerationen, sondern von *Mehrzeitformen* beherrscht, in denen sich unveränderter Übergang vorzeitlicher Morphodynamik in die der Gegenwart spiegelt. Tieflandbereiche immerfeuchter Tropen mit über lange Zeit gleichbleibenden Formungsprozessen (klimageomorphologische Einschichtigkeit) damit einzige klimageomorphologische Zone der Erde, in der *aktualmorphologische und klimagenetische Betrachtungsweise weitgehend identisch* sind.

*Tiefgründige Verwitterungsdecke* in tektonisch stabilen Gebieten sogar bis in Jurazeit zurückreichend (A. FINCK) und als polygenetische Ortsböden *in situ* erhalten. Ausbildung des Kerbtalreliefs in jüngeren Kettengebirgen (Anden) unmittelbar mit Heraushebung der Orogene im Tertiär und frühen Pleistozän verbunden, Zerschneidung des Reliefs mit Tiefenverwitterung Schritt haltend. Im Bereich junger Schwemmlandebenen keine tertiären Vorzeitformen zu erwarten, außer aus Korrosionsebenen aufragenden Karstkegeln, die zwar vorzeitlicher Anlage, aber bis in Gegenwart weitergestaltete Mehrzeitformen sind.

*Inselberge* in kristallinen Randgebieten des Amazonas-Beckens mit konkavem, von Verwitterungsmantel verhülltem Hangfuß sind fossil.

*Verebnungsflächen* im nördl. Andenhochland, einschl. auffällig ebener Páramos, ebenfalls als jungtertiäre Einebnungsniveaus aufzufassen. Ausgedehnte Altflächensysteme auch auf Neukaledonien (A. WIRTHMANN).

*Folgerung:* mindestens in Teilgebieten heutiger immerfeuchter Tropen herrschte im oberen Tertiär bei noch geringerer Meereshöhe der Abtraggebiete wechselfeuchtes Klima mit Flächenspülung. Mit Fortgang der Hebung und Klimawechsel ab Pleistozän Dominanz von Linearerosion unterhalb 2000 m, periglazialer Solifluktion und glazialer Überformung in höheren Bereichen. Diese Klimaänderungen aber ohne Einfluß auf Kontinuität der Tiefenverwitterung unterhalb 2000 m.

*Pleistozäner Klimawechsel* führte in feuchttropischen Tiefländern bei Temperaturabsenkung um 4° C zu *keiner Zäsur* im Ablauf morphodynamischer Prozesse. Von L. AGASSIZ (1807—1873) einst als eiszeitliche Gebilde angesehene Dioritblöcke nordöstl. Santarem in Amazonien bereits von J. C. BRANNER (1896) als durch Tiefenverwitterung kryptogen geformte Wollsackblöcke erkannt. Klima blieb heiß-humid; auch Korallenwachstum in tropischen Meeren unverändert, Verbreitungsgebiet nur im Bereich nördl. und südl. Wachstumsgrenze infolge dort bis 7° C erreichender Temperaturdepression eingeengt (→ IV, 52).

*Indirekte Folgen* pleistozäner Kaltzeiten *auf* tropische *Tiefländer* jedoch bedeutend. Durch eustatische Meeresspiegelabsenkung um 100—200 m starke *Erweiterung der Schelfbereiche,* bes. im südostasiatischen und im nordaustralischen Bereich, der z. B. durch trockengefallene Torres-Straße mit Neuguinea verbunden war. Entstandene Neuländer erweiterten erheblich Areal feucht-tropischen Tieflandes, gingen jedoch mit postglazialem Meeresspiegelanstieg wieder verloren. Bleibende Spuren eustatischer Meeresspiegeltiefstände hingegen in *Talform der Tieflandströme*: schnitten sich, unterstützt durch kräftige chemische Tiefenverwitterung, bis über 100 m in durchflossene Tiefländer ein.

*Jüngere Talgeschichte des Amazonas* stellt sich wie folgt dar:

1) Kräftige Zerschneidung tertiärer Terra firme — Platte und Entstehung tiefer Talfurche mit steilen Rändern während würmkaltzeitlichen Meeresspiegeltiefstandes;

2) spät- und postglaziale sedimentäre Auffüllung übertieften Talzugs infolge steigenden Meeresspiegels und Beginn der Regenwaldausbreitung in amphibischer Talaue;

3) im Holozän Fortgang starker Sedimentation durch Weißwasserflüsse, Auffüllung des alten Kerbtals zum Kastental mit über 50 m hohen Steilrändern, Abdämmung übertiefter Flußmündungen sedimentarmer Klar- und Schwarzwasserflüsse; Umwandlung dieser zunächst offenen Binnen-Ästuare in keilförmige Flußseen; Auffüllung eigentlichen Amazonas-Mündungstrichters: Umformung des Ästuars zum Unterwasserdelta (→ II, 135).

*Direkte Wirkungen* pleistozäner Klimaänderungen *im Gebirgsland:* in der bis 2000 m Höhe reichenden Kerbtalzone durch mächtige *Talverschüttungen,* die sich trotz späterer erosiver Zerschneidung der Schotterkörper als breite Talterrassen erhalten haben; auf ihnen liegen Dörfer und Städte, z. B. Bucaramanga in kolumbianischer O-Kordillere auf 4 km breiter Schotterterrasse des Rio de Oro. Aufschüttung pleistozäner Schotterfelder auch im Anden-Vorland, meist unter postpleistozänen Feinsedimenten begraben. Gold- und Platinseifen des Rio Telembí im pazifischen Küstentiefland Kolumbiens z. B. an pleistozäne Schotter gebunden, die Fußregion der W-Kordillere als geschlossenen Gürtel begleiten und unter Decke 4—5 m mächtigen jüngeren Auelehms liegen (H. WILHELMY).

*Herabzonierung aller Höhengrenzen* stellt stärksten direkten Effekt pleistozänen Klimawechsels dar; verursachte gegenüber heute beträchtliche Vergrößerung vergletscherten und periglazialer Solifluktion unterworfenen Gebietes.

Nur 2 pleistozäne *Vergletscherungen* in feuchttropischen N-Anden nachgewiesen (H. WILHELMY), in Cordillera Real Bdi-Viens 3 vermutet (C. TROLL). Fehlen älterer Vereisungen erklärt sich aus zu geringer Höhenlage nördl. Andenstränge im frühen Pleistozän. Funde tropischer Tieflandpflanzen *(Saccoglottis)* in pliozänen Beckenschichten der Sabana von Bogotá (2640 m) beweisen, daß heutiges Hochbecken im oberen Tertiär noch in heiß-feuchter Tierra caliente, d. h. unter 1000 m Höhe, lag. Mittlere und südl. Anden früher herausgehoben, daher dort 3 bzw. 4 Vergletscherungen (→ III, 60). Keine geschlossene pleistozäne Eisbedeckung kolumbianischer Anden, sondern Eiskalotten auf höchsten Gipfeln und über 3250 m Höhe gelegenen breiten Bergrücken.

*Plateaugletscher* — zu erschließen aus Grundmoränen, Rundhöckerlandschaften mit Gletscherschrammen, eisgeformten Wannen und Mulden — weiter verbreitet als Tal- und Hängegletscher; bes. auf O-Kordillere mit Páramos de Sant Urbán (4000—4200 m), Almorzadero (3650 bis 3800 m), Sumapaz (3700—4286 m), Mesa Colorada (3150—3400 m) u. a. In Zentralkordillere außer eisbedeckten hohen Vulkanen 3, in W-Kordillere nur 1 pleistozäner Plateaugletscher nachweisbar (H. WILHELMY).

Zone junger, wohlerhaltener Eiszeitspuren reicht in Kolumbien bis auf 3250 m herab; tiefste Moränen in Kordillere von Bogotá und am Nevado del Cucuy in 2700 m, in Zentralkordillere am Ruiz in 2050 bis 2200 m. Sehr tief gelegene Eiszeitspuren sind rißkaltzeitlicher, oberhalb 3200 m frischer und besser erhaltene Moränen würmkaltzeitlicher und postpleistozäner Vergletscherung zuzuordnen. Von 4 am Cucuy auftretenden, durch warmzeitliche Sedimente klar getrennten Moränen gehören nach pollenanalytischen Untersuchungen 3 bereits dem Spät- und Postglazial an (E. GONZALES, Th. v. d. HAMMEN, R. FLINT). In Cordillera Blanca tiefste pleistozäne Gletschervorstöße bis in 1800 bzw. 1300 m (H. KINZL).

*Würmkaltzeitliche Schneegrenze* verlief in kolumbianischen O- und W-Anden in 3700—4000 m, d. h. 700—1000 m tiefer als rezente. In Cordillera Blanca Depression von 600—800 m. Parallelität eiszeitlicher und heutiger Schneegrenze, auch unterer Solifluktionsgrenze, spricht für grundsätzlich gleichartige Niederschlagsverteilung in Vergangenheit und Gegenwart bei einer für tropische Hochgebirge anzusetzenden kaltzeitlichen Temperaturerniedrigung von 6°—8° C. Infolge verringerten Masseneffektes vergletscherten Hochgebirges ist dieser Depressionsbetrag größer als im Tiefland (4° C). In Warmzeiten Temperaturen in Sabana von Bogotá nach Th. v. d. HAMMEN und E. GONZALES 2° bis 3° C über heutigen Jahresmitteln.

Breite *Höhenstufe pleistozäner periglazialer Solifluktion* in kolumbianischen Anden unterhalb Gletscherzone; umfaßte insbes. eisfrei gebliebene untere Páramo-Region, die mit meterdicker Schicht groben Wanderschutts bedeckt ist: in Feinerde eingebettete, in Gefällsrichtung eingeregelte Gesteinsscherben. Daß Solifluktionsschuttströme bis ins Hochbekken von Bogotá (2640 m) herabreichten, beweisen von scharfkantigen Gesteinsbruchstücken durchsetzte feine pleistozäne Beckensedimente.

Becken von Bogotá selbst bildete großen *Eiszeitsee*; von H. WILHELMY als Lago Humboldt bezeichnet, da A. v. HUMBOLDT bereits 1853 einstige Wasserfüllung des Hochbeckens vermutete. Terrassen in 10—20 und 50—60 m über rezentem Beckenboden lassen 2 länger andauernde Seehochstände erkennen, von denen der höhere als riß-, der tiefere als würmkaltzeitlich gedeutet werden (Funde von Mastodonten). Th. v. d. HAMMEN und E. GONZALES halten beide Seestände für würmkaltzeitlich (früh- und hochglazial).

*Entwässerung* im Pleistozän über Gebirgsschwelle im Niveau oberer Terrasse zum Rio Magdalena. Zerschneidung im Postpleistozän führte zu völliger Entleerung und Trockenlegung ehemaligen Seebodens. Ähnliche kaltzeitliche Hochlandseen im Bergland von Antioquia in 2100 bis 2200 m; dort ebenfalls durch rückschreitende Erosion trockengefallen und Seeböden weit stärker von jüngeren Tälern zerschnitten als in Sabana von Bogotá. Noch 2 erhaltene Hochlandseen von 60 bzw. 70 m Tiefe in O-Kordillere: Laguna de Tota bei Sogamoso und Laguna de la Cocha südöstl. Pasto, beide mit Abfluß. Terrassen weisen auf pleistozäne Hochstände hin.

*Ursachen der Seebildung:* neben Zufluß aus Gletschergebieten erhöhte Niederschlagsmengen, Verminderung der Verdunstung infolge stärkerer Bewölkung und abgesenkter Temperaturen. Vermehrter Schneefall in Hochgebirgen wirkte sich unterhalb Solifluktionsstufe in höheren Niederschlägen aus. Pluvialzeitliche Seen in immerfeuchten Tropen jedoch nicht im Holozän zu Salzseen eingedampft, sondern in normales Entwässerungssystem einbezogen.

*Herabzonierung* aller klimatischen Höhenstufen infolge eiszeitlicher Depression der Schnee- und der Solifluktionsgrenze in nach unten *abnehmender Staffelung*. Bereich des heißen Tieflandes blieb unbetroffen. Obergrenze der Tierra caliente lag auch im Pleistozän in 800—1000 m; dagegen war Tierra templada von heute 1000 m vertikaler Ausdehnung auf etwa 500 m eingeengt und Tierra fria völlig in herabzonierter

Tierra helada aufgegangen. Übergang vom feucht-heißen Tiefland zum verfirnten und vergletscherten Hochgebirge vollzog sich somit in wesentlich geringerer Höhendistanz als in Gegenwart. Im Bereich der Hochlandseen berührten sich unteres pluviales und oberes nivales Regime.

Keine Hochgebirge im übrigen Bereich feuchter Tropen außer in Neuguinea und Kamerun-Berg in W-Afrika. Heutige Schneegrenze in Neuguinea in 4600—4700 m Höhe, d. h. weit oberhalb des bis 4115 m aufragenden Gebirges. Aus pleistozänen Karen auf eiszeitliche Schneegrenze in 3500—3700 m zu schließen. Depressionsbetrag von etwa 1000 m stimmt mit in Kolumbianischen Anden ermittelten Werten überein. Gletscherschliffe, Rundhöcker und Moränenwälle beweisen eiszeitliche Vergletscherung Neuguineas bis auf 2000 m herab (J. J. DOZY). Auch für diese tiefen Glazialspuren Parallelen in den südamerikanischen Anden (→ IV, 346). Vulkanischer Kamerun-Berg (4070 m) im Pleistozän wie in Gegenwart gletscherfrei.

Ungewöhnlich tiefe rißzeitliche Gletschervorstöße in Hochgebirgen immerfeuchten äquatorialen Bereichs sind ebenso systematischer Überprüfung wert wie diejenigen in Hochländern wechselfeuchter Tropen (→ IV, 312).

Klimageomorphologische Hauptmerkmale immerfeuchter Tropen: Ohne jahreszeitliche Unterbrechung seit langen geologischen Zeiten herrschende *große Wärme und Feuchtigkeit* begünstigen optimale Wirksamkeit *chemischer Verwitterung.* Unabhängig vom Gesteinsuntergrund Entstehung tiefgründiger Verwitterungsdecken mit einheitlicher Reaktion auf alle Arten der Abtragung. Nur in Kalken reine Lösungsverwitterung ohne nennenswerte Bodenbildung: *Kegelkarst* und steile Oberhänge in Schichtstufenlandschaften als einzige unmittelbare Spiegelungen der Petrovarianz. *Inselberge* mit nackten Felsoberflächen, die sich über kräftig verwitterten Schuttfüßen erheben, fossil; nur an derartigen freien Felsflächen bescheidene physikalische Verwitterung.

Im Unterschied zu geringer Bedeutung der Petrovarianz *überragender Einfluß der Phytovarianz:* dichter, auf mächtigen Verwitterungsdecken stockender *Regenwald* verhindert freie Flächenspülung. Nur auf Rodungsflächen Auswaschung kryptogen entstandener „schwimmender" Wollsackblöcke und Anreicherung an Oberfläche: Verblockung länger genutzten Kulturlandes.

Alljährliche *Bergrutsche* an bewaldeten Steilhängen, bes. durch Gewichtszunahme nach Regenfällen und infolge Hangunterschneidung durch Straßenbauten. An Abgleitbahnen Freilegung blockreicher Basishorizonte oder anstehenden Gesteinsuntergrundes. Durch Verschneidung von Bergsturznischen gratförmige Zuschärfung der Bergrücken. Unter Vegetationsdecke allmähliche Massenversetzungen durch *Gekriech* und *subsilvines Bodenfließen,* bei starker Wasserdurchtränkung gesteigert zu *Schlammausbrüchen.*

Intensive *lineare Zerschneidung* leicht angreifbarer mächtiger Verwitterungsdecken, häufig bis zum Gesteinssockel. Unausgeglichene Längsprofile mit vielen, mangels Erosionswaffen sich lange erhaltenden Gefällsbrüchen. Keine „echten" Gerölle, nur ausgespülte Restkerne der Verwitterungsdecke oder umgelagerte pleistozäne, aus höheren Gebirgsregionen stammende Schotter (→ IV, 337). *Kerbtalrelief* tropischer Waldbergländer durch übersteilte, terrassenlose Talflanken gekennzeichnet.

Immerfeuchte Tropen sind zweite große klimageomorphologische *Zone exzessiver Talbildung*. Vergleichbar mit Förderung der Linearerosion in Subarktis durch „Eisrindeneffekt" in Zone 12 Mitwirkung starker chemischer Tiefenverwitterung, bes. im Bereich von Klüften. Flußläufe daher häufig an tektonische Leitlinien gebunden. Abtragung durch Linearerosion führt nicht zu „partieller Flächenbildung" (J. BÜDEL), sondern im Gegenteil durch Zerschneidung vorhandener Altflächen (→ IV, 344) zur Akzentuierung des Kerbtalreliefs.

Rezent entstehende *große Ebenheiten* immerfeuchter Tropen ausnahmslos vor Gebirgsrändern als *Schwemmlandebenen*, durchzogen von Weißwasser-, Klarwasser- und Schwarzwasserflüssen. Flußgabelungen (Bifurkationen) sind Ausdruck kaum ausgeprägter Wasserscheiden. Nur sedimentreiche Weißwasserflüsse von natürlichen Uferdämmen und Dammuferseen (Várzea-Seen) begleitet. Klar- und Schwarzwasserflüsse mit Sandstränden und offenen, durch pleistozäne Übertiefung entstandenen Flußmündungsseen. Abgeschnürte *Mäanderschlingen* als Altwässer, jedoch keine Umlaufseen wie in wechselfeuchten Tropen.

*Mangrovesäume* an tropischen Wattenküsten, *Korallenriffe* an schlickfreien Felsküsten.

*Hypsometrischer Formenwandel* erst oberhalb 2000 m mit Übergang von tiefgründiger Rot- zu weniger intensiver Braunlehmverwitterung. Kerbtalrelief der Tierra caliente und Tierra templada abgelöst durch weichere Mittelgebirgsformen weitgehend vorzeitlicher Prägung: Altflächen mit Periglazialerscheinungen.

Rezente *Frostwechselstufe* in Kolumbien zwischen 4000 und 4700 m, in Cordillera Real Boliviens zwischen 4700 und 5200 m. Heutige *Schneegrenze* in gleicher Richtung von 4600 auf 5300 m ansteigend. In feuchttropischen Anden Kolumbiens und Ecuadors nur *Gipfelvergletscherung* hoher Vulkane. Peruanisch-bolivianische Anden (Cordillera Blanca, C. Huayhuash, C. Real) zwar außerhalb Zone 12 gelegen, jedoch dortige *Hochgebirgsvergletscherung* durch vom Amazonas-Tiefland aufsteigende feuchte Luftmassen bestimmt. Phänomen der *Moränenstauseen* mit gelegentlichen katastrophalen Ausbrüchen und Abgang von Gletschersturzmuren.

Keine *Vorzeitformen* in unteren Höhenstufen außer Inselbergen in Randgebieten des Amazonas-Beckens. Im Tertiär angelegte Karstkegel noch in rezenter Weiterbildung: sind ebenso *Mehrzeitformen* wie tiefgründige Bodenprofile („tropische Ortsböden"), deren Entstehung bis ins Mesozoikum zurückreicht. Pleistozäne Temperaturabsenkung um 4° C führte zu keiner Veränderung im Ablauf morphodynamischer Prozesse.

Oberhalb 2000 m gelegene jungtertiäre Einebnungsniveaus glazial oder solifluidal überprägt durch *Herabzonierung* der Schnee- und Solifluktionsgrenze um 700—1000 m. Kaltzeitliche Temperaturabsenkung im tropischen Hochgebirge 6° bis 8° C; verursachte Auffüllung tiefer Kerbtäler unterhalb 2000 m mit mächtigen pleistozänen Schotterkörpern, die rezent wieder zerschnitten werden.

Nur 2 *Vergletscherungen* (Riß, Würm) in feuchttropischen N-Anden, da diese im frühen Pleistozän noch nicht genügend tektonisch herausgehoben und unterhalb Schneegrenzbereichs lagen, gegenüber 3 in Zentralanden und 4 in S-Anden.

Große *Eiszeitseen* in O- und Zentralkordillere, z. B. Lago Humboldt in Sabana von Bogotá, bis auf 2 heute nicht mehr von Wasser erfüllt.

Im Bereich der Hochlandseen Berührung unteren pluvialen und oberen nivalen Regimes des Pleistozäns. Raumgewinn oberer klimageomorphologischer Höhenstufen *verringerte* sich nach unten: während heutige Tierra fria völlig in pleistozäner Tierra helada aufging und jetzige Tierra templada auf etwa 500 m Vertikaldistanz eingeengt wurde, lag Obergrenze der Tierra caliente auch im Pleistozän nur wenig tiefer als heute.

### Literatur

Weitere einschlägige Literatur → Zone 11 sowie Bd. II und III der „Geomorphologie in Stichworten"

ALEXANDER, F. E. S.: Observations on tropical weathering (A Study of the movement of iron, aluminium and silicon in weathered rocks at Singapore) Quatern. J. Geol. Soc. London 115, 1960, S. 123—144.

BAKKER, J. P.: Quelques aspects du problème des sédiments corrélatifs en climat tropical humide (Surinam). Z. Geomorph., N.F., 1, 1957, S. 3—43

—: Zur Entstehung von Pingen, Oriçangas und Dellen in den feuchten Tropen (mit besonderer Berücksichtigung des Voltzberggebiets Surinams). Abh. Geogr. Inst. FU Berlin 5, 1957, S. 7—21

—: Some observations in connection with recent Dutch investigations about granite weathering and slope development in different climates and climate changes. Z. Geomorph., Suppl.-Bd. 1, 1960, S. 69—92

BAKKER, J. P. u. MÜLLER, H. J.: Zweiphasige Flußablagerungen und Zweiphasenverwitterung in den Tropen unter besonderer Berücksichtigung von Surinam. Lautensach-Festschr., Stuttgarter Geogr. Stud. 69, 1957, S. 365—397
BALAZS, D.: Karst Regions in Indonesia. Karszt-Es-Barlangkutatás. Vol. V, Annual course 1964—1967, Budapest 1968, S. 3—61
BARTH, H. K.: Probleme der Schichtstufenlandschaften West-Afrikas. Tübinger Geogr. Stud. 38, 1970
BEHRMANN, W.: Die Formen der Tieflandsflüsse. Geogr. Z. 21, 1915, S. 459—466
—: Der Sepik und sein Stromgebiet. Mitt. a. Dt. Schutzgebieten, Erg.-H. 12, Berlin 1917
—: Die Oberflächenformen in den feuchtwarmen Tropen. Z. Ges. f. Erdkde. Berlin, 1921, S. 44—60
—: Die Oberflächenformen im feuchtheißen Kalmenklima. In: F. THORBECKE, Morphologie der Klimazonen. Düsseldorfer Geogr. Vorträge, Verh. 89. Tagung Ges. dt. Naturforscher u. Ärzte 1926. Breslau 1927, S. 4—9
BIK, M. J. J.: Pleistocene glacial and periglacial landforms on Mt. Giluwe and Mt. Hagen, western and southern highlands districts, Territory of Papua and New Guinea. Z. Geomorph., N.F. 16, 1972, S. 1—15
BLAKE, D. H. u. OLLIER, C. D.: Alluvial plains of the Fly River, Papua. Z. Geomorph. N.F., Suppl.-Bd. 12, 1971, S. 1—17
BLANCK, E.: Böden der feuchtheißen tropischen Regionen. Handb. Bodenlehre, 1. Ergänzungsbd., Berlin 1939
BLUME, H.: Probleme der Schichtstufenlandschaft. Darmstadt 1971
BRANNER, J. C.: The fluting and pitting of granites in the tropics. Proc. Amer. Philos. Soc. 52, 1913, S. 163—174
BREMER, H.: Flüsse, Flächen- und Stufenbildung in den feuchten Tropen. Würzburger Geogr. Arb. 35, 1971
—: Flußarbeit, Flächen- u. Stufenbildung in den feuchten Tropen. Z. Geomorph., Suppl.-Bd. 14, 1972, S. 21—38
BRÜCKNER, W.: The mantle rock („laterite") of the Gold Coast and its origin. Geol. Rdsch. 43, 1955, S. 307—327
BÜDEL, J.: The Ice Age in the Tropics. Universitas, Engl. Ausg., 1, 1957, S. 183—191
COLEMAN, A. P.: Pleistocene glaciation in the Andes of Columbia. Geogr. J. 86, 1935, S. 330—334
CORBEL, J.: L'érosion chimique des granites et silicates sous climats chauds. Rev. Géomorph. Dyn., 8, 1957, S. 4—8
— u. MUXART, R.: Karsts des zones tropicales humides. Z. Geomorph., N.F. 14, 1970, S. 411—474
— u. RENAULT, PH.: Colloque Karsts Tropicaux. Bull. Assoc. Géogr. Français, 1959
DANEŠ, J. V.: Die Karstphänomene im Goenoeng Sewoe auf Java. Tijdschr. van het Koninkl. Nederl. Aardijkskundig Genootschap Amsterdam 27, 1910, S. 247—260
DEI, L. A.: The central coastal plains of Ghana. Z. Geomorph., N.F. 16, 1972, S. 415—431
DEMANGEOT, J.: Observations morphologiques en Amazonie. Bull. Assoc. Géogr. Français, 1959, S. 41—45
DICKINSON, W. R.: Dissected erosion surfaces in northwest Viti Levu, Fiji. Z. Geomorph., N.F. 16, 1972, S. 252—267

DIETRICH, W.: Die Dynamik der Böden in den feuchten Tropen insbesondere von Westafrika. Berlin 1941
DOZY, J. J.: Eine Gletscherwelt in niederländisch-Neuguinea. Z. Gletscherkde., 1938, S. 45—52
FINCK, A.: Tropische Böden. Hamburg-Berlin 1963
FREISE, F. W.: Beobachtungen über Erosion an Urwaldsgebirgsflüssen des brasilianischen Staates Rio de Janeiro. Z. Geomorph. 7, 1932, S. 1—9
—: Erscheinungen des Erdfließens im Tropenurwalde. Z. Geomorph. 9, 1935/36, S. 88—98
—: Das Nebeneinandervorkommen der Bildung von Kaolin und Tonerde aus Granit und Gneis. Chemie der Erde 10, 1936, S. 311—342
Geomorphology in a tropical environment. Brit. Geomorphol. Res. Group. Occasional Paper 5, 1968
GERSTENHAUER, A.: Der tropische Kegelkarst in Tabasco (Mexico). Z. Geomorph., Suppl.-Bd. 2, 1960, S. 22—48
—: Beiträge zur Geomorphologie des mittleren und nördlichen Chiapas (Mexiko) unter besonderer Berücksichtigung des Karstformenschatzes. Frankfurter Geogr. Hefte 41, 1966
GONZALES, E., HAMMEN, TH. v. d. u. FLINT, R. F.: Late quaternary glacial and vegetational sequence in valle de Lagunillas, Sierra Nevada del Cocuy, Colombia. Leidensche Geol. Medelingen 32, 1966, S. 157—182
HAMMEN, TH. v. d.: The Quaterny Climatic Changes of Northern South America. Amer. New Acad. Sci. 1961, S. 676—683
— u. E. GONZALES: Holocene and Late Glacial Climate and Vegetation of Páramo de Palacio (Eastern Cord. Columbia; S.A.). Geol. Mijnbouw 12, 1960
— —: Upper Pleistocene Climate and Vegetation of The „Sabana de Bogotá" Columbia, S.A.). Leidensche Geol. Medelingen R. 25, 1960
HARRASSOWITZ, H.: Böden der tropischen Regionen. In: E. BLANCK, Handb. Bodenlehre, Bd. 3, Berlin 1930, S. 362—436
HASSERT, K.: Das Kamerungebirge. Mitt. a. Dt. Schutzgebieten 24, 1911, S. 55—112 u. 127—181
—: Das Kamerungebirge. Geogr. Z. 32, 1926, S. 449—459
HASTENRATH, S.: On snowline depression and atmospheric circulation in the tropical Americas during the Pleistocene. South African Geogr. J. 53, 1971, S. 53—69
HEINZELIN, J. de.: Sols, paléosols et désertifications anciennes dans le secteur nordoriental du Bassin du Congo. Inst. Nat. Agron. du Congo Belge. Brüssel 1952
HELBIG, K.: Die Insel Bangka. Deutsch. Geogr. Blätter 43, Bremen 1940, S. 133—207
HUMBOLDT, A. v.: Kleinere Schriften. Stuttgart-Tübingen 1853
JÄTZOLD, R.: Die verschüttete Stadt Yungay, Peru. Die Erde, 1971, S. 108—117
JENNINGS, J. N.: The character of tropical humid karst. Z. Geomorph., N.F. 16, 1972, S. 336—341
JENNY, H.: Great soil groups in the equatorial regions of Colombia. Soil Sci. 66, 1948, S. 5—29
JUNGERIUS, P. D.: The soils of Eastern Nigeria. Publ. Fys.-Geogr. Labor. Univ. Amsterdam 4, 1964, S. 185—198

KELLOGG, C. E.: Preliminary suggestions for the classification and nomenclature of Great Soil Groups in tropical and equatorial regions. Comm. Bur. Soil Sci., Techn. Comm. 46, 1949, S. 1—10
—: Tropical Soils. Internat. Congr. Soil Sci. 1, 1950, S. 266—276
KINZL, H.: Gegenwärtige und eiszeitliche Vergletscherung in der Cordillera Blanca (Peru). Verh. 25. Dt. Geographentag Bad Nauheim 1934, Breslau 1935, S. 41—56
—: Die Kordillere von Huayhuash (Peru). Z. Dt. u. Österr. Alpenver. 68, 1937, S. 1—20
—: Die Anden-Kundfahrt des Deutschen Alpenvereins nach Peru im Jahre 1939. Z. Dt. Alpenver. 72, 1941, S. 1—24
—: Gletscherkundliche Begleitworte zur Karte der Cordillera Blanca (Peru). Z. Gletscherkde. 28, 1942/44, S. 1—19
—: Die Vergletscherung in der Südhälfte der Cordillera Blanca (Peru). Z. Gletscherkde. u. Glazialgeol. 1, 1949/50, S. 1—28
—: La Glaciación actual y pleistocénica en los Andes Centrales. Coll. Geogr. 9, Troll-Festschr., 1968, S. 77—90
—, SCHNEIDER, E. u. EBSTER, F.: Die Karte der Kordillere von Huayhuash (Peru). Z. Ges. f. Erdkde. Berlin, 1942, S. 1—34
— —: Cordillera Blanca (Peru). Innsbruck 1950
KLAMMER, G.: Über plio-pleistozäne Terrassen und ihre Sedimente im unteren Amazonasgebiet. Z. Geomorph., N.F. 15, 1971, S. 62—106
KLINGE, H.: Beiträge zur Kenntnis tropischer Böden. Z. Pflanzenern., Düng. u. Bodenkde., 1960, S. 102—114, 211—216; 1962, S. 106—118
KUBIENA, W. L.: Die taxonomische Bedeutung der Art und Ausbildung von Eisenhydroxydmineralien in Tropenböden. Z. Pflanzenern., Düng. u. Bodenkde. 1962, S. 205—213
KUENEN, PH. H.: Einige Bilder eigentümlicher Verwitterungsformen an tropischen Küsten (Molukken). Geol. Meere u. Binnengewässer 1, 1937, S. 22—26
KURON, H.: Genetik der Tropenböden. Tropenpflanzer 42, 1939, S. 47—59
LEHMANN, H.: Morphologische Studien auf Java. Geogr. Abh. 3. R. H. 9, Stuttgart 1936
—: Karst-Entwicklung in den Tropen. Umschau in Wiss. u. Technik, 1953, S. 559—562
LENTZ, J.: Abtragungsvorgänge in den vulkanischen Lockermassen der Republik Guatemala. Mitt. Geogr. Ges. Würzburg 1, 1925
LÖFFLER, E.: Pleistocene glaciation in Papua and New Guinea. Z. Geomorph., Suppl.-Bd. 13, 1972, S. 32—58
LORD MEDWAY, WALL J. R. D. u. WILFORD, G. E.: Unusual Features on the Walls of Limestone Caves, West Sarawak (Malaysia). Z. Geomorph., N. F. 11, 1967, S. 161—168
MARBUT, C. P. u. MANIFOLD, C. B.: The Topography of the Amazon Valley. Geogr. Rev. 15, 1925, S. 617—642
MARTONNE, E. de u. BIROT, P.: Sur l'évolution des versants en climat tropical humide. C. R. Acad. Sci. 218, Paris 1944, S. 529—532
MEYER, H.: In den Hochanden von Ecuador. Berlin 1907
MOHR, E. C. u. BAREN, F. v.: Tropical soils. Den Haag 1959[2]
MOUSINHO DE MEIS, M. R.: Upper Pleistocene-Holocene Geomorphology and Stratigraphy of the Middle Amazon. Heidelberger Geogr. Arb. 34, 1971, S. 83—97

O'Reilly Sternberg, H.: Vales Tectônicos na Planicie Amazônica? Rev. Brasileira Geogr. 12, 1950, S. 511—534

Palmer, H. S.: Karrenbildung in den Basaltgesteinen der Hawaiischen Inseln. Mitt. Geogr. Ges. Wien 70, 1927, S. 89—94

Passarge, S.: Vergleichende Landschaftskunde. H. 4: Der heiße Gürtel. Berlin 1924

—: Die Erosionsvorgänge am Amazonas. Z. Geomorph. 6, Leipzig 1930, S. 19—22

—: Zur Frage der Klimaänderung in den Tropen. Geogr. Wochenschr., 1934, S. 797—802

Pendleton, R. L.: Soil Erosion as related to Land Utilization in the Humid Tropics. 6. Pacif. Sci. Congr. Berkeley, Stanford, San Francisco 1939, 4, S. 905—920

Reiner, E.: The glaciation of Mt. Wilhelm, Australian New Guinea. Geogr. Rev. 50, 1960, S. 491—503

Renault, M. Ph.: Processus morphogénétiques des Karsts équatoriaux. Bull. Assoc. Géogr. Français 282—283, 1959, S. 15—26

Rhodes, D. C.: Landsliding in the mountainous humid tropics: a statistical analysis of landmass denudation in New Guinea. Univ. Kansas, Dept. Geogr. Techn. Rep. No. 4, 1968

Rougerie, G.: Études des modes d'érosion et du façonnement des versants en Côte d'Ivoire équatoriale. Prem. Rapp. Comm. l'Étude Versants, I.G.U., Amsterdam 1956, S. 136—141

—: Le Façonnement actuel des modelés en Côte d'Ivoire forestière. Mém. de l'Inst. Français d'Afrique Noire 58, Daccar 1960

—: Sur les versants en milieux tropicaux humides. Z. Geomorph., Suppl.-Bd. 1, 1960, S. 12—19

Sapper, K.: Über Abtragungsvorgänge in den regenfeuchten Tropen und ihre morphologischen Wirkungen. Geogr. Z. 20, 1914, S. 5—18 u. 81—92

—: Geomorphologie der feuchten Tropen. Leipzig 1935

Schaufelberger, P.: Wie verläuft die Gesteinsverwitterung und Bodenbildung in den Tropen, insbesondere in Kolumbien? Schweiz. Mineral. u. Petrogr. Mitt. 30, 1950, S. 238—257

—: Die roten und gelben Böden, insbesondere der Tropen. Z. Pflanzenern., Düng. u. Bodenkde. 54, 1951, S. 163—178

—: Die Klimabodentypen des tropischen Kolumbiens. Vjschr. Naturforsch. Ges. Zürich 97, 1952, S. 92—114

Schultze-Jena, L.: Forschungen im Innern der Insel Neuguinea. Mitt. a. Dt. Schutzgebieten, Erg.-H. 11, Berlin 1914

Schwarzbach, M.: Basaltverwitterung an einer tropischen Meeresküste (Mauritius). Kölner Geogr. Arb., Sonderbd., Festschr. f. K. Kayser, Wiesbaden 1971, S. 58—64

Shlemon, R. J.: Landslide terrane near Medellin, Colombia. Davis, Univ. California, 1970

Simonett, D. S.: The role of landslides in slope development in the high rainfall tropics (New Guinea). Lawrence, Univ. Kansas, Dep. Geogr. 1970

— u. Rogers, D. L.: The contribution of landslides to regional denudation in New Guinea. Lawrence, Univ. Kansas, Dep. Geogr., Techn. Rep. No. 6, 1970

SIMONETT, D. S., SCHUMAN, R. L. u. WILLIAMS, D. L.: The use of air photos in a study of landslides in New Guinea. Univ. Kansas, Dep. Geogr., Techn. Rep. No. 5, 1970
SIOLI, H.: Das Wasser im Amazonasgebiet. Forsch. u. Fortschr. 26, 1950, S. 274—280
—: Über Natur und Mensch im brasilianischen Amazonasgebiet. Erdkunde 10, 1956, S. 89—109
—: Sedimentation im Amazonasgebiet. Geol. Rdsch. 45, 1956/57, S. 608—633
—: Bemerkung zur Typologie amazonischer Flüsse. Amazoniana 1, Kiel 1965, S. 74—83
—: Zur Ökologie des Amazonas-Gebietes. In „Biogeography and Ecology in South America", hrsg. v. E. J. FITTKAU u. a., Den Haag 1968, S. 137—170
— u. KLINGE, H.: Über Gewässer und Böden des brasilianischen Amazonasgebietes. Die Erde, 1961, S. 205—219
SUNARTADIRDJA, M. A.: Beiträge zur Geomorphologie von Südwest-Sulawesi. Diss. Frankfurt 1959
— u. LEHMANN, H.: Der tropische Karst von Maros und Nord-Bone in Südwest-Celebes (Sulawesi) Z. Geomorph., Suppl.-Bd. 2, 1960, S. 49—65
SWAN, S. B.: Piedmont slope studies in a humid tropical region. Johor, Southern Malaya. Z. Geomorph., Suppl.-Bd. 10, 1970, S. 30—39
Symposium on tropical weathering. In: Unesco, Nature and Resources, 1970, S. 6—9
TRICART, J.: Les caractéristiques fondamentales du système morphogénétique des pays tropicaux humides. L'information géographique 25, 1961, S. 155—169
—: Le modelé des régions chaudes, forêts et savannes. Traité de géomorphologie par J. TRICART et A. CAILLEUX, Bd. 5, Paris 1965
TROLL, C.: Die tropischen Gebirge. Ihre dreidimensionale klimatische und pflanzengeographische Zonierung. Bonner Geogr. Abh. 25, 1959
TSCHANG, HSI-LIN: The pseudokarren and exfoliation forms of Granite on Pulau Ubin, Singapore. Z. Geomorph., N.F. 5, 1961, S. 302—312
— —: Some Geomorphological Observations in the region of Tampin, Southern Malaya. Z. Geomorph., N.F. 6, 1962, S. 253—259
VAGELER, P.: Grundriß der tropischen und subtropischen Bodenkunde. Berlin 1938²
VERSTAPPEN, H. TH.: Djakarta-Bay. A geomorphological Study on Shoreline development. Publ. No. 8 uit het Geogr. Inst. d. R. Univ. Utrecht, S-Gravenhage 1953
—: Geomorphologische Notizen aus Indonesien. Erdkunde 9, 1955, S. 134—144
—: Some observations on Karst development in the Malay Archiepelago. J. Tropical Geogr. 14, Singapur/Kuala Lumpur 1960, S. 1—10
—: Karst morphology of the Star-Mountains (Central New Guinea) and its relation to lithology and climate. Z. Geomorph., N.F. 8, 1964, S. 40—50
VOLZ, W.: Über Bodenversetzung in den Tropen. Z. Ges. f. Erdkde. Berlin, 1913, S. 115—128
WALL, J. R. D. u. WILFORD, G. E.: Two small-scale solution features of limestone outcrops in Sarawak, Malaysia. Z. Geomorph., N.F. 10, 1966, S. 90—94
WENTWORTH, C. K.: Principles of stream erosion in Hawaii. J. Geol. 37, 1928, S. 385—410

WELSCH, W. u. KINZL, H.: Der Gletschersturz vom Huascarán (Peru) am 31. Mai 1970, die größte Gletscherkatastrophe der Geschichte. Z. Gletscherkde. u. Glazialgeol. 6, 1970, S. 181–192

WERDING, L.: Geomorphologie und Erosion im oberen Einzugsgebiet der Morondava, Madagaskar. Z. Geomorph., N.F. 16, 1972, S. 400–414

WHITE, A.: Processes of erosion on steep slopes of Oahu (Hawaii). Amer. J. Sci. 247, 1949

WILHELMY, H.: Die eiszeitliche und nacheiszeitliche Verschiebung der Klima- und Vegetationszonen in Südamerika. Tagungsber. u. wiss. Abh., Dt. Geographentag Frankfurt 1951, Remagen 1952, S. 121–127

—: Die pazifische Küstenebene Kolumbiens. Verh. Dt. Geographentag Essen 1953, Wiesbaden 1955, S. 96–100

—: Eiszeit und Eiszeitklima in den feuchttropischen Anden. Peterm. Geogr. Mitt., Erg.-H. 262, Machatschek-Festschr., 1957, S. 281–310

—: Umlaufseen und Dammuferseen tropischer Tieflandflüsse. Z. Geomorph., N.F. 2, 1958, S. 27–54

—: Amazonien als Lebens- und Wirtschaftsraum. In: Deutsche geographische Forschung in der Welt von heute. Festschr. f. E. Gentz, Kiel 1970, S. 69–84

WIRTHMANN, A.: Inseltypen in Polynesien. Würzburger Geogr. Arb. 12, 1964, S. 175–190

—: Die Landschaften der Hawaii-Inseln. Würzburger Geogr. Arb. 19, 1966

—: Die Reliefentwicklung von Neukaledonien. Tagungsber. 35. Dt. Geographentag Bochum 1965, Wiesbaden 1967, S. 323–335

—: Über Talbildung und Hangentwicklung auf Hawaii. Würzburger Geogr. Arb. 22/V 1968

—: Zur Geomorphologie der Peridotite auf Neukaledonien. Tübinger Geogr. Stud. 34, Festschr. f. H. Wilhelmy 1970, S. 191–201

# Register

Hauptabhandlungen sind durch **halbfette** Ziffern gekennzeichnet

## A. Sachregister

Abfluß 9, 210, 243 f, 244, 268, 335
Abgrusung 21, 33, 73, 209
Ablagerungen, äolische → Dünen, Löß
—, korrelate 43
Ablagerungsart 19, 24, 248 f
Ablationskleinformen 66
Abrasionsplattformen 54
Abrißnischen 333
Abschalung 240, 303
Abschuppung 157, 240, 309
Abspülung (→ auch Flächenspülung) 203, 298
Abtragflächen → Einebnungsflächen
Abtragung 24, 154, 210, 243, 270
—, äolische 246, 256, 270
—, „alternierende" 40, 116
—, flächenhafte 24, 104, 136, 140, 145, 154, 334
—, lineare 23, 106, 197, 245, 269, 344
—, solifluidale 163
Abtragungsart 19, 23 f, 176, 177, 192, 268 ff, 296, 332
Achterstufen 139, 212
Adaptionsformen 17, 35
Ästuare 41, 116, 339, 345
Akkumulationsformen → Ablagerungsart
Aktualistisches Prinzip 44, 45
Aktualvorgänge 11, 15, 88
Alass 97
Alkaliflats 211
Alpenrandflüsse 155
Alterde, tropoide 44, 51
Alteritisches Tieferschalten 297
Altformenreste 39, 84, 142, 200, 257, 304, 349

Altmoränen 29, 113, 202
Altwässer 341
Anhydrit 240
Anzapfung 115, 300
Arbeitsformen 38
Aridität, edaphische 29, 74
—, makroklimatische 33
—, mikroklimatische 29, 33, 153
Asymmetrische Hangformung → Hangasymmetrien
Auelehmdecken 104
Aufeishügel 96, 99
Auffrierhügelchen 86
Aufschotterung 112, 115, 196
Aufschüttungsebenen 194, 305, 338, 342
Aufschüttungsgebiete, glaziale 113
Auftauschicht 75
Auftauseen 86
Azonale Formen 29

Badlands 137, 145, 154, 179, 180, 192, 214, 270, 336
Bändertone 49
Baltischer Schild 95
Bajire 141
Balki 134, 137 f, 142, 145
Barchane 138, 246, 248
Basis-Tafoni 192, 203
Bauwerksmorphologie 30
Bauxit 51, 166, 315
Becken, abflußlose 144 f, 211, 243, 255, 268 f, 270, 282
—, intramontane 194, 198, 204, 306, 317
Bergfußflächen → Fußflächen, Pedimente
Bergrutsche 333, 348
Bergsturze 107, 333

Bifurkationen → Flußgabelungen
Binnen-Ästuare 345
— Deltas 243, 256, 268, 282, 284, 305
— Dünen 50, 114
— Entwässerung 243 f, 255, 269
— Wüsten 142, 238
Bleicherde 22, 96, 103, 332
Blockgletscher 83, 106, 159, 164, 165, 186, 215, 216, 220, 227
Blockhalden 106, 163
Blockmeere 25, 38, 73, 98, 107, 113, 155, 180 f, 266, 310
—, potentielle 116
Blockschutt 20, 87, 239
Blocksohlen 333
Blockströme 35, 38, 41, 73, 81, 107, 113, 116, 140, 163, 182, 193, 311
Blockverwitterung 21, 41, 180
Boden-Bildung 14, 50, 103, 133, 266
— Erosion 104, 135, 136, 192, 213 f, 226, 310, 336
— Profil 103, 293
— Salze 241
— Typus 19, 21 f, 96, 103 f, 133, 151 f, 175, 176 f, 190, 208 ff, 243, 267 f, 292 ff
Bodenfließen, periglaziales → Solifluktion
—, subsilvines 104, 334, 348, Böden, azonale 331
—, intrazonale 31, 331
—, lateristische → Laterit
—, zonale 331
Bolsones 210, 211, 212

IV, 357

Braunerden 23, 153, 209
Braunlehm 23, 253, 331, 343 349
Breifließen, subkutanes 243
Brodelböden → Würgeböden
Bröckellöcher 43
Bruchstufen 35
Büßerschnee 216, 227, 284, 308
Büßersteine 275
Buttes 213

Campos cerrados 314
Cangadecken → Lateritkrusten
Cañons 210, 213, 226, 245, 307
Cenotes 328
Creeks 269, 282
Cuchillas 191
Cuestas 139

Dammufer-Flüsse 316
— Seen 338
Dauerfrostboden 74, 75 f, 95, 99, 132, 140
Dauerverwitterung 196, 197, 198, 204
Deflation 88, 104, 117, 211, 213, 216, 244, 246 f, 256
Deflationswannen 145, 248
Dega 291, 307
Degradierungsprozesse 134
Dellen 156
— Solifluktion 87, 88, 113, 116
Deltas 41, 156
—, Binnen- → Binnen-Deltas
Deltaschüttungen, fossile 223
Denudation (→ auch Flächenspülung) 104, 117, 335
Denudationsstufen 35
Denudationsterrassen 35 derrumbes 333
Disharmonie, klimageomorphologische 32
Divergenz, klimageomorphologische 32

Dolinen 10, 26, 103, 106, 152, 193, 328
Domberge 158, 309
Doppelte Einebnungsflächen 107, 195, 204, 275, 297, 316
Dreiecksbuchten 300
driftless areas 84
Druckentlastungsklüfte 21, 158, 303, 310
Dünen-Bildung 19, 24, 50, 114, 248, 271, 276, 277, 283
— Felder 138, 145, 249, 256, 271
— Ketten 280
— Systeme, fossile 277
Düsseldorfer Vorträge 15, 58
Durchbruchstäler 197 f, 204, 307
Durchgangssolifluktion 80
Durchtränkungsfließen 160

Ebenen, intramontane 194, 199, 204, 306, 317
Edeyen 248 f, 249
Einebnungsflächen, doppelte 107, 195, 204, 275, 297, 316
—, periglaziale 81, 141
—, untere 302
Einschichtigkeit, klimageomorphologische 40, 85
Eisenkrusten → Lateritkrusten
Eisepigenese 99
Eiskeilpolygone 78, 80, 86, 114
Eislinsen 97
Eisrindeneffekt 19, 20, 23, 74, 81, 105, 114, 337
Eisstauseen 49
Eiszeitseen 54, 222, 276, 280 f, 284, 317, 347, 350
Ektropen 23, 52
Ektropische Zone retardierter Talbildung 118
Eluvial-Serir 247

Endseen 141
Engtalstrecken 198, 204, 30
Entwässerung → Abfluß, Binnenentwässerung
Epirovarianz 9, 16
Erdbülten 86
Erdfließen → Bodenfließen
Erdgletscher 105, 154
Erdpyramiden 154
Erdschlipfe 154, 334
Ergs 248 f, 254, 278
Erosion, lineare 23, 106, 145 156, 197, 245, 269, 299, 309, 316, 335, 337
—, rückschreitende 82, 298
Erosionsbasis 196
Erosionsbelebung 284
Erosionskerben 81, 136
Erosionsleistung 9, 105
Eustatik → Meeresspiegelschwankungen
Extremwüsten 238 f, 242, 244, 256

Fanger-Schutt 211
Fehlinterpretation 36
Felsburgen 87, 98, 108, 113 154, 161, 163, 239, 266
Felsenmeere → Blockmeere
Felsfußflächen → Pedimente
Felspanzerhänge 181
Felswüsten 140 f, 211, 241, 247, 254
—, polare 33
Feuchtzeiten 221, 223
Fiumare → Torrenten
Fjärden 116
Fjord-Gletscher 66
— Küste 342
Fjorde 116
Flachmuldentäler 276, 299
Flachreliefs 42, 199
Flächenalb 111
Flächenbildung 23, 194, 210 249, 271 f, 296, 317
—, partielle 24, 337, 349
—, Zone der 59, 249
Flächenerhaltung 24, 211
Flächenpässe 299

Flächenspülung 19, 24, 42, 104, 107, 145, 197, 210, 211, 244, 270, 296, 301, 302, 316, 332, 337, 344
Flächenspülzone 59, 290 ff
Flächentreppen → Rumpftreppen
Flats 211, 213
Fleckentundra 86
Fließerde-Girlanden 215
— Terrassen 87, 159
— Zungen 87, 159
floodplains 340
Flüsse, episodische 14
—, perennierende 24
—, „tallose" 269, 283
Flugsand-Dünen 83
— Felder 214, 226
Fluß-Ablagerungen, zweiphasige 307
— Anzapfungen 115, 300
— Aue 340
— Gabelungen 338, 349
— Laufverlegungen 97, 141, 283, 340
— Netz 155, 177, 194, 335
— Seen 345
— Systeme 254
— Terrassen 38, 50, 110, 117
— Typen 338
Flutrinden 314
Fluvialzeiten 224, 253
Förden 116
Formen, fossile 38
Formengruppen 10, 16
Formenschatz, azonaler 29
—, endemischer 29
—, fossiler 38
—, glazialer 115, 140, 186, 200 f, 204, 216
—, zonaler 29, 32
Formenvergesellschaftung 199
Formenwandel, hypsometrischer 25 f, 83, 87, 98, 105 ff, 139 ff, 157 ff, 179 ff, 200, 251 f, 256 f, 273 ff, 283, 306 ff, 317, 342 ff, 349
—, klimageomorphologischer 18 ff, 37

Formenwandel, peripherzentraler 26 f
—, planetarischer 19 ff, 187
—, west-östlicher 27
Formungsmechanismus 16
frane 154
Fremdformen 29
Fremdlingsflüsse 14, 138, 142, 210, 226, 244, 255, 268, 282
Frontstufen 212
Frostmusterböden 77 f, 78, 88, 98, 283, 309
Frostschutt 138, 274, 283
— Hänge 309
— Zone 23, 25, 59, 62, 67, 72 ff, 214, 251, 337
Frostsprengung 25, 33, 34, 38, 73, 88, 106, 134, 139, 141, 180, 240
Frostverwitterung 20, 26, 73, 81, 85, 153, 158, 191, 200, 210
Frostwechsel 25, 26, 44, 214, 217
— Grenze 54, 252, 311
— Häufigkeit 215
— Klima 20, 23 f, 34, 44
— Stufe 343, 349
— Zone 20, 39, 62, 71 f, 113, 141, 220, 226
Frühglaziale 115
Fußflächen (→ auch Pedimente, Glacis) 40, 59, 110, 160, 162, 179, 198, 201, 228, 249, 256, 266, 271 f, 275
Fußhöhlen 194
Fußhügelzonen 196
Fußknick → Hangprofile

Gebirgs-Fußflächen → Fußflächen, Pedimente
— Relief, tropisches 300, 306
— Rümpfe 141
— Vorländer 179
Gefällsknicke 82, 115, 152, 298, 316, 335

Gegenwartsformen 10, 17, 40, 184
Gekriech 104, 117, 334, 348
Gelberde 153, 203
— Stufe 200
Gelbverwitterung 26, 179, 180, 185
Geli-Solifluktion → Solifluktion
Gelivation 73
Geomorphologie, dynamische 16
—, klimagenetische 11, 16
—, klimatische 16
—, synaktive 16
—, tektonische 3
Geröllwüste → Serir
Geschiebe 50
— Mergel 39
Gesteine, morphologische Wertigkeit der 19, 249
Gesteinsaufbereitung → Verwitterung
Gesteinsbedingtheit → Petrovarianz
Gewässernetz → Flußnetz
Gibber-Böden 271
Gilgai-Musterböden 33, 215
Gipfelvergletscherung 343
Gipskrusten 22, 140, 146, 209, 241, 256, 278
Glacis 162, 179, 186, 210, 220, 226 f, 228, 254
— Terrassen 156, 161, 162, 186, 201, 204, 210, 220
Glatthangbildung 81, 158, 164, 219
Glazialformen 115, 140, 186, 200 f, 204, 216
Gletscher-Ausbrüche 217
— Lawinen 344
— Mühlen 35
— Rückgänge 217
— Schliffe 35, 50
— Schwankungen 54
— Typ, turkestanischer 142, 146
— Vorfelder 106, 114
— Zone 59, 62, 64 ff

IV, 359

Gletschersturzmuren 344
Glockenberge 21, 25, 26, **35**,
  157, 161, 177, 181, 183,
  185, 191, 200, 203, 295,
  303, 309, 312
Golez-Terrassen 73, 140
Gondwanaland 67
Granitkarren 38, 152, 193,
  292, 329
Grassümpfe 342
Gratformen 333
Griwy **143**
Grobschuttbildung 145, 197
Große Randstufe Südafrikas
  201, 204
Grundhöcker 15, 35, 98, 107,
  109, 197, 252, 293, 302
— Fläche 297
Grundmoränen-Landschaft
  84, 217
Grundwasser-Zirkulation
  19, 22
Gully-Erosion 137, 192, 214


**H**ängegletscher 309
Hängetäler 107
Härtlinge 301
Härtlingsschwellen 36, 115
Halbwüsten 130 ff, 140,
  238, 244
— Klimate **63**, 130
Hakenschlagen 104
Hammadas 33, 140 f, 211,
  221, 241, 246, 247, 254,
  256
Hang-Asymmetrien 159,
  164 f, 215, 219, 227
— Formen 80, 105, 249 f
— Fuß 73, 80
— Knick 83, 193, 275, 303 f,
  316
— Profile 18, 34, 42, 178,
  251, 272, 283, 316, 332
— Runsen 154
— Rutschungen 104, 116,
  154
— Solifluktion → Solifluktion

IV, 360

Hang-Vergrusung 203
— Zerschneidung 82
Harmonie, klimageomor-
  phologische 32
Hartrindenbildung 31, **191** f,
  209, 242, 256, 267, 332
Helmberge 35, 38, **157** f,
  185, 309
Hitzesprengung → Insola-
  tionssprengung
Hochböden 42, 110, 117, 228
Hochgebirge 26, 39, **106**,
  110, **139** ff, 164, 348
Hochgebirgsvergletscherung
  106, 202, 344, 349
Hochlandseen 348, 350
Hochwasser-Betten **155** f,
  269, 299
— Terrassen 210
Hochwüsten 53, 59, **130** ff
— Klimate **63**
Höhenklimate 63
Höhenstufe, periglaziale
  251, 257
Höhenstufen, klimageo-
  morphologische 25, 98,
  **157** ff, **179** ff, 214, 251 f,
  256 f
—, klimatische 291 f
Höhenvergrusung 25, 157
Hohlblockbildungen (→ auch
  Tafoni) 30, 33, 38, 74,
  141, 152, 163, 191, 203,
  209, 242, 256, 267, 282,
  292
Hohlformen, abflußlose
  144, 145, 211, 243, 255,
  268, 269, 270, 282
Humi 36, 166
Humidität, edaphische **31**
—, mikroklimatische **29**
Hummocks 86
Hydratation 34, 38, 77, 138,
  141, 144, 157, 191, 209,
  243, 255, 292, 331
Hydratations-Sprengung
  103, 239
— Tafoni 243, 256
Hydrolyse 331

Igapo 339
Illit 329
Inlandeis 65, 66, 84, 111
Inselberg-Entwicklung 303
— Fuß 304
— Fußflächen 272
— Problem 301, 305
— Profile 303
— Ruinen 99
Inselberge 16, 18, 31, 39,
  98, 109, 161 f, 179, 182,
  191, 199, 201, 254, 266,
  272 f, 275, 283, 295, 301,
  309, 315, 316, 332, 338,
  344, 348
—, aufsteigende →
  Schildinselberge
—, azonale, 31, 302, 316
—, fossile 209, 217, 271, 304
—, Klein- 273, 283
—, mittelschlesische 109
—, Skulptur- 302
—, zonale 31, 300, 302, 316
Inselgebirge 212
Insolation 26, 138, 139, 141,
  144, 191, 303
Insolationsschutt 274, 307
Insolationssprengung 20, 73,
  209, 239, 332
Interglazialzeiten 203
Internationales Geophysi-
  kalisches Jahr 67
Interpluvialzeiten
  218, 220, 284, 313
Intramontane Ebenen 35,
  194, 199, 204, 306
Isostatische Bewegungen 85


**J**ahreszeiten-Aufeis
  274, 283
— Klimate 25, 64, 173
— Solifluktion 274, 283
Jardangs 144
Jetztzeitformen 10, 17,
  40, 184
Jungmoränenlandschaften
  **114**

**K**älte-Steppen 62
— Wüsten 62, 69, **138** ff
Kalk-Krusten 22, 209, 221, **227, 241**, 278, 279
— Pfannen 269, 270, 282
— Sinterkrusten 34, 103
— Sinterstufen 36, 152
Kaltzeiten, pleistozäne 52, 72
Kammeis-Bildung 78, 105, 140
— Solifluktion 165, 182, 200, 274
Kammflur-Stockwerkgebirge 199
Kanker-Pflaster 267
Kaolin 50, 109, 161, 190, 293, 329
Kapillarwirkung 21 f, 31, 131
Kargletscher 164, 200
Karren 10, 25, **35**, 103, 152, 296
Karst, „mediterraner" 152
—, silviner 106
—, subnivaler **106**
—, „tropischer" → Kegelkarst
— Flüsse 156
— Formenschatz 50, 103, **106**, 117, 156, 165, 185, 193, 204, 240, 279, 296, 328, 337, 342
— Gerinne 154
— Hohlformen → Dolinen, Poljen
— Hydrographie 152
— Kegel → Kegelkarst
Karsthöhlensysteme 84, 152, 166
Karstrandebenen 193
Kastentäler 82, 104
Kataraktrinde 30
Kawire 211, 224
Kegelkarst 10, 26, 166, 193, 199, 204, 296, 328, 344, **348**
—, fossiler 36, 109
Kehltäler 217, 273, 276, 284, 306

Kerbtäler 81, 110, 112, 134, 142, 156, 193, 197, 221, 276, 284, 300, 306, 316
Kerbtalrelief 335, 342, 344, 349
Kernsprünge 239
Kernverwitterung 21, 209, 242, 267, 332
Kernwüste, chilenische 244, **255**
Kernwüsten 22, 26, 52, 238, 242, 243 f, 246, 255, 257
Kies-Pflaster 145, 247
— Schwemmfächer 138, 145
— Wüste 247
Kieselkrusten 22, 209, 241, 256, 267, 272, 282, 331
Kieserit 240
Klammen 107, 284
Klarwasserflüsse **338** f, 349
Klein-Katastrophen 11, **44**, 107, 210
Klima-Änderungen → Klimawechsel, -schwankungen
— Bedingungen, aride 65
— Klassifikationen 62
— Schwankungen 49, 51, 54
— Varianz 9, 16, 132
— Wechsel 9, 37, 39, **51**, 110, 161, **218** ff, 253, 313, **345** f
— Wüsten 238
Klimageomorphologisch konservative Räume 10
Klimageomorphologische Disharmonie 32
— Divergenzen 32
— Einschichtigkeit **40**, 85
— Harmonie 32
— Hauptmerkmale 69, **88**, 99 f, **116, 144**, 184 ff, 203 ff, 226 ff 255 ff, 282 ff, 316 ff, 348 ff
— Konvergenzen 33, 199, 242 f, 283, 310, 337
— Mehrschichtigkeit 40
— Prägeformen **17**, 41
— Zonen **57** ff
Klimaxböden 144

Kluftnetz 249, 293, 300, 330, 338
Kolla 291, 307
Konfluenzstufen 107
Kongelifraktion 73
Konkretionshorizonte 267
Konvergenzerscheinungen 33, 199, **242** f, 283, 310, 337
Kopjes 301
Korallenriffe 27, 52, 328, 342, 349
Korrasionsformen 33, 241, 246
Korrelate Landschaftsformen 43
Kristallinkarren → Granitkarren
Kristallwasser 244
Krustenbildung 30, 242 f
Krustenböden 241
—, fossile 254, 257
Kryokonitlöcher 66
Kryoplanation 23, 81, 88, 99, 109, 113, 140
Kryoturbationserscheinungen 10, 25, 26, 44, 73, 77, 80, 99, 106, 114, 117, 140
Kryptodepressionen 247
Kryptopolygone 242
Küstendünen 24
Küstenterrassen 54
Küstenwüste 26, 27, **238**, 242, 255, 256
—, peruanisch-chilenische 237, 242
—, südwestafrikanische 22, 237 f, 241 f, 248, 255
Kuppenalb 109
Kuppenkarst 26


**L**andschaftsgürtel 62
Lateralflächen 110, 228
Laterit 51, 271, 294
— Horizonte 23, 314
— Krusten 21, 267 f, 270, 275, 282, 283, 294, 301, 315, 316, 331
Latosole 294, 316, 331

IV, 361

Laurentischer Schild 95
Lehmkrusten 146
Lehmtennen 211
Limonitkrusten 21, 153, 161, 295
Linearerosion 23, 106, 145, 156, 197, 245, 269, 299, 309, 316, 335, 337
Löß 35, 45, 49, 83, 114, 117, 133, 138, 140, 146, 183 f, 185, 190, 202 f, 205, 225, 246
— Gebiete 132, 174 f
— Grenze 133
— Keile 114
— Lehme 202 f, 205
— Schluchten 176
— Terrassen 176
— Tundra 114
Lösungsverwitterung 103, 109, 117, 152, 154, 193, 295, 328

Mäander 178, 339
Makrosolifluktion 80
Manganrinden 30, 332
Mangrove-Küste 342
Mar de Morros 310
Massengesteine 17
Massentransporte 34, 197
Massenversetzungen 11, 104, 117
Meeresspiegelschwankungen, eustatische 38, 41 f, 54, 115, 156, 202, 239, 248, 339, 344 f
Mehrphasige Formung 107, 142, 194
Mehrschichtigkeit, klimageomorphologische 40
Mehrzeitformen 40, 109, 116, 187, 211, 228, 245, 257, 283, 284, 298, 344
Merslota 75
Mesas 213, 271, 283
Mesetas 138, 145, 162
Mikrosolifluktion 80
Mineralböden 74, 86
Miniatur-Frostmusterböden 309

Mittagslöcher 66
Mittelgebirge 38, 44, 107, 110, 178, 332, 336, 339, 343
Mittelwüsten 238, 246, 254
Mogotes 328
Monsun-Gebiete 20, 63, 149, 173 ff
— Klimate 20, 23 f, 30, 173 ff
Montmorillonit 329
Moränen, untermeerische 66
Moränenstauseen 343 f, 349
Morphodynamik, edaphischaride 337
Morphodynamische Prozesse 10, 88
Mündungstrichter → Ästuare
Muldentäler 82, 110, 142, 177, 221, 300, 306
Murgänge 107
Musterböden 33, 215, 271

Naledj 96
Nankinger-Lößlehm 202, 205
Netzmoore 96
Nischengrate 333
Nivations-Nischen 111
— Wannen 83
Nunatakker 65, 67, 98

„Oasen" der Antarktis 69
Oberflächen-Abfluß → Abfluß
— Verwitterung 19
Oberhänge 80, 178
Omuramben-Talungen 269, 273, 282
„Opferkessel" 35, 38, 74, 87, 103, 152, 181, 275, 295, 329
Oriçangas → Opferkessel
Ortsbodenzonen 23, 59, 104, 117, 134, 293, 330, 350
Ortstein 96, 103, 332
Oser 144

Oueds → Wadi
Ovas 211, 212
Owragi 134 ff, 142, 144, 176
Oxbow-lakes 341

Paläoklimatologie 49
Palse 86, 96
Pampa 138, 189, 190, 192, 202, 203, 205, 208, 214, 225, 228
Pampalöß 225
Pampine Sierren 208, 212
Paramos 162, 343, 346
Passatwüsten 238, 255
Patagonisches Geröll 139, 144 f
Pedimente 37, 42, 110, 117, 160 f, 179, 184, 186, 201, 204, 210, 217, 220, 226 f, 228, 252, 254, 257, 272 f, 275, 283, 297
Pedimentgassen 213
Pedimentzone 59, 249
Pediplains 212, 228, 252
Penitentes-Felder → Büßerschnee
Periglazial-Gebiete 24, 34, 106
— Klima 72
— Stufe 220
Permafrostboden → Dauerfrostboden
Petrokonvergenzen 35
Petrovarianz 9, 16, 17, 132, 150, 174, 248, 283, 300, 301, 327, 329, 337, 348
Pfannen 210, 223, 256, 270
Pflasterböden 159, 216
Phytovarianz 9, 16, 62, 197, 327, 348
Piedmontgletscher 202
Pilzfelsen 246
Pingos 78, 86, 114
Pisolith 267, 271
Plains 132, 137, 245
Plateauvergletscherung 84, 111, 164, 346
Playas 211

Pluviale, äquatoriale
(tropische) 53, 218, 257,
278, 284
Pluviale, mediterrane
(polare) 53, 218, 253
Pluvialzeiten 38, 40, 53,
218, 224, 227
Pods 133, 145
Podsol → Bleicherde
Poljen 10, 35, 152, 165, 328
Polygenetische Formen →
Mehrzeitformen
Polygonböden → Struktur-
böden, Frostmusterböden,
Musterböden
Profilknick → Hangknick
Pseudo-Blockströme 35, 155,
181, **193**, 203, 333
— Eiskeile 144
— Karren 35, 152, 296
— Steinstreifen 159
Puna 252, 265, 274, 280, 283


**"Quasinatürliche"** Formungs-
prozesse 11
Quelleiskuppen 97, 99
Quellerosion 116, 213
Quellmulden 35
Quelltrichter 179
Quellunterschneidung 106,
**337**


**R**amårk 74
Rampen 160
Rampenstufen 213
Ranas 162
Randhügel 197
Randtropen 18, 52, **63**,
264 ff
Randwüsten (→ auch Halb-
wüsten) 22, 59, 211, 238,
242, 246, 248, **254**, 256
Rasenschälen 159, 215
Rasenwälzen **159** f
Ravinen 192
Regs 211
Regur 268
Relief-Analyse 16, 43

Relief-Energie 136, 154, 244
— Generationen 11, 15, 16,
41 f, **83** ff, 98, 107 ff,
116 f, 160 ff, 200 ff,
217 f, 275 ff
— Klimax 10
— Umkehr 248, 295, 315
Reliktformen 38, 43
Reliktseen → Restseen
Rendzina-Böden 104
Restseen 143, 271, 280
Rhythmische Phänomene
67, 77, 133, 293
Rias 199
Rillenspülung 213
Riviere 50, 210, 220, 279
Rohböden **23**, 209, 243
Rolling plains 143
Roois 279
Roterde 21, 109, 185, 203
268
Rotlehm 21, 22, 43, 50, 190,
201, 217, 293, 331
— Stufe 200
— Verwitterung 26, 38,
203, 310
Rückenrelief 300
Rückstauseen 198, 342
Ruheformen 15, 38, 272
Rumpffläche, permische
37, 43
Rumpfflächen 38, 107, 109,
110, 117, 160, 179, **183**,
193, 199, 201, 204, 217,
227, 284, 296, 297, 316,
317, 344
— Genese 272, 283, 296,
301, 305
—, intramontane →
intramontane Ebenen
— Landschaften 42, 84, 95
Rumpfstufen 298, 300, 302
Rumpftreppen 107, 141, 194,
201, 251
Rundhöcker 35, 87, 217
— Landschaft 66, 98, 346
Runsenspülung 81, 82, **87**,
88, 114, 204, 211
Rutschungen → Hang-
rutschungen

**S**agosümpfe 342
Salare 211, 223, 280,
283, 284
Salz-Krusten 22, 244
— Pfannen 210, 223,
256, 270
— Seen 14, 143, 210
— Sprengung 20, 33, 209,
240
— Sümpfe 144
— Tonebenen 138, 145, 210,
211, 212, 227
— Verwitterung 31, 33, 34,
74, 209, 239, 240
— Wüsten 224
Sander 84, 114
Sandrippel 248
Sandschwemmebenen 15, 245,
249, 251, 252, 254
Sandstrahlgebläse 246
Sandvelds 268
Sandwüste 248
Satellitenbilder 211
Savornin-Meer 254
Schärenküsten 342
Schalenablösung →
Abschalung
Schattenverwitterung 29,
241, 246, 256
Schaumböden 270
Scheinkonvergenzen **35**, 44
Schelf-Bereiche 345
— Eis 67
Scherbenkarst 25, 106
Schichtflutenabtragung
19, 24, 145, 213, 244,
269 f, 296
Schichtkammrückhänge 213
Schichtrippenlandschaften
193, 273
Schichtstufenlandschaften
10, 17, 40, 81, 105, **109**,
113, 116, 135, 139, 193,
212 f, 227, 247, 249, 256,
272, 295, 300, 337
Schichttafelländer 133,
138 f, 145
Schilde, kristalline 95
Schildinselberge 107, 182,
197, 293, 302, 304, 316

IV, 363

Schlamm-Ausbrüche 334, 348
— Ströme 81, 137, 313
Schluchten-Relief 176, 251, 257
Schneedünen 67
Schneegrenzdepression 53, 164, 202, 219, 312 f
Schneegrenze, klimatische 25 f, 53 f, 65, 111, 201, 216, 275
—, pleistozäne 142, 218 f, 280, 284, 311, 346
—, rezente 142, 159, 200, 215, 343, 348
Schotter-Betten 81, 82, 155
— Felder 19, 24, 177
— Körper 345, 350
— Sohlen 81, 156
— Terrassen 345
Schotts 211, 243, 247, 254
Schutt-Bildung 25, 106
— Decken 139
— Fächer 19, 24
— Fuß 249
— Gleitungen 105
— Gletscher 202
— Halden 54, 73, 81, 106
— Kegel 198
— Rampen 213
— Schleppen 81
— Ströme 154
— Wüste 247
Schwarzerde 22, 50, 134, 143, 190
Schwarzwasserflüsse 339, 349
Schwemmfächer 179, 247
Schwemmlandebenen 19, 24, 305, 332, 335, 338, 344, 349
Schwemmlöß 175
„Schwimmende" Blöcke → Wollsackblöcke
Sebkha 243
Seen, orientierte 79
—, ostafrikanische 317
—, pluvialzeitliche 54, 222, 276, 281, 284, 317, 347, 350
Seespiegelschwankungen, pleistozäne 313

Seestände, interglaziale 144
Seezeiten 224
Seiten-Denudation, subkutane 303
— Erosion 23, 24, 81, 82, 99, 115, 155, 178, 299, 335
— Korrosion 328
— Tafoni 246
Serir 143, 246, 247, 256
Sesquioxide 295
Sichelrasen 217
Silikatverwitterung 193, 311, 329
Silkret 271
Sinterstufen 36, 152
Skelettböden 282
Skulptur-Formen 301
— Inselberge 302
Soda 240
Sölle 114
Sohlentäler 198
soil erosion 104, 135 f, 192, 214, 226, 310, 336
Solifluktion 25, 39, 41, 73, 82, 85, 106, 116, 140, 185, 215
—, freie 80 f, 86
—, gebundene 86 f, 98
—, jahreszeitliche 274, 283
—, klinotrope 81
—, „mediterrane" 154
—, periglaziale 23, 36, 41 f, 80, 104, 108, 109, 110, 113 117, 139, 155, 200, 204, 213 f, 334, 343, 344, 346, 347
—, pleistozäne 163, 219, 220
—, rezente 144, 158, 159
—, „tropische" 334
Solifluktions-Grenze 215, 311, 313
— Rümpfe 81, 141
— Schutt 226, 306
— Schuttströme 347
— Schuttstufe 214, 220, 227, 280, 284, 347
— Terrassen 73
Solonez-Böden 22, 134
Solontschak-Böden 22, 134

Spaltenfrost → Frostverwitterung
Sphäroidalverwitterung 239, 310
Spülflächen 283, 297
Spülmulden 109, 183, 249, 269, 283, 297, 316
Spülmuldentäler 297
Spülpedimente 297, 304
Spülrinnen 136
Spülrunsen 107
Spülscheiden 108, 299
Stagni 152
Staub-Bildung 239
— Böden 242, 256
— Haut 242, 243, 244 f, 246, 256
— Stürme 142, 271
— Yermas 242
Stauchendmoränen 84
Stein-Horizonte 293
— Netze 45, 77, 98, 99, 106, 164, 217
— Pflaster 83, 143, 271, 283
— Ringe 25, 26, 78, 80, 98, 273
— Sohlen 293, 310
— Streifen 77, 80, 106, 215, 308
— Wüsten → Felswüsten
Steppen-Klimate 63
— Länder 62, 130 ff
— Schluchten 134 ff, 142, 144 f
Streifenböden 217
Stromschnellen 335
Stromstrichverlegungen 178, 340
Stromverwilderung 339
Strukturböden 25 f, 33, 77 f, 200, 215, 242, 308
—, azonale 30
Strukturformen 301
Strukturgeomorphologie 3, 10, 16
Stufenflächen 213
Stufenhänge 212 f
Stufenlandschaften → Schichtstufenlandschaften
Stufenränder 304

Stufenrückwanderung 116
Sturzhalden 106
Sturzschutt 159
Subglazialrelief 14, 112
Subkutanes Breifließen 243
Subpluviale 278
Subsilvines Bodenfließen 334, 348
Subtropen 53, 63, 189
Subtropische Zone gemischter Reliefbildung 184, 187
Sudds 305, 316
Süd-Pluviale 53, 218, 257, 278, 284
Südafrikanische Randstufe 201
Süßwasser-Kalke 221
— Seen, pleistozäne → Eiszeitseen
Sukzessionsflächen 24
Sulas 306

Taber-Eis 79, 81 f, 86
Täler, asymmetrische 36, 45, 98, 99, 114
—, symmetrische 82
Tafelberge 271, 283
Tafelländer → Schichttafelländer
Tafoni (→ auch Hohlblockbildungen) 30, 141, 152, 158, 163, 191 f, 203, 209, 242, 267, 273, 275, 282
Tageszeiten-Aufeis 274
— Klimate 25, 326
— Solifluktion 215, 274, 283
Taimyr-Polygone 78
Takyre 138
Talanfänge 82, 87, 186
Talbildung 23, 81 f, 87, 97
—, exzessive 88, 114, 337, 349
—, retardierte 105, 115
Talbildungszonen 59, 82, 187
Talböden 115, 194
Taldichte 155
Talepigenese 109

Talformen 9, 155, 177, 198, 210
Talgletscher 164, 216
Talhänge 156
Tallängsprofil 36
Talmäander 113
Talmulden 156
Talnetz 298, 316, 332, 335
Talpässe 179
Talprofile 98
Talschlüsse 179
Talsohlen 105, 117, 177
Talstufen 155
Talsysteme 105
Talterrassen → Terrassen
Taltrichter 198
Talübertiefung, pleistozäne 342
Talverschüttung 115, 315
Talwasserscheiden 112
Talzüge 337
Tali-Eiszeit 201
Taliks 75, 78, 86
Tallose Berge 309
Talusanhäufungen → Schutthalden
Termiten-Erde 294
— Hügel 305
— Savanne 292, 305, 316
Terra rossa 21, 23, 153, 166, 209
Terras caidas 340
Terrassen 9, 82, 115, 162, 345
Thenardit 240
Thermokarst 79, 86, 97, 99, 114
Thufur-Wiesen 86
Tiefenerosion 23, 42, 81, 82, 88, 99, 105, 110, 115, 118, 204, 299, 335, 337
Tiefenverwitterung 15, 19, 34, 83, 87, 107, 153, 155, 161, 163, 200, 239, 266, 275, 282, 300, 307, 316, 330, 337, 344
Tieferschaltung der Talsohle 177
Tieflandflüsse 339, 345

Tieflandsgebiete, äquatoriale 52, 338
Tierra caliente 291, 307
— fria 291, 307
— helada 291
— templada 291, 307
Tilken 104
Tischfelsen 246
Tjäle (→ auch Dauerfrostboden) 75, 95
Tonebenen 139, 141, 146
Tonmineralien 329
Tonpfannen 269, 282
Torrenten 155, 156, 186
Tors 99, 108, 113
Tote Landformen 39, 273
Traditionelle Weiterbildung 16
Transfluenzpässe 111
Transportart 19, 24, 243, 268 ff
Transportleistung 299
Trappdecken 301, 332
Travertine 222
Trichtermündungen 339
Trocken-Deltas 243
— Gebiete 37
— Grenze 15, 131, 132, 137
— Gürtel 53, 237
— Risse 244
— Savanne 239
— Steppe 22
— Täler 14, 38, 50, 68, 74, 111, 226, 251, 254, 255
Trockenfronthänge 211
Trockenschutt 39, 139, 219
— Stufe 226, 227, 257, 280
— Zone 23, 59, 138, 145, 214, 251
Trockentalsysteme 210, 217, 220, 245
Trogflächen 110
Trogtäler 82, 85, 111, 112, 306
Trogterrassen 42, 110
Tropen, feuchte 15, 34, 103
—, immerfeuchte 18, 20, 24, 26, 52 f, 63
—, wechselfeuchte 20, 24, 26, 63

IV, 365

Tropengrenze 61
Tropenklima, tertiäres 44
Tropoide Alterde 44, 51
Trümmersprünge 239
Tschernosem → Schwarzerde
Tschokke 291
Tundrenzone 59, 62, 72, 85 ff, 98
Turmkarst 34, 109, 194, 204, 296, 316, 328
Tussocks 86

**U**-Täler 116
Überformung 39
Überschüttungsebenen 195, 199, 204, 297
Überschwemmungssavannen 305
Überschwemmungsseen 307
Uferdämme 177, 299, 305, 335, 338, 340
Uferterrassen 50
Umlaufberge 178
Umlaufseen 305, 316, 341, 349
Unterhang 178
Unterschneidungsebene 194
Unterwasserdelta 345
Urstromtäler 39, 143, 254

**V**árzeaseen 340 f, 349
Vegetationspolygone 86
Verdunstungspotenz 239, 255
Verebnungsflächen → Einebnungsflächen
Vergletscherung 111, 146, 183, 308
Vergrusung 21, 25, 34, 73, 185
Verkarstung → Karstformenschatz
Verkieselung → Kieselkrusten
Versalzung 134, 268,
Versumpfung 268, 316
Verwitterung 73 f, 96, 117, 196

Verwitterung, chemische 19, 26, 74, 88, 103, 178, 182, 185, 203, 208 f, 226, 240, 242, 266, 293, 301, 327, 337
—, hydrolytische 328, 329
—, kryptogene 31
—, physikalische (mechanische) 19 f, 26, 74, 103, 153 f, 157, 163, 191, 203, 209, 226, 239 f, 255, 256, 282, 292, 332
Verwitterungsart 19, 20 f, 151 ff, 175, 176 f, 190, 208 ff, 239 ff, 266 f, 292 ff
Verwitterungsdecken 34, 42, 83, 99, 161, 200, 297, 344, 348
Verwitterungskrusten 266
Verwitterungsprofile 329
Villefranchien (Villafranca) 160, 221
Vleys 269, 282
Vollwüsten 238, 241, 244, 247, 249, 251, 256
Vorgebirgsinselberge 301
Vorlandebenen 198
Vorlandvergletscherung 142, 146
Vorzeit-Formen 10, 15, 17, 29, 37 f, 38, 40 ff, 67 ff, 83 ff, 87 f, 98, 107, 142 ff, 158, 160 ff, 182, 200 ff, 217 f, 252 ff, 257, 275 ff, 284, 311 ff, 344 ff, 350
— Klimate 49 ff, 134

**W**abenverwitterung 30, 43
Wackelsteine 108
Wadi 37, 44, 50, 210, 220, 245, 254, 255, 279
— Betten 245, 247
— Netz 255
— Senken 245
— Systeme 252, 257
— Täler 245

Waldbergland 335
Waldklimate, feuchtgemäßigte 63, 102 ff
—, winterkalte 20, 23, 62, 94 ff
Waldsteppen 22, 130 ff, 143
— Klimate 63
Waldsümpfe 342
Wandabbrüche 116
Wanderdünen 246, 248, 256
Wanderschutt, periglazialer 35, 82, 104, 113, 116, 220
Wasseraufstieg, kapillarer → Kapillarwirkung
Wasserfälle → Gefällsknicke
Wasserhaushalt 15
Wasserscheiden 178, 299, 349
Water Gaps 198
Weißwasserflüsse 335, 338, 345, 349
Wiesenufer 135
Windabtragung → Deflation
Windkanter 33, 241, 246
Windrelief 251
Winterregen-Gebiete 20, 63, 149 ff
— Klimate 20, 23, 25, 34, 151
Woina Dega 291, 307
Wollsackblöcke 20, 34, 38, 41, 107, 239, 267, 330, 345
—, „schwimmende" 153, 161, 181, 185, 193, 293, 348
Würgeböden 77, 99, 312
Wüste 30, 38, 59, 130 ff, 138, 237 ff
—, chilenische 246
—, syrische 213
—, zentralaustralische 237
Wüsten-Depressionen 247
— Formen 30, 33
— Forschung 246
— Gürtel 140
— Klima 20, 23, 24, 63, 237
— Steppe 22, 138 ff, 221
— Typen 238 f
Wüstenlack 30, 33, 69, 74, 140, 241 f, 256, 332

**Y**ermas 23

Zerrachelung 192, 203
Zersatzdrusen 21
Zersatzhorizont 329
Zerschneidung, linienhafte 24, 177, 199
Zeugenberge 166, 247

Zonale Formen 29, 32
Zonen, klimageomorphologische 57 ff
Zuckerhutberge 21, 35, 181, 191, 203, 295, 303, 309, 317

Zufuhrsolifluktion 80
Zwischentalscheiden 99, 108, 144, 297, 336
Zyklentheorie 337

## B. Register geographischer Namen

Abiad-Becken 305
Ägypten 29, 31, 240, 247 f, 252 f, 255
Äthiopien 53, 279, 290, 291, 294, 307, 308, 312 f
Afghanistan 208
Agassiz Peak 216
Aır-Gebirge 248, 251, 252
Alai-Gebirge 142
Alaska 51, 71, 75, 78, 83, 85, 86, 94, 95, 97
Algerien 221
Alpen 25, 54, 110, 111, 158, 310
—, japanische 201
— Vorland 114
Alpheios 156
Altai-Sajan 139
Altiplano Boliviens 280, 284
Altvatergebirge 111
Amadeus-See 269, 271, 280
Amazonas-Tiefland 314, 326, 331 f, 337 f, 343, 345
Amboland 265
Anatolien 198, 208, 212, 214 f, 217, 219, 223, 228
Anden 112, 212, 217, 225, 296, 326, 328, 338, 343, 344, 346, 348, 349
— Randseen 138
— Vorland 345
Angola 44, 266, 290, 294 296, 302, 305, 312
Antarktis 64, 66 ff, 71, 73, 74, 78, 84
Anti-Atlas 244
— Libanon 218

Antioquia, Bergland von 347
Apennin 152, 159, 165
Appalachen 109, 198, 201, 204
Apure 341
Apurimac 338
Arabien 237, 248, 249, 265, 278 f
Aravallis 268, 292
Argentinien 71, 85, 88, 130, 138, 143, 192, 202, 203, 208, 209, 210, 212, 214, 216, 217, 223, 225, 228, 238, 265, 268 f, 274, 280, 282 f
Arizona 209, 213, 220, 222, 241
Arkansas 51
Arktis 20, 65 ff, 115, 329
Aruba 267, 272, 279
Aserbaidschan 216
Aspromonte 162
Assam 306, 327
Atacama 238
Atakor 253
Atlas-Gebirge 158, 159 f, 164, 209, 210 ff, 214 f, 218 f, 221, 244
Australien 33, 39, 102, 112, 153, 189, 208, 215, 217, 228, 237, 265, 268 f, 271, 273, 275, 280, 283 f, 290, 294, 296, 300
Axel-Heiberg-Insel 81
Ayers Rock 39, 273, 275, 283

Bäreninsel 73
Baffinland 64, 73, 81, 85, 98
Bangka 330, 339
Banks-Insel 81
Barents-Insel 65, 84
Barren Grounds 78, 85, 99
Basilicata 154
Basin-Ranges 212
Bayerischer Wald 111
Bebedero-Lagune 223, 225
Belgien 114 f
Benguela-Strom 255
Böhmen 51
Böhmerwald 336
Bogotá, Becken von 346, 347, 350
Bolivien 26, 265, 274, 280, 284, 305, 343, 346, 349
Bonaire 279
Boothia-Halbinsel 73
Borku-Bergland 248
Brasilien 35, 181, 189, 193, 201, 203, 265 f, 280, 282, 290, 294, 295, 301, 304, 305 f, 307, 310, 314, 316, 326 f, 330, 331 f, 334, 337 f, 339, 341, 343, 345
Bulgarien 110
Burdur-See 223
Burma 306, 327

Callejon de Huaylas 343 f
Celebes 328
Ceylon 326
Chaco → Gran Chaco

IV, 367

Changai-Gebirge 139, 140, 145
Chaotsing 198
Chiapas 296, 328, 330
Chile 102, 150, 156, 158, 216, **239**, 244, 246, 255
Chimborasso 343
China **173** f, 183, 187, 189, 193, 194, 198, 200, 201, 202, 203, 204
Chingan 139, 183
Cilo Dag 216
Colorado 216, 219, 222
— Canyon 210, 211, 213, 307
— Plateau 213
Comb Ridge 213
Cordillera Blanca 312, 343, 346
— Huayhuash 343
— Negra 343
— Real 26, 343, 346, 349
Costa Rica 26, 309, 312
Cotopaxi 343
Cuba 296, 328
Cumbal 343
Cumberlandplateau 109
Curacao 279

**D**ahner Felsenland 30
Dalmatien 152
Danakil-Wüste 53, 279
De-Long-Inseln 64
Death Valley 244, 245,
Dekkan 265, 266, 290, 315
Demavend 216
Deutschland 16, 30, 35, 38, 41, **43** f, 50, 51, 103, 107, 110, **111** f, 113, 117, 143, 178
Dieri-See 280
Dithmarschen 16
Dnjepr 137
Dolomiten 54
Donau 130
Dsungarei 139
Durmitor 165

**E**bro-Becken 151, 162, 163
Ecuador 343, 349
Edge-Insel 84

Elba 154
Elbursgebirge 215, 219
Ellesmereland 64, 81
Ennedi-Bergland 251
Epomeo 35
Eritrea 53
Erzgebirge 111
Etoscha-Pfanne 270, **280**
Everglades 194
Eyre-See 269

**F**alklandinseln 71, 85, 88, 225
Fayum-Oase 248
Fedschenko-Gletscher 142
Fernando Poo 253
Fezzan **245**, 248, 254, 255
Finke River 269
Finnland 85, 87, 95, 98
Fischfluß 210
Florida 194, 204, 296
Frankreich 114, 151, 159, 163, 165
Franz-Josef-Land 64, 65, 73
Fudschisan (Fudschijama) 200

**G**abun 290
Geiseltal 51
Georgia 198, 203
Georgien 85
Ghana 290, 300, 337
Gila-Wüste 237, 239
Gobi 140, 146
Godjam, Hochland von 307, 312
Grahamland 71, 72, 73, 78
Gran Canaria 210
— Chaco 265, 268, **269** f, 282, 283
Grand Canyon 210 f, 213, 307
Great Plains 132, 137, 145
— Smoky Mountains 198
Green Mountain 213
Griechenland 35, 151 f, 156, 159, 164, 166
Grönland 64, 65, 67, 71, 73, 74, 78, 82, 83, 85

Große Karru 208, 212,
— Kawir 224
— Seen, USA 95
Großer Chingan 139
— Salzsee, USA **223**
Großes Becken, USA 212, 222
— Pantanal von Mato Grosso 305, 316, 341
Guaira-Fälle 314
Guajira 279
Guatemala 334
Guayana, Bergland von 290, 306, 327, 337, 339
Guineaküste 326
Gujerat 269
Gunung Sewu 328

**H**adramaut 278
Haiti 309
Hamersley Range 273
Harz 43, 107
Hawaii-Inseln 329, 336
Himalaya 139, 201, 215, 307, 308, 312, 314
Hindukusch 215, 216, 219
Hoch-Asien 139, 141, 142, 146, 174, 248, 251 f, 253 f, 256
— Kordillere 164, 214, **216 f**, 219, 220
Hoggar-Gebirge 43, 245, 247, 249, **251** ff
Hoher Atlas 159, 163, 164, 211, 215, 218
Hokkaido 201
Hongkong 193, 200, 203
Huallaga 338
Hudsonbai 75, 86
Huila 343
Humboldt-Strom 255
Hwaiyanggebirge 173, 200, 202
Hyderabad 266

**I**berische Halbinsel 25, 150 f, 152, 154 f, 158 f, 161 f, 163 f
Illimani 343

Indien 44, 208, 237, **265** f, **268** f, 271, 276, 279, 282, 284, 290, 292, 295, 296, 298, 300, 301, 304, 305, 306, 314, 315, 317
Indonesien 326, 328, 330, 334, 338
Indus 268, 269, 282
Inseln unter dem Winde 265, 267, 272, 279
Irak 249
Iran 53, 189, 208, **211**, 212, 215, 216, 219, 224, 228, 237, 248
Irland 51
Ischia 35
Isergebirge 111
Island 43, 71, 78, 83, 84, 86
Israel 225
Italien 35, 150, 152, 154, 156, 159, **162** f, 165, 198
Itatiáia-Gebirge 35, 295, 310 f
Ithaka 166

Jaila-Gebirge 135
Jakutien 97
Jamaica 296, 328
Jan Mayen 73
Jangtsekiang 198
Japan **102**, 112, 114, 189, 192, 199, 200, 201, 202
Java 328, 334
Jordanien 225
Jotunheim 98
Jugoslawien **151** f, 165

**K**alahari 208, 237, 265, 267, 268, 269, 279, 284, 296,
Kalifornien **150**, 156, **158**, 164, 212
Kamerun 290, 295, 326, 348
Kanada 64 f, 71, 73, 75, 78, 81, 83, 84, 85, 86, 94, 95, 98 f
Kanarische Inseln 208, 210, 217, 221, 246
Kap Verdische Inseln 264

Karakorum 144, 215
Karakum 142
Karpaten 110, 133
Karru 208, 212
Kasachstan 132, 138
Kaschmir 314
Kaspisches Meer 224
Kastilisches Scheidegebirge 164
Katalonien 35
Kaukasus 112, 130
Kenia 296, 300, 313
Kerguelen 85
Kilba Hills 304
Kilimandscharo 307, 308, 312
Kizil Irmak 198
Kolumbien 265, 279, **307** f, 312, 330, 332, 341, 343, 345 f, 347, 349 f
Kongo-Becken 290, 294, 326, 339
Kordillere von Bogota 346
— von Merida 309
Kordilleren-System 164, 214, 216 f, 219, 220, 275, 343, 346
Kordofan 265
Korea 26, 35, 173, 177, 178, 179, 183, 189
Korsika 25, 35, 38, 154, 161, 163
Kreta 152, 159, 164
Krim 135, 150
Kuba 296, 328
Kuenlun 141
Kuh-e-Sabalan 215, 219
Kwaifungschan 200
Kwanschan 200
Kweitschou 193
Kysilkum 142

**L**a Plata 203
Labrador 71, 98
Ladakh-Kette 144
Lago Ballivian 280, 284
— Humboldt 347, 350
— Minchin 280, 284
Lake Bonneville 222, 223
— Lahonton 223

Lappland 85, 87, 95, 98
Libanon 151, 152, 158, 159, 164, 215, 218
Libyen **245** f, 248, 249, **254** f
Llano Estacado 212
Llanos des Mamore 305, 316
— des Orinoco 314
Lop-nor 141
Lut 248

**M**aas 115
MacDonnell-Kette 272
Macina-Ebene 268
Madagaskar 310, 326
Madeira 150, 156
Magdeburger Börde 143
Main 117
Malaysia 326, 328, 330
Mali 265
Mandschurei 173, 183, 187
Mangho Pir 272
Manytsch-Senke 225
Mar Chiquita 223, 225
Marañón 338
Marie-Byrd-Land 67
Marokko 160, 214, 215, 218, 221
Mato Grosso 305, 316, 341
Mauretanien 265
Mauritius 332
McMurdo-Sund 68, 74, 84
Meißner 111
Melville-Halbinsel 85
Mendoza 212
Meteora-Felsen 35
Mexiko 26, **216**, 219, 223, 237, 296, 328, 330
Misiones 192
Mittel-Amerika 333, 334
— Brasilien 203, 307, 309, 314, 315, 327, 330
— Europa 37, 44, 52, 82, 114, 180
Mittelgebirge, deutsche 38, **44**, **178**,
Mittelmeerländer 23, 51, 53, 103, **150**
Moçambique 309

IV, 369

Mohave-Wüste 210, 212, 237, 239, 245
Moldau 117
Mongolei 139, 140, 145, 146, 174
Montenegro 165
Montserrat 35
Monument Valley 213
Mosel 113, 117
Mount Elgon 313
— Everest 308
— Kenya 307, 308, 313
Mysischer Olymp 219
Mysore Plateau 315

Naivasha-See 313
Nakuru-See 313
Namaland 265, 269
Namib 22, 238, 241, 242, 248, 255
Nankinger Bergland 174
Nebraska 137
Neckar 117
Neu-Mexiko 214, 222
— Südwales 215
Neufundland 98
Neuguinea 326, 333, 334, 336, 339, 340, 342, 345, 348
Neukaledonien 329, 344
Neuseeland 102, 189
Neusibirische Inseln 64
Nevada 212, 223
Niederafrika 276
Niederkalifornien 237
Niederlande 114
Niger 265, 268, 282
— Becken 276, 284
Nigeria 290, 296, 300, 304
Nil 248, 252 f, 255
—, Blauer 313
—, Weißer 305
Nord-Afrika 44, 53, 160, 208, 210, 218, 219, 221, 227, 238
— Amerika 112, 114, 132, 143, 145
Nordost-Brasilien 265, 266, 280, 282, 301, 304

Nordpolargebiet 20, 65 f, 115, 329
Nordsee 42
Nordwest-Australien 273
— Indien 265, 267, 268, 269, 271, 276, 279
Norwegen 71, 87, 98, 310
Nowaja Semlja 64, 65, 73, 85

Oberägypten 253
Oconee River 198
Odenwald 110
Österreich 106, 107
Olympia 156
Oranje 210
Orgelgebirge 309
Orinoco 314, 341
Ost-Afrika 44, 290, 294, 296, 300 f, 302, 305, 307 f, 312, 313 f, 315
— afrikanische Seen 313 f,
— Asien 140, 173, 187, 198
— pontisches Gebirge 202, 215 f, 219
Otavibergland 279


Pakistan 209, 268 f, 272, 282
Palästina 209, 218
Pamir 139, 142, 145
Pampa de Achala 209, 217
—, argentinische → Argentinien
Pandschab 208, 269
Paqueta 330
Paraguay 190
Paraibatal 310
Parana-Becken 314
Patagonien 130, 138, 143, 225
Persien → Iran
Peru 242, 265, 274, 280, 284, 312, 343 f, 346
Peschan 141
Pfälzer Haardt 110
Philippinen 326

Piedmont der Appalachen 201, 204
Pilcomayo 268, 282
Pindus 164
Plitvicer Seen 152
Po-Ebene 163
Polargebiete 25, 44, 51, 64 ff
Polen 22, 109, 114
Pontisches Gebirge 202, 215 f, 219
Poópo-See 280, 284
Portugal 161, 164
Puerto Rico 296, 328, 336
Pyramid-Lake 223
Pyrenäen 162


Qattara-Depression 247


Rehobother Westen 265, 273
Rezaiyeh-See 224
Rhein 110
Rheinfall bei Schaffhausen 112
Rhodesien 208, 212, 272, 290, 296
Rhön 111
Riesengebirge 41, 111, 113
Rio de Janeiro 181
Rio Bermejo 268,
Rio Colorado, Argentinien 138, 143
— Madeira 305, 338
— Magdalena 341, 347
— Negro, Argentinien 138, 143, 225
— Negro, Brasilien 339
— Salado 268
— Tapajos 339
Roß-Meer 68
Rotes Becken von Szetschuan 202
Rub al-Khali 248
Rudolf-See 313
Rüdersdorf 50
Ruiz 343
Rumänien 110, 133
Ruwenzori 306, 307, 308, 313

Saale 117
Sabana von Bogotá 346, 347, 350
Sächsische Schweiz 30
Sahara 238, 242, 245, 248, 249, 250, 254 f
— Atlas 254
Sahel 239, 265, 266, 269, 271, 275
Salinas Grandes 223, 225
Sambhar-See 269, 270, 279
San Francisco-Mountains 216, 219
Santa Catarina 201
— Tal 343 f
Sardinien 152, 156
Schari 277
Schottisches Hochland 106
Schwäbische Alb 38, 111
Schwarzmeerküste 189
Schwarzwald 37, 43, 103, 107, 111
Schweiz 106
Seealpen, französische 159, 164 f
Senegambien 264
Sepik 340, 342
Serra da Estrêla 164
— da Mantiqueira 311
— do Mar 201, 204, 306, 309, 327
Seward-Halbinsel 86
Sewernaja Semlja 64
Seychellen 329
Siam → Thailand
Sibirien 64 f, 73, 75, 78, 83, 85, 95, 97, 135, 136
Sierra Cufré 192
— de Anconquija 216, 219
— de Córdoba 209, 217
— de Gredos 163
— de Guadarrama 155
— de Mérida 307
— de la Ventana 202
— Mahoma 192
— Mal Abrigo 192
— Nevada de Santa Marta 307, 308, 312
— Nevada, Kalifornien 164
— Nevada, Spanien 158, 164

Sikiang 198
Silvretta 25
Simpson-„Wüste" 237, 271
Sinai-Halbinsel 212, 213, 218, 220, 242, 253
Singkiang 141
Siwa-Oase 247
Skandinavien 71, 87, 95, 98, 310
Somalia 265
Somerset Island 81, 98
Sowjetunion 77, 85, 95, 112, 130 f, 132, 135, 137 f, 150
Spanien 35, 151, 155, 156, 158, 161 f, 163, 164
Spitzbergen 44, 64, 65, 71, 73, 74, 75, 78, 82, 84, 85
Subarktis 81, 115
Sudan 265, 290, 294, 305
Süd-Afrika 150, 201, 204, 208, 210, 212, 214, 217, 222, 237, 265, 267 f, 272, 279, 284, 290, 293, 296, 300, 301, 303, 313
— Amerika 138, 225, 282, 284, 291, 305, 307, 317
— Arabien 265
— Australien 150
— China 205
— Dakota 137, 154
— Indien 44, 315, 317
Südkaspisches Tiefland 189
Südost-Asien 198, 290, 296, 303, 306, 328
— Europa 143
Südpolargebiet 64, 66 ff, 68, 71, 73 f, 78, 84
Südrussische Steppe 133, 192
Südwest-Afrika 22, 209, 210, 238, 241 f, 248, 255, 265, 269, 270, 273, 275, 279, 280, 296
— Australien 209
Sumatra 334
Surinam 295, 306
Syrien 209, 218
Szetschuan 202

Tabasco 328
Taimyr-Halbinsel 73, 83, 85
Taiwan 202
Takla-Makan-Wüste 141
Tamilnad-Ebene 298, 300
Tana-See 313
Tansania 301
Tarim-Becken 141, 146
Tasmanien 102, 108, 116
Tauber 117
Taurus 151, 152, 158, 159, 164, 215, 216
Tennessee Valley 192
Texas 191, 203, 212
Texcoco-See 223
Thailand 303, 328
Tharr 237, 265, 268, 271, 276, 279, 284, 304
Thessalien 35
Thüringer Becken 143
— Wald 35, 111
Tibesti-Gebirge 243, 245, 249, 251, 253, 255
— Vorland 254
Tibet 139, 141, 144, 146, 202
Tienschan 133
Tirol 106
Titicaca-See 280, 284
Tocantins 339
Tolima 343
Toros Dag 159
Totes Gebirge 106
— Meer 225
Transvaal 222, 290, 293, 296, 301, 303, 313
Tripolitanien 246
Tschad 265
— Becken 254, 276
— See 269, 277, 284
Tschechoslowakei 51, 109, 117
Tschuktschen-Halbinsel 85
Tsinlingschan 173, 200, 202
Türkei 131 f, 158 f, 164, 198, 208, 212, 214 f, 216, 217, 219, 223, 228
Tunesien 11
Turan 139, 142
Turkestan 141
Tuz Gölü 223

Ucayali 338
Uganda 302, 308
Ukraine 133, 192
Ulu Dag 219
Ungarn 109
Urmia-See 224
Uruguay 189, 192, 199, 203, 204
USA 51, 95, 102, 109, 130, 132, 138, 145, 150, 156, 158, 189, 194, 198, 201, 203 f, 208 f, 210 f, 212 ff, 216, 219, 220, 222 f, 237, 239, 241, 244 f, 296, 307
Usagara-Bergland 302
Usbekistan 131
Utah 212

Vaal 222
Van-See 223
Venezuela 265, 279, 290, 306 f, 309, 314, 327, 337, 339, 341
Vereinigte Staaten → USA
Vogesen 111
Vorderasien 223, 313

Wadi Huwairah 278
Wedell-Meer 68
West-Afrika 290, 294 f, 300, 326, 337, 348
— Ghats 306
Westfluß → Sikiang
Westindische Inseln 267, 272, 279, 290, 296, 309, 327, 328, 336
Wolga 135
Wyoming 213

Xingu 339

Yosemite-Tal 158
Yülungschan 200, 202
Yünnan 193, 194
Yucatan 26, 296, 328

Zagros-Gebirge 216
Zentral-Amerika 26, 290, 309, 312, 326, 334
— Anden 280, 284, 311
— Asien 130, 139 f, 142, 145, 146, 215, 238
— Australien 39, 265, 267, 268, 269, 271, 273, 275, 280, 283, 284
— Brasilien 290, 339
— Kordilleren 343, 346, 350
Zentralsaharische Gebirge 43, 139, 142, 174, 245, 247 f, 249, 251 f, 253 f, 356
Zobten 109
Zypern 165

## C. Autoren-Register

Die *kursiven* Ziffern beziehen sich auf Abbildungen

Ab'Saber, A. 282
Abdul-Salam, A. 209
Abel, H. 273, 296
Ackermann, E. 275
Agassiz, L. 345
Andersson, J. G. 88

Bakker, J. P. 306, 307, 337
Balout, L. 278
Barsch, D. 220
Bartels, G. 308, 312
Barth, H. K. 116, 213, 300, 337
Bauer, M. 329
Behrmann, W. 15, 58, 333, 334, *336*
Berg, L. 143
Berger, H. 302
Bigarella, J. J. 201
Bird, J. B. 81, 82, 83, 84, 98, 99

Birkenhauer, J. 109, 110
Birot, P. 212
Bischoff, G. 270
Black, R. F. 76
Blanck, E. 74
Blume, H. 109, 116, 213, 268, 272, 279, 328, 337
Bobek, H. 53, 219, 224, 246, 248
Boesch, H. 217
Bornhardt, W. 301
Brandt, B. 309
Branner, J. C. 345
Bremer, H. 33, 39, 215, 226, 268, 271, 272, 273, 275, 276, 280, 293, 294, 296, 298, 300, 337
Brinkmann, R. 161
Brochu, M. 98
Brooks, C. E. P. 49
Brosche, K. U. 163
Bruckner, E. 52

Brunner, H. 300, 315
Bryan, K. 81
Büdel, J. 3, 9, 10, 11, 15, 16, 23, 39, 40, 41, 42, 43, 44, 50, 51, 53, 58, *59*, *60*, 61, 72, 78, 80, 81, 82, 88, 97, 98, 104, 105, 107, 109, 116, 117, 118, 134, 138, 145, 156, 184, 187, 195, 204, 205, 211, 228, 249, 251, 252, 253, 257, 271, 272, 278, 296, 297, 298, 299, 300, 302, 304, 307, 312, 330, 337, 349
Butzer, K. W. 222, 252, 253, 278

Caine, N. 108, 116
Caldenius, C. 144
Corbel, J. 84
Cox, A. 83

Credner, W. 194, 195, 196, 197, 199, 204, 297, 306, 307
Creutzburg, N. 62, 71, 95, 102, 130, 150, 173, 189, 208, 237, 265, 291, 326
Cvijić, J. 328
Czajka, W. 143, 282, 304

Dahl, R. 87
Dahlke, J. 209
Darwin, Ch. 88
Davis, W. M. 14, 57, 328, 337
Dege, W. 83
Demek, J. 73, 99, 108
Dozy, J. J. 348
Dresch, J. 212
Drygalski, E. v. 73

Ehlers, E. 224
Ergenzinger, P. J. 253, 277
Erol, O. 223

Fairbridge, R. W. 278
Finck, A. 295, 344
Flint, R. F. 222, 346
Flohn, H. 53, 218, 278
Flohr, E. F. 136
Freise, F. W. 310, 334
Frenzel, G. 153
Fuchs, F. 165
Futterer, K. 141

Gabriel, A. 224
Garleff, K. 98
Gellert, J. F. 109, 137, 183, 193, 194, 198, 199, 269, 300
Gentilli, J. 153
German, R. 83
Gerstenhauer, A. 10, 17, 328
Geyger, E. 270
Gierloff-Emden, H. G. 212
Gilbert, G. K. 223
Gillman, C. 301
Gonzales, E. 346, 347

Graul, H. 16, 57
Gripp, K. 44, 84
Grötzbach, E. 216, 219
Grove, A. T. 277
Grunert, J. 251

Hagedorn, H. 246, 248, 251, 253, 255, 257
Hammen, Th. v. d. 346, 347
Hannemann, M. 191
Hannss, Ch. 159
Haserodt, K. 106
Hecker, O. 301
Hedin, S. v. 141
Helbig, K. 330
Hettner, A. 15
Heuberger, H. 312
Höller, E. 305
Hövermann, J. 249, 251, 253, 257, 312, 313
Huckriede, R. 224, 225
Hull, E. 218
Humboldt, A. v. 314, 347
Huntington, E. 224

Iwan, W. 83

Jaeger, F. 15, 58, 219, 223, 270, 279, 308
Jäkel, D. 253
Jätzold, R. 62, 224, 344
Jessen, O. 44, 266, 296, *302*

Kadomura, H. 300
Kaiser, E. 15, 58, 246, 248
Kaiser, K. H. 251, 257
Kaitanen, V. 99
Kanter, H. 269, 280
Kayser, K. 201, 214, 272, 296, 297, 300, 301, 302, 303, 309
Kelletat, D. 106
Kessler, A. 280, *281*
Kinzl, H. 312, 328, 343, 344
Klaer, W. 152, 157, *159*, 161, 163, 164, 165, 218, 239, 243
Klinge, H. 339

Klug, H. 217, 221
Klute, F. 15, 58, 312
Knetsch, G. 33, 242, 254
Köppen, W. 49, 62, 71, 95, 102, 130, 150, 173, 189, 190, 208, 237, 265, 290, 326
Kohl, J. G. 136
Kolb, A. 273
Krebs, N. 296, 303, 304
Kubiena, W. 74, 83, 153, 252, 253
Kuls, W. 312

Lauer, W. 15, 62, 224
Lautensach, H. 18, 160, 161, 178, 179, 180
Leakey, L. S. B. 313
Lehmann, H. 17, 294, 311, 328
Lehmann, O. 106
Leidlmair, A. 278
Lembke, H. 162
Lentz, J. 334
Leser, H. 268, 279
Liss, C. Ch. 144
Löffler, E. 202, 215
Louis, H. 10, 16, 44, 109, 223, 295, 296, 297, 298, 299, 303
Lüders, R. 282

Maarleveld, G. C. 222
Machatschek, F. 3, 15, 16, 57, 58
Martonne, E. de 224
Matthes, F. E. 158
Matthess, G. 116
Maurin, H. 166
Mayer, E. 160
Meckelein, W. 33, 239, 245, 246, 247, 249, 253
Meinardus, W. 246
Mensching, H. 40, 162, 166, 212, 215, 218, 220, 221, 228, 243, 244, 251, 252, 253, 257, 266, 269, 271, 272, 283

Menzel, A. *250*
Messerli, B. 251
Meyer, H. 308
Meyer, O. E. 301
Meyer, R. 296, 297, 299, 304
Michel, M. 309
Monheim, F. 280
Mortensen, H. 11, 15, 40, 58, 74, 116, 139, 156, 158, 212, 240, 242, 244, 246, 255
Mousinho, M. R. 301
Müller, F. 78, 79
Müller, H. J. 307, 337

Neilson, R. A. 108
Nilsson, E. 312, 313
Nishimura, K. 199
Nordenskjöld, O. 73
Nowack, E. 198, 302

O'Reilley Sternberg, H. 337
Obenauf, K. P. 253
Obst, E. 201, 296, 297, 300, 301, 302, 303, 309

Paffen, K. H. 62, 71, 95, 102, 130, 150, 173, 189, 208, 237, 265, 291, 326
Palmer, H. S. 329
Palmer, J. 108
Panzer, W. 10, 16, 52, 162, 193, 199, 200
Parizek, E. J. 198
Paschinger, H. 158, 272, 300
Passarge, S. 15, 38, 58, 62, 246, 273, 279, 303
Penck, A. 14, 15, 52, 57, 71, 95, 102, 130, 150, 173, 189, 208, 237, 265, 278, 290, 326
Penck, W. 17, 108, 201, 303
Péwé, T. L. 68
Pfannenstiel, M. 248
Pfeffer, K. H. 34, 165, 332
Philippson, A. 15

Pias, J. 277
Pippan, Th. 336
Poser, H. 50, 74, 82, 114
Pugh, J. C. 304
Pullan, R. A. 277

Radley, G. 108
Rathjens, C. 16, 57, 106, 214, 215, 216, 219, 268, 271, 272, 276, 279, 297
Rathjens, C. sen. 246
Raynal, R. 212, 214, 311
Richter, H. 139
Richthofen, F. v. 14, 140
Rieser, A. 74
Rognon, P. 253, 278
Rohmeder, W. 139, 192, 214, 217, 223, 275
Rother, K. 103, 111
Rudberg, S. 81
Russel, I. C. 223
Rust, U. 212, 296, 297, 301

Salomon-Calvi, W. 39
Sapper, K. 15, 333, 334
Scharlau, K. 135, 224
Schlee, P. 266, 305
Schmidt, W. F. → Schmidt-Eisenlohr
Schmidt-Eisenlohr, W. F. 135, 136, 142, 165, 293, 301, 303, 313
Schmitthenner, H. 15, 58, *175*, 176, 178, 179, 182, 199, 200, 248
Schostakowitsch, W. B. 96
Schott, C. 17
Schrepfer, H. 98
Schultz, A. 139
Schwarzbach, M. 43, 49, 278
Schweizer, G. 159, 160, 164, 165, 216, 219, 224
Schwenzner, J. E. 160
Schwind, M. 192, 200, 201
Semmel, A. 53, 99, 307, 312
Seuffert, O. 152, 161, 166
Sharpe, C. F. 77
Sioli, H. 339, *341*

Soergel, W. 52
Spreitzer, H. 165, 215
Stäblein, G. 211
Staff, H. v. 301, 315
Stager, J. K. 79
Steinmann, G. 280
Stratil-Sauer, G. 198, 224
Suzuki, H. 50

Taber, S. 79
Terra, H. de 314, 315
Thiel, E. 140
Thorbecke, F. 15, 58, 301,
Tichy, F. 154
Todtmann, M. 84
Tricart, J. 81, 278, 282, 309, 315
Trinkler, E. 141, 144
Troll, C. 62, 71, 80, 81, 95, 102, 130, 150, 173, 189, 208, 215, 217, 237, 265, 274, 280, *281*, 291, 292, 294, 305, 308, 312, 326, 334, 343, 346
Tuan, Y. F. 214

Virkaala, K. 99
Vita-Finzi, C. 280
Volk, O. H. 270
Volz, W. 334
Voss, H. 312

Wagner, G. 17
Wahrhaftig, C. 83
Waibel, L. 303, 330
Walter, H. 224
Walther, J. 15, 246
Weber, H. 16, 57
Wegener, A. 49
Weischet, W. 150
Welsch, W. 344
Werdecker, J. 307, 312
Wetzel, W. 255
Weyl, R. 309, 312
Wiche, K. 212, 218
Wiegand, G. 114

Wien, K. 308
Wilhelmy, H. 17, 40, *108*, 133, 139, 143, *192*, 192, 214, 217, 223, 225, 266, 267, 269, 275, 279, 282, 305, 312, 314, 330, 332, 343, 346, 347
Wirth, E. 209
Wirthmann, A. 84, 156, 329, 336, 344
Wissmann, H. v. 62, 71, 95, 102, 130, 142, 150, 155, 173, 178, 183, 189, 193, 194, 202, 203, 208, 237, 265, 291, 326, 327
Woldstedt, P. 278
Wolff, W. 111
Woodruff, J. F. 198

Zeuner, F. E. 313
Ziegert, H. 278
Zötl, J. 166

# HIRTs STICHWORTBÜCHER

## Geomorphologie in Stichworten
*von Herbert Wilhelmy*

### Teil I. Endogene Kräfte, Vorgänge und Formen
Aus dem Inhalt: Aufgaben und Methoden — Entwicklung und gegenwärtiger Stand geomorphologischer Forschung — Grundbegriffe — Horizontale und vertikale Gliederung der Erdoberfläche — Aufbau der Erde — Entstehung der Kontinente u. Ozeane — Strukturformen, Skulpturformen — Endogene Kräfte, Vorgänge und Formen — Morphologische Auswirkungen von Erdbeben.
*104 Seiten, 51 Abb., brosch.*

### Teil II. Exogene Morphodynamik
Verwitterung, Abtragung, Tal- und Flächenbildung

Aus dem Inhalt: Verwitterung — Böden als Indikatoren morphologischer Prozesse — Abtragung — Fluß und Tal — Flächen.
*224 Seiten, 40 Abb., brosch.*

### Teil III. Exogene Morphodynamik
Karsterscheinungen, Glazialer Formenschatz — Küstenformen

Aus dem Inhalt: Karsterscheinungen — Glazialer Formenschatz — Küstenformen — Submarine Formen — Rhythmische Phänomene — Reliefumkehr — Anthropogene Formen — Angewandte Geomorphologie.
*184 Seiten, 38 Abb., brosch.*

## Geologie in Stichworten

*von Werner Heißel, Peter Schneider, Erich Schwegler*

Aus dem Inhalt: Begriff und Stellung — Beschaffenheit des tieferen Erdinnern — Der Schalenaufbau der Erde — Mineralien — Gesteine — Wirtschaftliche Bedeutung der Lithosphäre — Fossilien — Geologische Landesaufnahme — Die bei der Gestaltung der Erdrinde wirksamen Kräfte — Verwitterung und Bodenbildung — Geologie als Erdgeschichte — Geologische Zeitrechnung — Paläogeographie — Untergrund und Landschaftsbild — Abriß der Erdgeschichte Mitteleuropas nördlich der Alpen — Das Norddeutsche Tiefland — Mitteldeutschland — Süddeutschland — Die Alpen — Überblick über den geologischen Bau der Erdteile.
*3. Aufl. 1972, 160 Seiten, 68 Abb., 20 Tab., brosch.*

# VERLAG FERDINAND HIRT

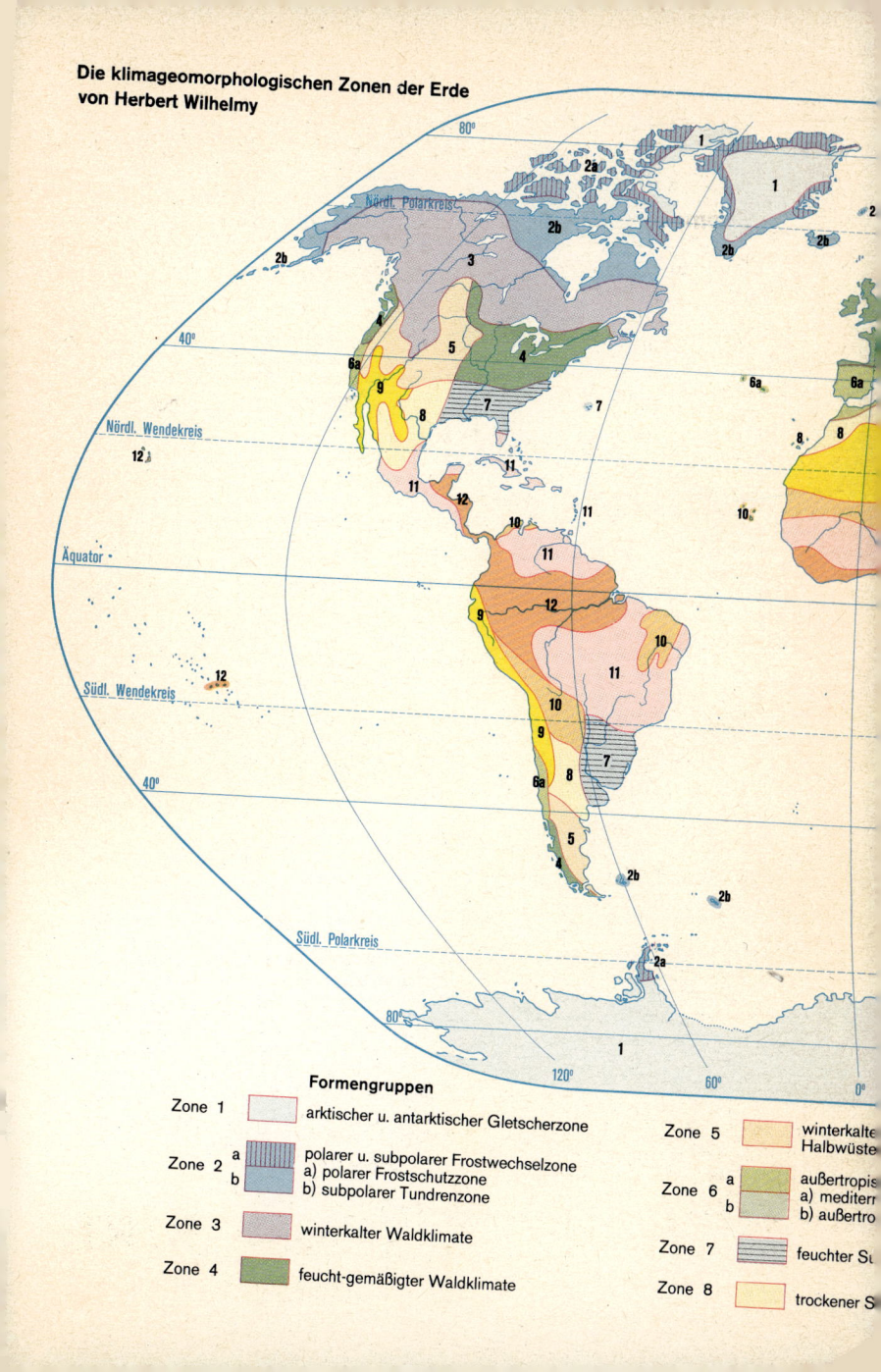

# Die klimageomorphologischen Zonen der Erde
## von Herbert Wilhelmy

**Formengruppen**

| Zone 1 | arktischer u. antarktischer Gletscherzone |
| --- | --- |
| Zone 2 a / b | polarer u. subpolarer Frostwechselzone<br>a) polarer Frostschutzzone<br>b) subpolarer Tundrenzone |
| Zone 3 | winterkalter Waldklimate |
| Zone 4 | feucht-gemäßigter Waldklimate |
| Zone 5 | winterkalte Halbwüste |
| Zone 6 a / b | außertropis...<br>a) mediterr...<br>b) außertro... |
| Zone 7 | feuchter Su... |
| Zone 8 | trockener S... |